U0189733

中芬合著：造纸及其装备科学技术丛书（中文版）第七卷

"十三五"国家重点出版物出版规划项目

化学制浆 I 纤维化学和技术

Chemical Pulping Part I Fibre Chemistry and Technology

[芬兰]Pedro Fardim 著

[中国]刘秋娟 杨秋林 付时雨 译

中国轻工业出版社

图书在版编目(CIP)数据

化学制浆 Ⅰ 纤维化学和技术/(芬)派卓·法蒂姆
(Pedro Fardim)著;刘秋娟,杨秋林,付时雨译. —北京:
中国轻工业出版社,2017.6

〔中芬合著:造纸及其装备科学技术丛书(中文版);7〕

ISBN 978-7-5184-0668-5

Ⅰ.①化…　Ⅱ.①派…　②刘…　③杨…　④付…
Ⅲ.①化学制浆－纤维化学　Ⅳ.①TS743

中国版本图书馆 CIP 数据核字（2015）第 251624 号

责任编辑：林　媛　　　责任终审：滕炎福　　封面设计：锋尚设计
版式设计：锋尚设计　　责任校对：晋　洁　　责任监印：张　可

出版发行：中国轻工业出版社（北京东长安街 6 号，邮编：100740）

印　　刷：三河市万龙印装有限公司

经　　销：各地新华书店

版　　次：2017 年 6 月第 1 版第 1 次印刷

开　　本：787×1092　1/16　印张：33.75

字　　数：864 千字

书　　号：ISBN 978-7-5184-0668-5　　定价：200.00 元

邮购电话：010-65241695　传真：65128352

发行电话：010-85119835　85119793　传真：85113293

网　　址：http://www.chlip.com.cn

Email：club@chlip.com.cn

如发现图书残缺请直接与我社邮购联系调换

141231K4X101ZBW

序

芬兰造纸科学技术水平处于世界前列,近期修订出版了《造纸科学技术丛书》。该丛书共20卷,涵盖了产业经济、造纸资源、制浆造纸工艺、环境控制、生物质精炼等科学技术领域,引起了我们业内学者、企业家和科技工作者的关注。

姜丰伟、曹振雷、胡楠三人与芬兰学者马格努斯·丹森合著的该丛书第一卷"制浆造纸经济学"中文版将于2012年出版。该书在翻译原著的基础上加入中方的研究内容:遵循产学研相结合的原则,结合国情从造纸行业的实际问题出发,通过调查研究,以战略眼光去寻求解决问题的路径。

这种合著方式的实践使参与者和知情者得到启示,产生了把这一工作扩展到整个丛书的想法,并得到了造纸协会和学会的支持,也得到了芬兰造纸工程师协会的响应。经研究决定,从芬方购买丛书余下十九卷的版权,全部译成中文,并加入中方撰写的书稿,既可以按第一卷"同一本书"的合著方式出版,也可以部分卷书为芬方原著的翻译版,当然更可以中方独立撰写若干卷书,但从总体上来说,中文版的丛书是中芬合著。

该丛书为"中芬合著:造纸及其装备科学技术丛书(中文版)",增加"及其装备"四字是因为芬方原著仅从制浆造纸工艺技术角度介绍了一些装备,而对装备的研究开发、制造和使用的系统理论、结构和方法等方面则写得很少,想借此机会"检阅"我们造纸及其装备行业的学习、消化吸收和自主创新能力,同时体现对国家"十二五"高端装备制造业这一战略性新兴产业的重视。因此,上述独立撰写的若干卷书主要是装备。初步估计,该"丛书"约30卷,随着合著工作的进展可能稍许调整和完善。

中芬合著"丛书"中文版的工作量大,也有较大的难度,但对造纸及其装备行业的意义是显而易见的:首先,能为业内众多企业家、科技工作者、教师和学生提供学习和借鉴的平台,体现知识对行业可持续发展的贡献;其次,对我们业内学者的学术成果是一次展示和评价,在学习国外先进科学技术的基础上,不断提升自主创新能力,推动行业的科技进步;第三,对我国造纸及其装备行业教科书的更新也有一定的促进作用。

显然,组织实施这一"丛书"的撰写、编辑和出版工作,是一个较大的系统工程,将在该产业的发展史上留下浓重的一笔,对轻工其他行业也有一定的借鉴作用。希望造纸及其装备行业的企业家和科技工作者积极参与,以严谨的学风精心组织、翻译、撰写和编辑,以我们的艰辛努力服务于行业的可持续发展,做出应有的贡献。

中国轻工业联合会会长

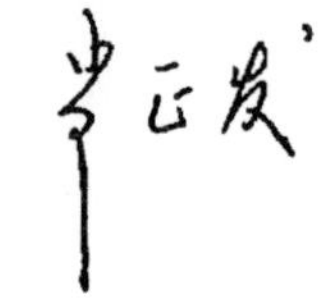

2011 年 12 月

中芬合著:造纸及其装备科学技术丛书(中文版)的出版
得到了下列公司的支持,特在此一并表示感谢!

UPM
芬欧汇川集团

Valmet
维美德集团

JH 江河纸业
Jianghe Paper
河南江河纸业有限责任公司

大指装备
DAZHI PAPER MACHINERY
河南大指造纸装备集成工程有限公司

前　　言

化学法制浆是制浆造纸厂重要的生产过程之一。本书系统、全面、详细地介绍了化学制浆的原理、技术和设备,包括备料、蒸煮、纸浆的洗涤、筛选与净化、漂白、浆板的抄造和新的纸浆生产线。既有传统工艺,又有新技术以及未来的发展趋势;生产技术及其设备介绍得很详细,是一本非常实用的专业书。正像原著作者所述,这本书如同带领读者在制浆厂里参观,逐步告诉读者,为什么(科研)和如何(生产技术)通过化学制浆,由原料而得到纸浆纤维。

第1章主要论述了植物纤维原料的化学特性、形态学和超微结构以及制浆前木材和非木材原料的加工处理。第2章的主题是化学法制浆,本章介绍主要的制浆方法,重点在于制浆化学和化学工程,例如,化学反应、反应动力学以及控制的工艺参数。在本章的制浆工艺部分读者还会看到现代化浆厂最先进的装备。第3章的重点在于纸浆的洗涤、筛选与净化,突出了其操作原理的重要性以及与浆厂设备相对应的先进工艺。洗涤筛选之后,纸浆便可进行漂白。漂白是第4章的主题,是纸浆生产的关键部分。在这一章读者将学习关于漂白化学品的制备和处理、不同的漂白方法,其重点在木素、碳水化合物和木材抽出物的化学反应以及漂白的化学工程原理。本章的漂白工艺部分给出了有关设备和工艺参数的资料,以便于读者进行设计和完成实验室或生产规模的实验。第5章主要介绍纸浆干燥原理以及现代化的工厂所使用的浆板抄造工艺和设备。第6章侧重于新制浆生产线的设计,并提供有关现代化制浆生产线的资料。最后,对浆厂未来的趋势、非木材制浆以及生物质精炼进行了讨论。

本书适用于制浆造纸及相关行业从事生产、工程设计、科研以及管理等工作的工程技术人员和专业人士,也可作为院校相关专业的教师、研究生、本科生以及职业培训的教学参考书。

本书第1章1.1至1.2.7节由杨秋林翻译;1.2.8至1.3.10节由宋友悦和张晓蒙翻译、刘秋娟修改。第2章由刘秋娟翻译。第3章3.2至3.3节由肖贵华翻译、刘秋娟修改,其余部分由刘秋娟翻译。第4章4.4至4.5节由温建宇翻译、刘秋娟修改,其余部分由刘秋娟翻译。第5章由付时雨翻译。第6章由刘秋娟翻译。范述捷、屈永波和何亮等研究生参与了部分图表的绘制和参考文献的编辑工作,还有一些研究生和本科生结合课程学习翻译了少量内容。全书由天津科技大学刘秋娟统稿。

衷心感谢所有对本书的翻译给予帮助的人们,包括我的同学、学生、同事以及亲朋好友。

由于译者水平所限,加上时间较紧,书中难免存在错误和不当之处,恳请读者和同行专家批评指正,以便今后对本书进行修改和完善。

译者

2015 年 6 月

目 录
── CONTENTS ──

第①章 原　　料

1.1　木材和非木材纤维资源

植物纤维是所有高等植物中最主要的结构要素。植物纤维由纤维素微纤丝构成,通常这些微纤丝内嵌于非纤维素多糖(半纤维素和果胶)和木素基质中。纤维素是自然界中最丰富的生物聚合物,存在于绿色植物和某些藻类的细胞壁中。微生物纤维素是由不同种类的细菌产生和分泌的(如醋酸杆菌、根瘤菌、假单胞菌等)。木材和棉花主要用于生产商用纤维素产品和纸浆。全球仅有约7%的原生纤维素浆是由非木材原料生产的(秸秆占46%,蔗渣占14%,以及竹子占6%)[1-2]。中国是世界上最大的非木材纸浆生产国,而在欧洲、美国和加拿大,造纸工业几乎全部生产木浆。受全球森林资源减少和木材短缺的影响,寻求可持续的发展方案成为必然。

用于工业用途的原木大约仅占全球原木产量的1/2。2006年,全球木材的产量为35.4亿m³,其中约18.7亿m³作为薪柴(Fuelwood)被消耗,其余的16.7亿m³作为工业木材被消耗[3]。图1-1所示为2006年全球原木的产量和消耗量。

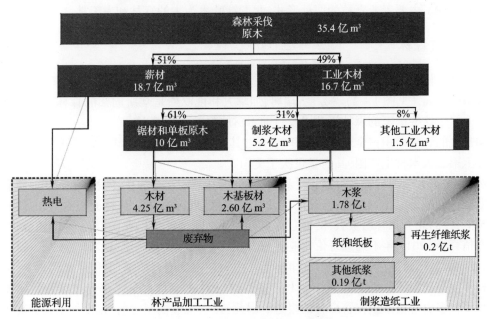

图1-1　2006年全球原木产量[3]

2006 年,作为纸和纸板的生产原料,全球造纸工业共消耗工业原木 5.2 亿 m³、锯材工业产生的木屑废弃物 2.5 亿 m³ 原木当量(RWE)、回用废纸 7.5 亿 m³。

在化学浆工业中,根据原木材种和制浆工艺的不同,生产 1t 纸浆要消耗 3.7 ~ 5.6m³ 的原木。

在规划投资新的制浆厂时,最重要的问题就是要保证可靠的原料供应。即使在最有利的条件下种植最优良的速生材种,也需要 7500 ~ 8000 万 hm² 的森林面积或 4 倍于芬兰现在的森林面积才能满足全球造纸工业对工业原木的需求。然而,事实上在长时间内很难保证木材原料的可靠供应。

世界森林资源正在逐渐减少。根据联合国粮农组织(FAQ)报告,在 2000 年到 2005 年间每年约有 730 万 hm²(净值)的林地消失[4]。与先前的 5 年相比,2006 年森林覆盖率的降低趋势有所减缓,但在 2007 年再次增加。森林覆盖率降低的主要原因是非洲和拉丁美洲对薪柴需求的增加以及畜牧业的发展。颇具矛盾的是,在欧洲等森林工业发达的富庶地区,森林覆盖率却是一直增加的。在拉丁美洲,相比该洲的其他地区,关闭造纸厂的地区森林覆盖率已经增加。

通过对当前和未来的原料供需平衡分析发现,明确原料供应的复杂状况是非常重要的。未来全球纤维供需平衡的发展将与区域生产潜力和林地供应问题密切相关。林地供应与政治和经济决策紧密联系,并受区域政策和生物能源行业发展的影响。

全球主要有 5 个纤维供应区域,其无论是较大的供应变化,还是不连续或过量的纤维供应,都会对全球产生重大影响。这 5 个区域包括:

(1)北美洲:生产原生木浆,供应和需求再生纤维纸浆;

(2)拉丁美洲:发展速生阔叶木人工林,供应阔叶木商品浆;

(3)中国:生产非木浆,进口再生纤维纸浆,生产和进口原生木浆;

(4)俄罗斯:生产原生木浆,特别是针叶木浆;

(5)东南亚:发展和供应阔叶木商品浆。

下面概述了主要工业森林的两种形式:北方针叶木为主的森林和人工林。

1.1.1 北方森林

北方森林构成了最大的陆地生物群落,在加拿大、俄罗斯和北欧的一些国家,森林覆盖面积达到 10 亿 hm²(见图 1 – 2)。芬兰、瑞典、加拿大和俄罗斯是众所周知的森林工业国家。本章简要介绍了这些国家的森林资源以及目前木材原料的消耗情况。

加拿大的森林面积占全球森林面积的 6% ,其木材产量占全球木材总产量的 7% 。加拿大是世界上第二大木材生产国,其产量仅次于美国[4]。

然而,加拿大西部的森林目前正受到山松甲虫的侵袭,迄今为止还没有出现任何缓和的迹象。根据不列颠哥伦比亚(BC)当局的最新官方消息,虫害破坏的森林面积约为 135 万 hm²。超过 5 亿 m³ 的北方森林已被破坏,而且在虫害结束之前预计每年有 0.8 亿 m³ 的森林被破坏。据官方估算,到 2013 年不列颠哥伦比亚省 80% 的可售成年松树将会死亡[5]。

其结果是,木材的产量将会增加,事实上在中短期内已经开始增加,但从长远来看,需要修改森林年度采伐限额(ACC)以减少木材产量。这已经在加拿大东部部分地区开始实施。美国的科罗拉多也有松甲虫侵害森林的报道。因此,在虫害被控制之前,未来加拿大和美国西部一些州的针叶木供应仍然存在不确定性。

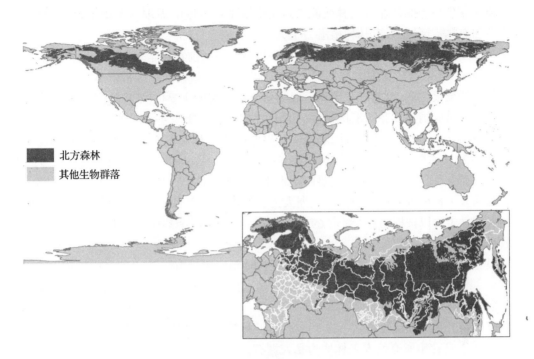

图 1-2 北方森林面积[211]

俄罗斯巨大的针叶木森林资源无疑成为该国制浆工业引人注目的原料基地。俄罗斯的森林覆盖面积约为全球森林覆盖面积的 22%，几乎是加拿大或美国森林覆盖面积的 3 倍。然而，目前这些针叶木森林并没有得到充分的利用，其年产量仅约为 1.8 亿 m^3，占世界总产量的 5%，因此仍有相当大的增加木材供应的潜力。到 2015 年，随着国内需求和国外贸易的增加，特别是与中国贸易的增加，俄罗斯增建 2~3 家针叶木浆厂才可能满足市场需求。

然而，要利用这些森林资源，需要在基础设施和林地上进行相当大的投资。尽管每年有 2 亿~3 亿 m^3 的纤维资源未被利用，但这些森林大部分远离已有基础设施的地区，或是由难以利用的落叶针叶材种构成。最主要的投入是维护现有的基础设施，并增加森林采伐限额。此外，永久冻土层的消融对于道路的维护和施工增加了许多额外的困难。

由于过去不合理的森林采伐和人类活动，俄罗斯森林已经遭到了破坏。成年、优质针叶材种的比例已经减少，而低品质材种的比例已经增加。

1.1.2 人工林

人工林主要是通过种植或播种引进/本土的材种培育而成的森林。据 FAO 报道，2005 年全球人工林的总面积是 1.4 亿 hm^2，不足全球森林总面积的 4%。防护人工林的覆盖面积达到 3000 万 hm^2[4,6]。

速生人工林，如年均增长量等于或高于 $12m^3/hm^2$ 的人工林，其全球种植面积约为 2400 万 hm^2，其中 40% 是种植在拉丁美洲[3]。松树和桉树是最主要的种植材种，几乎占所有速生材种的 80%。由于速生人工林的生长周期快、产量高，其在森林工业中起到的作用远比在森林面积中所占的比例重要。

采用人工林来满足人类对工业圆木的需求是一种必然趋势。如前所述，在最优条件下约

8000 万 hm² 管理得当的商业人工林就能满足全球对工业纤维的需求。在拉丁美洲、非洲和亚洲的热带和亚热带区域,人工林种植潜力很大。

拉丁美洲拥有世界上最大的商业人工林种植面积。目前在拉丁美洲和加勒比海地区拥有约 1300 万 hm² 的人工林,其中大多是工业人工林[6]。该区域内的大多数森林工业依赖商业人工林来满足纤维素供应,目前拉丁美洲已成为短纤维纸浆的主要供应基地。巴西、智利和阿根廷是最主要的供应国家。芬欧汇川集团(UPM)在佛莱本托斯建立了年产量为 100 万 t 的制浆厂,使得乌拉圭也成为主要的供应国家之一。巴西的人工林种植面积约占拉丁美洲人工林种植面积的 1/2,其主要种植品种为桉树(占 63%),松树约占 36%。该区域内几乎所有的人工林都是私人拥有,而且收获的原木主要用于木炭和造纸工业。

智利的人工林种植面积约占拉丁美洲人工林种植面积的 20%。受智利的地理位置影响,该国的人工林主要以桉树为主(约占 69%),松树约占 24%。该国绝大部分的人工林原木被加工成木片并出口。

阿根廷的人工林种植面积占拉丁美洲人工林种植面积的 10% 以上。其中松树占 59%,桉树占 27%,其他材种占 16%。与其它拉丁美洲国家的人工林主要用于制浆工业不同,阿根廷的大多数人工林用于生产锯材。

乌拉圭的人工林种植面积约占拉丁美洲人工林种植面积的 5%~7%,其中桉木占 72%,松木占 27%。乌拉圭所有的人工林均为私人拥有。

中国拥有世界上最大的人工林种植面积,约为 4300 万 hm²,包括人工防护林和商业人工林。在遭受 1988 年的洪灾之后,中国开始采取强有力的措施保护原始森林并增加森林覆盖率。截至目前为止,中国的森林覆盖率已由原来的 10%~13% 增加到 18%,其目标是到 21 世纪中叶增加到 26%。中国其余的一些地区由于山地过多或沙漠化严重限制了森林生长,或土壤过于肥沃更适合用于农业生产。约 20% 的中国人工林可以考虑商用,而且目前这一比例正在增加。

中国的造纸工业一方面需要平衡木材、非木材和再生纤维原料,另一方面也要平衡国内的和进口的纤维制品。中国计划在国内建立世界规模的制浆厂已经引起了广泛的关注,尽管用于计划中的新增产能对国内木材的供应和成本之间存在不确定性影响。在中国南方,阔叶木制浆厂的发展将在一定程度上加速中国人工林的发展,但是部分新增的制浆产能可能要依赖进口木材。

在中国,是否适合建立新的非木材制浆厂完全取决于替代原料的可靠供应、与进口纸浆相比新的非木材制浆生产线的成本竞争力、除硅技术的发展以及当地的环境因素。在意识到部分预期增长的纸浆产量可以采用非木材纤维原料来满足后,近年来中国开始大力发展建立中等规模的非木材制浆生产线。当进口二次纤维开始影响到二次纤维的供应时,这会为中国造纸工业提供更多的选择自由。

由于金融危机,20 世纪 90 年代后期东南亚制浆工业停止了快速增长,多数亚洲公司的财务实力严重受损[7]。市场的复苏也没有将该区域的投资活力提升到金融危机前的水平,但是很多以前宣布的工程项目仍然保留在日程上,可能未来会再考虑。即使这是短暂的喘息时间,该区域的制浆工业也出现了快速的发展,以至于速生人工林提供的木材仅满足了 1/3 的工业木材需求。天然林地继续保持平衡。近期在速生阔叶木人工林上的投资将会对未来东南亚制浆工业的发展产生重要影响。

以位于欧洲和北美洲为代表的传统森林工业国家,人工林在森林工业中起到重要的作用,但是很少考虑将人工林用于制浆工业,而是用于更好的森林实践活动中。大多新建的人工林是用于生物能源生产。

非洲是极具潜力的新增人工林种植区。目前很多非洲国家正在通过森林工业和生物能源工业对潜在的人工林种植区进行评估。

1.1.3 非木材资源

通过对气候变化以及转变为二氧化碳中性生产(CO_2 neutral production)的前景进行广泛而公开的辩论,给当前寻找造纸纤维的可替代资源带来了启发。寻求可持续的原料资源和加工技术有助于增加生物燃料和绿色化学品的产量[8-10]。为了寻找用于造纸的可替代原料资源,已经进行了一些广泛的调查[11-15]。木质纤维素资源,如能源作物形式的木质纤维素资源,期待在燃料和能源市场变得更有竞争力。

通常植物纤维具有广泛多样的用途。对于非木材纤维最重要的加工技术是将纤维纺织成制作衣服、麻布和网子的织物。目前为止,最重要的纺织纤维作物是棉花。其他用于纺织生产并具有商业前景的纤维作物有亚麻、大麻、苎麻和黄麻(见表1-1)。

表1-1 一些工业植物纤维的植物学说明

常用名	拉丁学名	科	纤维类型	细胞类型
亚麻	Linum usitatissimum	亚麻科(双子叶植物纲)	韧皮纤维	初生韧皮部
苎麻	Boehmeria nivea	荨麻科(双子叶植物纲)	韧皮纤维	初生和次生韧皮部
大麻	Cannabis sativa L	大麻科(双子叶植物纲)	韧皮纤维	初生和次生韧皮部
黄麻	Corchorus capsularis	椴树科(双子叶植物纲)	韧皮纤维	初生和次生韧皮部
洋麻	Hibiscus cannabinus	锦葵科(双子叶植物纲)	韧皮纤维	初生和次生韧皮部
剑麻	Agave sisalana	龙舌兰科(单子叶植物纲)	叶纤维	与维管束关联
马尼拉麻	Musa textiles	芭蕉科(单子叶植物纲)	茎纤维	与维管束关联
椰子	Cocos nucifera	棕榈科(单子叶植物纲)	果壳纤维	中果皮层
棕榈叶纤维	Raphia Vinifera	棕榈科(单子叶植物纲)	叶纤维	与叶基组织关联的复杂混合物(拉菲草和纤维棕)
棉花	Gossipium hirsutum G. barbadense	锦葵科(双子叶植物纲)	种子纤维	毛状物-表皮凸起(种子)
木棉	Ceiba pentandra	木棉科(双子叶植物纲)	果实纤维	毛状物-表皮凸起(种荚)

根据用途不同,商业用途的主要植物纤维可以分为以下几类:纺织纤维(棉花和软纤维,如苎麻、黄麻以及大麻等);用于制作绳索的绳索纤维(硬纤维如剑麻、椰壳纤维、蕉麻、大麻、灰叶剑麻等);刷子和垫子纤维;填充和装饰材料(椰壳纤维、木棉);造纸纤维(秸秆和竹子);枝编工艺材料(拉菲草、竹子、芦苇)。这些植物纤维的商业价值取决于它们的长度、细度、强度和硬度。纤维细胞嵌入到周围组织中会强烈地影响萃取的难易程度,从而决定纤维的商业价值和质量特性[16-17]。

很多其他作物在当地用来制作绳索,用于捆绑东西、织网和编席(见表1-2)。较粗糙的纤维可能用于制作刷子和编织品(席子),或用来作屋顶。通常这些作物没有很高的经济价值,也不会进行更多的处理或加工来作为商品出售。

表1-2　　　　　　　　　　全球一些不同用途的非木材纤维植物示例[20-22]

种类	拉丁学名	所用部分	应用领域
黑麦	Secale cereal	茎	纸张
燕麦	Avena stativa	茎	
大麦	Hordeum vulgare	茎	
小麦	Triticum aestivum	茎	
西班牙草	Stipa tenacissma	茎	纸张
茅草	Lygeum spartum	茎	绳索、纸张
沙拜	Eulaliopsis binate	茎	刷子
甘蔗	Saccharum officianarum	茎	纸张、刨花板
竹子	Phyllostachys heterocycle	茎	纸张、纺织、编织物
芦苇	Phragmites arundinaceae	茎	屋顶、编织物
芦竹	Arundo donax	茎	编织物
象草	Miscanthus sinensis	茎	屋顶
草芦	Phalaris arundinaceae	茎	纸张
莎草	Cyperus elatus	茎	编织品、捆绑带
	Cyperus malaccensis		
	Cyperus procerus		
纸莎草	Cyperus papyrus	茎	纸张
香蒲	Typha domingensis	茎	编织物、屋顶
	Typha orientalis		
剑麻	Agava sisalana	叶纤维	纸张
	Agava cantala	叶纤维	
龙舌兰麻	Agave lecheguilla	叶纤维	刷子
狐尾龙舌兰(Jaumave)	Agava funkiana	叶纤维	刷子
马尼拉麻	Musa textilis	叶鞘纤维	绳索、纸张
芭蕉		叶鞘、果实	
椰棕	Cocos nucifera	果壳、果实	绳索、席子
扇叶树头榈	Borassus flabellifer		屋顶、编织物
西米	Metroxylon sagu		屋顶、绳索、编织物
聂帕榈	Nypa fruticans	叶子	屋顶
	Corypha utan	叶纤维	
	Eugeissona triste		
酒椰		叶纤维	屋顶、捆绑带、编织物
巴西棕	Bahia piassava		刷子、刷子毛、编织物
	Attalea funifera		刷子

续表

种类	拉丁学名	所用部分	应用领域
帕拉	*Leopoldinia piassaba*		刷子 刷子
矮棕榈	*Sabal palmetto*		刷子
阿朗	*Arenga piñata*	叶子、刺、糖	绳子、屋顶、刷子
露兜树		叶子	编织物、屋顶
托奎拉	*Carludovica palmate*	叶子	编织物(草帽)
	Enhalus acoroides	叶纤维	捆绑带
	Alpinia chinensis		
水葫芦	*Eichhornia crassipes*	叶、茎	编织物
亚麻	*Linum usitatissimum*	韧皮纤维	纺织品、纸张
大麻	*Cannabis sativa*	韧皮纤维	绳索、纸张
黄麻	*Corchorus capsularis*	韧皮纤维	麻布、绳索
	Corchorus olitorius		
洋麻	*Hibiscus cannabinus*	韧皮纤维	麻袋、绳索、纸张
洛神葵	*Hibiscus sabdariffa*	韧皮纤维	麻袋、绳索、纸张
刚果黄麻	*Urena lobata*	韧皮纤维	绳索、纺织品
苎麻	*Boehmeria nivea*	韧皮纤维	纺织品、绳索
印度麻	*Crotalaria juncea*		绳索、织网、纸张
罗布麻	*Apocynum venetum*	茎、皮	松软物
	Polugala gomesiana	韧皮部	绳索
	Donax canniformis		绳索
	Artocarpus elastica		
构树	*Brousonetia*	树皮纤维	纸张
	papyriferabast Wikstroemia indica		纸张、绳索
棉花	*Gossypium arboretum*	种子纤维	纺织品
木棉	*Ceiba pentandra*	果实纤维	填充物

原则上纸张可以由任何植物纤维原料制作,包括很多一年生植物以及农作物或农业废弃物,如棉花(棉籽绒)、大麻和亚麻、谷物秸秆、竹子或蔗渣。大多数非木材纤维制浆出现在亚洲国家(中国、印度、伊朗和巴基斯坦),这些国家木材资源缺乏,而且纸制品的需求量高。

显然,用于造纸的非木材原料可以分成两类[18]:一类是为了生产特种纸产品专门种植的作物,具有很高的市场价值。如用蕉麻、大麻、亚麻和棉花的长纤维生产的纸浆来制作具有高强度的纸制品(保密纸、钞票纸)和卷烟纸。另一类是农业粮食生产中产生的废弃物。谷物秸秆(主要是小麦和水稻秸秆)和蔗渣是最重要的、目前仍在使用的此类原料[19]。

在过去的几十年,竹子在传统的造纸和箱纸板生产中基本上已经被淘汰,主要是由于对环境的影响以及产量规模相对较小。由于森林产品的短缺情况日益严峻以及木材价格的上涨,竹子和其他非木材原料在生产纸浆和高附加值产品上有很大的发展潜力,如用于溶解浆生产的再生纺织纤维或纤维素衍生物。

用于造纸的纤维材料作物

尽管对一年生纤维作物和农业废弃物用于制浆进行了大量研究,但欧洲的纸和纸板工业中很少以非木材纸浆作为原料。一些亚麻和大麻纤维可加工成特种纸。虽然一直在努力改善用于纸和纸板生产的秸秆纸浆,但依然没有成效,欧洲的最后一个秸秆制浆工厂也已经关闭[23-24]。欧洲不同地区研究过的其他纤维作物包括黄秋葵,用于造纸和增强纤维以及营养丰富的豆荚;以及作为潜在纺织纤维的荨麻(Urtica dioica)。非木材纤维可以用来改善纸张的性能。与阔叶木或针叶木纤维相比,非木材纤维间可能具有截然不同的特性(见表1-3和表1-4)[25]。

表1-3 不同原料中纤维的平均形态特性[25]

原料	长度/mm	直径/μm	长径比	细胞壁比例/%
云杉	3.5	36	100	33
白杨	1.0	21	50	40
大麻韧皮部	20	30	1000	50~80
亚麻韧皮部	28	21	1350	>90
大麻髓部	0.55	20	28	15~30
亚麻纤维束	0.35	20	18	20~30

表1-4 表1-3中的纤维原料的平均化学成分[25] 单位:%

原料	纤维素	半纤维素	果胶	木素
云杉	43	29	n.d.[1]	27
白杨	53	31	n.d.	16
大麻韧皮部	60~70	10~15	1~3	4
亚麻韧皮部	70~80	12~18	1~3	3
大麻髓部	34~40	20~25	2~4	20~25
亚麻纤维束	35~40	25~30	2~4	25~30

注 1—未检测。

在热带国家及地区(巴西、古巴、印度、中国、东盟地区和南非),蔗渣作为蔗糖生产的残渣具有广泛的用途,其收获期是在每年的较凉爽时期。蔗渣可以用来生产所有类型的纸张(如涂布和未涂布的化学浆纸、瓦楞纸板、牛皮纸和箱纸板、新闻纸和生活用纸),也可以生产溶解浆。然而,蔗渣中较高的硅含量阻碍了制浆黑液中化学品的回收,使得小型纸厂回收成本较高。黑液中的硅也会引起结垢。此外,蔗渣髓也会消耗蒸煮锅内大量的化学药品,并导致纸浆的滤水性和游离度降低,同时洗浆效率、纸机上的脱水和干燥也会受到影响,这些都会对纸张强度和光学性能产生不利影响。相比之下,除髓也会导致纤维损失。蔗渣也用作刨花板替代物以及燃料和电能源、覆盖物、糠醛和木糖醇的生产。

在禾本科、竹亚科、竹族植物中,竹子是一类木质多年生常绿植物(某些温带品种除外)。竹子是全球生长速度最快的木质植物(woody plant)。竹子的快速生长与其独特的根状茎系统有关,但对当地的土壤和气候条件有高度的依赖性[26]。从寒冷的高山到高温的热带地区,在不同的气候中都能发现竹子。在东亚和东南亚,竹子具有重要的经济和文化价值,广泛用于花园,并作为建筑材料和食物。根据 Dransfield 的统计,全球有 60～75 类、1250～1500 种竹子,其中原产地在东南亚的占 64%,生长在拉丁美洲的占 33%,其余的品种生长在非洲和大洋洲。与拉丁美洲存在 440 种竹子相反,北美洲只有 3 种本地竹子[27]。在中国,大约有 40 类超过 500 种竹子,其中 28 类和超过 200 种分布在云南省。

在很多热带和亚热带国家和地区,特别是亚洲,竹子是一种重要的森林资源,其生长十分迅速。作为一种速生木质纤维素材料,竹子已经作为传统材料广泛用于房屋建设、家具生产和家居产品(如筷子、容器和手工艺品),主要是因为竹子具有很高的强度和表面硬度、易于加工,以及在当地拥有丰富的资源。

在中国,毛竹(Phyllostachys pubescens)是最重要的竹子品种之一。中国拥有 420 万 hm^2 的竹林[28-29]。毛竹的覆盖面积超过 270 万 hm^2,约占中国森林总面积的 2%,毛竹也是用于竹材和竹笋生产的最主要品种。自然而然地,毛竹对环境有着非常重要的作用。在 18 世纪毛竹被引入到日本、美国、澳大利亚和欧洲。

在中国,毛竹的天然产地约在北纬 23°30′～32°20′和东经 104°30′～122°之间,包括福建省、湖南省、浙江省、江西省、安徽省、湖北省、四川省、广东省、广西壮族自治区、云南省以及陕西省。毛竹生长在海拔较高的群山中,很少出现在孤山上。毛竹主要以纯毛竹林或混合林的形式生长在海拔 10～1700m 之间的丘陵和山区,并零星的种植在平原和平地上。最适合毛竹生长的地区是海拔 500～800 米的低矮山区。毛竹在 1736 年被引入到日本,1880 年被引入到欧洲,约在 1890 年被引入到美国。现在,毛竹在日本的覆盖面积超过 $50000hm^2$[30]。将来,中国和其他国家的毛竹林面积将会进一步扩大。

1998 年,中国生产了将近 1700 万 t 非木材纸浆(FAQ 统计),占中国纸浆总产量的 84%,其中包括约 100 万 t 竹浆。在过去的十年间,中国的纸和纸板产量已经保持了最快的增长速度(>10%),在 1998 年其产量约为 2500 万 t,到 2005 年翻了一番还多。然而,在 2005 年非木材纸浆纤维约仅占纤维总产量的 25%。相对大型纸浆厂(年产能超过 5 万 t)的增加导致了木材用量的增加。在 2007 年,设计产能为 750t/d 的全漂白竹浆生产线已经在中国贵州省投产。

为了增加非木材纤维纸浆的产量,需要对大宗原料的收集、运输和贮存等整个供应链进行升级。尽管报道称其制浆过程对化学品的需求和能源的消耗较传统的木材制浆低,但非木材纤维需要采用专业的清理机械(包括洗涤、除尘和除髓设备)。最经济的运输距离主要取决于原料的蓬松度。一个地区的原料供应量决定了制浆厂的产能。此外,小型制浆厂的污水处理和化学品回用成本相对较高。

竹子中的硅含量是影响制浆化学品高效回收的主要技术障碍。需要对原料除硅以提高竹浆厂的环保效能。硅沉积是化学品回收系统的蒸发器单元中十分严重的问题。如同矿物黏合剂/建筑材料一样,应当开发更好的利用竹子纤维的方法。为了更高效地利用能源以及回收化学品和残渣(黑液、木素、石灰和二氧化硅),仍需做更多的研究和开发工作。

为不同的市场生产不同等级的纸浆,以获得最大的附加值。磨碎或精磨的特等纤维可以用来生产建筑板材(水泥结合或胶黏的刨花板),或选择用来做纤维强化的聚合物复合材料。未漂白硫酸盐浆适合生产挂面纸板和纸袋,但是用于印刷书写纸生产时需要对纸浆进行漂白。高纯度的竹浆纤维可以转化成纺织纤维。

特种纸,如卷烟纸、茶袋纸和钞票纸,是由棉花、亚麻和大麻等长纤维组成的非木材纸浆生产的。用作邮票和钞票的保密纸通常要有水印。现代钞票纸和保密纸的生产涉及到很多复杂的印刷技术和纸页成型技术以防止被伪造。由纸和箱纸板制作的结构性产品也已用到隔断墙和其他临时性的建筑中。两层纸板间的蜂窝状结构可提供较高的机械强度和刚度。在轻型结构设计中发现硬纸管可以提供价格低廉且强壮的骨架。

小麦(*Triticum spp.*)是来自中东新月沃地的耕种草本作物。2007 年,全球的小麦产量为 6.07 亿 t,是继玉米(7.84 亿 t)和大米(6.51 亿 t)之后第 3 种最常见的谷物[31]。2007 年,中国是全球十大小麦生产国之一(见表 1-5)。在中国大米和小麦的种植面积达到 13 亿 hm^2,主要分布在江苏、安徽、湖北、山东、河南、湖北和四川等省份[32]。农作物种植不可避免地会产生大量的秸秆废弃物。每年大约产生 20 亿 t 的水稻秸秆和 10 亿 t 的小麦秸秆废弃物,每年包括蔗渣在内的秸秆总产量接近 70 亿 t[33]。

尽管造纸企业,特别是华南地区的造纸企业早就长期利用芦苇、小麦秸秆、水稻秸秆和竹子来生产纸和纸板,中国政府极力推荐农作物秸秆返田以作为增加土壤肥力和有机碳含量的措施[35-36]。将作物秸秆均匀撒到表土层的常规做法为耕地提供了易于利用的碳源,能够显著提高稻田里 CH_4 的排放,并略微降低 N_2O 的排放[37-41]。在维持土壤生产力的同时又缓解了 CH_4 和 N_2O 的排放,这种做法也许是可行的。通过对新鲜的作物秸秆进行合适的管理可以达到这些目标。

表 1-5 2007 年全球十大小麦生产国家及地区[34]

国家	产量/百万 t	国家	产量/百万 t
欧洲	124.7	加拿大	25.2
中国	104.0	巴基斯坦	21.7
印度	69.3	土耳其	17.5
美国	49.3	阿根廷	15.2
俄罗斯	4.9	伊朗	14.8

1.2 木材化学、形态学和超微结构

树木具有较大的尺寸和年龄,并且其主干和树枝具有独特的僵硬木质结构,它们是植物界,亦即植物王国的巨人。为了充分利用这些进化发展的自然奇迹,需要明确木材的构造与成分背后的形态、解剖结构和化学组成。木材结构与化学组成的基本知识能够帮助我们选择合适的材种用于特定的用途。

树是多年生的种子植物(*Spermatophytae*),可以分为针叶木(裸子植物)和阔叶木(被子植物或双子叶被子植物)两大类。由于球果中含有裸露的种子,英文中"softwood"也被称为"coniferous woods",而阔叶树在花的内部产生隐蔽的种子。然而,这些常规的名字并没有表示"硬度",因为针叶木和阔叶木的平均比重区间有相当大的重叠;一些针叶木很坚硬,而一些阔叶木则相对较软。另一种分类是根据大多数针叶树种保留了针状或鳞片状叶子,与之相反大多数阔叶树每年都要落叶。因此,主要的商业针叶树和阔叶树通常被称为"常青"树(如它们保留新叶片数年之久)和"落叶"树(每年秋末生长季结束时它们通常脱落宽大的或刀状的叶子)。然而,很多生长在热带条件下的阔叶木树种不但"常青"且不落叶。

树的最主要结构部分是干、梢、枝、根、皮和叶(叶片和针叶)。在这些组成部分中,尽管都可以作为原料用于可再生自然资源的加工转化,通常只有剥皮的树干材(stemwood)适合用于制浆。根据木材的解剖、物理和化学特性,通常情况下木材不是均一的材料,并且是可降解的,如真菌、微生物和热解。木材是由不同种类和数量的特种细胞组成的,这些细胞执行机械支撑、水分输送(大约活树重量的一半由水组成)和新陈代谢等必要职能。对于大多针叶木和阔叶木材种,其解剖结构是独特的,如不同树木的材种之间,其木质细胞的类型、比例以及排列均存在差异。

木材细胞具有化学多样性,是构成结构成分的聚合物基体:多糖,如纤维素和半纤维素以及木素。这些高分子物质并不是均匀地分布在木材细胞壁中,在树的不同部位它们的相对含量是不同的。非结构成分,如抽出物和无机物,仅占很小的比例,大多由低分子质量的化合物构成,主要沉积在细胞壁外部。此外,微量的含氮化合物,如蛋白质和生物碱,存在于木材的细胞壁中。

从热带到严寒地区,无论是针叶木还是阔叶木都广泛分布在地球上。与已知的阔叶木材种(约3500种)相比,已知的针叶木材种(约1000种)相对较少。然而,由于热带森林的大量开采,目前正在利用的商业材种仅占这些材种的很小部分。在北美洲,约有1200种天然材种,其中100种是重要的商业材种。在欧洲,天然材种和重要商业材种的大致数量分别是100种和20种。

本节简要论述木材的结构和化学组成,重点介绍它们在制浆造纸工业化学浆生产中的应用。同时对树皮也做了简要介绍,因为即使最高效的剥皮也会残留一些树皮,它们连同木材一起进入制浆过程。关于本部分的详细资料请参考文献,如入选教材和手册的适当部分(如结构和化学组成的资料[42-81])。部分下面的章节1.2.1-2.6和1.2.8是以本丛书旧版第三卷为基础,《森林产品化学》(Per Stenius 主编),由 Raimo Alén、Bjarne Holmbom 和 Per Stenius 编写。

1.2.1 木材宏观结构

当观察木材的宏观结构或形态时,很明显针叶木和阔叶木之间、不同材种之间以及同一棵树的不同木材组织之间存在差异。木材是由梭形的细胞构成,这些细胞主要延树干的纵向定向分布。细胞之间通过孔洞联系,即纹孔,纹孔能传导树内的水分和养分。在针叶木中,细胞在形式上主要是纤维状的,因此称之为纤维(管胞)。在阔叶木中,有各种各样的特定细胞类型,如纤维、导管(微孔)、薄壁细胞。成年的树中,无论是针叶木还是阔叶木细胞绝大部分是中空的死细胞,因此形成的组织主要由细胞壁和孔洞组成,其中后者是管腔或细胞的中空内部(见图1-3)。关于木材细胞将在本章后面的部分进行详细的说明。

图1-4为树干的横切面,显示了木材(木质部)和树皮的宏观结构。除了显示的特征,一些针叶木也有垂直的和水平的树脂道。木材细胞结构的特征只有通过在不同的方向观察其结构才能明确,因此,除了横切面之外,在很多情况下同时研究径向和切向切面更能说明问题(见图1-5)。

通常树皮的重量约等于树木总重量的10%~15%,树皮由两层组成:内皮(韧皮部)和外皮(软木或落皮层),内皮是具有活细胞的窄层,而外皮是由死细胞构成,曾经是内皮的一部分。外皮的功能是保护树木不受机械损伤、微生物侵害,以及温度和湿度变化的影响。每一种树木材种的外皮解剖结构都是独特的。

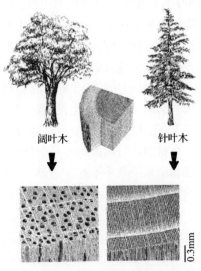

阔叶木　　　针叶木

图1-3　阔叶木和针叶木组织中沿树干纵向排列的梭形死细胞[49]

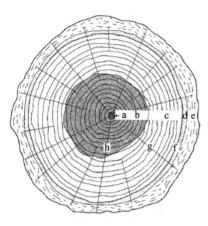

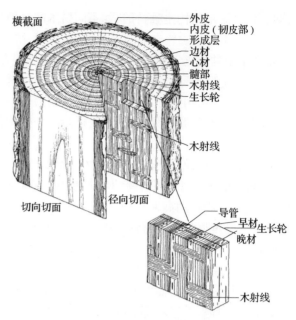

图1-4　成年松木树干的横切面[46]

a—髓部　b—心材　c—边材
d—内皮或韧皮部　e—外皮或软木
f—形成层　g—次级射线
h—初生射线,以及生长轮或年轮

图1-5　切断树干后呈现的横向、
径向和切向切面[52]

　　形成层是由活细胞组成的组织薄层,在树皮和木质部之间,是细胞分裂和树木径向生长的地方。形成层每年都会在木质部产生新层,称之为生长轮或年轮(年增量),这样整个树干、树枝和树根按同心的生长轮排列。韧皮部细胞的分裂速度不如木质部细胞频繁,这样会使树木含有更多的木材而不是树皮。树的年龄可以根据树干的生长轮总数计算出来。树的生长速度与季节有关。生长轮的浅色部分为春材(早材),具有薄壁细胞和大的管腔(针叶木)或导管(阔叶木),在生长季开始时出现,以保证高效的水分输送系统。深颜色部分为夏材(晚材),含有提供机械强度的厚壁细胞,在生长季结束时出现。由于这种颜色变化是由早材和晚材细胞结构上的变化引起的,在大多数情况下生长轮是很容易辨认的。与早材相比,这些解剖结构上的差异反映出晚材的密度更高,这也导致早材和晚材纤维在造纸性能上存在差别。在温带地区,通常木材的生长始于春季并持续到夏季晚期。这意味着在每年的寒冷月份形成层是不活跃的。然而,如果连续生长,就会缺少规则的生长轮(特别是一直生长的热带木材)。在这种情况下,交替的阴雨季节也会导致生长轮的形成,尽管这些生长轮很难辨认。

　　早材和晚材间的边界是变化的。正如在落叶松中的边界可能非常明显,而白桦、白杨、山毛榉和桤木中几乎不存在边界。针叶木主要由管胞构成,尽管一些针叶木材种的晚材区域非常狭窄,但很容易从早材中区分出来。生长轮的宽度变化很大,这取决于树的材种和生长条件。如在北欧国家苏格兰松(*Pinus sylvestris*)的生长轮宽度变化在0.1～10mm。同样的原因,晚材所占比例的变化可能非常大,通常北欧国家针叶木晚材的比例为15%～40%;这些国家北部地区的晚材比例相对于南部部分地区更高。然而,在阔叶木中,早材和晚材的交替区域有些不同,主要是因为存在运输水分和养分的特殊导管或微孔。在一些阔叶木中,如栎树、岑树和榆树,大的导管集中在生长轮的开始部分,而小的导管则出现在晚材中。此类木材被称为环孔阔叶木。另一方面,在散孔阔叶木中,如白桦、白杨、山毛榉、枫树、桉树和白杨,导管的尺寸是一致的,在整个生长轮中的分布也是均匀的。结果这种更均匀的结构导致在散孔阔叶木中很难发现单个的生长轮。在某些阔叶木中,如桤木,横穿整个生长轮的微孔直径是逐渐减小的,或绝大部位于早材中的导管具有不一致的微孔直径。这些木材通常被称为半散孔或半环孔阔叶木。

外部,成熟木质部的浅颜色部分被称为边材。它提供结构支撑,起到养分贮存器的作用,同时从根部输送水分到树叶中。尽管大多数边材细胞是死细胞,但仍然还存在部分活细胞(仅薄壁细胞)。因此边材是有生理活性的。木质部的内部通常由深颜色、无生理活性的心材组成,心材可能具有独特的气味,同时比边材具有较低的水分含量和较高的密度。心材由死细胞构成,不再参与任何水分或养分的运输,通常只有支撑作用。出现深颜色是因为细胞壁和细胞腔内会分泌树脂有机物、氧化的酚类和色素。此外,在很多材种中,部分这些化合物对腐化微生物具有毒性,实质上增加了心材的抗腐性能。然而,这些沉积物连同闭塞纹孔一起,使得在化学制浆过程中心材内的药液渗透比边材更困难。心材的形成从一定的树龄开始,这取决于材种(南方松树通常为 15~20 年),以及由于树木生长日益增大的树干比例。某些材种几乎完全由心材组成,只有非常狭窄的边材,而其他一些材种拥有少量的心材。一些阔叶木中,如白橡树,在心材的形成过程中导管内也会形成所谓的填充体,极大地降低了木材与液体之间的渗透性,为此,白橡树成为生产优质葡萄酒桶材料的代表。

木质部在水平方向存在木射线,木射线从外部的树皮一直延伸到髓心(初生木射线)或某些生长轮(次生木射线),而且在很多情况下这些木射线是肉眼可见的。它们呈现出不同宽度的浅色直线,其含量主要取决于树的材种。位于中央的髓部是可见的,在树干和树枝的中间如同深色的条纹。它表示在生长的第一年间软组织的形成。

1.2.2 树木生长

在活着的树冠(功能叶和芽、叶子)内,通过光合作用会生产各种养分,为树提供能量并供其生长。光合作用涉及到若干复杂的反应过程,主要是在叶绿素和光存在下由二氧化碳和水生成各种碳水化合物,(同化物,主要化合物是 D-葡萄糖)。然而,光合作用并不能直接产生木材。相反,树的生长是利用光合作用产物,是生长点和导管形成层内细胞的分裂。分裂完成后,每一个细胞经历一系列发展阶段,包括细胞增大、细胞壁增厚、木质化和死亡。树的生长总是连续的,尽管后来会变得缓慢。木质部向上提供大量的传导水分和溶解矿物质,而通过韧皮部向下输送由叶子产生的光合作用产物和激素。木质部和韧皮部也有控制贮存容量的功能。真正的贮存主要出现在薄壁细胞内。

木材的形成是整个树木生长的整体方面,不仅包括树干、树枝和树根的直径增大,也包括这些主要部分的延长。这些可见的或微观的生长是特殊细胞区域——分生组织活动的结果。组成分生组织的细胞是未分化的,并在整个生命期具有分裂和产生新细胞(子细胞)的能力。每个细胞完成分裂之后,一个细胞(最初的)保留分生组织,而另一个细胞最终分化成一个成熟的细胞。

生长的树木包含两类分生组织:顶端或终端分生组织和侧面分生组织。顶端分生组织(生长点)即位于所有树干和树枝尖端的顶芽内部,和所有树根的尖端区域,其中根部的分生组织通常受到另一细胞区域——根冠的保护。这种纵向生长(主要生长)发生在生长初期。侧面分生组织(导管形成层)负责所有木材组织的形成。这种径向生长由形成层开始,形成层由单层的内含原生质的薄壁活细胞(最初的)构成。形成层区由数排细胞构成,这些细胞均具有分裂能力。在分裂时,初始细胞产生一个新的初始细胞和一个木质部母细胞,它们依次成长为两个子细胞;子细胞均具有进一步分裂的能力。更多的形成层细胞是向着木质部生长而不是向着韧皮部。因此,树中总是含有较多的木材而不是树皮。这种生长增加了树干、树枝和树根的直径,称为二次生长。

1.2.3　细胞类型

典型的垂直细胞和水平细胞,具有很多相似结构和化学性质,在针叶木和阔叶木木质部中具有不同的体积(见表1-6)。针叶木和阔叶木之间最明显的区别在于阔叶木的树干纵向上含有导管。此外,在微观结构上,可以发现另有不同之处。如针叶木中细胞的种类较阔叶木中少,使得针叶木中很少出现复杂多变的结构。根据细胞的主要功能,通常可以将植物体中的细胞分为不同的种类。细胞的形状会根据主要功能发生变化,其主要功能为:(a)液体输送功能;(b)为树木提供必需的机械强度;(c)作为提供养分供应的贮存器。传导细胞和支持细胞是死细胞,内有含水和空气的孔洞。在针叶木中管胞(纤维)执行这两种细胞的功能。在阔叶木中,传导细胞由导管组成,支持细胞主要由不同的纤维组成。贮存细胞为薄壁细胞,用来输送和贮存养分。

表1-6　　　　　　针叶木和阔叶木木质部中主要细胞种类的选择性特性

细胞种类	方位[a]	主要功能[b]	木质部中的含量[c]/%(体积分数)	长度[d]/mm	宽度[e]/mm
针叶木					
管胞(纤维)	V	S,C	90	1.4~6.0	20~50
射线管胞[e]	H	C	5		
射向薄壁组织	H	ST	<10	0.01~0.16	2~50
上皮薄壁组织	V,H	E	<1		
阔叶木					
纤维[f]	V	S	55	0.4~1.6	10~40
导管分子	V	C	30	0.2~0.6	10~300
纵向薄壁组织	V	ST	<5		
射向薄壁组织	H	ST	15	<0.1	<30

注　a.树中细胞的主要轴向方位;V表水平方向(纵向),H表水平方向(径向)。b.S支持,C传导,ST贮存,E树脂分泌物。c.平均值,很大程度上取决于材种。d.典型范围,很大程度上取决于材种。e.某些材种中不存在。f.包括所有纤维状细胞和管胞。

纹孔,通常位于毗邻的纤维之间或木材细胞之间,纹孔的存在使水溶液的传导和分配以及木材活性部分中细胞内含物的交换成为可能。纹孔的种类与含有纹孔的细胞类型有关。通过分析纸浆纤维或原料木片等未知样品中的微小纹孔就可以确定母本材种。最主要的辨别特征是细胞壁纹孔的形状和方位,特别是在针叶木早材管胞和阔叶木导管中,每一种材种的纹孔都是特有的。另外,木材多孔结构的基本知识对于明确木材的浸渍和干燥等相关的现象非常重要。

木材在物理性能上的差异直接决定了细胞的类型,包括细胞壁的结构和细胞的位置及相对比例。由于这些差异,本节分别叙述了针叶木和阔叶木的解剖结构。

1.2.3.1 细胞壁分层

细胞分裂之后的增大和分化阶段,每个细胞中有一层非常薄的塑料状初生壁将原生质包裹着。在接下来的阶段(细胞壁增厚),次生壁开始形成。细胞壁的增厚程度主要取决于生长时间(早材或晚材)以及/或细胞的功能。细胞发育(木质化)的最后阶段开始后次生壁仍然在形成过程中。细胞间组织,即胞间层过早或相对快速的木质化,使得初生壁产生。相比之下,次生壁的木质化是一个比较平缓的过程。这意味着,尽管将细胞发育分成了明显的几个阶段,仍有相当多的阶段间出现重叠。对于木材细胞的主要部分,即具有支持和传导作用的部分,所有细胞发育阶段在数周内完成,从而导致细胞在木质化后死亡,同时管胞和韧皮细胞也会形成。另一方面,贮存细胞在木质化后会延迟一段时间再死亡。采用传统的光学显微镜在高倍放大条件下,可以清楚地辨认木材细胞壁的各层。而电子显微镜可以清晰地辨认各层间的结构差别。

成熟细胞壁中最小纤维素链的平均宽度为 3.5 nm,被称为基原纤丝。基原纤丝依次在链上排列,被称为微纤丝(宽度 5 ~ 30 nm),微纤丝可以在电子显微镜下观察到。微纤丝的直径取决于纤维素的来源以及细胞壁内微纤丝的位置。纤维素微纤丝在不同的纤维壁层具有不同的取向,并含有结晶区。另外,微纤丝的取向(如特定的微纤丝角,通过到纤维轴间的角位移来衡量)对木材纤维的物理性能有影响。微纤丝间结合形成更大的纤丝和薄层。

基于可靠的实验数据,在此详述的纤维壁结构均与工业上重要的树木材种紧密相关,但一个概述包含所有针叶木和阔叶木纤维显然是不可能的。根据目前的了解,如同上面所述,细胞壁主要由两层构成,包括相对薄的初生壁(P)和相对厚的次生壁(S)(见表 1 - 7)。根据微纤丝取向的不同,次生壁又分为 3 层,分别称为次生壁外层(S_1 或 S1)、次生壁中层(S_2 或 S2)和次生壁内层(S_3 或 S3),S_3 层有时也称作三生壁(T)。这些分层的结构要素在取向上相互间存在不同,同时在一定程度上它们的化学组成也存在不同(见 2.5.2 节,木材成分分布)。

表 1 - 7 不同细胞壁层的平均厚度以及典型的木材纤维内部各层的微纤丝角

细胞壁各层[1]	厚度/μm	微纤丝层数(薄层)	平均微纤丝角/(°)
P	0.05 ~ 0.1	—[2]	—[2]
S_1	0.1 ~ 0.3	3 ~ 6	50 ~ 70
S_2	1 ~ 8[3]	30 ~ 150[3]	5 ~ 30[4]
S_3	<0.1	<6	60 ~ 90
ML[5]	0.2 ~ 1.0	—	—

注 1—P 初生壁,S_1 次生壁外层,S_2 次生壁中层,S_3 次生壁内层,以及 ML 胞间层。

2—纤维素微纤丝,主要为"不规则网状物",见正文。

3—早材(1 ~ 4 μm)和晚材(3 ~ 8 μm)之间存在很大变化。

4—微纤丝角在 5° ~ 10°(晚材)和 20° ~ 30°(早材)之间变化。

5—胞间层将细胞约束在一起,主要包含非纤维物质。

微纤丝按照不同的取向环绕在细胞轴上,或向右(Z 螺旋)或向左(S 螺旋)。在一定情况下,如针叶木管胞和某些阔叶木细胞,S_3 层内部被一层薄膜覆盖,称之为瘤层(W)。中空纤维中最主要的孔洞称之为腔(L)。胞间层(ML)位于相互毗邻的细胞 P 层之间,并起到将细胞约束到一起的功能。由于很难从两个 P 层的任何一边区分出 ML 层,通常称为混合胞间层(CML),来特指 ML 层与毗邻的两个 P 层的结合体。

图 1-6 显示了细胞壁各层的理想化绘图和透射电子显微照片,展示了每一层的相对尺寸,以及每一层中平均的微纤丝取向。P 层纤维素微纤丝的结构是松散的,并且在外表面基本上是面向细胞轴的。在内表面它们几乎是垂直于细胞轴向。S_1 层具有交叉的纤维结构,在微纤丝取向上具有交替的 S(通常占支配地位)和 Z 螺旋线。在所有的细胞类型中,细胞壁的总厚度主要受 S_2 层的影响,特别是在针叶木晚材的管胞和阔叶木的韧皮纤维中。通常 S_2 层增长,细胞壁的厚度也随之增加,而 S_1 和 S_3 层的厚度保持不变。因此 S_2 层对木材纤维的物理性能具有重要影响。S_2 层显示出陡峭的 Z 螺旋,与微纤丝内高度的相似。然而,其外表面和内表面会出现过渡薄片(S_{12} 和 S_{23})。在这些薄片中微纤丝取向在 S_1 层和 S_2 层之间以及 S_2 层和 S_3 层之间逐渐变化,在 S_{23} 层中微纤丝角的变化较 S_{12} 层更明显。薄的 S_3 层纤丝会缓慢地倾斜,但并不是非常严格的按平行顺序排列。

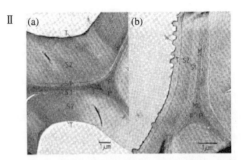

图 1-6 (a)挪威云杉(Picea abies)和(b)山毛榉(Fagus sylvatica)细胞壁各层的超薄横切面的示意图(Ⅰ)和透射电子显微照片(Ⅱ)(显示了细胞壁各层的微纤丝取向和不同层的相对大小)[43]

ML—胞间层 P—初生壁 S_1—次生壁外层
S_2—次生壁中层 T(或 S_3)—次生壁内层 W—瘤层

1.2.3.2 针叶木细胞

根据它们的不同形状,木材细胞可以分成两大类,通常称为纺锤细胞和薄壁细胞。纺锤细胞是细而长的细胞,具有扁平或锥形的封闭边缘(未穿孔末端),而薄壁细胞是矩形的(砖块状)相对短小的细胞。

针叶木由 90% ~95% 的管胞构成(主要是纵向细胞,见表 1-6 和图 1-7),这些管胞是纤丝状的纺锤细胞,因此称其为纤维。正如在径向面上所示纤维末端呈现出圆形,而在切向面上纤维末端是尖状。完整管胞的算术平均长度对纸浆的性能是很重要的,而且在不同材种之间,以及同一棵树的不同部分中变化很大。然而,大多数针叶木纤维的平均长度为 2~6mm。纤维粗度(纤维的单位长度质量)在 10~30mg/100m 间变化。另外,对于纵向的管胞,一些材种的木射线中含有木射线管胞(见下文),其形状与薄壁细胞相似,但在成熟后会死亡。

薄壁细胞按水平方向或垂直方向排列。同化物的贮存和吸收在贮存薄壁细胞中进行,贮存薄壁细胞在针叶木中主要沿径向木射线排列,称之为木射线薄壁细胞(水平薄壁细胞),仅有一少部分针叶木如雪松(Cedrus spp.)、红杉(Sequoia sempervirens)和落羽杉(Taxodium distichum)等含有大量的木射线薄壁细胞。在大多数针叶木中,细胞是细小的,如道格拉斯冷杉(Pseudotsuga menziesii)、冷杉(Abies spp.)和落叶松(Larix spp.)。木射线的宽度通常与细胞的宽度一致。一些薄壁细胞列是相互堆叠在一起的。木射线管胞通常位于木射线层的上下边缘。图 1-8 展示了针叶木木质部中细胞的整体排列。

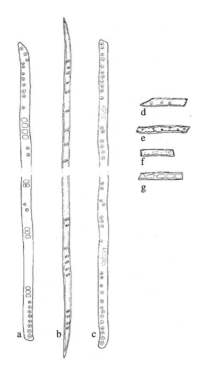

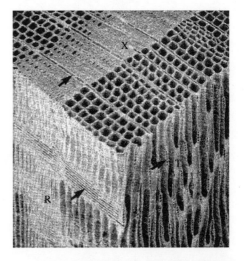

图1-7 针叶木中主要的细胞类型[46]

a—早材松木管胞 b—晚材松木管胞

c—早材云杉管胞 d—云杉木射线管胞

e—松树木射线管胞 f—云杉木射线薄壁组织

g—松树木射线薄壁组织

图1-8 针叶木木质部的3个平面视图(横切面图X、

径向图R和切向图T)[52]

注 图中显示出具有薄壁和大管腔的个别早材细胞,

箭头表示木射线。

上皮薄壁细胞通常只出现在针叶木组织中,拥有垂直的和水平的树脂道(树脂管道),在树中形成均匀的网络通道。水平树脂道总是在木射线内部,几列一起出现(纺锤形木射线)。通常,树脂道是管状的,细胞间孔洞由上皮薄壁细胞填充,这些孔洞分泌的含油树脂进入到树脂道内。没有树脂道的针叶木包括冷杉(*Abies spp.*)、紫杉(*Taxus spp.*)、杜松(*Juniperus spp.*),以及雪松(*Cedrus spp.*)等。与之相反,一些材种自始至终一直存在树脂道,如松木(*Pinus spp.*)、云杉(*Picea spp.*)、落叶松(*Larix spp.*)和道格拉斯冷杉(*Pseudotsuga menziesii*)等。与云杉木相比,松木中含有更多的树脂道。在松木中,树脂道集中在心材和根部,而云杉中树脂道是均匀的分布在整个木材中。松木中树脂道的平均直径大约为0.08mm(纵向)和0.03mm(径向)。在松木木质部的横切面上,树脂道的总数量(平均长度约为50cm)少于5条/mm²。

1.2.3.3 阔叶木细胞

阔叶木的宏观特性表现在不同细胞类型的分布和数量上,如纤维、导管细胞(由导管和孔洞组成)、纵向薄壁细胞以及木射线薄壁细胞等(见表1-5和图1-9)。与针叶木中以管胞为主相反,阔叶木中具有多种细胞类型。另外,与针叶木相比,阔叶木的纤维短而窄,而且木射线在宽度上变化很大(如含有更多的薄壁细胞)。然而,尽管存在这些不同,针叶木和阔叶木细胞的大多数结构特性是很相似的。

形成阔叶木基本组织的纤维,其尺寸要比针叶木管胞的纤维尺寸小。粗细均匀的阔叶木纤维在所有材种中均有发现,或为纤维管胞或为韧皮纤维。然而,这两类纤维间并没有明显的差别,而且它们通常在同一根木材中甚至同一个生长轮内是结合在一起的。除了真正的纤维,还有另外两种类型的管胞,包括导管管胞和环管管胞,这两种管胞仅在少数的材种中出现,而且含量很少。

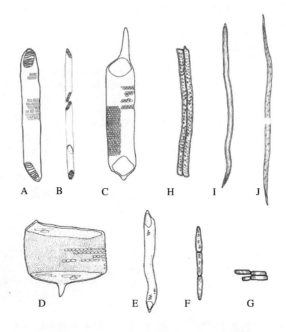

图1-9　阔叶木中主要的细胞类型[46]

A—白桦导管细胞　B—白桦导管　C—白杨导管细胞　D—栎树早材中的导管细胞

E—栎树晚材中的导管细胞　F—栎树纵向薄壁细胞　G—白桦木射线薄壁细胞

H—栎树管胞　I—白桦管胞　J—白桦韧皮纤维

成熟的导管细胞在它们的末端是多孔、中空的死细胞,以促进从根部向上传导水分和养分。单根导管有数米长,由导管细胞沿着纹理首尾相连纵向串联构成。在某些阔叶木中,导管细胞末端是完全敞开的(单口的),而其他一些导管细胞的末端是一系列平行交叉的纹理(梯状的)或一些其它形状(如网状的)。导管末端开口的特殊形状对于鉴定材种是非常有用的。与针叶木管胞相比,由导管形成的管道更能高效地输送水分。

一般来说,阔叶木中薄壁细胞的数量较针叶木中的多,这意味着存在更宽的木射线(1~50个细胞)和更大的木射线体积,以及相对高含量的纵向木射线。两种细胞类型是指木射线薄壁细胞和纵向(轴向)薄壁细胞。通常,在切向上木射线的宽度会发生变化,而且不存在木射线管胞。尽管大多数阔叶木中含有很少的纵向薄壁细胞,在某些情况下,特别是在热带阔叶木中,这类细胞的比例也很高。产自热带和亚热带地区的阔叶木中也可能含有横向和纵向的树脂道(如 *Shorea spp.*)。此外,纵向薄壁组织的分布方式,如横切面所示,对于鉴定阔叶木是很有帮助的。图1-10展示了散孔阔叶木中木质部细胞的

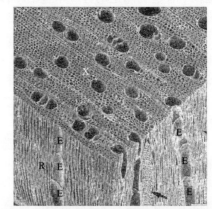

图1-10　散孔阔叶木木质部的三平面视图

(横向 X、径向 R 和切向 T)[55]

注　图中展示了单个导管细胞形成的导管(E)。

箭头表示切向视图中存在单细胞宽度

和多细胞宽度的木射线。

一般分布方式。

粗细均匀的纤维是构成阔叶木浆的主要成分。作为阔叶木与针叶木纤维之间存在不同之处的后果,通常阔叶木浆与针叶木浆的产品在应用上(如用于印刷纸)有些不同。另外,阔叶木中含有的大量薄壁细胞导致阔叶木浆普遍存在较高含量的细小纤维,这在某些材种中非常严重。因此,根据纸浆的最终用途,对含有大量薄壁细胞的纸浆进行专门筛分也许是必要的。在一些情况下,由于薄壁细胞的抽出物含量很高,除去这些细胞也是合理的,因为它们是抽出物的一种来源,会导致造纸过程中的树脂沉积。

1.2.3.4 纹孔

纹孔是毗邻细胞之间细胞壁的凹陷处,纹孔的存在使得在树内传导水分和养分成为可能。它们是在细胞的生长期间形成的。很明显纹孔的数量、形状和大小取决于发现纹孔的细胞类型,同时也是木材和纤维在微观鉴定中的特征。

两个互补的纹孔(具缘纹孔和单纹孔)通常出现在毗邻的细胞内,形成一个纹孔对。纹孔对(通常简称为纹孔)通常分为具缘纹孔对(由两个具缘纹孔形成)、半具缘纹孔对(由一个具缘纹孔和一个单纹孔形成)和单纹孔对(由两个单纹孔组成)(见图1-11)。

最常见的纹孔类型是纤维间的具缘纹孔,这是针叶木管胞特有的纹孔类型,这类具缘纹孔的确切性质取决于树的材种。管胞和木射线管胞之间(以及个别木射线管胞之间)的纹孔也是具缘纹孔,但它们远小于纤维间的具缘纹孔。尽管阔叶木导管体系里的大多数液体输送是通过连接的穿孔薄片(如导管细胞末端可以是敞开的或梯状的)

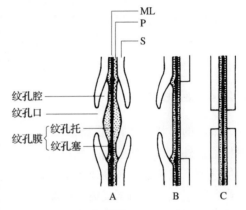

图1-11 具缘纹孔对(A)、半具缘纹孔对
(B)和单纹孔对(C)[53]
ML—胞间层 P—初生壁 S—次生壁

完成的,导管细胞中也有具缘纹孔。但其数量受到树的材种,以及导管间和导管与纤维间侧面接触程度的影响。在一个生长轮内,针叶木早材的纤维间纹孔比较大,而且含量较多;每个管胞中大约有200个纹孔,大多数位于生长轮1~4行内的两个径切面上。在晚材中,纹孔的含量较少(每个管胞中10~50个),也较小,而且在厚壁纤维中经常呈现出缝隙状。在阔叶木纤维中,随着纤维类型的变化,纹孔类型也会发生形态变化,由薄壁细胞中明显的具缘纹孔变成厚壁纤维内的缝隙状小孔。

第二类纹孔,没有任何边缘的单纹孔,仅出现在薄壁细胞之间。相比之下,导管细胞(管胞、导管和纤维)连接木射线和纵向薄壁细胞时,会通过半具缘纹孔形成传导连接。这些纹孔在薄壁组织一侧由1/2的单纹孔构成,在导管一侧由另外1/2的具缘纹孔构成。

针叶木管胞中具缘纹孔的特点是具有一个小的缝隙(门);在纹孔膜方向变宽,形成一个大的空腔(纹孔腔)(见图1-11)。具缘纹孔的开口以及纹孔膜的形状会有很大的变化,这在一定程度上和树的材种、细胞类型、早材和晚材有关。纹孔膜的中心部分,称为纹孔托,其形状像一个圆盘(如松树和云杉的早材)或凸透镜(如松树和云杉的晚材)。纹孔膜的纹孔托周围部分为加厚的边缘,称之为纹孔塞,由径向的微纤丝束构成,液体可渗透通过。然而,对于单纹孔或半具缘纹孔,在纹孔膜的中心没有纹孔托。另一方面,半具缘纹孔的纹孔膜非常厚,而且没有开口,即使在高倍电子显微镜下也难以观察到。

管胞或导管细胞上与木射线细胞交连的区域称为交叉区。针叶木中具有某些形状边缘的纹孔也在交叉区内。这类纹孔在阔叶木纤维中相对来说很少,但在针叶木纤维中很多并很常见,特别是在针叶木早材中。这类纹孔就是射线交叉纹孔,包括如窗格型、松型、云杉型、落羽杉型和柏木型纹孔。这类纹孔的形态和排列对于显微鉴定树木的材种有重要的鉴别价值。根据显微镜下的观察结果,不同木材样品的鉴别相对容易,但很多木材样品里发现的纹孔特性在纸浆纤维中是不存在的。然而,交叉区域内纹孔的种类可为鉴定纸浆来源于何种材种(或至少是属名)提供唯一的线索。遗憾的是,虽然交叉区对鉴别材种是十分有用的,但有时会不利于制浆,因为它们也会沿着纤维形成弱区,容易被化学和机械降解。具有大量交叉区纹孔的材种(如大多数松树)最容易受到此影响。

在针叶木中,在心材的形成期间具缘纹孔能够闭塞。这意味着纹孔膜实际上能够移动到纹孔腔的一侧,允许纹孔托在水分输送方向上不可逆的密封纹孔口。这种现象经常出现在木材的干燥期间,这也减少了不同工艺流程中液体由木材中流出,如制浆和保鲜处理。在某些情况下,通过延长浸水时间纹孔闭塞在一定程度上是可逆向的,从而改善木材的渗透性能。

1.2.4 应力木

细胞的形状,特别是管胞和纤维,不仅受季节变化的影响,还受机械力的影响。当树干或树枝通过外力作用在空间上显示出有规律的平衡位置时,如在倾斜的树干受风或重力的作用,会加速树干或树枝的较高或较低一侧的径向生长。此类生长是由树的受影响部分引起的,作为恢复发生位移的树干或树枝到原来生长位置的一种手段。形成的这种组织统称为应力木。这种特殊组织在每棵树上都存在,包括天然林和人工林,尽管不同树中在数量和严重程度上存在很大差别。近来发现这种应力木也出现在笔直匀称的树干晚材中[82]。

针叶木中的应力木(应压木)通常集中在倾斜树干或树枝的下面,而阔叶木的典型特性是在倾斜树干和树枝的上面形成特殊组织(应拉木)。然而,与针叶木不同,阔叶木中的应力木不是始终存在的,应拉木通常比较分散地分布在较小的区域。应压和应拉组织在解剖结构、化学和物理特性上相互间存在不同,也不同于木材的普通组织。这些特性会对纸浆的生产和质量产生影响,而且这些应力木在制浆过程中也是不受欢迎的。特别是在硫酸盐浆的生产中,与普通纸浆相比纸浆中含有太多的应压木纤维会影响打浆。

1.2.4.1 针叶木应力木

在针叶木中,在应压木相反方向的木材组织称为对应木,其物理性能在一定程度也不同于与普通木材。这类木材具有如高结晶度和较长结晶区域等特性。

应压木呈红棕色,这是由相对高含量的芳香族化合物(木素及其相关物)引起的(见1.2.5.1节,主要成分),因此较普通木材颜色深。应压木也具有高密度、高硬度和低含水量等特性,而且与普通木材不同,其早材/晚材间的过渡不明显。应压木的管胞短而壁厚(即使在早材中),在细胞间的空隙仍然保留的情况下被环绕(ML 层的总量较普通木材中少)。与普通木材相比,应压木也存在一些重要的特性,具有较厚的 S_1 层同时缺乏 S_3 层。此外,S_2 层中含有的螺旋腔与 S_2 层微纤丝具有相同的方向,并从腔的深处延伸到 S_2 层。S_2 层微纤丝的取向角度通常为 30°~50°,明显较普通木材中大。如果树的普通管胞中存在 W 层,W 层也会出现在应压木的管胞中。

1.2.4.2 阔叶木应力木

尽管通常与普通木材间的不同之处较应压木少,与普通木材相比应拉木含有较少和较小的导管。应拉木纤维中含有一个特殊的细胞壁层,称为胶状层(G 层[53,56]),胶状层几乎完全由高度结晶的纤维素构成(见 1.2.5.1 节,主要成分),并且很容易从剩下的纤维壁中分离出来。应拉木的微纤丝取向与纤维的纵向轴平行。有些材种,应拉木中可能存在 G 层,来取代 S_3 层或 S_3 + S_2 层。在硫酸盐法制浆中应拉木使得纸浆得率很高,但纸浆的强度性能和打浆性能很差。

1.2.4.3 其他重要的特殊木材组织

节疤是树枝嵌入到树干中的部分(更准确地来说,是树枝的基础部分)(见图 1 – 12),可以看作是一个特殊的组织。节疤的硬度和密度均较高,通常含有较多的树脂。节疤中也含有较多的芳香族抽出物,如木素、二苯乙烯、黄酮类化合物,而且比普通木材用于制浆更困难。由于这个原因,在化学脱木素过程中,它们仍然不能成浆。同样,由于

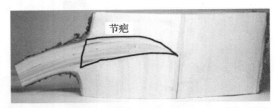

图 1 – 12　云杉树干的横切面显示出内嵌的节疤[82]

树枝中较高含量的未成熟木材和应压木,使得纸浆的得率和质量均较低。

未成熟的木材(有时称作心材),包括大多数树枝,是在老树的早期或未成熟期(约长达 10 年)在髓部附近形成的。当树变得更成熟时,它们与同一棵树中外部树干中的木材(有时称为林缘)存在几方面的不同。与同一棵树的普通边材相比,未成熟木材具有很多变化的属性和特色,表现出较宽的生长轮、较高的早材/晚材比率、较短的细胞、较低的基本密度(随材种变化)、较低的强度、较高的含水量和纵向收缩。在超微结构水平上,未成年木材纤维,特别是在针叶木中,比普通成年木材具有更大的 S_2 层微纤丝角。尽管针叶木和阔叶木中均含有未成年木材,在阔叶木的木质部中未成年期很难清楚的检测出来。在上述情况下,在未成年材和成年材之间纤维/导管的体积比也可能会发生变化。与来自成熟木材的干材相比,首次间伐(早期间伐)材含有更高比例的未成熟木材。虽然如此,近来的研究表明首次间伐材能生产出合格的硫酸盐浆[84 – 85]。

1.2.5　化学成分及分布

1.2.5.1　主要成分

所有树木材种的最主要化学成分就是所谓的结构物质:纤维素、半纤维素和木素。其他含量较少或含量经常变化的聚合物成分是果胶、淀粉和蛋白质。除了这些高分子物质成分外,针叶木和阔叶木中通常也存在少量的各种非结构的和低分子质量的化合物(抽出物、一些水溶性有机物和无机物)。干材与树的其他宏观部分在总化学成分(如木材分析的常见结果)上存在一些不同之处。另一方面,同一干材内在化学成分上会有一定的变化,特别是在木射线方向,普通木材和应力木间也存在不同。下面的论述仅限于通常用于制浆的干材。另外,在论述木材成分分布部分的 1.2.5.2 节,简要论述了木材的主要化学成分的形态分布。

活树体内的含水量是随季节变化的,甚至每天随天气变化。其平均值大约为整个木材重量的 40% ~50%。一个公认的事实是木材中 60% ~80% 的干物质由多糖组成,如纤维素和各种半纤维素。然而,深入研究后发现,针叶木和阔叶木在化学成分上存在不同。它们的纤维素含量基本上一致(占木材干物质的 40% ~45%),但针叶木通常含有较少的半纤维素和较多的木素,普通针叶木中木素的含量仅低于某些热带阔叶木中的含量。通常针叶木和阔叶木中半纤维素的含量分别为木材干物质的 20% ~30% 和 25% ~35%(见图 1 – 13)。另一方面,针叶

木中木素含量往往是木材干物质的 25% ~ 30%,而温带阔叶木的木素含量通常占木材干物质的 20% ~ 25%。来自温带木材中的其他化合物(主要是抽出物)通常占木材干物质的 5%,但热带材种通常超过这一数值。

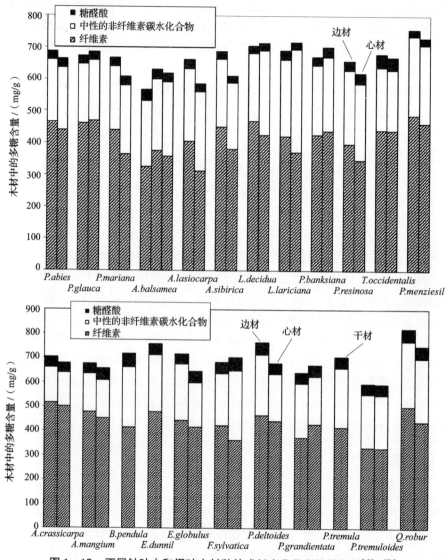

图 1 - 13　不同针叶木和阔叶木材种的成材中常见多糖的含量[86 - 87]

注　缩写的树木材种分别是:香脂冷杉(*Abies balsamea*)、*Abies crassicarpa*、高山冷杉(*Abies lasiocarpa*)、西伯利亚冷杉(*Abies sibirica*)、马占相思(*Acacia mangium*)、欧洲白桦(*Betula pendula*)、邓恩桉(*Eucalyptus dunnii*)、蓝桉(*Eucalyptus globulus*)、欧洲山毛榉(*Fagus sylvatica*)、欧洲落叶松(*Larix decidua*)、兴安落叶松(*Larix lariciana*)、欧洲云杉(*Picea abies*)、白云杉(*Picea glauca*)、黑云杉(*Picea mariana*)、北美短叶松(*Pinus banksiana*)、美国赤松(*Pinus resinosa*)、红叶杨(美洲黑杨,*Populus deltoids*)、大齿杨(*Populus grandientata*)、欧洲山杨(*Populus tremula*)、美洲山杨(*Populus tremuloides*)、花旗松(*Pseudotsuga menziesii*)、夏栎(*Quercus robur*)和北美香柏(*Thuja occidentalis*)。香脂冷杉(*Abies balsamea*)中不包含任何可见的心材,但对到干材去皮表面的 3 个距离处(3cm、6cm、9cm)做了分析。

因此,在温带木材中,高分子物质构成的细胞壁大约占木材物质的 95%。与之相反,热带木材中这一数值的平均值降为 90% 左右。针叶木和阔叶木中半纤维素的结构(类似于木素)之间也存在明显的不同,但纤维素是所有木材中均都存在的成分。此外,针叶木和阔叶木中基于抽出物的化合物在结构和数量上有一定的变化。图1-14展示商业针叶木和阔叶木中常见的主要化学成分。这张图总结了欧洲赤松(*Pinus sylvestris*)和银桦(*Betula pendula*)之间的主要差异。需要指出的是一些材种的化学成分与这些常见的材种间存在明显的不同。

应力木和普通木材之间的化学成分是不同的。图1-15对欧洲赤松(*Pinus sylvestris*)中普通木材和应压木的平均化学成分进行了比较。与普通木材相比,应压木最主要的特性是具有较高的木素含量和较低的纤维素含量。另一典型特性是与普通木材相比应压木中的木素的聚集度更高,纤维素的结晶度更低。而且,应压木中含有较少的聚葡萄糖甘露糖(约为普通木材中的一半),而木糖的含量与普通木材类似。另一方面,在典型的应压木中存在相对高含量的聚半乳糖和落叶松聚糖[laricinan,一种β-(1→3)-葡聚糖](分别占应压木中干物质的10%和3%),然而只有微量的这些化合物出现在普通木材中。聚半乳糖由β-(1→4)-键连接的D-吡喃半乳糖环构成,这些吡喃半乳糖环在C_6上被单个β-D-半乳糖醛酸残基或β-(1→4)-聚半乳糖侧链(对于木材碳水化合物的基本结构及命名,见1.2.6.1节,碳水化合物)取代。应压木中的抽出物含量略高于普通木材,但这通常主要受材种的影响。对立面的木材(见1.2.4节,应力木)通常较应压木含有更少的木素和更多的纤维素。

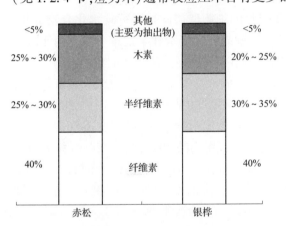

图1-14 欧洲赤松(*Pinus sylvestris*)和银桦(*Betula pendula*)的平均化学成分

注 图中给出的是占木材干物质的比例。

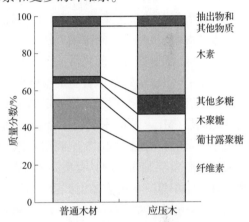

图1-15 欧洲赤松(*Pinus sylvestris*)中普通木材和应压木的平均化学成分

注 图中给出的数值是占木材干物质的质量分数。

应拉木最重要的化学特性是含有较少的木素和聚木糖,但是较普通木材含有更多的纤维素和聚半乳糖。应拉木中较高的纤维素含量通常与纤维壁上所谓的胶质或G层有关(见1.2.4节,应力木),G层通常相对较厚,主要由高度结晶的纤维素构成,不会木质化而且半纤维素的含量也很少。图1-16展示了银桦(*Betula pendula*)中普通木材和应拉木的平均化学成分比较。"其他多糖"部分主要由半乳聚糖以及少量的其他碳水化合物成分构成。在这种情况下,聚半乳糖构成了由β-(1→4)-键连接的D-半乳糖单元骨架,其中一些聚半乳糖在C_6位上会被不同的侧链取代。大多数这些侧链含有β-(1→6)键连接的带糖醛酸末端基的D-吡喃半乳糖残基。其他的侧链类型有,如L-和D-阿拉伯呋喃糖单元以及L-吡喃鼠李糖单元。

1.2.5.2 木材成分分布

木材的3种结构成分,纤维素、半纤维素和木素,并不是均匀地分布在木材细胞中,根据木材的形态区域和树龄,它们的相对质量比例有很大的变化。这意味着,如应力木和普通木材之间(见1.2.5.1节,主要成分)以及不同细胞种类之间的差异会相当大。这也说明针叶木和阔叶木的木射线薄壁细胞中聚木糖的比例要较管胞和纤维中高很多。

细胞壁各层中主要成分分布的详细数据对于更好地明确细胞壁排列非常重要,同时对于解释说明,如作为天然复合材料木材的物理和化学特性,也非常重要。然而,尽管进行了大量研究,关于细胞壁中化学成分分布的基础知识,对于全面明确细胞壁排列和木材中化学成分分布之间的关系仍然存在很多方面的不足之处。近来开发的一些分析技术可能会在不久的将来对这个问题提供一些有用的信息。可以预言,与现在相比,木材细胞壁中纤维素、半纤维素和木素致密联系的更详细模型将会在以后出现。

由于细胞壁层的尺寸非常小,在纯态下分

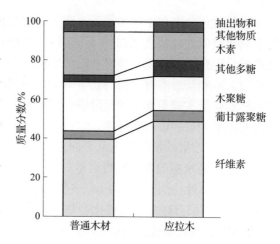

图 1-16 银桦(Betula pendula)中普通木材和应拉木的平均化学成分

注 图中给出的是占木材干物质的质量分数。

离细胞壁各层是非常困难的。基于此,只能对微切片的细胞壁层碎片进行碳水化合物分析。在很多情况下,虽然一些间接的方法已经用于对细胞壁成分的定量和半定量分析。由于纤维的来源不同,细胞壁各层的化学成分变化很大,因此本节仅考虑一些最主要的特性。

表1-8展示了针叶木管胞的细胞壁中大致的化学成分。假定这些化学成分具有确定的分布剖面,其数值已经用于计算给定的细胞壁各层的平均厚度(见表1-8)。因此,很明显,如复合胞间层(ML+P)的木素含量会很高,但是由于复合胞间层很薄,该层中木素仅为总木素的很小一部分。在针叶木中,胞间层木素的含量大约占总物质的70%,甚至在与纤维和导管相关的细胞角隅胞间层中具有更高的含量(高出10%~30%)。在阔叶木中,胞间层木素的含量较针叶木中低。另外在木射线薄壁细胞和导管中均有较多的木素(30%~35%),高于纤维中的木素含量(20%~25%)。表1-8和表1-9也显示出复合次生壁($S_1+S_2+S_3$)具有最高含量的多糖。事实上,几乎所有的多糖都在这一层中。

表1-8 针叶木管胞的细胞壁中主要成分的质量分数(相对各层干物质质量) 单位:%

成分	形态区域[1]	
	(ML+P)	($S_1+S_2+S_3$)
木素	65	25
多糖	35	75
纤维素	12	45
葡甘露聚糖	3	20
聚木糖	5	10
其他[2]	15	<1

注 1—(ML+P)包含复合胞间层以及($S_1+S_2+S_3$)层到"复合次生壁";ML为胞间层,P为初生壁,以及S_1、S_2、S_3分别是次生壁的外层、中层和内层。

2—主要包含果胶类物质。

表1-9 针叶木管胞的细胞壁中主要成分的分布(相对总含量) 单位:%

成分	形态区域[1]	
	(ML+P)	($S_1+S_2+S_3$)
木素	21	79
多糖	5	95
纤维素	3	97
葡甘露聚糖	2	98
聚木糖	5	95
其他[2]	75	25

注 1—(ML+P)包含复合胞间层以及($S_1+S_2+S_3$)层到"复合次生壁";ML为胞间层,P为初生壁,S_1、S_2、S_3分别是次生壁的外层、中层和内层。

2—主要包含果胶类物质。

关于细胞壁各层中主要多糖分布的见解仍然存在争议。在树木生长的早期阶段,胞间层主要由果胶类物质构成,但它最终会高度去木质化。因此,有可能是针叶木和阔叶木细胞的复合胞间层(ML + P)中富含果胶多糖,这也导致了近来出现了不同的分析结果[88-89]。在针叶木中,整个细胞壁中多糖分布的整体趋势表现出从细胞壁外部到细胞腔聚半乳糖葡萄糖甘露糖的相对质量比例是增加的,而阿拉伯糖葡萄糖醛酸木糖始终是均匀地分布在整个细胞壁中。还有报道发现,尽管纤维素在整个次生壁中的分布相对均匀,其相对质量比例在 S_2 层中间却是最高的。在这方面,针叶木和阔叶木不太可能存在很大的差别。在阔叶木中,次生壁中葡萄糖醛酸木糖的相对质量比例看来是高于复合胞间层的。

在阔叶木中,木素中愈创木基与紫丁香基的比例在不同的形态区域中是不同的。在纤维次生壁(S_2)中主要含有紫丁香基型木素,而在导管次生壁(S_2)中主要含有愈创木基型木素。对于纤维胞间层,主要的木素类型通常是愈创木基 – 紫丁香基木素。在针叶木中,次生壁中的木素主要是愈创木基型,但是也有一些迹象表明胞间层木素中主要含有愈创木基单元,同时通常含有大量的对羟基苯基单元。

抽出物的含量和成分主要与树的材种有关。抽出物也占据了木材结构中一定的形态位置。如在针叶木的树脂道内会出现树脂酸,而脂类和蜡类位于针叶木和阔叶木的木射线薄壁细胞中。心材中含有很多低分子质量或高分子质量的酚类物质和芳香族化合物(在边材中不常见),这使得很多材种的心材通常具有深颜色和抗腐性能。尽管心材比边材中更富含抽出物,已经发现边材中某些成分在径向和横向分布上会有一些变化。一些特殊的组织,特别是节疤,在特定的材种中可能较干材的周围含有更多的抽出物,特别是多酚类物质[90-98]。尤其是松木节疤,与干材相比可能也含有大量的树脂酸[91,95]。

一棵树中仅含有相当少的无机物成分(见 1.2.6.5 节无机化合物),这些无机物在针状叶、树叶、树皮、枝丫材和根材中的含量远高于其在干材中的含量。一棵树中含有的无机盐主要来自森林土壤,由根系通过树液流动将无机盐输送到树干和树冠。因此,最高浓度的无机元素出现在树的活体部分。同一材种内和不同材种间总无机物含量以及各无机元素的浓度均有很大的变化。因此,与细胞壁的结构成分不同,无机物成分的含量会随树木生长的环境条件变化而出现相当大的差异。需要注意的是,由于木材中含有少量的金属元素,这些微量元素的分析通常很烦琐,使得样品之间的对比变得困难。然而,有迹象表明,幼龄树中较成年树中含有更高浓度的无机物,而且阔叶木中较针叶木中含有更多的无机物。

尽管对细胞壁中元素的形态分布仅能获得有限的数据,但可以推断出早材中的无机物成分总量要高于晚材。这似乎表明相当一部分微量元素小范围的集中在纹孔托和半具缘纹孔膜附近,这在后来已采用飞行时间二次离子质谱(TOF – SIMS)和场发射扫描电子显微(FE – SEM)证实[99]。这些研究结果支持了下面观点,即早材管胞,具有大的管腔和大量纹孔,在水分传导中起重要作用,而厚壁的晚材管胞具有很少的纹孔,主要对木材起到机械支撑作用。薄壁细胞通常也是无机物和其他外来物质的主要存在位点,包括如脂类、蜡类、淀粉、多酚和脂肪酸等物质。结晶沉积物通常是草酸钙,而非晶态无机固体通常与二氧化硅有关。

1.2.6 木材成分化学

1.2.6.1 碳水化合物

纤维素是世界上含量最丰富和最重要的生物聚合物。尽管纤维素的工业应用已有很长的历史,但对其化学组成和结构的了解相对较晚。现在,纤维素的化学结构已经被详细地阐明,但是它的超分子态以及聚合特性还没有完全明确。

纤维素是一种具有多分散性的线状同聚多糖,通过 $(1 \rightarrow 4)$ 糖苷键将 $\beta - D -$ 吡喃葡萄糖 ($\beta - D - Glcp$) 环(在 $^4C_1$ 形成)连接在一起构成(见图 1 - 17)。在 $^4C_1$ 形成时,$\beta - D -$ 吡喃葡萄糖链单元的所有取代基(C_1—OR、C_2—OH、C_3—OH、C_4—OR 和 C_5—CH_2OH)均面向细胞轴,由于吡喃糖环取代基之间的相互作用最小化,使得链单元非常稳定。在 C_1 上的半缩醛结构(C_1—OH 也被称为异位羟基)具有还原性,而在纤维素链的其他末端上的 C_4—OH 是一个醇羟基,不具有还原性。因此,纤维素的分子结构中具有还原性和非还原性末端。

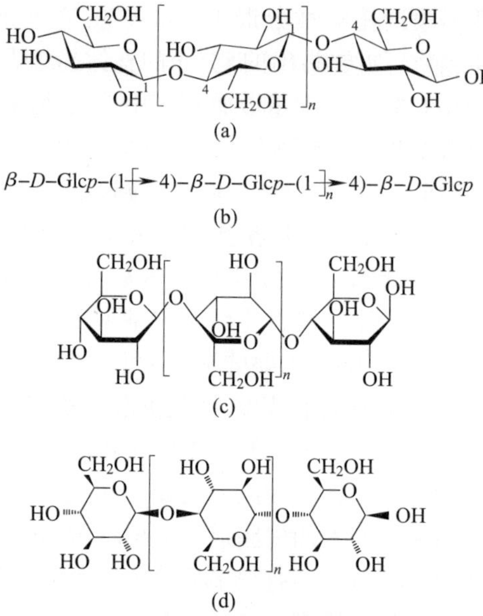

天然木材纤维素的聚合度(DP)大约为10000,低于棉花纤维素的聚合度(约15000)。这些聚合度数值分别相当于相对分子质量为 160 万和 240 万,以及分子长度为 $5.2 \mu m$ 和 $7.7 \mu m$。在工业生产中,如化学制浆,纤维素的聚合度会下降到 500~2000。纤

图 1 - 17　纤维素结构
(a)立体分子式　(b)缩写分子式
(c)Haworth 透视分子式　(d)Mills 分子式

维素的多分散性相当低(<2),这表明重均相对分子质量(M_W)和数均相对分子质量之间的偏差不会很大。

由于分子内和分子间氢键的强烈的倾向性,纤维素分子束聚合成微纤丝(见 1.2.3.1 节,细胞壁层),形成高度的有序区(结晶区)和无序区(无定形区)。这些微纤丝穿过几个结晶区(长约60nm),导致微纤丝进一步聚集,形成具有高度结晶(60%~75%)的纤维细胞壁纤维素。这也意味着在化学处理期间纤维素是相对惰性的,也说明纤维素仅溶于少数溶剂。最常见的纤维素溶剂是双氢氧化乙二胺铜(CED)和乙二胺铬(Cadoxen),然而鲜为人知但更强的纤维素溶剂有 $N -$ 甲基吗啉 $- N -$ 氧化物和氯化锂/二甲基甲酰胺。也有一些离子液体可以溶解纤维素。

除了纤维素之外,其他主要天然存在的碳水化合物类聚合物 - 半纤维素,是一种杂多糖,显然很难同纤维素一样充分明确其组成。半纤维素的构成单元是己糖($D -$ 葡萄糖、$D -$ 甘露糖、$D -$ 半乳糖)、戊糖($D -$ 木糖、$L -$ 阿拉伯糖和 $D -$ 阿拉伯糖)或脱氧己糖($L -$ 鼠李糖或 6 - 脱氧 $- L -$ 甘露糖,以及极少的 $L -$ 岩藻糖或 6 - 脱氧 $- L -$ 半乳糖)。还存在少量的某些糖醛酸(4 $- O -$ 甲基 $- D -$ 葡萄糖醛酸、$D -$ 半乳糖醛酸和 $D -$ 左旋葡萄糖醛酸)。这些单元主要作为六元(吡喃糖)结构以 $\alpha -$ 或 $\beta -$ 型存在(见图 1 - 18)。针叶木和阔叶木的差别不仅是在半纤维素总含量上(见 1.2.5.1 节,主要成分),同时在某种半纤维素成分(主要是聚葡萄糖甘露糖和聚木糖)比例以及这些成分的详细构成上也存在差异。与阔叶木相比,通常针叶木半纤维素含有较多的甘露糖和半乳糖单元以及较少的木糖单元和乙酰化的羟基基团。

半纤维素的化学稳定性和热稳定性通常要比纤维素低,大概与它们缺少结晶区和较低的

聚合度(100~300)有关。另外，半纤维素在碱液里的溶解度通常与纤维素不同。常常利用这一特性分馏无木素样品中的不同多糖。需要指出的是一些半纤维素，如阔叶木木糖碎片，部分聚半乳糖葡萄糖甘露糖以及落叶松阿拉伯半乳聚糖，是部分地甚至全部溶于水的。因此，在这些特殊的情况下，区分水溶性半纤维素、糖类（主要是单糖和二糖）和抽出物衍生的化合物有时是很困难的。

在针叶木中，主要的半纤维素成分是聚半乳糖葡萄糖甘露糖（聚葡萄糖甘露糖）和聚阿拉伯糖葡萄糖醛酸木糖（聚木糖）。前者（占干木材的10%~25%）由(1→4)键连接的$\beta-D-$吡喃葡萄糖($\beta-D-Glcp$)和$\beta-D-$吡喃甘露糖单元形成的主要线性骨架构成（见图1-19）。骨架的环型单元在C_2—OH和C_3—OH上会有一定程度的乙酰化，并被(1→6)-键连接的$\alpha-D-$吡喃半乳糖($\alpha-D-Galp$)单元取代。来自不同树木材种的聚半乳糖葡萄糖甘露糖之间也可能出现结构上的不同[100]。通常将聚半乳糖葡萄糖甘露糖分成具有不同半乳糖含量的两部分。半乳糖含量低的聚半乳糖葡萄糖甘露糖（占总聚半乳糖葡萄糖甘露糖的2/3）中，半乳糖：葡萄糖：甘露糖的比例是(0.1~0.2):1:(3~4)，而富含半乳糖的聚半

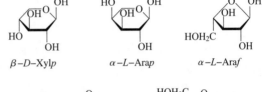

己糖

$\beta-D-Glcp$ $\beta-D-Manp$ $\alpha-D-Galp$

戊糖

$\beta-D-Xylp$ $\alpha-L-Arap$ $\alpha-L-Araf$

$\beta-L-Araf$ $\alpha-D-Araf$

己糖醛酸

$\beta-D-GlcpA$ $\beta-D-GalpA$ $4-O-Me-\alpha,\beta-D-GlcpA$

脱氧己糖

$\alpha-L-Rhap$ $\alpha-L-Fucp$

图1-18 木材半纤维素中的糖基

乳糖葡萄糖甘露糖（占总聚半乳糖葡萄糖甘露糖的1/3）中相应的比例是1:1:3。然而，这些不同很可能是不同的分离方法所造成的，而不是出现两种不同的多糖。虽然如此，在这两种情况里，乙酰基的含量大约是总聚半乳糖葡萄糖甘露糖的6%，与之对应，平均每3~4个己糖单元有一个乙酰基。其他的主要成分，聚阿拉伯糖葡萄糖醛酸木糖（聚木糖）（占干木材质量的5%~10%），构成一个几乎线性的骨架，即由含有(1→2)-键连接的吡喃式4-O-甲基-$\alpha-D-$葡萄糖醛酸(4-O-Me-$\alpha-D-$GlcpA)和(1→3)键连接的$\alpha-L-$阿拉伯呋喃糖($\alpha-L-$Araf)支链的(1→4)-键连接的$\beta-D-$吡喃木糖($\beta-D-Xylp$)单元构成的骨架（见图1-20）。典型的阿拉伯糖：葡萄糖醛酸：木糖比例是1:2:8。半纤维素分子链上的支链很少，约每个分子中有1~2个支链。与阔叶木聚木糖不同，针叶木聚木糖中没有乙酰基。然而，很少一部分挪威云杉的聚木糖被认为是乙酰化的[101]。

→4)–β–D–Glcp–(1→4)–β–D–Manp–(1→4)–β–D–Manp–(1→

阔叶木聚葡萄糖甘露糖

→4)–β–D–Glcp–(1⊢4)–β–D–Manp–(1⊢4)–β–D–Manp–(1⊣₂

6
|
1
α–D–Galp

针叶木聚半乳糖葡萄糖甘露糖

图1–19 针叶木聚半乳糖葡萄糖甘露糖和阔叶木聚葡萄糖甘露糖的部分化学结构

在阔叶木中,最主要的半纤维素成分是聚葡萄糖甘露糖和葡萄糖醛酸木糖(聚木糖)。除了未被取代、通常未被乙酰化以及葡萄糖与甘露糖的含量之比较高[1∶(1~2)]外,阔叶木中的聚葡萄糖甘露糖(占干木材质量的2%~5%)和针叶木中的聚半乳糖葡萄糖甘露糖具有相同的线性骨架(见图1–19)。近来的研究表明,至少白杨和白桦中的部分聚葡萄糖甘露糖是被乙酰化的[102–103]。而且,存在的聚半乳糖葡萄糖甘露糖实际上只在一种白杨材种中出现过[104]。阔叶木中的聚葡萄糖醛酸木糖(占干木材质量的20%~30%)与针叶木中的聚阿拉伯糖葡萄糖醛酸基木糖具有相同的骨架,但是含有较少的糖醛酸取代基(每个聚木糖分子中含有2~3个取代基)(见图1–20)。糖醛酸单元并不是在聚木糖链上均匀分布的。骨架的环型单元在C_2和C_3上会部分乙酰化。乙酰基含量占总聚木糖的8%~17%,并在此范围内变化,与之对应,每10个聚木糖单元中平均含有3.5~7.0个乙酰基。除了这些主要的结构单元,聚木糖中含有少量的L–鼠李糖(α–L–Rhap)和半乳糖醛酸(α–D–Galph)。据研究聚木糖分子的还原性末端包含下面的顺序:→4–β–D–Xylp–(1→3)–α–L–Rhap–(1→2)–α–D–GalpA–(1→4)–β–D–Xylp。

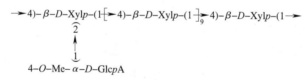

→4)–β–D–Xylp–(1⊢4)–β–D–Xylp–(1⊣₉4)–β–D–Xylp–(1→

2
|
1
4–O–Me–α–D–GlcpA

聚葡萄糖醛酸木糖

→4)–β–D–Xylp–(1⎡4)–β–D–Xylp–(1→4)–β–D–Xylp–(1⊢4)–β–D–Xylp–(1⎤₄

2   2
| |
1   1
4–O–Me–α–D–GlcpA ₂   α–L–Araf

聚阿拉伯糖葡萄糖醛酸木糖

图1–20 针叶木聚阿拉伯糖葡萄糖醛酸木糖和阔叶木聚葡萄糖醛酸木糖的部分化学结构

聚阿拉伯糖半乳糖在落叶松心材中占了很大的比例(10%~20%),而在其他针叶木中的含量通常少于1%。聚阿拉伯糖半乳糖是由(1→3)–键连接的β–D–吡喃半乳糖(β–D–Galp)残基骨架构成,大多数吡喃半乳糖在C_6位上含有一个侧基或侧链(见图1–21)。侧链通常由(1→6)–键连接的不同长度的β–D–吡喃半乳糖链和阿拉伯糖取代基(α–L–Araf和β–L–Arap)构成。落叶松的聚阿拉伯糖半乳糖也含有少量作为侧基的葡萄糖醛酸单元。这些酸性基团在其他针叶木的阿拉伯半乳聚糖中含量更丰富,如云杉和松树等[105–106]。在整个落叶松木材中,阿拉伯糖与半乳糖含量之比通常为1∶(5~6),而在其他针叶木中这一比例会相应地有所变化。与大多数其他木材的半纤维素不同(基质物质),落叶松聚阿拉伯糖半乳糖是在细胞外的,而且可以从心材中用水定量提取。

另外,还存在一些不同的半乳聚糖(见图1-21),特别是在应力木中(见1.2.5.1节,是其主要成分)。如酸性半乳聚糖由(1→4)-键连接的在 C_6 位主要被单体 $\alpha-D-$半乳糖醛酸($\alpha-D-GalpA$)单元(同时也存在少量的 $\alpha-D-GlcpA$ 单元)取代的 $\beta-D-$吡喃半乳糖($\alpha-D-Galp$)单元构成,是应力木中主要的半纤维素。其他各种多糖(并不完全归类为半纤维素)在木材中的含量较小,如淀粉(由70%~80%的支链淀粉和20%~30%的直链淀粉构成)、愈创葡聚糖、落叶松聚糖(laricinan)、木葡聚糖、岩藻糖木葡聚糖和鼠李糖阿拉伯半乳聚糖。果胶质形成多种异质群体,包括半乳糖醛酸、半乳聚糖和阿拉伯聚糖。如云杉果胶质具有由(1→4)-键连接的部分甲基酯化的 $\alpha-D-$半乳糖醛酸单元构成的骨架,并点缀着部分(1→2)-键连接的 $\alpha-L-$鼠李糖单元。

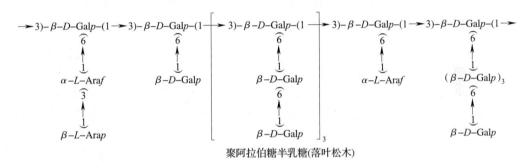

聚阿拉伯糖半乳糖(落叶松木)

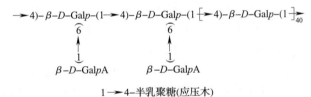

1→4-半乳聚糖(应压木)

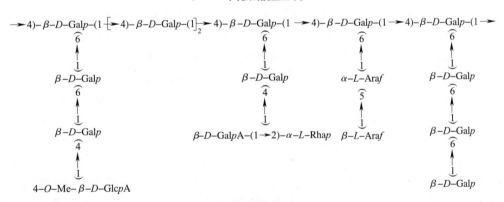

1→4-半乳聚糖(应拉木)

图1-21 不同半乳聚糖的部分化学结构

1.2.6.2 木素

木素是无定形的高分子聚合物,其化学结构与木材中的其他高分子成分有着明显的区别。与木材碳水化合物不同,木素的化学结构具有不规则性,这是因为木素中不同的结构单元(苯基丙烷单元)之间没有任何系统有序的连接。一般来讲,木素大致可以分成 3 类:针叶木木素、阔叶木木素和草类木素。天然木素以磨木木素(MWL)、二氧六环木素或酶解木素的形式从木材中分离出来,除了这些天然木素之外,还有一些是源于企业的工业木素,即化学制浆的副产品。硫酸盐木素、碱木素和木素磺酸盐分别来源于木材的硫酸盐法、烧碱 – 蒽醌法和亚硫酸盐法制浆。另外,从木材的有机溶剂(主要是乙醇)制浆中获得的有机溶剂木素,以及从木材的酸水解过程中获得的酸水解木素,也为人们所熟知。虽然目前这些木素的产量可以忽略,但是已经发现在这些木素之间存在很多的特征差异。下文中强调的是完整的针叶木和阔叶木中的木素化学结构。

木素可以定义为多酚类物质,由 3 个苯丙烷单元(羟基肉桂醇)的酶脱氢聚合形成(见图1 – 22)。这种生物合成过程包括多种共振稳定的酚氧自由基的氧化耦合反应,导致随机交联的大分子形成,其中这些酚氧自由基由 α,β – 不饱和的 C_6C_3 母体(precursor)提供。尽管羟基肉桂醇类母体几乎是所有木素的唯一结构单元,但这类结构单元不能通过普通母体的

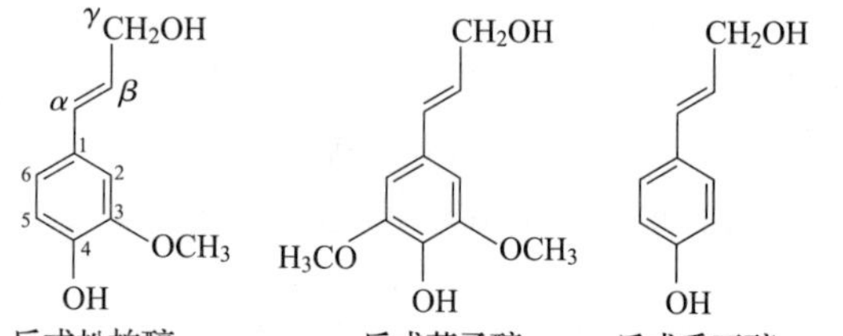

图 1 – 22　木素的结构单元(C_6C_3 母体)

氧化自由基耦合直接产生,同时在天然木素中也存在少量的其他类型的结构单元。

木素中母体的含量是随植物的来源变化的。普通的针叶木木素一般为愈创木基木素,这是因为其结构单元主要来源于反式松柏醇(超过 90%),剩余的结构单元主要由反式香豆醇构成。与之相反,阔叶木木素通常为愈创木基 – 紫丁香基木素,主要由反式松柏醇和反式芥子醇型单元以不同的比例(约各占 50%)构成。尽管草类木素中另外含有相当数量的源于反式香豆醇和芳香酸(约 40% 的反式松柏醇、约 40% 的反式芥子醇,和约 20% 的其他母体)的结构单元,它们也可以归类为愈创木基 – 紫丁香基木素。

木素的结构单元是通过醚键(C—O—C)和碳 – 碳键(C—C)连接在一起。在这些内部单元的连接中,C—O—C 连接占主要地位(超过 2/3 为醚类),在针叶木和阔叶木木素中最重要的连接类型为 β – O – 4 结构。由于光谱学方法的改善,过去十年中检测到的普通木素中不同连接类型的出现频率数据基本上是不断增加的,并且得到了非常肯定的确认。对于这些连接特征的细节认识引起人们在理论研究上的极大兴趣,如更好地理解工业生产中木素的降解反应,如脱木素作用。图 1 – 23 总结了主要连接键的类型及其出现频率。另外,也发现了大量已知的混合连接键和次要结构。这也证实了这些基团的出现频率是根据木素的形态位置变化的。

不同的树木材种间以及细胞壁内,木素中官能团的含量有很大的变化,因此仅能给出不同官能团出现频率的近似值(见表 1 – 10)。作为木素母体,木素分子中含有独特的甲基、酚羟基以及侧链末端醛基。只有相当少的酚羟基是自由基,因为大多数酚羟基形成毗邻苯丙烷单元的连接键。除了这些基团之外,木素高分子在生物合成过程中引入了脂肪族羟基。在一些木素的类型中,大量的脂肪族羟基被对羟基苯甲酸(白杨木素中)或对香豆酸(草类木素中)酯化。针叶木木素和阔叶木木素中大致的元素质量比 $m(C):m(H):m(O)$ 分别为 64:6:30 和 59:6:35。

根据研究生物合成获得的信息,以及对各种连接类型和官能团的详细分析,已经提出了几种针叶木木素和阔叶木木素的假定结构式。不久前,木素和碳水化合物之间的连接已经被证实

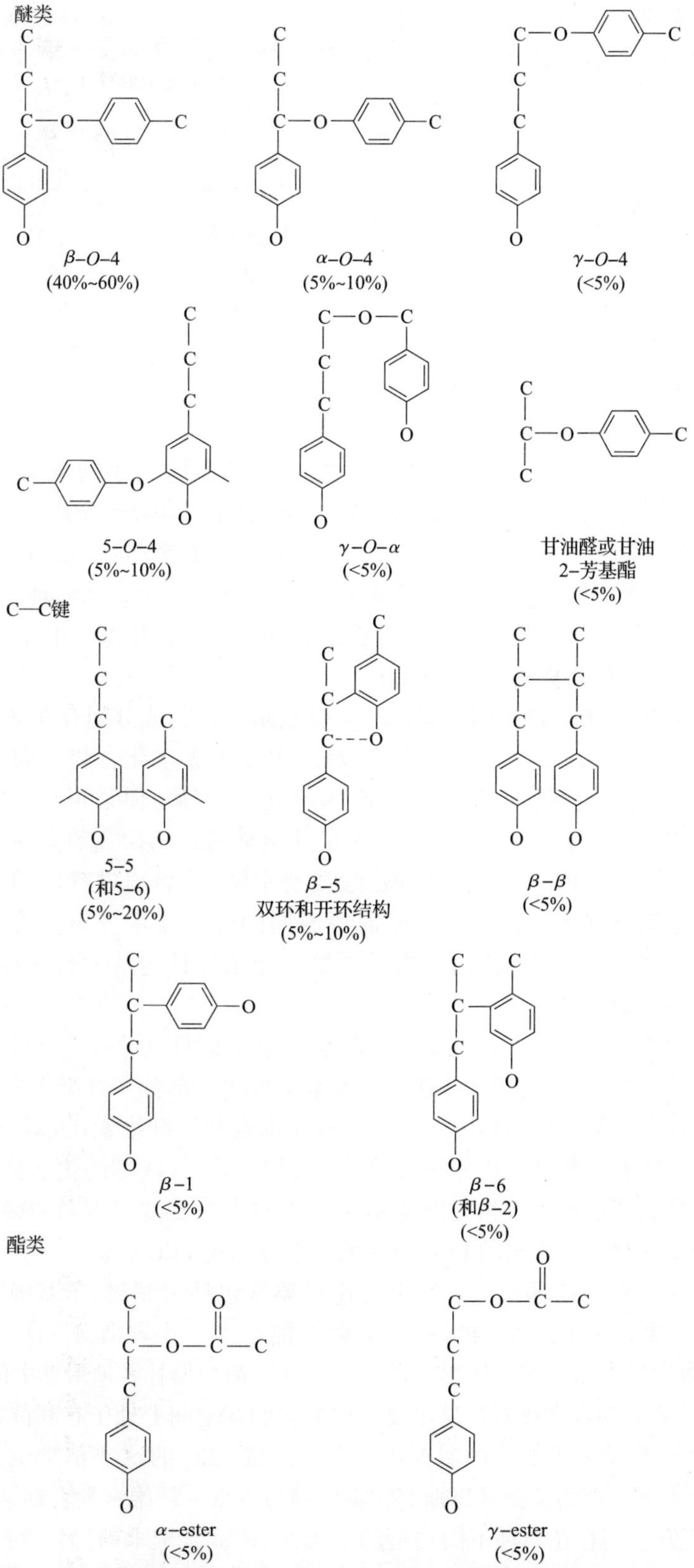

醚类

β-O-4
(40%~60%)

α-O-4
(5%~10%)

γ-O-4
(<5%)

5-O-4
(5%~10%)

γ-O-α
(<5%)

甘油醛或甘油
2-芳基酯
(<5%)

C—C键

5-5
(和5-6)
(5%~20%)

β-5
双环和开环结构
(5%~10%)

β-β
(<5%)

β-1
(<5%)

β-6
(和β-2)
(<5%)

酯类

α-ester
(<5%)

γ-ester
(<5%)

图1-23 天然针叶木木素和阔叶木木素中内部单元连接的主要结构
和出现频率(图中给出的占所有连接的比例)

（见1.2.6.3节，木素－碳水化合物复合体）。尽管这些木素结构式与分离的木素制剂的分析真相非常吻合，但很显然这些从木材中分离的木素不可能不发生降解。因为这个原因，在完整的木材中木素的真实相对分子质量是不明确的。然而，采用不同的方法测量针叶木MWL的相对分子质量，显示其数值在15000～20000（DP为75～100）之间，而阔叶木MWL相对分子质量略低于针叶木MWL。与纤维素及其衍生物相比，针叶木MWL的聚合度相对较高（2.3～3.5）。

表1-10　天然木素中的官能团
（每100个C_3C_6单元）

官能团	针叶木	阔叶木
酚羟基	20～30	10～20
脂肪族羟基[1]	115～120	110～115
甲氧基	90～95	140～160
羰基	20	15

注　1—主要羟基和次要羟基的总和。

　　除了变形结构，采用电子显微镜观察木素通常呈不同大小的球形颗粒（粒径10～100nm）。对于其聚合物特性，木素可以看作是具有热塑性的高分子物质，具有作为木材细胞间的黏合剂以及使细胞壁保持僵硬的双重作用。尽管天然木素具有不溶解、三维网状结构等性质，分离的木素在溶剂中表现出最大的溶解度，这些溶剂包括如二氧六环、丙酮、甲基溶纤剂（乙二醇单甲醚）、四氢呋喃（THF）、二甲基甲酰胺（DMF）以及二甲基二亚砜（DMSO）等。

1.2.6.3　木素－碳水化合物复合体（LCC）

　　木材中木素和碳水化合物之间的紧密联系强烈暗示这些成分间存在某种化学连接。这个问题一直是很多争论和深入研究的主题。对于木素和碳水化合物之间出现的物理和化学的相互作用（如氢键、范德华力和化学共价键）早已经明确，但是很难确定化学连接的准确类型和数量。关于化学连接的可能类型，大量并逐渐增加的研究数据主要来源于各种降解实验，这些实验大多是用球磨、温和的碱、酸或酶水解，然后通过特殊的分离和纯化技术完成。这也证实针叶木木素和阔叶木木素需要不同的分离技术分离。关于细胞壁中木素和碳水化合物之间的相互作用，特别是当需要尽可能选择性地从木材多糖中分离木素时，引起了人们的研究兴趣。

　　木素和碳水化合物之间的不同连接键是非常复杂的，而且也没有完全明确。然而，尽管还有木素和纤维素连接键的迹象，现在普遍认为木素至少和一部分半纤维素之间是有化学连接的。木素－碳水化合物复合体（LCC）通常用于描述木素和半纤维素（或纤维素）共价键的聚合体。木素和几乎所有半纤维素成分间的连接键已被发现，这些键的化学稳定性以及它们对酸和碱处理的抵抗力不仅取决于相关连接键的类型，也取决于如与木素和糖单元有连接键关联的化学结构上。木材中分离出的LCC与从蔗渣中分离的LCC相似[107]。

　　木素－碳水化合物连接键中最常出现的连接类型包括苄基醚、苄基酯和苯基糖苷连接（见图1-24）。通常认为半纤维素的侧基 L－阿拉伯糖、D－半乳糖、4－O－甲基－D 葡萄糖醛酸，以及半纤维素链的末端基聚木糖中的 D－木糖和葡萄糖甘露糖聚糖中的 D－甘露糖（以及 D－葡萄糖）与木素间存在连接。这主要是因为它们在空间上处于有利位置，而且事实上侧链单糖经常出现在不同天然木素的制剂中。参与形成 LCC 的这些单糖也意味着大量的木素－聚木糖以及木素－聚葡萄糖甘露糖葡甘露聚糖与木素－纤维素复合物结合在一起。近来对云杉 LCC 的研究表明存在两种不同类型的 LCC，一种富含聚木糖，另一种富含聚葡糖糖甘露糖[108-109]。除了木素－纤维素复合物，在硫酸盐纸浆的 LCC 中发现也存在（1→3）－键连接的葡萄糖聚糖[110]。

苯基丙烷单元的 α 碳(C_α)（如卞醇碳原子）是木素和半纤维素之间最可能的连接点。聚木糖上的酯键，通过 $4-O-$ 甲基 $-D-$ 葡萄糖醛酸作为桥键，很容易被碱断开。然而，比酯键更常见对碱和酸也更稳定的键是通过 $L-$ 阿拉伯糖单元的 C_α 和 C_3（或 C_2）或 $D-$ 半乳糖单元的 C_α 和 C_3 形成的醚键。也有迹象表明在细胞壁胞间层和初生壁中的木素通过醚键与果胶单糖（聚半乳糖和聚阿拉伯糖）相连接。在这些情况下，$D-$ 半乳糖单元的 C_6 和 $L-$ 阿拉伯糖的 C_5 似乎参与了桥连。通过半纤维素链的还原末端基与木素的酚羟基（或卞醇基团）反应会形成配糖键。这些键很容易被酸断开。

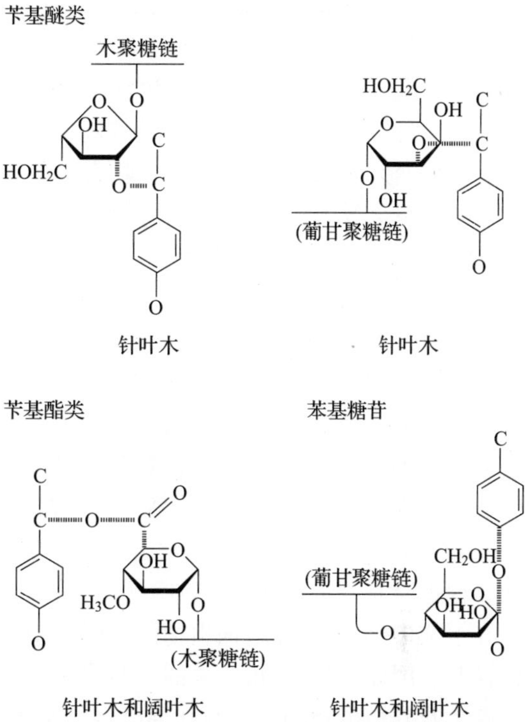

1.2.6.4 抽出物

抽出物由几千种不同的物质构成，主要是低相对分子质量的物质。广泛的定义就是这些抽出物或能溶于中性有机溶剂（如二乙基醚、甲基叔丁基醚、石油醚、二氯甲烷、丙酮、乙醇、甲醇、己烷、甲苯和四氢呋喃（THF））或能溶于水。因此，这些物质可能同时是亲脂性和亲水性的，而且是无结构的木材成分。树脂通常用作亲脂性抽出物的总称（酚类物质除外），它们可以从木材样品中被非极性的有机溶剂抽出，但难溶于水。抽出物赋予木材颜色、气味和味道，而且它们中的一些可以作为木材细胞中生物功能的能量来源（脂类和蜡）。大多数树脂成分可以保护木素免受生物侵害或昆虫攻击。

不同材间抽出物的成分变化是非常大的，而特定材种中抽出物的总量取决于生长条件。如欧洲赤松（*Pinus sylvestris*）、挪威云杉（*Picea abies*）和银桦（*Betula pendula*）中典型的抽出物含量分别为干木材的 2.5% ~4.5%、1.0% ~2.0% 和 1.0% ~3.5%。

表 1-11 列出了本节中涉及的木材抽出物的种类。也有一些水溶性的木材多糖，统称为树胶或工业树胶。根据形状它们可以分成不同的类型，如线型、分支型（如在主要线性骨架上含有短支）或支上分支结构。某些典型的热带树种会自发地分泌树胶，在损伤处渗出黏性液体。这些树胶主要是支上分支结构，其典型的例子如阿拉伯胶、梧桐胶黄芪胶和印度树胶。总之，树胶是一类聚合物，在适当的溶剂或润胀剂里形成低固含量的高黏性分散剂或凝胶剂。树胶是无味、无色和无毒的，并会受到微生物的侵害。

综合考虑各种技术因素，抽出物是非常重要的。它们是生产有机化学品的重要原料，而且抽出物的一些种类会

图 1-24 木素-碳水化合物连接键的最常见类型

表 1-11 木材中有机抽出物的分类

脂肪族和脂环族化合物	酚类化合物	其他化合物
萜类和萜类化合物（包括树脂酸和类固醇）	苯酚类	糖类
	芪类	环醇类
酯类和脂肪酸类（酯和蜡）	木酚素类	草酚酮类
	异黄酮类	氨基酸类
脂肪酸和醇类	缩合单宁类	生物碱类
烷烃类	黄酮类	香豆素类
	水解单宁类	醌类

在制浆造纸过程中起到重要的作用。如南方松木具有很高含量的抽出物，作为碱法制浆的副产品，它们可以提供大量的天然松节油和粗塔罗油。然而，木片中的抽出物含量在贮存期间是下降的。为此，如在亚硫酸盐法制浆之前，云杉通常以木片的形式贮存一段时间，以减少树脂问题。另一种方法，因为大量的树脂被包裹在薄壁细胞内，通过机械式纤维分离以除去薄壁细胞，从而将云杉亚硫酸盐浆中的抽出物含量减少到可接受的水平。在硫酸盐法制浆中，延长木材贮存时间只会导致松节油和塔罗油得率的降低，因此可以采用新鲜的木片。树木被砍伐以后，树脂含量开始迅速减少，而且其化学成分会发生改变。暴露在空气中会影响抽出物的碳－碳双键并引发链反应，产生自由基，反过来这些自由基是非常强的氧化剂。过渡金属离子和光通常会加速这类自氧化反应。抽出物可以被某些酶氧化，而且这些酶可以作为酯化成分水解过程中的催化剂。木材贮存期间所有这些化学和生物化学反应主要受当时条件的影响，当木材以木片的形式而不是圆木的形式贮存时，这些反应会明显加速。众所周知，甘油酯的水解会释放脂肪酸和甘油，当木材贮存在潮湿环境，而不是干燥环境中时，这一过程会明显加快。这对于夏季在水里贮存圆木尤其重要。另一方面，似乎是在换季和贮存期间形成的聚合木材树脂（至少在白杨中出现过），很难被溶解或洗掉[111]。除了抽出物之外，延长贮存期，甚至木材中的多糖也会有一定程度的生物降解。这可能会降低纸浆得率和纸浆质量。

在下文中，会简要介绍抽出物的不同类型。目的是对每一类抽出物的典型结构特性进行总体说明。因此，仅包括每一类的一些代表性的化合物。

萜类及其衍生物（超过4000种已经被分离并被确认）构成了一个广泛的化合物种类，它们在植物王国里的分布非常广泛。它们的基本结构单元是异戊二烯（2－甲基－1,3－丁二烯；分子式C_5H_8），根据连接在萜类上的异戊二烯单元的数量，可以将其分为几个亚类（见表1－12）。在这些亚类中，单萜和二萜具有很重要的工业价值，其次是倍半萜和三萜。尽管含量很少，木材组织中也存在一些半萜（C_5H_8）、倍半萜（$C_{25}H_{40}$）和四萜（$C_{40}H_{64}$），以及它们的衍生物。另外一些多萜如顺式－1,4－聚异戊二烯（如橡胶，巴西橡胶树汁等橡胶树材种的分泌物）具有很重要的工业价值。

表1－12　木材组织中萜类主要结构类型的分类

名称	单元（$C_{10}H_{16}$）数量	分子式
单萜	1	$C_{10}H_{16}$
倍半萜	1.5	$C_{15}H_{24}$
二萜	2	$C_{20}H_{32}$
三萜	3	$C_{30}H_{48}$
多萜	>4	>$C_{40}H_{64}$

异戊二烯单元能够有规律地按照头尾相连的方式相互连接。但是这种连接规则只有在异戊二烯单元达到5个时才能严格遵守，如很多三萜结构可以通过两个倍半萜尾尾耦合相连来解释。除了此种分类之外，萜类也通常根据其结构内环的数量进行分类，如无环的、单环的、双环的、三环的和四环的萜类。最后，需要指出的是萜类通常是指纯粹的烃类，并且其化合物含有一个或多个含氧官能团如羟基、羰基和羧基等，统称为萜类化合物。然而，简单来讲，术语萜类化合物有时也作为所有萜基化合物的通用名字。图1－25展示了一些常见萜类和萜类化合物的典型例子。

单萜和单萜化合物是挥发性化合物，主要为木材提供气味。这类化合物也是松节油中的主要物质，它们可以分成无环的、单环的、双环的和少量三环的结构类型（见表1－13）。根据它们的含碳骨架，双环类化合物可以进一步分为蒈烷、蒎烷、桧烷和莰烷（或茨烷）亚类。大多数单萜烃类是脂环族，少数的芳香族（如对伞花烃）和含氧化合物（如香茅醇、香叶醇、橙花醇、喷鼻油透醇、α-松油醇、4-松油醇、龙脑、樟脑、α-小茴香醇、1,8-桉树脑、扁柏次酸和扁柏酸)也属于此类。单萜、同二萜以及一些脂肪酸和它们的甘油酯结合在一起,成为树脂道抽出物和针叶木分泌物中最重要的一种成分。最重要的单萜是α-和β-蒎烯,偶尔也会发现大量的3-蒈烯、苧烯、月桂烯和β-水芹烯。不同针叶木材种间的单萜在性质和数量上均会存在不同,然而在干材组织内如边材和心材等,其存在的差别较小[112-113]。尽管单萜和单萜化合物在阔叶木材种中的含量很少,部分这些化合物是热带阔叶木中油性树脂的次要成分。

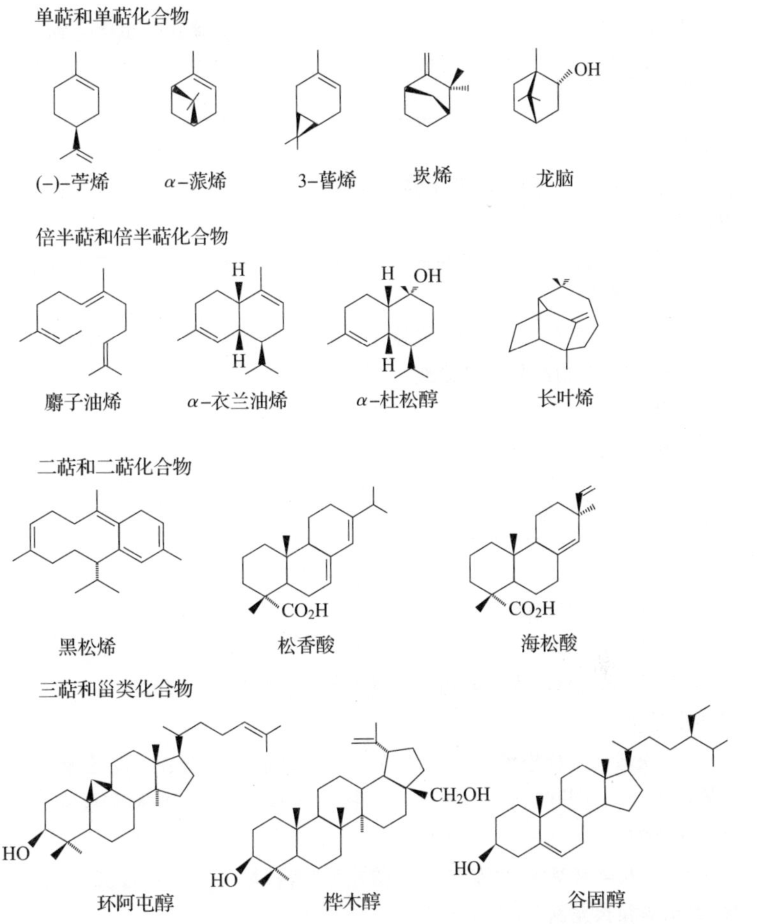

单萜和单萜化合物

倍半萜和倍半萜化合物

二萜和二萜化合物

三萜和甾类化合物

图 1-25　一些普通萜类和萜类化合物的化学结构

倍半萜及其化合物代表了一个广泛的化合物种类,超过 2500 种此类化合物已经被分离和确认。它们通常作为树脂道成分,以及针叶木的心材沉积物而被发现。因此,它们通常是某些松树的胶油树脂(树脂道分泌物)中挥发性物质(松香胶)的次要部分。倍半萜及其化合物也出现在很多热带阔叶木中,但很少出现在温带地区的阔叶木中。由于这些化合物在木材中的含量很小,因此它们的工业价值较小。倍半萜及其化合物可以分成具有不同骨架类型的(单环:没药烷;双环:桉叶烷、杜松烷、花柏烯、羽毛柏烷、花侧柏烷、菖蒲烷、雪松烷、愈创木烷和丁香烷;以及三环:斧柏烷、柏木烷和香木兰烷)的无环、单环、双环和三环化合物(见表 1-13)。在此类化合物中,倍半萜较倍半萜化合物更常见。

二萜及其化合物是树脂道抽出物(油性树脂)的主要成分并具有很高的工业价值(见表 1-13)。它们主要以树脂酸的形式出现在针叶木中,显然在热带阔叶木中仅发现了一些二萜。最常见的树脂酸是双环、三环和四环二萜;它们可以分成松香烷、海松烷、半日花烷和扁枝烯型衍生物。在这些树脂酸中,尽管海松烷结构也有很高的含量,但松香烷结构是最主要的结构类型。然而,与海松烷型相比,具有共轭二烯结构的松香烷型树脂酸,在化学性质上不稳定,易发生异构化和氧化反应。

由于疏水骨架与亲水的羧酸基结合,树脂酸皂是一种高效溶解剂,它与脂肪酸皂一起,有助于硫酸盐制浆及后续洗浆期间来自木材中的亲水性抽出物的去除。其他一些二萜及其化合物包括无环的,双环的,三环的和大环的衍生物(见表 1-13)。

表 1 – 13　　　　　　　　　　木材中常见的萜类和萜类化合物

单萜和单萜化合物

无环化合物

　月桂烯、香茅醇、香叶醇、橙花醇和芳樟醇

单环化合物

　柠檬烯、β – 水芹烯、γ – 松油烯、异松油烯、p – 伞花素、α – 松油醇和 4 – 松油醇

双环类化合物

　α – 蒎烯、β – 蒎烯、3 – 蒈烯、崁烯、α – 侧柏烯、桧烯、檀烯、α – 莳烯、β – 莳烯、茨醇、樟脑、α – 小茴香醇、1,8 – 桉树脑、扁柏次酸和扁柏酸

三环类化合物

　三环烯

倍半萜和倍半萜化合物

无环化合物

　金合欢烯和橙花叔醇

单环化合物

　β – 草烯、γ – 草烯、大香叶烯、γ – 雪松酮、香榧醇和白檀醇

双环化合物

　α – 杜松烯、δ – 杜松烯、α – 兰油烯、γ – 兰油烯、丁香醇、β – 花柏烯、α – 菖蒲二烯、apitonene、α – 雪松烯、雪松醇、　α – 笋笳醇、γ – 杜松醇、γ – 桉叶油醇、γ – 花侧柏醇和曼宋酮

三环化合物

　长叶烯、长叶环烯、长叶蒎烯、α – 雪松烯、首蓿烯、α – 胡椒烯、β – 依兰烯、α – 荜澄茄烯、罗汉柏烯、香橙烯、刺柏醇和长龙脑

二萜和二萜化合物

无环化合物

　香叶基芳樟醇

单环化合物

　半日花烷型树脂酸:兰柏松脂酸、湿地松酸或反式璎柏酸、agatic acid、dihydroagatic acid 和落叶松醇;以及其他衍生物:泪杉醇、β – 表甘露糖醇和顺式松香醇

三环化合物

　松香烷型树脂酸:松香酸、新松香酸、脱氢纵酸、丙烯海松酸、棕榈酸和杉皮酸;海松烷型树脂酸:海松酸、异海松酸、山达海松酸和右旋海松酸;以及其他衍生物:海松二烯、泪柏醚、海松醇和海松醛

四环化合物

　扁枝型树脂酸:扁枝酚;及其他衍生物:扁枝烯

大环化合物

　松柏烯或黑松烯和三布醇

三萜和三萜化合物

四环化合物

　环阿屯醇、24 – 亚甲基环木菠萝醇、24 – 亚甲基环木菠萝烷酮和 cyclograndissolide

续表

三萜和三萜化合物

五环化合物
　羽扇豆烷型化合物：羽扇豆醇、桦木醇和白桦脂酸；以及齐墩果烷型化合物：α-香树素、齐墩果酮酸和锯
齿石松烯二醇
固类化合物
　谷固醇、谷甾烷醇、菜油固醇、豆固醇、豆甾烷醇、柠檬甾二烯醇、胆固醇和二氢谷固醇

　　三萜及其化合物广泛分布在植物王国中。它们主要由氧化的衍生物构成，而且传统上把它们归类为两类化合物：三萜和甾类化合物（见表 1-13）。此类化合物在结构上和生物遗传上紧密相关，因此很难区分。这些化合物的合成由无环的角鲨烯母体按照几乎完全相同的路径进行，与某些四环的萜类化合物的不同，甾类化合物只能通过后环化去除甲基。因此四环的三萜化合物与甾类化合物的不同之处在于其 C_4 上有一个或两个甲基。因此，它们有时也被称作甲基或二甲基固醇。三萜化合物大致可以分为三个亚群：四环羊毛甾烷、五环羽扇烷和无环齐墩果烷衍生物。三萜和甾类化合物主要出现在作为糖苷的脂肪酸酯中，而且是自由态的。由于可溶性疏水成分的含量很少，它们及其降解产物在制浆造纸过程中均会引发问题。

　　三萜和甾类化合物通常出现在针叶木中，尽管它们的相对含量很小。含量最多的是谷固醇，但很多其他的化合物也已被发现。尽管含量很小，在热带和温带地区的阔叶木中也存在很多种类的三萜和甾类化合物。同针叶木一样，阔叶木中最主要的三萜及甾类化合物是谷固醇。除谷固醇之外，桦木属中还含有羽扇烷型三萜化合物（桦木醇和羽扇豆醇）；白桦树皮的白色也主要与结晶的桦木醇有关。桦木醇能与脂肪酸共沉积，也可以作为黏性物质的疏水捕集剂，最终将会在制浆和漂白过程中引起沉积[114]。谷固醇和桦木醇均是生产木基化学品的潜在原料。此外，在一些热带木材中含有三萜和甾类化合物的糖苷（皂角苷），这些糖苷能在水中产生泡沫。皂角苷的苷元也被称为皂苷元。

　　无环的主要醇类，由 6~9 个异戊二烯单元（桦木聚戊烯醇）组成，并能与银桦（*Betula pendula*）中的多种饱和脂肪酸酯化。其双键均具有顺式和反式结构。多种聚戊二烯也以橡胶和古塔胶的形式出现在一些特定的材种中。在这些大分子中，异戊二烯单元的数量很高。然而，橡胶中的异戊二烯单元完全按照顺式结构排列，而在古塔胶中则完全按照反式结构排列。在这两类聚戊二烯中，异戊二烯单元间主要通过 1,4-键连接，只存在很小部分的 3,4-键连接。

　　脂肪族抽出物包含烷烃、脂肪醇、脂肪酸、脂类和蜡类，木材中仅有少量的烷烃（主要为 C_{22-30} 的烷烃）、游离醇和游离脂肪酸（见表 1-14）。木材中大多数脂肪酸被甘油（如脂类，大部分是甘油三酸酯）或高级脂肪醇（C_{18-22}）和萜类化合物（如蜡）酯化。在针叶木和阔叶木中，超过 30 种脂肪酸（或脂肪酸基团）已被确认。最常见的脂肪酸成分均属于饱和及不饱和的化合物（主要是单-、双-和三萜衍生物），尽管不饱和四环脂肪酸的数量很小。在针叶木中，薄壁树脂主要由脂类组成。在阔叶木中，薄壁树脂实际上只有松香型，而且在蜡类以及脂类中占有很重要的比例。源于塔罗油的不同商品化脂肪酸产品中，其最主要的成分是单烯油酸、双烯豆油酸和三烯松油酸。

表 1-14　　　　　　　　　　木材中的脂肪醇和脂肪酸示例

脂肪醇

二十烷醇(C_{20})、二十二烷醇(C_{22})、二十四烷醇(C_{24})

脂肪酸

饱和酸：月桂酸(C_{12})、肉蔻酸(C_{14})、棕榈油酸(C_{16})、硬脂酸(C_{18})、落花生酸(C_{20})、山嵛酸(C_{22})、二十四烷酸(C_{24})；不饱和脂肪酸：油酸($C_{18:1(9C)}$)，豆油酸($C_{18:2(9C,12C)}$)、亚麻油酸($C_{18:3(9C,12C,15C)}$)、松子油酸($C_{18:3(5C,9C,12C)}$)，以及花生三烯酸($C_{20:3(5C,11C,14C)}$)

注　木材中的脂肪醇和脂肪酸的主要部分是酯化的。

表 1-15　　　　　　　　　　木材中芳香族抽出物示例

简单酚类

对甲酚、对乙基苯酚、愈创木酚、水杨醇、丁香酚、香兰素、松柏醇、香草乙酮、愈创木基丙酮、水杨酸、咖啡酸、阿魏酸、丁香醛、芥子醛和丁香酸

芪类

银松素及其单甲基和二甲基醚，以及 4-羟基芪及其单甲基醚

木素

构成木素(苯基丙烷)的苯基是对羟基苯基、愈创木基、紫丁香基、藜芦基、亚甲基二氧苯基、二羟苯基和 3,4-二羟基-5-甲氧基。它们可以分成下面几类：开环型，开环异落叶松树脂酚；($\alpha-\alpha$)环化型，古蓬香素；($\gamma-\gamma$)环化型，罗汉松树脂酚、羟基罗汉松树脂酚、liovil、双香兰素四氢呋喃；($\alpha-\gamma$)环化型，落叶松脂醇；($\alpha-\gamma$)双环化型，松脂醇和丁香树脂酚；($\alpha-Ar$)缩合型，异落叶松脂醇、异紫衫树脂醇、奈丝醇和索马榆脂酸；以及($\alpha-Ar$)缩合的($\gamma-\gamma$)环化型：α-铁杉内酯和大侧柏酸

水解单宁

没食子单宁和鞣花单宁

黄酮类化合物

黄酮类：白杨黄素、芹菜素和杨芽黄素；黄酮醇：槲皮素、山柰酚、漆黄素、洋槐黄素、桑黄素、高良姜素和伊莎黄素；类黄酮：松属素、球松素、芸香苷、柚皮素、双氢杨芽黄素、樱花素和甘草苷元；类黄酮醇：黄衫素、二氢槲皮素、黄颜木素、短叶松黄烷酮、香橙素、白菝素或二氢杨梅素和二氢洋槐花素；儿茶素类：儿茶素、表儿茶素、倍儿茶素、非瑟醇和阿福儿茶精；无色的原花色素：黑木金合欢素、无色花色素、柔金合欢素、无色花青素和无色刺槐亭定；花青素：查尔酮、紫柳花素、2,3,4,3',4'-五羟查尔酮或奥卡宁、α,2,4,3',4'-五羟查尔酮、2,4-甲氧基-6-羟基查尔酮和 2',3,4,4'-五羟查尔酮；以及橙酮：漆树素(Rengasin)、硫磺菊素、四氢化苄基呋喃冉酮和甲氧基三羟基苄基呋喃冉酮

异黄酮或异黄酮类

染料木黄酮、阿佛洛莫生、罗汉松黄素、樱黄素和檀香

缩合的单宁

典型的单体母体是无色的原花色素，如黑木金合欢素、丁卡因和异丁卡因等，与儿茶素类如儿茶酸、表儿茶素、倍儿茶素，以及表没食子儿茶素等缩合

木材中含有很多种芳香族抽出物,从简单的酚类到复杂的多酚以及它们的相关化合物(见表 1 - 15)。多酚通常是有色化合物,这是多酚的特性,它们大量地聚集在很多材种的心材中(主要是高分子质量的衍生物),仅有少量出现在边材中(主要是低分子质量的衍生物)。某些化合物在萃取或蒸馏期间能够被水解,一些多酚很可能是这些化合物的降解产物(如糖苷)。这类抽出物也具有抗菌和/或抗氧化特性,因此能够保护树木抵抗微生物的攻击和分解。松木心材中的一些化合物(如银松素)在酸性亚硫酸盐法制浆中会与木素产生有害的交联,从而抑制木素的脱除。通常来说,在硫酸盐法制浆中大多数多酚会被降解。另外,如鞣花酸,是水解单宁的重要成分,而且其含量丰富,特别是在一些特定的桉木材种中,它们很少形成可溶的盐类,会给碱法制浆带来消极作用(如结垢问题)。然而,大多数情况下,单宁是商业上有用的木材衍生产品。图 1 - 26 展示了一些主要的酚类抽出物的化学结构。

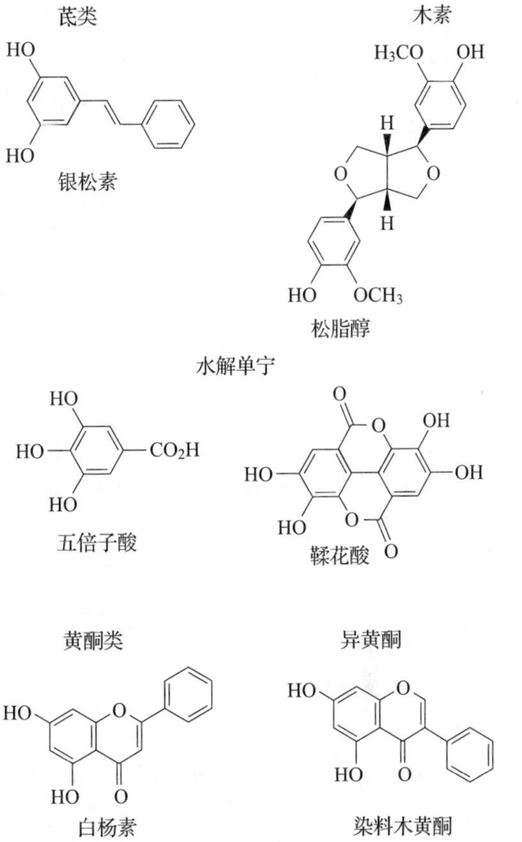

图 1 - 26　一些酚类抽出物的化学结构

芪类是 1,2 - 二苯甲烷的衍生物,这类化合物主要存在于松属材种的心材中。而且芪类也存在于不同针叶材的树皮中[115 - 116]。与之相反,木酚素在针叶木和某些阔叶木干材(以及树皮)中分布非常广泛。它们主要由两个苯丙烷单元(C_3C_6)氧化耦合形成,而且可以根据它们的化学结构分成几种基团。具有 3 个或更多苯丙烷单元的低聚木酚素结构,其含量在节疤处很高,这类结构也存在于一些松柏科的干材中[90 - 91,117]。木酚素类是和木酚素相关的化合物,比木酚素少一个碳原子。另外除了一些深色色素外,这些化合物会对心材的颜色有重要影响。水解单宁是残糖脂(通常是 D - 葡萄糖),酯键在这些结构中很容易被酸、碱和酶(如单宁酶、高峰淀粉酶)水解。此外,欧洲云杉中的芪类已经被并入到单宁结构中[118]。类黄酮具有典型的二苯丙烷($C_6C_3C_6$)骨架结构。这些化合物广泛分布在针叶木和阔叶木的干材中。异黄酮和异黄酮类化合物的碳骨架与类黄酮略有不同。缩合的单宁是类黄酮的聚合物,主要由 3 ~ 8 个类黄酮单元构成,它们广泛分布在很多材种的干材中。

草酚酮类是 2 - 羟基 - 2,4,6 - 环庚三烯 - 1 - 酮的衍生物,具有一个七元环并与酚类和萘类化合物很相似,如大多数的单萜和倍半萜。含量最丰富的草酚酮类是 C_{10} - 和 C_{15} - 草酚酮(见图 1 - 27 和表 1 - 16)。草酚酮类主要在很多耐腐雪松的心材中(如西方红雪松(*Thuja plicata*)。由于草酚酮类可以形成稳定的金属络合物,它们会引起制浆蒸

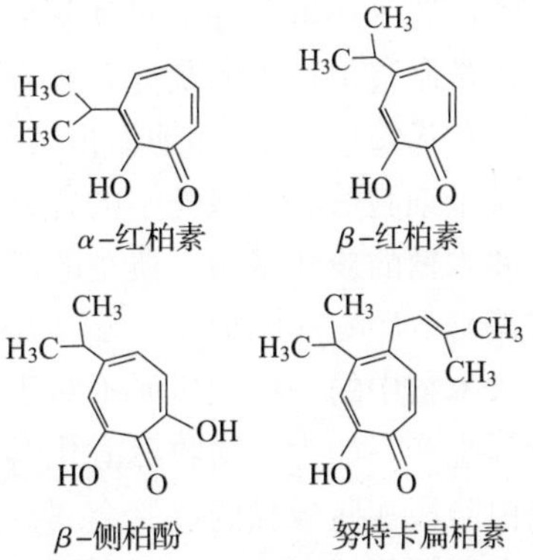

图 1 - 27　一些草酚酮类的化学结构

煮器的腐蚀。一些醌类、环醇类、香豆素类、生物碱类和氨基酸也会偶尔出现在一些树木材种中。另外,也存在典型的单糖、低聚糖和多糖。尽管有些材种中含有大量的单宁和聚阿拉伯糖半乳糖,通常木材中的水溶性有机物含量很少。然而聚阿拉伯糖半乳糖结构上属于半纤维素成分,不属于抽出物。

表 1 - 16 木材中部分低含量的抽出物

草酚酮类
C_{10} - 草酚酮:a - 红柏素、b - 红柏素、g - 红柏素、4 - 异丙烯基卓酚酮、b - 侧柏酚;以及 C_{15} - 草酚酮类:努特卡扁柏素和花柏酚亭
醌类
2,6 - 二甲基苯醌、黄钟花醌、黑木金合欢素、7 - 甲基胡桃醌、4 - 甲氧基黄檀醌、4′ - 羟基 - 4 - 甲氧基 - 黄檀醌、4,4′ - 二甲氧基黄檀醌、甲基蒽醌、9,10 - 二甲氧基 - 2 - 甲基蒽醌 - 1,4 - 苯醌
环多醇
肌醇和(+) - 肌醇
香豆素类
七叶亭、莨菪亭和白蜡树亭
单糖
L - 阿拉伯糖、D - 木糖、D - 半乳糖、D - 葡萄糖、D - 甘露糖、L - 岩藻糖、L - 鼠李糖、D - 果糖
低聚糖
蔗糖、蜜三糖和棉子糖
多糖
淀粉和半纤维素残渣

1.2.6.5 无机化合物

温带地区的木材,除了碳、氢、氧和氮以外的其他元素占木材干物质的 0.1% ~ 0.5%,而在热带和亚热带地区这些元素的含量高达 5%。实际上,总的木材无机物含量是指灰分,它们是木材样品中有机物彻底燃烧后得到的残渣。灰分中主要包含各种不同的金属氧化物,商品针叶木和阔叶木中灰分含量的平均值通常为木材干物质的 0.3% ~ 1.5%。树的生长环境和地理位置等环境条件会对其灰分含量和成分有重要影响(如土壤肥力和气候)。值得注意的是热带制浆木材中的灰分含量有时可能会相对较高,这是因为它们笨重的树干(通常空心)在砍伐和运输过程中,如地面拖拽等,会混入沙子和其他无机杂质。然而,在大多数情况下,灰分即源于细胞壁和细胞腔中的各种盐类沉积物,也源于结合到细胞壁成分上的无机部分,如蛋白质和木糖的羧酸基团。典型的沉积物是各种金属盐(如碳酸盐、硅酸盐、草酸盐、磷酸盐和硫酸盐)。

木材中的一些无机元素对于树木生长是很重要的。通常无机成分会阻碍木材用于制浆和能源生产。如为了回收蒸煮化学品,高浓度的硅会加剧蒸发器内形成结垢。漂白时,在特定的漂白阶段一些微量的过渡金属离子(锰、铁和铜)会明显地加速纸浆中碳水化合物降解,并对漂白后纸浆的白度造成不利影响。为此,在漂白过程中,通常通过酸溶液或螯合剂将大多数金属离子从纸浆中置换出来或洗掉,如乙二胺四乙酸(EDTA)和二乙烯三胺五乙酸(DT-PA)。尽管经过上述处理,最终的纸浆中仍然含有无机杂质,至少部分木材原料的纸浆中会存在。另外,需要指出的是,由于树中微量元素对树生长的必要性和重要性,其循环对土壤保护和保持肥力很重要。

在很多情况下,碱和碱土元素如钾、钙和镁,占针叶木和阔叶木中总无机元素成分的80%。大量其他种类的元素也被检测出来,数量约有70种。表1-17列出了针叶木和阔叶木中除碳、氢、氧和氮以外的各种元素的大致含量。然而,氯元素含量(10～100mg/kg)有很大程度的变化。这至少在一定程度上主要与活树内部分溶解的和易于转化成盐的氯离子的形成有关。

表 1-17 针叶木和阔叶木的绝干干材中不同元素的大致含量[1]

含量/(mg/kg)	元素
400～1000	K Ca
100～400	Mg P
10～100	F Na Si S Mn Fe Fe Zn Ba
1～10	B Al Ti Cu Ge Se Se Rb Sr Y Nb Ru Pd Cd Te Pt
0.1～1	Cr Ni Br Rh Ag Sn Sn Cs Ta Os
<0.1	Li Sc V Co Ga As As Zr Mo In I Hf W Re Ir Au Au Hg Pb Bi Sb

注 1—少量的镧系元素也存在,含量<1mg/kg。

1.2.7 非木材化学、形态学和超微结构

尽管木材是最重要的制浆原料,其他木质纤维材料(通常统称为非木材原料),包括农业废弃物、一些草类和其他种植作物,也用于制浆。这些多种多样的非木材原料,也具有独特的化学组成,以及化学、物理和机械性能。表1-18对用于制浆的木材和非木材原料中化学成分进行了大致比较。值得注意的是非木材纤维素对纸浆生产最为不利的是含有大量的无机物(主要是二氧化硅)。二氧化硅和其他难溶物质的存在,促进了如制浆化学品回收时蒸发器内结垢。

1.2.7.1 植物学

植物学家和其他研究植物纤维的专家对蔬菜或植物纤维的定义是不同的。植物学上认为纤维是单个细胞,属于厚壁组织的一部分,其特征为细胞壁厚和长径比大。厚壁组织为植物提供机械完整性。具有锥形末端的纺锤细胞是纤维细胞的典型特征。据此定义,棉花纤维作为最知名的植物纤维,不仅是纤维,也是表皮组织凸的毛状体或种子纤维。

厚壁纤维细胞通常出现在纤维束中,拥有显著的抗张强度、弹性和柔性,据此可以将厚壁纤维细胞从其他

表 1-18 用于制浆的木材和非木材原料的典型化学成分间的比较%,(相对绝干原料)

成分	木材	非木材
碳水化合物	65～80	50～80
纤维素	40～45	30～45
半纤维素	25～35	20～35
木素	20～30	10～25
抽出物	2～5	5～15
蛋白质	<0.5	5～10
无机物	0.1～1	0.5～10
SiO_2	<0.1	0.5～7

植物组织中区分并分离出来用于工业生产。这些纤维束出现在具有商业利益的双子叶韧皮纤维作物中,如常见的软纤维(亚麻、大麻、黄麻、苎麻和洋麻)。纤维束从底部到顶部纵向地贯穿整个树干,几乎达到植物的全长,对于大麻和洋麻可能达到3m甚至更长。双子叶麻类纤维作物,如亚麻、大麻、黄麻和洋麻也具有木质髓部(碎片、麻屑),包括与木材中相似的木质化纤维。叶纤维或硬纤维是从单子叶植物中分离出来的含有导管细胞的纤维细胞团块[如剑麻、蕉麻、丝兰、灰叶剑麻、新西兰麻、一些棕榈树(酒椰叶纤维)]。从植物的其他部分也能获得纤维状组织,如草类的茎和根(竹子、甘蔗、芦苇或稻草)或中果皮层(椰壳纤维)。

草类(禾本科)中茎部纤维的解剖和外观结构是不同的。竹竿中含有约40%的纤维和10%的输导组织(导管和筛管)。剩下的部分是薄壁组织环绕的导管束。竿的外部纤维含量是最高的。

棉花、木棉和其他丝状纤维(如乳草)在种子(或种荚)上形成非常长而窄的丝状单细胞,但不属于厚壁组织成分。

表1-2提供了一些纤维植物的例子,它们在世界各地用于纺织、绳索和造纸、制作篮子、席子和枝编制品(扫帚和刷子)或用于盖屋顶和捆扎物品。很多这类作物并没有大规模种植,或者说仅为当地特产。根据纤维的使用类型,这些产品也采用或不采用工业加工制作。席子、手工艺品和枝编制品的生产涉及到很多小规模的手工艺生产者和家庭工业。目前这些用法可能满足不了造纸上的质量要求或工业加工上的用量需求。

1.2.7.2 竹子和小麦秸秆的形态学

在检测毛竹(P. pubescens)的细胞壁超微结构特性时,对不同电压下不同类型细胞的细胞壁和原生质的变化采用透射电子显微镜(TEM)进行了研究。场发射扫描电子显微镜(FE-SEM)、TEM和直接碳复制技术(DCR)已经用于对纤维素微纤丝沉积物,以及它们从初生壁到各次生壁的排布进行系统的观测。刘研究了毛竹发育的竿中细胞壁的形成[119]。在他看来,导管束的分布密度、长度和宽度,纤维的长度和宽度,导管的长度,微纤丝角(MFA),以及结晶指数(CRI)随着树龄、径向和纵向而变化。导管束的分布密度由7天到17天是下降的,然后在1~8年内保持在11~18mm²,并在8~9年期间逐渐增加。从7到17天内纤维长度迅速增加,然后外部的纤维长度保持在2295μm,内部的保持在2205μm,但在8~9年期间会略有降低。对于毛竹的外部,X射线衍射表明在最初的两年MFA略有增加,然后到第八年一直保持在9.98°。然而,在第九年它会明显增加到11.5°。对于内部,在1~8年期间MFA稳定在9.16°,并在第9年增加到11.35°。对于外表部分,在最初的2年间CRI逐渐减小,在2~8年期间迅速增大并保持在46.78%,然后在第9年会略有降低。

近来对5年生毛竹的横向和切向表面结构采用FE-SEM进行了检测[29]。在横切面上(见图1-28),不同形状和大小的厚壁纤维细胞密集地填充在导管束内,见图1-28(a)。在横向和切向面上,薄壁细胞围绕在导管束周围,在细胞角隅显示出规则的三角形中空区域见图1-28(b)、(e)。

对于1年生毛竹的内部,可以观察到细胞壁增厚并附着在次生壁的S₂层[见图1-29(a)]和S₄层[见图1-29(b)]上[119]。对于1年生毛竹的外部,也能观察到细胞增厚并附着到次生壁的S3[见图1-30(a)]层和S4层[见图1-30(b)]上。

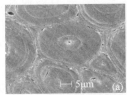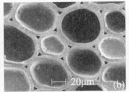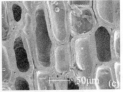

图 1 -28　毛竹横切面的 SEM 显微图片[29]

（a）未处理的厚壁纤维细胞　（b）未处理的薄壁细胞　（c）切向面未处理的薄壁细胞

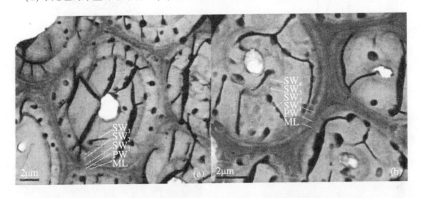

图 1 -29　一年生毛竹内部横切面的 SEM 显微照片[119]

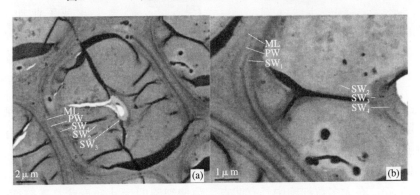

图 1 -30　一年生毛竹外部横切面的 SEM 显微照片[119]

与木材不同,小麦秸秆也是非匀质材料。它是一年生草本植物。草本植物的裂变和植物组织主要分布在细枝和枝节处。在下皮处没有分裂和植物组织。在小麦开始生长之后,它的秆显然不能沿纵向增厚,但可以沿纵向生长。麦草秸秆由穗、秆、叶和根组成,这些部分可以肉眼区分出来。通常,秆的高度为 29 ~97cm,秆的直径为 2 ~4mm。壁厚为 0. 3 ~0. 7mm,髓腔在 2 ~4mm 之间。秆在地面上由 3 ~6 个枝节组成。从底部到顶部秆壁的厚度是下降的[120 - 121]。图 1 -31 显示了麦秆的切向图。每根麦秆由秆壁、叶鞘、叶鞘基部和秆节构成。图 1 -32 显示了麦秆叶鞘的横切面,可以看清表皮、纤维组织、薄壁组织和导管腔。

采用光学显微镜(OM)和 SEM 对小麦秸秆的外表面进行观察,获得图片如图 1 -33和图 1 -34 所示。众所周知,表皮由位于外表面的一层细胞构成,包括长细胞和短细胞。表皮内一个长细胞和两个短细胞交替排列。短细胞分成两类,矽石细胞和栓化细胞。由于栓化和矿化作用,表皮层很容易形成角质层,这可以防止内部水分过多地蒸发和细菌的侵入。

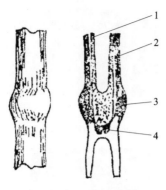

图1-31　小麦秆部示意图

1—秆壁　2—叶鞘　3—叶鞘基部　4—秆节

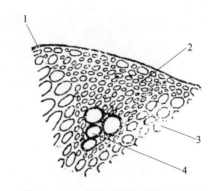

图1-32　小麦叶鞘横切面示意图

1—表皮层　2—纤维组织　3—薄壁组织　4—导管腔

图1-33　麦秆外表面显微图片(OM×200)

1—长细胞　2—栓化细胞　3—硅石细胞　4—气孔

图1-34　麦秆外表面显微图片(SEM×300)

1—长细胞　2—硅石细胞　3—气孔　4—扁形乳突状表皮层

由图1-33可以看出,小麦秸秆表面是平滑的。细胞壁中含有长细胞、栓化细胞、硅石细胞和气孔。除了长细胞、硅石细胞和气孔外,秸秆表面在扁形乳突状表皮层上含有毛状物(图1-34)。气孔促进黏性树脂的润湿、分散和渗透,有利于在粘合点间形成连接点。内部表面含有薄壁细胞,如图1-35和图1-36所示。薄壁细胞分布在基础薄壁组织里,其特性是很薄、易变形和易碎。在大多数细胞中具有凹点。薄壁细胞的尺寸和形状是随着秸秆的种类变化的。图1-36中薄壁细胞的形状是矩形的。这些薄壁细胞不会紧密的排列,也不会形成角质层。这种结构特性有利于黏性液滴或有机溶剂的扩散和渗透。内部表面的润湿性要优于外部表面。通常,外部表面是平滑的,具有角质层和气孔。内部表面组织主要由薄壁组织构成。角质层阻碍液体润湿、扩散和渗透[122-123]。

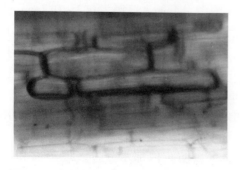

图1-35　小麦秸秆的内部表面(OM×200)

图1-36　小麦秸秆的内部表面(SEM×304)

1.2.7.3 多糖

植物细胞壁内最主要的受力化合物是结晶的纤维素微纤丝。尽管纤维素构成了细胞壁的最主要部分,细胞壁内也存在大量的其他多糖并对纤维特性有重要影响。细胞壁多糖的定量是很复杂的,因为单个多糖内部和/或与其他成分间存在不同类型的连接键。通过细胞壁中单糖成分可以得出多糖的含量。然而,相同的单糖可以是不同多糖的一部分,如葡萄糖是纤维素、聚葡萄甘露糖以及聚木糖葡萄糖的组成部分,木糖是聚木糖葡萄糖和聚木糖的组成部分。很多非木材纤维的细胞壁成分(以及大部分的其他植物细胞壁)的确切结构目前尚未清楚,尽管已经大致明确。

果胶是一种重要的多糖,主要存在于初生壁和非木材植物组织的胞间层。果胶是嵌段共聚物,由专一的 $\alpha-(1\rightarrow4)-D-$半乳糖醛酸残基(聚半乳糖醛酸)构成,或被 $\alpha-(1\rightarrow2)-L-$鼠李糖残基打断,可能被不同的支链取代(鼠李糖半乳糖醛酸 RG-Ⅰ和 RG-Ⅱ)。果胶的半乳糖醛酸基可能被甲基化或与邻近的果胶分子形成钙桥,在特定的排列中形成稳固的交联,即所谓的"蛋盒"模型。通过采用螯合剂可以破坏这些离子键,导致果胶被溶解以及植物细胞间连接键的松动。采用果胶酶制剂(果胶酶、果胶裂解酶以及其他酶制剂)也可以达到相似的效果,在脱胶过程中通过微生物产生的酶来释放纤维。

与果胶不同,半纤维素,或非纤维素的细胞壁多糖是嵌入到细胞壁中纤维素的微纤丝内。尽管氢键通常与有支链的半纤维素多糖连接形成无定形胶,连接纤维素微纤丝和其他细胞壁成分。半纤维素可能会被部分酯化(乙酰基团),影响其亲水性和溶解性。含有酚类的一些共价键可能同时与木素或阿魏酸存在。属于半纤维素的最主要的多糖是木葡聚糖、聚木糖、聚葡萄糖甘露糖、阿拉伯糖半乳聚糖和胼胝质。半纤维素的出现并不是均匀地分布在不同的组织中或一个细胞内部。木葡聚糖主要出现在初生壁中,而聚木糖在细胞壁的木质(木质部)组织中占主导地位。在一些纤维中,在次生壁形成刚开始时会出现组织特异和生长周期特异的细胞壁多糖,这些多糖会在生长晚期消失(如棉花里的胼胝质和亚麻纤维里的半乳聚糖)[124]。

1.2.7.4 木素

木素是影响纤维性能的决定性成分,其主要存在于高等植物的胞间层和次生壁中。木素是由苯基丙烷单元(如对羟基苯基、愈创木基和紫丁香基单元)构成的复杂聚合物,通过许多不同类型的化学键连接而成。被子植物的纤维组织主要含有愈创木基结构的木素(>95%),然而在双子叶植物木质部中紫丁香基/愈创木基的比例有很大的变化。在单子叶植物中,均含有对羟基苯基单元。由于木素的难溶性和多种化学特性,还没有有效的方法将其从植物组织中完整地分离。木素的含量和组成对纤维的性能和应用有重要的影响,但木素的含量很难准确的测定。通常,软的纤维(亚麻、大麻、苎麻、棉花)木质化程度较低,然而硬的纤维(剑麻、蕉麻和椰壳纤维)中具有较高的木素含量(见表 1-19)[125]。

1.2.7.5 微量成分

微量成分有微量细胞壁成分,如蛋白质、蜡状物、灰分,以及非细胞壁植物成分(如低分子质量的糖类、有机酸以及次级代谢产物类黄酮、皂苷、单宁和萜类),对纤维细胞并没有表现出任何影响。植物细胞壁成分的改良剂亦如此,如羟基肉桂酸、糖醛酸的甲基,以及各种多糖的乙酰取代基。

纤维细胞的重要特性是细胞壁各层中化学成分的分布。通过免疫细胞化学,可使细胞壁成分受限制。大多数纤维成分的常规分布与任何具有次生细胞壁的植物细胞是相似的。果胶主要出现在胞间层和初生壁中(尽管它们也可能与次生细胞壁纤维素紧密联系)。次生细胞壁中富含纤维素[125]。

表1-19　　　　　　　　　　纤维形态特性和平均化学组成[124-126]

常用名	纤维尺寸			碳水化合物成分含量/%			木素/%
	纤维束长度/cm	长度/mm	宽度/μm	纤维素	果胶	半纤维素	
亚麻韧皮部		13~60(30)	12~30	72		18	<1
亚麻硬外皮		0.1~0.5	10~30	37		25	30
苎麻		50~200	15~80	68~76		13~15	1
大麻韧皮部		5~55(20)	16~50	70		15	3
粗亚麻		0.5~0.6	15~40	40		25	25
黄麻韧皮部		0.8~7(2.5)	5~25	62		22	13
洋麻韧皮部		1.5~11(2.6)	14~33	55		14	12
洋麻髓	30~90	0.6			2		
剑麻	—	0.8~8(3.0)	10~40	73	3	13	8~11
蕉麻	>150	3~12(6.0)	12~36	70	2	22	9~13
椰子	100~300	0.3~1.0	12~24	33	3	13	33
棉花	—	20~60	12~25	90	3	6	1
棉籽绒	15~36	1.0~2.0		80~85	1	—	
棉秆	90~180	1.0~1.5			4		
木棉		10~20	10~30	43		23	15
蔗渣	60~100	1.0~2.0	14~28	32~44	1	27~32	19~24
竹子	100~200	1.7~4.0	15	26~43	1	15~26	21~31
印度麻	5~20	2.5~3.5		69~80	5		5~10
洛神花	—			32	—		10.4
茅草		1.5		33~38		27~32	17~19
稻草秆		0.8~1.0		28~36		23~28	12~16
小麦秆	—	1.0~1.5	13~15	29~35	4	26~32	16~21
大麦				31~34		24~29	14~15
燕麦				31~37		27~39	16~19
黑麦				33~35		27~30	16~19
印度草				52		24~27	16~22
草庐		0.8	16	45		18~26	23
柳枝稷		0.8					
刺棘蓟		0.8	10~15	30		18	17

1.2.7.6　禾草类化学

由于森林资源减少、环境问题、制浆技术发展和当地经济压力,非木材纤维在造纸工业中起到越来越重要的作用。在用于造纸的全部非木材纤维中,秸秆或草类,如小麦秸秆、稻草秸秆、芦苇和蔗渣,占非木材纸浆产量的绝大部分。

在某些方面非木材植物不同于木材植物。首先,它们的结构和形态不同。典型的秸秆植物包含相当数量的非纤维细胞,如薄壁细胞、表皮细胞和导管细胞。其纤维相对窄小,且其纤维壁很厚[124,127]。需要指出的是在所有小麦秸秆的成分中,薄壁细胞中木素的浓度最高,其次为纤维。小麦秸秆纤维的胞间层和细胞角隅中总木素的比例均较木材纤维中高。然而,在烧碱法蒸煮中,小麦秸秆的不同形态区域,如次生壁、胞间层和细胞角隅,如同整个秸秆,脱木素的程度几乎是完全相同的。秸秆与云杉纤维等木材之间最大的不同是具有局部化学效应[127]。换言之,不同形态区域中木素脱除的程度是不同的。结果导致小麦秸秆薄壁细胞中的残余木素较纤维中高[127]。

其次,秸秆的化学组成与木材不同。通常,秸秆中含有更多的水和冷碱溶解物质、半纤维素以及灰分,但木素含量较木材中少[124,129]。小麦秸秆、芦苇和蔗渣中木素的平均分子量较白桦和云杉中低[130]。除了愈创木基单元和紫丁香基单元外,秸秆木素分子中也存在对羟基苯基单元。大量的对羟基苯基单元与具有酯键的其它木素结构相连接。秸秆木素中也存在其它的酯键和自由的酚型结构。由于这些特性,秸秆中的木素较木材中的更容易脱除[131-134]。如,当小麦秸秆的烧碱–蒽醌蒸煮温度达到100℃时,60%～70%的木素可能会被溶解[132]。在硫酸盐法蒸煮的初始快速阶段,小麦秸秆中大约90%的木素被溶出[133]。后期蒸煮阶段的脱木素率主要受氢氧根离子浓度的影响。在相同的硫酸盐法蒸煮条件下,与白桦和云杉纸浆相比,小麦秸秆纸浆中残余木素的含量明显较少。以农业为基础的纤维的基本化学成分见表1–20[129]。

表1–20 几种纤维植物中的α–纤维素、木素、戊聚糖、灰分和硅含量(对干物质)[129]

单位:%

植物种类		α–纤维素	木素	戊聚糖	灰分	SiO₂
禾草类纤维	稻草	28～36	12～16	23～28	15～20	9～14
	小麦	29～35	16～21	26～32	4～9	3～7
	燕麦	31～37	16～19	27～38	6～8	4～7
	大麦	31～34	14～15	24～29	5～7	3～6
	黑麦	33～35	16～19	27～30	2～5	0.5～4
	茅草	33～38	17～19	27～32	6～8	2～3
	沙拜	—	17～22	18～24	5～7	3～4
	普通芦苇	45	22	20	3	2
	竹子	26～43	21～31	15～26	1.7～5	1.5～3
韧皮纤维	甘蔗渣	32～44	19～24	27～32	1.5～5	0.7～3
	亚麻	45～68	10～15	6～17	2～5	—
	红麻	31～39	15～18	21～23	2～5	—
	亚麻秆	34	23	25	2～5	—
叶子纤维	黄麻	—	21～26	18～21	0.5～1	<1
	蕉麻	61	9	17	1	<1
种子或果实纤维	剑麻	43～56	8～9	21～24	0.6～1	<1
	棉短绒	80～85	3～3.5	—	1～2	<1
木材纤维	针叶木	40～45	26～34	7～14	1	<1
	树叶	38～49	23～30	19～26	1	<1

1.2.7.7 竹子化学

中国10种不同类型竹子的化学成分见表1–21[134]。冷水、热水抽出物,以及α–纤维素含量由竹子根部到顶部是下降的,然而,苯醇抽出物和1% NaOH抽出物是上升的。竹子顶部、根部和中部的克拉森木素含量之中,以中部的为最高。当对 3 年生、1 年生和半年生的竹子进行比较时,3 年生竹子的热水、1% NaOH 和苯醇抽出物,以及克拉森木素含量均最高。与之相反,3 年生竹子的灰分、综纤维素、α - 纤维素以及戊聚糖含量均最低。

表 1 -21　　　　　　　　10 种不同生长期竹子的基本化学成分[134]

种类	灰分/%	抽出物含量%				综纤维素含量/%	α - 纤维素含量/%	克拉森木素含量/%	戊聚糖含量/%	生长期/a
		冷水	热水	苯醇	1% NaOH					
刚竹属毛竹	1.8	5.4	3.3	1.6	27	77	62	26	22	0.5
	1.1	8.1	6.3	3.7	30	75	60	25	23	1
	0.7	7.1	5.4	3.9	27	75	61	26	22	3
	0.5	7.1	5.5	4.8	27	75	59	27	22	7
箣竹属青皮竹	2.4	6.6	8.0	4.6	32	78	52	19	22	0.5
	2.1	6.3	7.6	3.7	31	79	50	19	21	1
	1.6	6.8	8.8	5.4	28	73	46	24	19	3
单竹属粉单竹	2.7	8.1	9.7	4.2	35	79	48	18	24	0.5
	2.1	8.1	9.5	4.4	30	74	48	21	19	1
	1.5	6.3	9.2	4.0	31	72	44	23	19	3
箣竹属撑篙竹	2.2	4.9	6.4	2.1	28	79	53	21	21	0.5
	2.3	7.6	7.7	2.2	30	73	48	21	20	1
	2.7	9.5	9.3	6.4	31	69	45	22	19	3
箣竹属车筒竹	2.7	7.3	8.2	4.2	30	78	53	20	22	0.5
	1.9	9.0	9.9	5.5	30	74	49	21	21	1
	1.8	9.1	9.3	5.9	27	73	47	24	20	3
刚竹属水竹	1.2	13.6	9.6	5.4	31	72	58	22	20	1
	1.3	9.7	15.9	9.1	35	60	39	23	22	3
刚竹属簝竹	2.0	6.7	8.3	4.1	32	71	45	28	22	0.5
	1.8	10.7	8.5	5.3	33	74	59	24	22	1
	1.7	6.5	8.4	5.6	34	69	44	25	22	3
刚竹属椅子竹	2.2	4.6	5.9	1.8	28	76	49	25	23	0.5
	1.3	10.5	9.0	7.3	30	73	57	22	22	1
	1.0	6.1	7.3	5.9	31	65	43	23	22	3
刚竹属毛环竹	1.7	3.7	5.2	1.8	28	78	50	24	22	0.5
	1.3	10.8	8.9	7.0	34	73	58	24	22	1
	1.9	8.8	12.7	7.5	35	62	39	23	22	3
刚竹属早竹	3.2	6.7	8.6	2.3	33	73	42	27	22	0.5
	2.0	11.2	7.7	3.8	33	73	56	25	22	1
	2.3	7.2	9.1	5.6	33	66	41	26	22	3

1.2.8 分析方法

正如第二节化学成分、形态结构和超微结构中所论述的,木材和植物是由复杂大分子化合物构成的非常不均一的复合材料。然而,合适的分析方法对于了解原料和搞清楚化学组分如何影响制浆和造纸过程是很重要的。习惯上,制浆用原料采用传统湿化学标准方法(wet-chemical standard methods)进行检测,这种方法需要大量样品而且耗费大量劳力,并且只能提供总成分而不能提供任何化学方面的认知。例如,ISO(国际标准化组织),TAPPI(美国制浆造纸技术协会),ASTM(美国试验与材料学会),CPPA(加拿大制浆造纸协会),SCAN(斯堪的纳维亚纸浆、纸张和纸板检测委员会),DIN(德国工业标准协会)和 Appita(澳大利亚制浆造纸工业技术协会)均有多种对于制浆造纸以及相关领域的标准分析方法。在实验室研究中也在不断开发新的分析方法。很多情况下这些研究方法对于工业上的研究不太实用,但是在某种程度上可以发展成为新的标准方法。然而,新的技术和现代先进的分析方法是实现在分子水平上更深入地认识原料以及掌握原料所应用的工艺过程的重要工具。由于有很多可利用的分析方法,在此不能一一介绍。因此,在本章节中仅仅给出一些现代化的有用的分析方法的一些例子,还简要说明从这些方法中可以获取的信息。对于方法的细节和基本知识,例如常见的色谱法和光谱法,请读者自己查阅相关资料和书籍(例如分析方法[135-143])。

1.2.8.1 分析目的和方法

在开发或者使用一种分析方法中最重要的挑战是提出准确的问题:我们想要知道什么以及怎样实现它? 换句话说,你需要设定研究的目标和范围(见图1-37)。还需要考虑可用的资源如时间、资金和个人能力。全部分析过程包含很多步骤,分析测定只是其中一个。实际上,大多数情况下结果的预处理、计算和估算可能比研究的仪器试验部分更重要、更费时间。

1.2.8.2 正确采样、样品贮存和预处理的重要性

分析的目标和范围确定之后,接下来就是采样、样品预处理以及正确的样品贮存。不幸的是,这些准备措施往往被认为是不太重要的。然而,错误的采样或者样品处理会降低接下来的分析工作的价值,因此样品分析和样品处理同样重要[144-145]。有一些可用的不同标准方法,可以方便地按照这些方法去做。强烈推荐细致全面的采样程序文件。使用不恰当的样品容器常常是污染物的来源。

贮存条件对于新鲜或者湿样品是至关重要的,这是因为经常会有微生物活动的危险。在样品贮存期间,有些化合物也很容易氧化或者水解,例如,聚不饱和脂肪酸和树脂酸及松香酸很容易氧化。最近研究也表明聚合木树脂是在白杨风干和贮存期间形成的,它在普通溶剂中很难溶解[111]。通过在冰冻状态(最好是-20℃以下)贮存湿样品,或者通过在样品中添加少量杀虫剂,可以防止或者至少可以减小微生物危害和其它的化学危害。然而,湿样品在冰冻时可能会引起其结构的变化。

大多数植物细胞壁材料,例如木材或者树皮,其分析通常需要干燥和研磨。干燥可以采取在适宜温度下风干或者烘干,但是冰冻干燥应该是最好的,最近对于纸浆样

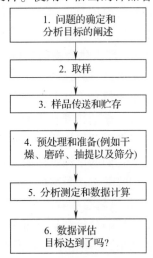

图1-37 一般分析方法的关键步骤

品进行冰冻干燥的做法也已出现[145-147]。然后,通常在威利式(Wiley-type)磨粉机中进行木材样品的研磨。由于在研磨过程中存在着样品发生显著变化和污染的危险,因此,研磨时应该认真。分析结果通常以绝干原料计,这就意味着在计算分析结果时需要考虑样品水分含量。烘干可以在普通炉子中、红外灯下或者在微波炉中进行。然而,由于干燥条件的不同,可挥发性和半挥发性组分的减少情况会有很大差异。

木材中的主要构成成分即纤维素、半纤维素、木素、抽出物和无机物组分可以采用传统的湿化学法(wet-chemical methods)进行定量分析[见图1-38(a)、(b)]。

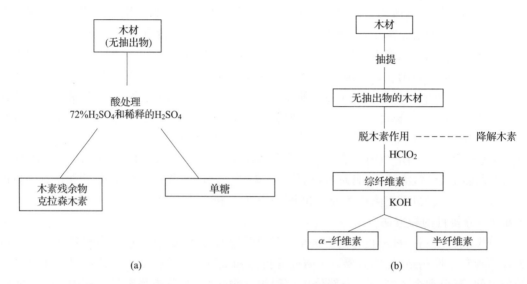

(a)　　　　　　　　　　　　　　　　　(b)

图1-38　木材样品中主要成分的传统分析方案(左侧参考文献[135,212],右侧参考文献[135,213])

在分析主要组分的详细结构特征之前,通常需要对所分析的组分进行分离。然而,这样做是非常消耗时间的,而且会有改变结构的风险,并且分离所得组分的得率和纯度也不是太好。抽提通常是木材组分分级的第一步。抽提的目的可以是为了抽出物的后续分析,也可以是为了分析其他组分而将其抽出。抽提一般根据分析目的的不同,使用不同极性的溶剂,采用索格利特或者索氏抽提器,有时甚至采用渗滤。加速溶剂萃取法(ASE)是一种非常新的技术,这项技术在氮气保护及高温高压下用溶剂萃取,已经证明这对于木材样品是高效的。在1.2.8.5节抽提物的分析部分将对其进行详细讨论。

1.2.8.3　碳水化合物的分析

对于多糖,通常碳水化合物成分和数量(包括糖醛酸)、聚糖结构、官能团和分子质量是所需的最重要信息。然而,这些聚糖的分离过程严重影响其结构特征和分子质量,正如最近对于云杉聚半乳糖葡萄糖甘露糖的一项研究所证明的那样[100]。

为了准确分析细胞壁中碳水化合物成分和数量,通常需要通过配糖键的酸水解将多糖降解为组成它们的单糖。然而,这个反应不是那么容易,因为不同配糖键酸水解的难易程度是不同的。糖醛酸有很耐酸的配糖键。树木的细胞壁是木质化的,并且含有高度有序的或者结晶的纤维素,这就意味着需要较剧烈的处理条件才能使样品结构中的多糖完全分解。因此,水解细胞壁多糖的分析结果是将多糖完全水解与单糖(多糖水解产生的)降解最小化二者折中后的分析结果。(多糖水解过程中,会伴随着单糖进一步降解——译者注)。其他用于植物多聚糖解聚的方法有酸性醇解和酶水解。当酸性醇解直接应用于木材样品时,并且木材样品在没有经过任何预处理(例如脱木素)的情况下,酸性醇解可以只对半纤维素进行非常有效地解聚。然而,这种方法需要干燥的样品。建议采用冷冻干燥。酸醇解已经成功应用在不同树种的木材中[86-87];表1-10,而多糖的酶水解法只能用于已脱木素的样品[148]。

水解液或者醇解液中的单糖的分析通常是采用具有氢火焰离子化检测器的气相色谱(GC-FID)或者气相色谱-质谱联用仪(GC-MS)、高效阴离子交换色谱-脉冲安培检测法(HPAEC-PAD)、高效硼酸盐络合物阴离子交换色谱-在560nm处进行分光光度检测(HPAEC-Borate)或者毛细管电泳(CE)。GC是一种具有高分辨率、高灵敏度的检测方法,然而这种方法在分析之前需要对样品进行衍生化。HPAEC和CE可以在不衍生化的情况下进行,但是其分离效果和灵敏度相对差一些。在HPAEC-PAD还有HOAEC-Borate中,中性和酸性糖可以通过选择合适的淋洗梯度一次性分析出来。最近,人们对植物细胞壁中多糖的不同降解方法和分析方法进行了对比[149]。单糖总量的分析,包括组成纤维素、非结晶半纤维素和树脂的单糖的分析,建议用醇解和水解相结合的方法。然而,对比各种仪器分析方法得出的结论是,任何一种仪器分析法都可以用于分离单糖的分析。

为了更进一步了解化合物的结构,最好先通过脱甲氧基然后水解或者醇解最后采用气相色谱-质谱联用仪分析。如今,不同的NMR光谱学技术也直接应用于多糖分析,这样就不会有部分水解期间丢失重要化合物的危险,从而得到更有价值的结构信息。NMR光谱技术也是一种测定半纤维素中官能团的数量和位置以及连接顺序的比较方便的方法。将链接和顺序分析与酶水解最初步骤相结合时,链接和顺序分析也是很方便的。基质辅助激光解吸电离飞行时间质谱分析(MALDITOF-MS)是一种有趣的技术,它用来获得低聚糖中顺序和链接的信息。然而,因为所有的分析方法都会有不足之处,所以完成结构特性分析的最好方法是将不同的分析技术结合起来。

测定摩尔质量的传统方法是一系列的物理方法(例如渗透压或者高速离心分离法)和化学方法(基于还原性末端基的反应)。如今,首选的方法是不同形式的尺寸排阻色谱法(size-exclusion chromatography,SEC;又称为凝胶渗透色谱法)。多聚糖或者低聚糖的摩尔质量的测定首先通过SEC分离,然后通过折射率、UV、激光光散射或者采用合适的标准物进行校准了的基质辅助激光解吸/电离飞行时间质谱分析(MALDI-TOF-MS)进行测定。遗憾的是,应用很多不同的技术,会使实验结果之间的比较变得困难[150]。

1.2.8.4 木素分析

测量木材中木素总量最常用的方法一直都是所谓的"克拉森木素测定法"。这种方法是根据水解并除去多糖后剩下的不溶解的残余物的定量分析来进行测定的。木素中酸溶的部分通过紫外分光光度法测定水解液的吸光度来确定。然而,很多时候希望对木素进行分离及更详细地了解其结构特征。到目前为止,还没有完美的方法可以分离木素而不改变它(天然的)的结构。分离木素最常用的方法是磨木木素(MWL)。在这种方法中,首先木片在甲苯中进行球磨,然后用二氧六环-水进行抽提。这种方法是非常耗费人力的,还会引起大量甲氧基脱除和一些结构的变化。

木材中多聚糖的酶水解可能会得到没有发生变化的天然木素。木素降解纤维素酶(CEL)因其具有更温和的准备过程和更高的得率而被认为是比磨木木素更具有代表性的一种方法,但是这种方法也比磨木木素更耗费人力。另外一种木素分离过程是首先对磨碎的木材进行温和的酶水解,之后再进行温和的酸水解。在这个分离过程中,最初的纤维素分解作用除去了大部分的碳水化合物,而之后温和的酸解作用是使木素-碳水化合物的连接断裂,从而得到得率高而且比较纯的木素[151-152]。这种方法称为酶水解/温和酸解木素(EMAL),分离出的木素样品被认为是磨碎木材总木素中较有代表性的。

溶解的木素摩尔质量的测定在制浆原料的检测中通常是次要的,但是可以通过高分子化学所采用的一般方法来检测。各种核磁共振(NMR)技术是强有力的分析分离木素分子结构的方法,而其他信息的获取可以通过,例如紫外 – 可见分光光谱、傅里叶变换红外光谱(FT-IR)、电子自旋谐振(ESR)光谱、裂解 – 气相色谱 – 质谱联用(Py – GC – MS)、元素分析、甲氧基测定以及不同的化学降解方法。

木材的木素结构信息也可以通过几种方法直接从没有分离的样品中得到。例如,通过所有 β – 芳基醚键的酸水解使木素解聚,用硫代硫酸解与气相色谱法(GC)相结合可以来估量木素中未缩合的芳基醚结构的数量和组成[153-154]。Py – GC – MS 是一种快速测定技术,它可以同时分析木素和碳水化合物。Py – GC – MS 技术是在四甲基氢氧化铵(TMAH)存在和较低的温度(360℃代替常规的650℃)的条件下进行试验,所得木素产品的得率较高,而碳水化合物的热解程度较小[155]。另一个快速测定技术是FTIR(傅里叶变换红外光谱法),这种技术可以给出关于木素型式、甲氧基、羰基和羟基的信息。

1.2.8.5　抽出物分析

木材抽出物包括各种可以用不同溶剂从木材中抽提出的化合物。需要特定的溶剂,这是因为每种溶剂抽提不同的物质所达到的程度,通常是该溶剂仅能达到的。甚至溶于水的物质,例如,盐、糖和多糖有时也被认为是抽出物。木材中的树脂,即脂肪和脂肪酸类、固醇酯类和固醇、萜烯类和蜡质(长链醇和它们的酸酯),为非极性化合物,可以溶解于介电常数低于3的低极性液体中。

根据常规的标准方法,木材抽提采用索格利特或索氏抽提器。加速溶剂抽提,或者称为ASE(Accelerated Solvent Extraction),它表示一种更新的抽提技术,已经被证明是木材和树皮样品的有效抽提技术[90-93,115]。溶剂的选择是至关重要的,并且其将因用途的不同而不同。完全彻底地抽提对于重量法分析是必要的,并且溶剂的选择应该恰当,即仅抽出目标化合物。例如,水含量为5% ~10% 的丙酮可以完全抽出木材中的树脂化合物,但是较多的半极性和低分子质量的极性物质也会被抽出。目前,在大部分的标准方法中,丙酮是木材抽提的标准溶剂。非极性溶剂,例如己烷能够选择性抽出亲脂性的抽出物,但不一定能够将所有抽提物完全抽出。因此,应该根据所使用的溶剂来评价抽出物的数量和组成。

木材样品中的挥发和半挥发抽出物的分析可以采用固相微萃取(SPME)与GC(气相色谱)和GC – MS(气相色谱 – 质谱)[112-113]。这种方法所需的样品量比传统的蒸馏方法少得多。

质量法测定需要的样品量相当大,5 ~10g,这取决于抽出物含量。然而,完美的分析方法应该是GC,这种方法通常需要的样品量较少。木材树脂组分可以通过以下几种色谱法检测出来:气相色谱法、高效液相色谱法[HPLC,在反相(RP)中或者尺寸排阻(SCE)柱]、超临界流体色谱法(SFC)、薄层色谱法(TLC)。也可以直接利用核磁共振法或者红外光谱法进行分析。

短毛细管柱的气相色谱法能够适合主要树脂组分的分离[156]。采用直接进样和使用多个相关的内标物可以得到可靠的定量分析结果[157]。图1 – 39 显示了木材样品丙酮抽出物的气相色谱图。

具有尺寸排阻柱的高效液相色谱法(HPSEC)可以获得与气相色谱相似的组分分离效果[158-159]。但是,脂肪酸和固醇同时洗脱出来(co – eluted)(见图1 –40)。由于常用的示差折光检测器的响应主要取决于组分结构而不是在气相色谱中使用的火焰离子化检测器,因此,定量分析不是很准确。用香草醛作内标物。

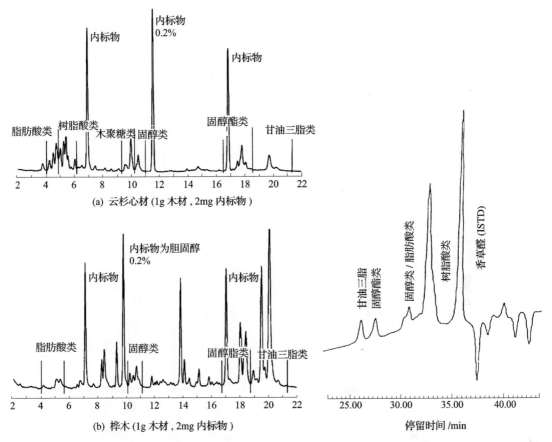

图 1-39 挪威云杉(*Piceaabies*)心材和白桦(*Betula pendula*)木材丙酮抽出物的短薄膜毛细管柱气相色谱图[157]

注 (a)中所用到的标准物从左到右为:二十一烷酸、桦木醇和胆固醇七癸酸盐(cholesteryl heptadecanoate);
(b)中所用到的标准物从左到右为:二十一烷酸、胆固醇和胆固醇七癸酸盐。

图 1-40 新鲜辐射松(*Pinusradiata*)木材二氯甲烷抽出物的高效凝胶色谱图[159]

薄层色谱对于树脂分析来说是一种经济且方便的技术。它为树脂类的组成提供了良好的可视图像。然而,定量分析不是很容易,并且不是很准确。薄层色谱尤其适用于树脂组分[160]或者木脂素(lignan)类多元酚类的制备分离[145],例如,用气相色谱进行更详细的分析。具有毛细管柱的气相色谱具有很高的分辨率,并且即使在没有任何抽出物预分离的情况下也能够使各个树脂成分分离。所有主要的脂肪酸、树脂酸、脂肪醇和固醇类均可通过标准的长度为15~30 m 的非极性二甲基聚硅氧烷毛细管柱分离(见图 1-41)[161]。仅仅在某些特殊情况下需要其他液相(例如极性较强)的毛细管柱,并且在甲硅烷基化的木材多元酚的分析中具有某些优点(见图 1-42)[145]。针叶木中含量很小的中性二萜类,在没有前面的分离的情况下很难测定。气相色谱的一大优点是能够通过质谱分析同时在线进行结构的测定。精确的定量分析需要对脂肪酸和树脂酸进行衍生化。甲基化已经成为标准的方法,但是也可能转化为三甲基硅烷基酯。像固醇类和脂肪醇类的脂肪酸和树脂酸的甲硅烷基化,可以一步完成。

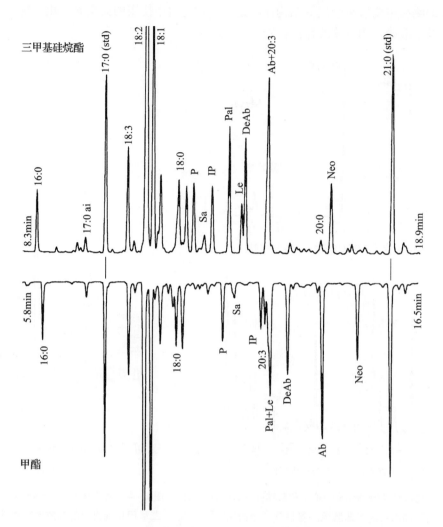

图 1-41   松木和桦木硫酸盐皂中的脂肪酸和树脂酸的衍生物甲酯和
三甲基硅烷基(TMS)酯的气相色谱图

注   色谱柱:HP-1(二甲基聚硅氧烷),长度 30m,内径 0.32mm,150~290℃,4°/min。

[内标物为脂肪酸类:17:0 十七酸(也称为十七烷基酸)和 21:0 二十一酸(也称为二十一烷基酸)]。

1.2.8.6   无机物分析

燃烧后的灰渣残余物是收集木材试样中全部无机物的一种方法。在温度为 525℃ 或者 900℃ 的高温炉(马弗炉)中进行燃烧(TAPPI 标准)。灰分可进一步分为酸溶和酸不溶部分。酸不溶部分主要是由二氧化硅和硅酸盐组成。

无机元素的详细分析方法主要包括酸碱法、络合滴定法和氧化还原滴定法、电位分析法、分光光度法和原子吸收光谱法。然而,仪器分析方法正逐渐代替老方法。近来对木材、纸浆和纸中无机物的分析进行了评述[163]。

木材和纸浆试样在分析之前必须通过湿化学法溶解。溶解通常在强酸中完成。常用的强酸有许多种,主要有硝酸、盐酸、硫酸、高氯酸或氢氟酸或者它们的各种混合酸[164]。样品的灰化,最好在温度为 525~575℃ 的炉子中进行,可提供比较高的无机物浓度。但是,挥发性元素例如卤元素、水银和铅可能会产生损失。对于卤素的测定,其溶解可以在 Schöniger 烧瓶中完成。

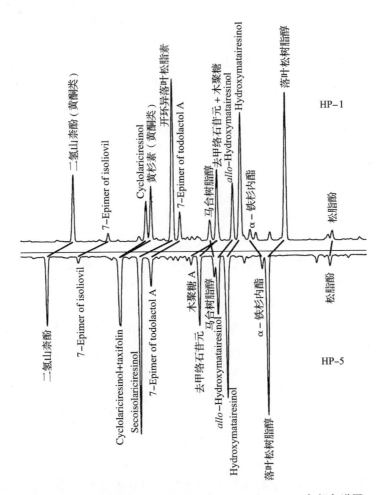

图1-42　木脂素和黄酮类提取物的HP-1和HP-5气相色谱图

注　保留时间21.5~26.5min。该提取物是从西伯利亚红松、黑松、欧洲落叶松以及挪威云杉多树节(knotwood)木材中提取得的亲水性提取物的混合物[145]。分析条件参照文献[162]。

除了一些传统的颜色滴定和络合滴定法之外,原子吸收光谱法(AAS)是测定纸浆和纸中Na、Ca、Cu、Fe和Mn元素的标准方法。样品首先灰化,然后将灰分溶解于盐酸中。

等离子技术,如电感耦合等离子体原子发射光谱法(IPC-AES)和直流等离子体原子发射光谱法(DCP-AES),具有超越AAS技术的一些优点,并且在很多应用中已经取代了原子吸收光谱法(AAS)。这些方法的灵敏度更高,并可以分析多种元素。

X-射线荧光光谱法(XRFS)可以用于诸如木材、木片、树皮、纸浆、燃烧炉熔融物、粉尘和石灰样品中含有的大量以及微量无机物的定量分析[165]。

飞行时间次级离子质谱法(TOF-SIMS)和场发射扫描电子显微镜(FE-SEM)可以用来研究木材表面无机元素的分布[139]。

1.2.8.7　木材直接分析概述

为了开发直接色谱法和光谱法,以便快速定量分析木材样品中的主要组分而又不需要冗长和耗时的湿化学处理步骤,人们付出了很多努力。这样的方法可以应用于制浆造纸工业的在线过程分析。

傅里叶变换红外光谱(FTIR)光谱可以通过漫反射红外傅里叶变换光谱(DRIFT)、衰减全反射光谱(ATR)和光声光谱(PAS)技术直接记录在木材和纸浆样品上。已经提出了几种测定纸浆中木素含量的方法[166-168]。根据资料介绍,PAS光谱受颗粒大小和木粉浓度的影响比DRIFT小[169]。可是,这些直接技术定量分析的精度还没有达到令人满意的程度,IR还未成为木材和纸浆定量分析的常规方法。高效多变量数据分析方法,例如偏最小二乘法分析(PLS),可以改进漫反射红外傅里叶变换光谱的定量解释[166,170-171]。然而,最近证明傅里叶变换红外光谱是一种采用溴化钾压片技术测量桉木木素含量的可靠方法[172]。近红外光谱(NIR)已经成功地应用于木材中纤维素和木素含量的测定[173-174]。在近红外光谱评价中发现,近红外光谱带和桉木样品中的化学组成之间存在着良好的相关性[175]。

在一项研究中,各种桉木试样采用傅里叶变换-拉曼光谱进行分析[176]。运用数据二阶导数转换,得出了湿化学分析法数据与综纤维素、a-纤维素、木素和抽出物的拉曼分析数据之间的显著的相关性。然而,对于半纤维素,其相关性不是很好。

已经证明,飞行时间次级离子质谱(TOF-SIMS)、场发射扫描电子显微镜(FE-SEM)与激光熔蚀电感耦合等离子体质谱(laser-ablation ICP-MS)相结合,是研究在不同木材表面上木素、碳水化合物、离子基团和无机组分分布的强有力方法[89,99]。

尽管固体光谱分辨率很低,但是,固态核磁共振(NMR)、交叉极化魔角样品旋转技术^{13}C核磁共振法[CP/MAS(Cross-Polarization Magic Angle sample Spinning) ^{13}C NMR],可以直接分析木材和纸浆样品。核磁共振存在费用高和分析时间长的缺点。对针叶木,基于测量在141~159ppm信号范围内的光谱总面积所测定的木素含量与克拉森木素含量吻合良好[177]。

木材样品中糖醛酸单元总量的测定可以通过用强无机酸,例如12%的盐酸或者浓氢碘酸,进行脱羧作用,然后连续测定释放出的二氧化碳量[135]。木材果胶中的甲酯基团含量可以用顶空固相微萃取(SPME)测定经碱处理后释放出来的甲醇来分析[178]。

木素中的游离酚羟基可以采用不同pH值下的电离作用紫外光谱法(ionisation UV spectrometry)、电位滴定法或者裂解-气相色谱法来测定[179]。^{13}C核磁共振可以用于溶液和固态分析。核磁共振测定通常是根据酚乙酰基的甲基和羰基信号。另外一个途径是乙酰化作用之前,用硼氢化物进行还原反应[180]。乙酰化作用是在吡啶-乙酸酐中室温下反应三天。乙酰化了的样品在二氧己烷(二氧六环)-吡咯烷中处理60min。形成的1-乙酰基吡咯烷最后通过气相色谱进行测定。

木材和纸浆样品中的乙酰基主要存在于聚木糖(阔叶木)或者聚半乳糖葡萄糖甘露糖(针叶木)中,乙酰基的测定可以先用草酸水解,然后用气相色谱测定释放出来的乙酸[181]。通过碱处理也可以释放出乙酸。释放出来的乙酸可以以乙酸卞酯形式通过气相色谱来测定[182]。对木材样品中乙酰基含量的测定,运用DRIFT技术的FTIR光谱是一种方便的微量测定法[183]。

甲氧基存在于木素和多糖中。对木材中的甲氧基来说,通过气相色谱测定其释放的碘甲烷的方法已发展为方便的微量测定法[184]。

最近,Pranovich等人对木材样品的化学成分微量分析提出了一种综合的分析方案[185-186]。用0.2~4mg的少量样品便可以测定其纤维素、半纤维素、果胶、木素、金属以及乙酰基和甲酯基团的含量,还可以测定木素结构、纤维尺寸以及抽出物的数量和组成,包括可挥发有机化合物(VOC)。

1.3 木材备料

木材备料车间包含了从工厂大门到蒸煮车间之间对木材原料进行加工处理和贮存的所有功能,包括树皮的处理。现代化制浆木材的备料车间是非常高效的。其人力需求很少,它们的装备有可编程逻辑控制器、电脑控制和监控系统。因此,木材处理部分与工厂的其他部分一样有着技术的复杂性。具有可靠的机械,并且运行效率高。

专用木材备料车间的设计取决于当地的条件。相同的方案很少应用在两个不同的工厂中。本书中所描述的木材备料方法和机械设备是正在使用或者将要投入使用的方法。根据当地条件和不同的木材原料选择适合于工厂工艺过程的备料方法和设备。表1-22示出了不同类型的工厂每吨产品的平均木材消耗量,以去皮木材实积方(solid cubic metres of wood under bark)(m^3 sub)或木材实积方(m^3s)计。

制浆用木材通常带皮运到工厂里。原木锯成2~3m长或2~6m长。未来趋势是锯为长原木。木材用卡车或者火车运输到工厂,在运输

表1-22 每吨不同类型的浆所耗用的木材量

纸浆种类	每吨风干浆木材消耗量
溶解浆	6.5~7.5m^3 去皮实积
漂白硫酸盐浆,斯堪的纳维亚针叶木[a]	5.6m^3 实积
漂白硫酸盐浆,桦木[a]	4.2m^3 实积
漂白硫酸盐浆,桉木,[b]	3.2~3.8m^3 实积
半化学针叶木浆	3.5m^3 去皮实积
半化学阔叶木浆,90%桦木	2.5m^3 去皮实积
机械浆,磨木浆,云杉	2.6m^3 去皮实积
盘磨机械浆,云杉	2.8m^3 去皮实积

注 a—来自参考文献[214];b—取决于木材种类。

工具上测量其重量、体积或者两者全测。木材称重和水分的测量是最常见的检测项目。木材也可以与运输工具一起称量。

原木一般用装配了抓木机的桥式起重机或者轮式装载机进行卸载。抓木机横截面面积通常是7~9m^2。它可以抓起一捆或者两捆或者整车木材(长原木)。装有抓木机的液压起重机也用于原木的卸载,其抓木机的横截面面积是0.8~1.5m^2。

运到工厂的木材直接进行加工或者贮存。贮存时间根据当地的条件,但是要尽量短。一般贮存2~7天。由于特殊原因,例如季节供应问题,可以临时贮存大量木材。各种木材需要分开贮存。

因为霜冻材的剥皮非常困难,木材需要在解冻输送机上进行解冻。老的木材备料车间在鼓式剥皮机中对木材进行解冻。如果有必要的话,原木可以在剥皮之前锯断。较短的原木在剥皮过程中必须尽量减少木料的损失。

1.3.1 木材原料检测

木材处理的每一个工段都需要成本费用。称重是一项成本,这项成本反映在木材的单价中。因此,称重方法必须以合理的成本,提供可以接受的准确度。在早些时候,称重和付费必须通过人工处理,以确保可接受的准确度。现在的工厂中,木材称重技术可提供大量木材快速且准确的称量方法。

从林区到工厂的木材流送(wood flow),其在许多方面已经有所改善。现在能够保持来自不同供应商的木材分开,在工厂里允许少量木材进行交货称重。由于对木材的质量要求越来越严格,从林区到工厂供应链的延误时间已经缩短。运送到工厂中的木材必须为新鲜木料,这就允许以木料称重作为付款的依据。付款也不会再拖延,因为木材被贮存在路边贮木场。随着木材装载量衡量技术的发展,用激光和微型计算机技术,能够准确测量单捆木材的实材积(solid volume,实积方 – 译者注)或其总材积(gross volume,堆积方 – 译者注)。当测量测试木捆中的单根原木时,可以采用同样的技术。运送到工厂的木片和木屑通常在工厂门口的台秤上进行称量。木片样品也要进行筛选测试。

木材称重

称量系统实现了进厂木材的综合控制。卡车载重量在卡车磅重站称量,一般设有专门通道,这样就可以为载重测量过程中可能出现的各种误差的检测提供方便。图 1 – 43 显示了车重地衡的布置。测量结构包括 2 ~ 4 个工厂预制的抗腐蚀桥单元,而且桥长度可以通过增加新的单元来加长。桥的总长度通常在 12 ~ 24m。

图 1 – 43　车衡布置实例

单人操作的一个称量站每天可以处理 1000 辆卡车的装卸。称量终端还可以收集数据,例如识别和处理数据,以及其他有关称量的信息。

现代化的轨道磅称可以称量正在运行着的连在一起的铁路车皮(coupled railway wagons)。现代化的多桥系统可以称量自动的、动态的或者静态的相连铁路车皮。这个系统通常具有1 ~ 3 个称重桥和一个运行控制中心(见图 1 – 44)。

称重中心(单元)可以随机选择卡车和轨道货车装载,并引导它们抽样称重,在此处进行特殊的称量,用斗式装料机将一捆木材置于水中,称量这捆木材在水中的重量。根据阿基米德原理,称量中心计算出每一装载的重量和体积减少因子。

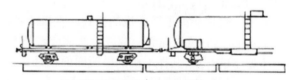

长度较短的卡车在单一称重单元上称重

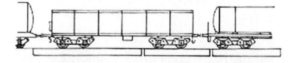

具有中等长度的卡车在两个连续的称重单元上称重

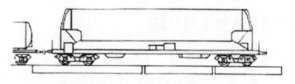

长度较长的卡车在最外面的两个称重单元上称重

图 1 – 44　轨道衡量布置

这个因子保存在木材的平均移动文件中。

1.3.1.1 扫描图像衡量

一捆木材的实体体积由其总体积和实体体积百分率决定。激光称重设备测量出一捆制浆用木材的总体积和最外层原木的尺寸。然后,运用大的经验数据库里的数据,计算出总的木材数量。原木最外层与中心处的指标的相关性很好。这对于建立预测实体体积的模型是很重要的。

当木材以 2~5km/h 的速度移动时,可以使用视频扫描和自动图像处理,测量木垛顶部和侧面的框架木材(见图 1-45)。采用木垛的三维模型,运用系统程序分析测量木垛实积的参数,然后测量木垛的总体积和实积率。框架图像(frame picture scaling)测量与木垛图像测量(stack picture scaling)相似,但不完全相同,它仅仅计算木垛的总体积。

原木图片尺寸测量系统应用图像处理和激光技术通过原木逐根测量的方式测量制浆用木材。当原木横向经过测量点时,它自动计算每一根原木的质量和体积。

通过自动系统测得的体积与使用测径器逐个截面测量的结果差别很小,每捆的差别最大只有百分之几[187]。在测量每根原木质量问题的成功率对于针叶木来说是 82%。对于制浆桦木来说是 64%。原木图片站的处理能力大小取决于原木尺寸和测量速度,因为原木是采用宽度为 64cm 的运输带单独测量的。正常针叶木测量的平均速率大约是每分钟 15 根木。对于桦木制浆用材,速率是每分钟 11 根原木。

图 1-45 木垛图像称量(stack picture scaling)

1.3.2 厂区木材贮存管理和贮存时间

在制浆厂减小木材贮存量应该是首要目标,但是,由于运输、采伐以及工厂生产中的波动,工厂可能需要贮存。木材原料的正确处理是很重要的,不同木材尺寸、树种和交货的木材需要分开处理和贮存。

现代化工厂通常需要相当于 5~7 天产量的木材贮存。在运输困难的季节需要相当于 2~6 周产量的较大的贮存量。这对于工厂来说会增加成本。在某种意义上来说采伐之后在林区贮存木材是最经济的,而在工厂贮存,从林区到工厂,木材必须从一种交通工具卸到地面上,然后再装到另一运输工具上运到生产车间。

工厂的木材贮存区域应该尽量靠近备料加工位置,并且用水泥或者沥青铺路。道路的设置必须适合于较长的运输工具和较重的原木装卸设备。最优最经济的贮存规模是 5~7 天的产量,常规的木垛高度是 5~9m,这样就提供了每平方米 2.5~4.5m³ 去皮木材的贮存能力。

应该缩短木材从采伐到去皮之间的贮存时间。夏季建议最长一个月。人们发现延长贮存期到 3 年,会造成木材的腐烂、基本密度下降以及纸浆得率下降[188]。据文献[188]介绍,松木贮存 3 年后每吨漂白浆的木材消耗量增加 10%~15%、云杉约增加 5%、桦木和白杨增加

0～35%。木材贮存会使漂白浆的抄纸以及其他性能产生微小变化。与各自未贮存的木材试样相比较,由贮存了3个夏季的松木和云杉制得的纸浆的强度乘积(抗张强度乘以撕裂强度)下降5%,桦木浆降低20%,而山杨浆提高约5%。

1.3.2.1 木材的卸载

在现代的工厂中木材用前端装载机(front – end loader,前悬装载机)或者装有液压抓木机的原木堆垛机进行卸载(见图1–46和图1–47)。早期使用的桥式吊桥已不再广泛应用了。在处理漂浮木时采用同样的设备。最常见的装置可以从运输工具上提升一整捆木材。一捆带皮木材的体积是10～30m³,它的重量是6～30t。

图1–46 原木堆垛机

图1–47 前端高提升装载机(抓木机)

液压抓木机可以用来提升160t以上的载荷(相当于100～200m³带皮木材)并将它们放在特制的钢架箱体中(见图1–48)。采用这种钢架箱,铁路车皮的卸载和原木的贮存都很快。

用于卸载木材的吊车通常是桥式吊车,桥式吊车的桥在轨道上运行,轨道建在钢筋或者水泥柱上。轨道长度和轨道间的距离取决于供料设备、存储区域、卸载区域以及其他诸如道路、铁路轨道或者水路的布局(见图1–49)。

图1–48 抓木机和钢制箱式装载

1.3.3 除冰、锯木和送至剥皮

在设计木材备料车间时,一定要记住每一道工序都影响着前一道工序的设计。例如,一捆木材有多种不同的处理方式,这取决于其剥皮工艺是采用环式剥皮机还是转鼓式剥皮机。甚至在设计过程中还需要考虑滚筒的直径和气候条件。通常采用链式输送机将原木送往剥皮工段;在某些情况下也用皮带运输机。

木材以两种不同的方式输送：捆式或者单根的形式。当以单根原木喂料时，可能包括锯木，原木的继续喂料采用与捆式喂料相同的设备。根据气候条件，可能需要除冰（解冻）。

木材运输方法、树种、木材长度、直径以及捆的大小都影响机械设备的选择。下面是一些可能的选择：

（1）用抓木吊车直接向喂料槽中喂料。这是一种不寻常的装置，可以省去喂料输送机。在特殊情况下，原

图1-49　跨越锯木机的滨河桥式吊车

木堆垛机或者其他类似的设备可以用来进行原木喂料。在没有除冰或者锯木的情况下可以使用。

（2）承接输送机。这是一种非常简单并且实用的木材承接和输送机，它能够处理各种尺寸和长度的木捆。链条或者特殊的薄板用作输送装置。输送机的安装方式为直接向鼓式剥皮机喂料或者向喂料槽喂料。

（3）除冰输送机。这种输送机与上述的输送机的基本设计相同，具有除冰的管道和水通道。

（4）接收板。在接收板上的原木捆，由于板带的不同部位存在速度差从而被疏散开。

（5）板式分离带。这是一个具有袋式升降运输机的输送带，比接收板更容易使原木分离。它适合于所有不需要锯断原木的材种，并且适合于环式剥皮机和削片机的喂料输送。

（6）制浆用材锯木机。这个装置适用于整棵树木、特定长度的木材或者两者均可。原木可以在锯木机板台上按要求的长度进行锯断。如果原木不需要锯断，横截锯片可以降低到锯木机台板下面。

（7）分类板带。这个系统适合于接收、锯断以及把3m或者更长的原木分为两大类。木捆用三袋式升降输送带分开。横截锯可以降低到锯木机台板下面。

（8）分选装置。这是用于分类挑选木材的分选装置。每一种木材收集在一辆货车上，它可以侧向移动。从货车上，原木成捆地输送到厂内或者接收线上。

1.3.3.1　接收输送机

图1-50所示为直接喂料和具有斜槽的接收输送机。如果剥皮不需要锯断木材，这种输送机可用于各种长度的木材。

图1-50　采用斜槽喂料且可直接喂料的接收输送机

接收板式输送机的运输装置通常是一条装有链齿的链,或者特殊的薄板。在特殊条件下可能需要带式运输机,因为其倾斜角仅仅是 3~5° 而不是链式运输机中的 10~17°。斜板运输机具有与带式运输机相同的倾斜角。

所有的树皮和废弃物都与原木一起输送,因此不存在清理问题。一条或者几条这种形式的链条运输机也应用于其他地方的原木输送。装载部分有一个充满水泥或者沙子的噪声隔离装置。它的装载部分足够长,可以允许整个运输车辆的卸载。驱动装置为液压或者电动的,并且可以根据喂料能力来调节。

1.3.3.2 除冰

树皮和木材之间的结合强度随着一年中季节的变化而变化,并且受木材中水分含量影响。在寒冷季节里,有必要在剥皮机之前或者在剥皮鼓中除冰,以保持木材在全年中具有一致的洁净度。

当温度下降时,树皮与木材的结合强度增加,在冰点温度时结合强度快速增大。通过增加木材在鼓式剥皮机中的翻滚作用,或者通过原木解冻来降低结合强度,以确保剥皮的高效性。最高效且快速的除冰方法是使用热水。热水为原木提供均匀且快速的热量分布,并且进来的热水能够取代原木表面的冷水。水还能均匀地穿过原木层。蒸汽与循环空气流混合,更容易通过木捆内部大的空腔。

保持树皮尽可能高的温度对实现表皮和芯部之间有足够大的温差是很重要的。大部分系统能够提供足够的热量使之在零下 30℃ 时仍能够高效去皮。如果树皮较厚或者树皮的热量传递系数较低,那么除冰介质的温度应该更高。松树和云杉具有比较薄的树皮,是最容易除冰的。桦木难除冰,然而具有 20~30mm 厚树皮的黑杨和山杨是最难除冰的品种。

将链板输送机增加盖子和循环水管,使其成为除冰输送机(见图 1-51)。在北欧当每 $1m^3$ 木材使用 25~40kg 蒸汽时,充分解冻时间一般是 12~20min(见图 1-52)。

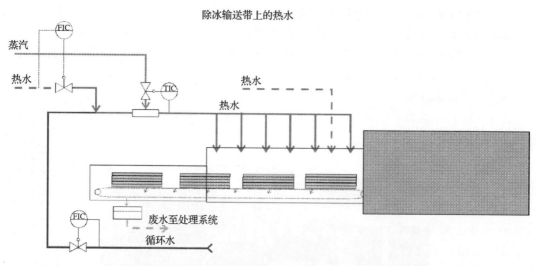

图 1-51 除冰的水系统

除冰输送机需要在卸载末端设置有效的蒸汽排除系统。最好的方案是将蒸汽输送到备木车间的除尘系统中。这样,一些蒸汽会在排除之前冷凝。另一种方法是通过高流速的风扇排除蒸汽,以避免冷凝水结冰。

温度对去皮的影响

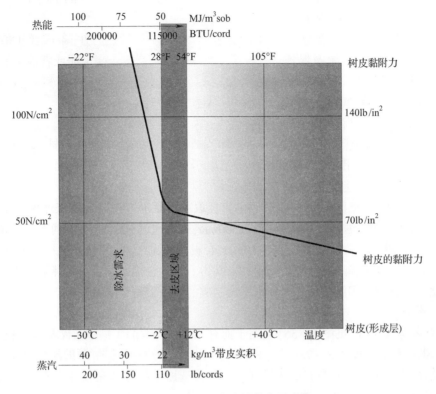

图 1-52　除冰过程中的蒸汽需求量

注　$1 cord = 128 ft^3$, $1 ft = 0.3048 m$; $1 BTU = 1055.06 J$; $1 lb = 0.4536 kg$; $1 in = 2.54 cm$。

1.3.3.3　接收板台

在图 1-53 中,接收板台接收整捆和单根的原木。这个板台具有两辆卡车载荷的空间。板的宽度必须比原木的长度或者比两捆并排的木捆宽 1.5~2.0m。侧面墙壁必须足够高以防止原木掉落。当板台足够宽时,两到三捆长度为 2~3m 的原木可以平行装载。板的高度为 4~5m,其高度必须适合用前端装载机或者原木堆垛机提升原木。

在接收台板上的运输设备具有多条可调节速度的平行链条。原木需要支撑在至少 3 根链条上。连贯地增大板台链条的速度来疏散开木捆。通常第一节速度是 0~0.03m/s,第二节速度是 0~0.1m/s,第三节速度是 0~0.25m/s。水平板是最好的方法。如果高度和布局等现场条件允许,可能会有一定程度的倾斜,平链最大斜度为 3°,如果是带链刺的链(chains have spikes)最大斜度为 7°。当木材直且长时,板台运行最好。

图 1-53　承接和锯木机板台

1.3.3.4 锯木机板台

图 1-54 所示的锯木机是生产中当原木过长时所用到的。成捆的原木必须分散开,使原木在到达横截锯时是单根的,这样就能确保连续使用袋式升降运输机。原木落到袋里,带有条板的链条单独提升它们到下一个袋里,最终到锯木台板上。每一台运输机的速度是可调的,当调整最后一节时,其他部分自动调节。节与节之间有速度差,向着末端逐渐增大。

图 1-54 锯木机

采用圆锯锯木材(见图 1-55)。圆锯的直径取决于原木的直径以及板台的设计。对于直径小于 800mm 的原木,锯的直径是 1600~1800mm,最大速度 50~60m/s,功率 55~75kW。根据锯片的不同,每切割一次的损失为 6~10mm,台板速度为 0.2~0.45m/s。

台板上有末端冲撞辊,以避免切成短的末端木。锯木台用于锯断直的木材时效果会很好。为了避免由于飞溅木片引起事故,用一张钢丝制成的网覆盖整个切割部分。

1.3.3.5 分选

分选台和分选装置(见图 1-56)应用于拥有几条生产线的工厂里。木材以木捆的形式进入工厂,木捆中包含长度为 3~7m 的云杉、松木和桦木。这些原木在分选台上被分开,然后通过液压式活板将它们分送到各自的生产线。一种分选原木的方式是使用分选输送机,这种输送机有放置各种木材的多个位置。

1.3.3.6 废弃物处理

根据接受工段的布置,水槽、输送机或者两者结合起来用以收集废弃物。这个系统的设计是用来收集所有的废弃物,包括除冰水,并可以将其从木材接收区域运送到树皮处理工段。来自锯木工段的锯末单独直接运输到湿混合废木料线(hog fuel line)。

单独的废弃物收集输送机应该安装在接收板台和锯木机板台的下面,以便将废弃物输送到带式或者链式运输机或者水槽中。水槽与除冰装置相连接是很有用的,因为这样就能使废弃物随着循环水从备料车间流出去。这个系统还可以用来融化落下的冰和雪。然而,短原木需要分离出来,因为在传动端的活板开口很大,以至于一些原木可能会落到废弃物系统里。

尽管没有加热的装置都可以在大多数的冬天里工作良好,但是,板台和废弃物运输机底端有时需要加热。加热会在随后工序冷的设备中引起问题。

图 1-55 带有横截锯的锯木机板台

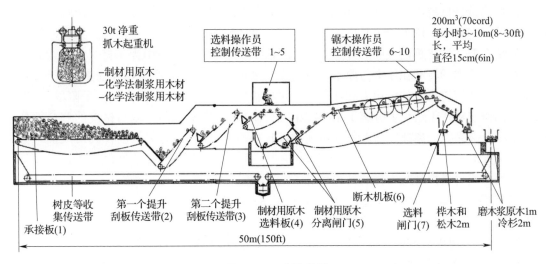

图 1-56 分选装置

1.3.4 剥皮

剥皮的主要目的是在一定程度上除去树皮,从而保证最终产品的质量。剥皮度是树皮去除率的一种测量方法。剥皮度给出了未去除树皮的表面的百分率或者木片中树皮的含量,它表示树皮重量所占的份额。例如在北欧一些国家,对于制浆木材,95% 的剥皮度对应的是大约 0.5% 的树皮含量。剥皮指标由除去树皮的要求决定,不同类别的纸浆去皮的要求各不相同。NSSC(中性亚硫酸盐半化学法)浆主要用于抄造瓦楞原纸,这种浆的洁净度要求不是很高,在大多数情况下,70% 的剥皮度或者 3%(以重量计)的树皮含量是足够的。漂白针叶木硫酸盐浆的要求是比较高的,因此,原木上以重量计的树皮含量要少于 2%。生产不用二氧化氯漂白的未漂白和半漂白针叶木硫酸盐浆,需要良好的剥皮。在针叶木亚硫酸盐浆生产中,溶解于蒸煮酸中的树皮量很少(蒸煮酸难以溶解树皮)。树皮抽出物,例如桦木中的桦木醇,会在漂白阔叶木硫酸盐浆生产过程中产生问题。在这些浆的生产中,木材剥皮度要比漂白针叶木硫酸盐浆的高。典型的桦木树皮含量达到 0.8%(以重量计)。

磨木浆、TMP 以及未漂白针叶木硫酸盐浆的生产过程中,不包含对树皮作用很强的化学处理。根据机械浆的最终用途,以重量计的树皮含量最大值是 0.5% ~1%。

另一个重要的目标是在剥皮过程中保持尽可能低的木材损失。在鼓式剥皮机剥皮过程中,平均木材损失为 1% ~3%。根据木材质量和剥皮条件,可能会有 3% ~6% 的损失率。腐朽木材、小径木材、短木材、大小不均的木材、水上贮存、转鼓转数的增加以及装木材太多,都会增加木材的损失。

1.3.4.1 剥皮理论

剥皮通过直接或者间接地在连接树皮与原木的形成层上施加力,该力大于它的临界结合强度,从而使得形成层破碎。力主要施加在形成层的径向细胞壁上。如果切割力在破碎形成层之前超过表层的强度,树皮外层将会破裂。在实验室测定的结合强度、切割强度或者树皮阻力的数值范围在 $0.2 \sim 5 N/mm^2$。所需力的大小取决于树种以及形成层的状况。如图 1-52 所示,形成层的干度以及温度的降低都会增大剥皮的阻力。由于这些原因,所以采伐时间和形式以及贮存时间对于结合强度有着很大的影响。

因为测试条件的不同,所以不同的测试有时曲线的斜率以及受水分和温度影响的区域会表现出显著的差异。图1-57示出了加热对剥皮度的影响。

安装在鼓式剥皮机内表面的升降器(通常4~8个)在旋转的鼓中为木材层的连续转动创造了条件。原木的转动在原木与原木以及原木与鼓的内表面之间产生相互摩擦、挤压以及撞击作用。这就使树皮受到剪切力和冲击力。树皮去除分为两个阶段。在第一个阶段,靠近刀刃区域的树皮从树干组织上分离下来。在第二个阶段,分离下来的区域与树皮的剩余部分相连的组织会破裂。分离速度随着处理时间的延长而增加,而且当刀刃长度在其最大值时分离速度是最大的。

下列公式可模拟某些木材的鼓式剥皮[190]:

$$Y_{\text{rem}} = e^{-2.5} \times (S \times b)/t^{1.5} \qquad (1-1)$$

式中　Y_{rem}——剥皮度

　　　S——树皮与木材的结合强度,$\text{lb/in}^{[188]}$($1\text{lb} = 0.4536\text{kg}$;$1\text{in} = 2.54\text{cm}$)

　　　b——树皮厚度,in

　　　t——剥皮时间,min

转鼓以低的转速转动时,在旋转的木材层中会发生激烈冲击,从而使得顶部的木层落到转鼓的底部。当转鼓达到足够的圆周速度时,原木摇滚停止,剥皮效果得到提高,并且原木破损减少。

增加旋转速度可改善剥皮结果。关键是受到原木的离心力对转鼓壁的挤压作用的限制。对于5m直径的转鼓来说,它的额定转速约为每分钟20转。当约为临界转速的70%时,靠近转鼓外壳的木层之间没有相对运动。如图1-58所示,转鼓在以20%~30%的临界速度转动时,剥皮效率很差。在实际中,转速通常为3.5~12r/min。

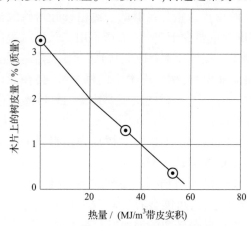

图1-57　加热对木片上的残余树皮量的影响　　图1-58　木材在翻滚式剥皮机中的运动

转数R通常以比例转数R_{p}表示。R_{p}是转鼓的实际转数与临界转数R_{Cr}之比。临界转数取决于转鼓的直径D(以米计)[191]:

$$R_{\text{Cr}} = 42.3/\sqrt{D} \qquad (1-2)$$

则$R_{\text{p}} = R/R_{\text{Cr}}$

鼓式剥皮机的输送能力根据下式计算[192]:

$$Q_{\text{k}} = \frac{a_1 \times c \times (1 - 0.5 \times R_{\text{p}}^2) \times R_{\text{p}} \times D^{2.5}}{L \times (L\sin\alpha + \Delta H)} \qquad (1-3)$$

式中　Q_k——转鼓的输送能力,m^3 木材($1.5m^3$ 堆积木或者 $2.75 \sim 2.80m^3$ 散堆木片)/h

　　　c——额定装木材量,m^3 木材/m^3 转鼓体积

　　　R_p——比例转数,同上

　　　D——转鼓直径

　　　L——转鼓长度

　　$\sin\alpha$——转鼓的倾斜度

　　　ΔH——高度差($H_{进料} - H_{出料}$),m

　　　a_1——常数,1600$(m^{0.5}/h)$[192]

对于一个长的转鼓,原木穿过转鼓的速度会下降。

树皮的含水量增加,会改善剥皮效率。同样,可以通过升高温度来提高剥皮效率,尤其是在冰的熔点时。由此,剥皮之前长时间除冰处理的重要性得以证明。

树皮的水分和温度,尤其是在接近冰点时,还会影响树皮本身的性质。干法剥皮在剥皮之前的除冰或者木材清洗,都需要用水。干法剥皮之后,树皮的干度比剥皮前要低。当采用除冰输送机时,干法去皮会产生相当少量的细泥,这些细泥很难脱水浓缩。

Scheriau 已经从理论上建立了下面转鼓剥皮机的影响因素、转鼓结构参数以及运行条件之间的方程式[193]:

$$\frac{W}{\rho^{4/3} \times d} = \frac{L \times D^{10/3} \times n^{2/5}}{q_v} \times f \times \lambda \times \sin^2\beta = C_e \qquad (1-4)$$

式中　W——比剥皮功(以单位面积所做的功计)(即"剥皮阻力")

　　　ρ——木材湿密度

　　　d——原木直径

　　　C_e——剥皮常数

　　　L——转鼓长度

　　　D——转鼓直径

　　　q_v——木材的体积流量

　　　f——充满率

　　　λ——木材堆积在边缘部分的停留时间/总的停留时间

　　$\sin\beta$——通过充满率测定的原木高度水平

原木在转鼓中的停留时间分布在一个大的时间跨度内,并且沿着转鼓长度方向的不同部分的停留时间不同。采用长宽比比较大的转鼓是比较合适的。这是很重要的,因为停留时间的变化会引起剥皮结果的波动。对平均停留时间的需求,决定了转鼓的长度。单根原木的停留时间可能变化很大。图1-59 表明了剥皮结果与停留时间之间的关系。

制浆厂所有原木的剥皮一般在

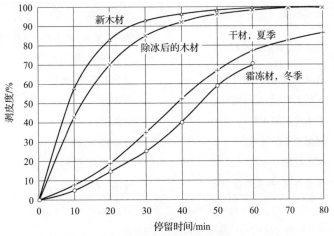

图 1-59　停留时间与剥皮结果的关系

鼓式剥皮机中完成。在原木不需要解冻或者除冰的地区,干法去皮一直是首选;然而,在原木需要解冻的地区,采用湿法或者干法剥皮都可以。目前,推荐选择干法剥皮。

有两种鼓式剥皮机:翻滚式和平行式。在翻滚式剥皮中,原木比转鼓的直径要小。在平行式剥皮中,原木比转鼓直径要长。

每一树种的木材均有不同的剥皮特性。尽管树皮的厚度和结构对剥皮的影响显著,但树皮与木材的黏附力是影响剥皮效率的主要变量,树皮与木材的黏附力受季节和贮存时间影响。表1-23表明了典型的树皮与木材的黏附力对于剥皮度的影响。

表1-23　　　　　　　　　　　典型的树皮与木材的黏附性对剥皮度的影响

树皮对木材的黏附力/(MPa)	剥皮程度	木材种类
0 ~ 0.4	容易剥皮	南方松,槭木,桉木[a],相思木[a]
0.5 ~ 0.6	一般	白松,铁杉,云杉,山毛榉
0.8 ~ 1.0	较难剥皮	榆木,桦木
1.2 ~ 1.4	很难剥皮	黑杨,铁木
>2.0	几乎不能剥皮	椴木,核桃木,桉木[b],相思木[b]

注　a. 取决于木材种类,当木材是新材(砍伐后最多2~4周)或者是旧材(砍伐后多于5~6个月)树皮对木材的黏附力为0~0.6MPa。

b. 木材砍伐后6~8周至5~6个月。

木材被砍伐的季节对于剥皮度的影响很大。例如,云杉树皮和白杨的树皮与木材的黏附力在休眠季节比在生长季节分别强100%和250%。这个问题在北方地区更严重,在北方木材剥皮随着原木温度的下降而变得困难。霜冻原木的树皮与木材的黏附力可能是化冻原木的树皮与木材黏附力的2.5~5.0倍。尤其是对于桉木和相思木,贮存时间对剥皮的影响很大。剥皮的难易程度取决于木材的种类,当树木新鲜时(不超过四周),这些树木通常很容易剥皮。当树木进一步干燥时,在木材砍伐后从大约6~8周延长到5~6个月,会完全失去其易于剥皮的特性。六个月之后,树木一部分开始自发地掉皮,剥皮又非常容易了。然而,对于桉木和相思木,树皮从主要树干上的后续分离,通常比其他树种更难。表1-24列出了剥皮时间。

表1-24　　　　　　　　　　不同木材种类和质量所需的剥皮时间

木材质量	木材种类	所需的剥皮时间/min
易剥皮,制浆用木材	橡木,槭木,南方松,多数热带阔叶木(桉木[a],相思木[a])	10 ~ 15[a]
常规剥皮,制浆用针叶木	多数北方松,云杉	20 ~ 25
常规剥皮,制浆用阔叶木	例如桦木	30
磨木浆用新木材	例如云杉	30 ~ 40
制浆用干阔叶木	例如杨木,桦木	40 ~ 60
磨木浆用干木材	例如杨木,云杉	60
很难剥皮,制浆用阔叶木	桉木[b],相思木[b]	>60

注　a. 取决于木材种类,当木材是新材时(砍伐后最多2~4周)所需的剥皮时间是5~15min,并且当木材砍伐时间长时(多于5~6个月)所需的剥皮时间为10~20min。

b. 木材砍伐后6~8周至5~6个月。

1.3.4.2 木材损失

在剥皮过程中总是会有一些木材损失。根据剥皮木材的质量以及剥皮后木材洁净度的要求,木材损失会有很大的差异。通常,长度长、直径大且均一的相对容易剥皮的制浆用原木进行剥皮时,木材的损失是最小的,例如南方松、橡木、枫木和一些热带阔叶木。剥皮损失一般按照下式计算:

$$Q_L = 100 \times (b_w b_b / W_w Q_b)\%$$ (1-5)

式中　Q_L——木材损失,%

　　　Q_b——要进行剥皮的木材量,$m^3 s/h$

　　　W_w——绝干木材,kg/m^3

　　　b_b——绝干树皮,t/h

　　　b_w——送至锅炉的树皮的绝干木材量,kg/t

在正确的剥皮条件下,木材损失可以控制在木材重量的1%～1.5%。新鲜及短的制浆用木材相对容易剥皮,其木材损失是木材重量的1%～2%。圆木(round-wood),木材损失可能是木材重量的2%～3%。干的阔叶木或者混合木,包含很多细原木和一些粗原木(big logs),会产生较大的木材损失,甚至达到木材重量的4%～5%。为了减少木材损失,转鼓的尺寸必须根据工艺需求进行正确设计。

1.3.4.3 翻滚式剥皮

在翻滚式剥皮(翻滚式圆筒剥皮)中,原木可以在转鼓中自由滚动。转鼓的直径为4～6m,长度为20～40m。转鼓的圆周速度是1.5～2m/s,相当于5m的转鼓每分钟转5.7～7.6圈。转鼓绕其直线或者轻微倾斜的轴转动,原木自由移动通过该转鼓。原木在它们互相摩擦时完成剥皮。原木靠在转鼓升起部分里面的倾斜的木堆上。从转鼓的横截面方向看,木堆由两部分组成。一部分是下扎到转鼓外壳内侧的扇形部分,另一部分是在其上面的可移动的楔形部分。弧度和楔形部分的倾斜角可以根据已知参数计算,例如充满率和转鼓的转速、木材的重量以及木材与转鼓之间、木材与木材之间的摩擦因数。

一些力,如重力、离心力、摩擦力以及阻力(静摩擦、滑动摩擦以及与速度差相关的滚动摩擦),会影响木材的运动。在这些力的影响下,原木在转鼓扇形部分以环形轨迹横向运动,原木之间没有速度差。

楔形部分表面的摩擦力不足以防止原木之间产生速度差,也不足以阻止木层的分散。当局部阻力超出了形成层的强度时,树皮从木材上分离。原木在楔形部分的滑动是很重要的。理论研究表明,如果转鼓的填装率保持很高,那么剥皮条(棒式或者原木升降器)就不重要了。除了摩擦作用之外,在像山毛榉这样的木种的剥皮过程中,只有木材的各种径向压力可以用到。扇形部分的压力差对剥皮具有重要作用。这就是为什么随着转鼓直径增加,转鼓处理能力的增大要比仅仅转鼓体积增加时的要大。

已分离的树皮通过转鼓外壳的缝排除。必须有效地排除树皮。转鼓中存在已分离的树皮,会降低剥皮速度,并且在水存在的情况下会被卷入污水中。高效移除树皮的前提是缝的尺寸足够大以及设计恰当。树皮缝位于与转鼓轴线成30～60°角的位置时,可改善树皮排除效率。

转鼓式剥皮可以是湿法、半湿法、干法以及干湿结合法。现代的转鼓在橡胶轮胎、金属支重轮、水液压轴承、静压靴式轴承或者所谓的"易滚动轴承"上转动。如果转鼓是湿法的,在转鼓的内框架上焊有30～50cm高的隔板,将筒体的无孔的进料部分与有缝的出料部分隔开。其他的,可以没有隔板,几乎整个转鼓都有筛缝,如图1-60所示。

冲孔的转鼓其缝宽度为35~60mm,取决于要剥皮的原木的直径。老型号轮胎支撑开孔筒体外壳上的缝占外壳表面积的3%~4%(即开孔率为3%~4%——译者注),在金属轮子支撑且有轮胎支架的筒体上的开孔率为5%~6%。湿法和半湿法剥皮所用的水喷入转鼓的喂料端。在湿法剥皮过程中,会在封闭圆筒的底部形成"水池"。喷射的水将剥离的树皮从原木上洗刷下来。树皮通过缝隙落到斜槽,之后下落到转

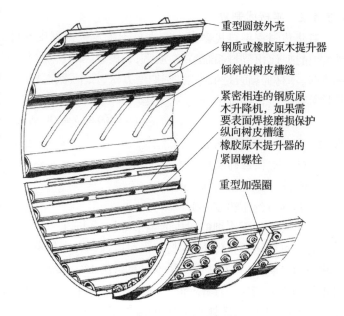

重型圆鼓外壳
钢质或橡胶原木提升器
倾斜的树皮槽缝
紧密相连的钢质原木升降机,如果需要表面焊接磨损保护
纵向树皮槽缝
橡胶原木提升器的紧固螺栓
重型加强圈

图1-60 典型的转鼓设计

鼓下的输送机。鼓式剥皮机的开缝区域设有罩盖。出料端有时有特殊的出口"涡轮机"来促进树皮的移除。

转鼓的长度是由所需的生产能力决定的。每立方米转鼓体积的剥皮能力(m^3sub/h)(ub——不带皮,s——实积)会因树种、要求的洁净度、木材尺寸以及转鼓尺寸的不同而产生很大的差别。在北欧国家,对于云杉来说处理能力一般要比松木低20%,桦木一般要比松木低50%。

常规湿法剥皮的转鼓,部分浸没在水中转动。除了水喷射到圆筒里,再通过缝排出以外,半湿法鼓式剥皮与干法鼓式剥皮相似。干法翻滚式剥皮一般采用与湿法剥皮相同类型的圆鼓。唯一的不同是在圆筒的前面部分没有隔板,且而带有较多的缝隙。夏天在针叶木适宜的条件下剥皮时,其生产能力与湿法剥皮的能力没有显著差别。冬天和特殊的冰冻条件下,没有除冰的干法剥皮比湿法剥皮的生产能力要低50%~60%。冬季,转鼓平均蒸汽需求量为26~40kg/m^3sob(ob——带皮的),但是,最大值可能更高。在北欧一些国家新安装的设备,都是在转鼓之前装有除冰设备的干法转鼓。除冰设备可以除去一些石块和沙子等会磨损转鼓并影响树皮燃烧性能的物质。

转鼓的充满率通常在25%~60%之间变化。充满率影响原木在圆筒中的停留时间和移动性能。延长停留时间以及增大移动性可提高剥皮效率。停留时间随着充满率的增加而延长,在转鼓中的平均停留时间通常在25~60min之间变化。当充满率为30%时,在楔形部分的停留时间是总停留时间的40%~50%。超出一定范围,增加充满率会减小原木移动性。根据理论计算,最佳充满率大约是50%[194]。动力消耗在此充满率下也是最低的。根据直径、长度、充满率和树种计算的转鼓的动力消耗一般为2~4kW·h/m^3sub。大的充满率可提高霜冻材的剥皮度,但是,会减少树皮的移除以及增加木材的损失。

1.3.4.4 平行式剥皮

在北欧国家平行式剥皮的发展不及翻滚式剥皮。增大工厂所用原木长度以及增设不需要加速辊的现代化喂料系统,使得这种剥皮方法不太适用。平行剥皮的优点是原木处理温和,从而能够生产出高质量的制浆用木片。

在平行式剥皮机中,原木与转鼓轴线平行,原木之间以及原木与转鼓内表面之间彼此相对滚动。因此,平行式剥皮的剥皮作用力比翻滚式剥皮的要小很多。转鼓直径为 3.2~4m,长度是 40~70m。平行式剥皮仅用于长原木剥皮。干法剥皮是最常用的平行式剥皮方法。

转鼓通常朝着卸料端方向逐渐开大或者略微倾斜,以增加充满率。因为摩擦力比较低,所以平行式剥皮机的效率明显比翻滚式剥皮机的低。平行式剥皮的主要优点是木材损失减少和简化了剥皮之前的木材处理系统(无锯木)。表 1-25 列出了与翻滚式剥皮相对比,平行剥皮所节省的木材。然而,平行剥皮以较简单的木材处理方式所节省的木材,在很大程度上取决于当地的条件。

表 1-25 与翻滚式剥皮相比较,平行剥皮节省的木材 单位:%

转鼓内损失减少量	0.6
无锯木机损失量	0.3
木片筛选损失减少量	0.1
由于原木端部帚化减少使得蒸煮得率增加量	0.1
节约总量	0.1

1.3.4.5 环式剥皮

如果提供给浆厂的木材是由整棵树那么长的原木或者所有木材均是直径比较大的,那么用环式剥皮机进行单根原木剥皮(见图 1-61 和图 1-62)是一种选择。在北欧一些国家,这种形式的剥皮仅仅在制材厂和胶合板厂中使用。在其他地区,环式剥皮机也用于制浆厂桉木的剥皮。

图 1-61 带有喂料输送机的环式剥皮机

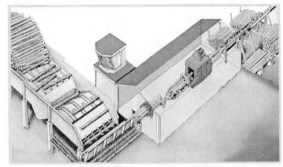

图 1-62 环式剥皮装置

原木采用逐根喂料的方式送到环式剥皮机中。如图 1-62 所示,有进料台、提升输送机和其他一些需要的设备。在寒冷季节也不需要除冰。环式剥皮机具有链式输送机,其位置可根据原木的直径进行适当调整。进料辊进一步把原木喂送到环式剥皮机中。

用于霜冻原木(例如桉木)剥皮的现代化剥皮机设有两个转子。第一个转子将树皮切成条状,第二个将条状树皮刮下来。第一个转子有 3 个自动张开的切割刀具。切削刀刃是一个特别耐用的硬质金属或者可更换的硬质合金刀具尖。可以几个月更换一次刀具。第二个转子有 3 个自动张开的剥皮刀具(见图 1-63)。单转子模式具有同样的刀具和同样的功能,可以切割和剥皮。这类机器很锋利(不是轻柔的),需要特别注意。

当喂送的原木作用于切割的负前角或者剥皮刀具时,刀具将打开,即刀具弯曲远离喂料侧。转动的转子和前进的原木轻轻地抬高了剥皮刀具。然后,树皮在形成层被剪开,从而导致了少量纤维的损失。剥皮刀具的张力是由单独的液压缸的压力产生的,液压缸带有张力橡胶弹簧。张力通过改变液压压力来控制。

环式剥皮机生产能力的计算如下:

$$Q = v/L + 0.5 \times 0.85 \times 60 \times A \qquad (1-6)$$

式中　　Q——最大生产能力,m^3s/h

　　　　v——喂料速度,m/min

　　　　L——原木长度,m

　　0.5——原木之间的空间,m

　　　　A——原木中部的横切面积,m^2

0.85——效率

60——min/h,换算系数

图 1-63　剥皮刀具

1.3.4.6　King 剥皮

King 剥皮圆筒是采用与转鼓式剥皮机相反的原理来操作的。原木喂送到剥皮转鼓的外表面,剥皮板安装在转鼓外壳上。剥皮板是径向的,而不是纵向的。使用一个或者两个俗称转子的平行剥皮转鼓。

几个剥皮板安装在圆柱形转子的外表面,当转子转动时,由于它们产生原木的摆动与滚动的组合运动,从而能够在很小的损伤和纤维损失的情况下,取得比较好的剥皮效果。King 剥皮机可以处理各种木材,不管是针叶木还是阔叶木。木材可能是直的、弯曲的或者是有树节的。甚至可以是来自于不同气候条件的木材,寒带或者是热带的。转子的剥皮作用对于小径原木来说比较温和,可减少纤维损失,能够获得较高的木材原料得率。剥皮机可以在无水的条件下运行,但是可以使用少量水来减少粉尘。树皮可以靠剥皮板自动切断,并通过转子与固定杆之间的缝隙强行排出。转子带有树皮切割刀片,这样就能增强树皮的排除。图 1-64 中的装置可以去掉木材上黏性的树皮,例如桉木和相思木种。

出口和转子可调节的速度控制共同决定剥皮度。为了满足非常严格的噪声级别的要求,可以采用装有双重壁的低噪声型式的剥皮机来达到要求,在双壁内填充干沙和石棉。

剥皮刀片可以采用不同的方式设计,分别用于冬季和夏季。固定板每年需要焊接几次。能够采用这种方法剥皮的原木的最小直径为 5cm。剥皮生产线的生产能力可以达到 300m^3sob/h,具有中等直径 17~20cm 的木材可达到 95%

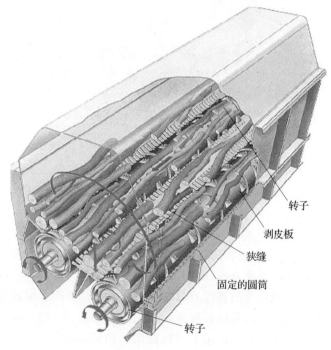

转子

剥皮板

狭缝

固定的圆筒

转子

图 1-64　King 剥皮机

的剥皮度。

1.3.4.7 液压剥皮

在北美、澳大利亚和新西兰,经常使用一种叫做射水器(water - blasters)的液压剥皮装置。这种机器适用于直径大于80cm的大径原木,且进行单根原木剥皮。这种剥皮机有两种不同的类型。一种是水喷射器可移动,同时原木可转动;另一种设有几个固定的水喷射器,原木通过水喷射器移动。所需的水压为10MPa,因此,水的消耗量非常大。因为原木的直径很大,因此这些装置能够实现比较大的生产能力。

1.3.4.8 小直径木材剥皮

当对小直径木材进行剥皮时,可以采用很多方法,例如第一次间苗的小径木材。一些公司将小直径木材,包括枝桠材,运输到工厂与一般的原木一起进行剥皮。这就导致了木材的损失增加到10%以及剥皮能力降低20%~40%。图1-65展示了一条小直径木材的剥皮生产线。

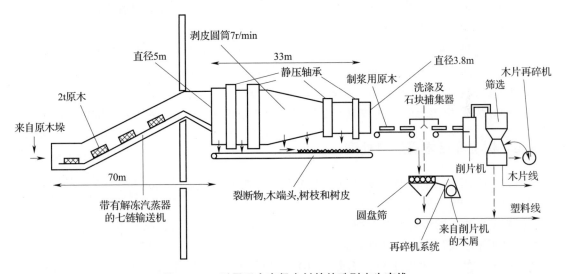

图1-65 适用于小直径木材的特殊剥皮生产线

一些工厂采用一种直径1.2~1.6m的特殊的小直径剥皮圆筒用于枝桠材的剥皮打枝,之后木材输送到正常的剥皮生产线。这种生产线的生产能力为20~50m³ sob/h。木材损失为1%~2%。木材在一个正常的剥皮生产线上的损失取决于环境,但是小径原木总会有1%~3%的损失。其他类似的型号也可采用,但是这些是针对每一种用途而特殊设计的。

1.3.4.9 链枷式剥皮

为了对森林第一次间苗的木材进行剥皮,链枷式剥皮装置是很有用的。它可以对木材进行除枝、剥皮以及削片。这种剥皮方法在北美很普遍,然而在北欧只有少数工厂使用。可接受的木材最小直径约为5cm。木材总的损失为3%~5%。所有树皮和枝桠仍留存在森林中的,这对树木日后的生长有好处。

每台链枷削片机一年可以生产60000t木片[195]。典型的链枷操作系统由以下几部分组成:除节机、抓木滑车、转向节臂装载机、链式打枝机和剥皮机、移动式削片机以及具有木片箱的拖运装置。除节机用于伐木的伐木除节机;抓木滑车用于运送整颗树木(带树木顶部)到达加工区域;转向节臂装载机用于将树木喂送到链枷里的;链式打枝机和剥皮机用以除去树枝和树皮;移动式削片机用于接收打枝机和剥皮机处理后的树干并将其削成木片;具有木片箱的拖运装置将木片运输到纸浆厂里。

链枷设有两个水平和垂直安装的转鼓。链套在以 500r/min 的转速转动的转鼓上。链枷的每一个转鼓上可携带 36～39 条链,且链条排成 6 行。很多厂商将链条加倍,以提高剥皮质量。目前所用的链条设计成集材拉木轮胎,单条链的设备可以承载 1300t 的木材,双链的设备可以承载 2500t。对于削片,采用刀盘式削片机,这种削片机所需要的功率为 400～550kW,通常由柴油发动机提供。虎口尺寸为 60cm。

链式打枝机、剥皮机与移动式削片机的组合使用所生产出的松木片,在质量上可与木材备料车间生产的相媲美。采用现代链式剥皮设备得到的松木片,其树皮含量与备木车间得到的木片的树皮含量相似(少于 1%)。采用链枷对胸径(树干中部直径)为 20～30cm 的树干进行剥皮的剥皮效率要比小直径树干的高。链枷在冬季的剥皮效率要比在一年中其他季节的剥皮效率低,但是,采用双链可以提高在冬季的剥皮效率。

链式装置对阔叶木进行剥皮时的剥皮效率不如在备木车间使用转鼓剥皮机的剥皮效率好。采用链式剥皮的木片的平均树皮含量为 3.1%。备木车间木片的平均树皮含量为 1.9%。

1.3.4.10 在没有树皮槽缝的转鼓中剥皮

没有树皮槽缝的转鼓的功能纯粹是从原木表面剥除树皮,然后,松散的树皮在树皮分离滚动输送机上与原木分离。这就可以使用比较短的转鼓,不需要树皮槽缝,还可以带来更多的好处,例如辅助设备较少:不用树皮斜槽和树皮输送带较短。

这种方法适用于纤维长、树皮具有黏性且容易去皮的木材剥皮,例如某些桉木类。

1.3.5 树皮和废木屑燃料处理

所有不能用于制浆的原料废弃物收集起来后用作废木屑燃料(hog fuel)。本节主要讨论木材备料车间的废木屑燃料的处理。

树皮是原生木的最外层,仅含有 20% 可用于制浆的纤维。因此,原木需要进行剥皮,只有木材纤维用于制浆过程中。已锯好的芬兰松木木材中的树皮含量为 12%(以体积计)。在芬兰南部已锯好的云杉木材中树皮含量为 10%(以体积计),在芬兰北部为 13%。在直径为 15cm 的木材中,12% 的树皮含量所对应的树皮厚度为 4.5mm,16% 的树皮含量所对应的树皮厚度为 6mm。表 1－26 显示了芬兰树种的树皮含量。

表 1－26　　　　　　　　　　　芬兰树种的平均树皮含量

特征	松木	云杉	桦木
实积体积/(m^3 树皮/m^3 木材)	0.12	0.13	0.14
堆积体积/(m^3 树皮/m^3 木材)	0.35	0.38	0.43
树皮干质量/(kg/m^3 木材)	31	44	74

尽管在拉木和运输过程中会发生一些损失,但是几乎所有的树皮都会运送到制浆厂内。在制浆厂里处理的平均树皮量仅仅比在林场里的少 1%～2%。

由于树皮引起的环境问题越来越受到人们的关注,所以鼓励工厂投资开发能有效利用树皮和木材废弃物的途径。树皮堆通常含有污染物,例如具有高的 BOD(生物需氧量)、氮和磷盐以及降低水相 pH 的酸类物质。

树皮含水量高,这成为影响使用树皮来产生蒸汽的主要问题,特别是在采用湿法剥皮的工厂中。水分会降低燃料的有效热值和锅炉的产量。人们已经投入大量精力来改善压榨操作和应用于有游离水存在的其它机械脱水设备。

为了使树皮在锅炉内能够充分利用,树皮的尺寸必须适于燃烧,并且树皮要尽量干燥。特别是对于针叶木树皮,建议在焚烧前用树皮压榨机进行压榨,以获得适当的干固形物含量。如果树皮和筛选的细木屑在新鲜时焚烧,可达到最好的效率。目前,还考察了在生物质精炼厂使用树皮废弃物的潜能。请见本系列丛书中书名为《森林资源的生物质精炼》(*Biorefining of Forest Resources*)的新书中关于这个主题的更多详细内容。

当使用锯木台时,产生的锯木屑必须通过螺旋输送机或者类似的方式直接收集起来,然后直接输送到容器中或者输送机中。这种容器可以在锅炉区域直接倾倒、倒入接受坑或者适合放置废木屑燃料的地方。如果锯末装载到运输机上,那么它必须从备木车间运送到废木屑燃料线上。因为锯末已经是优良的废木屑燃料了,所以没有必要对其做任何处理。

清洁链式输送机收集从锯木板台上落下的树皮,并输送到备木车间的树皮处理系统。在湿法剥皮过程中,输送机用来运输树皮。在除冰过程中,循环水用于运送树皮。使用循环水输送树皮有两大优点:一是雪可以在水中融化;二是经过板台掉落的沙子和石子可以与树皮分离。

所有从除冰板台或者运输机上掉落下来的松散的树皮随水一起输送到下面的通道。水进入木材备料车间,在那里升降螺旋(阿基米德螺旋)泵送含有树皮的水到脱水运输机中。

通过干法剥皮转鼓的树皮出口掉落下来的树皮,收集在转鼓下面的带式输送机上。然后树皮通过圆盘筛进入树皮撕碎机里。尺寸过大的树皮在树皮撕碎机里撕碎,然后合格组分通过圆盘筛。撕碎后的树皮通过运输系统运送到树皮压榨区域。压过的树皮从备木车间到树皮贮存室,然后送到锅炉房。来自备木车间的所有含有树皮的水一起收集起来,送到脱水工段,将水与树皮分离。通过筛板的木屑进入树皮压缩后的树皮流送中。

来自贮木场的废弃物经常将其装载在除冰输送机上的木捆的顶部,与原木一同处理。此过程要非常仔细,以避免在下游的操作中受到损坏。某些工厂具有为单独处理这种废弃物而设置的生产线,包括交叉装置。处理完的废弃物进入木材备料车间的树皮处理系统中。

从转鼓中排出的树皮通常含有木屑、小石头、沙子和金属线之类的杂质。这些杂质在焚烧前需要从树皮中除去。这就需要一个树皮分离操作系统。

在传统的湿法剥皮转鼓中,沙子和小石块几乎已完全从树皮中除去。湿法剥皮导致大量的污水排放,因此,在新的剥皮车间不建议使用湿法剥皮。

在干法剥皮过程中,可以在给料运输机上对原木进行喷洒洗涤水或者除冰水,从而将大多数的沙子和一些小的石块从原木捆中除去。有些在剥皮转鼓前面具有水除冰运输机的工厂,在夏季,利用除冰系统来清洗原木。在转鼓前面的运输机上对树皮进行清洗或者除冰会使树皮水分仅仅增加几个百分点,并且增加的水分对污水排放量的影响很小。

如果工厂设有的树皮锅炉,需要将直径为 15～50mm 的石块从树皮中分离出来,那么,让圆盘筛的溢流水进入水槽中。水槽中有沙子和石块捕集器,可以将这些沙石从树皮中除去。粗树皮通过脱水运输机进到树皮撕碎机。这个过程增加了剥皮车间的污水排放量,同时挤压前树皮的水分含量也增加了。从树皮中除去小石块和沙子是非常困难的。有多种分离沙子的筛选方法,但是,分离沙子的同时也带走了细小树皮。

安装在树皮带式运输机上方的连续操作的磁铁分离机,可以将磁性杂质从树皮中除去。如果有非磁性金属颗粒,例如不锈钢或者大块的片状铁存在,磁力分离机不能将其除去,安置在磁铁后面的金属探测器将会辨别它们。这个探测器必须仅探测大的金属片,否则它将会扰乱剥皮车间的运行。

悬浮式的电磁铁分离机会自动去除皮带运输机上或者斜槽里的原料中的磁性杂铁。通常是自动清除。当这种装置安装在运输机的前部时,其清除掉的铁屑平行于原材料的流动方向;当悬浮在运输皮带上时,其清除掉的铁屑垂直于原料流动方向(见图1-66)。自清理型包含双轮或者四轮的皮带运输机,输送机安装在磁铁周围,可自动排除捕获的铁屑。

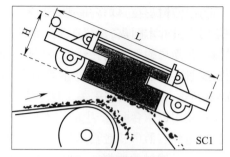
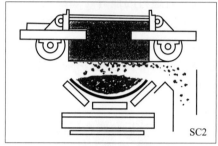

图1-66 磁力分离器

1.3.5.1 树皮的脱水

脱水装备由多孔底板运机、集水沟和升降螺旋送输泵组成。脱水输送机通常装在楼板之上。现代的木材备料车间仅采用一级脱水。树皮和水的混合物分布在输送机的底部,水通过孔洞排出。具有刮板的链条沿着输送机移动树皮。这个刮板还要从孔洞中除去碎木条和树皮,以保持孔的畅通。在干法剥皮中,水中的树皮量很少,只需一级脱水就足够了。

老式木材备料车间采用两级脱水,第一级脱水时,水首先通过圆孔直径为4~10mm的粗脱水输送机,然后,继续采用更小孔的脱水输送机进行脱水。具有孔的转鼓也可用于脱水。最新的设计是阶梯式筛,类似于在其他行业中使用的阶梯筛。水流通过筛缝,而树皮停留在缝筛板上。当水的高度超过了设定的高度时,筛板通过偏心运动开始移动树皮向上走。

1.3.5.2 树皮的筛选

所有收集起来的树皮在作为燃料前都需要经过处理。树皮首先用粗筛进行筛选,筛子类似于筛选处理木片时使用的筛子,但更适合筛选树皮。过筛的目的是通过缩小树皮体积以防止损坏树皮处理系统,同时除去树皮中直径小于4cm的沙子和小石块。尺寸过大的树皮部分主要包括树皮压榨时未压碎的木材。

1.3.5.3 树皮的撕碎

最适合特殊用途的撕裂机的选择取决于要进行撕碎处理的物料、工艺过程的需求、维修费用和投资成本。在实际生产中,有两种形式的撕裂机可以使用:一种是具有垂直转子的设计;另一种是具有水平转子的设计。

垂直转子设计有3种型号。一种是,树皮喂料到旋转的刀上,然后下落并从撕碎机排出。旋转刀和相应的固定反向刀或者固定砧撕碎物料。砧的数量或者刀的数量是变化的,以适应物料和所要求的颗粒尺寸。撕裂转子的飞轮作用克服了负荷的波动,这提供了高效驱动,从而可以使用较小的转子。某些型号有两段或三段撕碎。在第一阶段中,大块树皮和木材被压碎,然后撕碎。最后阶段是调整。

水平转子设计系统是采用锤式粉碎机或者带有一个低速压碎机的转子松散机。在垂直粉碎机中,铁锤是利用4个轴来固定到转子上。撕碎的树皮通过筛底落下。筛底是可替换的,反向刀也一样。有两种基本形式的转子松散机,设有固定的或者转动的刀杆。能够进行3段撕裂,这取决于颗粒尺寸。第一阶段是压碎,第二阶段为撕裂,最后阶段是在筛的底部过筛。所有未通过出口的树皮,会返回再次撕裂。还包括安全鞘或者类似的安全配置。筛子的底部确保出来的颗粒尺寸合乎要求。因此,这部分需要检查和维修。

低速压碎机是可以将几乎所有工业或者城市的可燃废物(垃圾)的尺寸处理到适合于锅炉燃烧尺寸的理想设备。压碎机可设有一个宽敞的喂料斜槽,这个斜槽允许压碎尺寸非常大的物料,甚至可以一次性接收一整车的废弃物,并且能够作为自动喂料器。当压碎机转子的冲击齿通过固定反向叶片间的齿时,原料被压碎。这个转子是可逆的,可在两个方向进行压碎。破碎机包含一个供料滑槽室、一个转子、驱动设备和一个控制系统。喂料滑槽安置在破碎机上方,这样就可以直接从车辆上或者从前面的输送机上接收原料。反向刀片对称安装在飞轮上。在特殊用途中,破碎机也可以设有第二组反向刀片装置。破碎机的齿以连续的螺旋状焊接在转子上,并且通过硬质焊接进行加固。每一个驱动单元包括一台轴向安装的减速器和一台凸缘型电动机。

螺旋破碎机是低速的破碎机,在螺旋破碎机中颗粒被一组三螺旋破碎。图 1-67 中显示了此装置的工作原理。这种破碎机用于树皮处理,但是,其他所有木材厂的废弃物以及一些类似物料的破碎也可以采用这种破碎机。

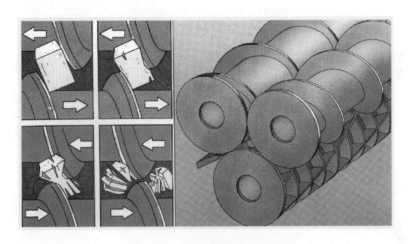

图 1-67 螺旋压碎机工作原理

所有型式的转子破碎机和锤式粉碎机都可用来破碎桉木树皮。鼓式削片机型式的破碎机广泛用于桉树皮,但是这种破碎机对于沙子和石块特别敏感。如果没有坚硬的杂质,破碎机运行良好。这个装置具有喂料辊,可强行将树皮喂料到破碎机中,然后,刀具可以很容易地处理所有的原木块。

1.3.5.4 树皮的挤压

在温暖的气候条件下,通常不需要树皮压榨,因为树皮的干度足够用于燃烧。在有寒冬及有雪天的国家,对于针叶木和大多数的阔叶木树种,投资树皮挤压设施是经济合理的,也是必要的。当原木采用除冰干法剥皮时,树皮挤压也是必要的。

经济上有利的树皮挤压操作需要足够的压力,能够在高的生产能力下将树皮脱水至足够的干度。在一家每年使用 250 万 m^3 去皮针叶木的工厂中,树皮的水分含量减少 1%,可以节省 400t 油。在高生产能力下,各种树皮挤压操作的差异可以达到几个百分点。树皮挤压的选择,取决于生产能力的需要、估计的维修费用以及投资成本。在市场上,有 4 种可用的树皮挤压型式:循环挤压、复合挤压、分步挤压以及单程挤压(acycle press, a multipress, a step press, and a single - pass press)。在循环挤压中,压滤箱(室)具有 3 个开孔的表面。挤压机的顶部一端是可以转动的挤压横梁,背部是一个可以平行移动的多孔喂料活塞。多孔的底部和侧面是第3个表面。图1-68为树皮循环挤压装置。

循环挤压单元操作分为五个步骤:① 当喂料活塞在其后方位置时,开始工作循环。湿树皮掉落到喂料室内。液压缸推动挤压横梁向下运动。② 喂料活塞向前移动并推动树皮进入挤压室。两个液压缸中的压力逐渐升高,水开始外排。③ 两个液压缸用满负荷压力挤压树皮,以提供有效的脱水作用。④ 当挤压横梁液压缸上的压力载荷被释放后,喂料活塞向前移动,推动干树皮饼从挤压机排出。⑤ 喂料活塞向后移动,挤压横梁落下。又一批湿树皮落到喂料室中。

在复合压力作用下,树皮在倾斜的、多孔的转鼓与转鼓内旋转的辊子之间进行脱水(见图1-69)。转鼓和辊子以相同的圆周速度转动。原料通过喂料螺旋输送机从转鼓和转辊的顶端喂料到挤压机里,物料经受反复挤压及混合。在每一次挤压过程中,树皮将进一步脱水。当树皮在转鼓较低的末端排出时,即成为一种干且均匀的燃料。水由转鼓钻孔表面上向外的锥形孔排出。这个转鼓设有两个能够保护转动面的特殊支持环。两个转向架上的4个辊子用来支撑着每一个活动面。挤压辊以树皮作为中介体来转动转鼓。

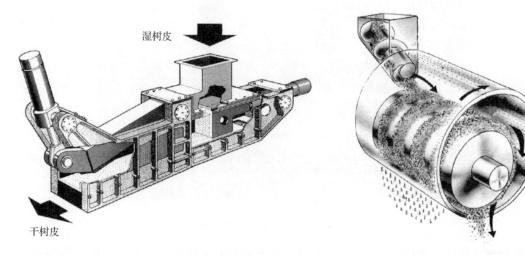

湿树皮

干树皮

图1-68　树皮循环挤压机　　　　　　图1-69　多重压榨原理

尽管阶梯挤压机运用完全不同的技术,但是操作原理很简单(见图1-70)。湿树皮落到斜槽中,然后通过移动挤压板条,树皮被完全挤压。挤压板条形成了斜槽的两面墙。当挤压辊在挤压和放松时,树皮向下移动,并一点一点地进行脱水。在树皮从挤压机中释放出来之前的最底端,挤压压力是最大的。比较长的挤压时间意味着排放出来的树皮是干的,并且可以用来焚烧了。因为斜槽具有很多部分(条,bars),在进行挤压和从两侧排水过程中,整个压区宽度范围内的挤压效率是恒定的。针叶木树皮的固含量为42% ~49%,阔叶木树皮的固含量为50% ~60% 。

单程挤压是一种连续操作的树皮脱水挤压机,在挤压过程中树皮通过压区只有一次(见图1-71)。树皮在鼓内转动的两个转鼓间受到挤压。内转鼓通过液压缸的杠杆传动力挤压树皮层。外转鼓通过外部齿轮圈转动。高的压榨压力、通过两个转鼓中锥形孔的高效除水以及速度的自动调节,能够确保比较高的干固形物含量。树皮在转鼓上形成稳定且紧密的树皮层,从而将固形物从排除水中滤出。干法剥皮的云杉树皮的固含量可超过43% 。

图1-70 阶梯挤压

图1-71 单程压榨的脱水原理

1.3.5.5 树皮的贮存

为了保护树皮的热值,压榨后以及干燥的树皮应该贮存在仓库里或者至少贮存有顶盖的树皮堆里。这就确保了树皮的最大可能的热值。另外,树皮粉尘将不会扩散到环境中。这不易做到,因为树皮的体积是非常大的。应该尽量防止树皮风吹雨淋。最简单、最经济的板式树皮贮存库是具有钢架结构的山脊形盖顶的建筑物,其侧面和端部高度离地面大约5m都是敞开的。

树皮可以通过带式输送机输送到贮存区域,再用移动带式输送机或者类似的系统将树皮移动到板式贮存库。对在开放式贮存库内卸料,可以采用往复带式堆垛机,以防止堆放树皮时树皮中的粉尘随风飘散。在小型开放式贮存库中,螺旋堆料机的工作效率较高。在特殊情况下,例如运输路线比较困难时,可能需要风送或者特殊的皮带运输系统。

回转式或者移动式螺旋取料装置通常用于从树皮贮存库中取树皮。这个装置类似于取木片装置,尽管人们比较关注原材料的性质。易损坏是螺旋取料机以及所有与树皮接触的输送机所存在的问题。关键部件使用各种涂层原料或者采用冷焊接技术可以减少问题的发生,但是不能完全消除。条件最差的组合是低pH与高的沙子含量。

树皮很难从堆垛中均匀取料回收。它很容易架桥,因为树皮被包得很紧,特别是在已经几个星期没有使用过的树皮堆中。这就是如果需要均匀取料时,为什么树皮堆的高度不能超过10m。带有支撑臂的特殊的螺旋取料机可以处理难取的原料。这种螺旋常被用于从料仓或者开放的堆中取原料。取料区的最大直径为10m。

时间长的树皮堆主要包含树皮,还可能含有某些筛选的细小组分,都可以送到树皮锅炉。树皮堆表面的热值是可以接受的。一些底部和堆放时间很长的树皮堆最好用于改善土壤。如果质量差的树皮必须焚烧,最好的处理办法是喂料时采用单独的喂料线,送去燃烧的树皮中具有一定数量的质量好的树皮。

1.3.5.6 树皮的运输

皮带运输机常用于运输树皮,因为其动力消耗低、投资成本合理、所需的维护以及维修少。另外,它们的生产能力可以灵活地增大。在一些工厂中,由于道路和建筑的布置复杂或者树皮堆和锅炉之间的距离较短,不得不使用风送运输系统或者特殊的皮带运输。牵引链式运输机也常采用。

用于运输树皮的皮带运输机类似于用于运输木片的运输机。用于处理树皮的螺旋运输机也类似于处理木片的运输机,除了所用材料更耐磨和耐酸之外(不锈钢)。用于树皮的带式运输机与木片的运输机相似,除了某些底部是采用胶合板制作的。

1.3.6 削片

木材原料必须削成足够小的木片,才能够保证水、化学品和热量在制浆过程中快速均匀地渗透进去。对于单个木片或者所有木片的整体来说,均匀的渗透是很重要的。图 1 − 72 显示的是一块木片。

在硫酸盐法制浆中,厚度是木片最重要的尺寸。由于药液浸透的性质,木片厚度对木素的脱除有很大影响。图 1 − 73 显示了蒸煮至卡伯值总平均值为 19.6 时,木片中不同位置的测量卡伯值与计算卡伯值的比较[196]。在厚木片内部,脱木素作用的差异较大。当蒸煮所得浆的平均卡伯值达到 19.6 时,在厚木片内部蒸煮所得到的浆的卡伯值从 15 变化到 120。木片内部这种脱木素作用的差异会导致浆的均匀性差,从而导致浆的强度和得率下降。图 1 − 74 展示了由厚度 1.5mm 的木片和工厂用的常规木片所制得的浆的强度性能。显然,较薄的木片所制得的浆的强度较高。

厚木片内部的不均匀脱木素作用,会降低纸浆的得率。当蒸煮至一定的平均卡伯值时,厚度最小的木片将会蒸煮过度,损失于回收循环系统中;最厚的木片没有得到充分的蒸煮,从而增加了蒸煮后的筛渣。工厂试验已经证实了实验室的研究[197]。图 1 − 75 比较了由厚度 1.5mm 的木片与工厂常规木片所得的细浆得率[196]。用薄木片制浆可以获得较高的纸浆得率。

图 1 − 72 木片

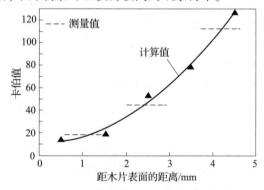

图 1 − 73 蒸煮至卡伯值总平均值为 19.6 时木片中不同位置的测量卡伯值与计算卡伯值的比较[196]

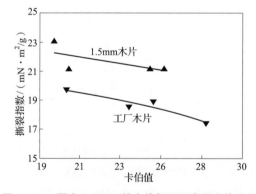

图 1 − 74 厚度 1.5mm 的木片与工厂常用木片采用吊篮蒸煮所得到的漂白浆在抗张指数为 70mN/g 时的撕裂指数的比较[196]

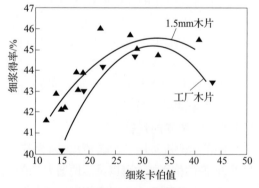

图 1 − 75 厚度 1.5mm 的木片与工厂常规木片蒸煮所得细浆得率的比较[196]

1.3.6.1 削片理论

削片机的几何结构会影响木片厚度的均匀性。刀刃凸出刀盘的距离决定了木片的长度。在理论上,木材的强度性能决定了具有一定长度的木片的厚度。

在盘式削片机中,原木与刀盘成一定角度喂料。当刀片以一定角度切向原木时,木材裂开,木片从木材上断裂下来。木片经过削片机圆盘开口,并从削片机排出。图1-76展示了削片机切削几何结构的剖面,应用于下面的方程[198]:

$$\varepsilon + \xi + \beta + \lambda = 90° \qquad (1-7)$$

式中　ε——投木角

　　　ξ——安刀角

　　　β——刀刃角

　　　λ——余角

　　　$c^{①}$——虎口间隙

　　　u——刀距

可使用下面的公式进行木片长度的理论计算:

$$\lambda = u/\sin\varepsilon \qquad (1-8)^{②}$$

为了保证木片顺利通过削片机的出料口,出料口必须足够高并且形状必须要合理。由于裂开纤维的强度要比切断纤维的强度小,所以由削片刀切成的木饼会裂成木片。

木材的湿度会影响削片,这是因为木材的性质会随着水分的变化而改变。当木材中水分含量低于细胞壁的饱和含水量(约占湿重的30%)时,动力消耗会增加,木片将会变薄,木屑量增加。冰冻的木材会有同样的趋势[199]。

改变削片机的余角会影响木片的厚度。余角是指刀的前表面与垂直于木材纤维方向的平面的夹角。余角不能像刀距那样可以通过改变余角来改变木片长度,它是削片机的一个设计特征[200-202]。图1-77示出了木片长厚比的变化情况与余角的关系。余角越大,得到的木片越薄。

为了生产薄木片,新一代削片机具有大的余角。其他盘式削片机的余角一般为10°~14°。这意味着传统的削片设备可以生产长24mm、厚4.4mm的木片,新一代削片机可以生产厚度为3.4mm的木片。

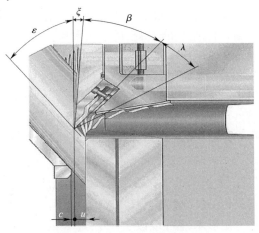

图1-76　削片机切削几何结构

注　$\varepsilon + \xi + \beta + \lambda = 90°$,涵义解释见公式(1-7)。

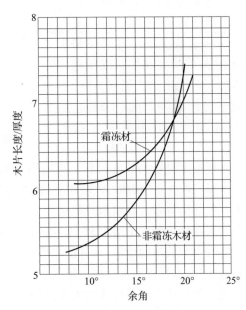

图1-77　余角对木片长宽比的影响

---

① c—虎口间隙系原文给出,可能有误。——译者注

② 式(1-8)系原文列出的公式,可能有误。——译者注

削片机喂料斜槽的侧角影响所生产木片的形状,当侧角为0°时木片为矩形,当侧角大于0°时木片为长菱形。当木片为矩形时,最大的木片长度与木片体积之比较小。新一代削片机的侧角为0°,这就提供了较小的最大木片长度与体积之比。

调整削出木片的长度,可以改变木片的实际厚度。为了取得与新一代削片机所削出的24mm长的木片相对应的厚度,普通削片机必须将木片长度设定为19mm。若为了减小木片厚度而缩短木片长度,则细小木条和木屑的产生量会增加,尤其是顶部出料的设备。

新一代削片机上安装的飞刀数量较多,较低的刀盘转速可以保证木屑量极少。为了保证用新一代削片机制得高质量的木片,设备都会有柔和的出料侧面,以减小木片的损伤以及木屑和小木条的产生量。

在间歇蒸煮器中,木片的质量是影响纸浆得率和质量的最重要因素。在自动化的生产能力大的连续蒸煮器中,木片的质量对蒸煮操作以及蒸煮器的实用性都有很大的影响。削片机的设计和规格以及木材纤维的质量是获得高质量木片的关键元素。

1.3.6.2 木片的尺寸和密度

蒸煮所需要的木片长度取决于树木的种类、制浆方法和最终产品。针叶木木片一般比较长,这是因为纸浆有较长的纤维并且所得到的最终产品的强度比较好。短木片往往会增加受到损伤的纤维数量。图1-78为木片尺寸和削片机的设计对木片质量的影响。

矩形木片可以改善工艺过程的流动情况。在蒸煮过程中,矩形木片提高了蒸煮器的装料密度和生产能力。在磨浆过程中,适宜的木片形状可提高磨浆机的操作性能,这是因为木片中含有较少的小片。在制浆过程中,木片的尺寸和形状应该是均匀一致的。对于化学法制浆,针叶木木片的平均长度为25mm±3mm,厚度为4mm。在机械法制浆中,木片的平均长度为20mm±2mm,厚度为3mm。

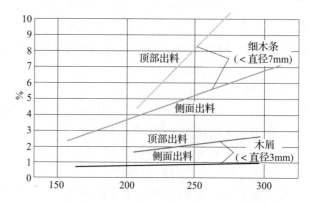

图1-78 削片速度和削片机设计对木片质量的影响

木片密度是指1m³木材所具有的绝干木材的质量或者1m³的堆积木片中木材的实积(kg绝干木材/m³ 或 m³实积/m³堆积)。影响木片密度的最主要因素是木材的密度、木片的尺寸和木片尺寸的分布。如果木片的尺寸分布是均匀的,那么最主要的影响因素就是木片的长厚比。当木片的长厚比值增大时,木片的密度也会增加。

随着木屑数量的增加,木片的密度也会增加,但是得率不一定会相应增加。当过厚木片的数量增加时,木片密度也会相应增大。厚木片与木屑混合后的密度比常规尺寸木片的密度小。

现代化在线木片分析仪能够保证快速可靠地跟踪削片过程。例如,ChipScan在线分析仪从木片生产线中获取有代表性的样本,然后进行木片质量分析,分析结果可以很容易地呈现于客户的工厂报告,甚至可以按照多种标准报告出来。木片的质量是通过用机器视觉(machine vision)测量木片的尺寸(长度、宽度和厚度)来进行分析的。这种测量装置每小时能够分析5个体积为10L的样品。

1.3.6.3 削片机的结构

在盘式削片机中,锋利的削片飞刀固定在旋转的刀盘上(垂直的或者倾斜于刀盘)。这些削片机是用来对制浆用的原木和制材厂板皮进行削片。

飞刀的数目为 6 到 16 片,这取决于生产能力、木片长度以及削片机直径。在每一片飞刀的后面都会有一个用来排出木片的开口。刀盘是由 80～220mm 厚的钢板制成。在刀盘的进料口的侧面用螺钉固定了一组耐磨板。由耐磨损原料制成的耐磨板一方面用来保护刀盘自身,同时也能用于调节木片的长度。一些厂商设有易于安装系统来调节木片的长度。

削片机上的飞刀沿着刀盘的径向或者切线方向安装。径向安装的飞刀片的延长线与轴线相交,切线方向的延长线将会偏离轴线 100～400mm。这些飞刀片是用穿过刀盘的螺栓固定在刀盘上(表面安装)或者用特殊的楔形固定夹板固定在刀盘上(嵌入)。这种表面安装结构意味着刀片较长的那面实际上是一部分耐磨板,这是因为飞刀的非切削面的末端安装在与耐磨板相同的平面上,但是切削面的末端设成 2°～5°(安刀角)。这种方法的优势就是结构简单,但是必须需要厚度大的耐磨板。在嵌入式结构中,飞刀被夹在固定夹板与耐磨板之间。这种嵌入式的固定结构允许使用薄的、便宜的飞刀以及螺旋状的能提供最佳削片条件的耐磨板(见图 1-79)。

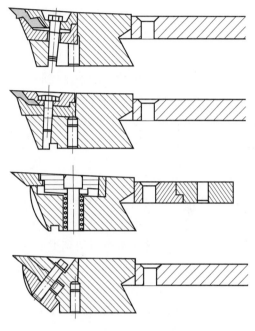

图 1-79　飞刀的安装

刀盘是用特殊的螺栓和紧压装置安装的。其轮轴是专门铸造而成,并且轴承是滚动轴承。在设计中刀片与底刀(counter - knife)的距离是通过移动底刀来调节的,轴是用固定的轴承固定住的。在设计中底刀固定,整个刀盘——轴的装配是可以调节的,在这种情况下靠近底刀的轴承是可调节的。

刀盘在焊接的钢铁板罩中旋转,从而引导木片进入出料口。罩子的一部分可以通过液压打开,以更换飞刀片。

喂料槽可以安装在转轴水平面的上面或者下面,甚至是转轴的侧面,这取决于木材从哪里进入。底刀作为切削木材的支撑,它靠近刀盘(通常 0.5～0.8mm)。底刀易于更换。

通常,削片机具有不同于建筑物地基的独自的地基,这样是为了避免由削片机产生的震动传递到建筑物。一些装置采用带有独自的减震器的地基。

目前,由于木材的供应大部分都包含有直径小的原木,新一代的削片机可以同时切削一些直径小的原木。为了保证连续的进料以及达到所需要的高生产能力,新一代削片机是通过宽大的喂料槽重力喂料。改良了几何形状的削片机能够同时在底刀上切削几根原木。直径大于 15cm 的原木可以同时用两把飞刀片切削(即多刀切削)。在削片过程中,进料槽的几何形状以及飞刀片与底刀的正确对位,将会使原木处于稳定状态。飞刀片与底刀间的夹角必须使均等直径的原木不会大力撞击底刀的端部。原木要能够在整个底刀的长度上来进行切削,以提供高的生产能力。

切削速度对木片质量有很大影响。根据图 1-80,最佳的切削速度是 25～30m/s。为了在高产能下达到这个速度,削片机的旋转速度必须降低,并且削片机飞刀片数需要增加。低的转动速度、增加飞刀片数量或者较长的木片长度、木片中较少的碎片,是达到一定生产能力的必要条件,即使是在切削小直径的木材时也能实现一定的生产能力。

在削片过程中,干木材比湿木材更容易产生小木条和木屑。可以通过控制削片机的旋转速度来控制小木条和木屑的量,这对于新一代削片机通常是可行的。通过削片机的速度控制来应对季节的变化同样重要:冬天木材冻结且易碎,需要与夏天不同的削片速度。通过维持最佳的旋转速度,可以得到理想的木片尺寸分布。使用具有速度控制的调速轮来控制速度的另一个优点是,削片机驱动所需要安装的电机功率较小。

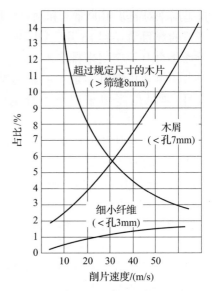

图 1-80   削片机削片速度对木片质量的影响

新一代削片机具有 12~18 把飞刀,这取决于供应商。所生产的木片较薄,并且合格木片的比例高。尺寸过大的木片、尺寸小的木条以及木屑非常少。尽管用传统的削片机生产出的木片经过有效地筛选后也可以得到类似的结果,但是会有大的木材损失。

如今,削片机的制动器被认为是一个必要的系统,尤其是当使用风送式削片机时。没有制动器的削片机需要花费 20min 来停止其运行,带有制动器的削片机需要 2~6min。

图 1-81 展示了不同类型的削片机。

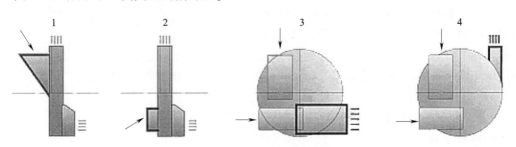

图 1-81   不同种类的削片机

1—重力喂料   2—水平喂料   3—侧面出料   4—风送(顶部)出料

当需要削片的原木长度达 6m 以上时,带有重力喂料槽的削片机是最适合的。削片机处理去皮木材的生产能力可达到 450m³/h。为了保证高的木片质量,短而特别硬的木材应该使用重力喂料削片机进行削片。

带有水平喂料槽的削片机最适合长原木的削片。输送机输送原木进入削片机。大的水平喂料槽的安装,与削片机刀盘成一定角度,以达到最佳的削片几何结构。如果原木中包含太短的木材,削片机可以为短木材安装一个额外的重力喂料槽。这种类型的削片机不再是仅在欧洲一些国家安装,还安装在全树长原木剥皮的区域。这类削片机通常具有位于轴之上的(over - shaft)水平喂料槽。

新的水平喂料削片机具有特殊设计的原木喂料系统,这样就确保了原木整齐、匀速前进,从而可以以很高的削片能力削片。用这样的削片机能够生产质量非常高的木片,这是因为原木在削片机中稳定的状态以及削片角度和原木喂料槽,保证了削片作用发生在底刀刀片的整体宽度上。新系统已经发展到了 $500m^3sub/h$ 的大的生产能力,这就意味着生产一定体积的木片所需要的削片生产线较少。

目前在欧洲一些国家的制浆厂中,鼓式削片机(见图1-82)不是使用最普遍的削片机。一些工厂用鼓式削片机对短原木进行削片。鼓式削片机也用来切削板皮和竹子。鼓式削片机为水平喂料并带有喂料辊,以确保削片稳定运行。

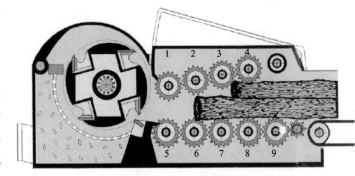

图1-82　带喂料辊的鼓式削片机

最初,鼓式削片机类似于一台链式喂料磨木机,但是它设有带飞刀片的转鼓,而不是磨石。喂料槽两侧的垂直喂料链喂送原木(木材)作用于旋转的转鼓上。转鼓水平安装,其直径为 $1.0\sim1.5m$,并有几排飞刀片。每一排有两种类型的刀片。切削刀片切木片的长度,其他刀片切木片的厚度。当木片沿着纤维方向裂开时,便形成木片的宽度。这种类型的削片机,木片参数容易选择和改变。难点在于将准确长度的短原木从正确的方向送入削片机。

木片从侧面出料到一个具有螺旋喂料器的均衡箱中。缓和的侧面出料和最佳的切削速度使木片的损伤最小,并且减少了木屑和小木条量。如果布局中不允许使用侧面出料,风送出料将代替侧面出料。风送削片机在圆盘上安装有特殊的翼翅,以保证适当的吹送木片能力。圆盘的圆周速率必须不小于 $50m/s$。罩盖上具有鼓风管。当布局不允许使用侧面卸料以及削片机的生产能力大并且多变(直径超过80cm,长度为6m甚至更长的大木材)时,可用底部出料的削片机。

削片机的生产能力取决于出料口面积以及木材喂料速度。喂料速度取决于削片机旋转转数,飞刀片数量以及木片长度。生产能力(每小时木材的立方米数)是出料口的木材横截面面积 (m^2) 乘以喂料速度(m/h)所得到的乘积(木片量)。设计生产能力或者有效的生产能力取决于喂料的连续性,而连续地喂料保证了削片机具有高的生产能力。

当为削片机选择驱动电动机时,需要考虑到最大直径的原木和最长的原木。这是因为木材不是笔直的,最大的原木直径应该是喂料口直径的80%。削片需要的动力必须清楚,这取决于木材的种类。重的阔叶木比轻的针叶木需要更多的能量。木材的湿度也影响能耗。干燥的和霜冻的木材需要较多的能量。普通北欧针叶木削片需要大约 $8500kW\cdot s/m^3sub$,阔叶木(桦木)大约需要 $12500kW\cdot s/m^3sub$。

1.3.6.4　削片机的刀片

削片机有嵌入式、表面安装的或者旋转的飞刀片(见图1-79)。在工厂中飞刀片的角度不可以改变太多,因为削片装置是成套组件(complete package)。飞刀的角度通常是 $32°\sim40°$。新一代削片机的余角较大,但是出料槽的尺寸较小,这样就减小了喂料角度。

削片机的飞刀和底刀需要很好地维护。使用磨损的刀片会增加小木条和木屑的量。严重损坏的刀片会降低削片机的生产能力。削片机刀片的磨损是由于正常的使用或者是由于硬颗粒物随着原木进入削片机所造成的。随着原木进入削片机的沙子会损坏飞刀、底刀以及耐磨板。假设原木是进行过良好剥皮和清洗的,刀片可以切削 2000～4000m³ 去皮原木。这意味着每隔 8～16h 需要更换一次刀片,具体时间取决于削片机的生产能力。更换一次刀片所需的时间为 20～30min,如果采用半自动化的系统,所需时间可以减半。

削片机的刀片通常是由合金钢制成的。这种合金钢的组成为 C 0.5%,Cr 8.0%,Mg 0.4%,Va 0.5%,Mb 1.5%,Si 1.0%。刀片的硬度为 55～57 洛式硬度 C。坚硬的刀片能够很好地抵抗一般的磨损,但是容易折断。表面安装的飞刀片厚度为 15～25mm,嵌入式的飞刀片厚度为 10～15mm,旋转式(turn knives)刀片厚度为 5～10mm。底刀一般都有坚硬的金属涂层。刀片可用自动磨床(automatic grinding machine)打磨和锐化。根据刀片和磨床的长度,自动磨床一次可以磨 6～12 把刀片。磨床的运转必须远离刀片的尖锐末端。为了避免局部过热,通常需要冷却。旋转刀片(turn knives)不能打磨。当刀片的一面被使用完后,翻转使用其另一面。当刀片不能再使用时,必须返回到生产厂家。这个系统由三或者四把削片机刀片组成。在外侧部分的刀片在废弃前可以移至内侧部分进行二次使用。

由于所有的削片机都是设计好的,所以刀片的宽度是恒定的,因此,刀片必须设有一个装置来补偿刀片宽度的减小。刀片的背面可以设有螺栓,以便打磨后用来调节刀片,此外,也可以选择一种特殊的调节装置或者偏心螺栓。

1.3.6.5　削片机的喂料

喂料线(见图 1-83)包括:将原木从剥皮转鼓中卸出来、洗涤原木、分离石块、检测金属并喂送至削片机。

图 1-83　带有双沙石捕集器、洗涤、短木分离和处理以及金属探测器的削片机喂料线

出口闸调节从剥皮转鼓出来的木材流动量。这不是控制流量的唯一方法。安装在转鼓之后的斜槽引导原木到达输送机,同时在木材流动过程中做一些调节。安装在剥皮机转鼓之后的输送机是带有厚橡胶带和其下面具有特殊橡胶阻尼梁的带式运输机。另一种是具有坚固结构的链式输送机。

来自剥皮转鼓的所有树皮必须除去。通过在辊式输送机上往原木上喷洒水来去除树皮。同时,所有残存的沙子也会被洗掉。树皮从辊子间落下来。辊子上带有长爪,并且一些爪子安装于较低的位置,其作用是为了改善树皮的去除。

初始石块捕集器安装在第一个和第二个辊子之间。几个辊子之后,安装第二个石块捕集器。捕集器是在挪运原木的辊子间带有水流向上流动的立式水槽。较重的颗粒沉到水槽的底部。当水槽中没有水时,所有重颗粒会通过底部闸门排除。多数情况下,水槽通过链板输送机连续清空。图 1-84 示出了木材的洗涤以及石块分离系统。

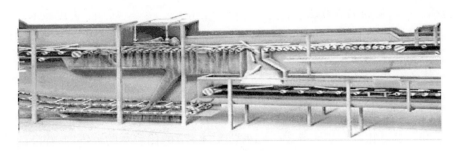

图 1 –84　木材清洗和石块分离

重力喂料削片机由带式运输机喂料。运输机带有金属检测器,它通常安装在运输机的木制部分。为了防止喂料槽堵塞,带有特殊制动系统的微量喂料槽安装在输送机的后面。

水平喂料削片机是通过链式运输机进料,这种链式运输机在两个水平面上带有两个或者3个不同的链群,以保证有效地为削片机喂料。金属探测器安装在剥皮机转鼓的输出运输机上。当探测到金属时运输机就会自动停止。在重新启动运输机之前金属必须除去。

1.3.7　木片筛选

筛选的目的是保证蒸煮木片尺寸的一致性。削片机是保证木片尺寸合适的关键,但是尽管使用了新一代的削片机削片,在削片后仍然需要一些工序处理木片。在传统的筛选中,要除去一些木屑以及超过规定尺寸的木片。过长的木片要再次削片并重新筛选。现代浆厂使用厚度筛选机,因为木片厚度这对蒸煮结果有很大的影响。筛选不能生产质量更好的木片,但是它可以除去不适合蒸煮的部分。

依照 SCAN – CM 40∶80 分类方法(见图 1 –85)测定筛选后木片的平均质量。另一种厚度分类方法是 SCAN – CM 47∶92。对于新一代削片机,木片组分的典型分布取决于原木的直径以及一些其他的因素。连续木片尺寸分析仪可以安装在生产过程的不同取样点,用来分析木片。木片分析可以在蒸煮器之前、当收到购买的木片时或者在削片机之后。

1.3.7.1　厚度筛选来自模型研究的例子

自从 1940 年、1960 年直到现在的综合研究结果表明,薄木片蒸煮后可得到较低卡伯值的浆,并且纸浆的强度最好[203]。尽管这听起来很简单,但存在着两大问题。当前可行的技术生产不出只有1.5mm、甚至 3mm 厚的木片。此外,现在也没有技术可以大规模地用这种木片原料制浆。为了使用目前可行的技术,能得到有益的结果,需要找到一条更加实用的途径。

木片厚度分级是一种常用的技术,这种技术对硫酸盐法制浆有利。目前大多数有用的信息都来自于传统制浆方面的研究。大多数新型的纸浆生产线以及蒸煮器系统都进行

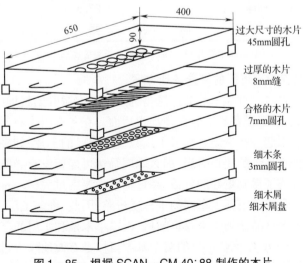

过大尺寸的木片
45mm圆孔

过厚的木片
8mm缝

合格的木片
7mm圆孔

细木条
3mm圆孔

细木屑
细木屑盘

图 1 –85　根据 SCAN – CM 40∶88 制作的木片

了改造,包括一些改良的蒸煮方法。

当考虑厚木片和小木条用两种蒸煮方法所得到的得率时,小木条的蒸煮结果值得思考。卡伯值为 25 时,浆的得率大约是 47%。太厚的木片其蒸煮得率较低。木片中含有小木条,对浆得率没有什么不利影响,而太厚的木片将导致较低的得率。当卡伯值为 30 时,过厚的木片采用置换蒸煮,其筛渣率为 4.5%,而采用传统蒸煮其筛渣率为 9%。当卡伯值为 20 时,置换蒸煮仅有 2% 的筛渣,相对应的传统蒸煮有 5.5% 的筛渣。所有样品的氯价大约为 24,而松木的氯价接近 30。这意味着在筛渣率 2% ~ 12%(对木片)的比较宽的范围内,筛渣的脱木素作用很差。总之,从蒸煮到漂白筛渣携带着约 20% 的木素(对筛渣质量)。

尽管由小木条和厚度过大的木片蒸煮得到的纸浆强度有着很大的差别,但是在两种蒸煮系统中二者的行为完全一样。小木条生产的浆具有 90% 的相对强度,而厚度大的木片生产的浆仅有 75% 的相对强度。表 1 – 27 和表 1 – 28 列出了相关蒸煮实验的结果。用不同厚度木片蒸煮得到的纸浆强度有着明显的差别。用厚度 2 ~ 6mm 的木片可以蒸煮得到强度最好的浆。小木条制得的浆的强度有些低,而用厚度 6 ~ 8mm 的厚木片得到的浆的强度相当差。

表 1 – 27 传统蒸煮与改良的置换蒸煮得到的纸浆强度对比 单位:%

	常规纸浆强度	超级间歇蒸煮(Super batch)纸浆强度
没有喷放的吊篮浆,厚度筛选	100	100
没有喷放的吊篮浆,平板筛筛选	100	100
工厂喷放浆,厚度筛选	80	—
工厂喷放浆,平板筛筛选	—	105
小木条,吊篮	90	90
过厚木片,吊篮	75	75

表 1 – 28 一定厚度的木片放置在吊篮中通过置换蒸煮得到的结果汇总

厚度分级	平均厚度/mm	纸浆卡伯值	撕裂指数[a]/(mN · m²/g)	相对强度[b]/%
小木条	1[c]	24.2	16.6	91
2 ~ 4 筛缝	3	26.9	18.2	100
4 ~ 6 筛缝	5	27.5	18	99
6 ~ 8 筛缝	7	45.1	15	82

注 a 为在抗张指数为 70N · m/g 时;b 为撕裂指数 18.2mN · m²/g = 100%;c 为小木条厚度约为 1mm。

1.3.7.2 可行的筛选备选方案

经过贮存后木片的筛选是为了消除在敞开的料堆中产生的木片分级作用。有时由于布局因素,筛选设备易安装在削片机后面。在冬季因为有雪和冰,筛选位于露天木片贮存之后,可能会引起一些麻烦。如果工厂只使用自己的木片,如果备木车间装备新一代的削片机,如果木片处理系统的规划得当,那么木屑筛选可能就没有必要了。

为了得到更好的效益,经过筛选后厚度过大(>8mm)木片的百分比应该减小。由于来自制材厂和传统备木车间的木片质量差,因此,许多工厂设有各种各样的厚度筛选系统。由于较多的合格品送到厚木片再削机,所以小木条和木屑的产生可能仍然会引发许多问题。

最初,厚度筛选机的两个基本目标是有效地除去过厚的木片和筛除的厚木片中所夹带的合格木片的量最小化。选择一种有效的筛选方法来分离过厚的木片是很重要的,因为这对整个系统的运行结果起着非常重要的作用。理想情况下,一个完美的筛选系统能够分离在进料时出现的所有过厚的木片,并且减少送去再削片的厚木片中所夹带的合格木片的量。这减少了好纤维的损伤,为多变的进料特性提供了很好的适应性,并获得最佳设计和低维护费用的结构,同时所需空间及能量需求最小。

筛选的目的可以利用不同的技术来达到,比如单段或多段筛选以及从传统的回转筛到最先进技术的不同组件。不同类型的筛选机具有不同的筛选效果。一些圆盘筛在筛除过厚的木片方面具有很高的效率。当其以最高生产能力除去过厚的木片时,也会除去大量合格的木片。槽式或者 V 形结构带走合格木片的量可能较少,但是通常避免了过厚木片的百分比较高,却会导致不均匀的圆盘磨损。

传统的筛选系统需要足够大的筛选面积,以保证较大的生产能力和良好的木片质量以及期望得到的分离效果。筛选面积很重要,它能够为有效地除去条状碎木片和锯末提供足够的搅动,可以减少需要频繁维修的可拆卸部件的数量,使筛板容易清洗。

传统的筛选系统仅仅分离尺寸过大的木片和锯末。再削片机通常在过大木片返回到筛选机之前重新对其进行处理。筛子通常是回转筛。筛选机和再削片机与那些应用在半厚度筛上的是同种类型。

1.3.7.3　粗筛(Coarse screens)

粗筛(大块筛)用于木片备料过程中,以防止在筛选以及后续工艺过程中损坏设备。粗筛通过除去所有大且坚硬的块状物来保护筛选顺利进行。粗筛的筛渣可送至废木料高压蒸汽锅炉系统或废渣处置场进行处理,这取决于当地的情况。粗筛由主体、4 ~ 10 个旋转的轴及一个带有变速器的驱动装置组成。轴间的距离大约是 300mm,圆盘空间界面开口为 30 ~ 50mm。轴上的圆盘为钢板(厚度最小为 8mm),这是为了实现筛子的特殊目的而设计的。

1.3.7.4　回转式平筛(摇摆式平筛,Gyrating screens)

位于筛子中间部位的单根或者一对轴使得筛子箱体在水平面上作自由振动着的圆周运动。振幅为 50 ~ 60mm,振幅可以通过添加或者移除配重来调节。在北美的一些筛选机为垂直的振动运动,但是没有得到令人满意的结果。

木片从筛子的顶部连续不断地送入,并分布于筛子的整个宽度范围内。随后木片下落到最上层的筛板。木条和其他尺寸过大的组分留在最上面的筛板上,并落入排料端的溢流槽。用新一代削片机,上部可能仅仅需要一层筛板。

合格的木片由中间及底层的筛板边缘排出,以输送到后续生产过程中。中间位置的筛板,可通过减轻较低层小孔木屑筛板的负荷,来提供有效的筛选分离作用。木屑(锯末)经过所有筛板后在筛子最底层的板上收集起来,再通过输送机排出。图 1 - 86 展

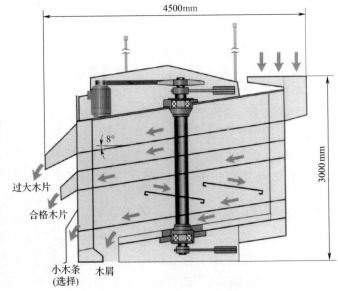

图 1 - 86　摇摆筛的剖面图

示了摇摆式平筛的横截面。安装在露天贮存之后的筛选机,最底层的板子必须带雪和冰进行操作。室内温度最好接近木片的温度。

筛体用 4 根钢丝挂在支撑架上,支撑架还可以支撑旋风分离器或者喂料输送机。每根钢绳的末端都有套环。

驱动轴装配是一根带有配重的合金驱动轴,两个滚轴轴承,和一个 V 形皮带轮。在连续使用的情况下轴承的使用寿命约为 7 年。

筛板间的距离应该尽可能大一些,以便于清洗或者不用拆除最上面的筛板就可以更换中间以及较低层的筛板。筛板面具有相同的尺寸,并且用螺栓固定在筛体轨道上。板可以打开,以便于进入筛体内部进行维修及清洗。

筛大约有 8°~10°的倾斜角。筛板上的孔通常是圆形的,但也可以是方形的。最上层筛板上的孔直径通常为 35~60mm,而 45~55mm 是最常用的。孔直径取决于筛选过程的需要。如果仅仅是为了除去尺寸过大的木片,孔直径可以是 50mm 或更大。当用作半厚度筛选机的第一段时,筛板孔径可以是 35mm,这类筛板是用来筛除厚度过大的木片。

第二层筛板是轻量筛板,以保证木屑的分离。在这种情况下,孔径为 13~22mm。在半厚度筛选中,第二层筛板可以用来分离大木块。因此孔径为 25~32mm,具体尺寸取决于上一层筛板的孔径。

第三层筛板筛除木片中的木屑等细小组分。木屑通过孔径为 4~10mm 的孔下落,具体尺寸取决于工艺过程。当在筛选位于备料工段的削片机后面时,筛板孔径可以为 4mm。在冬季,当在木片堆垛后进行筛选时,筛板孔径必须是 8~10mm,以避免雪和冰引起的堵塞。为了更好地除去木屑等细小组分,有时需要第四层筛板,尤其是当筛选那些未经过筛选的制材厂的木片时。当质量好的木材使用新一代削片机削片时,筛选机只需要上层筛板。

1.3.7.5　盘式木片筛(Disc screens)

从木片混合物中除去过厚木片的最常用的方法是使用平形的或者 V 形的初级盘式木片筛。不管如何设计,所有木片筛通常都具有旋转表面结构。随着使用时间的延长,粗砂、木屑、外来杂物和木片的磨蚀作用最终会对组成木片筛表面的转动组件产生侵蚀损害。因此,木片筛表面部件的维修及更换费成为主要的成本因素。制造圆盘模组件的先进技术允许使用特殊的合金,与传统焊接的钢制圆盘配置相比,提高了精确度,也延长了设备使用寿命。盘式筛含有许多由圆盘及垫片装配而成的平行的轴形装配件。每根轴组件都旋转。圆盘周边提供了一个输送承载面,带动着木片前行。如图 1-87 所示,每根轴上的圆盘与相邻的轴上的圆盘交替排列。这种相交形式组成了木片筛的筛孔。相交处的开口或者缝的宽度决定了实际的筛选面积。两根轴之间的距离决定了筛缝的长度。

盘式筛的特殊性能是筛盘的旋转,圆盘转动提供了自清洁功能。因此,盘式筛不会堵塞,并且可以筛选难筛以及黏性的原料。由于筛板的搅动作用,单位筛选面积的筛选能力很高(平均为 17~25m³ 木片/m²)。通常轴旋转的速度

图 1-87　盘式筛的圆盘

是 55 ~ 65r/min,并且盘式筛运行平稳,略带轻微振动。筛子的宽度比运输机输送原料到筛子的宽度稍微宽一些。在制浆过程之前的木片厚度筛选是基于相邻筛盘间 7 ~ 9mm 的空间(interdisc facial opening,IFO),利用筛盘的旋转作用,将厚度过大的木片带到筛子的末端。合格的木片通过木片筛的筛缝降落到下面。

平面形木片筛中所有的轴都平行安装在木片筛上,同一个方向转动。另一种设计是翻转筛板与木片流动成 90°,使轴安装成 V 形结构。通过筛子两侧的轴的转动,木片从中心到边缘,部分穿过筛缝,从进料端到出料端筛子上面的木片不断减少,木片被送入木片筛的中心,尺寸过大的木片贴在筛床的侧面上,最后从大木片出口排出。

进一步增加木片筛面上木片的搅动,可以在不降低筛选效果的情况下减少合格木片被大片夹带。这种增加是通过提升轴的高度,使其高于其毗邻的轴,从而制造一个适于输送木片的正弦曲线轨道。木片在筛内停留时间的延长,可提高生产能力及抑制瞬间的激增。保留较好的耐磨性能及抗损伤性。

1.3.7.6　辊式筛(Roll screens)

新型辊式筛具有表面带沟槽的平行轴(shaft)。如图 1 - 88 所示,在相邻轴上不同方向的螺旋形沟槽从左向右交替排列。辊子间的开口(IRO)或缝隙,控制着通过木片筛的物料的尺寸。轴的更换可以不用拆除旁边的框架。

当木片流过木片筛,木片被导向两辊之间的缝隙和底部,如果木片尺

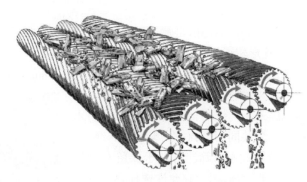

图 1 - 88　沟纹辊设计原理

寸足够小,就能够通过木片筛。通过选择合适的轴直径,可使木片导向辊之间的缝隙得到优化。太厚的木片从一根轴移动到另一根轴,最后在木片筛的末端排出。所有的轴朝着同一个方向转动。轴具有坚硬的铬合金表面,并且底层是合金钢的。IRO 改变很小,并且它的精度比盘式筛的 IFO 容易维持。

轴的设计提供了最佳的搅动,并可以在整个木片筛宽度上均匀地进料。其设计性能取决于木片筛自身对速度变化的敏感性,由变速驱动来控制这种速度变化。在大的木片质量范围和生产能力激增的情况下,速度控制保持高性能。这也同样有利于木片筛的全自动化操作。

木片筛去除过厚木片的效率达到 90% ~ 96% 。去除效率取决于进料速率,木片的质量以及转动速率。合格木片的携带率在 4.5% ~ 14% 间波动。增加转动速度可提高去除过厚木片的效率。

从木片混合物中分离木屑等细小组分,同时保留有用纤维的有效途径是使用第二级辊式筛。这种筛子提供了一种分离木屑的高效方法。它可以在小木条损失率最小的情况下,达到最大的木屑去除率,或者在合格木片损失最少的情况下,木屑和小木条的去除量达到最大。由于转速对小木条和木屑的分离有着重要的影响,所以速度的改变就会引起木片筛选的选择性的变化。变速控制器可以在操作过程中有效地控制转动速度。

除去木屑和控制小木条有利于机械法和化学法制浆。从木片中除去木屑,可提高纸浆强度及质量,同时减少了化学药品的用量。此外,沙子、砂砾和树皮的同时去除,使得木屑的去除

很重要。

通过辊式筛分离物料不同于用典型的分级除去木屑。随着木屑而被除去的小木条比混合于合格木片中的小木条更少和更薄。如果能够通过扫描型分类器上3mm的圆孔，就被视为锯屑状物料。如果小木条能够通过7mm的圆孔而被截留在3mm的圆孔上，则成为牙签状物料。

在木屑的筛选过程中，木片穿越一系列平行的、坚硬的铬合金制得地朝着同一方向转动的辊子。随着菱形辊的转动，木屑落入辊子的缝隙中，然后通过平行轴间的缝隙排出。比辊子的隙缝大的小木条，经过凹处在木片筛的末端被收集。

由于木片筛自身对转动速度的敏感性，安装一个变速控制器可以在很大程度上提高木片筛的性能。当送入木片筛的原料包含未筛选的木片或者通过初级厚度筛的合格木片时，木片筛的性能最优。以上两种类型的料片是非常不均一的，木屑及小木片的体积百分比较低。木片中大木片的存在减少了开口处小木片组分的竞争，并且增加了木片筛的生产能力。

菱形辊的性能是由再筛选已经通过回转筛最底层筛板的木片来检测的。在这些难筛选的条件下，菱形辊可以除去木片中90%以上的直径小于3mm的木屑及碎末[204]。从进料中回收小木片也很好，可从进料中回收获得直径大于5mm的组分占90%以上的料片。

袋辊式木屑筛能够最准确地筛选木屑及其他碎末。传统的回转筛以及其他的木屑筛有一个共同的弱点：分离界限不确定。这就是袋辊式木屑筛能有助于保留有用的木材纤维的原理，因为它允许选择要被分离出去的木屑及小木片的尺寸。如果想要利用小木片纤维，就可以将其留在合格的木片中。图1-89示出了袋辊式木屑筛（pocket roll fines screen）。

通过使用袋辊式木屑筛作为综合厚度筛选系统中的一部分，可以获得质量最好的木片。在这个系统中，袋辊式木屑筛直接安

图1-89　袋(槽)辊式木屑筛

装在厚度筛的下面(见图1-90)。将木屑筛直接放置于厚度筛前面的输送线上，使得木片筛选系统所需空间最小，高效且经济。甚至木屑也可以用袋辊式筛分级。

袋辊筛采用旋转的、交叠的辊子(见图1-89)。这种精细机械加工的表面结构形成了暂时封闭的小隔间或者辊间的小袋。在这些隔间中，木屑通过筛子。由于这种独特的设计，只有那些比选择的木片尺寸小的组分可从合格的木片中分离出来。

1.3.7.7　条棒式筛选机(bar screens)

为了更好地筛选木片，一些制浆造纸企业提出了一种不带辊筛选表面的全新设计理念。希望这种新的设计能满足一系列基本要求。首先，应该以最高的效率从合格木片、小木片及木屑中把过厚的木片分离出来，同时减少过厚木片携带合格木片。其次，在进料速度变化和木片质量波动的情况下，木片筛应该保持高效率，并且筛表面应该具有准确的、连续的以及可维修的大的开孔面积。总的占地面积应该比现在的小或者相等。木片应该在木片筛上面移动，从而将会被完全彻底且有效地检测，而不引起纤维损伤。最后，木片的检测及输送不能过度磨损

木片筛的表面。

在一种设计中,4 根偏心轴安装在一个钢性构架上,第一根轴和第三根轴与第二根轴和第四根轴成 180°。平的、镀铬的钢条棒交替连在轴上。这样就有效地制造出了两个独立且交错的筛板。条棒(bars)的顶部形成筛子的表面。条棒之间的空间或者缝隙建立了开缝面积。当轴运转起来,筛板就会振荡。当木片放置在木片筛上,条棒温和的振荡会翻动和滚动木片。这种木片方向的改变给木片穿过开口创造了许多机会,只要木片在任意一个方向上的尺寸合适,木片就可以通过。木屑、小木片及少量合格木片在开始筛选的几英尺之内就会穿过木片筛。随后大量的合格木片穿过木片筛。尺寸过大的木片移出筛子并输送到末端。

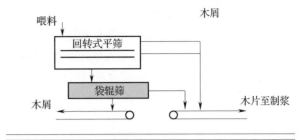

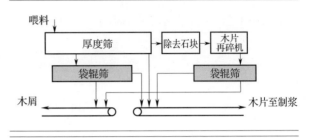

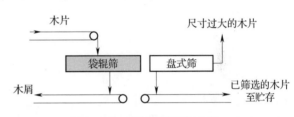

图 1-90　袋辊筛的不同位置

在宽的流速范围内,厚木片的去除率约为 95%。同样重要的是在这样较高的去除率下,合格木片的携带率能保持在 5% ~ 10%。新型木片筛设计项目的另一个主要目的是通过减少旋转时的摩擦力来解决表面磨损问题以及降低更换筛子表面的费用。

在大多数的应用中,典型的木片筛具有两个或者可能三个阶梯状模式。因为每一种模式是独立驱动的,所以可以改变振荡速度来满足特殊的生产要求。如果工艺需要厚度方向改变或者如果需要更换筛子的条棒,那么在不需要移出轴的情况下,条棒能够轻易地互换或者移出,以及单根或者部分替换[205]。

木片筛具有 3 个理想的基本特征,即高生产能力、高筛选效率(高效率除去过厚木片的同时减少合格木片的携带)以及低的操作费用。

最优的条棒筛具有所有操作上的优点。它采用薄 1.5mm、带有 8mm 开口的筛选叶片(screening blade),并以大于 80% 的开孔面积提供了高的生产能力。精确的缝形开口提高了木片筛的精确度。在每一叶片的末端,叶片夹都精确地隔开。叶片采用简单的张紧法安装,其功能像钢锯锯条。这种带有定期调整的梳篦状垫片的安装布置,使木片筛的叶片在筛板的整个长度上是笔直的(见图 1-91)。

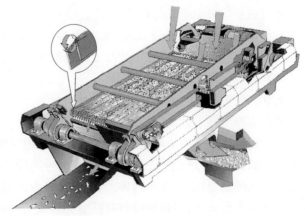

图 1-91　优化的条棒筛

1.3.7.8 波动筛(wave screens)

波动筛在很久以前就用来筛选木屑及小木片。波动筛所需要的维护比辊式筛多一些,但是筛选结果是可以接受的。波动筛特别适合采用橡胶筛板。弛张原理就是充分利用这些高耐磨材料的回弹性和弹性。波动筛的典型特征是与筛选方向垂直安装的筛板扇形部件的类似于蹦床的运动。张紧与松弛的交替作用除去厚度过大的木片(见图1-92)。

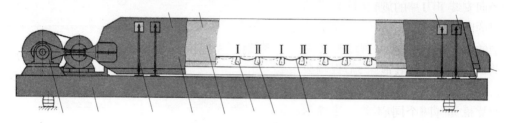

图1-92 弛张筛

仅仅使用500~700r/min和6mm的驱动偏心距,设备本身仅经受加速度2~3g。由于双重驱动系统,筛板传递较高的加速度。依靠筛垫可调节的预张紧,传递到筛选物料上的加速度可能超过30~50g。木片筛的每块板上具有0.9~20m² 的筛选面积。机器的倾斜度控制着原料经过筛板的输送情况。倾斜角在10% ~25% 间变化。

在波动垫筛选过程中,筛垫正弦曲线的或者波状的运动允许木屑穿过,合格的纤维在上面移动(见图1-93)。这样的话,即使是由潮湿的、黏性的或者带雪的木片,也会避免堵塞。结果是90%以上的木屑及碎末被除去,从而保留了多达90%的有用纤维。

这种波动垫的设计是一系列平

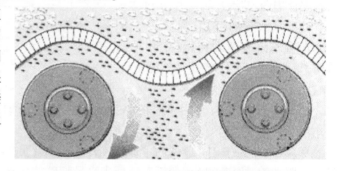

图1-93 波动垫筛选原理

行轴安装于柔韧的带孔的筛板下面。这些轴的转动在筛介质上产生类似波浪状的运动。当木片穿过木片筛时,筛垫垂直加速,致使小片和木屑及碎末呈悬浮状态。这使得木屑穿过孔隙。同时,合格的纤维继续向前,传送到筛子的末端。

木屑的平均去除率总是在90%以上,并且小木片的损失低至10% 。波动频率以及筛子倾斜度在操作过程中都是可调节的。振幅很容易改变,并且筛板也可以转化成不同的筛孔模式。根据应用情况,波动垫筛子在木片厚度筛选系统中可能是第二段或者是第三段筛,或者最初的木屑筛除设备。最大的倾斜角是15°。

1.3.7.9 喷气式木片筛(air jet screener)

在新式喷气筛中,当木片穿过强烈的空气流时,合格的木片与尺寸过大的木片被有效地分离。由于这种木片筛的活动组件少,所以维修费用很低,远少于传统筛子。另一个主要的优点是容易控制,在操作过程中,不同成分木片的分离效率可以调节。换句话说,对木材质量的变化有着最大的适应性,不管是树种、气候条件或者任何一种可以影响浆质量的因素都可以灵活应对。在最大负荷下,与筛选设备喂料溢流相关的问题也得到解决。另外的优点是它是一种完全密封的装置,防止了粉尘以及萜类物质进入筛选车间。

1.3.7.10 木片再碎机(再削片机,rechippers)

在传统的筛选系统中,木片再碎机改良尺寸过大的木片,将主要由木节以及纵裂木片组成的尺寸过大的木片再次处理,变成可用于制浆过程的木屑含量最小的合格木片。有资料证明再碎机具有使难处理木片转变成合格木片的能力,尤其与鼓式削片机或者撕碎机相比较。

尺寸过大的木片组分通过重力喂料由喂料口进入木片再碎机,在喂料口处条状碎木片遇到沿径向安装了刀片的旋转圆盘。刀片将尺寸过大的木片切割到需要的长度。刀片与底刀刀片之间的间隙是可以调节的,从而有利于生产高质量木片。木片再碎机的优良性能是由于 V 形斜槽的设计以及它的削片几何结构。这种设计上的结合在削片之前以及削片过程中为尺寸过大的木片提供了有效地引导及稳定作用。

1.3.7.11 切片机(再削机,slicers)

切片机具有两个同心同向转动的组件(见图 1 - 94)。木片均匀地送入两个转子的中间,并且在离心力的作用下,木片紧贴在外刀环上。内部的铁砧转子比刀转子转动的速度快,内转子缓慢地将木片推向刀片。

将过厚木片的分离,通过削切减小过厚组分的木片厚度,然后再返回到合格的木片中,从而消除过厚木片在制浆中产生的不利影响。

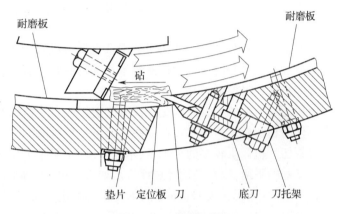

图 1 - 94 盘式切片机

喂料中过厚木片的数量会影响木片厚度控制系统的性能。增加进入给定的木片处理系统中过厚木片的百分比,同样导致蒸煮的木片中过厚木片量的增加。

切片机的效率受切片机喂料速度影响,切片机喂料速度由系统切片喂料特点以及初始筛选结果决定。在负荷小的条件下,进入切片机的木片具有充足的面积,能够正确引导木片朝向刀环。随着负荷的增加,木片可以平铺着对向刀环的面积减小。一些木片因为重叠在其他木片之上可能被切断。负荷进一步增加会继续扩大这种趋势。因为木片必须通过与负荷较小的情况下相同的开口缝隙,所以过厚的木片量几乎不变。为了减少切片机木屑及小片的产生,同时增加切片机磨损部件的使用寿命,需要控制切片机的喂料速率。

切片机缝隙的设置是决定再削木片厚度的尺寸。随着切片机缝隙的增加,过厚木片的去除率减小,然而小木片和木屑含量的增加。切片机缝隙的改变对产生木屑的影响最小。当切片机缝隙增大时,小木片的产生量降低。在一定程度上,小木片产生量的降低部分被厚木片减少率的降低而抵消。

1.3.7.12 木片调整器(chip conditioners)

在过去木片切片(再碎)是唯一一种解决厚度过大木片对蒸煮的影响、改善蒸煮的实用方法。虽然木片切片机(再碎机)能很好地完成这项任务,但是其效率达不到100%。切片机刀片也需要不断地更换,以避免产生过多的小木片及木屑。新型调节器可提供木片再碎的所有好处。

制浆造纸行业寻求了许多方法来改善尺寸和厚度过大的木片的制浆性能。目前工厂主要集中于分析使用装有间隔紧密的辊子的木片压榨机裂开木片的好处,与用木片再碎机从木片厚度方向切割木片进行比较。很多问题出现在这一点上：难道厚木片的破裂比切片能够得到更好的制浆结果，还是厚木片的切片比碾裂能够获得更好的制浆结果？难道对于所有的应用以及在所有的情况下，这种设备都比其他的设备好用？

　　与木片再碎机类似，木片的质量、喂料速率、树种以及水分含量都会影响木片挤碾机的性能。这种装置的机械和液压配置对实现最佳性能也是重要的。辊子的表面模型以及辊子的表面条件会影响设备的性能。辊子之间的间隙和辊子的表面状态是最重要的，如同施加在压区上的液压同等重要。辊子的转动速度、原料的喂料方式、穿过压区长度的负荷以及该装置对进料厚度的微调能力，也都是影响开裂性能的重要变量。

　　压区开度与压力之间的关系是至关重要的。其设置将取决于像进入生产过程的木片的树种、木片湿度、木片尺寸以及木片厚度范围等因素。

　　对木片挤碾机的产物进行分类以及对所产生的木屑和小木条所占的百分比进行评估是有意义的。

　　遗憾的是木片分类器不能用来测定来自挤碾机的木片中厚木片的减少量。尽管厚木片发生了明显的开裂，因此，可以看作是薄木片进行制浆，但是仍有大约50%经过处理的原料在测定过程中被认作过厚的木片。

　　使用开裂木片的主要原因是减少维修费用或者更换那些由于自身设计或者缺少检修致使操作不佳的切片机。开裂木片在一些情况下是更可取的，这是因为硬件不需要经常更换。

　　尽管切片机产生较多的小木条、木屑及碎末，但是木片挤碾机不能够裂开所有的原料。为了达到良好的平衡，原料必须经过评价。如果一块12mm厚的木片和一块9mm厚的木片同时处在挤碾机的压区，这块12mm厚的木片就会阻止9mm的木片完全彻底地裂开。增加辊子的压力或者辊子之间的间隙将会减少这种影响。在这种情况下，12mm厚的木片可能会被过度地压碎，致使木片降级以及碎末的大量产生，所有的这些都是为了找到裂开9mm厚木片的最佳方法所做的努力。木片裂开可能会保持好的平衡，因为切片机将切断所有大于它的空隙设置的原料，并且由此产生可分类的小木片、木屑及碎末。

　　厚度过大木片的切开与裂开的结果可以根据选择的一些特性进行对比，这些性质包括一致的喂料质量、树种、喂料速度以及水分含量[206]。

　　在角锥形的木片调节器中，木片调节器具有两个带有角锥形表面的动态平衡辊。这些辊子逆向旋转并且紧密联合，所以在一根辊上的角锥体经过由另一根辊子上的角锥体制造的谷状凹陷处。木片穿过压区，在压区处由辊子产生的力量使得木片发生开裂。

　　角锥形木片调节器使木片沿纹理方向裂开，为有效脱木素作用做准备。纤维细胞壁纵向方向的裂开使得蒸煮液能更加均匀地浸透入木片。然而，在过厚木片的处理过程中所产生的纤维损失是关注的主要问题。

　　这种角锥形木片调节器的小木条和木屑的产生量低于1%。这个结果低于削切过厚木片的几倍。在操作过程中，木片接触的唯一组件是辊上有图案的部分。耐磨损部分是由铸造合金制成的，这种合金铸件是机械制造、淬火硬化和表面镀铬的。当采用适当的措施保护组件，免于木片中夹杂的金属物质破坏时，组件具有3年的使用寿命。

　　木片优化器采用特殊设计的辊表面裂开木片，同时能减少小木片和碎末的产生量（见图1-95）。表面的这种设计使得木片不会被压碎，但是当它们穿过两辊之间时会弯曲。这种弯曲会使木材纤维损失最小，并且纤维长度最大，同时产生沿着木片内部纹理的开裂，这会促进蒸煮液的渗透。

木片优化器有两个水平的逆向转动的辊子以及一个机架。一个辊子的位置是固定的,另一个安装在绕轴旋转的臂上,所以它可以通过低压液压缸驱动。这样就可以通过调节辊间的压区来适应不同厚度的木片,并且可以防止由金属或者其他进入设备的外来物造成的任何损坏。每一根辊子都由抗磨损、坚固、刚性材料制成的可移动的组件覆盖。如果必要的话,可以用特殊的涂料加强防腐蚀保护。图 1 - 96 展示了一块裂开的木片。

图 1 - 95　木片优化器

图 1 - 96　破裂的木片

为了保护木片切片机和调节器,用来除去木片中的所有杂质比如石块和金属的系统是必要的。这种装配显然也保护了再削片器。3 种不同的系统都是可用的。

水分离法包括螺旋或者链式输送机,输送机部分装满水(见图 1 - 97)。木片漂浮,然后被提升起来。所有的杂质沉入运输机的底部,然后送到收集器中。液面通过注水来保持不变。浮选距离决定分离效果。木片水分在这个操作过程中略有增加。

在声波分离系统中,木片输送到一块板上,在这块板上杂质引起的声音与那些正常木片的声音不同。然后翻板将木片中的杂质引到废料出口处。翻板由压缩空气快速操作。这种分离容易受(外界)影响,所以必须仔细调节。

空气密度分离系统包括风扇、带有空气管道的旋风分离器、喂料和卸料的旋转气闸以及分离室(见图 1 - 98)。木片通过喂料气闸进入分离室(见图 1 - 99),在分离室中干净的木片分离出来,并风送至旋风分离器。杂质从系统中降落。木片接着在旋风分离器与空气分离,并且通过排放气闸后,送到切片机或者木片调节器的喂料系统。用风机将旋风分离器的气流抽出来,通过消音器排出。

用风扇,木片能够很容易地在垂直和水平方向上输送,所以切片机以及优化器的布局没有问题。容易调节,能够选择性地除去木节。系统可以设计成

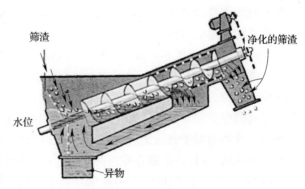

图 1 - 97　杂质的水分离

单独的生产线,以达到最高的去除杂质能力,而去除率保持在相同的水平。去除效率与实际操作能力的波动无关。

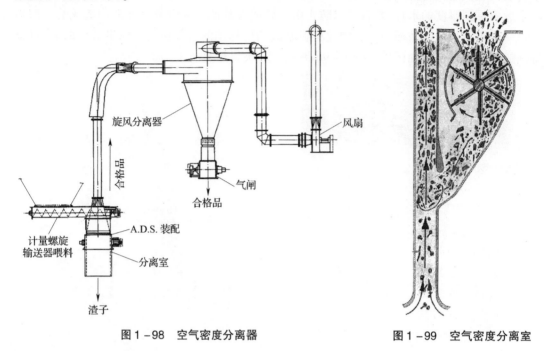

图 1-98　空气密度分离器　　　　　　　　　图 1-99　空气密度分离室

1.3.8　木片贮存和运输

木片的贮存是所有制浆厂生产过程的一个重要组成部分。贮存能力通常等于 5~10 天的产量。目前大多数现代工厂仅贮存相当于 2~3 天的产量。木片的贮存必须有足够大的空间,并包括预留量。贮存区域应该能独立地操作,按照先进先出的原则,不需要斗式装料机。贮存区域在剥皮车间与制浆生产之间也起到缓冲区域的作用,同时木材的损失最小和木屑的产生量最少、低能耗、易维修、需要最少的管理、自动化操作水平高以及能较好地控制由强风引起的任何干扰。

能够满足这些要求的最常见的木片贮存类型是木片贮存仓、带有纵向螺旋取料装置的贮存室、使用纵向堆垛机和圆形堆垛机的栈式木片贮存。

装配有堆垛机或者链式取料装置的露天木片贮存方式仍然在使用中。它们已经不再流行,因为不能保持木片均匀,回收空间有限,并且在木片贮存顶端的斗式装料机的不断运动增加了碎末及小木片的数量,还能引起木片堆的压缩以及木材的损失。

木片从贮存地的运输必须经济并且环保。因此,运输能力及距离、设备维修的方便性、能耗、任何环境方面以及贮存系统的适应性和灵活性都不得不考虑在内。鉴于当前贮存木片的技术和设施以及对木片在堆积过程中如何变质的了解,高温甚至木片堆内部燃烧等情形都可以很容易地避免。这种恶化机理在北美和欧洲已经深入地研究过了[207]。

不控制贮存条件导致事件发生的后果可以使用温度为指示器跟踪。图 1-100 展示了几种类型的木片堆的温度曲线图。可以看出最主要的变量是木片堆的高度以及压缩程度。

当树木被砍伐时,活细胞存在于树皮、叶子以及树干中。当木材以原木形式贮存时,这些细胞仍够存活很长一段时间。在一定的环境下它们能够存活 6 个月以上。当一棵树准备用作蒸煮木材时,整棵树中除了用来削片的部分之外,大多数的树皮及叶子被除去。

当木材削片并且堆放成一堆时，木射线中活的薄壁细胞试图康复木材。这会消耗氧气并且释放热量。热量的产生为以木材抽出物为食物的细菌提供了良好的生长环境，尤其是存在于比如杨木、桤木及热带的一些阔叶木中的淀粉。在 7～14d 后，木片堆的温度通常达到 50℃。对针叶木和阔叶木都是这种情况。木片堆垛速率和木材的新鲜程度会影响升温速率。热带阔叶木和整棵树的木片堆在 5～7d 内可以迅速升温到 50～82℃。一些繁殖迅速的霉在这段时间内繁殖。这段时间还不足以使木材腐败的真菌繁殖，并且它们也不会在这个温度下生长。

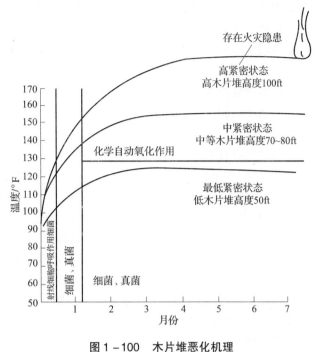

图 1-100　木片堆恶化机理

注　$1°F = 1℃ \times \dfrac{9}{5} + 32$　　$1ft = 0.3048m$

最能够影响木片堆内空气流通的因素发生在接下来的 1～4 周内。高木片堆以及由拖拉机压紧的木片堆，或者包含大量碎末和锯屑的木片堆，空气的流通速率低。在这样的木片堆积过程中产生的热量释放较慢。当温度达到 60～70℃ 之后，会发生化学反应，即半纤维素链上的乙酰基脱除生成醋酸。这种反应产生热量，并且增加木片堆的酸度。增加的热量促使反应快速进行，从而产生更多的酸，除非热量被消耗掉。

然而，乙酸并不是一种强酸，它的大量存在引起木材变质的原因，是由于乙酸攻击纤维素分子，缩短了分子长度，这种木材变质发生在一个月或者更长时间之后。当贮存后的木材应用到工厂生产中，这种变质的木片会降低纸浆得率及强度。酸度及热量的增加使木片变暗。这样木材最终会破碎，好像被烧了一样。变黑木片的 pH 在 3.4～5 之间变化，具体数值取决于贮存时间。木片堆的温度升高有几种途径，每个木片堆有其各自的情况。木片堆的温度取决于木片堆是如何压紧的以及热量是如何释放出来的。导致木片堆里较高温度并且最后燃烧的条件包括木片堆中的细小纤维层、埋在木片堆中的袋状阔叶木木片、通向木片堆顶端道路附近的高度压紧区域或者很少取回的区域、快速堆成高大的木片堆并且没有周转存货。导致木片温度高于 80～95℃ 的机理可能是因为在低 pH 下纤维素的自动氧化反应是放热反应。也有一些迹象表明，木材暴露在 95～150℃ 下会缓慢地热解（pyrolysis）。热解的热量不能完全释放到环境中，所以温度会上升到燃点。

美国南部的一些工厂使用高松脂含量的针叶木是为了保持塔罗油和松节油的得率。这些原料有很高的价值，并且尽力保留这些含有提取物的原料通常具有高的经济回报。如图1-100所示，木片堆中树脂类物质很快就会减少。在 4～8 周内，副产品得率减少 60%～80%。松节油比塔罗油减少得更为迅速。在过去的 25 年里，利用许多化学的和机械的方法来处理木片堆，以防止木片堆变质。但是，还没有发现一种在商业中长期使用的方法。防止这些损失的唯一商业化的有效途径就是缩短循环周期，或者保持一个备用木片堆，先使用新鲜木片[207]。

缩小贮存体积是很有效的方法。最佳的贮存体积可使用各种类型的仿真模型来确定。这种方法的优点是木材供应商与制浆厂员工联合起来,能够使得每一种来源的木材的供应与每种产品使用的木片相适应。因此,员工团体愿意承担公司可能会发生的一定风险,即可能发生木片供应的短缺。使用这些优化程序,木片库存已经减少了 3~6 个因数(factor)。

木片堆的管理通过安装木片堆处理设备可以进一步地加强,这种设备将允许木片堆在一定的时间间隔翻转。这样的系统使用移动的堆垛及取料运输机,并且不需要拖拉机分散木片。木片堆的高度限值,在美国通常建议 15m,在北欧的一些国家建议为 25m。取料系统在木片堆下面使用螺旋取料器取回木片,这种做法在美国也很流行。在欧洲一些国家这些是常规标准。底部取料系统,在先进先出的原则下,具备全部收回的能力。多点堆垛和取料允许木片堆在较短的间隔内翻转。因为涉及到成本,木片被视为一项投资,需要在贮存时细心地处理,以保持在精确削片、大量筛选、树种隔离以及木片质量控制过程中创造的价值。

非木材杂质,比如沙子、石子以及金属可以引发严重的机械损伤和生产故障。整棵树的木片含有大量杂质。整树木片使用时,通常需要本色浆除渣器。木片中存在树皮以及腐烂木片对生产有不利影响,比如较低的纸浆得率,较高的碱消耗以及较低的纸浆强度。

低得率及高用碱量增加了碱回收炉的负荷,并且会降低纸浆产量。在制浆厂中,木片上的树皮对纸浆洗涤和筛选过程有着不利影响,会造成纸浆的滤水性能下降,这就降低了洗涤能力。树皮也增加了漂白化学品的消耗量。

木材腐烂或者腐朽是由延长木材贮存期造成的。木材的损失率可能为 1% 木材/月。贮存木片的重量损失导致较低的纸浆得率。重量损失取决于木片堆的温度,并且在温暖的气候下损失得更快。木片的腐烂或者腐朽使木片的 pH 降低,所以碱的使用量或者蒸煮时间需要增加,或者两者都要增大。腐烂木片也同样导致塔罗油和松节油得率的降低。木片中大约 50% 的塔罗油在木片贮存的前两个月内消耗掉。通过保持小的木片贮存堆,并且按照先进先出的原则操作木片,就可以减少损失。使用腐朽的木材是不可避免的,但是,它们的使用应该均匀一致,以减少干扰。

木材密度和木片尺寸的分布会影响木片的密度。木片密度是平均木片对角线与厚度之比的函数。比率越大,则木片密度越小。当存在大量尺寸过大的木片、木片间的空隙被填满时,木片密度增大。木片密度随树种以及用来削片部分的原木而变化。原木外面的部分(边材)比内部部分(心材)的密度低。这解释了为什么来自制材厂的边材木片比用整个原木的木片有较低的密度。木片密度属于常规检测。购买的以及生产的木片需要混合,以保证输送到蒸煮器的木片具有一致的密度。

1.3.8.1　木片堆

木片处理和翻堆技术应该是生产工艺设计中的主要部分,并不仅仅是应对不确定天气或者不一致的木材输送的缓冲存货区。制浆过程受益于合适设计和管理的木片贮存以及取料系统。设计得当的木片处理系统,可提供常规的木片翻堆,这样就减小了木片周期性问题的影响。

为了保持高的木片质量,优先选择温和的木片处理方式。带式输送机比风送系统好,因为即使是长的传送距离,其能量消耗也低,处理木片的方式温和。当使用露天木片贮存来补充贮存时,通过使用先进先出的贮存系统,使木片损失降到最小。这样保证了均匀的木片老化程度和不同质量的木片均匀混合。这个过程通常需要带有堆垛机与取料机或者带式输送机与取料螺旋的自动或者半自动的堆垛和取料系统。

一种用来缩减木片贮存时存在风险的传统方式,就是设置一个能满足10~60天生产需要的大的露天木片堆。为了能让这个系统经济地运行,木片应该从不同的位置风送到木片堆上,同时使用铲斗式装料机在木片堆上移动木片。通常这种木片堆的长度为200m,宽度100m,高度15~30m。根据工厂的生产能力以及树种,一个厂可以有两个或者更多的木片堆。

这些木片是从木片堆的一个或者两个取料点进行取料。这种取料器通常是液压堆料机。木片一般通过气流管式输送线输送到工厂。

气流输送线的卸料末端将木片送到木片堆上,这里通常设有一个带有引到木片流动的导流板的提升管(见图1-101)。导流板转动并且设有可调节的副翼来引导木片流动。在一些情形下,部分输送线的整个末端被安装在一个270°旋转的轴承上。这种设置能够形成一个圆形木片堆。当使用气流输送机时,鼓风通常会引起一些旋风分离,较重的部分在导流板引导的方向上飞行。木片堆就会出现歪斜的木片尺寸分布。

带式输送机目前已经代替气流输送机。基本的木片堆设计依旧近乎相同。这种皮带设有一个或者两个卸载点,并且能够安装在旋转的分配器上,以形成圆形木片堆。

当收回这些木片堆时,必须用推土机或者类似的机械设备将木片推进取料器。取料器是有效面积为10~30m²的链式输送机、有效面积为5~15m²的螺旋袋,或者有效面积为20~80m²的装料机。

当推土机把木片输送到贮存仓库再返回到取料装置时,会引起木片之间的摩擦,导致木片损伤。这种机器也可会压紧木片堆。在雪天,它将雪和木片混合成一种混合物,当这种混合物被冻结后很难融化。已经在不同的位置检测到推土机在木片堆上所造成的损害。根据环境的不同,木屑、碎末和小木条的量增加1%~5%。在这种类型的木片堆中,处理木片时要使来自木片堆的木片尺寸、年限、密度以及水分都稳定是非常困难的。

1.3.8.2　自动化的木片堆

螺旋取料纵向木片堆是自动木片堆的一个实例。当使用带式输送机来填满一个木片堆时,木片堆的侧角为40°~45°,这取决于木材种类、密度以及温度。这意味着木片堆的横切面是一个高24m、宽48~56m的三角形。输送机运行的长度决定了木片堆的长度。木片堆的末端呈半圆锥形。当输送机的支撑腿跟随木片堆的形状时,取料装置能够很容易地用于整个木片区域(见图1-102)。

图1-101　气流输送线末端

图1-102　螺旋取料木片堆

当收回下面这种类型的木片堆时,形成垂直面的木片迅速落到取料装置区域的附近。自动取料的体积是通过有效面积乘以木片堆的近似高度计算的。通常使用的取料装置是横动螺旋或者旋转装置。另一种选择是具有 7m 活动长度的,在两端具有支撑的单螺旋取料装置。如今最大的活动长度为 18m。横移长度没有限制,但是实际上受电力电缆的限制,长度约为 200m。通过两台取料装置相对安装,木片堆的活动宽度可以延长到 18～44m。如果木片堆在两墙之间,那么整个木片堆就能够自动取料。

另一种螺旋取料装置是悬臂螺旋取料装置。它与上述装置基本上是相同的,但只有一端支撑。最大活动长度是 13m。设有两台取料装置的最大自动取料的木片堆宽度为 34m。这种设备的混凝土基座较小,这是一个相当大的优势。

第三种模式是回转螺旋取料装置。它是横动悬臂取料装置的变体。最大的有效区域直径是 25m。这种装置所需要的混凝土基座是最小的。

这些类型的木片堆是依据有效区域内木片先进先出的原则操作的。由于木片堆的规模,木片收回比送堆垛时更加均一,这是因为堆垛过程中,木片分布于木片堆中的薄层中。所有这些取料装置都将木片喂送到位于取料装置喂料槽下面的带式输送机上。输送机安装在地面以下。回收层在 6～24h 内进料。非活动区域形成侧墙,必须不定期地用推土机或者类似的设备进行收回。在这些区域的木片不像在有效区域的木片那样质量均匀。

当贮存必须全部收回时,可以采用纵向堆垛木片堆,它带有轨道式悬杆堆料机以及刮板取料机。这些机器设备在木片堆的对面进行操作(见图 1-103)。

轨道式悬臂堆垛机沿着区域运行,形成木片堆,它从一端开始堆。悬臂要尽可能低。当木片堆的高度到达悬臂时,悬臂就会上升,直到达到要求的木片堆高度。接着堆垛机移动,木片就会下落到木片堆的侧面。当达到最高时,堆垛机再次移动,直到达到总木片堆长度(见图 1-104)。堆垛机可以旋转来堆满另一个木片堆,或者也可以返回到最开始的操作。

图 1-103 纵向堆垛机

当开始收回时,轨道式刮板取料装置降低刮板略低于木片堆的顶部。控制刮板速率和横动速率。当收回时取料装置横向慢慢移动。靠近木片堆的是在地面上的带式运输机,通过取料装置将木片运到运输机。当取料装置运行 10～15m 时,运行停止。刮板降低并且横向运动,从反方向开始。当取料装置到达木片堆的末端,横向运行停止,刮板降低并且横向运行再次开始。这种运行状态一直保持直到木片堆区域收回完成。接着取料装置再次移动到木片堆的顶部。通过这种方式,整个木片堆被彻底收回。当木片堆部分被收回时,它可以接着被填充。整个操作过程是全自动的。木片堆的宽度取决于取料装置的结构,但通常是 34m。

图 1-104 堆垛机

每米长度的木片堆的体积是270m³。

自动化木片堆的一个方案是带有转动带式悬臂堆垛机的圆形木片堆以及带有可移动耙子的旋转桥式刮板机(见图1-105)。木片堆的堆填是通过可以上升和下降以及360°自动旋转的塔式悬臂堆垛机完成的。木片堆是从起点自下往上形成的。堆垛机旋转以形成木片堆。

图1-105　桥式刮板机

木片堆是通过桥式刮板机进行回收的。这是一种旋转桥式装置,其中心端由塔支撑,外端由装有旋转驱动的环形轨道支撑。当刮板运行时,它对着木片堆驱动。耙子向下移动木片到达在桥上前进的刮板上。刮板移动木片到木片堆的中央,在这里螺旋输送机把木片送到带式输送机上,从而将木片从木片堆上运走。取料装置也旋转360°。木片堆的直径取决于桥的结构。木片堆的最大直径可达到130m,并且最大体积可以达到120000m³。

带有刮板取料装置的圆形木片堆采用类似于上述的那种悬臂堆垛机,但是要用相同的塔支撑刮板。两种机器都可以旋转270°。装填木片堆与用上面的堆垛机的安排类似,并且刮板收回木片到塔的中央,在这里带式运输机将木片从贮存堆中运送出去。木片堆的高度和体积可以通过安装外墙来增加。木片堆的直径取决于刮板的设计。通常,最大直径为90m,最大体积为80000m³。

1.3.8.3　木片仓

全封闭的木片仓是理想的木片贮存场所(见图1-106)。没有风的分离,没有雪,并且先进先出是它的优势。唯一的限制就是容量。当仅需要几天的贮存时间,并且使用许多材种时,贮料仓是最好的选择。

贮料仓体积会受到取料装置的活动长度和建筑结构的限制。贮料仓通常是长方形混凝土或者圆的钢结构。混凝土贮料仓大约宽7m,长50m,高25m。它的有效体积大约为8750m³。这种结构是不经济的。钢铁贮料仓直径仅有6~10m,因此太小。如今的贮料仓直径和高度均为25m,体积为8000m³。这种规模同样应用于TMP工厂中。它是从一点进料并且使用旋臂螺旋取料装置进行回收。这种装置是经济的,并且已得到很好证明。常用的设计是具有有效体积为15000m³或者20000m³的圆形钢制贮料仓。

图1-106　木片贮存仓

根据经验,理想的球形颗粒发生较大变化,会得到较大的颗粒、较高的水分含量,并且一般单位体积的重量较小。储存时间长以及储存仓体积大使得取料装置的设计困难。

在堆积疏松物料的过程中,物料变得扁平,并且由于自身的重量被压缩。随着填充深度的增加,疏松物料内的垂直压力(p_v),以指数形式增长。水平应力(p_h)与垂直应力成比例上升。决定性因素是特定的壁摩擦角,它可能被认为是内摩擦角的一部分。在填充满了时,垂直压力达到了它的最大值。在卸料或者连续运行中 p_h 达到最大[208]。如果水平应力达到临界值,所谓的"动态圆顶"(dynamic domes)可能会在储料仓的内部形成。这个术语是指大体积原料的圆柱形区域内,在因重力引起的流动停止后所形成的静态圆顶或拱顶。在这个圆顶下面的大量原料可以被移出,而圆顶不会发生拱坍塌。

动态圆拱在堵塞发生之前形成。木片慢慢地聚集在接近理想球状的曲面上,静态的拱面变得更加稳固。最佳贮存仓的直径有一定的经验值,这取决于要处理的大体积原料。由于这个原因,严格标准化是不可能的,并且每一个供应商都有各自的实践经验。大直径的贮存仓,例如图 1-107 所示的那种,更适于实际应用。

图 1-107　两个 15000m³ 的木片贮存仓

1.3.8.4　老化木片仓(aging chip silo)

在处理树脂问题及除去浆和纸中杂质方面,在贮存仓里用 60℃ 的湿热空气循环 2~4d 的湿空气处理结果与原木在室外风干的结果相同。贮存的、已剥皮的原木需要风干一个夏天到一年的时间来达到相同的结果。当测定漂白亚硫酸盐纸浆中二氯甲烷提取物的含量时证明了风干的作用。测试结果表明,在循环空气流中氧含量必须高才能得到好的风干结果。室外风干木片在没有白度损失的情况下也能达到好的风干结果。

室外木片堆风干需要 2~3 个月[209]。室外木片风干有某些缺点,比如木片质量、纸浆得率、树脂含量和白度的变化。粉尘问题和高投资成本也是问题,尤其对于小型工厂。

木片通过木片提升机、带式运输机以及螺旋喂料器运送到贮料仓的顶端(见图 1-108)。木片从贮料仓的顶部连续地移动到底部。中心螺旋从贮料仓的底部卸出木片。这个螺旋将木片推到贮料仓的中心,在那里木片卸到传送带上,并将木片运送到蒸煮器。当卸料系统停止操作时,会有一个阀门关闭系统。两个或更多个风扇使湿空气流循环通过贮料仓。来自蒸汽的热量通过管道进入循环空气中。热量交换器同样也会间接加热循环空气。一些空气通过排气口排出。

1/3 的循环湿空气流进入贮料仓中心,剩余的空气流进入边缘。间接加热间和直接加热间的分布是平衡的,所以木片最初的固含量几乎不变。使用间接加热也保护了风扇和机械免受水分和冷凝水的损害。要有轻微过量的压力保持在贮料仓。在贮料仓的顶部压力通常仅有 50~100Pa。

在贮料仓中的热量和水分可以塑化木片。因此,木片变得紧凑,并且可能会导致卸料设备超载。在木片流动状态下,这个系统的运行没有任何问题。为了研究木片的流动,可以通过放射性示踪方法来检测木片仓。这样的检测方法表明木片并没有形成沟流,而是以一致的速率向下运动。温度测试表明,在木片仓内的温空气分布是很均匀的。回流管内的温度比木片柱主体的温度约低 10℃ 。这是因为在木片仓最顶层的木片是最新进入的,因此温度较低。流通于木片仓的空气每小时更换 4 次。

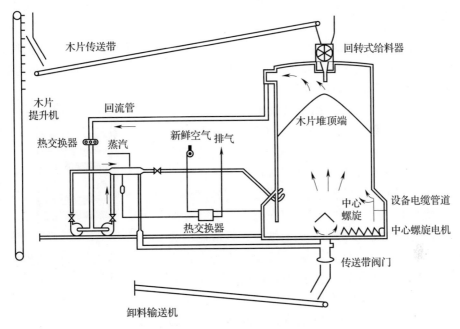

图 1 -108　贮料仓老化过程

在亚硫酸盐浆厂,木片仓运行与不运行(即使用与不使用)所消耗的能量的差别为每立方米木材 6kg 蒸汽(16MJ/m³) 。当运行时是 26kg/m³ 木材,当不运行时是 20kg/m³ 木材。来自风干反应的热量加热通过木片的循环空气,有助于减少能量的额外消耗。电能的消耗大约为 5kW·h/m³ 木材,或者与备木车间和蒸煮器之间常规的木片处理消耗的电能相同。

木片在 50℃ 的储存室贮存 5 天之前和之后分别测试木材密度结果是 (425 ± 3) kg/m³ 和 (424 ± 2) kg/m³ 。这就表明木材损失是可以忽略的。相比之下,在室外贮存的木片堆的木片损失大约为 1% ~ 5% 。

CO_2 的含量接近 0.3% 或者 2kg/t 木材。气相中不存在乙酸,但是从潮湿空气中得到的泠凝液确实显示出轻微的酸性,pH 为 5。由于松节油的爆炸极限低至 0.7% ,所以为了安全起见,保证其含量低于这个水平是很重要的。在测试中松节油的含量最高为 0.017% 。

树脂成分与其他风干过程中的大致相同。最主要的变化是脂肪酸含量的降低,以及氧化组分含量的增加。这个过程中的一个性质特点就是由贮料仓风干的木材制得的纸浆中的树脂含量是恒定的,尽管木材原料有季节性变化。

进行了溶解浆生产的一些工厂试验。尽管减少了表面活性剂的用量,但纸浆得率均匀一致,并且纸浆中树脂含量比室外贮存的木片得到的纸浆中的树脂含量低。在漂白过程中氯的用量降低。

研究证实了云杉湿空气处理技术用于需要处理的不同制浆木材的适应性。如果湿空气处理木材的得率是有利的,或者良好的抄造性能或质量是必要的,该方法能够让生产者有兴趣用于其他树种,比如松树和桦木,并且也会让采用不同制浆方法(包括热磨机械法、亚硫酸盐法和硫酸盐法制浆)的那些人产生兴趣。这个过程最大的优点是,在工厂,贮料仓很容易与其他设备结构相联合,并且节省出了宝贵的工业用地,将其用于其他目的而不是用于木片贮存,同时木材的损失减少,并且远少于普通的木片室外贮存。此外,未漂白的亚硫酸盐浆,与由室外贮存木片制得的浆相比,具有较高的白度,并且树脂的湿空气处理在60℃下贮存2~4天后就足够了。

1.3.8.5 运输木片到储存室

带式运输机通常用来将木片从备木车间输送到贮存处。依据工厂的布局,木片有时需要提升。在这种情况下,立式螺旋应用于距离达到10m的地方。对于更长的距离通常采用带式提升机。还会使用的输送系统有双带式、管式运输机、封闭式皮带和柜式皮带。也可能采用气流输送(风送),但是其动力消耗多得多。

带式运输机通常安装在上面用波纹钢板覆盖的廊道内。廊道设有人行道和照明设备,并且包含所有的电缆线架以及消防和喷淋设备。廊道的底部是开放式的,便于清扫。当不止需要一条传送带时,这些装置可以安置在同一个廊道里(见图1-109)。最多两条传送带,这样最好维修。

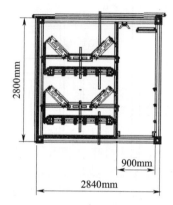

图1-109 设有2台输送机的输送机廊道

在某些情况下,更经济的方案是仅在廊道的内部覆盖输送带,或者只在道廊的顶部和一侧有波纹钢板覆盖。这样就不用安装喷淋装置。自支撑输送带或者开放式的运输机也可以是更经济的方案。在这种设计中,例如人行道和电缆被安置在支撑廊道的外面。

传送带具有覆盖材料和织物主体。覆盖材料为橡胶与合成材料的混合物。顶层3~5mm,基层1~1.5mm。主体有2~6层合成材料。

在室内条件下,输送干木片时带式运输机的倾斜度可以高达15%。在室外寒冷的气候条件下,装载点倾斜度限制在5%~10%。通过使用异形输送带,倾斜度可以大大提高。带式运输机能够广泛使用是因为能量需求较低,操作简便以及生产能力仅仅通过提高传送带的速度就可以增加。带式运输机的缺点就是当输送距离很长时,投资成本非常高。带式运输机通常会下落少量的碎末和灰尘。宽带运输机可保持环境清洁,并且较容易装载。

木片在驱动端越过驱动轮从皮带上卸下。如果在某些地方必须卸料,必须安装一个卸料器。纵向木片堆具有横动式皮带运输机(traversing belt conveyor)来卸载整个长度的木片。在木片堆的末端,横动运动改变方向,所以运输方向也同样改变。运转方向通常是相对的。输送带横贯于运输机廊道。道廊的支撑物是钢管腿,这些钢管腿依照木片堆的形状(40°~45°)。支撑物间的距离为40~50m。

图1-110是管式输送机。运输方向在水平和垂直的方向上是可调节的。由于这个输送机灵活的构造,所以需要较小的空间,并且不存在碎末带来的粉尘问题。在有限的空间里,用这种输送机代替现有的输送系统是一个合理的选择。它具有许多优点:所用材料可以防止粉尘颗粒;在输送过程没有原料的损失;保持环境清洁;可以在水平和垂直方向上弯曲;倾斜度可多达30%;同时还可以在返回侧输送原料;支撑输送机的滚筒较短;可利用标准皮带。

在装卸原料的过程中,带有常规槽的管式输送机保持开放。输送机逐渐成为一个管道。最大填充度是横截面积的75%。最小弯曲是:水平面300信管道直径,垂直面300信管道直径。最常见的弯曲约为1000信管道直径。最大中心角是45°(回转角)。这个槽的过渡距离为25信管道直径。所有普通原料都可以用这种输送机来输送。

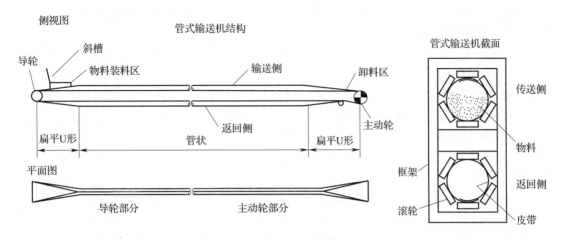

图 1-110 管式输送机

两个重叠的配件将一个封闭式皮带紧紧地密封在锐角周围(见图 1-111)。这个系统包含一个单独的连续输送带,它从装料到卸料绕着锐角和大的倾斜,不再需要传输点。输送带仅在装料和卸料时是打开的。返回时也是关闭的。它不存在灰尘或者溢出的问题。因为它具有良好的适应性,在现有的建筑物和工厂里这个系统很容易安装。

图 1-111 皮带运输机

封闭式传送带折叠形成一个封闭的、梨形的袋子。钢帘线增强件硬化到皮带的侧面。这个侧面作为输送带的角度支撑辊和垂直导辊的轨道。钢帘线承受输送带驱动系统的所有拉伸应力。当输送带折叠在一起时,一个钢帘线在其他的钢帘线上面。因此两条钢帘线具有相同的曲线半径允许输送带处理 180°的转角。输送带承载部分的高弹性材料会很容易运行。

柜带式运输机与常用的平板式运输机类似,除了输送带具有硫化的侧壁面以及表面有波异形橡胶板块的分隔墙外。倾斜度可以为 0~90°,速度为 1~2m/s。

气流输送机(风送机)可以用来输送贮存于较大木片堆的木片。压力是 40~80kPa。气流输送机的优点是:结构简单,并且与带式输送机相比投资较少;容易布局、安装以及更改;干净地并且没有尘土地运输;在较大贮存区域容易安装;使用简单的地基。

缺点包括需要较高的能量消耗,能量消耗比机械运输机要高 8~10 倍。此外,输送机很容易损伤木片,噪声大,并且能够引起管道的机械磨损。当输送路线较复杂以及安装翻新运输机时,气流输送机是一个好的选择。旋转活塞式鼓风机为气流输送机产生必要的空气流。从鼓风机排出的空气引发噪声和振动。为了保护鼓风机,入口管有一个过滤器和一个声音阻尼器。噪音级别为 100~115 分贝,所以鼓风机需要安装在一个封闭的房间内。空气通常来自于室外。

障碍式喂料机将木片送入气流输送机的管道。它是从顶端送入从底端排出。旋转速度是一定的,这使得在喂料机前可以进行必要的产能调整。

管道通常是标准的薄碳钢管,但是,在有些情况下使用不锈钢管。管道直径向长输送线出口端的方向增加。当倾斜角较小时加速器可以消除堵塞。弯管应该保证有一股原料流经它们。用于外弯管的材料可以更换，并且可使用耐磨钢材料。

气流输送机安装有 2 个、3 个、4 个或者 5 个分配阀，以输送原料到不同的地方。当改变输送线时，喂料操作必须停止。气流输送系统输送原料一次只能到一个地方。这些阀也可以用来操纵来自不同源头的原料流到一个共同区域。

空气和被输送的原料在旋风分离器中，或者当被吹送到一个木片堆的时候通过重力作用分离。当用旋风分离器分离木片时，原料就会用运输机输送到准确的场所。通常是螺旋输送机安装在旋风分离器的下面。当直接吹向木片堆时，带有喷射式指挥器的起重机安装在输送机管道的尾部，可以用它来指引原料到达特殊的场所。

气流木片输送器通常具有 $50 \sim 600 m^3/h$（松散木片）的运输能力以及 $50 \sim 1000 m$ 的输送距离，但是再大的运输能力以及输送距离也是可以的。

通过调节管径以适应鼓风装置的能力，可达到空气与原料的正确混合。管内最合适的风速是 $30 \sim 32 m/s$。

在喂料器内，不带有任何过大尺寸木片的均匀木片流是极其重要的。甚至是瞬间的喂料过量都会停止输送管线运行。硬块，比如铁屑和石子，将会损坏喂料器。如果出现喂料超载情况，首先喂料将会停止，之后是喂料器、紧着鼓风机装置停止工作。管道通常水平安装，但是它们也能够呈 $45° \sim 60°$ 甚至 $90°$ 角度安装。任何额外的弯曲将会浪费能量，并且增加所需的维修。这些管道可以安装在水平面之上的柱台上，也可以安装在地下，如果必要两者可同时安装，但是所需要的维修也不得不考虑在内。

在气流输送过程中，木片的任何损失问题都是由于 3 个不同的因素引起的：原料和设备间的角度、空气输送的速度、摩擦力。如果分离装置与引导装置间的角度小于 15°，那么就没有损害。同样地，如果输送速度接近 $30 m/s$，那么不会有损害。如果速度超过 $40 m/s$，可能发生产生粉尘的问题。在夏天往管道里喷洒少量水，可以减少摩擦。并且当管道处于良好的状态时摩擦也会减少。

当木片用斗式提升机（见图 1-112）通过正常重力或者离心力输送时，斗是安装在橡胶带或者链上。这是一个具有低能耗并且安全经济的系统。当使用织物增强的输送带时，升降机有可能升高至 100m，但通常 40m 就足够。能耗取决于输送带的速度、斗的数量和形状以及输送带的宽度。常规的速度为 $1.6 \sim 2.8 m/s$。木片可以从提升机上升或者降低的一侧喂料，但通常从上升的一侧喂料最常见。斗式提升机需要较少的维修。

螺旋运输机可以从任何方向输送木片。其能耗较高。仅仅在短距离输送时和位于最后卸料点之前需要有附加卸料点时，螺旋输送机是经济的。通过控制旋转速度可以放心且容易地进行调整，以满足它们的生产能力。其生产能力取决于螺旋直径、中心管道直径、输送间距以及旋转速度。限制输送机长度的因素就是中心管道以及它的弯曲情况。不推荐中间轴承。

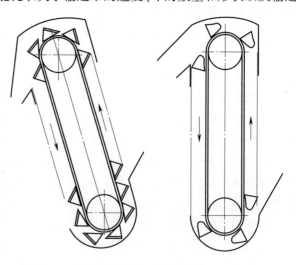

图 1-112　斗式提升机

1.3.8.6 输送木片到蒸煮器

这种设备与输送木片到木片堆的设备相同,但是当选择设备时,设备布局需要考虑在内。目前,带式运输机是更可取的。

两种不同类型的横向螺旋取料装置是可以使用的:传统的双螺旋取料装置和悬臂式螺旋取料装置。这些都是简单的装置,由一个带有焊接刮板的厚壁管道组成。收回原料的锥形刮板尺寸甚至超过了螺旋长度。在纵向的木片堆上,这个取料系统通常使用先进先出的贮存控制方法,即通过从顶部喂料到贮存木片堆,然后从底部进行取料。

螺旋的维修少是由于基础设计简单。所有部件需要维修时,会很方便地从机械通道进行,而不必移动库存的木片。螺旋的旋转驱动是通过电动发动机、齿轮减速器以及链条驱动装置提供动力来使得螺杆旋转。通过交流电变频驱动来改变螺旋的旋转速度,可获得不同的取料能力。

螺旋横向驱动装置采用齿轮齿条设计、由齿轮减速器和变速电机来驱动。这种驱动器设计通常适用于恒转矩。这改变横向速度,以适应原料一致性的变化。

目前,双支撑取料装置具有敞口的有效区域,其宽 15~18m,需要 250~315kW 的功率。驱动需要大约 4m×4m 的通道。带式输送机安装在通道内,并且冷端(coldend)也需要一个小通道。如果冷端设有一面墙壁,那么在墙壁上仅仅设有一个开口就可以了。对于双螺旋,必要在冷端设一个三角通道。

对于悬臂取料装置,其通道与驱动端设有相同的尺寸。在另一端没必要有壁。这种取料装置是用来接收购买的木片以及用来处理锯末和树皮。

旋转螺旋取料装置在原料堆下面慢慢旋转,通过一个料斗喂料到输送带上。驱动装置所需的动力由滑动环包提供。旋转是 360° 连续旋转。取料装置可以安置在圆形料仓上或者在敞口的木片堆下面。木片堆的最大高度大约是 30m。取料装置的毂用滚珠轴承环与料仓底部相连接。水平取料螺旋通过轴承固定在取料装置中心。这个取料装置仅仅需要非常简单并且便宜的地基。最便宜的方案就是直接在地上为贮存堆或者木片仓建立混凝土地基。然后仅仅一个小通道就可以满足后续的输送机以及维修工作的需要。

带有两条链条的链式运输机与刮板连接常用于木片的处理。当处理少量木片或者锯屑时,链式运输机可以灵活使用,并且能够倾斜 35°~45°。原料可以在不同的点卸料。在上下链间增加一个额外的底端,输送的方向就会反向进行。原料以厚层运动,其厚度会比刮板的高度还要厚一些。这种类型的输送机比带式输送机或者螺旋输送机需要更多的维修。在木片流动过程出现的一些干扰,偶尔会锁住链或者链轮,并且干扰取料过程。链式输送机也同样用来取回木片堆的木片。在这种情况下,配备有小刮板的 4~6 根链条相邻安置。场地的宽度通常为 1.5~2.5m,并且最大的长度约是 20m。

在液压装料取料装置中,带有刮板的液压操作臂向前和向后移动,并且携带木片到达臂的末端,在长臂的末端螺旋运输机进一步输送木片(见图 1-113)。刮板垂直于输送面,并且在相反方向呈 30°~45° 斜角。调节长臂的速度以及螺杆的速度,可以改变

图 1-113 液压料堆取料装置

取料装置的生产能力。

这种类型的设备通常用于木片堆的下面以及购买木片的取料袋内(见图1-114)。当这种设备安装在木片堆下面时,通常2~5组机械臂一起运行。有效区域宽5~12m,长12m。当设备用于取料袋内时,两组机械臂双向运行。这就意味着螺旋输送机横穿机械臂的中心。有效区域宽5m,长22m。

螺旋输送机可以在机械臂的上面也可以在其下面。调节螺旋输送机的旋转速度能够影响输送机的生产能力。如果螺旋输送机位于机械臂的下面,并且取料装置用于木片堆上,则除冰装置需要安装在机械臂的上面。

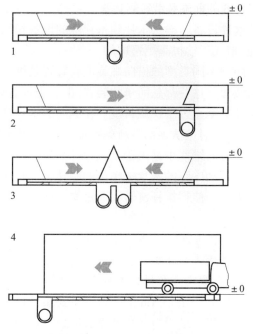

图1-114　木片取料袋

图1-115所示的管式喂料器,它设计成反向旋转管内的螺旋面螺杆。储存的原料被掘入管子的缝隙,然后通过螺纹形螺旋输送到管道末端卸料。管式喂料器通常用于圆形和矩形露天木片堆或料仓。应用于圆形的木片堆或者木片仓时,卸料在旋转的中心处。

由于螺旋管浮于原料上以及螺旋输送机只用作原料输送器,因此,在操作过程中不会产生剪切应力。原料质量的下降最小。因此,管式喂料的能耗较低。取回的原料沿着管道均匀地流动,从而保证良好混合以及原料的均匀性。

图1-115　管式喂料器

活底贮料仓也用作预汽蒸仓(见图1-116)。其卸料器是一个四臂、液压操纵的装置,在料仓底部来回移动。卸料螺旋安装在底部。卸料器的运行覆盖整个料仓的底表面,并且料仓本身的形状确保均匀一致的活塞流,产生最佳停留时间。通过底部和料仓外壳较低的部分将蒸汽通入木片是简便且有效的。调节卸料螺旋器的速度可控制出料量。测得的流量偏差小于1%,确保稳定的木片流。

强力螺旋允许使用带有推力驱动器的长螺旋输送机(见图1-117)。驱动只有一个轴承的设计允许有较高的充满率。这相当于低转速和低磨损。推力驱动装置能够转移原料直接进入第二个装置的侧入口。这样就节省了空间并且允许在极大倾斜度下输送原料。图1-117示出了螺旋输送机系统。

这种输送机直径能够达700mm,长度达60m。螺栓盖子使用可选的入口和出口覆盖槽。如果需要的话,卸料法兰可以设有出口或者阀门。

木片也可以使用移动设备输送,比如前端装载机(前悬式装载机)、推土机或者轮式装载机。普通的前端装载机可以装载木片到卡车或者木片堆上。用推动桨叶代替铲斗可以处理大量的木片。

图 1 - 116 活底贮料仓

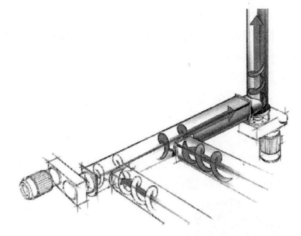

图 1 - 117 螺旋输送机系统

当可靠的机器具有相当大的移动能力时,需要推土机来移动大型木片堆。推土机是带有推板的普通连续链带拖拉机。这类机器能够攀爬 45°倾斜角的坡,并且可以在冬季使用。高可靠性能够补偿推土机的慢工作效率。轮式装载机用于木片堆的设计通常设有一个非常大的特殊推斗,它能够升高 1.5m(见图 1 - 118)。在正常条件下前端装载机能够攀爬 20°倾斜角的坡,尽管在冬季的时候会稍小些。由于木片滑动并且轮子

图 1 - 118 前端带斗的装载机

陷入木片堆内,有时候也不能攀爬。锯末进入发动机空间以及过滤器内,可能会导致火灾。

1.3.8.7 外购木片的处理

在室外接收木片最好的方法是倾卸整车的木片到倾倒坑。铁路车皮和卡车可以使用独立的凹坑或相同的凹坑。铁路车皮通常倾卸木片到低于地面的坑里,由螺旋取料装置或其他设备收取。用于盛装铁路车皮输送木片的凹坑必须与车皮一样长,至少长 20m。坑的宽度一般最小为 5m,以便需要的时候可以使用车皮操作。对于一些类型的车皮,厢壁需要移除清空。因为这个原因工厂使用特殊的起重机。坑的体积应该至少为车的体积的 1.5 倍,以便允许在所有条件下操作。这就意味着凹坑的体积为 150 ~ 200m³。在一些工厂,木片通过卡车运输过来,倾卸到与铁路车皮相同的坑里。

对于自动卸载的卡车,坑可以位于路面以下。坑的覆盖面可以是翻盖或者滑动盖。最新的设施是滑动盖。优势是在坑不使用关闭的时候,不会有砂砾下落到里面。对于驾驶者也同样安全。翻斗卡车也可以卸载到这种类型的坑里。坑的尺寸必须符合据卡车和工厂条件设置的要求。这意味着体积以及回收容量必须满足倾卸到坑里的最大木片量。自动卸载的卡车体积通常为 40 ~ 100m³,并且收取容量为 600 ~ 1000m³/h。

木片用普通运输机从接收坑输送到贮存室,比如使用上述的那些设备。购买的木片通常单独贮存,以便以所需要的速度取料送到工厂。制浆厂通常要重新筛选购买的木片。

用于回取外购木片的一种不寻常的构造是一种提升和刮取平台(见图 1 - 119)。一个接收区由两个低的侧壁封闭形成一个卸料通道,并允许车辆进入。这个起重和刮取平台卸料于整个通道上,并且朝两个方向输送。通过两端进入通道,允许在一侧接收,同时收回木片。使用单一装置允许卸料通道无限扩展和扩大存储容量。

工作原理如下:安装于滚链之间的双斗围绕一个封闭的、坚固的金属箱体旋转,如图 1 - 119 所示。作用于木片上的每一个铲斗像装载机的铁铲。它升降和转存原料到固定在箱上部分的带式输送机。这种设备的运行由双圈框架式滚筒桥保持牢固稳定。速度随木片上的压力自动变化。铲斗的对称结构允许在正向和反向运行操作刮板平台。木片沿着卸料通道的整个长度通过固定安置的收集运输机移动(见图 1 - 120)。木片的最大流速是 150m³/h。

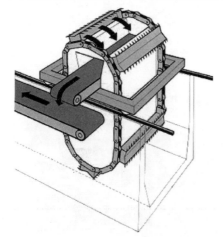

图 1 - 119　升降刮板取料机

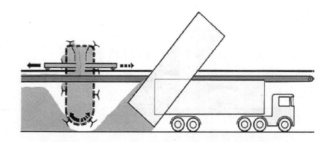

图 1 - 120　升降刮板取料装置的截面图

延长了臂的倾倒车每小时可以处理 120t 木片(见图 1 - 121)。最大倾斜角为 63°。倾卸车每小时能够处理 6 卡车装载量的木片。这种卡车能够成为 B 类火车,其是一个大货箱和一个大拖车。他们能够装载 16 个绝干单位(bone dry unit,BDU),每个单位的绝干质量为 1088.6kg。这相当于 110m³ 松散木片。将一辆卡车置于甲板上并且抬高,料箱和拖车一起下滑。木片卸下来成一个单独的单元。当卡车返回到自动倾卸装置并且被抬升,延长的枢轴长臂允许卡车将木片卸到地面上的料斗里而不是坑里。宽底斗式输送机进入料斗,输送木片到输送系统。安全功能包括改良后的液压系统和自动卸料装置侧面的通道。这种系统在北美国家很常用。

图 1 - 121　卡车自动倾卸车

1.3.9 水处理

制浆厂污水的大部分毒性来自于剥皮车间排放水的高剧毒性。全部抽出物的 50% 来自于剥皮车间。来自于剥皮工段的 COD_{Cr} 值相当于 20% ~30% 。因此，分开处理剥皮车间的污水或许是有道理的。

生物方法处理污水能有效地减少污染物，但是，产生的污泥很难脱水。其结果很大程度上取决于当地的条件。因此，关于废水的单独处理，很难给出建设性意见。

从备木车间污水中抽提出来的化合物很大程度上结合成细颗粒物。不同机械分离技术对应一种生物处理方法。各种分离技术，例如浮选、超滤、化学絮凝以及沙滤，之间的比较结果表明，各种分离技术的效能是不同的[210]。絮凝和浮选能很好分离开各种营养盐、悬浮物以及可分离的物料。对于除去 COD、BOD 以及有毒物质，用生物处理方法最有效。超滤几乎完全地分离出可提取的物质，尽管使用高截留分子质量的膜。沙滤的分离效果较差。悬浮物质的含量影响其处理效果。

水污染控制的最终目标是封闭木材处理(备料)车间的所有水流。这被称作完全无污水排放(TEF)的木材处理(备料)。旨在无污水排放木材备料的潜在技术设计方法，通常是可行的。无污水排放的木材备料过程的发展是一种分为两个阶段的方法：

——第一阶段是减少木材备料循环水中的固体悬浮物的体积和其他的有害物质，并且封闭水循环系统。

——第二阶段是处理产生于水循环系统中的废水，使其作为补充水回用于生产过程中。通过废水蒸发，使其达到可燃烧浓度，净化的冷凝水再循环应用于生产过程中。

封闭的水循环系统在新式的木材备料工段是较容易实施的。根据实际情况，设计细节较为多样化。图 1 - 122 出示了封闭的水循环过程。

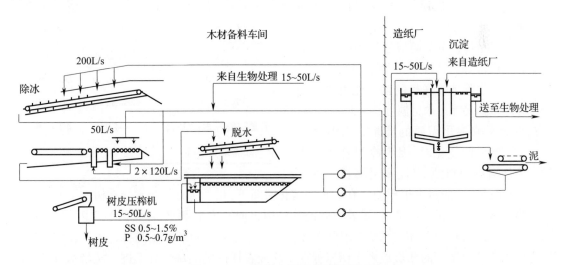

图 1 - 122 封闭水循环木材处理过程

无废水排放的备木工段的运行是可行的，尤其是在没必要除冰的气候条件下。在寒冷的气候下，雪和冰通常会额外增加木材备料的用水量。湿树皮在焚烧前需要干燥。大多数木材处理车间在寒冷的气候下有其自己的废水处理系统。它们的污水通常与工厂污水系统结合。因此许多营养物质，磷和其他物质从木材备料输送到工厂的污水处理系统。

自从 1990 年以来,树皮压榨机废水及木材备料溢流水与工厂污水处理联合,并且能将处理的工厂污水再用作工厂的补给水。在这种情况下,无新鲜水供应是可行的。

从木材备料车间排出的污水用化学品或者聚合物处理,然后再返回应用到操作中(去除了悬浮物)。如果营养物质的浓度太高,就需要第二阶段处理。这种污水处理是在蒸发器中进行的。冷凝水作为补给水再应用于生产过程中。

新型封闭干剥皮木材处理车间的运转需要 $0.2m^3$ 水/m^3sub 木材,并且树皮压榨机废水被直接输送到工厂污水治理系统。许多测试已经证明用水量可以再减半($0.1m^3/m^3$sub),但是这需要缓冲化学品保持 pH 在 5~5.5。这对于控制腐蚀是可以接受的。

1.3.9.1 循环水系统

不论是使用湿法或者干法剥皮,在备木车间的水处理是必需的。来自于洗涤、集石器以及输送机下面的冲洗水槽的水,通常再循环使用,以减少补给水的需求。在干法剥皮车间的水处理系统中,通常重点在于分离水中的树皮和碎片,以使之能再循环使用。沙子和大量的悬浮物,在安装于水循环泵前的循环水池中分离。分离出的悬浮物(沙子)直径通常大于 0.5mm。

必需的循环水量大约为 $0.8L/(s \cdot m^3$ sub 木材 $\cdot h)$。洗涤需要 20~50L/s,沉石器需要 40L/s,冲洗沟需要 5~10L/s。在洗涤过程最后一点上使用平衡水、补充水或者两者都使用,以尽可能地将用于削片的原木清洗干净。

1.3.9.2 融化水系统

热水是融化雪和冰最有效最快速的方法。水能均匀且快速地将热量分布到物体上,并且流入的热水取代了原木表面的冷水。水也能均匀地流淌于原木表层。蒸汽混合着循环气流更容易流通于原木里面的大孔隙。

当除去树皮上的冰时,保持树皮尽可能高的温度以保证木材表面和内部有高的温度梯度是重要的。在实际中,较厚的树皮或者较低的树皮传热系数,将会需要较高温度的除冰介质。松树以及云杉的树皮很薄,很容易除冰。阔叶木树皮较厚,需要更长的除冰时间或者更高的温度梯度(见表 1-29)。

喷射部分应该分为两部分,分别在除冰的开始和结束部分。这样给予除冰灵活性和最好的经济性。除冰输送机的输送能力取决于速度和原木捆尺寸。木材温度在 -20~-5℃ 波动不会影响融化需要的能量。当温度在 -40~-20℃ 间变化时,因为冷的芯在除冰过程中使树皮冷却,所以需要足够长的融化

表 1-29 除冰所需的水温 单位:℃

	木材温度	水温
阔叶木,很厚的树皮	-30	50~60
正常的阔叶木	-35	50~60
正常的阔叶木(桦木)	-20	40~55
正常的针叶木	-20	35~45

时间,充足的除冰能量也很重要。在较长的溶化时间下,几乎所有结晶水会在树皮上结冰。

当在链式输送机上除冰时,推荐有效的管口用于向原木上洒水。这样最可能得到高的除冰效率。除冰过程中循环水系统也必须关闭。循环水必须通过脱水输送机进入。在脱水输送机之后不应该有敞开的凹坑或者水槽以保证木材或者树皮的大块部分不进入洗涤水或者除冰管口(最小的管口 30~35mm)。

当蒸汽应用于除冰输送机或者鼓式剥皮机中时,适当的蒸汽压为 0.2~0.5MPa(2~5巴)。当用热交换器中的蒸汽加热水时,适宜的蒸汽压为 0.2~0.4MPa。如果用蒸汽混合器(特殊喷射器)加热循环水时,适宜的蒸汽压为 0.3~0.4MPa。

在夏天除冰输送机用水清除木材中的沙子是很有效果的。在洗涤过程中树皮中的水分百分

比仅仅增加 2% ~3% 。在每种情况下都应该检查供应水情况,但是可以使用 $0.75L/(s \cdot m^3 sub \cdot h)$ 来达到好的水平衡。

1.3.10 木材备料系统

在设计木材备料车间时应该特别注意和考虑到,原料是通过木材备料车间输入到工厂的。其操作非常复杂并且木材容易损失。为了实现最好的生产效率,生产线应该尽可能简单。木材备料过程开始于林场中,包括了林场与剥皮车间之间的所有贮存及运输操作。在原木流中,甚至在良好设计的系统中,每一个差错或者违反要求的过程,都是故障潜在之处。

高的生产能力、单条生产线系统,可能看起来存在风险(见图 1 - 123)。然而,一个简单的系统仅仅包含少量设备,其所需要的维护和维修较少。一台高生产能力的转鼓($5.5m \times 36m$),一台削片机(直径 3.3m)以及一台木片筛,在 90% 使用时间的情况下,能够容易达到 $300 \sim 420m^3 sub/h$ 木材的生产能力。这等于每年处理 $2 \sim 3Mm^3 sub$ 针叶木。

木材处理系统应该设计成能够减小原木和木片的贮存体积以及尽量增加从供应的木

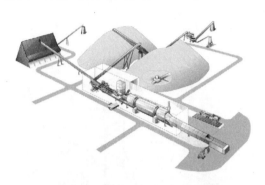

图 1 - 123 单线木材处理系统

材中生产出合格木片的量。仔细控制输送到工厂的木片量以及木片贮存系统的自动化操作,能够最小化贮存原木和木片体积的需求。囤积大量木材是昂贵的并且会引发木材质量问题。多数实际情况是将木片贮存分成 14d 或者更多的生产需要量的贮木堆,以及在全自动的木片仓中贮存 5d 的生产需要量。这样保证了较少的木片损失,并且得到高质量木片。

1.3.10.1 木材备料车间布局

木材通常由公路或者铁路运输,偶尔也会通过漂流或者轮船的方式运输。所有到达的木材和木片都要称重,通过体积或者重量和体积两者结合的方法称重。合适的移动设备或者吊车将木材从卡车或者火车直接运输到喂料运输机或者木材贮存区。购买的木片因为不同树种的问题将被放到接受槽中。剥皮生产线数量取决于总的生产能力。木片被送到木片仓或者木片堆中贮存,经过筛选后,由贮存区到达制浆厂。来自剥皮生产线的树皮到树皮贮存区,接着到燃烧炉焚烧。

如下文所述,大多数的设备安装在备木车间和筛选车间。原料的流动应该设计成能保证所有的原料流动始于厂门口,终止于蒸煮器和锅炉房,都是由必要的设备进行处理。

1.3.10.2 备木车间布局

机械设备需要的空间决定了备木车间的主要尺寸。需要考虑运输机和转鼓喂料器的布置和类型。此外,例如削片机和水处理系统应该安置在靠近运输机和转鼓剥皮机的地方。

树皮的处理设备和系统,包括树皮圆筛、撕碎机、树皮压榨机和输送机、树皮污水处理设备、污水泵、污泥压榨机、循环水池以及泵都安装在主要备木车间的附属厂房中。树皮污水澄清池和污泥浓缩罐置于外面,当必要时沿着附属厂房墙的侧面安装。树皮经由输送机从树皮压榨机运送到露天树皮仓中。树皮仓设有喂料和卸料设备。经由输送机,树皮从树皮仓运送到树皮燃烧锅炉。

1.3.10.3　筛选布局

木片经过木片堆贮存后通常需要筛选。由带式输送机输送木片进行筛选。如下所示的设备是筛选所必需的:粗选尺寸过大的木片进入集装箱,一个厚度筛或者回转筛处理尺寸过大木片,除杂质设备,一个木片调节器,尘土和小木片筛选设备,必要的输送机以及带有回收设备和输送机的木屑贮存。

图 1-124 示出了针叶木木片的厚度筛选和阔叶木木片的摇摆筛筛选。

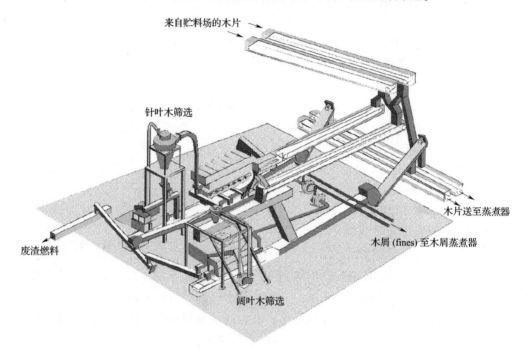

来自贮料场的木片

针叶木筛选

木片送至蒸煮器

废渣燃料

木屑 (fines) 至木屑蒸煮器

阔叶木筛选

图 1-124　筛选

如果筛选在备木车间进行,布局可以相同,但木片是经过螺旋输送机从削片机运送到筛选设备。经过木片贮存后的筛选厂房的温度必须是可调节的,如果是敞开式(露天)贮存,要依据木片的温度进行调节。当温度接近或者低于冰点时,雪会引起麻烦。

1.3.10.4　木片贮存布局

木片贮存的布局是针对每一个工厂的位置而特殊设计的。木片堆应该安置在备木车间和制浆厂之间。贮存能力取决于当地条件,但是最小贮存规模为 2~3 天的消耗量。所有木片种类应该有各自的贮存方式。

当为不同树种的混合木材设计贮存区域时,应该特殊关注取料速率控制。制浆厂控制室依据浆种的需求来控制木材的混合。木片的体积根据生产能力自动控制,生产能力受生产规模和蒸煮器进料仓的水平控制。图 1-125 展示了一种典型的木片贮存布局。

1.3.10.5　过程控制和人事计划

木材处理过程是远程控制的并且从隔音控制室内监控。控制系统包括可编程逻辑控制器(PLC)或者类似的自动化系统。从 PLC 的监控中,操作器能够选择整个木材处理过程或者部分处理过程的流动木片,并可发出警报、控制以及输出图片。这个系统能打印每日记录、警报以及选择维护程序的中级报告、安置员工计划以及操作干扰。电视摄像利用置于不同地点的多达 25 个摄像机监控木材处理过程的工作情况。这样减少了所需要的现场检查。

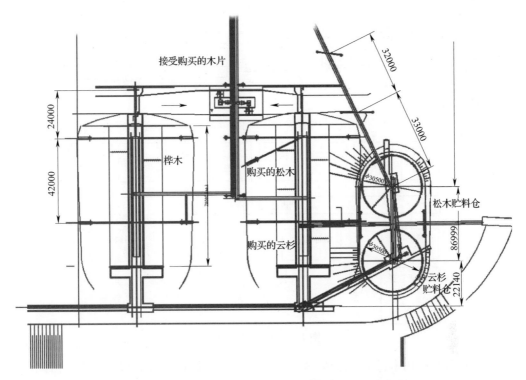

图 1－125　木片贮存布局（分两段，上面是备木车间的贮存，
下面左侧是制浆厂；制材厂的木片从右侧和从接受袋进入）

从木片堆内取料和运送木片以及堆垛后进行筛选，都可以从制浆过程的控制室内进行监测。树皮堆的取料以及树皮运送到锅炉房都可以控制，并且能够从锅炉房的控制室内进行监控。

剥皮优化系统的经验是有益的。企业已经成功地将自动化过程知识引入到剥皮过程中，从而不用操作人员跟踪和防止质量问题的发生。在优化系统中，这个过程分为可测量的参数，比如转鼓填充程度、转鼓旋转速度、喂料和卸料能力、转鼓出入口位置、能量消耗以及木材种类和质量。图 1－126 所示为一个优化系统。

使用现场设备来进行数据传送，优化系统定义了参数和整个过程的状态。将这个信息与计算规划出的最优数据相比较，得出的结果引导工艺朝着期望的方向进行。操作员只需要选择树种、期望的生产能力以及清洁程度。优化系统不会代替过程中实际的控制系统，但是会在其之上或者之内操作。这个系统在最小的木材损失下提供了足够的木材平均清洁度，并且达到要求的生产能力。同时，这也减少了在除冰和剥皮中消耗的能量。

剥皮过程包括许多能够影响结果的参数。鉴于不同的木材质量、剥皮条件以及不同的操作失误，剥皮过程需要经常调节。对产品质量有很大影响的参数有剥皮转鼓填充程度、旋转速度以及木材进出时间。

如果木材层的高度和木材的数量在剥皮鼓中不能保持恒定，那么控制这个过程是不可能的。为了达到最佳的填充程度以及木材在转鼓内的流动，操作员必须不断地调节进入转鼓的木材数量和测量充填的程度。根据研究，最大化剥皮效率和最小化木材损失的最佳填充程度，可以根据原木的长度和转鼓尺寸进行指定。测量充填程度的方法是测量旋转的剥皮转鼓的重量。重量数据来自转鼓的不同点，并且被传送到优化程序中处理。

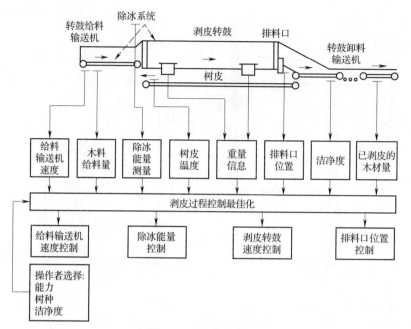

图 1-126 优化系统

　　填充程度可以利用木材的特定值、木片堆密度以及各种计算算法重新定义。由此产生的填充度作为最优值，并且实际的控制系统控制木材加速或者减速进入剥皮转鼓。试验表明在自动控制填充度下可以保持在最优值的 ±5% 范围内波动。手动控制的结果主要依靠操作者，但是偏差通常超过 25%。

　　备木间生产能力可以通过测量从转鼓排出的木材量以及调节转鼓闸门控制。由于转鼓充填程度应该保持几乎不变，生产能力可以通过控制木材在剥皮转鼓中的平均停留时间来调节。这可以通过调节转鼓转动速度和转鼓闸门位置来实现。当转速提高和闸门开启时生产能力增加。剥皮转鼓尺寸决定了额定容量，额定容量不能改变太大。均匀的生产能力提供了许多优点：均匀的削片机喂料提供了相同的木片质量和木片流动、较少的故障以及较高的得率。

1.3.10.6　原料

　　森林生物质的更有效地利用要求开发处理森林中残余原料的方法。下面讨论了一些有前景的方法。

　　图 1-127 展示了一套用于树桩净化和削片的装置，其生产能力为每小时 100m³ 含有树皮的固体。树桩用卡车运来并用桥式吊车倾倒在设备附近的堆垛上①。桥式吊车将树桩吊起喂送到运输机②，它通过斜槽输送原料到剥皮转鼓中③和④。转鼓是由传统的液体静压支撑的剥皮转鼓，并带有改进的和调整过的树皮和泥土出口。

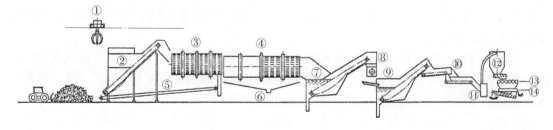

图 1-127　树桩处理系统

第一台清洗转鼓③清洗干树桩。细树根、泥土以及沙子落下去用设备⑤下面的带式运输机收集和输送到土堆上,之后用卡车运出去。清洗转鼓④是湿剥皮转鼓,它带有一个封闭部分和一个敞开部分,在封闭部分加入水洗涤树桩,在敞开部分,分离剩余的土壤、沙子及树皮。在剥皮转鼓壳内的水通过调节出口倾倒。在冬季,添加热水可以融化冷冻树皮和土壤。来自湿转鼓的废水经过水槽⑥到沉淀池,在沉淀池中燃料被脱水然后通过撕碎机和气控运输机将其运送到树皮燃烧炉中。沉淀的渣通过底部刮刀收集并且从转鼓③排到废水中。

来自剥皮转鼓的去皮和洗涤后的树桩通过浮选水池⑦,在这里设有分散石头洗涤槽。之后树桩通过运输机到达木堆。洁净的树桩经由运输机送到树桩分割器(锤式粉碎机)使树桩与生长在树桩内的石块分开。树桩经过另外一个浮选池⑨在这里分散的石头被分离。树桩被彻底清洗,然后经过带式运输机⑩和喂料水槽到达削片机⑪,在这里树桩被削成片,并风送到平衡箱⑫。这个平衡箱分配木片到第一段粗筛选⑬以及最终筛选⑭筛选出尺寸过大的木片和木屑及碎末。

尺寸过大的木片通过带式运输机返回到削片机削片。气动系统风送合格的木片到达木片堆,以便继续输送到制浆厂。木屑经由带式运输机送燃料堆或者用于出售的木屑堆。

全树木片的工业清洁生产过程包括从树枝、树皮和绿色原料到清洁木片的经济的方法和车间。目的在于获得适用于蒸煮过程的精制木片。木片中的木材组成应该至少为95%。

净化方法是在精磨转鼓(refining drum)中用机械方式松动木材原料中的树皮和绿色原料,这是通过转鼓中研磨介质的研磨和挤压作用达到去除树皮的效果。剥皮过程中不使用水和化学药品。筛选分离出木材中的树皮和绿色原料。通过厚度分类是很重要的。图1-128展示了一张工艺流程图。

盘式筛在精磨转鼓之前分离尺寸过大的木片和石块。在精磨转鼓中通过研磨介质的研磨和挤压作用使树皮和绿色原料从木材原料中分散出来。厚度最大的木片首先通过盘式筛分离出来,然后合格的木片流入回转筛,以从木片中分离出木屑。来自盘式筛和木片筛的大木片在返回到筛选过程前用盘式削片机削片。车间生产能力及成品中的木材含量取决于材种、进入工艺过程和贮存的全树木片中的木材含量。

在生产制浆木片的方法中,整树可以以木片形式或者包括树枝的木材形式运送到工厂。一个典型工厂的生产能力大约为 650000m³ 散木片/a。这包括 400000m³ 木片和 250000m³ 湿混合废木料。这个过程可以依据原料和木片及混合废木料质量要求来调节。它可以使用间伐材的几乎所有的生物质。

木材用液压抓斗起重机卸料到削片机喂料口。来自削片机的木片被送到接收袋,接收袋也用来接收来自区林的整棵树的木片。螺旋取料机从接收袋取出木片,通过输送机送到生产车间。净化过程的第一步是磁力分离铁质杂物和气动石块分离。第二步是用圆盘筛分离尺寸过大的木片和木屑。袋辊式筛分离木屑。尺寸过大的木片和木屑送至湿混合废木料堆。

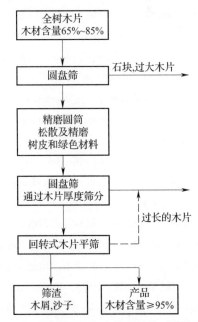

图1-128 整棵树所有木片的净化过程流程图

经过筛选后,木片送入研磨机分离木片中的树皮。研磨机设有为这个过程改良的特殊研磨板。木片接着被喂料到第二台袋辊筛。该设备将树皮、小木条和木屑分离出来,以将其输送到湿混合废木料堆。接下来的一步是气动分离树皮。轻质树皮可以通过真空吸尘器从木片流中分离出来,并且输送到旋风分离器,在那里它们被送到湿混合废料运输机。

净化过程的最后一部分是光学颜色分离,以保证木片具有低的树皮含量。该设备通过颜色识别木片。它分离那些包含树皮的木片,将其再送到研磨机。颜色分离后,木片就可以运送到贮存木片堆。制浆木片设有两个木片堆。一个用来贮存针叶木片,另一个用来贮存阔叶木片。贮存木片堆的木片可以用前端装载机装载到卡车上并通过卡车衡。

参考文献

[1] Atchison, J. E. 1996. Twenty – five years of global progress in nonwood plant fiber repulping TA-API Journal Vol. 79, nr. 10, pp. 86 – 96, ISSN:0734 – 1415.

[2] Paavilainen, L. 1998. Modern njkon – wood pulp mill – process concepts and economic aspects. North American Nonwood Fiber Symposium, Atlanta, Feb. 17 – 18, 1998, pp. 227 – 230. TAPPI Press, Atlanta, Ca.

[3] Pöyry Analysis/P öyry databanks.

[4] "Global Forest Resources Assessment 2005", FAO Forestry Paper, Vol. 147, Food and Agriculture Organization of the United Nations, Rome, 2006, p. 320.

[5] Canadian Forest Service, http://mpb. cfs. nrcan. gc. ca.

[6] Food and Agriculture Organization of the United Nations, Global Forest Resources Assessment (online database, accessed in November 2008).

[7] FOA databanks, faostat production figures for Indonesia, Malaysia, Philippines and Thailand.

[8] Van Dam, J. E. G. ; de Klerk – Engels, B. ; Struik, P. C. ; Rabbinge, R. 2005. Securing renewable resources supplies for changing market demands in a biobassed economy. Ind. Crops and Prod. Vol21, nr. 1, pp. 129 – 144. ISSN 0926 – 6690.

[9] Boeriu, C. G. ; van Dam, J. E. G. ; Sanders, J. P. m. 2005. Biomass valorization for sustainable development. In Lens, P. ; Westermann, P. ; Haberbauer, M. ; Moreno, A. eds. Biofuels for Fuel Cells : Renewable energy from biomass fermentation. pp. 17 – 34. IWA Publishing, London, UK. ISBN 1 843390922.

[10] Sietze Vellema, Harriette Bos, and Jan E. G. van Dam – Bio – based industrialisation in developing countries. Chapter 13. In : Langeveld ; Sander ; Meeusen eds. The Biobased Economy, biofuels, materials and chemicals in the post – oil era. Earth scan, London, Washington 2010, pp. 214 – 228. ISBN 9781844077700.

[11] Nieschlag, H. J. ; Earle, F. R. ; Nelson, G. H. ; Perdue, R. E. 1960. A search for new fibre crops. II – Analytical evaluations, continued. TAPPI.

[12] Van Berlo J. M. 1993. Papier uit hennep van Nederlandse groud. Eindrapportage van vier jaar henneponderzoek : Business Concept en onderbouwing. [Paper from hemp grown in the Netherlands. Final report of four years of research on hemp : Business Concept and founda-

tions.]ATO – DLO,Wageningen,222p.

[13]Atchison,J. E. 1995. Twenty – five years of global progress in non – wood plant fibre pulping Historical highlights, present status and future prospects. In: Proceedings of TAPPI Pulping Conference,1 – 5 October 1995,Chicago, IL, USA. Book1, pp. 91 – 101. Atlanta, GA, USA, TAPPI Press.

[14]Pande,H. ; Roy,D. N. 1998. Influence of fibre morphology and chemical composition on the papermaking potential of kenaf fibre. Pulp & Paper Canada. Vol. 99, nr. 11, pp. 31 – 34. CODEN PPCAAA. ISSN 0316 – 4004.

[15]Sajonkari – Pahkala, K. 2001. Non – wood plants as raw material for pulp and paper. Doctoral Thesis. Univ. Of Helsinki,MTT Agrifood Res. Finland. ISBN 951 – 729 – 637 – 1.

[16]Catling,D. ,Grayson,J. 1982. Identification of vagetable fibres. London. Chapman & Hall. 89 p. ISBN 0 – 412 – 22300 – 7.

[17]Iivessalo – Pfäffli, M. – S. 1995. Fibre Atlas – Identification of Papermaking Fibers Berlin. Springer. 400 p. ISBN 978 – 3 – 540 – 55392 – 2.

[18] Scurlock, J. M. O. 1999. Bamboo and overlooked biomass resource? DOE ORNL/TM – 1999. 264.

[19]http://faostat. fao. org/default. aspx(Retrieved 20. 7. 2009).

[20]http://www. plantsystematics. org(Retrieved 20. 7. 2009).

[21]http://plants. usda. gov/(Retrieved 20. 7. 2009).

[22]http://www. hear. org/Pier/species(Retrieved 20. 7. 2009).

[23]van Dam,J. E. G. ; van Vilsteren,G. E. T. ; Zomers,F. H. A. ; Hamilton,I. T. ; Shannon,B. 1994. Industrial Fibre Crops,study on: increased application of domestically – produced plant fibres in textiles,pulp and paper production and commposite material. Wageningen UR. EC DGXII – 1994eur 16010 EN.

[24]Jan E. G. van Dam and Wolter Elbersen – "New IndustrialCrops in Europe". Encyclopedia of Plant and Crop Science,R. M. Goodman eds. ,Marcel Dekker Inc. New Yourk,2003,pp. 813 – 817.

[25]Westenbroek,A. P. H. ; van Kessel,L. P. M. ; Hooimeijer,A. ; Thuene,P. C. ; Nierstrasz,V. A. ; Koopal,L. K. ; Lamot,J. E. ; Waubert de Puisseau,M,; van Willige,R. W. G. ; Adriaanse,M. ; Lund,H. ; Dorschu,M. ; Theunissen,J. 2005. Fibre raw material technology for sustainable paper and board production. Paper Technology. Vol. 46,nr7,pp. 17 – 24,CODEN: PATEE6 ISSN: 0958 – 6024.

[26]Gratani,L. ,Crescente,M. L. ,Varone,L. ,Fabrini,G. ,Digiulio,E. 2008. Growth pattern and photosynthetic activity of different bamboo species growing in the Botanical Garden of Rome. Flora. Vol. 203,nr. 1,pp. 77 – 84. ISSN 0367 – 2530.

[27]Dransfield J. 1981. The biology of Asiatic Rattans in relation to the Rattan Trade and Conservation. In: Synge H. (Ed.): The Biological Aspects of Rare Plant Conservation. London: John Wiiley & Sons Ltd. ,pp. 179 – 186.

[28]Hon, D. N. – S. , Chang, S. – T. 1984. Surface degradation of wood by ultraviolet light. J. Polym. Sci. ,Part A: Polym. Chem. Vol 22,nr 9,pp. 2227 – 2241. ISSN 0887 – 624X.

［29］Wang X. – Q. , Ren H. – Q. 2009. Surface deterioration of moso bamboo（Phyllostachyspubescens）induced by exposure to artificial sunlight. J. Wood Sci. Vol. 55, nr. 1. Pp. 47 – 52. ISSN 1435 – 0211.

［30］Yang, Q. , Duan, Z. – B. , Wang, Z. – L. , He, K. – H. , Sun, Q. – X. , Peng, Z. – H. 2008. Bamboo resource, utilization and ex – situ conservation in Xishuangbanna, Southeastern China. J. Forestry Research. Vol. 19, nr. 1, pp. 79 – 83. ISSN 1007 – 662X.

［31］http://en. wikipedia. org/wiki/Wheat（Referred 14. 7. 2009）.

［32］Zheng, J. G 2000. Rice – wheat cropping system in China, in Soil and crop management practices for enhanced productivity of the rice – wheat cropping system in the Sichuan province of China. In：Hobbs, P. R. , Gupta, R. K. （Eds. ）, Rice – Wheat Consortium Paper Series 9, New Delhi, India, pp. 1 – 10.

［33］http://www. 4pcn. cn/Article/detail – 15223. html.

［34］"Major Food And Agricultural Commodities And Producers – Countries By Commodity". http://www. fao. org/es/ess/top/commodity. html? lang – en & item = 15 & year = 2005. （Retrieved 2009 – 05 – 18）.

［35］Singh, Y. , Singh, B. , Ladha, J. K. , et al. 2004. Long – term effects of organic inputs on yield and soild fertility in the rice – wheat rotation. Soil Science Society of America Journal. Vol. 68, nr. 1, p. 845 – 853. ISSN 0361 – 5995.

［36］Tirol – padre, A. , Tsuchiya, K. , Inubushi, K. , et al. 2005. Enhancing soil quality through residue management in a rice – wheat system in Fukuoka, Japan. Soil Science and Plant Nutrition. Vol. 51, nr. 6, pp. 849 – 860. ISSN 0038 – 0768.

［37］Watanabe, A. , Satoh, Y. , Kimura, M. 1995. Estimation of the increase in CH4 emission from paddy soils by rice straw application. Plant and Soil. Vol. 173, nr. 2, pp. 225 – 231. ISSN 0032 – 079.

［38］Singh, J. S. , Singh, S. , Raghubanshi, A. S. , Singh, S. , Kashyap, A. K. , 1996. Methane flux from rice/wheat agroecosysytem as affected by crop phenology, fertilization and water level. Plant and Soil. Vol. 183, nr. 2, pp. 323 – 327. ISSN 0032 – 079.

［39］Cai, Z. – C. 1997. A category for estimate of CH4 emission from rice paddy fields in China. Nutrient Cycling in Agroecosystems. Vol. 49, nr. 1 – 3, pp. 171 – 179. ISSN 1385 – 1314.

［40］Zou, J. W. , Huang, Y. , Jiang, J. Y. , Zheng, X. H. , Sass, R. L. , 2005. A 3 – year field measurement of methane and nitrous oxide emissions from rice paddies in China：Effects of water regime, crop residue, and ferfilizer application. Global Biogeochemical Cycles. Vol 19, gb2021, doi：10. 1029/2004GB002401. Issn 0886 – 6236.

［41］Bronson, K. F. , Neue, H. – U. M Singh, U. , Abao Jr. , E. B. 1997. Automatic chamber measurements of methane and nitrous oxide flux in a flooded rice soil：I. Residue, nitrogen and water management. Soil Science Society of America Journal. Vol61, nr. 3, pp. 981 – 987. ISSN0361 – 5995.

［42］Biermann, C. J. , Handbook of Pulping and Papermaking, 2nd edu. , Academic Press, San Diego, USA, 1996, PP. 13 – 54.

［43］Fengel, D. And Wegener, G. , Wood – Chemistry, Ultrastructure, Reactions, Walter de Gruyter,

Berlin,Germany,1989,pp. 6 – 25.

[44]Fujita,M. And Harada,H. , in Wood and Cellulosic Chemistry(D. N. – S. Hon and N. Shiraishi,Eds.),Marcel Dekker,New York,USA,1991,Chap. 1.

[45]Hakkila,P. ,Utilization of Residual Forest Biomass,Springer,Herdelberg,Germany,1989,pp. 11 – 145 and pp. 177 – 203.

[46]Iivessalo – Päffli,M. – S. ,in Puukemia(Wood Chemistry)(W. Jensen,Ed.),2nd edn. ,Polytypos,Turku,Finland,1977,Chap. 2,(in Finnish).

[47]Iivessalo – Pfäffli,M. – S. ,Fiber Atlas – Idendification of Papermaking Fibers,Springer,Heidelberg,Germany,1995,400p.

[48]Parham,R. A. ,in Volume 1. Properties of Fibrous Raw Materials and Their Preparation for Pulping(M. J. Kocurek and C. F. B. Stevens,Eds.),TAPPI Press and CPPA,Atlanta and Montreal,1983,Part one.

[49]Parham,R. A. and Gray,R. L. ,in The Chemistry of Solid Wood(R. M. Rowell,Ed.)Advances in Chemistry Series 207,American Chemistry Society,Washington,DC,USA,1984,Chap. 1.

[50]Rydholm,S. ,Pulping Processes,Interscience Publishers,New Your,USA,1965,pp. 3 – 89.

[51]Saka,S. ,in Recent Research on Wood and Wood – Based Materials,Current Japanese Materials Research – Vol. 11(N. Shiraishi,H. Kajita and M. Norimoto,Eds.),Elsevier Applied Science,London,UK,1993,pp. 1 – 20.

[52]Schweingruber,F. H. ,Trees and Wood in Dendrochronology – Morphological,Anatomical,and Tree – Ring Analytical Characteristics of Trees Frequently Used in Dendrochronology,Springer,Herdelberg,Germany,1993,402 p.

[53]Sjöström,E. ,Wood Chemistry – Fundamentals and Applications,2nd edn. ,Academic Press,San Diego,USA,1993,PP. 1 – 20 and pp. 109 – 113.

[54]Smook,G. A. ,Handbook for Pulp &Paper Technologists,2nd edn. ,Angus Wilde Publications,Vancouber,Canada,1992,pp. 1 – 19.

[55]Thomas,R. J. ,in Wood Structure and Composition(M. Lewin and I. S. Goldstein,Eds.),Marcel Dekker,New York,USA,1991,Chap. 2.

[56]Timell,T. E. ,Compression Wood in Gymnosperms,Volumes 1 – 3,Springer,Heidelberg,Germany,1986,2150 p.

[57]BeMiller,J. N. ,in Kirk – Othmer – Encyclopedia of Chemical Technology,Volume 4(J. I. Kroschwitz and M. Howe – Grant,Eds.),4th edn. ,John Wiley & Sons,New York,USA,1992,PP. 911 – 948.

[58]Chen,C. – L. ,Wood Structure and Composition(M. Lewin and I. S. Goldstein,Eds.),Marcel Dekker,New York,USA,1991,Chap. 5.

[59]Fengel,D. And Wegener,G. ,Wood – Chemistry,Ultrastructure,Resctions,Walter de Gruyter,Berlin,Germany,1989,pp. 26 – 239.

[60]French,A. D. ,Bertoniere,N. R. ,Battista,O. A. ,et al. ,in Kirk – Othmer – Encyclopedia of Chemical Technology,Volume 5(J. I. Kroschwitz and M. Howe – Grant,Eds.),4th edn. ,John Wiley & Sons,New York,USA,1993,pp. 476 – 496.

[61]Fujita,M. And Harada,H. , in Wood and Cellulosic Chemistry(D. N. – S. Hon and N. Shi-

raishi, Eds.), Marcel Dekker, New York, USA, 1991, Chap. 1.

[62] Classer, W. G. , in Pulp and Paper – Chemistry ans Chemical Technology, Volume I (J. P. Casey, Eds.) ,3rd edn. , John Wiley & Sons, New York, USA, 1980, Chap. 2.

[63] Glasser, W. and Sarkanen, S. (Eds.) , Lignin – Properties and Materials, ACS Symposium Series 397, American Chemical Society, Washington, DC, USA, 189, 545 P.

[64] Hakkila, P. , Utilization of Residual Forest Biomass, Springer, Heidelberg, Germany, 1989, pp. 145 – 177.

[65] Hillis, W. E. (Ed.) , Wood Extractives ans Their Significance to the Pulp and Paper Industries, Academic Press, New York, USA, 1962, 513 P.

[66] Kai, Y. , in Wood and Cellulosic Chemistry (D. N. – S. Hon and N. Shiraishi, Eds.) , Marcel Dekker, New York, USA, 1991, Chap. 6.

[67] Lin, S. Y. and Lebo, S. E. Jr. , in Kirk – Othmer – Encyclopedia of Chemical Technology, Volume 15 (J. I Kroschwitz and M. Howe – Grant, Eds.) ,4th edn. , John Wiley & Sons, New York, USA, 1995, pp. 268 – 289.

[68] . McGinnis, G. D. and Shafizadeh, F. , in Pulp and Paper – Chemistry and Chemical Technology, Volume I (J. P. Casey, Ed.) ,3rd edn. , John Wiley & Sons, New York, USA, 1980, Chap. 1.

[69] McGinnis, G. D. and Shafizadeh, F. , in Wood Structure and Composition (M. Lewin and I. S. Goldstein, Eds.) , Marcel Dekker, New York, USA, 1991, Chap. 4.

[70] Okamura, K. , in Wood and Cellulosic Chemistry (D. N. – S. Hon and N. Shiraishi, Eds.) , Marcel Dekker, New York, USA, 1991, Chap. 3.

[71] . Petterssen, R. C. , in The Chemistry of Solid Wood (R. M. Rowell, Ed.) , Advances in Chemistry Series 207, American Chemical Society, Washington, D. C. , USA, 1984, Chap. 2.

[72] Rowe, J. W. (Ed.) , Natural Products of Woody Plants: Chemicals Extraneous to the Lignocellosic Cell Wall, Volumes 1 & 2, Springer, Heidelberg, Germany, 1989, 1243 p.

[73] Saka, S. , in Wood and Cellulosic Chemistry (D. N. – S. Hon and N. Shiraishi, Eds.) , Marcel Dekker, New York, USA, 1991, Chap. 2.

[74] Sakakibara, A. , in Wood and Cellulosic Chemistry (D. N. – S. Hon and N. Shiraishi, Eds.) , Marcel Dekker, New York, USA, 1991, Chap. 4.

[75] Sarkanen, K. V and Ludwing, C. H. (Eds.) , Lignins – Occurrence, Formation, Structure and Reactions, John Wiley & Sons, New York, USA, 1971, 916 P.

[76] Shimizu, K. , in Wood and Cellulosic Chemistry (D. N. – S. Hon and N. Shiraishi, Eds.) , Marcel Dekker, New York, USA, 1991, Chap. 5.

[77] Sjöström, E. , Wood Chemistry – Fundamentals and Applications, 2nd edn. , Academic Press, San Diego, USA, 1993, pp. 21 – 108.

[78] Sjöström, E. and Alén, R. (Eds.) , Analytical Methods in Wood Chemistry, Pulping, and Papermaking, Springer, Heidelberg, Germany, 1999, 316 p.

[79] Thompson, N. S. , in Kirk – Othmer – Encyclopedia of Chemistry Technology, Volume 13 (J. I. Kroschwitz and M. Howe – Grant, Eds.) ,4th edn. , John Wiley & Sons, New York, USA, 1995, PP. 54 – 72.

[80] Whistler, R. L. and Chen, C. – C. , in Wood Structure and Composition (M. Lewin and I. S.

Goldstein, Eds.), Marcel Dekker, New York, USA, 1991, Chap. 7.

[81] Zavarin, E. and Cool, L. , in Wood Structure and Composition (M. Lewin and I. S. Goldstein, Eds.), Marcel Dekker, New York, USA, 1991, Chap. 8.

[82] Pranovich, A. , Konn, J. , Holmbom, B. 2005. Variation in spatial distribution of organic and inorganic compounds across annual growth rings of Norway spruce and aspen. In: Proceedings of the 13th ISWFPC, Auckland, New Zealand, 16 – 19 May 2005. Appita. Pp. 453 – 460. ISBN 0958554897.

[83] Willför, S. 2002. Water – Soluble Polysaccharides and Phenolic Compounds in Norway Spruce and Scots Pine Stemwood and Knots. Doctoral Thesis. Åbo. 70 p. ISBN 952 – 12 – 1010 – 9.

[84] Rautiainen, R. , Alen, R. 2007. Papermaking properties of the ECF – bleached kraft pulps from first – thinning Scots pine (Pinus sylvestris L.). Holzforschung. Vol. 61, nr. 1, pp. 8 – 13. CODEN HOLZAZ, ISSN 0018 – 3830.

[85] Rautiainen, R. , Alen, R. 2009. Variations in fiber length within a first – thinning Scots pine (Pinus sylvestris) stem. Cellulose. Vol. 16, pp. 349 – 355. CODEN CELLE8, ISSN 0969 – 0239.

[86] Willför, S. , Sundberg, A. , Hemming, J. , Holmbom, B. 2005. Polysaccharides in some industrially important softwood species. Woos Sci. Technol. Vol. 39, NR. 4, PP. 245 – 257. ISSN 1532 – 2319.

[87] Willför, S. , Sundberg, A. , Pranovich, A. , Holmbom, B. 2005. Polysaccharides in some industrially important hardwood species. Wood Sci. Technol. Vol. 39, nr. 8, pp. 601 – 617. ISSN 1532 – 2319.

[88] Westermark, U. , Vennigerholz, F. 1995. Morphological distribution of acidic and methylesterified pectin in the wood cell wall. In: Proceedings of the 8th ISWFPC, Helsinki, Finland. June 6 – 9, 1995. Vol. 1, pp. 101 – 106. ISBN 952 – 90 – 64790 – 9.

[89] Tokareva, E. N. , Pranovich, A. V. , Ek, P. , Holmbom, B. 2010. Determination of anionic groups in wood by time – of – flight secondary ion mass spectrometry and laser ablation – inductively coupled plasma – mass spectrometry. Holzforschung. Vol. 64, nr. 1, pp. 35 – 43. CODEN HOLZAZ, ISSN 0018 – 3830.

[90] Willför, S. , Hemming, J. , Reunanen, M. , Eckerman, C. , Holmbom, B. 2003. Lignans and lipophilic extractives in Norway spruce knots and stemwood. Holzforschung. Vol. 57, nr. 1, pp. 27 – 36. CODEN HOLZAZ, ISSN 0018 – 3830.

[91] Willför, S. , Hemming, J. , Reunanen, M. , Holmbom, B. 2003. Phenolic and lipophilic extractives in Scots pine knots and stemwood. Holzforschung. Vol. 57, nr. 4, pp. 359 – 372. CODEN HOLZAZ, ISSN 0018 – 3830.

[92] Willför, S. , Nisula, L. , Hemming, J. , Reunanen, M. , Holmbom, B. 2004. Bioactive phenolic substances in industrially important tree species. Part 1. Knots and stemwood of different spruce species. Holzforschung. Vol. 58, nr 4, pp. 335 – 344. CODEN HOLZAZ, ISSN 0018 – 3830.

[93] Willför, S. , Nisula, L. , Hemming, J. , Reunanen, M. , Holmbom, B. 2004. Bioactive phenolic substances in industrially important tree species. Part 2. Knots and stemwood of different fir species. Holzforschung. Vol. 58, nr. 6, pp. 650 – 659. CODEN HOLZAZ, ISSN 0018 – 3830.

[94] Willför, S. M. , Sundberg, A. C. , Rehn, P. W. , Saranpää, P. T. , Holmbom, B. R. 2005. Distribu-

tion of lignans in knots and adjacent stemwood of Picea abies. Holz – Roh Werkst. Vol. 63, nr. 5, pp. 353 – 375. ISSN 0018 – 3768.

[95] Willför, S. , Hafizoğlu, H. , Tümen, I. , Yazici, H. , Arfan, M. , Ali, M. , Holmbom, b. 2007. Extractives of Turkish and Pakistani tree species. Holz – Roh Werkst. Vol. 65, nr. 3, pp. 215 – 221. ISSN 0018 – 3768.

[96] Holmbom, B. , Eckerman, C. , Eklund, P. , Hemming, J. , Nisula, L. , Reunanen, M. , Sjöholm, R. , Sundberg, A. , Sundberg, K. , Willför, S. 2004. Knots in trees – a new rich source of lignans. Phytochemistry Rev. Volume 2, nr. 3, pp. 331 – 340. ISSN 1568 – 7767.

[97] Pietarinen, S. P, Willför, S. M. , Sjöholm, R. E. , Holmbom, B. r. 2005. Bioactive phenolic substances in important tree species. Part 3. Knots and stemwood of A. Crassicarpa and A. Mangium. Holzforschung, Vol. 59, nr. 1, pp. 94 – 101. CODEN HOLZAZ, ISSN 0018 – 3830.

[98] Piispanen, R. , Willför, S. , Saranpää, P. , Holmbom, B. 2008. Variation of lignans in Norway spruce(Picea abies[L.] Karst.) knotwood: within – stem variation and the effect of fertilisation at two experimental sites in Finland. Trees. Vol. 22, nr. 3, pp. 317 – 328. ISSN 0931 – 1890.

[99] Tokareva, E. N. , Pranovich, A. V. , Fardim, P. , Daniel, G. , Holmbom, B. 2007. Analysis of wood tissues by time – of – flight secondary ion mass spectrometry. Holzforschung. Vol. 61, nr. 6, pp. 647 – 655. CODEN HOLZAZ, ISSN: 0018 – 3830.

[100] Willför, S. , Sundberg, K. , Tenkanen, M. , Holmbom, B. 2008. Spruce – derived mannans – A potential raw material for hydrocolloids and novel advanced natural materials. Carbohydr. Polym. Vol. 72, nr. 2, pp. 197 – 210. ISSN 0144 – 8617.

[101] Willför, S. , Sjöholm, R. , Laine, C. , Roslund, M. , Hemming, J. , Holmbom, B. 2003. Characterisation of water – soluble galactoglucomannans from Norway spruce wood and thermomechanical pulp. Carbohydr. Polym. Vol. 52, nr. 2, pp. 175 – 187. ISSN 0144 – 8617.

[102] Jacobs, A. , Lundqvist, J. , Stalbrand, H. , Tjerneld, F. , Dahlman, O. 2002. Characterization of water – soluble hemicellulose from spruce and aspen employing SEC/MALDI mass spectroscopy. Carbohydrate Research. Vol. 337, nr. 8, pp. 711 – 717. CODEN CRBRAT, ISSN 0008 – 6215.

[103] Teleman, A. , Nordstrom, M. , Tenkanen, M. , Jacobs, A. , Dahlman, O. 2003. Isolation and characterization of O – acetylated glucomannans from aspen and birch wood. Carbohydrate Research. Vol. 338, nr. 6, pp. 525 – 534. CODEN CRBRAT, ISSN 0008 – 6215.

[104] Kubackova, M. , Karacsonyi, S. , Bilisics, L. 1992. Structure of galactoglucomannan from Populus monilifera H. Carbohydrate Polymers. Vol. 19, nr. 2, pp. 125 – 129. CODEN CAPOD8, ISSN 0144 – 8617.

[105] Willför, S. , Holmbom, B. 2004. Isolation and characterisation of water – soluble polysaccharides from Norway spruce and Scots pine. Wood Sci. Technol. Vol. 38, nr. 3, pp. 173 – 179. ISSN 1532 – 2319.

[106] Willför, S. , Sjöholm, R. , Laine, C. , Holmbom, B. 2002. Structural features of water – soluble arabinogalactans from Norway spruce and Scots pine heartwood. Wood Sci. Technol. Vol. 36, nr. 2, pp. 101 – 110. ISSN 1532 – 2319.

[107] Singh, R. , Singh S. , Trimukhe, K. D. , Pandare, K. V. , Bastawade, K. B. , Gokhale, D. V. ,

Varma, A. J. 2005. Lignin – carbohydrate complexes from sugarcane bagasse: Preparation, purification, and characterization. Carbohydrate Polymers. Vol. 62, nr. 1, pp. 57 – 66. CODEN CAPOD8, ISSN 0144 – 8617.

[108] Lawoko, M., Henriksson, G., Gellerstedt, G. 2005. Structural differences between the lignin – carbohydrate complexes present in wood and in chemical pulps. Biomacromolecules. Vol. 6. Nr. 6, pp. 3467 – 3473. ISSN 1525 – 7797.

[109] Lawoko, M., Henriksson, G., Gellerstedt, G., Characterization of lignin – carbohydrate complexes(LCCs) of spruce wood(Picea abies L.) isolated with two methods. Holzforschung. Vol. 60, nr. 2, pp. 156 – 161. CODEN HOLZAZ, ISSN:0018 – 3830.

[110] Laine, C., Tamminen, T, Hortling, B. 2004. Carbohydrate structure in residual lignincabohydrate complexes of spruce and pine pulp. Holzforschung. Vol. 58, nr. 6, pp. 611 – 621. CODEN HOLZAZ, ISSN 0018 – 3830.

[111] Sithole, B., Pimentel, E. J. 2009. Determination of nonylphenol and nonyphenol ethoxylates in pulp samples by Py – GC/MS. Journal of Analytical and Applied Pyrolysis. Vol. 85, nr. 1 – 2, pp. 465 – 469. CODEN JAAPDD, ISSN 01165 – 2370.

[112] Wajs, A., Pranovich, A., Reunanen, M., Willför, S., Holmbom, B. 2006. Characterisation of volatile organic compounds in stemwood using solid – phase microextraction. Phytochem. Analysis. Vol. 17, nr. 2, pp. 91 – 101. ISSN 0958 – 0344.

[113] Wajs, A., Pranovich, A., Reunanen, M., Willför, S., Holmbom, B. R. 2007. Headspace – SPME analysis of the sapwood and heartwood of Picea abies, Pinus sylvestris and Laric decidua. J. Essential Oil Res. Vol. 19, nr. 2, pp. 125 – 133. ISSN 1041 – 2905.

[114] Bergelin, E. 2008. Wood resin components in birch kraft pulping and bleaching. Doctoral thesis. Åbo Akademi University, Faculty of Chemical Engineering. Åbo. 149 p. ISSN 978 – 952 – 12 – 2159 – 0.

[115] Pietarinen, S. P, Willför, S. M., Ahotupa, M. O., Hemming, J. E., Holmbom, B. R. 2006. Knotwood and bark extracts: strong antioxidants from waste material. J. Wood Sci. Vol. 52, nr. 5, pp. 436 – 444. ISSN 1435 – 0211.

[116] Willför, S., Ali, M., Karonen, M., Reunanen, M., Arfan, M., Harlamow, R. 2009. Extractives in park of different conifer species growing in Pakistan. Holzforschung. Vol. 63, nr. 5, pp. 551 – 558. CODEN HOLZAZ, ISSN 0018 – 3830.

[117] Willför, S., Reunanen, M., Eklund, P., Sjöholm, R., Kronberg, L., Fardim, P., Pietarinen, S., Holmbom, B. 2004. Oligolignans in Norway spruce and Scots pine knots and Norway spruce stemwood Holzforschung. Vol. 58, nr. 4, pp. 345 – 354. CODEN HOLZAZ, ISSN 0018 – 3830.

[118] Zhang, L., Gellerstedt, G., (Hu, T. Q. Ed.)2008. 2D heteronuclear(1H – 13C) single quantum correlation (HSQC) NMR analysis of Norway spruce bark componentd. In: Characterization of Lignocellulosic Materials. Wiley – Blackwell. Pp. 1 – 16. ISBN 978 – 1 – 4051 – 5880 – 0.

[119] Liu B. 2008. Formation of cell wall in development culms of Phyllostachys pubescens [Docotoral Dissertation]. Beijing: Chinese Academy of Forestry.

[120]Paper and Pulp Manual(Part One). 1987. Cellulose materials and chemical industry materials. Beijing: Light Industry Publication. Pp. 74 – 116; 130 – 176.

[121]Liu Z. M. Wang F. H. 2006. Study on surface characteristics of wheat straw and mechanism of adhesive joints for wheat straw particle board. Harbin: Northeast Forestry University Publishing Press.

[122]Liu Z. – M. ,Wang F. – H. ,Wang X. – M. 2002. Surface structure and dynamic adhesive wettability of wheat straw. Wood and Fiber Science, Vol. 36, nr. 2, pp. 239 – 249. ISSN 0735 – 6161.

[123]In "Non – wood fiber alkaline pulping". Beijing: China Light – Industry Publishing Press. 1993, pp. 721.

[124]van Dam, J. E. G. , Gorshkova, L. A. 2003. Plant growth and development: Plant fiber formation. In: (Murphy, M. , Thomas, B. , Murray, B. Eds.) Encyclopedia of Applied Plant Sciences. Academic Press, Elsevier Ltd. Pp. 87 – 96. ISBN 978 – 0 – 12 – 227050 – 5.

[125]Atchison, J. E. (1998) Progress in the global use of non – wood plant fibers and prospects for their greater use in the future. Paper International, Apr – Jun, pg. 21.

[126]Han, J. S. 1998. Properties of Nonwood fibers. In: 1998 Proceedings of the Korean Soc. Wood Sci. and Technol. Annual Meeting. ISSN 1225 – 6811.

[127]Zhai H. , Lee, Z. 1989. Ultrastructure and topochemistry of delignification in alkaline pulping of wheat straw. J. Wood Chem. Technol. Vol. 9, nr. 3, pp. 387 – 406. ISSN 0277 – 3813.

[128]Zhai H. , Lee, Z. , Tai, D. , 1990. The bleachability of the soda – AQ pulps from wheat straw fibers and parenchyma cells. China Pulp Pap. 9 (5), pp. 25 – 28.

[129]Hurter A. M. 1988. Utilization of annual plants and agricultural residues for the production of pulp and paper. In: Proceedings of TAPPI Pulping Conference, New Orleans, LA. USA. Pp. 139 – 160.

[130]Li Z. , 1988. Further discussion on the basic behavior of the pulping of grasses. China Pulp Pap. 7 (5), pp. 53 – 59.

[131]Chen J. , 1987. Characteristics of non – wood fiber delignification. China Pulp Pap. 6 (1), pp. 19 – 21, 33.

[132]Hong Q. , Li Z. , 1985. Delignification kinetics in soda anthraquinone pulping of wheat straws. China Pulp Pap. 4 (4), pp. 7 – 13.

[133]Gonzalo Epelde l. , Lindgren C. T. , Lindstrom M. E. 1998. Kinetics of wheat straw delignification in soda and kraft pulping. J. Wood Chem. Technol. Vol. 18, nr. 1, pp. 69 – 82. ISSN 0277 – 3813.

[134]Liu L. , Yu Y. M. , Guo J. Z. 2006. Chemstry and utilzation of bamboo. Hanfzhou: University of Zhejiang.

[135]Browning. B. L. , Methods of Wood Chemistry, Vol. l – ll, Wiley – Inerscience, New York, 1967.

[136]Browning, B. L. , Analysis of Paper, 2nd End. , Marcel Dekker, New York, 1977.

[137]Fengel, D. And Wegener, G. , Wood. Chemistry – Ultrastructure – Reaction, De Gruyter, Berlin, 1989, Chap. 3.

[138] Lewin, M. and Goldstein, I. S. (Eds.), Wood Structure and Composition, Marcel Dekker, New York, 1991, Chap. 3.

[139] Lin, S. Y. and Dence, C. W. (Eds.), Methods in Lignin Chemistry, Springer, Berlin, 1992.

[140] Conners, T. E. and Banerjee, S. (Eds.), Surface Analysis of Paper, CRC Press, Boca Raton, 1995.

[141] Klemm, D., Philipp, B., Heinze, T., et al., Comprehensive Cellulose Chemistry, Fundamentals and Analytical Methods, Volume 1, Wiley – VCH, Weinheim, 1998.

[142] Sjöström, E. and Alén, R. (Eds.), Analytical Methods in Wood Chemistry, Pulping and Papermaking, Springer, Berlin, 1999.

[143] Argyropoulos, D. S. (Ed.), Advances in Lignocellulosic Characterization, TAPPI PRESS, Atlanta, 1999.

[144] Tura, D., Robards, K. 2002. Sample handling strategies for the determination of biophenols in food and plants. J. Chromatogr. A. Vol. 975, nr 1, pp. 71 – 93. ISSN 0021 – 9673.

[145] Willför, S. M., Smeds, A. l., Holmbom, B. R. 2006. Chromatographic analysis of lignans. J. Chromatogr. A. Vol. 1112, nr. 1 – 2, pp. 64 – 77. ISSN 0021 – 9673.

[146] Willför, S., Hemming, J., Leppönen, A. – S., 2006. Analysis of extractives in different pulps – Method development, evaluation and recommendations. Report B1 – 06. Åbo Akademi University, Process Chemistry Centre, c/o Laboratory of Wood and Paper Chemistry, Åbo. 18 p. ISSN 1796 – 6086, ISBN 952 – 12 – 1783 – 9.

[147] Willför, S., Leppönen, A. – S., Hemming, J. 2009. Analysis of extractives in different pulps – Method development, evaluation, and recommendations. In: Proceedings of the 15th inter. Symp. Wood Fibre Pulping Chem., June 15 – 18, Oslo, Norway. 4 p.

[148] Dahlman, O., Jacobs, A., Liljenberg, A., Olsson, A. I. 2000. Analysis of carbohydrates in wood and pulps employing enzymatic hydrolysis ans subsequent capillary zone eletrophoresis. Journal of Chromatography A. Vol. 891, nr. 1, pp. 157 – 174. ISSN 0021 – 9673.

[149] Willför, S., Pranovich, A., Tamminen, T., Puls, J., Laine, C., Suurnakki, A., Saake, B., Sirén, H., Uotila, K., Simolin, H., Rovio, S., Hemming, J., Holmbom, B. 2009. Carbohydrate analysis of plant materials with uronic acid – containing polysaccharides – A comparison between different hydrolysis and subsequent chromatographic analytical techniques. Ind. Crops Prod. Vol. 29, nr. 2 – 3, pp. 571 – 580. ISSN 0926 – 6690.

[150] Ebringerová, A., Hromádková, Z., Heinze, T. 2005. Hemicellulose. In: Heinze, T. (Ed.), Polysaccharides I. Structure, Characterization and Use. Berlin/Heidelberg. Springer. Pp. 1 – 67. ISBN 978 – 3 – 540 – 26112 – 4.

[151] Wu, S., Argyropoulos, D. S. 2003. An improved method for isolating lignin in high yield and purity. Journal of Pulp and Paper Science. Vol. 29, nr. 7, pp. 235 – 240. CODEN: JPUSDN, ISSN: 0826 – 6220.

[152] Guerra, A, Filpponen, I, Lucia, L. A., Saquing, C., Baumberger, S, Argyropoulos, D. S. 2006. Toward a Better Understanding of the Lignin Isolation Process from Wood. Journal of Agricultural ans Food Chemistry. Vol. 54, nr. 16, pp. 5939 – 5947. CODEN JAFCAU, ISSN 0021 – 8561.

[153] Lapierrem, C. , Monties, B. , Rolando, C. , J. Wood Chen. Tech. 5(2): 277(1985).

[154] Rolando, C. , Monities, B. , Lapierre, C. , in Methods in Lignin Chemistry(S. Y. Lin and C. W. Dence, Eds.), Springer, Berlin, 1992, Chap. 6. 4.

[155] Hardell, H. – L. And Nilvebrant, N. – O. , Nordic Pulp Paper Res. J. 11(2): 121(1996).

[156] Sitholé, B. B. , Sullivan, J. L. , Allen, L. H. , Holzforschung 46(5):409(1992).

[157] Örså, F. and Holmbom, B. , J. Pulp Paper Sci. 20(12): J361(1994).

[158] Suckling, I. D. , Gallagher, S. S. , Ede, R. M. , Holzforschung 44(5):339(1990).

[159] Wallis, A. F. A. , Wearne, R. H. , Wright, P. J. , Appita J. 49(4): 258(1996).

[160] Ekman, R. , Acta Acad. Abo, Ser. B. 39(4):1(1979).

[161] Ekman, R. And Holmbom, B. , Nordic Pulp Paper Res. J. 4(1):16(1989).

[162] Willför, S. M. , Ahotupa, M. O. , Hemming, J. E. , Reunane, M. H. T. , Eklund, P. C. , Sjöholm, R. E. , Eckerman, C. S. E. , Pohjamo, S. P. , Holmbom, B. R. 2003 Antioxidant activity of knot-wood extractives and phenolic compounds of selected tree species. J. Agr. Food Chen. Vol 51, nr. 26, pp. 7600 – 7606. CODEN JAFCAU, ISSN 0021 – 8561.

[163] Ivaska, A. , and Harju, L. , in Analytical Methods in Wood Chemistry, Pulping and Papermaking(E. Sjöström, and R. Alén, Eds.), Springer, Berlin, 1999, Chap. 10.

[164] Bock, R. , A Handbook of Decomposition Mothods in Analytical Chemistry, International Textbook Company, Edinburgh, 1979.

[165] Keitaanniemi, O. and Virkola, N. E. , Paperi Puu 60(9): 507 (1978).

[166] Faix, O. , in Methods in Lignin Chemistry(S. Y. Lin and C. W. Dence, Eds.), SPRINGER, Berlin, 1992, Chap. 4. 1.

[167] Berben, S. A. , Rademacher, J. P. , Sell, L. O. , et al. , TAPPI J. 70(11): 129(1987).

[168] Backa, S. and Brolin, A. , TAPPI J. 74(5):218(1991).

[169] Pandey, K. K. and Theagarajan, K. S. , Holz Roh. Werkst. 55(6):383(1997).

[170] Toivanen, T. – J. , Alén, R. 2006. Variations in the chemical composition within pine(Pinus sylvestris) trunks determined by diffuse reflectance infrared spectroscopy and chemometrics. Cellulose. Vol. 13, nr. 1, pp. 53 – 61. ISSN 0969 – 0239.

[171] Toivanen, T. – J. , Alén, R. 2007. An FTIR/PLS method for determining variations in the chemical composition of birch(Betula pendula/B. pubescens) stem wood. Appita Journal. Vol. 60, nr. 2, pp. 155 – 160. ISSN 1038 – 6807.

[172] Rodrigues, J. , Faix, O. , Pereira, H. , Holzforschung 52(1): 46(1998).

[173] Wallbäcks, L. , Edlund, U. , Nordén, B. , et al. , TAPPI J. 74(10): 201(1991).

[174] Michell, A. J. , Appita J. 47(6): 425(1994).

[175] Schimleck, L. R. , Wright, P. J. , Michell, A. J. , et al. Appita J. 50(1):40(1997).

[176] Ona, T. , Ito, K. , Shibata, M. , et al. , J. Wood Chem. Tech. 17(4): 399(1997).

[177] Leary, G. J. and Newman, R. H. , in Methods in Lignin Chemistry(S. Y. Lin and C. W. Dence, Eds.), Springer, Berlin, 1992, Chap. 4. 5.

[178] Pranovich, A. V. , Eckerman, C. Holmbom, B. 2002. Determination of methanol released from wood and mechanical pulp by headspace solid – phase microextraction. Journal of Pulp and Paper Science. Vol. 28, nr. 6, pp. 199 – 203. CODEN JPUSDN, ISSN 0826 – 6220.

[179] Lai, Y. - Z. , in Methods in Lignin Chemistry(S. Y. Lin and C. W. Dence, Eds.) , Springer, Berlin, 1992, Chap. 7. 2.

[180] Gellerstedt, G. and Lindfors, E. , Svensk Papperstid. 87(15) : R115 (1984).

[181] Solar, R. , Kacik, F. , Melcer, I. , Nordic Pulp Paper Res. J. 4(2) : 139 (1987).

[182] Alén, R. , Jännäri, P. , Sjöström, E. , Finn. Chem. Lett. 1985 : 190 - 192 (1985).

[183] Zanuttini, M. , Citroni, M. , Martinez, M. J. , Holzforschung 52(3) : 263(1998).

[184] Hardell, H. - L. , Leary, G. J. , Stoll, M. , et al. , Svensk Papperstid. 83(2) : 44(1980).

[185] Pranovich, A. , Konn, J. , Holmbom, B. 2006. Methodology for chemical analysis of wood. In : EWLP 2006, 9th European Workshop on Lignocellulosics and Pulp, Vienna, Austria. pp. 436 - 439.

[186] Pranovich, A. , Tokareva, E. , Ek, P. , Holmbom, B. 2009, Distribution of organic and inorganic constituents in different morpholpgical parts of Norway spruce and aspen. Oral presentation O002 on 15th ISWFPC, Oslo, Norway, June 15 - 21.

[187] Marjomaa, J. and Uurtamo, K. , Metsäteho 10(1995).

[188] Pekkala, O. and Uusvaara, O. , Communicationes Instituti Forestails Fenniae 96. 4(1980).

[189] Niiranen, M. , Study of barking drum process dimensioning, University of Technology, Helsinki (Raportti 17, sarja A) 1985, P. 91.

[190] Niiranen, M. , Study of barking drum process dimensioning, University of Technology, Helsinki (Rapportti 17, sarja A) 1985, p. 30.

[191] Niiranen, M. , Study of barking drum process dimensioning, University of Technology, Helsinki (Raportti 17, sarja A) 1985, p. 41.

[192] Tuulas, P. And Tsekalina, V. , Transportosposobnost okorotsnyh barabanov, Bumzh. prom. 1983 : 12, pp. 25 - 26.

[193] Scheriau, R. , W. F. Papierfabrikation 101 (9) pp. 299 - 306(1973).

[194] Niiranen, M. , Study of barking drum process dimensioning, University of Technology, Helsinki (Raportti 17, sarja A) 1985, pp. 50 - 77.

[195] Watson, W. F. , Twaddle, A. A. , and Stokes, B. J. , TAPPI J(February) pp. 141 - 145(1991).

[196] Gullichsen, J. , Kolehmainen, H. And Sundqvist, H. , Paper and Timber Vol. 74. (6). pp. 486 - 490(1992)

[197] Akhtaruzzaman, A. , and Virkola, N - E. , Paper and Timber 61(11) pp. 737 - 751(1979).

[198] Hartler, N. And Stade, Y. , Svensk papperstidning(14) pp. 447 - 453(1997).

[199] Mart 1947, 1950 Chipping of Frozen Wood.

[200] Murto, O. and Kivimaa, E. , Paper and Timer 29(21) pp. 383 - 393(1947).

[201] Hartler, N. , Svensk Papperstidning 65(9) pp. 351 - 362(1962).

[202] Hartler, N. , Svensk Papperstidning 65(10) pp. 397 - 402(1962).

[203] Tikka, P. , Tähkänen, H. and Kovasin, K. , TAPPI J 76(3) pp. 131 - 136(1993).

[204] Kreft, K. And Javid, S. , TAPPI J, (6) pp. 93 - 99(1990).

[205] Strakes, G. and Bielagus, J. , Pulp & Paper(6) (1992).

[206] Javid, J. R. , "Variables affecting chip cracker performance", 1995 Pulping Conference.

[207] Fuller, W. S. , TAPPI J, (8) pp. 48 - 51 (1985).

[208] SHW silo technique Publication No 326.

[209] Dillner, B. , Gustavson, R. , Ryhman, J. and Swan, B. , Pulp Paper Can, 82:11 pp. 136 – 141 (1981).

[210] Ek, M. , Bergström, R. , Palvall, B. And Röttorp, J. , IVL – Report B 1136 miljöteknik 3 (1994).

[211] Pöyry (Antti Kaartinen), data WWF.

[212] TAPPI T13 wd – 7 "Lignin in wood"/T222 om – 98 "Acid – Insoluble Lignin in Wood and Pulp".

[213] TAPPI T9 wd – 75 "Holocellulose in Wood"/T203 cm – 99 "Alpha – , Beta – , and Gamma – Cellulose in Pulp".

[214] UPM.

第 ② 章　制　　浆

2.1　化学法制浆发展史

化学法制浆源于中国,这可以追溯到 1000 多年以前。当时中国所用的纤维原料主要是桑树树皮内层纤维,用燃烧木材的木灰蒸煮纤维原料。图 2-1 显示的是在第一世纪的中国的造纸。公元 750 年,阿拉伯人从在撒马尔罕(Samarkand)的中国囚犯那里学会了造纸工艺。但由于缺乏桑树,阿拉伯人用亚麻破布造纸。

活跃的贸易联系很快将制浆造纸的生产(技术)带到了欧洲。在 9 世纪,希腊和意大利采用中国的方法造纸。在西班牙和法国的第一家造纸厂,始建于 12 世纪。下面是第一个造纸厂建在欧洲不同国家的时间表:

德国:位于纽伦堡附近,1389 年由 Ulman Stromer 建造。

瑞士:13 世纪初。

比利时:1407 年无畏的约翰时期(the era of John the Fearless)。

图 2-1　蔡伦时代的造纸(大约公元 50—121 年)

英国:1490 年在 Stevenage Hertford 由 Johann Tate 建造。

瑞典:在穆塔拉(Motala)河边,于 1532 年由瑞典国王的 Gustav 一世建造。后来瑞典的 Gustav Adolphus 将工厂迁移至 Uppsala。

丹麦:1540 年由 Sten Bill 建造。

荷兰:在 Dordrecht 两个工厂,于 1586 年由 Hans von Aelst 和 Jan Lupaert 建造。

芬兰:在 Pohja 的 Tomasble,1667 年由主教约翰内斯(Johannes Gezelius)长老建造。

在意大利,虽然纸主要由手工生产,但造纸逐渐达到工业规模。意大利不是联合王国,而是由几个小国组成。由于其良好的信誉,意大利的纸张远销欧洲各地。在意大利纸张生产的高标准,主要是由于在业界处于领先地位的各国之间的竞争。

意大利的造纸方法传遍欧洲,并且造纸工艺保持不变,一直到 19 世纪初。在美国纸的生产仍然很一般,纸是从欧洲进口的。

在 19 世纪后半期,对纸张需求的迅速增加,迫使造纸寻求新的原料来源。一年生植物纤维和破布的供应已不足以满足纤维原料在欧洲和美国的需求。这种短缺促使由木材纤维造纸的发展[1]。

2.1.1　亚硫酸盐法制浆

在 1851 年,英国人 Peter Clausen 采用了美国的专利方法,秸秆用碱浸泡和用亚硫酸或二氧化硫处理的方法生产了纸。在一年生植物用亚硫酸法制浆方面,本发明并没有产生任何显著的成效。

美国化学家 B. C. Tilghman 是第一个木材用亚硫酸法制浆的人。他的发明于 1866 年获得英国专利,次年获得了德国专利。在他的方法中酸性亚硫酸钙溶液与亚硫酸一起使用。此后没有什么进展,直到 1871 年瑞典工程师 Carl Daniel Ekman 成功地实现了亚硫酸盐法制浆的工业化生产。1874 年第一家亚硫酸盐浆厂在瑞典的 Bergvik 建成。1890 年年初,纸浆厂有 8 个水平式小蒸煮器,每月生产 100t 纸浆。人们对亚硫酸盐法制浆没有太多的关注,直到 1881 年 Ekman 将他的方法申请了专利,其他人开始采用亚硫酸盐法蒸煮酸生产纸浆。

就在 Ekman 在瑞典秘密进行他的工业实验的同时,教授 A. Mitscherlich 博士与他的兄弟 Robert 在德国的 Darmstadt 进行亚硫酸盐法制浆的实验。尽管如此,Ekman 显然是生产亚硫酸盐法纸浆的第一人,而 Mitscherlich 博士还在进行实验室实验[1-2]。

2.1.2　硫酸盐法制浆

在 1844 年,德国发明家 F. G. Keller 尝试使用氢氧化钠溶液制浆,但在敞开式的常压蒸煮器中未能将木材的纤维分离。十几年后,1854 年,法国人 Mellier、英国人 Watt 和美国人 Burgess 几乎是同时发现纤维的分离过程需要高温和高压。他们开始使用密封的容器。苏打法蒸煮的缺点是补充的化学药品是成本比较高的化学品—碳酸钠。1865 年 Burgess 和 Keen 发明了燃烧法回收化学品(碳酸钠),并申请了专利。此方法碱的回收提高到了 85%。苏打纸浆厂在美国始建于 1860 年、在芬兰始建于 1875 年。

一个名叫 Stratchan 的英国人,于拿破仑战争期间(1805—1814)做实验,发现通过添加硫和硫化物可以加速草类原料烧碱法蒸煮。然而,直到 1870 年到 1871 年一位名叫 Eaton 的美国人,发明了硫化物用于化学法制浆的专利技术。

1879 年德国化学家 Dahl 发现,作为烧碱法蒸煮的补充化学药品碳酸钠可以由更便宜的化学药品十水硫酸钠晶体(芒硝)取代。从黑液的化学药品回收过程中产生的蒸煮液中含有氢氧化钠和硫化钠。这样,硫酸盐法蒸煮诞生了。然而,由于硫酸钠不是活性蒸煮化学品,工艺的名称会产生误导。

因为蒸煮液中含有硫化物,因此,蒸煮的得率提高了。另外,蒸煮速率也加快了,并且纸浆的强度得到了改善。由于所产纸浆的性能优良,因此,这种方法被称为强力(kraft)的蒸煮(中文称为“硫酸盐法蒸煮”——译者注)。该名称源于德语和瑞典语的“Kraft”,含义是强力。

硫酸盐法浆比亚硫酸盐法浆颜色深、难打浆、难漂白。此外,蒸煮过程中会产生恶臭气体。由于这些原因,硫酸盐法蒸煮没有得到广泛采用。在瑞典,第一家硫酸盐法浆厂于 1885 年在 Jönköping 的 Munksjö 建成[3]。在芬兰第一家使用硫酸法工艺的工厂是建于 1886 年的 Valkeakoski 纸浆厂,该厂用硫酸盐法取代了烧碱法。多年来,硫酸盐法制浆工艺有了一些改进,到1937 年世界上硫酸盐法浆的产量超过了亚硫酸盐法浆的产量。连续硫酸盐法制浆工艺是由瑞典开发的,瑞典于 1950 年引进了第一种连续蒸煮工艺[1,3-4]。

2.1.3　蒸煮器系统的发展

用于化学法制浆的蒸煮器的形状和尺寸一直在不断地发展和改进。第一台蒸煮器为间歇式蒸煮器。最初,蒸煮器为旋转的球形蒸煮器,如图 2-2 所示。回转是为了促进蒸煮药液与木片的接触,利于药液的浸透。球体每分钟旋转 2.5~5 圈,其体积为 35~40m³,每球产浆 0.2~2.0t。球形蒸煮器很快被底部为圆锥型的圆筒形蒸煮器取代,但蒸煮器的旋转仍持续了一段时间,如图 2-3 所示。圆筒形蒸煮器的产浆量约为 3t 风干浆,高的有 5t 风干浆的。蒸煮器一般每 10min 旋转一圈[5]。稀奇的是,还有少数圆筒形蒸煮器在运行、生产少量的纸浆。

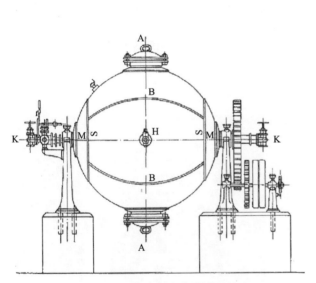

图 2-2　回转式球形蒸煮器(蒸球)[1]

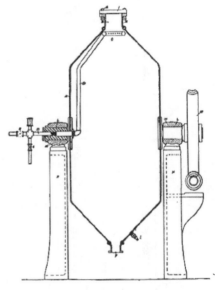

图 2-3　旋转式圆筒形蒸煮器[1]

间歇式蒸煮器可以用直接蒸汽加热或蒸煮液在蒸煮器与换热器之间不断循环,通过换热器加热蒸煮液。与回转式或直接蒸汽加热相比,外循环(如图 2-4 所示[1])大大改善了蒸煮的均匀性。间歇式蒸煮器的体积一直在不断增大,目前蒸煮器体积高达 400m³。现代化的间歇蒸煮器如图 2-5 所示[6]。

连续蒸煮系统一般与卡米尔系统(kamyr system)有关(如图 2-6 所示卡米尔锯末蒸煮器示例)。卡米尔的历史始于 1938 年,当时第一台中试连续蒸煮器(5t/d)建于瑞典的karlsborg。1948—1952 年,在瑞典的 fengersfors 进行了生产能力为 50t/d 的卡米尔 AB实验。

蒸煮器的规模随着生产速率增加而增大。第一台连续蒸煮器的直径为 2.5m,高度为21m,纸浆生产能力为 100t/d。目前最新的连续蒸煮器之一在乌拉圭的 Fray Bentos,直径10.6m、高 60m、纸浆生产能力 3200t/d(见图 2-7)。2010 年 6 月,直径为 12.5m、高度为 72m、设计纸浆生产能力为 5160t/d 的连续蒸煮器在中国日照开机。

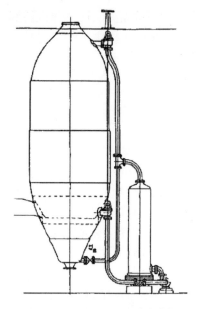

图2-4 立式间歇蒸煮器[1]

图2-5 现代化间歇蒸煮器[6]

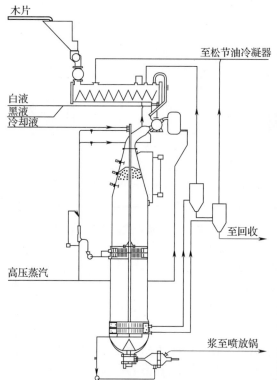

图2-6 卡米尔连续蒸煮器[7]

图2-7 Fray Bentos 的现代化双塔连续蒸煮器[8]

多年来,无论是工艺还是技术,均发生了根本性的进展。亚硫酸盐法制浆几乎已经消失于对硫酸盐法制浆的青睐之中,这是由于硫酸盐法制浆在经济效益、环境保护和产品质量方面具有明显的优势。关于蒸煮器的类型,目前最新建的环保型的蒸煮器为连续型,因其投资成本比间歇蒸煮器小,间歇蒸煮器需要大量的设备和更大的土地面积。虽然一直在广泛进行着新的可替代硫酸盐法制浆的研究和开发项目,但世界上大多数的化学浆很可能是由连续蒸煮器以硫酸盐法蒸煮工艺生产的,至少在短期的未来会是这样的。

2.2 制浆化学

2.2.1 化学法制浆工艺和参数

化学法制浆,从碱性到酸性,包括许多不同的工艺。工业上应用的制浆工艺主要是使用无机药剂的水溶液在高温高压下进行制浆。占主导地位的化学法制浆工艺是碱性的硫酸盐法制浆工艺(及其变种),因为它可用于所有木质纤维素原料的制浆生产,所以应用范围广泛。它还非常高效节能。硫酸盐法制浆过程中特别适合于用针叶木生产高强度并有弹性的纸浆纤维,它也适合于阔叶木,因为它能够有效地处理抽出物。得率较低和浆难以漂白是硫酸盐法制浆的缺点。可是,化学药品的回收可以实现封闭循环,减少了对环境污染。

酸性亚硫酸盐法制浆的产量在过去的几十年来一直在下降,尽管其制浆得率高、选择性好、易漂白,但由于其纸浆纤维的质量问题、原料的限制以及难以适应当代环保法规的要求,这一切,使得酸性亚硫酸盐法制浆经常被碱法制浆所取代。在欧洲还有少数几家亚硫酸盐法浆厂在运行。多数高得率化学法制浆工艺使用中性或者温和的碱性亚硫酸盐半化学蒸煮液。另外,药液浸渍阶段蒸煮液与木素的化学反应性质类似于亚硫酸盐法制浆,例如,化学预处理热磨机械浆(CTMP)。

化学法制浆从木材结构上分离纤维的原理是从胞间层中溶出足够多的木素,不需要或只需要很小的机械作用,纤维不受损伤就能彼此分离。浆的得率和木素含量取决于木材的品种和制浆方法,针叶木纤维分离后纸浆的得率约为 60% ,浆中木素含量约为 10%[9]。

木材成分的化学反应是在固 – 液界面的非均相反应。在木材制浆时,木片浸没在高温和高压的蒸煮液中。为了确保反应均匀,木片中药液和温度的均匀分布是至关重要的。为了保证反应的均匀性,木材中的所有纤维得到其各自的适当份额的化学品和能源是至关重要的。在这方面如果不均匀的话,蒸煮后的纸浆中会含有大量未分离的木片(筛渣)、浆的颜色变深、细浆得率减少、可漂性和成纸强度下降。木材的基本性质决定了纸浆纤维的多数特性。这里只讨论工艺方面对纸浆性能产生影响的因素。木片的尺寸对木片内部的质量传递来讲是重要的,特别是在浸渍阶段。木片削得越短,纤维在削片过程中被切断的就越多。先进的削片机,沿着木纹方向切削,所形成的木片的长度与厚度是相对应的。木片厚度对浸渍阶段和蒸煮过程中化学品的传递是至关重要的,因为它决定了传质性能(见第 2.3.2 节传质和反应动力学)。

化学法制浆的目的是去除木素,不仅从纤维壁内除去木素,还要从胞间层中除去木素,这样纤维可以分离得比较好。在理想的情况下,每根纤维应该在相同的时间内、在相同的温度下,接受相同量的化学处理。这意味着,化学品及热能必须均匀地输送到整个木片的各个反应部位。蒸煮过程有两个主要的阶段:(1)浸渍阶段,即在脱木素反应开始之前,木片中浸满蒸煮液;(2)蒸煮阶段,蒸煮液(化学品)不断地向反应部位运动。木片尺寸,特别是木片厚度,在这种情况下是非常重要的。木片越厚,药液扩散到木片中心的距离越长。

新鲜木片的内部,部分充满液体、部分充满空气,其比例取决于木材的含水量。在蒸煮液充分渗透到木片内部之前,空气必须从木片内除去。通常采用汽蒸排空气。木片用蒸汽加热,使得木片内部的空气膨胀,部分空气(约25%)被排除。增加木材中的水蒸气压力,将排出更多的空气。蒸汽向内和空气向外扩散,将进一步降低木片的空气含量。然而,这一阶段的空气和水蒸气传输速率慢,只有时间充足才能完成。汽蒸的重要参数是温度、时间和蒸汽压力。通过抽真空也可以排除一定量的空气,但没有在实践中应用。

充分汽蒸的木片浸在具有一定压力的蒸煮液中,造成木片内部的水蒸气冷凝,进一步增加了游离液体与木片内部之间的压力梯度。在这种情况下会产生毛细管压力。浸透速率取决于汽蒸条件和所施加压力的大小。图2-8是一个实例,显示了汽蒸压力和浸渍药液温度与浸透效果的关系[7]。

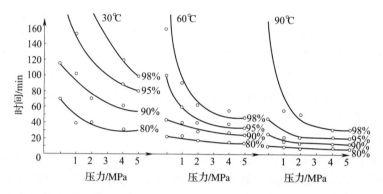

图2-8 汽蒸压力对浸透的影响(汽蒸时间均为10min)(云杉木片,汽蒸过的木片用30~90℃的水在0.2MPa(原文为2kp/cm²)压力下浸透,当浸透率达到80%~98%时,所需要的时间)[7]

反应的离子必须扩散到木片内部,蒸煮反应才能进行。如果扩散距离太长和扩散速率太慢,在蒸煮剂到达木片中心之前就已经全部消耗完了,这将导致脱木素的不均匀。因此,在离子的传递速率、木片厚度和化学反应速率三者之间存在着临界平衡关系。扩散速率受木片内部与外药液的浓度差所控制。升高温度可增大扩散速率,但化学反应速率增加的更多。平均来讲,在相同的蒸煮条件下,厚木片脱木素不像薄木片脱除的那么多。厚木片内部的脱木素没有薄木片均匀。Hartler等人[11]通过在标准的硫酸盐蒸煮条件下,只变化蒸煮温度,对不同厚度的心材木片进行蒸煮,证实了这一点。Gullichsen等人也证实了相同的情况(见图2-9)。

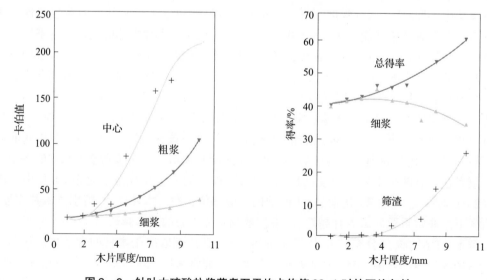

图2-9 针叶木硫酸盐浆蒸煮至平均卡伯值23.4时的不均匀性

厚木片产生的筛渣比薄木片多,高温蒸煮更严重。蒸煮温度越高,脱木素速率与药液浸透速率之差越大。蒸煮的均匀性需要木片足够薄,并且木片之间的厚度差别尽可能小(即木片厚度尽可能均匀)。在其他条件相同的情况下,达到相同的脱木素程度时,厚木片需要的碱比薄木片多。通过适宜的削片和木片筛选、良好药液浸透以及足够低的蒸煮温度,蒸煮的不均匀性可以减小甚至消除。

2.2.2 化学法制浆的反应原理

所有化学法制浆工艺的共同目的是通过脱木素来分离纤维,但其工艺可以根据实现这一目标所采用的方法的不同而分类。脱木素的同时,聚糖类也发生反应,可以将其看作副反应,但这些反应对纸浆得率和纸浆的性能起着重要的作用。抽出物的反应也是重要的。脱木素反应可以在碱性、中性和酸性条件下进行。所涉及的机理和结果是不同的。

对碱脱木素,尤为重要的是酚醚键的碱性水解,由此木素变得可溶于碱性溶液中。在硫酸盐法蒸煮中硫氢根离子的硫化作用尚不清楚。它可能会加速酚醚键的裂解,导致烷基醚键直接裂解,但也可以防止对碱敏感的基团缩合,缩合会降低脱木素速率。

在酸性亚硫酸盐法制浆过程中,α-芳基和烷基醚基团的磺化反应使木素变成水溶性的,之后烷基醚键发生亚硫酸盐解或者酸水解。末端基的磺化将防止木素的再缩合。中性亚硫酸盐法蒸煮一般脱木素较少,利用磺化某些基团,使木素分子转化为亲水性的磺酸盐,然后通过水解或亚硫酸盐解而溶解。

所有的脱木素方法都存在着不希望发生的副反应。木素缩合是关键的反应,它在酸性和碱性蒸煮中都会发生。缩合的木素颜色深,并且漂白时难溶解。不恰当的蒸煮条件可能会导致大量木素缩合,特别是在酸法蒸煮中,致使筛渣率高,并且纸浆质量差。与其他酚类化合物缩合,例如松木的心材和树皮中的单宁,强烈限制了传统的酸性亚硫酸盐法工艺可以使用的原料。

硫酸盐法制浆是生产造纸用漂白浆和本色浆的主要方法。亚硫酸盐法,它可以应用于广泛的 pH 范围,主要用于特种浆的生产,例如溶解浆。半化学法,例如中性亚硫酸盐半化学法(NSSC)制浆,用于生产包装类产品(如瓦楞原纸)[9]。

工艺参数对蒸煮结果的影响可以分为两个方面:与原料性能有关的参数和与工艺条件有关的参数。原料性能难以控制,但是在制定蒸煮操作条件时应予以考虑。例如,木材的品种与木材的基本性质之间的比例关系只能靠供应物流的良好的管理来控制,但木片的质量(尺寸)与合格率由浆厂自己来控制。工艺参数,诸如蒸煮剂的用量(每克绝干木材对应的化学品的克数),蒸煮液的组成、蒸煮时间和温度通过工艺控制措施来调整。

蒸煮的最重要的参变量可以是与木材相关的或与工艺有关的。一些与木材有关的变量是形态学特性(纤维的尺寸及其分布)、木材的化学组成、密度、含水率、树龄和在原来的树木上的位置和它的腐朽状况。某些与工艺相关的变量是木片的洁净情况和木片的尺寸、化学组成、蒸煮剂用量(g/g 木片)和蒸煮药液浓度(g/L)以及时间和温度以及它们的关系。

良好的工艺控制要求精确、快捷与实用的分析方法。在线连续测量是较好的,但并不总是可行。制浆性能,像蒸煮的均匀性、纸浆中残余木素含量、碳水化合物的降解程度或纤维长度分布,不易进行在线测量,必须使用快速和常用的实验室方法。这些方法并不需要直接测量基本性能,但应精确和以有意义的方式反映它们的变化,应与基本性能的问题充分相关,以便进行良好的工艺控制。这种测定方法被称为预言性的,它给出在质量方面能被预料的预测。模拟方法是那些纸浆的应用在实验室中进行模拟的方法。例如,可在标准条件下抄造纸页,然后测量其性能,如纸张强度、亮度或不透明度[9]。

纸浆中的残余木素,因其复杂而易变化的化学结构,不容易直接测定。但木素含量与其消耗某些氧化剂的量具有很好的关系,特别是那些与双键反应但不会氧化或溶解碳水化合物的氧化剂。这样的氧化剂是高锰酸钾和氯。有几种国际通用的表示纸浆中残余木素的方法是在标准实验室条件下测定氧化剂的消耗量。

高锰酸钾值和卡伯值表示纸浆中的木素所消耗的高锰酸钾的量。常用的测定残余木素的方法是卡伯值法。其测定的是1g绝干浆样在酸性条件下、室温(25℃)、反应10min时所消耗的0.1mol/L高锰酸钾溶液的毫升数。测定值换算成消耗了50%的$KMnO_4$时的数值。卡伯值适用于所有得率低于70%的化学浆[9]。应当注意己烯糖醛酸基团(HexA),它是蒸煮过程中由聚戊糖产生的,由于高锰酸钾与HexA会发生氧化反应,因此,HexA对卡伯值有贡献[12]。因此,对阔叶木浆应该测定其HexA含量,以便于计算准确的卡伯值。

纤维素和保留在纸浆中的半纤维素在制浆过程中的降解程度会影响纤维的强度,并且也会影响造纸性能。测定纸浆溶解后的溶液的特性黏度可反映出制浆过程中纤维的化学反应程度。黏度可以反映纤维素聚合物的(平均)聚合度(DP),但是,不能显示其分布情况。反过来,当一种工艺的操作条件的变化时,得测的(平均)DP值可以粗略给出纸浆所潜在的强度,然而,必须根据经验建立其关系。可是,因为强度与黏度的关系不确切,所以不能以DP作为标准来比较不同纤维原料或不同制浆方法所得纸浆的强度。

黏度的测量是基于不含木素的纸浆溶解在一种溶剂中,通常是标准的铜乙二胺溶液。通过用标准的毛细管黏度计测定溶液的特性黏度,就可以估算出聚合度(平均分子大小)。

应用几个定义:相对黏度η_r是η/η_0,这里η是溶液的黏度,η_0是溶剂的黏度。相对黏度增加量(有时称为比黏度)定义为:$\eta_i = \eta_r - 1$。特性黏度$[\eta]$表示外推至零样品浓度(样品浓度趋于零)时溶液的黏度。依据Martin方程表示它们之间的关系:

$$\frac{\eta_i}{c} = [\eta]e^{K[\eta]c} \tag{2-1}$$

这里c是溶解的纸浆的浓度,$K = 0.13$。

特性黏度和平均摩尔质量或聚合度(DP)之间的近似关系可以由Mark-Houwink方程计算:

$$[\eta] = \dot{k} \times DP^{\alpha} \tag{2-2}$$

这里$\dot{k}$和α是常数,取决于分子结构和溶剂。对溶解于铜乙二胺溶液中的纤维素而言,$\alpha = 0.905$,$\dot{k} = 1.33$。

不同测定方法所测得纸浆黏度与聚合度之间的关系如图2-10所示。

纸浆得率的精确测定只能通过实验室蒸煮。建议测定洗涤干净并且质量均匀的纸浆的总得率,用筛孔为0.15mm或0.25mm的实验室标准筛浆机进行筛选并测定筛渣量,细浆得率由总得率减去筛渣率计算得出。从而可避免筛浆过程中纤维的损失。筛渣越少,则制浆的均匀性越好。

比较不同的制浆方法以及它们对平均纤维长度和纤维长度分布的影响是评价其成纸性能的有效方法。测定纤维长度的方法有好几种。它们的原理都是基于浓度非常小的纸浆纤维悬浮液流过毛细管时的光学测量和图像分析。

浆的抄纸性能的分析是在标准的实验室条件下模拟抄纸工艺,测定实验室标准抄造条件下手抄纸页的性能。图 2 – 11 为实验室抄纸程序以及相关分析检测图。浆料用标准打浆设备打浆至不同的打浆度,打浆度可以由浆料直接测定(如过滤阻力或游离度)。湿强度可以由湿压榨后的纸页测得。标准手抄片由打浆后的浆样制得,并在一定的条件下干燥。手抄纸页切成纸条,然后测定强度。干的纸页可以继续压光,以测定纸浆对高线压力的响应情况。有多种评价特种纸浆造纸性能的特殊方法。

通常要测量化学纸浆的某些性能。加拿大标准游离度反映了纸浆的过滤阻力。湿抗张强度、撕裂强度和抗张强度是纸张最常见的强度测试。结构性能、表观密度、透气度和吸水性以及表面性能(压光后)是需要测定的最重要的物理性能。光学性能包括 ISO 亮度、光吸收(系数)和光散射(系数)[9]。

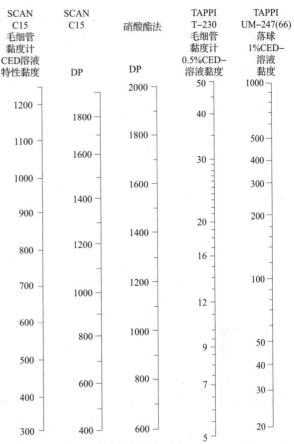

图 2 – 10 不同测定方法所测得的纸浆黏度与聚合度之间的关系

注 CED 溶液是指铜乙二胺溶液。

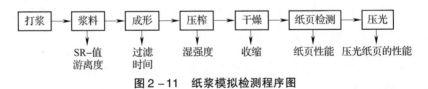

图 2 – 11 纸浆模拟检测程序图

2.2.3 硫酸盐法制浆的优点和缺点

在硫酸盐法制浆过程中,木片在氢氧化钠(NaOH)和硫化钠(Na_2S)溶液中蒸煮。由于氢氧根离子(OH^-)的作用,在碱性条件下,木素大分子的化学键断裂,因此,木素分解成较小的碎片。这些碎片的钠盐在蒸煮液中是可溶的,因此,容易随着黑液被除去。与亚硫酸盐法制浆相比,硫酸盐法制浆蒸煮液中的硫化物大大提高了脱木素速率,并制成强度较好、得率较高的纸浆。但是,其浆的颜色比烧碱法浆和亚硫酸盐法浆深得多,并且难打浆、难漂白。此外,硫酸盐法制浆导致恶臭气体的排放,主要是有机硫化物,现在通过安装在排气管内的气体洗涤器将其大部分除去。伴随着硫酸盐法废液化学品回收炉的发展(改进),硫酸盐法蒸煮的能源经济也不断改善[9]。

硫酸盐法制浆得到了广泛应用,因为与亚硫酸盐法制浆相比,硫酸盐法制浆具有以下优点:原料的使用范围广;蒸煮时间相对来说较短;对树皮和木材质量相对来说不敏感;浆的树脂障碍问题相当小;硫酸盐浆的强度远远大于亚硫酸盐浆;化学药品和能量的回收率大得多;采用针叶木(蒸煮)可得到有价值的副产品,如松节油、塔罗油。

2.2.4 亚硫酸盐法制浆的优点和缺点

亚硫酸盐法蒸煮液中的活性化学药品包括含有适宜的阳离子(通常 Ca,Mg,Na,K 或 NH_4)的亚硫酸氢盐(HSO_3^-)。脱木素介质的 pH 可以在酸性、中性和碱性之间变化,取决于所用的阳离子(盐基——译者注)。亚硫酸氢盐、阳离子和水之间有各种不同的平衡反应。第一个商业化亚硫酸盐法制浆工艺是镁基亚硫酸盐蒸煮,但那时镁不能回收和再利用,并且用于大规模的工业生产的成本太高。钙是后来青睐的盐基,从而被命名为亚硫酸钙法制浆。

亚硫酸盐法制浆很快变为占据主导地位的亚硫酸盐法制浆工艺,并一直持续到 20 世纪 50 年代中期。亚硫酸盐法制浆,尽管后来开发了化学药品回收系统,但是在 20 世纪 30 年代后期和 40 年代初期,逐渐失去了其主导地位,取而代之的是硫酸盐法制浆。有以下几种原因:

(1)新的漂白技术(特别是二氧化氯的应用)使得硫酸盐浆的高效漂白成为可能,可以生产出全漂白硫酸盐浆,其所抄造的纸张的强度远远大于由漂白亚硫酸盐浆抄造的纸张。

(2)亚硫酸盐法制浆的污染程度比硫酸盐法制浆大得多,因为其亚硫酸盐浆厂废液的生化耗氧量(BOD)高,并且有大量二氧化硫散失到大气中。

(3)亚硫酸盐法制浆,由于其溶解抽出物的能力小,因此,只适用于少数木材品种。蒸煮前长期贮存能够减少木材抽出物的含量,但是成本高,通常经济上不合算。

尽管,目前亚硫酸盐法制浆不是一种很常见的制浆方法,但它仍然有超过硫酸盐法制浆的几大优点。未漂白亚硫酸盐纸浆有较高的初始亮度(白度)且较容易漂白。当卡伯值一定时,亚硫酸盐纸浆的碳水化合物得率较高。气味问题较小,投资成本少。亚硫酸盐法制浆的灵活性大,可生产纤维素含量高的特种纸浆,因为它可以在整个 pH 范围内蒸煮[9]。此外,作为副产物,亚硫酸盐法制浆得到的木素磺酸盐,由于其在水中的溶解性,比硫酸盐法制浆所得到的木素具有更广泛的用途。

2.2.5 硫酸盐法制浆

2.2.5.1 硫酸盐法制浆概述

原木经过剥皮和削片以及筛选除去细小的木屑和太大的木片。合格的木片送到压力反应罐、蒸煮器或浸渍器中。对木片用直接蒸汽进行汽蒸,以将木片中的空气尽量驱除。然后将温蒸煮液(一般 80~100℃)送入蒸煮器内浸渍木片。蒸煮液是白液(即再生的蒸煮液)、黑液和水的混合液。硫酸盐法蒸煮液的主要活性成分是 OH^- 和 HS^- 离子。蒸煮器中的物料用直接蒸汽或者在蒸汽/药液换热器中间接加热至 150~170℃,间接加热是将蒸煮液从蒸煮器中抽出来,送到换热器中加热,然后再送回蒸煮器内。药液循环有助于减小蒸煮器的温度差和蒸煮剂的浓度差,提高脱木素的均匀性。保持蒸煮的温度,直至达到预期的脱木素程度,然后,蒸煮器内的浆料借助于泵和蒸煮器内的压力排放到喷放锅中。释放出的热量(废蒸汽)在喷放热回收系统进行回收。加热和蒸煮过程中产生的挥发性化合物连续不断地从蒸煮器内排出,以控制蒸煮压力。气体进入冷凝系统以回收挥发性化合物(如松节油)。

然后,纸浆由喷放锅送至洗涤和筛选工段。废液在逆流洗涤系统回收,用最少量的稀释水,同时达到尽可能最高的纸浆洁净度。脱木素不完全的木材残留物,其在蒸煮和放料(锅)过程中未能分散成(单根)纤维,在筛选过程中与纤维分离。树节和未成浆的大木片在洗涤之前通过除节机除去,然后,送回去重煮。其他的杂质,如纤维束,在筛选和净化过程中除去后,经过机械处理(磨浆),再混合到浆料中或者排掉。未漂白浆浓缩并在高浓下储存,以利于后续工艺。接下来的工段,可以是氧脱木素,或者是第一段漂白,或者不需要漂白直接生产本色浆。

废液在多效真空蒸发系统通过低压蒸汽加热浓缩,或者通过蒸汽重复压缩过程使其固形物浓度达到燃烧工段的要求。浓废液在还原性回收炉中燃烧,它有两方面功能。一是燃烧废液中的有机物产生二氧化碳和水,并产生含有碳酸钠与硫化钠的无机熔融物。另一项功能是从高温烟气中回收热能,产生高压蒸汽用于凸轮发电系统发电和作为厂内用汽。无机熔融物从回收炉的底部流出后,溶于来自辅助苛化工段产生的稀白液中,从而形成绿液。

绿液在沉淀或过滤装置中澄清后,与重新煅烧的生石灰(CaO)混合,生石灰消化成氢氧化钙。氢氧化钙与碳酸钠反应生成氢氧化钠溶液和碳酸钙沉淀,通过沉淀或过滤将沉淀物与溶液分离。回收的碳酸钙在石灰窑中重新煅烧成氧化钙,然后,再用于苛化。澄清后的含有氢氧化钠和硫化钠的液体称为白液;白液泵送至蒸煮车间用作蒸煮药液。

硫酸盐法制浆是基于化学品的高效回用和再循环。整个过程如图 2-12 所示。

2.2.5.2 活性化学药品

硫酸盐法蒸煮液是白液、木片中含的水、蒸汽的冷凝水与用来调节液比的稀黑液的混合液。白液是强碱性溶液(pH 约为 14),其中的主要活性化合物是 NaOH 和 Na_2S,还含有少量的 Na_2CO_3、Na_2SO_4、$Na_2S_2O_3$、NaCl 和 $CaCO_3$ 以及其他累积的盐类和非工艺元素。这些额外(除 NaOH 和 Na_2S 以外)的化合物从蒸煮的角度来看,可以认为是惰性的。它们随原料或从碱回收过程中进入白液。

水解的 NaOH 和 Na_2S 是硫酸盐法蒸煮的活性物,而 Na_2CO_3 活性较小。因为它们是强电解质,所以它们游离于水中。白液中存在以下平衡关系:

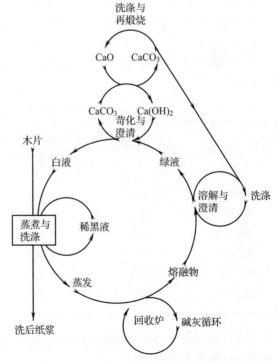

$$NaOH + H_2O \longleftrightarrow Na^+ + OH^- + H_2O \quad (2-3)$$
$$Na_2S + H_2O \longleftrightarrow 2Na^+ + S^{2-} + H_2O \quad (2-4)$$
$$S^{2-} + H_2O \longleftrightarrow HS^- + OH^- \quad (2-5)$$
$$HS^- + H_2O \longleftrightarrow H_2S + OH^- \quad (2-6)$$
$$Na_2CO_3 + H_2O \longleftrightarrow 2Na^+ + CO_3^{2-} + H_2O \quad (2-7)$$
$$CO_3^{2-} + H_2O \longleftrightarrow HCO_3^- + OH^- \quad (2-8)$$

反应式(2-3)至式(2-5)一般认为向

图 2-12 硫酸盐法制浆化学药品循环简图

右边的反应是完全的;反应式(2-6)在硫酸盐法蒸煮的 pH 范围内不显著。HS⁻ 的产生情况取决于 pH 和温度。在硫酸盐法蒸煮中硫化物中的硫主要以 HS⁻ 的形式存在。分析测定反应式(2-5)、式(2-6)和式(2-7)的硫化物的成分,需要知道所有的化合物在蒸煮条件下的热力学平衡常数和活性。实际上这是很困难的,但可以采用化学计量平衡和浓度。图 2-13 显示了室温下主要组分的平衡图。

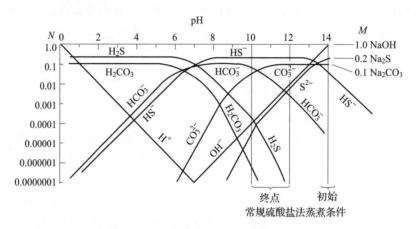

图 2-13 硫酸盐蒸煮液的电解质体系

硫酸盐法蒸煮液的化学性质和组成定义如下:

总碱:所有的钠化合物(如 NaOH、Na₂S、Na₂CO₃、Na₂SO₄、Na₂S₂O₃ 和 NaCl)

活性碱,AA:$NaOH + Na_2S$

有效碱,EA:$NaOH + 1/2 Na_2S$

硫化度:$[Na_2S/(NaOH + Na_2S)] \times 100$

苛化度(Causticity):$[NaOH/(NaOH + Na_2CO_3)] \times 100$

还原率(Reduction):$[Na_2S/(Na_2S + Na_2SO_4)] \times 100$

化合物计算时以 NaOH 或 Na₂O 计,也可以转换成基于其钠含量的其他等当量的化合物计,如表 2-1 所示。

表 2-1 硫酸盐法蒸煮剂的转换系数

化合物	转换为 Na₂O	由 Na₂O 转换为其他化合物	转换为 NaOH	由 NaOH 转换为其他化合物
NaOH	0.775	1.290	1.000	1.000
Na₂O	1.000	1.000	1.290	0.775
Na₂S	0.795	1.258	1.025	0.975
NaHS	0.554	1.807	0.714	1.400
Na₂CO₃	0.585	1.710	0.755	1.325
Na₂SO₄	0.437	2.290	0.563	1.775

图 2-14 为硫酸盐法蒸煮白液中主要成分之间的关系。

2.2.5.3 脱木素历程

在详细讨论蒸煮过程中木素、碳水化合物和抽出物之前,了解木素在细胞壁和胞间层中的分布是重要的。胞间层的 70% ~ 80% 由木素构成,但胞间层比次生壁薄。次生壁木素所占的比例仅为 20% ,但因为它厚度大,所以次生壁木素含量为总木素的 70% ~ 80% 。不同形态区的木素的化学和反应活性也是有差别的。

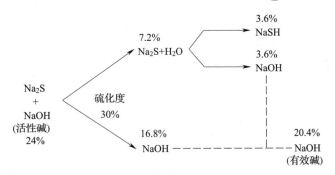

图2－14　硫酸盐法蒸煮术语之间的关系图

在脱木素反应发生之前,木片必须用蒸煮液充分浸透。理想的情况下,所有的木材细胞腔填充有试剂,所有细胞壁的孔隙也是如此。蒸煮液要渗透到胞间层只能通过细胞腔和多孔的细胞壁。这样,许多次生壁中的木素将比胞间层的木素先溶出。脱木素超过 80% 时,木片还是完整的,并没有发生分散,这一现象证明了上述机理。将纤维黏结在一起的木素最后得到脱除[9]。

在硫酸盐法蒸煮过程中,木素发生一些反应,可分为两大类:降解和缩合反应,二者之间相互竞争。降解反应是希望发生的,因为它通过分解成木素碎片而使其溶解[16]。降解反应主要是由相邻基团参与的芳醚键(连接)的裂解反应[17]。降解反应的类型主要取决于木素分子的连接形式。有两方面因素决定了木素降解的过程,即某种连接键的数量及其与蒸煮剂的反应活性。木素中的主要连接键是 β – 芳基醚键($\beta - O - 4$),在针叶木和阔叶木中 β – 芳基醚键的数量占木素连接键总量的 50% ~ 60% 。由此可见,蒸煮过程中最普遍的裂解反应是 $\beta - O - 4$ 连接。其反应活性取决于木素结构单元是酚型的还是非酚型的(即丙烷对位的苯基上的基团的类型)。相比之下,醚键反应活性比碳—碳键($5 - 5$、$\beta - \beta$、$\beta - 1$)大得多。此外,两个丙烷之间的连接,例如,二芳基醚键和二芳基碳—碳键,在蒸煮过程中相对来说是稳定的[17]。应当记住,木素的化学结构是影响脱木素反应的因素之一。对桉木浆而言,脱木素效率和得率与木片中木素的含量关系不是很大。可是,桉木木素的紫丁香基与愈创木基比率(S/G)对脱木素却有着积极且显著的关系,并影响浆的得率[18]。已经注意到,脱木素速率、蒸煮剂的消耗、以及浆的得率均取决于 S/G 比例的大小。这是因为脱木素不仅取决于木素的可及性,而且还取决于其反应活性,S/G 比例的增大可提高木素的反应活性。因此,木材的 S/G 的比例高就容易脱木素[18]。

与降解反应相反,缩合反应是不希望发生的,因为它会产生新的对碱稳定的连接,从而增大木素碎片的分子质量,导致木素的再沉淀。

在硫酸盐法蒸煮过程中,木素和聚糖类的另一类反应是产生发色基团,即吸收一定范围可见光的一些结构。有些发色基团是木材原有的,而大多数诱导而来的发色基团是由木素的氧化反应衍生的。发色基团含有双键共轭系统,如松柏醛、不同醌结构和环二酮。碳水化合物中导入发色基团,如羰基[19]。

由于蒸煮的主要目的是去除木素,同时尽可能保护碳水化合物,很自然,蒸煮历程按照脱木素速率以及蒸煮过程中木素的反应类型来划分阶段。硫酸盐法蒸煮过程中木素的反应历程可以分为不同的 3 个阶段:初始脱木素、大量脱木素和残余脱木素。

2.2.5.4　初始脱木素

初始脱木素主要发生在药液浸渍阶段,正好在达到蒸煮最高温度之前(即 <150℃左右)。

这是一个扩散控制过程,而不是化学反应控制过程[17]。少量木素(总木素的20%~25%)在这一阶段溶出,反应不是针对木素,即碳水化合物在这一阶段大量降解。在初始脱木素阶段,硫氢化物的吸附将加速药液浸透、增大大量脱木素阶段的(脱木素)反应速率,同时,防止碳水化合物的降解和溶解木素的再缩合。

在这一阶段,木素不是真正的分解。仅仅是那些足够小并可以溶出的木素碎片被从细胞的S_2层抽提出来。图2-15为硫酸盐法蒸煮过程中木素溶解的一个实例。

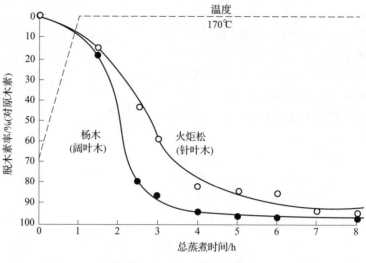

图2-15 相同用碱量的硫酸盐法蒸煮过程中针叶木和阔叶木的脱木素速率[20]

2.2.5.5 大量脱木素

当蒸煮温度升高到150℃至最高蒸煮温度时,在此温度下保持相对恒温,通常是170℃左右。像其标题所表述的,约有总木素含量的70%~80%的木素在此阶段溶出。木素的溶解从细胞壁的S_2层开始,逐渐延伸到胞间层。大量脱木素阶段在很大程度上取决于OH^-离子和HS^-离子的浓度和温度。浓度越大,则脱木素速率越大。当溶解的木素的浓度增大时,脱木素速率减小。厚木片总的脱木素速率较低,因为速率受扩散控制。这意味着厚木片比薄木片残留的木素含量高[9]。

2.2.5.6 残余脱木素

大量脱木素之后将继续蒸煮,直至脱木素率达到90%,残余木素只有3%~5%(对木片的质量百分比)。蒸煮最后阶段,即残余脱木素阶段,脱木素速率相当慢,如图2-16所示。图中显示了针叶木和阔叶木的3个脱木素阶段与H—因子(时间与温度结合而成的参变数,详见2.3.2.7木素反应的动力学的关系。

在任何一个阶段,碱耗尽了都将导致木素大分子的缩合,进而木素的溶解将会停止。这意味着当脱木素完成后必须有一定浓度的游离碱(残碱)(通常5~15g/L)。在残余脱木素阶段,脱木素的选择性相当差,因此,这一阶段持续时间特别长的话,碳水化合物降解的危险性将会增大。残余脱木素阶段之后残留于浆中的木素将在后续的氧脱木素和漂白阶段继续脱除。

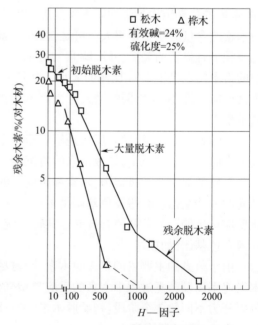

图2-16 松木和桦木脱木素速率与H—因子的关系

2.2.5.7 脱木素过程中的降解反应

在初始脱木素阶段,反应过程中主要是酚型木素结构的 α – 和 β – 芳基醚键断裂,如图 2 – 17 和图 2 – 18 所示。这些断裂反应是木素中最容易脱除的键。酚型芳基丙烷上的 α – 芳基醚键的断裂反应(图 2 – 17)形成醌中间体,并消除 α 位置上的取代基。α – 芳基醚键的断裂反应也可能或形成两个芳基丙烷单元,但只是没有 β – C – 芳基连接(图 2 – 17 中的虚线)的会是这样的。这种反应的速率不依赖于氢氧根离子浓度,但需要酚羟基全部离子化。由于硫氢根离子未参与反应,所以这种反应与硫氢根离子含量无关[17]。

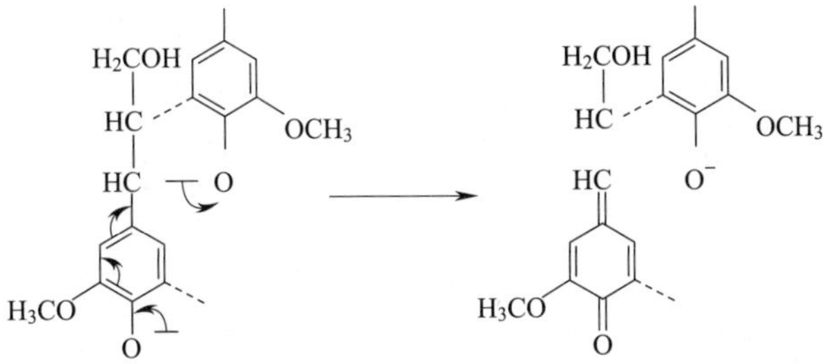

图 2 – 17　酚型木素结构单元 α– 芳基醚键的碱化断裂[17]

酚型木素结构单元中 β – 芳基醚键的断裂(见图 2 – 18)过程分为四步,第一步是通过 α 位上的取代基(如羟基)的碱化断裂形成醌中间体。这一步被认为是决定 β – 芳基醚键的断裂反应速率的一步。第二步是可逆的亲核反应,硫氢根离子(HS^-)与甲基化离子反应,形成苯基硫醇结构,这引起第三步反应,$\beta – O – 4$ 键断裂,离子化的游离酚单元脱除。最后一步是中间体环硫乙烷结构通过元素硫的消除产生相应的对 – 羟基苯乙烯结构,特别是松柏醇结构[17]。

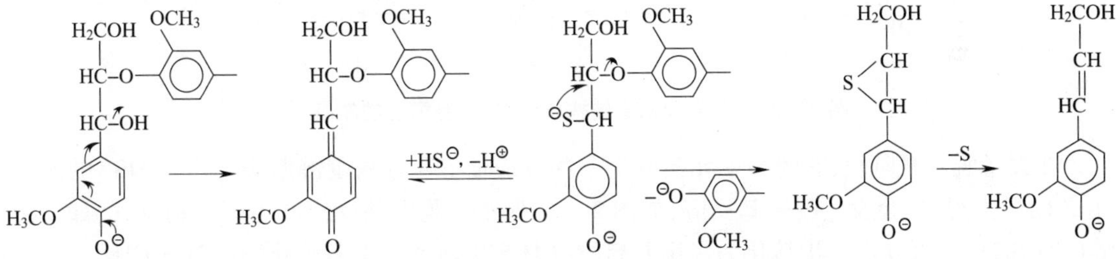

图 2 – 18　酚型木素结构单元 β– 芳基醚键的硫化断裂[21]

少量含有 α – 羰基的非酚型结构单元在初始脱木素阶段发生 β – 芳基醚键断裂,见图 2 – 19[17]。

酚型单元 α – 芳基醚键的碱化断裂和 β – 芳基醚键的硫化断裂(见图 2 – 17 和图 2 – 18)产生新的酚型单元。如果新的酚型单元也含有 α – 或 β – 醚键,裂解反应便会继续发生,直到不再有这样的化学键。因此,在初始脱木素阶段,这导致木素分子的剥皮反应。

在大量脱木素阶段,温度大多数是固定在设定的 170℃ 左右。在这一阶段大部分的木素被脱除。在大量脱木素阶段非酚型单元 β – 芳基醚键断裂而降解,见图 2 – 20。这一反应比初始脱木素阶段慢得多。

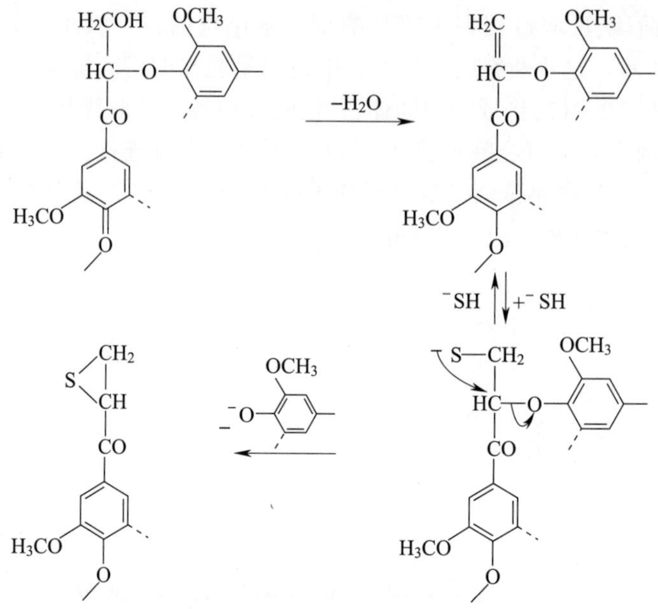

图2-19   含有 α-羰基的非酚型木素结构单元 β-芳基醚键的硫化断裂[17]

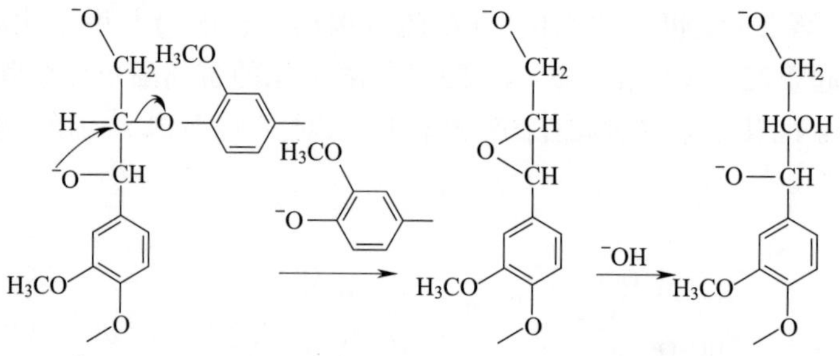

图2-20   非酚型木素结构单元 β-芳基醚键的断裂[21]

在大量脱木素阶段,非酚型单元会发生一些反应使 β-芳基醚键断裂。由于 HS^- 的亲核性比 OH^- 大得多,会发生脱甲基反应,如图2-21所示。脱甲基反应产生硫化物臭气,如甲硫醇(CH_3SH),它可以进一步转化为二甲基硫醚(CH_3SCH_3)或二甲基硫化物($CH_3S_2CH_3$)[21]。

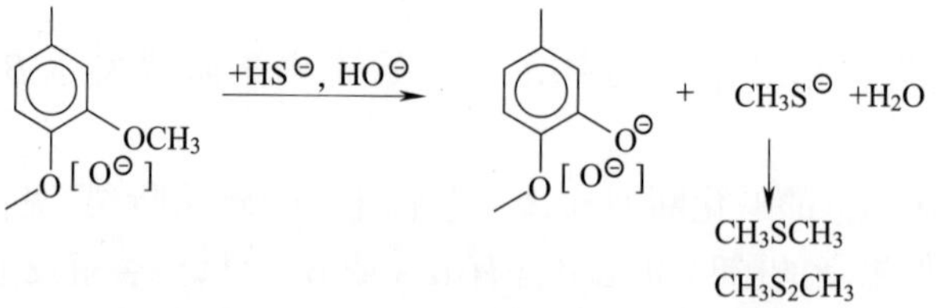

图2-21   木素甲氧基的碱化断裂

在蒸煮的最后阶段,残余脱木素阶段,反应开始于大约 90% 的木素脱除以后。在蒸煮终点,脱木素速率下降。这一阶段的反应速率很大程度上取决于温度和氢氧根离子浓度,但不依赖于硫氢根离子浓度。

碱法蒸煮过程中,碱促进的碳—碳键断裂,包括丙烷侧链和由缩合产生的碳—碳键,仅仅产生少量的木素碎片。由碳—碳键碱化断裂造成的碎片化通常发生于原木素或水加成产生的羟基化的侧链上(见图2-22)。

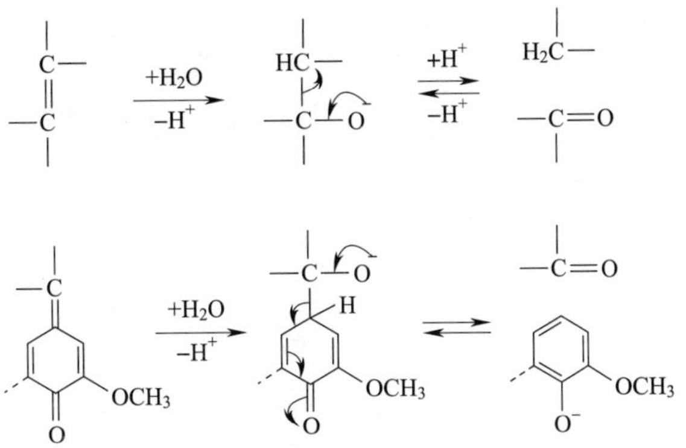

在残余脱木素阶段木素的溶解速率是较低的,这主要是由于碱的浓度比蒸煮开始时低,另一方面原因是残留在木片中木素的浓度也低。结果是,木素发生缩合反应,进而降低木素的溶解速率。

图2-22　木素碳—碳键的碱化断裂[22]

因此,残碱应当保持高些。此外,在蒸煮后期,蒸煮剂(化学品)的选择性差,残余木素与碳水化合物的结合(连接)使得木素很顽固(很难脱除)。

外部的亲核试剂(如蒸煮液中的氢氧化钠和硫氢根阴离子)必须与内部木素亲核试剂(如酚型结构的碳负离子)互相竞争,从而发生裂解和综合反应,这如图2-23所示。由于亲核试剂(包括外部的和内部的)加成的可逆性,竞争不仅取决于各自的亲核性,而且还取决于新的加成产物承受快并且不可逆的反应的能力。如果在 β 位置上有容易除去的基团,通过相邻基团的参与,裂解反应将胜过缩合反应而成为主导反应。如果易除去的基团是,例如 R = OAr(Ar 为芳基),这个例子与图2-19相似,裂解反应将是 β - 芳基醚键断裂。另一方面,结构中如果没有 β - O 取代基,它可能被消除(例如,R = 芳基,见图2-23,下半部分),将会有内部亲核试剂(如酚盐离子)的可逆的加成反应发生,接下来从加成产物上提取质子和重新芳构化。此外,强的外部亲核试剂的存在不能防止缩合反应,但却能通过削弱内部亲核剂的能力而减慢缩合反应[16,22]。

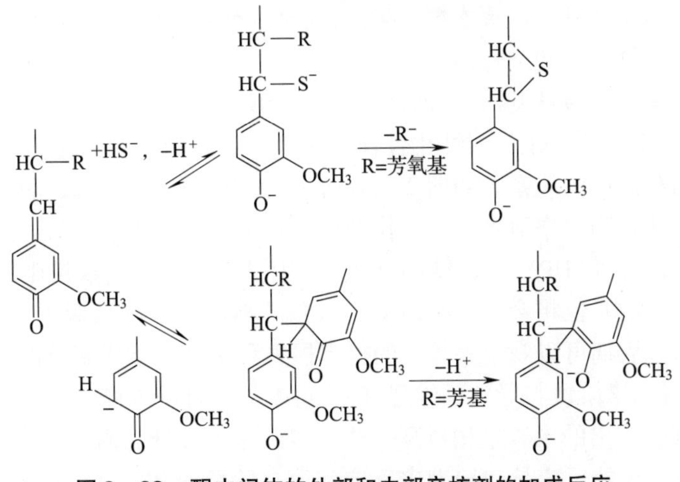

图2-23　醌中间体的外部和内部亲核剂的加成反应

木素的缩合反应是共轭加成反应,酚型结构的醌甲基化物、共轭酚结构或者侧链的醌甲基化物,作为接受体,来自于酚结构或烯醇结构的碳负离子作为供体亲核试剂[17]。

除了醌甲基化物作为受体(见图2-23)之外,甲醛(CH₂O)也可能作为酚结构(如酚盐离子)上的碳负离子的受体,如图2-24所示。甲醇与酚离子所产生的主要加成产物(羟基苯醇)被转变成 O - 醌甲基化物,它再加上另一个酚离子,生成二苯甲烷结构(见图2-24)[16]。

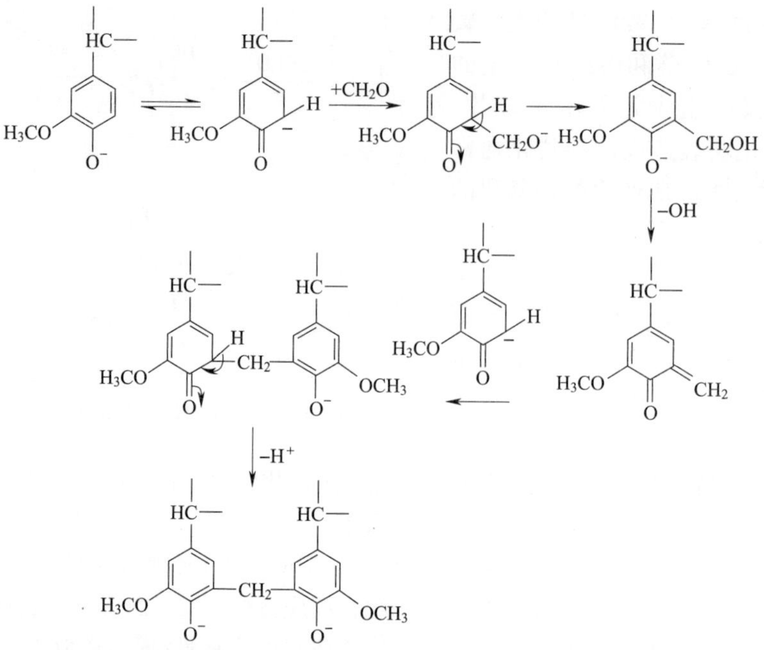

图2-24 酚型结构单元碱促进的缩合反应

2.2.5.8 碳水化合物的反应

尽管脱木素是蒸煮的主要目的,但大量的碳水化合物在碱法蒸煮中溶出,特别是在初始脱木素阶段。例如,针叶木中的聚半乳糖葡萄糖甘露糖,在低于130℃时,几乎全部溶出。在100~130℃范围内,所溶出的总碳水化合物中75%是聚葡萄糖甘露糖。聚木糖将在高温,即>140℃时溶解,但其溶解速率在大量脱木素阶段减小。然后在残余脱木素阶段再加速——相对于脱木素而言。由于阔叶木的聚木糖含量高,而聚木糖对碱较稳定,所以阔叶木硫酸盐浆的碳水化合物的得率比针叶木硫酸盐高。

半纤维素的降解产生酸性基团,会消耗碱。在硫酸盐法蒸煮的初始阶段和大量脱木素前期,大部分碱是用于中和所产生的酸性化合物。图2-25为硫酸盐法蒸煮过程中各种化合物的溶解与蒸煮时间和温度的关系。如图2-26所示,在不同脱木素阶段,脱木素阶段选择性的差异可以通过碳水化合物得率对木素得率作图而很好地显示出来。

纤维素由于其聚合度(DP)较大,结晶度较高。因此,与半纤维素相比,纤维素不易溶解。可是,在碱法蒸煮过程中,也将会有一些(10%~15%)溶解。在残余脱木素阶段,纤维的降解特别剧烈。在脱木素后期可以观察到较大的得率损失和聚糖类物质聚合度的减小。在常规的蒸煮中,延长残余脱木素阶段将导致纤维强度差、得率低。针叶木硫酸盐浆得率低是因为其原始木素含量高(因此,溶出的木素量相对高一些),以及聚葡萄糖甘露糖的大量溶解。

碳水化合物最重要的反应是初始剥皮反应和第二阶段剥皮反应、终止(停止)反应、糖苷键的碱性水解(断裂)和半纤维素中乙酰基的水解。

末端的降解或剥皮反应发生在纤维素分子链的还原性末端基。存在于纤维素链上的还原性末端基团的降解(初始剥皮反应)开始于100℃。初始剥皮反应一次脱去一个单糖,从而降低聚合度。然而,超过150℃时,碱性水解(断裂)开始,断裂发生在纤维素分子链的任意位置,聚合度的下降相当大。并且,水解导致新的还原端基的形成,这些末端基会在剥皮反应(二段剥皮)中进一步降解[21,23]。然而,能够减缓水解速度的终止反应,在高温下更重要[23]。

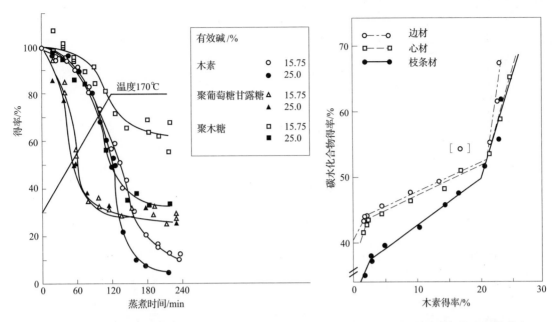

图 2-25　松木硫酸盐法蒸煮过程中木素、聚葡萄糖　　图 2-26　松木不同部位木材的碳水
　　甘露糖和聚木糖的溶解[15]　　　　　　　　　　　化合物得率与木素得率的关系[15]

在初始剥皮反应的最初步骤中,还原性末端基打开,接着重排为酮糖,在 C-4 位取代基的裂解为新的还原性末端基,从而缩短了纤维素的分子链,并脱掉了末端基,如图 2-27 所示。这个断裂下来的末端基会进一步裂解(见图 2-28),形成乳酸、异变糖酸和 2-羟基丁酸。

通过剥皮反应溶出的碳水化合物主要转变成各种羟酸,但也转变为甲酸、乙酸和二元羧酸,这类酸会消耗蒸煮液中的碱。

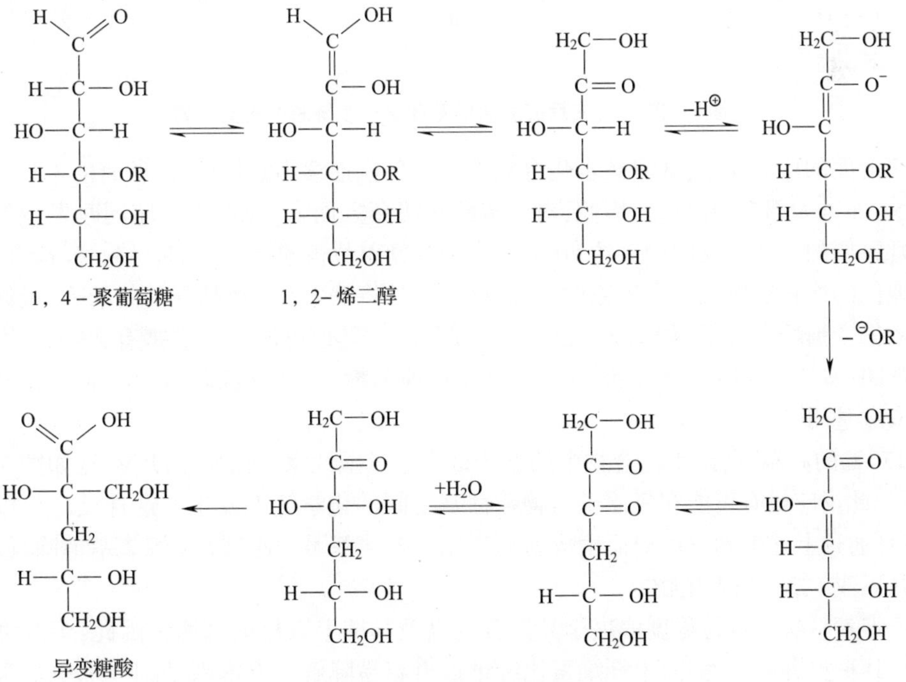

图 2-27　碳水化合物分子链的主要碱性剥皮反应[7]

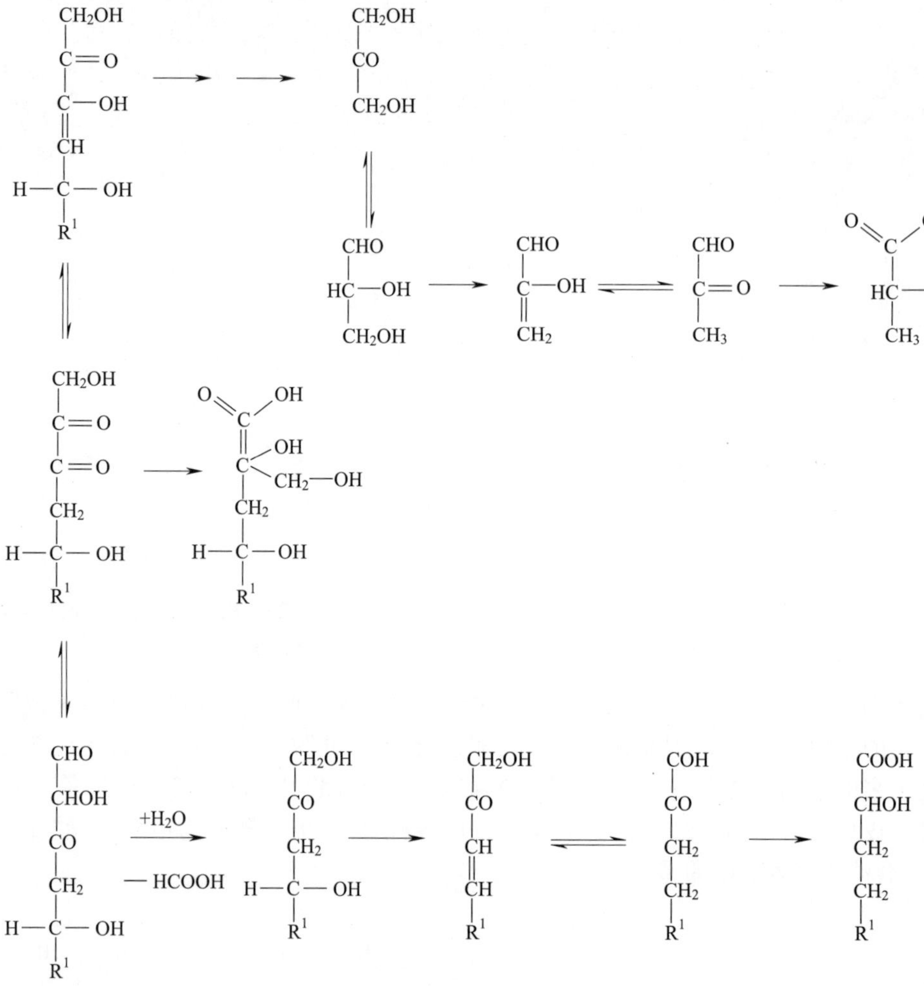

图 2 - 28　剥皮反应脱出的基团进一步降解的主要产物

按照上面的反应体系,如果碳水化合物的剥皮反应连续不断地进行,所有的木材原料最终都会降解,而且大部分会溶出。因此,对于硫酸盐法蒸煮而言,与剥皮反应同时发生的终止反应是非常重要的。剥皮反应中大约 50~60 个葡萄糖单位被脱掉后,此时,终止反应开始进行。占主导地位的终止反应发生在还原性末端基团,此处将发生 β - 羟基羰基的消除,最终生成对碱稳定的偏变糖酸末端基(如图 2 - 29 的上半部分)。其他可能的末端基有 2 - C - 甲基甘油酸末端基团(如图 2 - 29 的下半部分),还有少量葡萄糖二元酸(glucosaccharinic)末端基团和糖醛酸末端基团[19]。

在 170℃ 的高温下,碳水化合物中的糖苷键会通过碱性水解而发生断裂,正如图 2 - 30 描述的那样,此反应最有可能在氧原子与葡萄糖基之间的化学键上发生。这种反应可以使多糖解聚,并且通过上述的剥皮反应而生成新的还原性末端基团。通过 β - 烷氧基消除反应,糖苷键断裂并形成 1,2 - 环氧化物。

半纤维素降解的难易程度取决于其聚合度以及其链上取代的基团。因此,半纤维素的降解速率与其种类有关。另外,半纤维素比纤维素更容易降解。聚木糖是阔叶木中最常见的半纤维素,在聚木糖的碱性水解过程中,由于木糖单元的开裂[19],导致以异木糖酸为主的降解产物的产生[23]。对于进一步的剥皮反应而言,残留的半乳糖醛酸末端基团是稳定的,但不会永远保持稳定[19]。然而,对于碱性降解来说,桦木的聚木糖比聚葡萄糖甘露糖更稳定,其原因是半乳糖醛酸侧链的稳定性与聚木糖链还原性末端基的稳定性相近。另一方面,针叶木聚木糖,通过在失去侧链之后形成了对碱稳定的偏变糖酸末端基,因此对剥皮反应是稳定的。聚葡萄糖甘露糖大多存在于针叶木中,碱性降解后产生类似于纤维素的降解产物[23]。

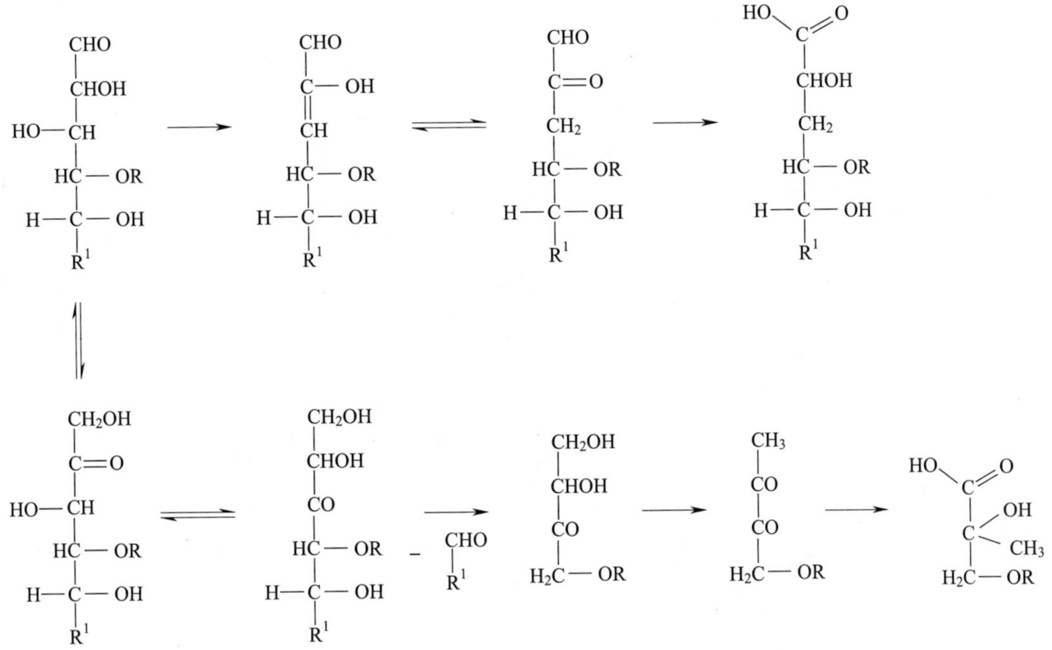

图 2-29 主要的终止反应[19]

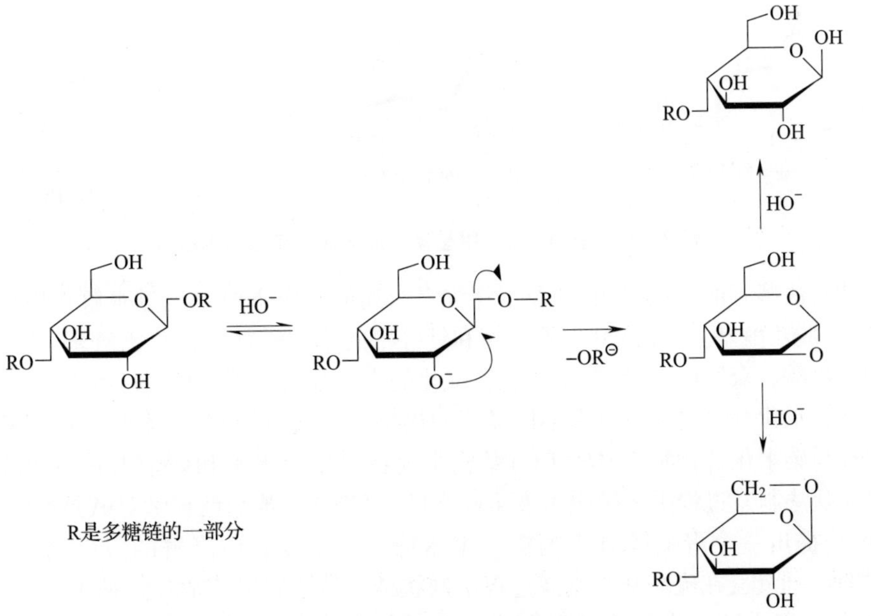

R 是多糖链的一部分

图 2-30 糖苷键的碱性水解[21]

　　由于多糖的降解导致得率损失,因此,曾经有过多次尝试,以降低碱性降解的负面影响。为了避免多糖的剥皮反应发生,必须消除还原性末端的醛基的作用。可以通过使用硼氢化钠,将醛基还原为醇,这可使得率提高8%(对绝干木材)。用硫化氢对木片进行预处理,将末端基还原为硫代糖醇。但出于经济原因,上述的两种方法都没有获得工业上的重视。末端基团也可以被氧化成羧基基团,或被其他对碱稳定的末端基团取代[19]。工业上有两种更重要的稳定多糖的方法,即使用多硫化物和蒽醌作为化学添加剂。这将在后面的2.2.5.11硫酸盐法蒸煮的化学添加剂中做更为详细的讨论。

　　如图2-31所示,己烯糖醛酸是由阔叶木聚木糖的$4-O-$甲基葡萄糖醛酸侧链反应生成的,其反应过程如图2-31所示,图中甲醇从$4-O-$甲基葡萄糖醛酸侧链上脱除的速率表示为速率常数k_1。$4-O-$甲基葡萄糖醛酸和己烯糖醛酸的降解速率分别表示为速率常数k_2和k_3。此反应的降解产物是甲醇。被称作"假木素"的己烯糖醛酸是非常重要的,因为在标准测量中它对卡伯值的贡献很大[12]。而且,己烯糖醛酸消耗漂白化学品,并且纸浆的返黄与其有关[25]。因此,有必要在蒸煮过程中尽可能地降低己烯糖醛酸的形成[26],而不是在蒸煮之后的操作中(例如,在漂白过程中的酸处理阶段)设法将其除去,这样会降低聚木糖的得率。

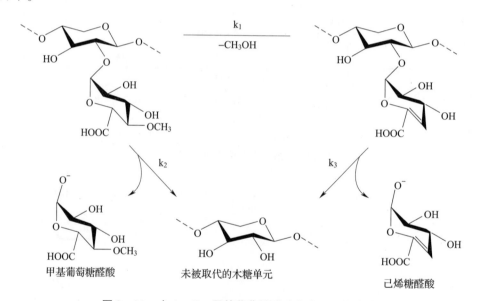

图2-31　由$4-O-$甲基葡萄糖醛酸生成己烯糖醛酸

　　在硫酸盐法蒸煮的初期阶段,涉及半纤维素的其他反应主要是通过水解作用而发生的乙酰基的断裂(脱乙酰基)。在阔叶木聚木糖和针叶木的聚甘露糖上存在乙酰基,乙酰基裂解的水解产物是乙酸。众所周知,溶解了的脱乙酰化的半纤维素会再沉积于纤维上[21]。

　　木素与碳水化合物之间有许多不同类型的连接方式,包括与纤维素和半纤维素之间。这些称为木素与碳水化合物复合体(LCC)结构主要在大量脱木素和残余木素脱除阶段发生分裂。在硫酸盐法制浆过程中苄酯键可发生碱水解,而苄醚和苯基糖苷键对碱是稳定的。Lawoko 等[27]已经提出一个聚葡萄甘露糖糖-聚木糖-木素复合体降解的假设,见图2-32中(a)。根据这一假设,在硫酸盐法制浆过程中网状结构降解成聚葡萄甘露糖木素复合体[见图2-32中(b)]、聚木糖木素复合体[见图2-32中(c)]以及游离木素碎片[见图2-32中(d)]。还提出在未漂白硫酸盐法云杉纸浆中的残余木素有90%与碳水化合物有连接[27]。

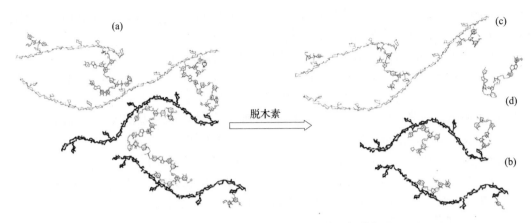

图 2-32 木素-半纤维素网状结构降解的假设

表 2-2 概括总结了木素和碳水化合物反应之间的比较。可以发现,在许多方面存在着相似之处,包括反应类型、氢氧根离子和硫氢根离子的决定作用以及不同制浆阶段所发生的反应。

表 2-2 硫酸盐法蒸煮中木素和碳水化合物主要反应类型之间的联系[17]

硫酸盐法制浆	木素的反应	碳水化合物的反应	反应类型
初始脱木素阶段	酚型单元中 α-芳基醚键的断裂 酚型单元中 β-芳基醚键的断裂 缩合反应	剥皮反应和终止反应	β-消除反应 通过硫杂丙环(thiiranes)进行分子内亲核取代 共轭加成反应
大量脱木素阶段	酚型单元中 β-芳基醚键的断裂,然后,酚型单元中 α-芳基醚键的断裂 酚型单元中 β-芳基醚键的断裂 缩合反应 碳—碳键断裂	糖苷键碱性水解,然后剥皮反应和终止反应 碳—碳键断裂	环氧乙烷分子内亲核取代反应 β-消去反应 通过硫杂丙环(thiiranes)进行分子内亲核取代 共轭加成反应 逆羟醛反应
残余木素脱除阶段	碳—碳键断裂 缩合反应	碳—碳键断裂	逆羟醛反应 共轭加成反应

2.2.5.9 抽出物的反应

抽出物可以被分为两类,其在针叶木硫酸盐法制浆过程性质不同:一种是挥发组分(粗松节油),另一种是非挥发组分(塔罗油皂)。塔罗油皂由树脂和脂肪酸的钠盐和钙盐组成,也能够溶解和除去一些中性物质[24],如来自于松木的谷甾醇、来自于桦木的桦木醇和桦木异戊烯醇。大多数抽出物在蒸煮的初期被去除。脂肪酸在硫酸盐法制浆中完全水解,尽管蜡比脂肪稳定[19]。

挥发性萜类物质的一部分将在木片预蒸汽过程中蒸馏出来,并且可以在废气冷凝器中以松节油冷凝液形式回收。树脂和脂肪酸在碱性条件下皂化形成相应的含钠皂化物,这些皂化物会迅速溶解在蒸煮液中。当溶液中这些液态皂化物浓度达到形成胶束的浓度时,这些皂化物会溶解其他像酯类这样不易溶解的抽出物。

皂化物阴离子的形成及其溶解,以及其他抽出物的消耗是表面化学现象。反应速率取决于有效的反应表面。浓度、温度、pH 和皂化的程度也对反应速率有影响。值得注意的是,由于酯(脂肪和蜡)的皂化与脂肪族羧酸的同时中和,抽出物也消耗蒸煮化学品[24]。

针叶木抽出物的溶解一般非常迅速(在蒸煮的前几分钟),而一些阔叶木的抽出物由于其较低的皂化度可能难以溶解。这可以通过在阔叶木蒸煮液加入表面活性剂补救,也可以在阔叶木蒸煮液中加入从针叶木蒸煮过程中分离出来的皂化物或塔罗油[9]。

在桉木制浆中,发现有脂肪酸盐产生并且截留于细胞壁孔隙,这些抽出物在浆料打浆过程中释放出来,并黏附在纤维表面,随着纤维表面的化学组成而改变[28]。

2.2.5.10　无机物的反应

耗碱量的主要部分(30% ~40%)在浸渍阶段(<130℃)消耗。木素的溶解在这一阶段却很少。

碱消耗于聚糖的末端降解、乙酰基从半纤维素链上分裂以及中和所产生的酸性基团。其他 30% ~40% 的碱在初始脱木素阶段消耗,同样主要消耗于碳水化合物降解。因此,70% ~80% 的碱在主要脱木素反应开始之前就被消耗了(见图 2 – 33)。

在大量脱木素阶段消耗很少一部分的碱,但是在残余脱木素阶段耗碱量增加。脱木素本身不需要很多的碱,但是溶解木素需要强碱性条件。

在蒸煮过程中,硫化物和硫氢根离子的消耗或转化不是很多。硫化氢在木素片段上形成硫醇末端基。其中这些硫醇是挥发性的,并且以气体形式释放出来。这些组分是传统硫酸盐法制浆恶臭的根源。由于碱的消耗,氢氧根离子与硫氢根离子的平衡发生变化。

当 OH⁻ 消耗后,反应式(2 – 5)的化学平衡右移,出现 HS⁻ 的量增加。由于硫酸盐法蒸煮初期蒸煮液的 pH 很高(pH 约 14),仅有一小部分的硫化物水解成硫氢根离子,但是,随着碱在蒸煮过程中被消耗和 pH 的降低,硫氢根离子的产生量增加,如图 2 – 13 所示(见 2.2.5.2 活性化学品部分)。

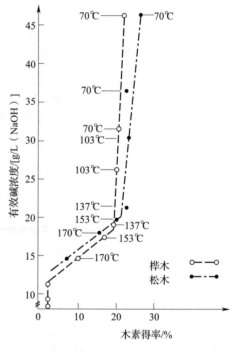

图 2 – 33　桦木和松木硫酸盐法蒸煮过程中碱耗与木素得率的关系[15]

2.2.5.11　硫酸盐法蒸煮的化学添加剂

化学添加剂可用于化学浆蒸煮过程中的理由有很多,能够促进蒸煮化学药品的浸渍、加速脱木素反应、提高纸浆的得率、控制树脂的形成、改善皂化物的分离和改善纸浆的物理性能。一些其他的药品,像润湿剂、树脂控制剂,它们通常是表面活性剂或膦酸酯[29]。其他的化学品包括工业上重要的脱木素催化剂多硫化物和蒽醌,他们用在改良的硫酸盐法蒸煮过程中。硫酸盐法蒸煮改良的目的是减少碳水化合物过多地溶解和降解,常规的硫酸盐法蒸煮中碳水化合物的溶解和降解会造成纸浆得率低。

2.2.5.12　多硫化物蒸煮

在硫酸盐法制浆中,为了保留更多的碳水化合物,特别是半纤维素,最先的尝试是使用多硫化物,也就是向蒸煮液中加入元素硫。多硫化物在低温下(100~120℃)通过把多糖的还原性末端基氧化成对碱稳定的醛糖酸,从而稳定半纤维素,减少了碳水化合物在蒸煮过程中的溶出。Hägglund[30]在1946年发现这种现象。如图2-34所示,正确使用多硫化物可以使选择性得到改善。蒸煮过程中增加的得率,通过漂白操作之后,仍然保持着。

难点是多硫化物溶液的制备。通过向硫酸盐白液加入元素硫的方式来制备多硫化物溶液,其反应式为:

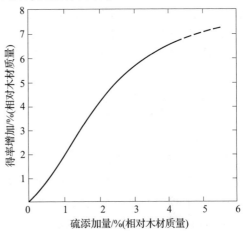

$$Na_2S + S \rightarrow Na_2S_2 + S \rightarrow Na_2S_3 \rightarrow \quad (2-9)$$

硫的用量必须达到3%~5%(对木材)(见图2-34),那就意味着硫必须从碱回收过程中回收和再生成单质硫[9]。虽然这种方法很成功,能使浆的得率显著增加(增加7%,相对绝干木材质量),并且多需要的硫可以大部分再生利用,在化学循环中微量硫的积累会导致气味问题[24]。

还有一种途径是通过催化氧化产生多硫化物,其反应为:

图2-34　多硫化物添加量与增加纸浆得率之间的关系(云杉,卡伯值36)[31]

$$Na_2S + O_2 + 2H_2O \rightarrow S_2 + 4NaOH \quad (2-10)$$
$$nS + Na_2S \rightarrow Na_2S_n \quad (2-11)$$

由于副反应,部分硫化物会被氧化为硫代硫酸盐。通过氧化白液制备多硫化物,会受到白液硫化度的限制。多硫化物的最佳用量为1%(对木片),直接添加单质硫不会使多硫化物的用量受到限制。

添加多硫化物蒸煮所增加的得率与提高针叶木聚葡萄糖甘露糖得率和阔叶木聚木糖得率是直接相关的[9]。

2.2.5.13　蒽醌蒸煮

Holton[32]指出,根据Bach和Fiehn[33]最初的研究,未改性的蒽醌通过减缓剥皮反应,可使碳水化合物对碱稳定。图2-35示出了硫酸盐法制浆中蒽醌的作用途径。蒽醌(AQ)与碳水化合物的还原性末端基反应,使其变为对碱性剥皮反应稳定的醛糖酸,同时,蒽醌还原为能溶解于碱的蒽氢醌(AHQ)。还原的蒽氢醌能有效地断裂木素酚型结构单元中β-芳基醚键,从而提高了木素的活性。部分降解的木素继续被氢氧化钠降解[19]。在木素的还原过程中蒽氢醌被氧化成蒽醌[19],与此同时,蒽醌还能继续与碳水化合物反应。这种半催化氧化还原反应机理解释了为什么加入很少量(<0.1%)的蒽醌就有效。这种使用蒽醌的效果是事半功倍的:它保护了碳水化合物,与此同时,还加快了脱木素,如图2-36所示。

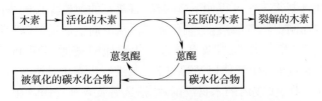

图2-35　蒽醌强化硫酸盐法制浆的氧化还原循环[15]

2.2.5.14　其他添加剂

一些表面活性剂可以改善浸渍阶段蒸煮化学品向针叶木木片内的渗透和扩散。使用非离子和离子表面活性剂可以大大提高蒸煮的均匀性，表现在卡伯值的降低、筛渣的减少、黑液中残碱的增加，同时还保护了得率[34]。据报道，关于非离子化表面活性剂的其他的积极影响是浆的聚合度（DP）较高、反射因数（reflectance factor）增大，从而节省了二氧化氯漂白阶段的漂白剂[35]。

像磷酸盐这样的螯合剂也已经作为蒸煮和洗涤助剂进行实验。研究发

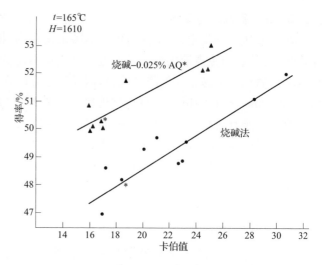

图 2-36　南方混合阔叶木烧碱法制浆中蒽醌的作用[14]

现，在蒸煮中使用聚氨基膦酸（polyaminophosphonic acids，SPAP）的钠盐溶液，可以提高桉木浆的强度和白度。而且，在本色浆洗涤时，使用 SPAP 可获得最好的去除金属离子特性[36]。

二甲苯磺酸钠和其他所谓的水溶助长剂由亲水性部分和疏水性部分组成，其分子比表面活性剂小。这些水溶助长剂的溶液用作蒸煮助剂，以改变水的特性，改善水对有机物（如木素）的溶解性能。阔叶木木素比针叶木木素的溶解性好，但与硫酸盐法蒸煮相比，二者需要更长的蒸煮时间[7]。

Korpinen 和 Fardim[37]发现，水溶助长剂（Hydrotrope）制浆之后获得的木素几乎完全不含碳水化合物，它的浓度小于 10mg /g。木素中也不含有残留的水溶助长剂。由于脱木素过程中硫与木素不是以化学键的形式相结合，这对于木素的进一步应用很有好处。Korpinen 和 Fardim 还发现，当用针叶木木屑代替针叶木木片时，木素的得率提高[37]。

2.2.6　亚硫酸盐法制浆

2.2.6.1　亚硫酸盐法制浆概述

亚硫酸盐法制浆由其使用亚硫酸氢盐溶液脱木素而得名。制浆过程中使用的阳离子主要有钙离子、镁离子、钠离子或铵离子。各种亚硫酸氢盐的溶解度决定了阳离子的选用。钙离子要求 pH 小于 2 以保持其溶解，而镁离子 pH 则可以达到 4。亚硫酸钠和亚硫酸铵在强碱性条件下依然可以完全溶解而不沉淀。酸性亚硫酸盐法制浆一般 pH 为 2~3，亚硫酸氢盐法制浆 pH 范围是 3~5，中性亚硫酸盐法 pH 在 6~9 范围内，碱性亚硫酸盐法制浆 pH 在 11 以上。由于亚硫酸盐法制浆过程中适用的 pH 范围和使用的阳离子很广，所以很难对其进行总体性的描述。

传统酸性亚硫酸钙制浆工艺过程如下：在装满石灰石的逆流操作酸塔内，石灰石与二氧化硫气体及水发生反应而制得蒸煮酸液；二氧化硫气体从下向上通过装满石灰石的酸塔，水则从塔顶喷淋，向下流经反应塔。SO₂ 与石灰石接触产生亚硫酸氢钙溶液，该溶液从塔底流出，这种原酸用前一锅蒸煮回收的 SO₂ 气体以及补充的 SO₂ 进一步强化增浓。

像硫酸盐法制浆一样，去皮后的木材经削片、筛选后装入蒸煮锅。在蒸煮锅内蒸煮药液渗透到木片内，蒸煮锅内料片和药液的加热是通过将液体抽出、送到间接蒸汽加热循环系统、然

后再送回到蒸煮锅内。在大约 100℃ 时,将多余的酸液从蒸煮锅内抽出来。之后继续进行药液循环加热,直至达到所需的蒸煮温度(酸法蒸煮时 125 ~ 140℃)。蒸煮过程通过放气终止,SO_2 通入压力储酸罐以便用于后续的蒸煮。放气通常分为气体进入高压储酸罐和低压储酸罐的两个不同阶段进行。蒸煮后废液的回收一般直接从蒸煮锅内置换出来,送到蒸发车间,与此同时,蒸煮锅内浆料也得以冷却。之后浆料经洗涤、筛选、漂白及干燥。

蒸煮废液可用于生产酒精、蛋白、酵母、香草醛、木素磺酸盐等副产品。剩余部分经蒸发后送入氧化燃烧炉内燃烧。在钙盐基的蒸煮过程中,盐基(蒸煮化学品)一般是不可再生的。燃烧后的烟气中含有一些游离的 SO_2 和粉尘,炉灰为硫酸钙与亚硫酸钙的混合物,进行填埋。在亚硫酸镁蒸煮过程中镁盐基是可再生的,在多级逆流气体洗涤系统中使 MgO 粉尘与 SO_2 相结合而再次生成亚硫酸氢镁溶液。对铵盐基蒸煮,由于燃烧废液过程中氨会分解,所以只有 SO_2 可通过烟气洗涤而回收。钠盐基亚硫酸盐法蒸煮废液的再生很复杂,像硫酸盐法蒸煮废液回收过程一样,是基于还原燃烧[9]。酸性亚硫酸钙蒸煮工艺流程如图 2 - 37 所示。

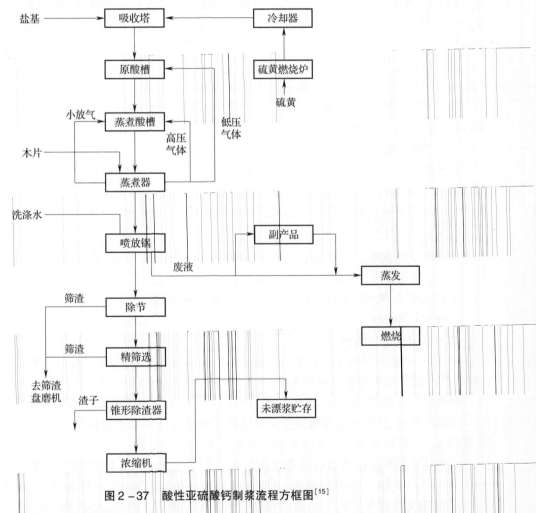

图 2 - 37 酸性亚硫酸钙制浆流程方框图[15]

除上述的工艺过程以外,工业上为了改善纸浆的性能,开发了以不同 pH 范围蒸煮的亚硫酸盐两段或三段蒸煮。可行的两段(或多段)蒸煮技术是木片先在 pH 为 6 ~ 7 的 Na_2SO_3/$NaHSO_3$ 溶液中预浸渍,然后再在酸性亚硫酸盐法制浆条件下蒸煮。在第一段中,木素会磺化到一定程度,但大部分还保留在木片中。在第二段中,通过往蒸煮锅内加入液体 SO_2 而完成脱木素。与传统的亚硫酸盐法制浆相比,两段蒸煮可大大改善木素磺化的均匀度,并且可以显著地提高浆的得率[最多提高 8% (相对绝干木片质量)]。纸浆得率的提高主要限于针叶木,这主要与保留在纸浆中的聚葡萄糖甘露糖的量增加有关。与此相反,阔叶木两段制浆仅仅略微改善了聚木糖的得率,因此没在工业生产中应用。两段制浆另外的优点是可以蒸煮松木心材,而传统的亚硫酸盐法制浆是不行的。第一段 pH 控制在 6 ~ 7,磺化反应保护了木素的活性基团,这阻止了木素与酚类抽出物(如赤松素和紫杉叶素)的缩合反应。

两段制浆过程中,通过控制第一阶段的 pH,其浆的得率会变化,从而可以得到适于不同用途的最佳纸浆性能。另一方面,三段钠盐基制浆,一般第一段 pH 为 6 ~ 8,接着是 pH1 ~ 2 的酸蒸煮段,最后是弱碱蒸煮,这特别适合于以阔叶木为原料,制备高纤维素含量的溶解浆[24]。

"木素磺酸盐"指溶解在蒸煮液中的木素碎片。蒸煮过程中需要一定量的盐基中和木素磺酸和木材中的其他酸性降解产物。如果亚硫酸盐法蒸煮中盐基的浓度太低,蒸煮过程 pH 会急剧下降,木素的缩合反应会增多。这就意味着,木片内部蒸煮酸的分解加快,从而会导致木片变黑及芯部硬化。这些有害的反应会使脱木素速率下降,或者完全阻止脱木素的进行[24]。

虽然亚硫酸盐法制浆方面的研究没有像硫酸盐法制浆那样广泛深入,但很明显在亚硫酸盐脱木素过程中也产生了大量低分子质量的芳香族化合物。这些化合物的单体一般都含有 4 - 羟基苯甲酸、香草醛、香草酸、香草乙酮、二氢松柏醇、紫丁香醇、丁香醛、丁香酸以及乙酰基丁香酮,另外,也得到了一些二聚化合物[24]。

2.2.6.2 活性化学品

亚硫酸盐法制浆工艺中活性的含硫物质主要有二氧化硫(SO_2)、亚硫酸氢根离子(HSO_3^-)、亚硫酸根离子(SO_3^{2-}),在蒸煮液中其比例取决于蒸煮液的 pH。根据化学平衡,在 pH 约为 4 时,水溶液中的 SO_2 [总 SO_2 用量一般为 20% (对绝干木材)]几乎都以亚硫酸氢根离子(HSO_3^-)的形式存在;pH 小于或大于 4 时,溶液中 SO_2 和 SO_3^- 的浓度相应地增加[24]。

亚硫酸盐蒸煮液的组成通常以总 SO_2 和化合 SO_2 表示。总 SO_2 表示所有的亚硫酸根离子;化合 SO_2 是指化合为亚硫酸盐正盐(monosulphite)的 SO_2,其关系可表示如下:

蒸煮液组成:$M_2SO_3 + H_2SO_3 + SO_2 + H_2O$,M 表示盐基

化合 SO_2:M_2SO_3

总 SO_2:$M_2SO_3 + H_2SO_3 + SO_2$

SO_2 成分和盐基一般用溶液的百分数表示。例如,如果总 SO_2 含量为 5% ,则总 SO_2 的浓度为 50g/L。盐基表示为相应的氧化物(如 CaO、MgO 和 Na_2O)。

酸性亚硫酸盐蒸煮液中总 SO_2 含量一般在 5% ~10% ,这意味着蒸煮过程中总 SO_2 用量为 30 ~70kg/t 木材,其准确的量取决于蒸煮液比。酸性亚硫酸盐蒸煮液中一般包含大量的游离二氧化硫。在酸性钙盐基蒸煮液中总盐基为 0.7% ~ 1.4% 的 CaO。[9]

活性盐基是与亚硫酸氢根或亚硫酸盐离子结合的阳离子,它的浓度通常用每升溶液中 Na_2O 质量(g)表示。传统的盐基,如钙,得到广泛的应用是由于其价格低(来自石灰石,$CaCO_3$)和因为没有严格的环境质量法规,所以不需要对其进行回收。然而,由于亚硫酸钙($CaSO_3$)溶解度的限制,钙盐基只能用于酸性亚硫酸盐法制浆,其大量的 SO_2 可以防止 $Ca(HSO_3)_2$ 转化为 $CaSO_3$。当使用溶解性较好的镁作为盐基时,pH 可以提高至 5,但是 pH 高于这个范围,$MgSO_3$ 开始沉淀,在碱性范围,镁沉淀为氢氧化镁。与此相反,钠与铵的亚硫酸盐

和氢氧化物易溶,使用这两种盐基,就意味着蒸煮液的 pH 将不会受到限制。最终,亚硫酸盐法蒸煮工艺中,主要使用钠和镁,这些无机化学品会被再次回收和再生利用[24]。

亚硫酸盐法蒸煮方法有许多改进,这些改良是根据蒸煮液的 pH 所生产的纸浆而设定的。其范围从化学用途的溶解浆到高得率中性亚硫酸盐半化学浆(NSSC)(见表 2 - 3)。高得率中性亚硫酸盐半化学浆的生产是先用 $NaSO_3/NaHSO_3$ 溶液蒸煮木片,然后使用盘磨机对部分脱除木素的木片进行机械磨浆,使纤维分离。阔叶木 NSSC 浆的纤维性能特别适合于生产瓦楞原纸。然而,大多数由酸性亚硫酸盐法和亚硫酸氢盐法制得的浆,适合于不同等级的纸种。蒽醌碱性亚硫酸盐法一般生产强度大的牛皮纸类的浆[24]。

表 2 - 3   亚硫酸盐制浆方法[24]

方法	pH 范围	盐基	活性药剂	纸浆类型
酸性亚硫酸盐法	1 ~ 2	Na^+,Mg^{2+},Ca^{2+},NH_4^+	HSO_3^-,H^+	溶解浆 化学浆
亚硫酸氢盐法	2 ~ 6	Na^+,Mg^{2+},NH_4^+	HSO_3^-,H^+	化学浆 高得率浆
中性亚硫酸盐法 (NSSC)[a]	6 ~ 9	Na^+,NH_4^+	HSO_3^-,SO_3^{2-}	高得率浆
AQ[b] 碱性亚硫酸盐法	9 ~ 13	Na^+	SO_3^{2-},HO^-	化学浆

注 a. NSSC—中性亚硫酸盐半化学法;b. AQ—蒽醌。

2.2.6.3 亚硫酸盐蒸煮液的 pH

亚硫酸盐蒸煮液是水、SO_2 气体和盐基阳离子的反应产物。当 SO_2 溶入水中,会呈现下面的平衡:

$$SO_2(g) \leftrightharpoons SO_2 + H_2O \leftrightharpoons H_2SO_3$$

$$H_2SO_3 \leftrightharpoons H^+ + HSO_3^-$$

$$HSO_3^- \leftrightharpoons H^+ + SO_3^{2-}$$

二氧化硫形成两种酸性物质,它们的平衡常数可以推导为[9]:

$$K_1 = \frac{[H^-][HSO_3^-]}{[SO_2] + [H_2SO_3]} \tag{2-12}$$

$$K_2 = \frac{[H^+][SO_3^{2-}]}{[HSO_3^-]} \tag{2-13}$$

或者根据它们的 pH:

$$pK_1 = pH - \log \frac{[HSO_3^-]}{[SO_2] + [H_2SO_3]} \tag{2-14}$$

图 2 - 38 为 HSO_3^- 摩尔分数比随 pH 的变化。

蒸煮液的 pH 一般是随温度变化而变化的。因此,在碱性范围内高温下测定的 pH 比在室温下测定的 pH 要低。相反,在酸性范围中升高温度的情况下测定的 pH 比在室温下测定的 pH 高,如图 2 - 39 所示。

压力对 $SO_2 - H_2O$ 体系影响也非常大,如式(2 - 15)所示。

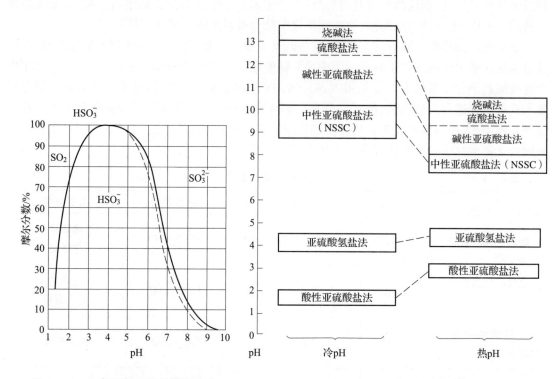

图2-38 25℃下亚硫酸盐蒸煮液中 SO$_2$、亚硫酸氢根离子和亚硫酸根 离子的摩尔分数与pH的关系[15]

图2-39 不同亚硫酸盐蒸 煮液的冷pH和热pH[15]

$$\log p = a + b\log p_w \tag{2-15}$$

式中　p——温度为t时的总压力, mmHg($1\text{mmHg} = 0.13332\text{kPa}$)

　　　　p_w——水蒸气压力, mmHg(原文未注单位—译者注)

　a和b——随SO$_2$浓度而变化的常数

　　SO$_2$浓度对常数a和b的影响如图2-40所示; 不同SO$_2$浓度下SO$_2$-H$_2$O体系压力和温度的平衡图如图2-41所示。表2-4表示出了SO$_2$浓度对压力的影响情况。

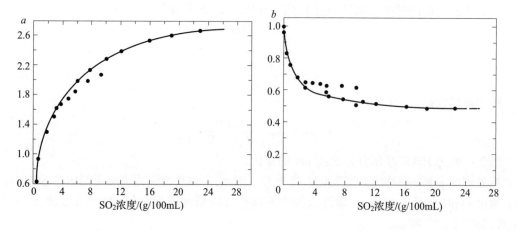

图2-40 不同SO$_2$浓度下公式(2-15)中的常数a和b的值[15]

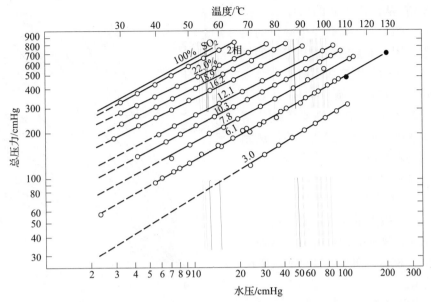

图 2－41 在不同 SO₂ 浓度下 SO₂－H₂O 体系压力和温度的平衡[15]

注 1cmHg ≈ 1.3332kPa。

由表 2－4 可以粗略地估算出,在不同温度和亚硫酸盐正盐(monosulphite)浓度下实际蒸煮液的压力[15]。

表 2－4　　　温度介于 130℃ 和 150℃ 时 SO₂－H₂O 体系的总压力[15]

SO₂浓度/(g/100g)	不同温度下的压力/bar(绝对)			
	130℃	140℃	150℃	160℃
0	2.7	3.61	4.76	6.18
1	3.65	4.55	5.61	6.84
2	4.78	5.83	7.03	8.41
3	6.33	7.56	8.95	10.5
4	7.39	8.79	10.35	12.09
5	8.51	10.07	11.82	13.75
6	9.67	11.4	13.33	15.46

注　1bar = 0.1MPa。

图 2－42 显示了钙和镁亚硫酸盐蒸煮液的平衡图。虚线是沉淀线,在其下面化合物不再溶解[9]。

2.2.6.4　木素的反应

在亚硫酸盐法制浆中木素的反应可以分成 3 个不同的阶段[38]:磺化、水解和缩合。其中,磺化、水解具有脱木素作用[9]。

磺化产生亲水性磺酸基,而水解打开了苯丙烷单元之间的芳基醚键,从而降低了平均分子质量,并产生新的游离酚羟基。这两种反应都增强了木素的亲水性,也增加其水溶性[24]。

2.2.6.5　磺化

磺化和水解对木素的溶解都是非常重要的。磺化能够使木素亲水性增加,水解能够破坏木素的化学键,从而产生新的较小的可溶性木素碎片。图2-43是会发生磺化的最重要的木素基团。木素能够顺利溶解的规则是至少有1/3的苯丙烷基团被磺化[9]。

平均磺化度取决于蒸煮的pH。对于未溶解的针叶木木素,在中性亚硫酸盐溶液中的磺化程度要低于由酸性硫酸盐法制浆所得到的溶解的针叶木素磺酸盐。阔叶木的亚硫酸盐木素通常比起针叶木有较低的磺化度,并且在酸性和中性制浆中有相同的趋势。尽管极少量的活性硫化物消耗于形成碳水化合物磺酸,但是,在这两种情况下,大部分(80%~90%)的硫都以磺酸盐的形式存在。

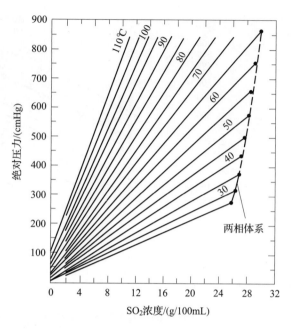

图2-42　SO_2-H_2O 体系的压力与浓度曲线[15]

2.2.6.6　水解

在酸法制浆中,木素中最重要的化学键 β-芳基醚键,会被磺化,但不会显著断裂。木素的分解很少,酚羟基只有小的变化。在酸性亚硫酸盐法制浆中芳香族芳基醚键(二芳醚键)也是很稳定的。脂肪族芳基醚键比较容易断裂;这是酸法制浆中最重要的木素断裂反应。

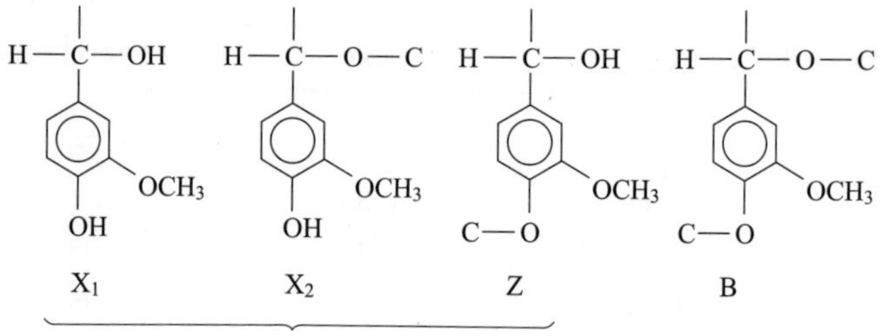

图2-43　酸性亚硫酸盐法制浆中醚键的磺化[15]

α-芳基醚键和 β-芳基醚键的断裂,在pH较高(接近中性)的时候,达到很大程度,因此,在亚硫酸盐法制浆中,脱木素作用的机理与pH密切相关。图2-44为 α-芳基醚键水解与磺化相结合的两种不同的途径[9]。

水解反应取决于脱木素溶剂的pH。在中性和碱性制浆条件下,水解反应要比磺化反应慢,从而使得脱木素速率低。另一方面,在酸性亚硫酸盐法制浆中,水解反应要比磺化反应快。然而,在酸性条件下,磺化程度还是相当高的,因此,木素的溶解多[19]。

2.2.6.7　木素的缩合

随着亚硫酸氢盐浓度的降低,木素的缩合的危险性增加。如果木片浸渍不好和硫代硫酸盐的浓度过高,木素的缩合将会发生。木素的缩合导致纸浆颜色加深、脱木素作用的均一性减小、产生的浆渣多并且使漂白困难。最严重的是纸浆完全变黑和废掉。在图2-45中,显示了产生这样的蒸煮结果的蒸煮条件。保持高的化合亚硫酸盐(即化合 SO_2)浓度可以避免纸浆变黑。化合 SO_2 要大于0.75%,相当于液比4:1时,一吨木材需要30kg的 SO_2[9]。

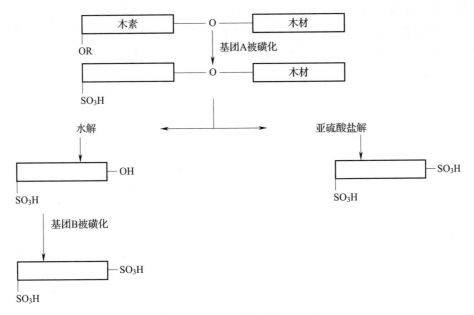

图2-44 木素基团的磺化[15]

另一个缩合反应的根源是脱木素溶液(即蒸煮液)中缓冲能力不够。如果盐基的浓度太低,则木素磺酸和木材降解产生的酸性产物会使得溶液的pH降低。pH的降低将导致缩合反应速率增大、脱木素作用减弱[19]。

2.2.6.8 木素在酸法制浆和亚硫酸氢盐法制浆中的反应

多数的磺酸根基团通过取代丙烷侧链 α - 碳原子上的羟基或者已醚化的基团而引入到木素结构上。在不同pH的亚硫酸盐法制浆中,木素酚型结构单元(未酯化的酚型结构)都迅速地被磺化;在酸性条件下,木素单元无论是酚型还是非酚型都被磺化[24]。

在酸性亚硫酸盐法制浆过程中, α - 羟基和 α - 醚键都很容易裂开,同时形成碳正离子中间产物,见图2-46反应途径(a)。最初的开式 α - 芳基醚键(open)的断裂也代表了酸性亚硫酸盐法制

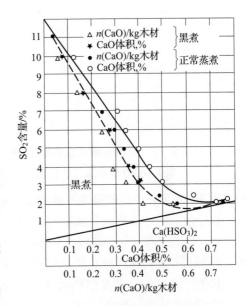

图2-45 蒸煮液组成对云杉酸性亚硫酸氢盐法蒸煮木素缩合的影响[15]

浆中唯一的一种重要的木素降解方式。尽管在针叶木木素中没有开式的 α - 芳基醚键连接, α - 芳基醚键的断裂仍然导致相当大量的木素降解。存在于蒸煮液中的 SO_2 或者 HSO_3^- 通过进攻碳正离子而使木素磺化。另外,其他的结构像松柏醛和含有 α - 羰基的取代结构也会被磺化[19]。

碳正离子的缩合反应会与其磺化反应相竞争,且酸性越高其缩合反应速率越快。碳—碳键连接通常是当碳正离子与其他苯基丙烷单元上弱的亲核位置起反应时而形成的。这些缩合反应导致了木素磺酸盐分子质量的增加,因此,木素的溶出减少甚至被阻止。木素也可以与具

有反应活性的酚类抽出物发生缩合。存在于松属心材的赤松素和它的一甲基醚类化合物可以作为亲核试剂而形成有害的交联键。另外，在木素本体之间通过蒸煮液中的硫代硫酸盐的作用也可以形成类似的交联键。其结果是脱木素减少，在特殊的情况下，甚至脱木素完全受阻("黑煮")[19]。

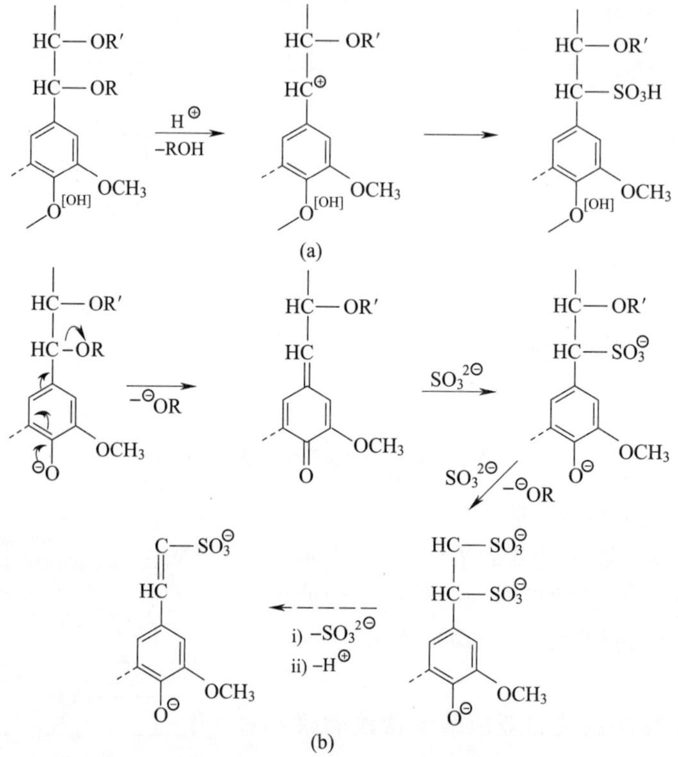

图2-46 木素在酸性亚硫酸盐法和亚硫酸氢盐法制浆中的反应(a)和在中性亚硫酸盐法和碱性亚硫酸盐法制浆中的反应(b)(R代表H或者芳基，R′代表芳基)[24]

2.2.6.9 木素在中性和碱性亚硫酸盐法制浆中的反应

在中性和碱性亚硫酸盐法制浆中，木素最重要的反应是酚型木素结构单元的反应。主要的初始反应总是在 α-羟基或 α-醚键断裂时通过形成亚甲基醌中间体而发生的，[见图2-46反应路径(b)]，在这种非环状结构中，亚甲基醌很容易受到 SO_3^{2-} 或 HSO_3^- 的进攻。由于 α-磺酸基的形成，在 β-芳基醚结构位置上的 β 取代基会被 SO_3^{2-} 或 HSO_3^- 取代。α-磺酸盐基团的消除反应生成了一种苯乙烯-β-磺酸结构，特别是在高的 pH 条件下，这种反应更容易发生。这种 α 和 β-芳基醚键的断裂形成了新的可起反应的酚型结构单元[19]。

在碱性亚硫酸盐法制浆中，很显然非酚型木素单元中的 β-芳基醚连接键也发生了断裂。在这种情况下，与硫酸盐法制浆相比较，缩合反应就可能不是那么重要了。另外，在中性和碱性亚硫酸盐法制浆中甲氧基会部分发生断裂而形成甲基磺酸根离子($CH_3SO_3^-$)，而这些甲氧基在酸性条件下是完全稳定的[24]。

2.2.6.10 碳水化合物的反应

碳水化合物的水解反应在亚硫酸盐法制浆中也是很重要的，因为糖苷键对于酸性水解作用是很敏感的，因此，在酸性亚硫酸盐法制浆中木材多糖类的解聚(depolymerisation)是不可避免的，纤维素和半纤维素两者都参与解聚反应。然而，在酸性亚硫酸盐法蒸煮中由于纤维素的可及性差,所以对其攻击较少。在亚硫酸盐法制浆中由于水解作用所造成的半纤维素在蒸煮液中的溶解程度远远低于在硫酸盐法制浆中,特别是当蒸煮以足够高的残余木素含量结束的情况下。降解了的半纤维素碎片逐渐地水解为单糖。另外,一些其他的反应也会发生,包括脱乙酰、氧化和脱水反应[19,24]。

在酸性亚硫酸盐法和亚硫酸氢盐法制浆中,聚糖类最重要的反应是半纤维素组分中糖苷键的断裂,生成了不同的单糖以及可溶解的低聚糖和多糖碎片。一般来说,纤维素在这些脱木素过程中没有损失,除非脱木素作用持续到非常低的木素含量,如生产溶解浆时在蒸煮条件相当激烈的情况下。很显然,经过亚硫酸氢盐法和中性亚硫酸盐法蒸煮,很大比例的可溶解碳水化合物以低聚糖和多糖的形式存在。相反地,在有过量碱存在的碱性亚硫酸盐法制浆中,聚糖类物质也会通过发生剥皮反应而降解。半纤维素得率的损失一般是阔叶木高于针叶木。例如,挪威云杉(*Picea abies*)和白桦(*Betula pendula*)的酸性亚硫酸盐法制浆总得率分别是52%和49%(相对绝干原料质量)[24]。

除了乙酰基,在乙酰化的针叶木聚半乳糖葡萄糖甘露糖中的半乳糖苷键在一般的酸性亚硫酸盐法制浆条件下也会完全水解,从而留在浆中的组分是聚葡萄糖甘露糖。因为阿拉伯糖结构单元的呋喃糖苷键对碱是极其不稳定的,在蒸煮早期阶段就断裂,所以针叶木聚阿拉伯糖葡萄糖醛酸木糖转化为相应的聚葡萄糖醛酸木糖。不像糖苷键,葡萄糖醛酸苷键对酸是非常稳定的;然而,留在浆中聚木糖部分的葡萄糖醛酸含量是低于天然聚木糖中葡萄糖醛酸含量的。糖醛酸基含量多的聚木糖组分很显然更易溶解,反之,那些含有少量侧链的聚木糖组分则优先保留在浆中。乙酰化的阔叶木聚葡萄糖醛酸木糖在制浆过程中也广泛地脱乙酰基,葡萄糖醛酸含量低的部分优先留在浆中。其他的聚糖类,例如淀粉和果胶在针叶木和阔叶木中的含量都较少,在蒸煮的初期就已经溶出。另外,大量各种各样的脱水和降解产物(例如糠醛)也会形成[24]。

图 2 - 47 为云杉在酸性亚硫酸盐法蒸煮过程中碳水化合物的降解和溶出情况实例,溶解的碳水化合物单糖可用来生产一些副产品,己糖(来自针叶木)可以生产酒精和酵母;富含戊糖的阔叶木废液可用来生产木糖和糠醛[9]。

2.2.6.11 抽出物的反应

脂肪酸酯的皂化程度取决于酸性亚硫酸盐法蒸煮条件。某些树脂成分也可以被磺化,导致亲水性增加和较好的溶解性。某些抽出物的衍生化合物也可能发生脱氢。由紫杉叶素(taxifolin)的 α - 蒎烯和

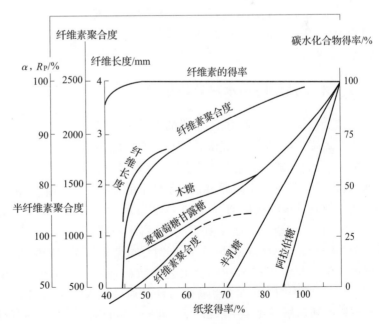

图 2 - 47 在酸性亚硫酸盐法制浆中云杉碳水化合物组分的变化[15]

α—α 纤维素 Rp—碱处理残留物

槲皮素产生对甲基异丙基苯,是众所周知的这种类型的反应。树脂酸和其他二萜类化合物,由于存在不饱和键,因此,可能聚合成高分子的产物。这些高分子的产物会在随后的纸浆生产中导致树脂问题。在碱性亚硫酸盐法制浆过程中抽出物的反应有可能类似于在碱法制浆过程中抽出物通常发生的反应[19,24]。

2.2.6.12　硫代硫酸盐的形成

最重要的无机副反应是通过亚硫酸氢盐的自催化分解或由亚硫酸氢盐和有机化合物之间的反应形成硫代硫酸盐。硫代硫酸盐对脱木素是有害的化合物,还会催化形成连多硫酸盐(即蒸煮酸分解)。此副反应的根源是由于水解的和可溶性的碳水化合物的碎片在蒸煮条件下不稳定。高达15%~20%的单糖被HSO_3^-氧化为糖醛酸(以及各种小的降解产物),同时产生硫代硫酸盐:

$$2HSO_3^- + 2C_6H_{12}O_6 = S_2O_3^{2-} + 2C_6H_{12}O_7 + H_2O \tag{2-16}$$

在亚硫酸盐法蒸煮中会产生少量的甲酸,这也会对硫代硫酸盐形成有贡献。在制浆过程中还原糖组分含量增加,从而导致亚硫酸氢盐过度消耗。最终,会发生严重的木素缩合,导致所谓的黑煮。

硫代硫酸盐的形成反应可表示为:

$$5S_2O_3^{2-} + 4HSO_3^- + 6H^+ = 6S_2O_3^{2-} + 2SO_4^{2-} + 8H^+ + H_2O \tag{2-17}$$

无机物的分解是自催化反应,并且由反应式(2-16)开始或通过废液循环中的硫代硫酸盐引发。亚硫酸氢根离子的消耗加速,直至耗尽。这导致了pH的快速下降,从而促进了木素的缩合[9]。

2.2.6.13　木片浸渍过程中的反应

亚硫酸盐法蒸煮比硫酸盐法蒸煮对浸渍条件更敏感,这与黑煮的严重后果有关。局部的亚硫酸氢盐耗尽会导致局部"灼烧"。SO_2气体压力较高,这要求浸渍在升高压力下进行[9]。亚硫酸盐法蒸煮过程中浸渍时间长:比硫酸盐法蒸煮长数小时(见图2-48)。

2.2.7　木材预水解和水热处理化学

在硫酸盐法蒸煮过程中,不希望的半纤维素降解是由于剥皮反应、糖苷键碱水解以及其他反应而发生的。然而,在硫酸盐法蒸煮之前,生物质(木材或非木材)的半纤维素也能通过温和条件下的抽提和分离而得到低聚糖或聚糖,如图2-49所示[39]。预提取的目的,与硫酸盐法蒸煮不同,是将半纤维

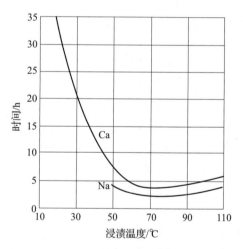

图2-48　云杉木片药液浸透速率与温度的关系[15]

素部分降解和完全溶解在提取液中,同时尽可能多地保留未溶解的木素和纤维素,这可以通过不同的化学品和应用技术并结合工艺参数(pH、温度、时间、压力和其他参数)的控制来实现[39-42]。最常用的半纤维素预提取方法是通过加入酸或碱和不加入药品(水热处理)的水溶液水解以及酶水解或化学-酶法[43]。此外,也可以使用不同的有机溶剂工艺。水热处理(hydrothermal treatments)方法有热水抽提[也称为自动水解或水热解(hydrothermolysis)]和蒸汽爆破,还有一些非常规的方法,包括超声波辐射和水热微波处理[43]。

提取半纤维素之后的残渣(料片)富含纤维素和木素,可用硫酸盐法蒸煮生产纸浆,特别是溶解浆。料片不洗可以直接制浆,但必须根据碱度和木材残余物的性质优化蒸煮工艺条件[39]。预抽提能提高纤维素的润胀,从而增加了木素在随后硫酸盐法制浆中的溶出。因此,纸浆的木素和灰分含量会降低[44]。

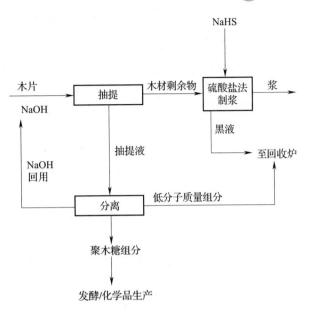

图 2-49　硫酸盐法蒸煮之前从木片中提取半纤维素(聚木糖)[39]

根据所设定的 pH,水解方法可大致分为酸性、中性和碱性。预水解过程中半纤维素的酸性和碱性降解反应分别类似于亚硫酸盐法和硫酸盐法制浆过程中碳水化合物的降解反应。然而,在热水抽提时,开始的 pH 为中性,随着水解的进行,半纤维素和聚糖类溶解在提提液中。如图 2-50 所示,在抽提开始阶段,这些降解达到最大程度,出现最大值,随着抽提过程的进行(高 H-因子)而逐渐下降。对多糖得率出现最大的解释是由于酸度升高,提取的低聚糖水解成单糖,而酸度升高是由于半纤维素所产生的乙酸所造成的。半纤维素的得率达到最大、而后降低是由于单糖降解为不同产物,包括糠醛和羟基酸。另一方面,木素和纤维素糖的溶出程度在蒸煮开始时较低,但随着抽提的进行而增大,并呈现稳定的线性关系。因此,提取的 pH 应保持在 3.5 以上[41],以减少乙酰基

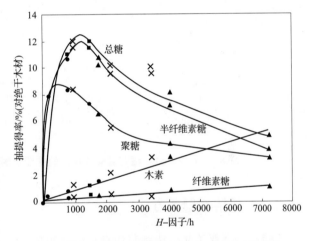

图 2-50　提取的木材成分与 H-因子的关系[41]

的水解和半纤维素链的水解断裂。这是获得最大量的高分子质量半纤维素的一个关键因素,因为乙酰基会增大提取物的溶解性[42]。

相对较纯的半纤维素的提取物可用作高附加值的糖系燃料的载体、聚合物和化学品的原料[40]。这种利用方法在经济上的理由是黑液中溶解的半纤维素的热值仅为木素的一半[45]。因此,供给至回收锅炉的半纤维素量较低,并不会很大程度地降低能量。硫酸盐法蒸煮之前进行半纤维素预提取,甚至可以赋予所生产的纸浆一些积极的性质。其优点是较高的纤维素与半纤维素的比例、提高了白度和降低纤维束含量[39]。蒸煮时间也可稍缩短,NaHS 用量减少。从木材中提取的半纤维素的某些缺点是略微降低纸浆得率,抗张强度降低和打浆性能减弱。半纤维素,特别是针叶木的聚葡萄糖甘露糖,能通过羟基促进纤维间的氢键结合,改善抗张强度。纸浆性能如黏度、湿抗张强度和撕裂性能可与无预提取的硫酸盐法蒸煮所得纸浆相

媲美[40]。

半纤维素通过水合氢离子催化反应而裂解，并且在热水提取时什么也没有添加，催化剂（水合氢离子）是由水自动电离而产生的。副反应，如乙酰基的开裂产生乙酸，会生成更多的水合氢离子，从而进一步产生半纤维素的降解。因此，热水提取液的 pH 是酸性的。如果半纤维素的水解降解是在提取前添加到水液中的酸的协助下进行的，这被称为酸水解，但随后低聚糖作为反应的中间体，最终主要反应产物是单糖[43]。

导致糖苷键断裂的酸水解的主要分子机理分为 3 个步骤，见图 2 – 51。在第一步中，由酸的水合氢离子与糖苷的氧相互作用（见图 2 – 51 上排，中间）。这种快速反应的质子生成了共轭酸（见图 2 – 51 上排，右边）。第二步是 C—O 键的缓慢断裂反应，产生环状碳正离子中间体（见图 2 – 51 下排，右边）和最后两个单独的葡萄糖单元，其结果是多糖链的聚合度（DP）下降。

还有一种可能性，质子化可能发生于环的氧上（见图 2 – 51 上排，左边），这导致开环和碳正离子（见图 2 – 51 下排，左边）。两种质子化改性可能同时发生，但更可能的途径是通过环氧离子（右边的路线）。关于多糖水热解的更多描述见参考文献[46]。

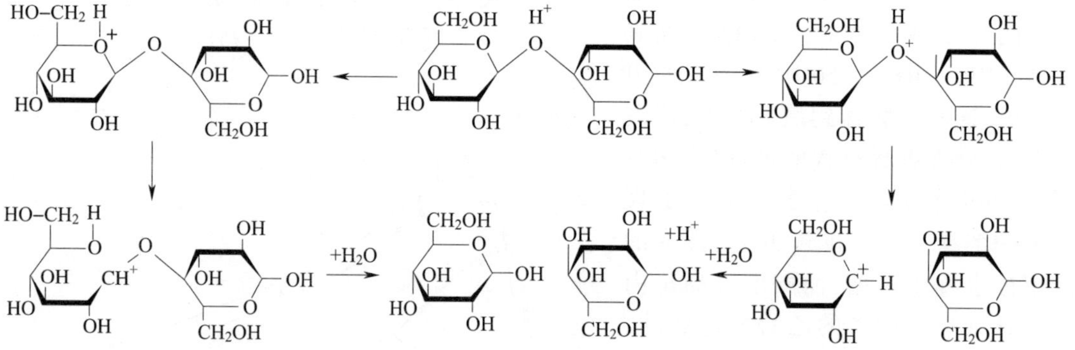

图 2 –51　糖苷键酸性水解的主要机制（改编自参考文献 21）

2.2.8　有机溶剂制浆方法

硫酸盐法和亚硫酸盐法制浆均有一些严重的缺点，如空气和水的污染和投资成本高。然而，用有机溶剂法制浆能够避免其中的某些问题，这是因为它们可以在制浆漂白过程中使用无硫和无氯的条件[47]。有机溶剂（基于溶剂或溶剂解）制浆是所有使用有机溶剂制浆工艺的总称，尽管许多使用水溶液代替无机物质溶解在水中（如硫酸盐和亚硫酸盐法制浆）。一般来说，最常用的有机溶剂可分为醇类、有机酸及其他。这其中，尤其是乙醇法制浆，文献报道的最多，可能是由于乙醇的价格相比其他有机溶剂低。其他重要的有机溶剂是甲醇、甲酸和乙酸[48]。"其他"类包括各种酚、胺、二元醇类、硝基苯、二噁烷（二氧杂环己烷）、二甲基亚砜、环丁砜和液态二氧化碳[49]。

在有机溶剂蒸煮中，有机溶剂的主要功能是使木素溶于蒸煮液中。在许多情况下，溶剂实际上以这样或那样的方式参与脱木素反应。在碱性有机溶剂蒸煮中所发生的反应类似于在相应的硫酸盐法和碱性亚硫酸盐法制浆过程中的反应[49]。

木素中的 α – 醚键的断裂是酸性有机溶剂制浆的最重要的反应，但 β – 醚键的断裂也起作用。在酸性有机溶剂制浆过程中,木素与碳水化合物之间的醚键容易断裂。

在碱性有机溶剂制浆中,β – 醚键的断裂比 α – 醚键断裂更重要。在碱性 pH 下,仅仅含有酚羟基的苯丙烷单元的 α – 芳基醚键发生断裂。非酚型的结构不能转化为醌中间体,因此 α – 醚键不能断裂。在碱性条件下,无论酚羟基是游离的还是醚化的,β – 芳基醚键都能断裂。阔叶木比针叶木容易脱木素的原因主要是 β – 醚键的反应性能、α – 醚键的浓度、木素含量以及缩合反应的倾向[50]。

然而,尽管经过多年的研究,有机溶剂制浆工艺要发展成工业规模,还有许多困难要克服[48,51]。有机溶剂制浆的主要缺点是纸浆质量低、能量回收差、溶剂的价格及其回收、漂白废水中有机物的含量高[49]。然而,尽管有这些障碍,但比较成熟的几种有机溶剂制浆的理念已经建立起来了。根据目前情况,近期内有机溶剂制浆技术是不可能取代硫酸盐法生产造纸用浆的。同时,当今生物精炼行业的繁荣兴旺正促进着有机溶剂法新理念的研究和开发,将其作为利用生物质成分生产高附加值产品的一种方法。

根据蒸煮化学,有机溶剂制浆方法可分为六大类[52]:

(1)热自水解法,利用蒸煮过程中木材水解作用所产生的有机酸进行蒸煮。

(2)酸催化法,用酸性物质引起水解。

(3)酚和酸催化法(这也可能是上述方法的一部分)。

(4)碱性有机溶剂蒸煮法。

(5)在有机溶剂中进行的亚硫酸盐和硫化物蒸煮。

(6)在有机溶剂中氧化木素的蒸煮。

下面简述处于实验阶段和中试阶段的有机溶剂制浆工艺,包括 Alcell、organocell 碱性亚硫酸盐 – 蒽醌 – 甲醇(ASAM)、Acetosolv、Acetocell、Formacell、Milox、Lignol、Lignofibre(LGF)、四氢糠醇(四氢化呋喃甲醇,THFA)法以及中性碱土金属盐蒸煮法(NAEM)。

Alcell 法制浆利用木材的酸自水解。木片在 190～200℃ 和高压下,用 50% 乙醇的水溶液进行蒸煮。蒸煮使得乙酰基脱下来形成游离的乙酸,从而使木材中的木素脱除。在蒸煮过程中还会发生某些木材半纤维素的水解,特别是木聚糖[49]。Alcell 法制浆过程示于图 2 – 52。

虽然在强度方面 Alcell 浆比不上相应的硫酸盐浆,但其光学特性较好。与一般的有机溶剂纸浆一样,其抽出物含量极低,因此,纸浆白度稳定性非常好。Alcell 法制浆还适用于含二氧化硅的非木材原料,由于在酸性乙醇与水组成的蒸煮液中二氧化硅不溶,因此它会保留于纸浆纤维内。这意味着回收系统的换热器不会有污垢[49]。

Alcell 法制浆的主要优点是蒸煮液的再生相对简单,并且除了乙醇以外,不需要补加其他蒸煮化学品。因为它是无硫的过程,所以能够得到无硫副产品,以便进一步加工处理。其他优点是该方法适合于采用含二氧化硅的非木材原料,生产出易漂白的纸浆。

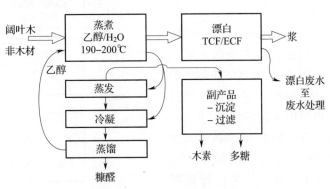

图 2 –52 Alcell 法制浆[49]

Alcell 法制浆的主要缺点是,

它不适用于针叶木制浆,与硫酸盐法制浆相比,其纸浆得率低,并且其抄造的纸的质量比硫酸盐浆的差。高压还意味着对专用的蒸煮设备和安全措施的要求较高。

Organocell 法或称为甲醇－蒽醌－碱法与烧碱－蒽醌(AQ)法和硫酸盐法有些相似。如同烧碱法和硫酸盐法蒸煮,主要的脱木素反应剂是氢氧根离子。与烧碱法不同,由于 Organocell 法添加了蒽醌,所以它还适用于针叶木制浆。

这是它与硫酸盐法制浆共同的优势。甲醇的表面张力比水的表面张力低。因此,甲醇可提高蒸煮液渗透入木片的能力,并且还使得木素更可溶。就得率和物理特性而言,中试时生产的 Organocell 浆,几乎与相应的硫酸盐浆的质量一样好。

木片先在浓度大的甲醇(90% 以上)水溶液中浸渍,然后在约200℃下进行蒸煮;接下来用含有烧碱(5% ~10%)和催化剂(0.01% ~0.15%)蒽醌的较稀的甲醇(约70%)水溶液,在160 ~180℃下蒸煮,蒸煮时间(包括木片浸渍)约为3h[48-49]。Organocell 法制浆过程如图2－53 所示。

Organocell 法制浆的主要优点是它适用于阔叶木和针叶木,并且其浆的强度可与硫酸盐浆媲美。由于其是无硫的过程,所以能够得到无硫副产品,以进一步加工处理。

Organocell 法制浆的主要缺点是需要两个化学品(甲醇和碱)回收系统。高的蒸煮压力需要特殊的蒸煮设备和严格的安全措施。起初的扩大试验未成功[49]。

ASAM 法制浆的发明者说过,这种方法不是一种真正的有机溶剂制浆,ASAM 法制浆更是一种改良的碱性亚硫酸盐法制浆,因此,它不是无硫的方法。不过,也许是由于这个原因,ASAM 法是能够生产阔叶木浆和针叶木浆,并且纸浆的质量可与相应的硫酸盐浆媲美的少数几种有机溶剂制浆方法中的一种,它也可以用于非木材制浆[48-49]。ASAM 法制浆的蒸煮液通常含有10% 的甲醇(体积),其活性蒸煮化学品是氢氧化钠、碳酸钠和亚硫酸钠。蒽醌用量为 0.05% ~ 0.1%(相对木材质量)。蒸煮温度为 175℃,蒸煮时间 60 ~ 150min。通过改变亚硫酸盐对钠盐基的比例,可以控制半纤维素含量以及得率和光学性能[49]。

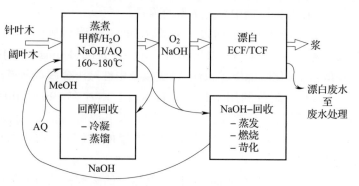

图 2 -53　Organocell 法制浆[49]

如同 Organocell 法制浆,甲醇能促进蒸煮液向木片内部浸透,并增加蒽醌在蒸煮液中的溶解度。它还可以将反应点位甲基化,从而防止木素缩合反应的发生,并改善木素降解产物的溶解性[49]。ASAM 法制浆工艺过程如图 2 -54 所示。

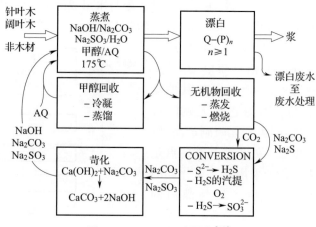

图 2 -54　ASAM 法制浆[49]

ASAM 法制浆的缺点与含硫化学品和化学回收有关。在汽提和硫化氢燃烧时会产生异味问题。制浆过程在碱性 pH 范围,这意味着亚硫酸盐所造成的二氧化硫排放量不会多于硫酸盐法制浆中硫化物的排放量[49]。

ASAM 法制浆的主要优点是它适用于所有的原料和得率(48%)比硫酸盐法蒸煮高(42%)。纸浆容易漂白,只用 Q - (O/P) 的漂白序列,就能生产出具有良好的造纸性能的高强度、高质量的纸浆。

ASAM 法制浆的主要缺点是蒸煮化学品含硫、回收系统复杂以及蒸煮压力高,需要特殊的设备和安全措施[49]。

尽管甲醇强化碱性亚硫酸盐法制浆(ASAM 法制浆)和甲醇强化烧碱法制浆(Organocell 法制浆)取得了良好的效果,但是以甲醇强化硫酸盐法制浆却不是特别有吸引力。研究发现,硫酸盐法蒸煮过程中加入甲醇,改善了一些纸浆性能,但没有达到 ASAM 法蒸煮的程度[49]。

曾进行过多次仅使用乙酸或乙酸与甲酸混合物的尝试,但仍然存在着扩大生产需要解决的技术问题。

Acetosolv 法制浆的蒸煮液是含有 1% 盐酸的 90% 乙酸溶液。蒸煮温度为 110℃,蒸煮时间为 3~5h。由于严重的腐蚀问题,很快就停止了这些中间试验。

在以下的 Acetocell 法制浆中,蒸煮液的乙酸浓度约为 85%,蒸煮温度为 170~190℃,总蒸煮时间为 5.5h。蒸煮之后用乙酸进行 3 段洗涤。

在 Formacell 法制浆中,木片干燥至约 20% 的水分含量,然后在乙酸/水/甲酸(体积比为 75/15/10)溶液中进行蒸煮。蒸煮温度为 160~180℃,在最高温度下的蒸煮时间为 1~2h。根据发明者介绍,Formacell 法可用于阔叶木、针叶木和草类制浆,但纸浆质量(至少针叶木浆)比硫酸盐浆差。图 2-55 示出了 Formacell 法制浆流程。由于酸水解没有选择性,一些木多糖(wood polysaccharides)也发生水解反应,并进一步形成糠醛。在制浆条件下,乙酸与木素和多糖上的羟基发生反应生成酯。

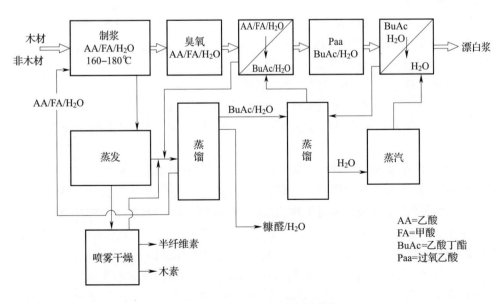

图 2-55　Formacell 法制浆[49]

蒸煮酸的腐蚀性强,要求与热酸接触的设备使用特种钢:蒸煮锅、蒸发器、蒸馏塔、喷雾干燥器、以及一些管道[49]。

Formacell 法制浆的主要优点是它不用无机的蒸煮剂或漂白剂,它能提供无硫的副产品,并且没有漂白废水。采用这种制浆方法,还可以在有机酸的混合物中进行选择性的臭氧脱木素。Formacell 法的主要缺点是化学品的回收复杂、腐蚀问题和需要安全设备。因此,这种方法仅适用于实验室试验[49]。

在 Milox 法制浆的无硫和无氯条件下,甲酸与木素的游离脂肪族羟基和酚羟基反应生成甲酸酯。多糖也与甲酸发生反应,主要反应是酸水解。过氧甲酸是通过甲酸与过氧化氢之间的平衡反应来制备的。它是一种高度选择性的化学品,不与纤维素或其他木聚糖(wood polysaccharides)反应。过氧甲酸氧化木素,使得它更具有亲水性,并因此增加其溶解度。

阔叶木片先干燥至水分含量低于20%,然后浸渍于上一锅蒸煮的第三段的80%~85%甲酸溶液中,该溶液中还加入了1%~2%的过氧化氢(对绝干木片质量)。在第一阶段,将温度从60℃升高至80℃。形成的过氧酸与木片反应0.5~1h。将温度升高到甲酸的沸点(约105℃)并持续蒸煮2~3h。然后,软化的木片在另一个反应器中用纯甲酸洗涤。洗涤后的纸浆然后用过氧酸加热到60℃,浆浓约为10%。药液中加入用量为1%~2%(对绝干木片质量)的过氧化物。蒸煮后,纸浆用浓甲酸洗涤,浓缩到30%~40%的浓度,并加压下用120℃的热水洗涤。图2-56所示为三段 Milox 法制浆流程。

针叶木也能够以类似的方法制浆,但与阔叶木浆相比,由于过氧化氢的消耗量大和其纸浆纤维的强度差,因此,生产针叶木 Milox 浆没有什么益处。与木材制浆不同,农业植物制浆的两段 Milox 法蒸煮比三段蒸煮的效果更好。两段蒸煮中只用甲酸,接着用甲酸和过氧化氢处理。甲酸的腐蚀性强,特别是在高温情况下。在 Milox 法制浆的中间试验工厂,蒸煮锅材料是涂锆的碳。所有的其他

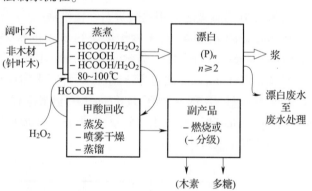

图2-56 三段 Milox 法制浆流程[49]

设备、管道、以及与热甲酸接触的阀门都是二联钢(duplex steel)[49]。

Milox 法制浆的主要优点是蒸煮温度低和使用常压反应器。这种方法适用于含硅的非木材原料的制浆。漂白为程序简单的 TCF 漂白:P-P-(P),并且化学品的回收也相对简单。副产品不含硫。

Milox 法制浆的主要缺点是针叶木浆的质量差、存在腐蚀问题和木片需要干燥[49]。

在2010年5月第三代生物质精炼线在芬兰的 Oulu 开业[50]。其工艺是由 Milox 法制浆发展而来的,主要是将非木材和非木材生物质(non-wood biomass)转化为造纸用浆、生物燃料和生物化学品[54]。

Lignol 法(Lignol process)制浆是根据乙醇有机溶剂抽提发展而来的 Alcell 生物质精炼技术。Lignol 法的设计是由生物质生产燃料级乙醇和生物化学品,例如木素、糠醛和乙酸。由综合性工业规模生物精炼中试厂完成的终端到终端的纤维素乙醇的生产于2009年4月在加拿大不列颠哥伦比亚省开工[55]。该方法使用40%~60%的乙醇(质量分数)作为制浆药液,以

硫酸作为催化剂。该 Lignol 方法能够生产抽提的针叶木木素,由于该木素的纯度高、分子质量低、反应性基团丰富,因此适合生产木素基黏合剂和其他产品[56]。

NAEM 法是使用高浓度(>78%)的醇(如甲醇)作为蒸煮介质和中性碱土金属(NAEM)盐,如 $CaCl_2$ 和 $Mg(NO_3)_2$ 作为催化剂的有机溶剂法制浆。这种方法的优点是几乎可蒸煮各种各样的生物质(阔叶木、针叶木和非木材)。

纸浆得率和纸浆质量与硫酸盐浆相当。此外,溶解的木材组分转化为高附加值产品的潜力非常大。工业规模中,此方法存在着一些问题,包括高压、有毒甲醇的操作和木素的沉淀[51]。

Lignofibre 法或 LGF 法是在溶剂(如乙酸和乙醇)中使用次膦酸作为催化剂的新的有机溶剂制浆方法。这种方法可用于木质纤维素材料的组分分离,将其分离成富含木素的纤维、纯木素纳米颗粒和半纤维素[57]。

使用四氢糠醇(THFA)的有机溶剂制浆已用于稻草制浆[58]。0.15% ~0.5% 的盐酸(HCl)催化剂加入到 80% ~95% 的 THFA 溶液中。THFA/HCl 蒸煮的最佳条件为:95% THFA,0.50% 盐酸,温度为 120℃,蒸煮时间 240min。纸浆产率比硫酸盐浆高,但浆的强度性能比相应的硫酸盐浆差。据报道,这种方法具有很大的从废液中分离出木素和聚己糖(hexosans)的潜力,二者可用作生物燃料、乳酸和聚乳酸(PLA),并且还可能用于生物材料的生产[58]。

2.2.9 中性亚硫酸盐半化学法(NSSC)制浆的化学和工艺

半化学法制浆一般采用中性或接近中性 pH 的亚硫酸盐法制浆化学。最常见的方法是中性亚硫酸盐半化学(NSSC)法制浆。由于 pH 的要求,钠和铵盐是唯一可用的盐基。这种方法主要适用于阔叶木或锯末以生产用于制造纸板的特殊纸浆,最常见的是用于生产瓦楞原纸。这里纤维长度和强度不是特别重要的质量指标,但纤维挺度是重要的[9]。

制浆过程开始时与蒸煮化学品的作用类似于化学法制浆,使用木片预汽蒸,以除去木片中的空气,从而提高化学品向木片的浸透。药液均匀渗透特别重要,这是因为活性化学品(蒸煮剂)的用量很低,化学品会被迅速耗尽。削片技术设计为生产短而薄的木片,以改善药液浸渍。因为对这类纸浆,纤维长度不是主要的质量因素,所以这种方法是可行的。在高温下的理想的化学预处理是要适当破坏木材结构中的化学键,使纤维分离时不会受到很大的损伤,同时,纤维分离过程中施加的机械能要适度。

化学反应的目的是通过磺化和水解(亚硫酸盐解)的联合作用来实现一定限度的脱木素。高的反应温度(160~190℃)用于加速磺化。纸浆的残余木素含量为 15% ~20% 。纤维分离(磨浆)之后残留在新暴露的纤维表面上的部分胞间层木素,将会在随后的打浆和洗涤操作中分散到液相中。在半化学法制浆过程中,通过水解溶解的半纤维素比木素多。

蒸煮采用接近中性的 pH,以尽量减少碳水化合物的损失,并且蒸煮液具有较高的缓冲能力(碳酸氢盐–碳酸盐),以补偿由于半纤维素降解形成的游离酸所造成的 pH 下降。在半化学法制浆过程中纤维素基本保持不变。

软化的木片通常在高压和高温下进行磨浆以形成纸浆,然后进行筛选和洗涤。废液回收并再生为新的蒸煮剂,这可以在单独的再生系统或者在亚硫酸盐法或硫酸盐法制浆废液回收系统中进行交叉回收[9]。

2.2.9.1 NSSC 法制浆及其工艺参数

NSSC 法制浆在输送式(即斜管或横管式——译者注)或连续流动式蒸煮器中进行蒸煮。木片(比化学法制浆用的短而细)进行预汽蒸和在常压或加压汽蒸器中加热至约 100℃ 。预汽蒸后的木片通过螺旋输送机或用高压喂料器输送到加压浸渍器。木片用亚硫酸钠和碳酸盐或碳酸氢盐的溶液浸渍。在约100℃的温度下进行短时间(5～15min)浸渍。1～1.5m³/t浆的蒸煮液渗入到木片中。经浸渍后的木片排出药液,以便它们可以在没有过量游离液体的情况下转移到气相蒸煮区,在蒸煮区料片通过直接蒸汽加热到最高蒸煮温度。蒸煮时间可以在5～60min范围内变化。在输送式蒸煮器中进行蒸煮时,温度较高(高达200℃)、蒸煮时间短(见图2-57和图2-58),而在连续流动式蒸煮器中蒸煮时,温度可以较低、蒸煮时间较长(见图2-59)。

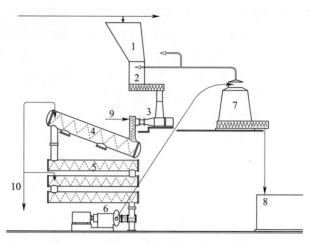

图2-57 NSSC法制浆的输送式蒸煮系统
(采用水平螺旋输送器)[15]

1—木片仓 2—预汽蒸器 3—螺旋喂料器 4—预浸渍器 5—蒸煮管
6—磨浆机 7—喷放锅 8—浆池 9—进蒸煮液 10—通蒸汽

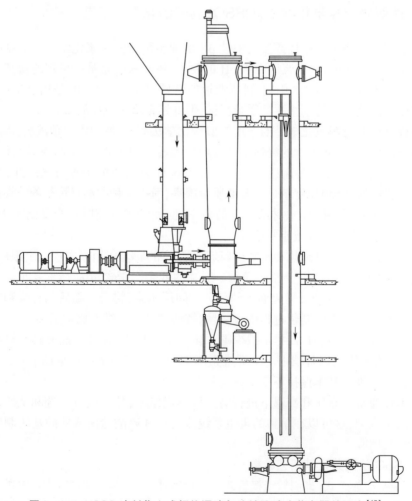

图2-58 NSSC法制浆立式螺旋浸渍与连续流动式蒸煮器的组合[15]

用这两种类型的蒸煮器,蒸煮后的木片直接喷到纤维分离机(defibrating breaker)或磨浆机中,木片变成了纸浆。然后,纸浆送至喷放锅,再送入第二段磨浆[9]。

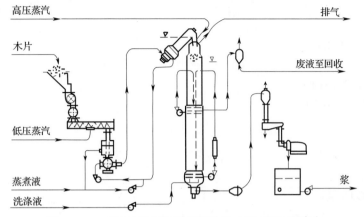

图 2-59　NSSC 法制浆的连续流动式蒸煮器系统[15]

制浆得率范围通常为 75% ~85%(相对木材),但在某些情况下可以低一些。得率取决于蒸煮时间和温度,如图 2-60 所示;一些典型的工艺条件列于表 2-5[15]。

机处理的主要目的是将化学"软化"的木片结构中的纤维分离开。要求的能量取决于几个因素:原料、蒸煮得率、压力、温度以及磨浆浓度和盘磨机的设计。盘磨机是 NSSC 法制浆专用的。磨浆可以在蒸煮压力下或者在常压下进行。磨浆的基本方法是使纤维尽可能完整,避免产生细小组分。细小组分会降低纸浆的滤水性能,给纸浆洗涤带来困难。典型的磨浆条件列于表 2-6[15]。纸浆洗涤之后,在第二盘磨机系统进行精磨。

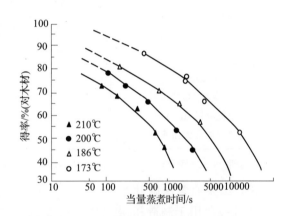

图 2-60　在不同温度下亚硫酸盐法制浆
得率与时间的关系[15]

表 2-5　　在输送式蒸煮器系统桦木木片和锯末 NSSC 蒸煮的典型工艺条件实例

	Na 盐基 桦木	NH₄ 盐基 桦木	Na 盐基 针叶木木屑
汽蒸			
汽蒸时间/min	2 ~3	3 ~5	5 ~10
汽蒸温度/℃	75 ~95	~100	~100
浸渍时间/min	4 ~5	10 ~20	2 ~5
蒸煮温度/℃	180 ~185	165	185
蒸煮时间/min	12 ~16	18	45
制浆得率/%	78 ~82	80 ~82	75 ~77
木材需用量/(m³/t 浆)	2.6 ~2.8	2.6 ~2.8	3.7
蒸煮液需用量/(m³/t 浆)	0.8 ~1.0	1	2.4

续表

	Na 盐基 桦木	NH₄ 盐基 桦木	Na 盐基 针叶木木屑
蒸煮液浓度/g/L			
盐基(以 Na₂O 或 NH₄ 计)	72 ~ 78	25 ~ 28	27
SO₂	60 ~ 65	45 ~ 48	48
蒸煮化学品用量/%(对木材)			
盐基(以 Na₂O 或 NH₄ 计)	6.5 ~ 7.0	2.5 ~ 2.7	6.5
SO₂	5.5 ~ 6.0	4.8	11.5
蒸煮 pH			
初始	9 ~ 10	9 ~ 10	9
终点	5 ~ 6	5 ~ 6	6
蒸汽需求量/(GJ/t 浆)	2.2 ~ 2.4	1.6	7
液比	1:2.2	1:2	1:3

表 2 - 6　　　　　　　　　　　　　　NSSC 浆的磨浆和 LC 磨浆条件

	磨浆		最终低浓磨浆	
	常压	压力	钠盐基	铵盐基
浓度/%	12 ~ 15	30 ~ 35	4 ~ 5	5 ~ 6
温度/℃	~ 100	~ 180	50 ~ 60	60 ~ 70
能耗/(kWh/t)	80 ~ 90	40 ~ 50	160 ~ 180	250 ~ 270
滤水性/加拿大游离度	~ 800	~ 750	450 ~ 500	400 ~ 500

注　磨浆:NSSC 采用 TMP 型木片磨浆;TMP:热磨机械浆;LC 磨浆:纸浆纤维低浓磨浆。

NSSC 纸浆通常由阔叶木制成,并且主要用于制造瓦楞原纸(在瓦楞纸板中间的槽纹材料)。纸页的挺度是重要的性能指标。纸浆中含有一定量的细小组分对纸板的挺度有利,但过量会降低挺度,并导致瓦楞原纸抄纸机的脱水问题[9]。这种纸浆典型的纤维分级数据(表示为 Bauer - McNett 分级)示于表 2 - 7[15]。

表 2 - 7　用于生产瓦楞纸的 NSSC 纸浆的典型纤维分级数据

保留在网子 上面的级分/目	磨浆之后/%	最终低浓 磨浆之后/%
14	3.5	1
28	17	6.8
48	52.5	40.5
100	16	12.6
<100	11	39.1
所有积分	100	100

2.3　制浆的化学工程原理

蒸煮过程中的基本要素是木材性质、蒸煮液(水或有机溶剂)以及各种化学品。在蒸煮过程中这 3 个要素一起参与了多种复杂的相互作用。此外,有 3 个不同的相:固相、液相和气相,并在其中发生相互作用。在化学法制浆过程中,非均相的固相的物理性质随着其化学组成的变化而改变。扩散控制的化学反应通常穿过细胞壁以不均匀的方式进行。溶解在液体中的反应物,进入固体细胞壁内的反应位置。液相或者封闭在木材结构内,或在纤维的空隙或在固态实体(木片)之间自由流动。最后,从木片汽蒸直到蒸煮器的排空,不同的物理和化学相互作用决定了不同的工艺步骤。因此,基础理论知识和物理化学、传质以及反应动力学的规律是必需的,以便全面了解发生于木材蒸煮不同时刻的不同现象。

2.3.1 制浆前的处理工艺(pre – pulping process)

蒸煮之前,木片进行各种前处理,以改善脱木素过程的均匀性,提高纸浆得率和优化纤维的特性。预处理过程和现象可以分为汽蒸、浸渍(渗透和扩散)和吸附。一般认为,木片筛选是木材备料过程的最后工序,木片汽蒸是制浆过程的开始。筛选的目的之一是缩小木片尺寸分布,提高其均匀性,因为木片的厚度是影响木片浸渍的关键尺寸。较厚的木片需要较长的浸渍时间,这是因为渗透性差和长距离传递造成扩散缓慢。这可能会导致制浆不均匀。木片送入蒸煮器时可能会带有一部分空气。在渗透和浸渍之前必须除去木片内的空气,以确保渗透过程中木片的所有部位都充满液体[9]。

工业生产中最常用的从木片除去空气的方法是蒸汽处理。其他一些工业上不太成功的方法也进行了研究,包括抽真空和可凝性气体置换,如二氧化硫和氨[59]。汽蒸法有几个好处。它是一个利用多余的蒸汽的热回收过程。木材原料从室温开始加热至 $100 \sim 120℃$。空气和其他不可凝气体是从木材结构的空隙中除去。木片内部结构中被水分子占据,从而改变表面性质,使木材更容易吸水[60]。

关键的工艺参数是汽蒸时间和压力,其中较高的压力可在一定的汽蒸时间内加快渗透。汽蒸时间通常设置为木材原料最终达到的温度,这取决于木材性质、木片尺寸、木片初始温度、蒸汽温度和压力以及排气情况[60]。

温度升高导致在木片内部空隙中的空气膨胀。随着温度的升高,空气和水蒸气的分压也增大。木片内气体压力增加的结果在木片内部和外部之间形成压力梯度,使空气与蒸汽混合物从空隙中流出来。其结果是空气从木片中排出[59]。

在浸渍阶段,木片被浸泡在蒸煮液中,最好在达到脱木素的温度之前,含有蒸煮药剂的蒸煮液均匀地分布于固体木片结构中。浸渍分为快速的第一阶段,渗透;以及较慢的第二阶段,扩散。渗透是由毛细管力和压力控制。当木片与蒸煮液一接触,渗透阶段便开始。当汽蒸过的木片($100 \sim 120℃$)受到冷的浸渍液($< 100℃$)时,内部空隙中的蒸汽就会凝结,在胞腔内形成负压。这加速了蒸煮液流入木材,液体充满了空隙和取代了木材结构中的空气和蒸汽[61]。

在第二阶段的扩散过程中反应产物如溶解的木材组分(主要是木素)从木材中迁移出来,新的活性蒸煮化学离子(OH^-,HS^-)扩散到木材内部。由于化学反应消耗了化学品,这导致木材内部的蒸煮化学品浓度比木材外面主体液体中的低。这种浓度分布的差异是蒸煮化学品扩散到木材内部的主要原因。

吸附作用包括两个过程:吸收和吸附。吸收是物质组分进入固体材料内部;吸附是摄取的组分保留在固体材料的表面上。制浆化学品的吸附,如含有硫化物的浸渍液,是在浸渍阶段进入木材内,这是发生脱木素反应的关键先决条件。较高的温度和化学品浓度、较长的反应时间可提高吸附和吸收绿液 – 化学品(green – liquor chemicals)的数量。然而,在较高的化学浓度下,不是所有的化学品都能被吸附;而在较低的化学药品浓度下,它们能被全部吸附。已发现,吸附率按以下顺序降低:氢氧化钠、硫化钠和碳酸钠。可是,高的硫化物吸附并不总是与高的硫化度相关联。相反,高的硫化度可以由较低的绿液(green liquor)用量($0.5 \sim 1.0L/kg$)来实现[62]。

2.3.2　传质和反应动力学

2.3.2.1　木片的质量、体积和密度

木材是一种多孔性材料。新鲜的木材中含有固态物质（细胞壁）以及孔隙中的气体和水分。木材中固体部分（细胞壁中）的密度变化不大。不考虑木材种类，文献中给出的密度为 $1.50 \sim 1.55 \text{t/m}^3$。木材的密度是指干木材的质量除以干木材的体积（生材密度，green density），不同材种的密度存在较大的差异，变化范围为 $0.3 \sim 0.6 \text{t/m}^3$。致密的材种，例如橡木，其单位体积木材比松木含有较多的固态的细胞壁，尽管这两种木材的细胞壁密度本身是相同的。可以假设各种固态组分（纤维素、半纤维素和木素）的密度是恒定的。图 2 - 61 为木片组分的质量、体积和密度的示意图[63]。

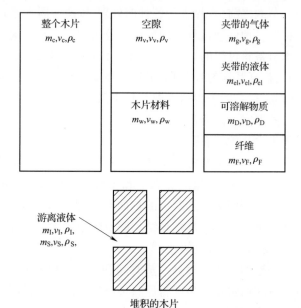

图 2 - 61　木片成分的质量（m）、体积（V）和密度（ρ）

干木片的密度（ρ_{dc}）计算如下：

$$\rho_{dc} = m_c / V \quad （典型的范围是 0.300 \sim 0.600 \text{t/m}^3）$$

$$(2 - 18)$$

干木片的密度随着材种和生长条件的改变而改变，但是通常保持在一定范围内。

木材固体的密度公式如下：

$$\rho_w = m_w / V_w \quad (1.50 \sim 1.55 \text{t/m}^3) \tag{2 - 19}$$

出于所有实用的目的，木片中固体物质的密度看成是恒定的，与材种、生长条件和物质无关。这便可以得出：

$$\rho_w = \rho_F = \rho_D \tag{2 - 20}$$

木片的堆积密度（ρ_b）定义如下：

$$\rho_b = \frac{m_w}{V_c + V_s} \quad (0.120 \sim 0.200 \text{t/m}^3) \tag{2 - 21}$$

堆积密度取决于材种、木片尺寸以及木片尺寸分布。

新木材（fresh wood）木片空隙仅是部分地充满液体。大部分的空隙中充满了空气。渗透度（P）定义为液体充满木片空隙的程度。

$$P = \frac{V_{el}}{V_v} = \frac{m_{el}\rho_v}{m_v\rho_{el}} \tag{2 - 22}$$

当 $V_{el} = V_v$ 或 $P = 1$ 时，木片被完全渗透。

（1）部分渗透和浸没木片的密度

液体刚开始浸入木片时，木片中的气体被困在木片内部。这会产生两方面的重要影响：减小了浸渍木片的密度和破坏了蒸煮的均匀性。蒸煮时木片中将会有很少量的气体溶解在蒸煮液中。可以做如下假设：

① 木片维持其体积;② 气体的压缩遵循理想气体定律;③ 液体将取代减少的气体体积,因此,$V_v = V_{el} + V_g = $ 常数。

不同压力下部分渗透和浸没木片的密度便可以确定。

部分渗透木片的密度计算如下:

$$\rho_c = \frac{m_w + m_{el} + m_g}{V_{dc}} \qquad (2-23)$$

因为 $m_g << m_{el}$,$m_{el} = V_{el}\rho_{el}$,所以式(2-23)可以改写为:

$$\rho_c = \frac{m_c + V_{el}\rho_{el}}{V_{dc}} \qquad (2-24)$$

理想气体状态方程如下:

$$V_g = (V_v - V_{el})\frac{p_0}{p} \qquad (2-25)$$

式中 p_0 和 p——压力

联立式(2-22)和式(2-25)得:

$$V_{el} = V_v \left[1 - (1-p)\frac{p_0}{p} \right] \qquad (2-26)$$

由于 $V_v = V_{dc} - V_w$,密度公式变为:

$$\rho_c = \frac{m_c + \rho_{el}(V_{dc} - V_w)\left[1 - (1-P)\frac{p_0}{p} \right]}{V_{dc}} \qquad (2-27)$$

若 $\rho_{el} = 1t/m^3$,$p_0 = 1bar(0.1MPa)$,并以单位质量计算,$V_{dc} = 1/\rho_{el}$ 以及 $V_w = V_F = 1/\rho_w$。式(2-27)变为:

$$\rho_c = \rho_{dc}\left[1 + \left(\frac{1}{\rho_{dc}} - \frac{1}{\rho_w} \right)\left[1 - (1-P)\frac{p_0}{p} \right] \right] \qquad (2-28)$$

图 2-62 和图 2-63 显示了不同压力下斯堪的纳维亚松木和桦木木片渗透率和未蒸煮木片的密度之间的关系[9]。在实际应用中,木材主要固体成分的密度看成是相同的。假设蒸煮时木片的体积未发生变化,对式(2-26)的修改则适用于蒸煮后的木片:

$$\rho_c = \frac{m_F + \rho_{el}\left(V_{dc} - \frac{m_F}{\rho_F} \right)\left[1 - (1-P)\frac{p_0}{p} \right]}{V_{dc}} \qquad (2-29)$$

(2)液体浸透木片的体积分数和压缩性

大部分化学法制浆的操作,使浸入蒸煮液中的木片最大程度地渗透。在压力反应器(蒸煮器)中,通过药液循环,木片被加热以及与化学品接触。液相有两种:可以循环的游离液体和不参与流动的结合液体。结合液体充满了纤维腔和细胞壁小孔,或者被吸附在固体物质的表面。通过扩散和对流实现所有结合液体的传热和传质。

木片、游离液体和气体的体积分数 ε 如下:

$$\varepsilon_c + \varepsilon_l + \varepsilon_g = 1 \qquad (2-30)$$

在压力反应器中,与液体和木片体积相比,游离气体的体积分数非常小。在大多数实际应用中,式(2-30)简化为如下形式:

$$\varepsilon_c + \varepsilon_l = 1 \qquad (2-31)$$

压缩因子 p 是一个通用的术语,它描述给定的体积下可以填充多少木片。蒸煮过程中,假设木片的体积不变[9]。木片体积分数 ε_c 与压缩因子关系如下:

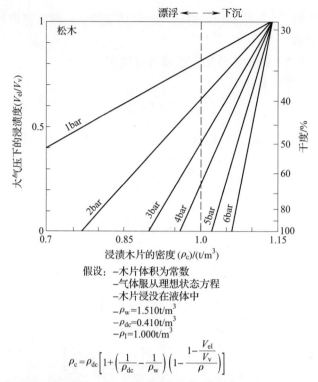

$$\rho_c = \rho_{dc}\left[1+\left(\frac{1}{\rho_{dc}}-\frac{1}{\rho_w}\right)\left(1-\frac{1-\frac{V_{el}}{V_v}}{\rho}\right)\right]$$

图 2-62 未蒸煮的浸渍松木木片的渗透度与密度的关系(*Pinus sylvestris*, 樟子松)

注 1bar = 0.1MPa。

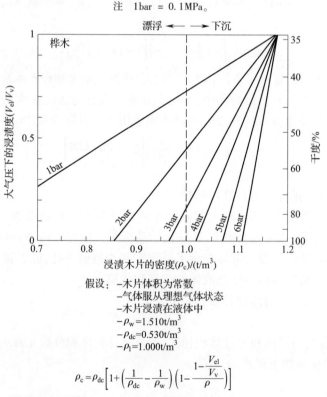

$$\rho_c = \rho_{dc}\left[1+\left(\frac{1}{\rho_{dc}}-\frac{1}{\rho_w}\right)\left(1-\frac{1-\frac{V_{el}}{V_v}}{\rho}\right)\right]$$

图 2-63 未蒸煮的浸渍桦木木片的渗透度与密度的关系(*Betula verrucosa*, 疣皮桦)

注 1bar = 0.1MPa。

$$\varepsilon_c = \frac{\rho_b}{\rho_{dc}} \times p \tag{2-32}$$

木片体积分数也可以单独表达为：

$$\varepsilon_c = \frac{V_c}{V_c + V_l} \tag{2-33}$$

液体体积分数如下：

$$\varepsilon_l = \frac{V_l}{V_c + V_l} \tag{2-34}$$

由于 $m_c = m_F + m_D + m_{el}$，式(2-18)可以重写为：

$$\rho_c = \frac{\rho_{dc}}{m_w}\left[m_F\left(1 - \frac{p\rho_{el}}{\rho_F}\right) + m_D\left(1 - \frac{p\rho_{el}}{\rho_D}\right)\right] + p\rho_{el} \tag{2-35}$$

式(2-35)适用于气体常压环境下未蒸煮和蒸煮后的木片，此处液体相对密度不必是1。木片密度与浸渍液的相对密度差决定了蒸煮器中木片柱压缩的力度。相对密度差定义如下：

$$\Delta\rho = \rho_c - \rho_l \tag{2-36}$$

联立式(2-36)和式(2-35)，假设游离液体与木片内部的液体完全达到了扩散平衡，得出：

$$\Delta\rho = \frac{\rho_{dc}}{m_w}\left(1 - \frac{p}{1.51}\right)(m_F + m_D) - (1 - p\rho_l) \tag{2-37}$$

重组和联立式(2-33)和式(2-36)，得出相对密度差的另一个表达为：

$$\Delta\rho = \frac{1}{V_l}\left[\frac{m_c(1 - \varepsilon_c)}{\varepsilon_c} - m_l\right] \tag{2-38}$$

木片床层或木片柱是可压缩的。木片的体积分数随着压缩(压紧)压力和脱木素程度的变化而变化。压缩力包括静压头、流动的阻力和摩擦力。只有当与压缩压力有关的相对密度与卡伯值的函数关系，$\rho_c = f(p_c, k)$，为已知的时候，压缩因子或木片体积分数的计算才是准确的。这可以由实验确定。它主要取决于木材种类。静止的木片柱的压缩压力可按式(2-39)计算：

$$p_c = \int_O^L \Delta\rho\varepsilon_c g dL \tag{2-39}$$

式中　p_c——压缩压力

脱木素过程中木片中的固相密度不变，同时木片保持体积不变[9]。这意味着在细胞壁中的有机物质溶解期间，细胞壁的多孔结构发生变化。液体取代了溶解的固态物质的体积。蒸煮期间，木片内部的液体的体积增加。

2.3.2.2 硫酸盐法蒸煮中的传质

汽蒸期间，木片中的初始水分将首先作为液体保留。在理想状态下，木片内部空隙中化学药剂的初始浓度总是低于蒸煮液的浓度，然后，由于来自于木材的水的稀释作用而导致其渗透入木片。所有的新药品进入木片，溶解的物质从木片中出来，仅在完全渗透后，才是通过扩散作用进行传递。因此，在化学法制浆中扩散传递是一个非常重要的因素[9]。

2.3.2.3 汽蒸

有效地去除空气对于完全渗透是至关重要的，这就是木片预汽蒸的原因。实际上，汽蒸是伴随着木片内外的传热和传质同时发生的[59]。蒸汽加热时，木片中的空气会膨胀，同时从木片中排出。可是，通过加热使空气直接膨胀，仅能除去木片中的一部分空气。更彻底地去除空气需要蒸汽扩散进入木片的毛细管内、冷凝、再蒸发，从而取代木片中的空气。如果木片加热到足够高的温度并且保持一定压力至沸腾，木片内部的部分初始水分将会蒸发和取代木片中

的空气。气体的扩散速率取决于温度和压力,如下式所示[9]:

$$D = D_0 (T/272)^{1.75} 1/p \tag{2-40}$$

式中　D_0——273K(0℃)和常压下的扩散速率

　　　　T——温度,K

　　　　p——压力,0.1MPa

木片中空气的排除是一个缓慢的过程,完成时间大约需要 30 min。控制汽蒸的最重要的要素是:① 木材的固态物质;② 木片内部的自由水;③ 固态物质表面的结合水;④ 蒸汽与空气的气体混合物。

汽蒸是质量和热量同时传递的过程。对于流过多孔介质的流体,压力梯度推动自由水流动,并服从达西定律(Darcy's law):

$$q_{m,f} = \rho_w \left(\frac{K_f}{\eta_w} \right) \frac{\partial}{\partial z} (p_a + p_v - p_c) \tag{2-41}$$

式中　$q_{m,f}$——流量,kg/(m²·s)

　　　　ρ_w——水的密度,kg/m³

　　　　K_f——渗透系数,m²

　　　　η_w——黏度,Pa.s

　　　　p_a——气压,Pa

　　　　p_v——蒸汽压力,Pa

　　　　p_c——毛细管压力,Pa

化学势梯度移除结合水遵循菲克定律(Fick's law):

$$q_{m,b} = D_d (1 - \phi_d) \frac{\partial U_d}{\partial z} \tag{2-42}$$

式中　$q_{m,b}$——结合水通过细胞壁结构的流量,kg/(m²·s)

　　　　D_d——结合水的扩散系数,(kg·s)/m³

　　　　ϕ_d——木材的体积分数

　　　　U_d——木材的化学势能,J/kg

局部的压力梯度和气体扩散按照式(2-43)控制着气流量:

$$q_{m,a} = \left[x_a (q_{Na} + q_{Nv}) - \rho D^{Eff} \frac{dx_a}{dz} \right] M_a \tag{2-43}$$

式中　$q_{m,a}$——空气流量,kg/(m²·s)

　　　　x_a——混合气体中空气的摩尔分数

q_{Na} 和 q_{Nv}——分别表示空气和蒸汽的摩尔流量,mol/(m²·s)

　　　　ρ——摩尔密度,mol/m³

　　　　D^{Eff}——有效的气体扩散率,m²/s

　　　　M_a——空气的摩尔质量,kg/mol

式(2-41)~式(2-43)是以时间和空间来模拟汽蒸过程的一组偏微分方程式的基础[9]。

2.3.2.4　渗透

木材均匀脱木素的一个先决条件是木片必须完全、均匀地被足够浓度的蒸煮液渗透。渗透是液体转移到木片中充满气体或蒸汽的腔体的过程。渗透有两种机理:毛细管作用(自然渗透)和压力渗透。毛细管作用的渗透距离根据 Washburn's 方程[64]得到下式:

$$h = \sqrt{\frac{r\tau t}{2\eta}} \qquad\qquad (2-44)$$

式中　h——渗透距离, m

　　　r——毛细管半径, m

　　　τ——液体表面张力, J/m²

　　　t——时间, s

　　　η——液体黏度, Pa·s

气体扩散性也影响自然渗透。压力渗透服从泊肃叶公式(poiseuille formula)[65]:

$$\frac{V}{t} = k\frac{nr^4\Delta p}{L\eta} \qquad\qquad (2-45)$$

式中　V——进入毛细管的液体量, m³

　　　t——时间, s

　　　n——毛细管数量

　　　r——毛细管半径, m

　　　Δp——压力梯度, Pa

　　　L——毛细管长度, m

　　　η——液体黏度, Pa·s

　　　k——常数

毛细管平均半径非常重要。致密材种毛细管半径较小。边材渗透快于心材,早材快于晚材。木材孔隙结构也很重要。许多阔叶材渗透快于针叶材,由于其含有较多开孔结构。

式(2-44)和式(2-45)表明升高温度可以改善渗透。压力梯度增加,液体的黏度降低。

渗透可以使用类似于汽蒸的式(2-41)~式(2-43)的计算系统求解,压力梯度是主要的决定性因素。理论计算说明,汽蒸是一个缓慢的过程,如图2-64所示,并且当进行了适当的汽蒸时,渗透进程非常迅速[9]。

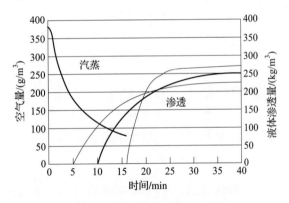

图2-64　汽蒸过程中的空气置换和液体渗透示例

注　汽蒸温度120℃,渗透压力0.5MPa。

2.3.2.5　扩散

化学药品和反应产物通过扩散作用进入完全渗透的木片和从木片中传递出来,符合菲克定律[7]:

$$\frac{\mathrm{d}m}{\mathrm{d}t} = -D\frac{\mathrm{d}\rho}{\mathrm{d}x}\mathrm{d}y\mathrm{d}z \qquad\qquad (2-46)$$

式中　m——质量, kg

　　　t——时间, s

　　　D——扩散系数, m²/s

　　　ρ——浓度, kg/m³

　　　x——浓度梯度的方向, m

溶解物质的传递速率与单位有效横截表面 X 方向浓度梯度呈正比关系。D 是扩散系数或扩散率。由于物质从高浓传递至低浓,D 为负值。未蒸煮木片中实际的毛细管横截面积随着纹理方向而改变。纵向的多孔结构比径向或切向多 3~4 倍。图 2-65 所示[11]为部分脱木素的木材(pH13.2)的有效毛细管截面积(ECCSA)示例。随着脱木素程度的增加,细胞壁的多孔性增加,不同方向之间的 ECCSA 的差别减小。木片厚度方向的扩散对于工业木片是主要的因素,因为管胞方向的传递距离远大于横向。严格意义上说,这个近似值是不对的,但由于实验数据非常好,它有着广泛的应用。

温度也会控制扩散速率。式(2-47)描述了扩散系数 D 与温度的关系[66]:

$$D = kT^{0.5}e^{-E/RT} \qquad (2-47)$$

式中　k——频率常数,cm^2/s

T——温度,K

E——活化能,20.39kJ/mol

R——通用气体常数,8.3J/(mol·K)

对比式(2-47)和式(2-50)的扩散速率表明反应速率取决于温度(见图 2-66),反应速率比扩散速率更取决于温度。这意味着在扩散速率是控制因素的情况下,更容易发生脱木素不均匀。当浸透欠佳、浸透液浓度太低或木片太厚时,这种情况是可能的。

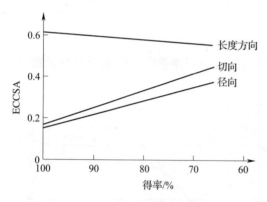

图 2-65　高 pH 下部分蒸煮木片的 ECCSA
与纸浆得率的关系[11]

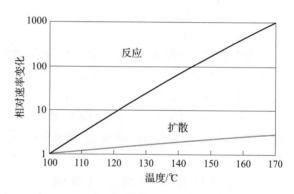

图 2-66　相对反应速率和扩散速率
随着温度的变化情况

当药剂传递到木片内部时,木片外部游离液体中的药剂消耗得太快,而使内部区域脱木素较少。Gustafson 等人[67-70]开发了扩散的表达公式,并同时使用描述反应速率的方程[式(2-53)至式(2-58)],考虑了随着脱木素的进行局部的碱液浓度和 ECCSA 的变化。

$$D = k_D T^{0.5}e^{-2456/T}[-0.02L + 0.13[OH^-]^{0.55} + 0.58] \qquad (2-48)$$

式中　k_D——特性扩散常数

D——扩散系数,m^2/s

T——温度,K

L——木素含量

$[OH^-]$——氢氧根离子浓度

图 2-67 为木片渗透期间扩散所产生的影响示例,对于充分汽蒸和渗透的木片,用式(2-48)可确定浸渍达到浓度平衡所需要的时间。活性的化学药品扩散到未蒸煮的木片内,显然是很费时间的。

许多蒸煮系统在蒸煮完成后具有置换过程。连续蒸煮器的洗涤区和间歇置换蒸煮最后的置换段是这类操作的例子。溶解的反应产物通过扩散作用从木片中洗出,从木片内部的液体部分扩散到流经蒸煮木片的自由液体相。佩克莱特(Peclet)数或 E 值可以描述流体流动模型,例如在洗浆中的模型。木片中物质的扩散过程很慢,因为扩散距离很长,达几毫米。扩散涉及到传递速率,也就是达到(接近于)平衡取决于时间:

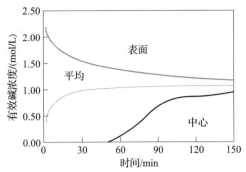

图 2-67　木片表面和中心处的
平均理论计算有效碱浓度

注　浸渍温度100℃　木片厚度4mm

$$\frac{\partial x}{\partial t} = \frac{(w_{el} - w_1)}{\tau} \qquad (2-49)$$

式中　w_{el}——木片内部液体中溶解物质的
　　　　　　质量分数

　　　w_1——木片之间游离液体中溶解物质的质量分数

　　　τ——达到平衡所需时间的一半(the half-time to reach equilibrium)

　　　t——置换的停留时间

蒸煮废液中含有上百种不同的化合物,需要知道它们的扩散时间常数,τ。小分子物质(如无机盐类)的扩散($\tau = 5 \sim 10min$)比大分子量的有机物的扩散速率($\tau = 40 \sim 90min$)快得多。正如式(2-47)所示的,扩散速率还取决于温度。木片状态阶段的洗涤主要是扩散控制,并需要长的洗涤时间(数小时)才能获得好的洗涤效果[9]。

2.3.2.6　硫酸盐法蒸煮中的反应动力学

从速率角度讲,在化学法制浆中反应机理形成了一个非常复杂的体系。有机物的溶解,如木素碳水化合物和抽出物,在蒸煮过程中有着不同的进程和明显不同的阶段性。不同组分的溶解速率在这些阶段中是变化的。因此,每一种主要组分在每一个阶段需要不同的处理方法。反应系统是一个固-液相的多相系统,事实上复杂的传质机理伴随着化学反应同时发生,这使得反应系统更加复杂。活性药剂输入到木片和细胞壁内,反应产物输送出来。如果反应条件可以忽略热量和质量传递因素的话,制浆反应系统可以看作是一个均相反应系统。大多数关于制浆反应动力学的文献是假设蒸煮反应动力学可以被看作是在均相反应体系中进行的。这样假设的理由是根据阿仑尼乌斯定律,总的反应速率取决于温度[9]。

$$k = Ae - \frac{E_a}{RT} \qquad (2-50)$$

式中　A——与卡伯值有关的常数

　　　k——速率常数

　　　E_a——反应活化能

　　　T——热力学温度

　　　R——气体常数

这个假设的前提是考虑蒸煮过程中全部大量(bulk)木片的平均反应结果。单个木片和细胞壁内的扩散和吸附现象对反应的均匀性起着重要作用。

2.3.2.7　木素的反应动力学

Vroom[71]首次尝试建立了一个适用于硫酸盐法制浆反应速率的通用模型。他以阿仑尼乌斯方程为基础,并且假设它适用于硫酸盐法蒸煮过程,不考虑蒸煮过程中反应物的浓度和不同的反应速率阶段。他测定出活化能为134kJ/mol,并且提出了 H - 因子的概念,由阿伦尼乌斯速率方程推导出 H - 因子的过程如下。方程2 - 50 取对数后得出:

$$\ln k = \ln A - (E_a / RT) \tag{2-51}$$

式中 $E_a / R = 134000/8314 = 16115$。常数项,$\ln A$,如下:

$$\ln A = E_a / RT - \ln k = 43.2 \quad T = 373K$$

温度对时间的积分如下所述:

$$H = \int_0^1 e^{(43.2 - 16115/T)} dt \tag{2-52}$$

$e^{(43.2 - 16115/T)}$ 在公式(2 - 52)中为相对速率常数,k。表2 - 8 列出了从80℃开始的 H - 因子。图2 - 68 给出了温度曲线以及与其对应的相对速率增长的一个示例。图2 - 69 中给出了蒸煮参数只有温度和蒸煮时间的一些云杉木片的蒸煮结果。这个模型适用的前提条件是初始条件固定、确定的木片尺寸分布和木材种类、在蒸煮终点提供足够高的残碱浓度来避免木素再缩合。该模型通过温度和时间的变化来估计脱木素最终结果,是一个十分有用的工具。

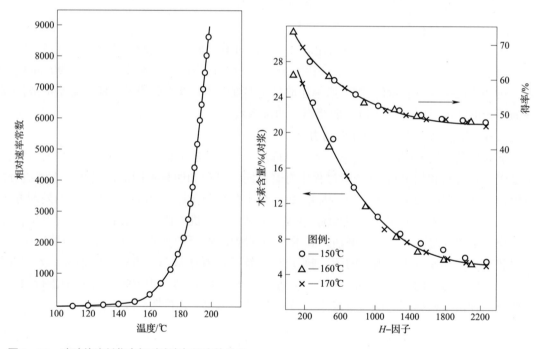

图2 - 68　硫酸盐法制浆中相对速率与温度的关系　　　图2 - 69　云杉硫酸盐法制浆在硫化度为31% 时 木素含量与 H - 因子的关系

在蒸煮初期,木素的脱除速率很慢。在所谓的大量脱木素阶段,温度升高后木素的脱出速率增大。在蒸煮后期,木素的脱除速率又会下降。在蒸煮末期,即残余木素脱除阶段,脱木素速率很慢。

有几种动力学模型可以用来描述这些情形,可是不一定很准确。一些模型仅详细描述了蒸煮。其他的模型则考虑了更多的工艺参数并涵盖了蒸煮的不同阶段。其中一个模型是由Gustafson[67-70]给出的。这里将利用该模型来描述在不同的脱木素阶段的速率变化情况。该模型的基本假设是在蒸煮之前,木片被蒸煮液充分浸渍,并且游离的和封闭的(指在木片内部的)蒸煮液的浓度最初是一致的。

表2-8　　　　　　　　　　　　　H-因子的计算[71]

时间/min	蒸煮温度/℃												
	160	161	162	163	164	165	166	167	168	169	170	171	172
30	28	30	32	35	38	41	44	47	51	55	59	64	69
35	32	35	38	41	44	47	51	55	59	64	69	75	80
40	37	40	43	46	50	54	58	63	68	73	79	85	92
45	41	45	48	52	56	61	66	71	76	82	89	96	103
50	46	50	54	58	63	68	73	79	85	91	99	106	115
52	48	52	56	60	65	70	76	82	88	95	103	111	119
54	50	54	58	63	68	73	79	85	92	99	107	115	124
56	51	56	60	65	70	76	82	88	95	102	111	119	129
58	53	59	62	67	73	78	85	91	98	106	115	124	133
60	55	60	64	70	75	81	87	94	102	110	118	128	138
62	57	62	67	72	78	84	90	97	105	113	122	132	143
64	59	64	69	74	80	87	93	101	109	117	126	136	147
66	61	66	71	76	83	89	96	104	112	121	130	141	152
68	62	68	73	79	85	92	99	107	115	124	134	145	156
70	64	70	75	81	88	95	102	110	119	128	138	149	161
72	66	71	77	83	90	97	105	113	122	132	142	153	165
74	68	73	79	86	93	100	108	116	125	135	146	158	170
76	70	75	82	88	95	103	111	119	129	139	150	162	174
78	72	77	84	90	98	105	114	124	132	143	154	166	179
80	73	79	86	93	100	108	117	126	136	146	158	170	184
82	75	81	88	95	103	111	119	129	139	150	162	175	188
84	77	83	90	97	105	114	122	132	142	154	166	179	193
86	79	85	92	100	108	116	125	135	146	157	170	183	197
88	81	87	94	102	110	119	128	138	149	161	174	187	202
90	83	89	97	104	113	122	131	142	153	165	178	192	207

续表

	蒸煮保温阶段累计的 $H-$ 因子						
时间/min	保温温度/℃						
	166	167	168	169	170	171	172
93	1025	1110	1204	1325	1437	1558	1688
94	1036	1122	1217	1339	1452	1574	1706
95	1047	1134	1230	1354	1468	1591	1724
96	1058	1146	1243	1368	1483	1608	1742
97	1069	1158	1256	1382	1499	1625	1761
98	1080	1168	1269	1397	1514	1642	1779
99	1091	1181	1282	1411	1530	1658	1797
100	1102	1193	1295	1425	1545	1675	1815
101	1113	1205	1308	1439	1560	1692	1833
102	1124	1217	1321	1453	1576	1708	1851
103	1135	1229	1334	1468	1591	1725	1869
104	1146	1241	1347	1482	1607	1742	1888
105	1157	1253	1360	1496	1622	1759	1906
106	1168	1265	1373	1511	1638	1776	1924
107	1179	1277	1386	1525	1653	1792	1942
108	1190	1289	1399	1539	1669	1809	1960
109	1201	1301	1412	1553	1684	1826	1978
110	1212	1313	1424	1567	1699	1842	1996
111	1223	1325	1437	1582	1715	1859	2015
112	1234	1337	1450	1596	1730	1876	2033
113	1245	1348	1463	1610	1746	1893	2051
114	1256	1360	1476	1625	1761	1910	2069
115	1267	1372	1489	1639	1777	1926	2087
116	1278	1384	1502	1653	1792	1943	2105
117	1289	1396	1515	1667	1808	1960	2124
118	1300	1408	1528	1681	1823	1976	2142
119	1311	1420	1541	1696	1839	1993	2160
120	1322	1432	1554	1710	1854	2010	2178
125	1377	1492	1619	1781	1931	2094	2269
130	1432	1551	1683	1852	2008	2177	2359
135	1487	1611	1748	1924	2086	2261	2450
140	1542	1671	1813	1995	2163	2345	2541
145	1597	1730	1878	2066	2240	2429	2632
150	1653	1790	1943	2138	2318	2513	2723

北欧的一种木素含量为 27% 的松木试样在初始脱木素阶段木素的脱除情况如下所示：

初始脱木素阶段：

$$\frac{dL}{dt} = k_{il}e^{(17.5-8760/T)}L \tag{2-53}$$

式中　L——t 时刻的木素含量

k_{il}——该阶段的脱木素反应速率常数

T——热力学温度，K

从表面上看初始阶段的木素脱除与 OH^- 的浓度是无关的。但这并不意味着这一阶段可以在非碱性条件下进行，而是指这一阶段的脱木素速率不会受到碱浓度的影响。大量脱木素阶段的脱木素速率方程如下所示：

大量脱木素阶段：

$$\frac{dL}{dt} = k_{obl}e^{(35.5-17200/T)}[OH^-]L + k_{1bl}e^{(29.4-14400/T)}[OH^-]^{0.5}[HS^-]^{0.4}L \tag{2-54}$$

式中　$[OH^-]$——OH^- 的浓度

$[HS^-]$——HS^- 的浓度

k_{obl} 和 k_{1bl}——不同阶段的脱木素反应速率常数

这里的相对反应速率高于反应活化能。OH^- 和 HS^- 的浓度对反应速率有较大的影响。

残余木素脱除阶段：

$$\frac{dL}{dt} = k_{rl}e^{(19.64-10804/T)}[OH^-]^{0.7}L \tag{2-55}$$

式中　k_{rl}——脱除残余木素的反应速率常数

在这一阶段，木素的相对脱除速率变慢，OH^- 浓度对木素脱除速率的影响减弱[9]。

2.3.2.8　碳水化合物的反应动力学

通常，碳水化合物的降解速率与木素的降解速率有关并与之成正比。如图 2-70 所示。

唯一不符合上述规律的情况出现在初始阶段的早期，在这期间只有碳水化合溶解。有不少关于碳水化合物反应动力学的研究。Gustafson 等人[67,72]将碳水化合物的溶解速率与木素的反应动力学相关联，其关系式如下：

初始脱木素阶段：

$$\frac{dc}{dt} = k_{ic}[OH^-]^{0.11}\frac{dL}{dt} \tag{2-56}$$

大量脱木素阶段：

$$\frac{dc}{dt} = k_{bc}\frac{dL}{dt} \tag{2-57}$$

残余木素脱除阶段：

$$\frac{dc}{dt} = k_{rc}\frac{dL}{dt} \tag{2-58}$$

常数 k_{ic}、k_{bc}、k_{rc} 分别是初始脱木素阶段、大量脱木素阶段以及残余木素脱除阶段所对应的碳水化合物的反应速率常数。[9]

均相反应机理的假设是指木料各个部分对蒸煮液都是可及的，且木

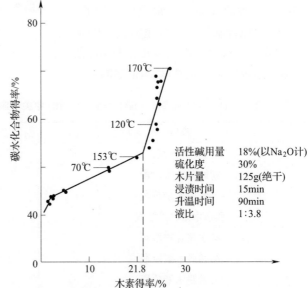

图 2-70　松木硫酸盐法蒸煮过程中碳水化合物和木素的溶解

片中各部分的药液浓度都相同没有浓度差。这样的条件只有在木片完全浸渍并且木片内部药液传递距离非常短,以至于没有传质困难的情况下才能达到。工业用木片在结构和大小上是不均一的,因此,使用商品木片时,要达到所假设的质量传递状态需要周密考虑。[9]

2.3.2.9　反应动力学和质量传递模拟实验

因为式(2-40)~式(2-58)需要联立求解,所以反应动力学的应用和质量传递的计算需要极复杂的计算系统。其求解需要先进的数学解析技术。目前市场上已有相关的计算软件包并在不断地完善。另一个复杂的方面是,造纸用的木材原料种类繁多,其形态特性和化学组成又各不相同。而所有这些相关的数据都需要通过对各种材种的实验才能获得,实验的设计必须要满足这一要求。Gustafson 等人[67,72]和 Gullichsen 等人[10,73]也都有关于此方面的研究报告。获得反应动力学等式(2-50)至式(2-58)中的常数 k 所需的数据要通过蒸煮试验获得,且木片要足够薄,从而可以最大限度消除药液扩散带来的不利影响。而对得率与残余木素量的测定也为确定初始脱木素阶段、大量脱木素阶段和残余木素脱除阶段的分界点提供了数据支持。具体的实验必须要符合边界条件和动力学模型的假设。例如,要满足反应开始前药液完全浸透的要求,就必须采用非传统的温度足够低的无空气的木片浸透,以防止化学反应的发生。扩散速率常数的建立,需要用不同厚度的同一种木料在同一蒸煮系统中进行蒸煮,将它们分开蒸煮,分别测量它们的得率、残余木素以及黏度,再对数据进行拟合。这样,该组分实验数据最佳拟合的扩散速率常数就建成了。而浆渣数据可以帮助我们找到纤维分离点,确保蒸煮后的木片不含树节和压缩木。表2-9为拟合的适于60年的北欧红松样品的式(2-40)至式(2-44)和式(2-50)至式(2-58)中的常数。而这些数据是通过拟合薄木片(1.5mm)蒸煮的反应速率常数而得到的。图2-71为拟合结果。扩散速率常数则是通过对同一种木片的不同厚度的样品,在同一蒸煮系统中进行蒸煮试验而获得的。

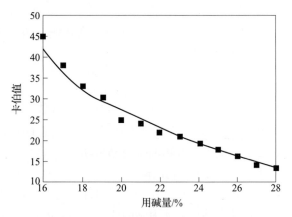

图2-71　卡伯值与初始有效碱浓度的关系之实测值与模型计算值的比较

注　硫酸盐法蒸煮,厚度 1.5mm 的松木片,
最高蒸煮温度 175℃,H-因子 1945。

表2-9　式(2-44)和式(2-53)至式(2-58)中关于制浆动力学和质量传递的常数

阶段	公式	常数	数值
脱木素阶段	2-53	k_{il}	1
初始脱木素阶段	2-54	K_{0bl}	0.15
大量脱木素阶段	2-54	K_{1bl}	1.65
残余木素脱除阶段	2-55	k_{rl}	2.2
碳水化合物溶解			
初始脱木素阶段	2-56	k_{ic}	2.53
大量脱木素阶段	2-57	k_{bc}	0.47
残余木素脱除阶段	2-58	k_{rc}	2.19

续表

阶段	公式	常数	数值
扩散速率常数	2-48	k_D	0.33
初始阶段与大量脱木素阶段的分界点	2-53	木素含量/%	22.5
大量脱木素阶段与残余木素脱除阶段的分界点	2-54	木素含量/%	2.2
纤维分离点	2-54	木素含量/%	6

注 北欧红松:木素27%,碳水化合物67%,抽出物及灰分6%。

如图2-72所示,扩散系数与测定数据一致。新鲜的碱液进入木片的速度太慢,无法满足木片对于碱液的消耗,结果导致了蒸煮不均匀。图2-73比较了卡伯值的模型计算值与实测值,包括一系列不同厚度的木片,其木片中心与表面的卡伯值、粗浆(未经筛选)的卡伯值和细浆(经过筛选)的卡伯值。木片厚度超过4mm时会呈现出明显的脱木素梯度,但是,对于那些厚度超过8mm的木片,其中心没有脱木素。相同材种的工厂木片用厚度筛进行筛选,得到如图2-74所示的木片厚度分布,然后在前面的蒸煮条件下进行蒸煮,得到图2-75所示的脱木素结果。浆渣(得率0.75%,相对木材)来自于厚度为6mm或者更厚的木片。

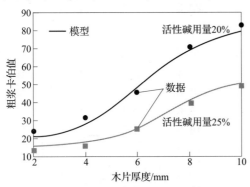

图2-72 不同厚度木片以两种活性碱
用量同时进行硫酸盐法蒸煮的卡伯值
模型计算值与实测值的比较

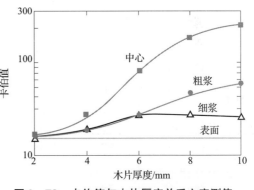

图2-73 卡伯值与木片厚度关系之实测值
与模型计算值的比较(包括木片心部、
表面、粗浆和细浆的卡伯值)

注 20%活性碱用量;平均细浆卡伯值=22.5。

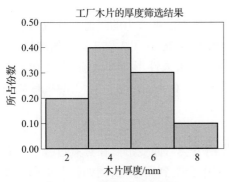

图2-74 削片和筛选良好的
工厂木片典型木片厚度分布

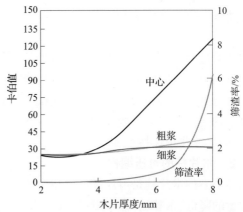

图2-75 图2-74中所示的木片的硫酸盐法蒸煮结果

注 20%活性碱;卡伯值=27.6;筛渣率=0.75%。

2.3.3 木片的压缩系数及液体流动阻力

2.3.3.1 木片压缩系数

木片的机械性能在蒸煮期间发生改变。随着木素和碳水化合物从植物细胞壁的溶解,木片逐渐软化。通过测定木片可以承受的压力来确定脱木素的程度是非常重要的。表2-10显示,在碱法蒸煮中,不受压力的木片根本不会改变它们的尺寸[9]。只会存在一个轻微的横向膨胀和纵向收缩的趋势。

表2-10 未压缩的实验室切削的松木片在蒸煮前后的尺寸(一般3mm×10mm×20mm)

试验	编号	卡伯值	蒸煮前尺寸/mm			蒸煮后尺寸/mm		
松木	1	125	3.0	10.3	20.4	3.1	10.5	20.0
	2	89	3.0	10.2	20.4	3.0	10.4	20.3
	3	70	3.0	10.2	20.3	3.1	10.4	20.4
	4	51	2.9	10.2	20.3	3.0	10.3	20.4
	5	27	3.0	10.2	20.3	3.1	10.3	20.3
桦木	1	125	3.0	10.0	18.5	3.0	10.1	18.4
	2	78	2.9	9.9	18.1	2.9	10.0	18.0
	3	29	3.0	10.0	18.6	3.0	10.0	18.0
	4	25	9.9	18.6		3.1	10.1	18.3
	5	23	3.0	10.1	18.9	3.0	10.0	18.0
	6	20	3.0	10.1	18.2	3.0	10.1	18.1
桉木	1	78	3.2	10.1	20.8	3.3	10.6	20.5
	2	23	3.2	10.2	20.9	3.4	10.1	20.6
	3	25	3.1	10.2	20.8	3.2	10.4	20.3

木片在承受压力的情况下,纵向或与轴向垂直的方向的收缩和纵向或与轴向垂直的方向的弯曲要低于永久性的形变,并表现出明显的滞后现象。这种负载和缓冲排列构成可重复的循环。

木片的最大负载就是发生永久形变的关键。木片对于压力的抵抗力的降低与其脱木素的程度大致同步。不同的材种对于负载的反应不用,但是如图2-76和图2-77显示的那样,当卡伯值降低到30以下时,木片的性能测试结果是相似的。在永久性形变发生前,木片在轴向和垂直于轴向的方向上仅能够压缩0.05~0.10mm,弯曲0.2~0.4mm。在可承受的机械压力下,木片的尺寸几乎保持不变。

2.3.3.2 木片柱的可压缩性

未经蒸煮的木片柱是可压缩的。单个木片在应力作用下会弯曲变形。在蒸煮过程中随着木素含量的降低,木片的可压缩性增大。木片在蒸煮过程中会受到压缩力,例如静压头和流体曳力的作用。木片的体积分数 ϕ_c,取决于残余木素含量或卡伯值和压缩压力。一项实验研究[9]表明,游离液体的体积分数 ϕ_l 如下式所示:

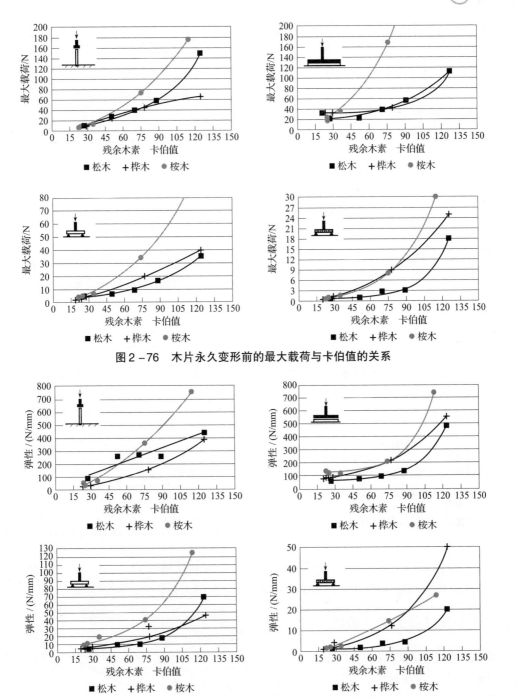

图2-76 木片永久变形前的最大载荷与卡伯值的关系

图2-77 木片弹性与卡伯值的关系

$$\phi_1 = k_0 + p_c^{k_1}(k_2 + k_3 \ln \kappa) \tag{2-59}$$

式中 $k_0, k_1, k_2,$ 和 k_3——根据经验得到的特性常数

p_c——总的压缩压力

κ——卡伯值

图2-78所示的是在不同的压缩压力下游离液体体积随着卡伯值而变化的一个示例。$1 \sim 2m\ H_2O$ 的适度压缩压力可以把低卡伯值的木片柱压缩到一种含有非常少的流动游离液体

的状态。因此,压缩性对于木片柱内液体流动的影响是很大的,这是因为压缩压力和卡伯值决定了自由液体流动区域的大小。

Esko Härkönen 应用 Ergun 方程描述了木片柱压缩后的液体流动阻力[63]:

$$\frac{\mathrm{d}p}{L} = R_1 \left[\frac{(1-\phi_1)^2}{\phi_1^3} \right] v + R_2 \left[\frac{(1-\phi_1)^2}{\phi_1^3} \right] v^2$$

$$(2-60)$$

式中　v——表面流速

如下式所示:

$$v = \frac{V_1}{\phi_1 \times A} \qquad (2-61)$$

式中　V_1——流动的游离液体的体积

　　　A——木片柱总的横截面积

　　　ϕ_1——游离液体的体积分数

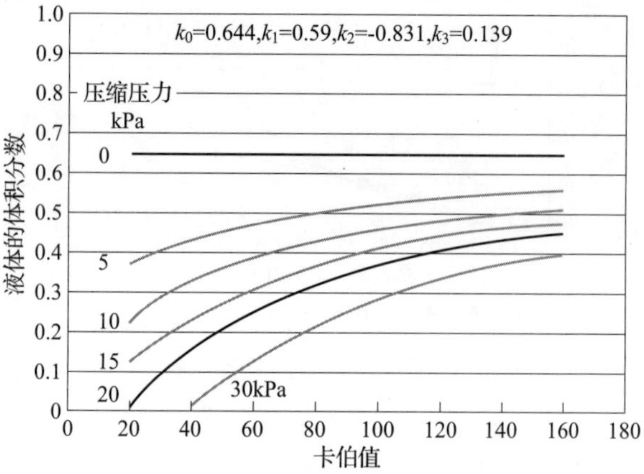

式(2-60)考虑的是液体流动中的层流和湍流。如表2-11所示,常数 R_1 和 R_2 由木材的种类、木片的尺寸及其尺寸的分布决定。

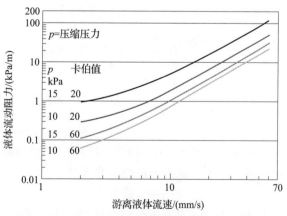

图2-78　不同压缩压力下针叶木(红松,*Pinus sylvestris*)木片中的游离液体体积分数与卡伯值之间的关系

表2-11　　　　　　　　木片柱可压缩性常数示例[见式(2-60)]

木材种类	R_1	R_2
斯堪的纳维亚松(Scandinavian Pine)[63]	4600	3.9×10^6
斯堪的纳维亚桦木(Scandinavian Birch)[74]	2.5×10^5	-1.2×10^6
赤桉(Eucalyptus Camaldulensis)[74]	5.5×10^5	7.5×10^5

图2-79 所示的是相同松木片试样在不同卡伯值和压缩压力下,通过式(2-59)和式(2-60)计算得到的液体流动阻力与游离液体流速之间的关系。

2.3.4　制浆过程的工艺参数

确保产品质量均匀的一个重要方法是尽可能保持工艺参数的波动范围小。本章将会简要介绍一些最重要的工艺参数以及它们对纸浆和制浆过程的影响。在碱法蒸煮中,主要的与化学反应相关的参数有木材的种类(即它们的主要化学成分)、木片的尺寸、液比、蒸煮液浓度(OH⁻和HS⁻,以用碱量和硫化度表示)、蒸煮温度和时间。

木材的化学组成和形态特征是影响

图2-79　在一定的卡伯值和压缩压力下木片柱的液体流动阻力与游离液体流速之间的关系

纸浆性能的主要因素。只有在原料允许的情况下,工艺条件才具有重要作用。木材种类和木片尺寸是确定所采用的最佳工艺条件的重要参数。

2.3.4.1 液比

蒸煮液是白液与之前蒸煮过程中得到的黑液的混合物。蒸煮器内所有液体的总质量与绝干木片质量之比称为液比,范围为 3.5~5t 蒸煮液/t 木材(请注意,此处的液比与我国造纸行业所说的液比略有差别,我们所说的液比是指绝干木片质量与蒸煮器内所有液体的总体积之比——译者注)。值得注意的是,应当考虑到木片水分的变化,因为木片中的水分也是液体的一部分。

蒸煮液的初始浓度是由采用的液比和活性碱(化学药品)的用量共同决定的。所有与木材的反应都是发生在液相之中,这意味着均匀蒸煮的先决条件是要使木片浸没在蒸煮液中。液量过低将阻碍蒸煮器中液体的循环,导致蒸煮过程发生变化。另一方面,液量过高会导致消耗的能量增加。这些要求限制了间歇蒸煮的最小液比范围为前面所述的 3.5~5t 蒸煮液/t 木材,具体要根据木片的压实程度和木片密度而定。在连续蒸煮过程中,在整个过程,不断流动的蒸煮液和木片可以以不同的速度运动,使得在很低的初始液比(2~3t 蒸煮液/t 木材)条件下,也能满足让木片完全浸泡的要求。蒸煮过程中改变化学药品浓度的可能性受到白液浓度和所选择的工艺的限制[9]。

2.3.4.2 用碱量

如 2.5.2 节中所述,有效碱按照 NaOH + 1/2 Na₂S 计算。以 NaOH 表示有效碱,白液的活性碱浓度大约为 140~170g/L(以 NaOH 计)[75]。用碱量通常用 NaOH 的质量对绝干木材质量的百分比表示。当用碱量低于 17% 时木材脱木素会相当缓慢,而当用碱量高于 27% 时纸浆得率和纸张强度会降低。选择用碱量的依据是木材的种类和预期的卡伯值。18% 的用碱量足够保持溶解的木素在蒸煮结束时不再发生聚沉[7,76-77]。这相当于蒸煮液的残碱浓度为 5~15g/L。

2.3.4.3 硫化度

硫化度是指白液中硫化钠(Na_2S)的量,换算成百分比,如下所示:

$$100 \times Na_2S / (NaOH + Na_2S)$$

典型的硫化度范围是 25%~45%,具体大小取决于木材种类和产地。在蒸煮过程中,由于大部分氢氧化钠会被消耗,而硫化钠只消耗了 20%~30%,因此,随着蒸煮的进行,硫化度增大。较高的硫化度能促进脱木素反应,特别是在低温蒸煮条件下[76]。硫还可以稳定半纤维素的还原性末端基,这就是开发多硫化物改良蒸煮技术的原因[9]。因此,适宜的硫化度可以提高纸浆得率。另一方面,过高的硫化度会导致气味和设备腐蚀问题。一般认为针叶木制浆适宜的硫化度水平为 35%~40%[76]。

2.3.4.4 温度、蒸煮时间和 H-因子

木片浸渍后,温度上升不应过快。适宜的、缓慢的升温速率,可以使得木片在达到大量脱木素阶段开始的临界温度 140℃之前,木片能够完全被蒸煮液浸透。如果到达临界温度后木片还未被蒸煮液完全浸透,将会造成脱木素过程不均匀,这是因为当蒸煮液未浸透到木片内部时,木片内部就无法进行脱木素。而且温度在脱木素过程的各个阶段也应保持均匀。对针叶木,当蒸煮最高温度为 155~175℃时,最高温度对纸浆的得率或性能不会有太大程度的影响。而对于许多阔叶木来说,蒸煮最高温度达到 155~175℃时,纸浆得率会受到影响。当最高温度超过 175℃时,纸浆得率开始下降,尤其是在硫化度较低的条件下,由于半纤维素的降解反应会造成得率下降。在高于 180℃的温度下蒸煮时,要求薄的木片和有效的药液浸渍,以保证脱木素效果均匀[15]。

提高纸浆得率的一种方法是蒸煮到较高的残余木素含量,这种方法适用于生产未漂白浆

和能够达到纤维所需的特性。使用化学药剂进行漂白可除去纸浆中的残余木素。反应产物（包括溶出的木素）随漂白废液排出，这些物质不容易回收。漂白前纸浆脱木素程度越小，则漂白工段潜在的污染也就越严重。因此，减少脱木素不是减少漂白浆得率损失的可行选择。反而，蒸煮中对碳水化合物的保护需要改善[9]。

蒸煮时间由原料种类、目标脱木素程度（用卡伯值表示残余木素量，由于 HexA 的影响，对于阔叶木用克拉森木素表示更好）、蒸煮温度上升速率以及设定的蒸煮温度决定。蒸煮时间和蒸煮温度是由 H - 因子决定的。通常间歇蒸煮的总循环周期（The total cycle time）是 3 ~ 4h，而在连续蒸煮中，木片的总停留时间（The total chip retention time in continuous cooking processes）可达到 3 ~ 8h。

表 2 - 12 列出了蒸煮过程中质量和热量衡算的基础数据。

表 2 - 12　　　标准的间歇蒸煮和连续蒸煮过程中物质量和热量衡算的基础数据

物质项目	数据	物质项目	数据	物质项目	数据
木材	北欧红松 （Pinus silvestris）	密度	1.05kg/m³	喷放浓度 （连续蒸煮）	10%
得率(对木材)	47%	间歇蒸煮液比	4.5:1	反应热(对木材)	0.218MJ/kg
木材水分含量	45%	汽蒸温度		蒸煮过程热损失，%（对所用蒸汽）	4%
木片温度	10℃	间歇蒸煮	100℃	比热容	
有效碱用量 （以 NaOH 计）	18.5%	连续蒸煮	120℃	水	4.19kJ/(℃·kg)
白液		蒸煮器放气 气体损失	180kg/t 绝干浆	木材	1.53kJ/(℃·kg)
有效碱	115g/L	蒸煮器钢构件 （间歇蒸煮）		溶解的干固形物	1.47kJ/(℃·kg)
活性碱	135g/L	质量	6t/t 绝干浆	蒸煮器钢部件	0.46kJ/(℃·kg)
硫化度	29.6%	蒸煮前温度	100℃	蒸汽潜热	
苛化度(causticity)	80.5%	蒸煮后温度	120℃	中压高压蒸汽	2785kJ/kg
还原率	86.0%	温度		低压蒸汽	2748kJ/kg
密度	1.15kg/m³	蒸煮温度	170℃	闪蒸汽 (0.4MPa，150℃)	2733kJ/kg
温度	85℃	喷放温度 （间歇蒸煮）	165℃	闪蒸汽 (0.12MPa，122℃)	2706kJ/kg
黑液		洗涤液和 稀释液温度 （连续蒸煮）	74℃	闪蒸汽 (0MPa，102℃)	2676kJ/kg
温度	70℃	洗涤区温度 （连续蒸煮）	130℃		
干固形物含量	15%	稀释因子 （连续蒸煮）	3.0t/t 绝干浆		

2.3.4.5 脱木素速率

在木片表面与制浆药液之间的相界上所发生的反应的复杂性表明,制浆反应过程不能看作是均相反应系统。然而,蒸煮机理可以看作是一级反应。

蒸煮时间和蒸煮温度的关系可以由阿伦尼乌斯速率方程来表达[方程式(2-50)至式(2-52)]。Vroom 定义了 H—因子[71],用于说明脱除木素的相对速率与温度的关系。把 100℃下反应 1h 的蒸煮效果定义为 H—因子是 1;H—因子随着温度的上升而增加,视脱木素作用的活化能而定。一般说来,可认为温度每升高 10℃,硫酸盐法蒸煮的反应速率增加 1 倍[9]。图 2-80 所示为 H—因子对得率和残余木素含量的影响实例。

用碱量或碱浓度对蒸煮速率的影响也是一个主要因素。图 2-81 示出了云杉在 160℃下蒸煮时,不同碱性溶液对木素脱除率的影响。当将溶剂由水变为酒精时,木素脱除率上升的原因可解释为易于渗透和与有机溶剂反应[9]。

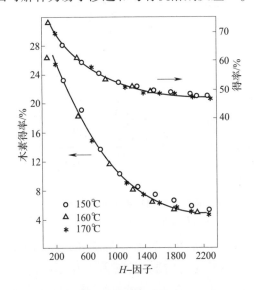

图 2-80 云杉硫酸盐法蒸煮过程中纸浆得率和残余木素含量与 H-因子的关系(硫化度为 31%)[78]

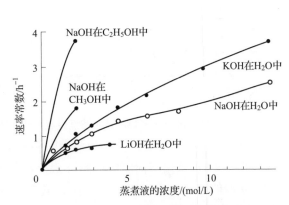

图 2-81 云杉在 160℃下制浆时反应速率与不同氢氧化物溶液浓度的关系[79]

硫化度对反应速率的影响见图 2-82。在 170℃下,当硫化度从 0 上升至 30% 时,脱木素时间可以缩短一半。

木材种类和蒸煮条件对木素脱除率也有重要影响。例如,阔叶木的木素含量低于针叶木。另外,阔叶木的木素容易接触到,相对于针叶木木素也较不易发生缩合反应。因此,阔叶木木素脱除率要高于针叶木木素。同种类型的原料,其制浆过程会受到可及性和反应性的影响。每种原料都有其各自的最佳条件,比较剧烈的反应条件不但不会提高木素脱除率,反而会降低纸浆得率以及质量。脱木素速率和均匀性还取决于木片的水分含量、尺寸以及木片的各种预处理。全面渗透入木片的药液,要比刚与其接触到的药液更容易在木片中扩散。在此背景下,以下 3 个因素尤为重要:药剂的初始浓度、反应开始之前药剂在木片内部的分布和木片的厚度。药剂的初始浓度及其分布决定了在不从木片外部补充药剂到木片内部的情况下,反应可以进行的程度。木片厚度决定了新药剂从木片外围的游离液体中扩散至反应部位所需要的最短距离。新鲜木片中的水分在浸渍过程中不会完全被蒸煮液所取代,但是会稀释药液浓度。因此,木片内部最初的化学药剂浓度永远不可能像浸渍液那么高。由于扩散缓慢,所以浓度达到平衡需要时间。在100℃下,自由液体和木片内液体的平均浓度要达到平衡,可能需要超过一个小时的时间。扩散速率是由木片表面和其内部溶液的浓度梯度、温度来决定的。扩散速率随温度上升而增加,但不像反应速率那么快。木片预处理的质量、汽蒸和预浸渍、木片尺寸和温度,以上这些因素之间的微妙的平衡,决定了化学法制浆中脱木素的均匀程度。蒸煮过后的筛渣或者未发生纤维化的残余木片的含量,可作为脱木素均一性的一个粗略的测定方法[9]。

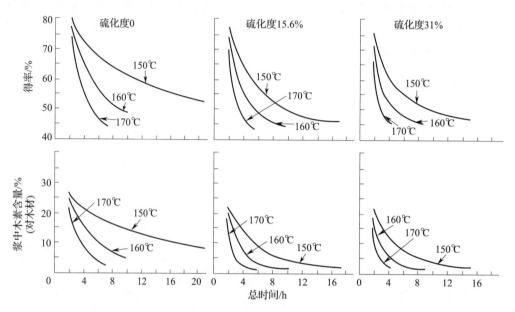

图2-82　云杉硫酸盐法蒸煮过程中蒸煮时间、温度、硫化度对脱木素速率的影响
注　升温时间2h,活性碱用量为242kg/t木材(以NaOH计)。

图2-83显示出不同厚度的阔叶木片在蒸煮过程中所产生的筛渣与蒸煮时间的关系。图2-9阐明了针叶木硫酸盐蒸煮法在其余蒸煮条件不变的情况下,随着木片厚度的增加和蒸煮温度的提高,蒸煮的不均一性是怎样增大的。

2.3.4.6　硫酸盐法蒸煮的选择性

碳水化合物的溶解和降解,相对来说,与蒸煮硫化度没有关系,但在很大程度上取决于碱的用量及其浓度、蒸煮时间和温度。图2-84说明了这一点。如果预热时间过短或脱木素程度太大,纸浆的聚合度会降低。碱的浓度及其随着时间的变化情况是非常重要的。用碱量过大,必然会导致碳水化合物的降解[9]。

蒸煮剂的相对浓度,特别是碱,不仅影响反应的速率,还影响到硫酸盐法制浆的选择性。在脱木素程度固定的情况下[9],初始用碱量越高,则碳水化合物的得率越低,如图2-85所示。

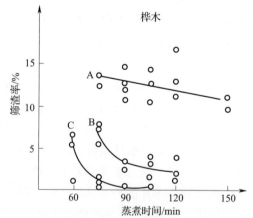

图2-83　阔叶木木片厚度对筛渣率
与蒸煮时间关系的影响[81]
注　木片厚度为
A—7mm　B—5mm　C—3mm

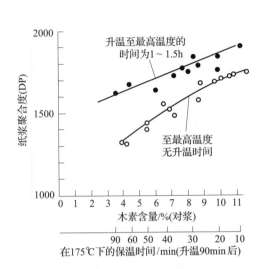

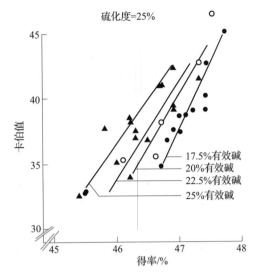

图 2-84　湿地松硫酸盐法蒸煮缓慢升温和瞬间升温至
最高温度时,聚合度与木素含量的关系[82]

图 2-85　4 种不同用碱量的松木硫酸盐法
蒸煮的卡伯值与得率的关系

当残余木素含量再继续减少时,碳水化合物的损失量比图 2-85 所示的要高。

2.3.4.7　工艺过程优化

Hartler 和 Teder[83-85]提出了改善常规硫酸盐法蒸煮的 4 个基本原则。这些原则为连续和间歇硫酸盐法蒸煮的成功改良奠定了基础。这些原则如下:

(1)碱液浓度应该均匀,在蒸煮初期要低,在末期要增大。

(2)硫化氢离子浓度应尽可能高,特别是在大量脱木素阶段开始时。

(3)在蒸煮液中溶解的木素和钠离子浓度应当尽可能低,尤其是在硫酸盐法的残余脱木素阶段(末期)。

(4)温度应低一些,特别是在蒸煮初期和末期。

基本原则指出,如果在蒸煮初期(即浸渍期)碱浓度低、蒸煮末期碱浓度增大(与传统蒸煮相比),则碳水化合物的降解会减少。选择性得到改善,因此,黏度的下降推迟到较后的脱木素阶段。这能在碳水化合物降解较少的情况下,蒸煮到较低的残余木素含量。蒸煮结果通过降低溶解的木素量而得到改善,否则木素会重新沉淀到纤维上。由于较低的初始碱浓度,也可能由于浸渍液中的高[HS⁻]/[OH⁻]比例,特别是使用了黑液,使得蒸煮初期碳水化合物的降解减少。由于残余脱木素阶段保持较高的碱浓度,影响速率的木素缩合反应减少,并且由于在蒸煮液中溶解了的有机物浓度的降低,使蒸煮结果得到进一步改善。

最初技术改良的设想是在逆流蒸煮段采用这种改变浓度分布的方法,白液从蒸煮系统的 3 个位置加入(见图 2-86):喂料循环、逆流蒸煮循环和洗涤循环。木片输送循环药液用于补充喂料过程中减少的白液。相对于常规蒸煮,这种改良蒸煮碱浓的变化如图 2-87 所示。这种改良蒸煮 1984 年在芬兰进行的大规模生产实验得出了图 2-88 所示的结果。结果显示,碳水化合物的降解(以黏度表示)明显减少。尽管蒸煮后的卡伯值非常低,但纸浆强度没有下降。这一成果开创了制浆的新纪元,其目的在于减少蒸煮残余木素的含量,但不降低浆的质量,这样可减少漂白过程中的脱木素量,从而降低了漂白过程对环境的污染负荷[9]。

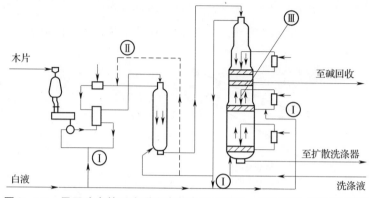

图 2-86　用于改良的深度脱木素蒸煮的双塔汽-液相型连续蒸煮器[85]

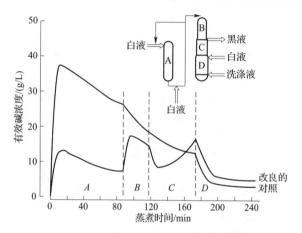

图 2-87　分 3 次加碱(改良的)蒸煮与一次加碱(对照)
常规蒸煮的有效碱浓度变化情况比较[85]

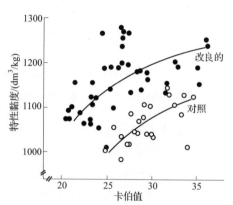

图 2-88　深度脱木素工厂实验所得纸浆的
黏度随着卡伯值的变化情况[85]

　　由于这项实验而开发出了置换间歇蒸煮方法,用洗涤液将蒸煮废液从蒸煮锅里置换出来,从而回收废液中的热量,并将其用于下一锅蒸煮的木片预热。置换蒸煮最初的目的是降低蒸煮的能耗。这种蒸煮方法,尤其是当进行两段以上连续不断的置换时,也能依照改良蒸煮的原则来变化碱液浓度。

2.4　制浆工艺

2.4.1　传统制浆工艺

　　有 3 种基本的工业化硫酸盐法蒸煮:间歇蒸煮、连续流动式蒸煮和输送式蒸煮(输送式蒸煮主要是指横管式和斜管式连续蒸煮——译者著)。大多数木片化学法制浆是采用连续流动式或间歇式蒸煮。只有少数工厂使用输送式蒸煮。由于其产量限制,输送式蒸煮主要用来蒸煮锯屑和草类原料。

　　间歇式蒸煮可以分为传统间歇蒸煮和置换间歇蒸煮。传统间歇蒸煮的缺点是其能耗高。自从 20 世纪 80 年代出现了置换间歇蒸煮以后,只有少数新建厂选择传统间歇式蒸煮。一些传统间歇蒸煮的老厂也已重新改造成置换间歇蒸煮。

以类似的方式,连续流动式蒸煮已由传统的连续蒸煮(碱液一次加入)发展为不同改良式的,如优化温度、碱液浓度分布和增加洗涤系统的改良的连续蒸煮。

2.4.1.1 传统间歇蒸煮

间歇蒸煮在一系列独立安装的蒸煮器内完成。这些蒸煮器是大的圆筒形压力容器,通常耐压(pressure - coded) 1.5MPa,典型的硫酸盐法蒸煮器如图 2-89 所示。它具有一个半球形顶部和锥形底部。圆筒形部分的长度与直径的比例为 3.5~4.5。锥底部分的锥角为 60°~70°。蒸煮时通过自动封盖阀装料,由安装于锥体底部的喷放阀放浆。在蒸煮器圆筒部分的下半部安装有滤网或筛板,可由此处从蒸煮器内抽出液体,通过换热器加热后再循环回去。加热后的液体同时从蒸煮器的顶部和底部送入蒸煮器。这样布置的目的是为了保证整个蒸煮器内加热和蒸煮液分布的均匀性。间歇蒸煮器还在半环形部分的最顶部设有气体排放系统,在装料时使空气和挥发气体排除,利于控制蒸煮器中的压力[9]。

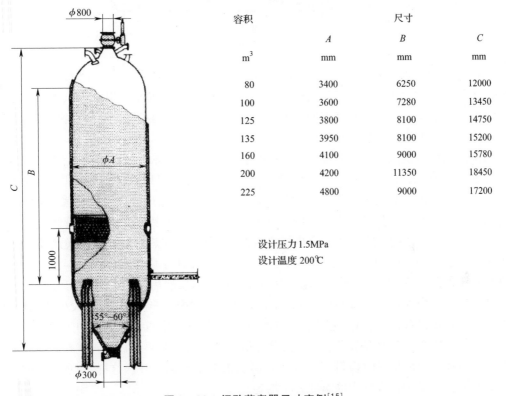

容积	尺寸		
	A	B	C
m³	mm	mm	mm
80	3400	6250	12000
100	3600	7280	13450
125	3800	8100	14750
135	3950	8100	15200
160	4100	9000	15780
200	4200	11350	18450
225	4800	9000	17200

设计压力 1.5MPa
设计温度 200℃

图 2-89　间歇蒸煮器尺寸实例[15]

传统的间歇蒸煮器的容积取决于制浆生产能力的要求,典型设计为 60~300m³。一般情况下传统间歇蒸煮车间有 4 台或(4 台)以上蒸煮器。蒸煮器的数量由两方面因素决定:顺利蒸煮的需求和工厂设计的生产能力。

尽管间歇蒸煮是断断续续地(产浆),但浆厂其他工段是连续生产。因此,需要不断地蒸煮、产浆。由按时间顺序排列的几台蒸煮器不断产浆,并配备适量的纸浆贮存,从而可满足连续生产的需求。通过综合优化蒸煮器的容积和数量来达到工厂设计的生产能力。

间歇蒸煮补充程序操作实例如图 2-90 所示。木片从蒸煮锅上面的木片仓通过装锅器(气动旋流器)装入蒸煮锅,或者皮带输送系统直接装入蒸煮锅。装木片时可以用蒸汽使木片向锅的外缘运转,保证木片降落时在蒸煮锅的径向均匀分布,从而增加装锅量。同时,蒸汽装锅还可以起到预热和汽蒸的作用。蒸煮锅的装锅密度为针叶木木片 180～200kg/m³、阔叶木木片 220～240kg/m³。整个装锅过程大约耗时 20～30min。在装料过程中,空气从锅内抽出去。当木片装够量以后,蒸煮锅盖关闭。

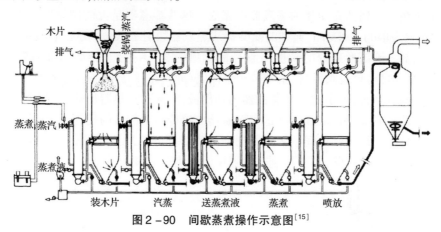

图 2－90　间歇蒸煮操作示意图[15]

预汽蒸可使蒸煮锅加热到 100℃ 时或更高,并置换出木片内的空气。汽蒸所用蒸汽为压力略高于大气压的饱和蒸汽。排气阀打开着,使空气和挥发性的萜烯以及蒸汽不断排出。冷凝水不断从底部排放。当蒸煮锅内的温度达到 100℃,并且冷凝水排放口有蒸汽冒出时,汽蒸结束。这一阶段需要 20～30min。

向蒸煮锅内送蒸煮液,直到白液量和液比达到规定的量。木片层在送液时会有些压实,料位可能下降,特别是当只从锅顶送液时(液体压装)更明显。可以补加一些木片,但这不是常规操作。当蒸煮液的液位高于药液循环的抽滤带时,立即开始药液循环。蒸煮锅的顶部(锅内)通常留有一定空间,使气体和残留的空气分离,然后从蒸煮锅顶上的排气管线排除。送液操作可以在 15min 之内完成。通入换热器的蒸汽阀门打开,加热升温开始。换热器一般装有两个蒸汽头,一个用于低压 (0.2～0.3MPa) 蒸汽,另一个用于中压蒸汽(1.0～1.2MPa)。循环开始时用低压蒸汽,直到循环液的温度达到 130℃ 左右。然后,中压蒸汽打开,升温至设定的蒸煮温度。整个加热阶段需要 90～150min。其时间长短取决于换热器的大小和循环速率。汽凝水送回锅炉供水罐。有时,蒸煮锅没有换热器,在循环管中直接通蒸汽加热。没有冷凝水排出来。蒸汽冷凝水会稀释蒸煮液。老式蒸煮锅都没有药液循环。直接向蒸煮锅锥底部安装的蒸汽入口通蒸汽加热锅内物料。这些蒸煮锅从来都不装满木片。这样,热的液体能够“翻动”锅内料片,使整个蒸煮锅内的温度分布均匀。

继续蒸煮直到 H－因子达到设定值。根据纸浆质量的不同,保温时间可能为 45～60min。理想的情况是整个蒸煮过程中不断进行药液循环,但是流量通常逐渐减小,甚至达到零,这是由于蒸煮锅内木片柱对药液的流动阻力增大。流动阻力增大的原因一方面是由于脱木素过程的静压头和曳力,另一方面是木片软化,木片柱中的空隙减小。

蒸煮可以通过放汽使温度下降 10～20℃ 而终止。打开喷放阀,借助于锅内的余压把浆和废液喷放到常压喷放锅里。闪蒸的蒸汽和挥发性气体由闪蒸罐蒸汽分离器分离后进入热回收系统。放汽需要 5～15min,喷放 15～20min。

将锅内的浆料全部喷放出去是很重要的。有几种措施可促进喷放。有许多方法能使压紧的木片柱在喷放前的瞬间松散开来。一种是从蒸煮锅顶部注入冷黑液可以迅速减压,这(导致)使得蒸煮锅内翻动沸腾。或者向锅的锥底部通入生蒸汽,以松散喷放出口附近的木片柱。

泵送循环液到锅底部几分钟,这样可以使木片柱上移,从而离开喷放出口。喷放后可能会有一些浆残留在蒸煮锅内,必须用黑液冲出去,或者用蒸汽重新加压进行二次喷放。这些操作会耗费时间,如果经常这样,会降低产能。

图 2-91 为蒸煮所有阶段的典型程序。图 2-92 显示出温度与压力的关系图。在这个例子中,整个蒸煮周期为 4h10min,而在最高蒸煮温度下的实际蒸煮时间只有 45min。这说明了正确的程序对蒸煮车间生产能力的重要性[9]。

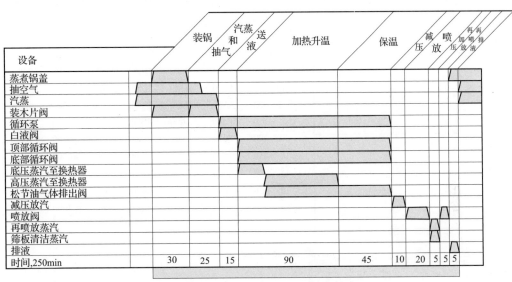

设备	装锅	汽蒸和抽气	送液	加热升温	保温	减压	喷放	再加压	再排液
蒸煮锅盖									
抽空气									
汽蒸									
装木片阀									
循环泵									
白液阀									
顶部循环阀									
底部循环阀									
底压蒸汽至换热器									
高压蒸汽至换热器									
松节油气体排出阀									
减压放汽									
喷放阀									
再喷放蒸汽									
筛板清洁蒸汽									
排液									
时间,250min	30	25	15	90	45	10	20	5	5 5

图 2-91 标准间歇蒸煮时间程序[15]

喷放过程中,在喷放线上和喷放锅的入口处由于湍流和蒸汽的急骤蒸发产生的剪切作用,木片分离成纤维。每个蒸煮车间通常只有一台喷放锅(见图 2-93)。它的容积必须满足几台蒸煮锅蒸煮的需求。这样,尽管是间断地喷放也能连续不断地出浆。

喷放锅设有锥形分离器,使得进入闪蒸蒸汽冷凝系统的蒸汽不含纤维。喷放锅内浆的浓度取决于纸浆得率、初始液比和闪蒸出去的蒸汽量。通常是 10% ~ 15%。

分离出来的闪蒸蒸汽量是重要的能源。大约蒸煮所用热量的 2/3 能形成低压闪蒸汽。在喷放热回收系统,这些热量变成热水被回收,如图 2-94 所示。闪蒸汽在直接接触式冷凝器或表面冷凝器中冷凝,以蒸汽的冷凝水或温水(40℃)作为冷凝介质。

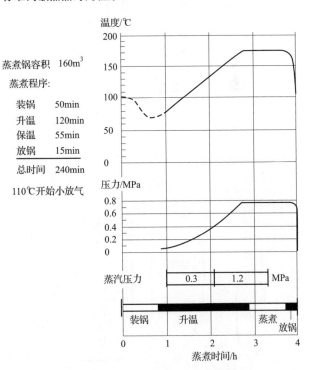

蒸煮锅容积　160m³

蒸煮程序:

装锅　　50min
升温　　120min
保温　　55min
放锅　　15min

总时间　240min

110℃开始小放气

图 2-92 传统间歇硫酸盐法蒸煮系统中
蒸煮时间与工艺条件实例[15]

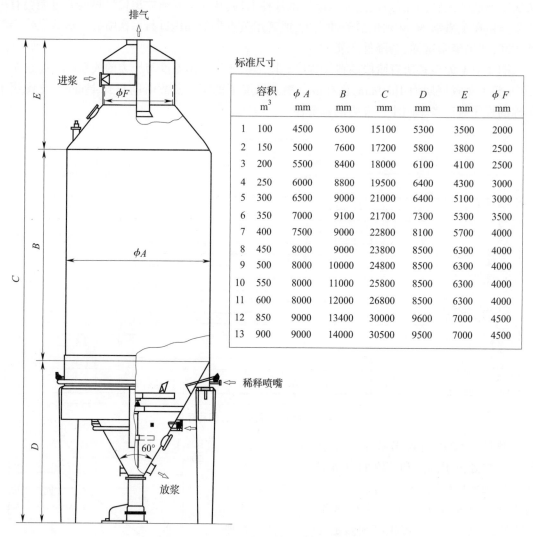

标准尺寸

容积 m³		ϕA mm	B mm	C mm	D mm	E mm	ϕF mm
1	100	4500	6300	15100	5300	3500	2000
2	150	5000	7600	17200	5800	3800	2500
3	200	5500	8400	18000	6100	4100	2500
4	250	6000	8800	19500	6400	4300	3000
5	300	6500	9000	21000	6400	5100	3000
6	350	7000	9100	21700	7300	5300	3500
7	400	7500	9000	22800	8100	5700	4000
8	450	8000	9000	23800	8500	6300	4000
9	500	8000	10000	24800	8500	6300	4000
10	550	8000	11000	25800	8500	6300	4000
11	600	8000	12000	26800	8500	6300	4000
12	850	9000	13400	30000	9600	7000	4500
13	900	9000	14000	30500	9500	7000	4500

图 2-93　北欧浆厂喷放锅尺寸实例[15]

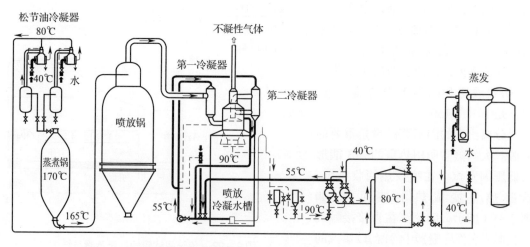

图 2-94　间歇蒸煮热回收系统示例(多余的热量用于加热清热水)[15]

冷凝蒸汽加热循环水。喷放冷凝系统的操作温度为90℃。如果使用直接接触式冷凝器,冷凝水会含有黑液、挥发性气体以及纤维等杂质。这种水不能作为生产过程用水。热的含有杂质的冷凝水一般用间接式换热器换热,产生工艺过程用热水。未冷凝的气体含有松节油和不凝性臭气。这些气体泵送至操作温度足够低、能够冷凝萜类物质的间壁换热器。这些不凝性气体,主要是硫醚,但也会有二氧化碳和氮气,泵送至大气或者至臭气收集和消毁(燃烧)系统[9]。

2.4.1.2　置换间歇蒸煮

置换间歇蒸煮系统是20世纪80年代初发展起来的,其目的是为了减少蒸煮的热能消耗。通过用温的洗浆稀黑液置换热黑液,将蒸煮终点时锅内积累的热量置换出来,加以回收利用。置换出来的热黑液(约150~160℃)送至带压的热黑液贮存槽,以便于用作下一锅蒸煮的加热和浸渍液。用两个黑液槽可以进行两段置换蒸煮。蒸煮锅可用温黑液(约100℃)充满,以预热木片并置换出蒸煮锅内的空气。然后,用热黑液将锅内的温黑液置换出来,锅内的木片加热至约140~160℃。温黑液和热黑液置换时可以添加热白液。蒸煮液开始循环,锅内物料被加热至设定的温度[86]。置换蒸煮将在2.4.2中更详细地进行介绍。

蒸煮终点,用洗浆黑液(约70~80℃)置换,将锅内物料温度降至100℃以下,然后,浆料用泵抽放或者用蒸汽或空气加压后喷放。没有快速闪蒸,因此,喷放温和并且均匀。不需要复杂的热回收和臭气收集系统;由于在沸点温度以下放锅,因此,纸浆性能得到了改善。[9]

实验结果表明,置换间歇蒸煮还有其他优于传统蒸煮之处。另外,其蒸汽消耗低得多。蒸煮化学的变化,特别是黑液处理的作用,改善了蒸煮的均匀性[87]。例如,置换蒸煮可以使用较大的蒸煮锅,从20世纪90年代中期就开始使用400m³的体积最大的蒸煮锅了。

除了蒸煮锅的规格之外,在蒸煮锅的设计方面也与传统蒸煮不同,主要在材料使用方面,设计压力一般为1.0~1.4MPa(10~14bar),而传统蒸煮是1.5MPa(15bar)。3台蒸煮锅可以代替传统蒸煮的4台锅。贮存槽和罐,以及循环过程中白液和蒸汽消耗很均匀,能够保证使用较少的蒸煮锅也不会引起产浆量的波动。

2.4.1.3　连续蒸煮系统

立式连续蒸煮器是20世纪30年代由Richter发明的。它是基于木片柱连续不断地通过部分或全部被液体充满的蒸煮器的原理。维持木片柱运动的驱动力是充分浸透的木片与周围液体的密度差以及流体的曳力和重力。

木片在常压木片仓内预热和汽蒸后,由低压格仓喂料器送至螺旋输送汽蒸器,然后,落入高压喂料器。高压喂料器克服很大的压力,将含有液体的木片送到蒸煮器的顶部(见图2-95)[9]。

溜槽中的木片被正向流动的药液冲入高压喂料器。这种输送药液不断回流到木片溜槽。高压系统通过循环泵将循环药液由蒸煮器的顶部分离器循环至高压喂料器。木片由高流速的输送循环药液从高压喂料器输送至蒸煮器。

木片在圆筒形蒸煮器内向下运动。蒸煮器的外壳上通常设有一圈或几圈药液循环滤网(篾子)(见图2-96),药液通过滤网被抽出,经过加热或补加化学药品后,再通过中心管循环回到蒸煮器内。通过控制循环药液来实现蒸煮器内蒸煮条件的准确控制。木片运动的速率控制着蒸煮时间,温度控制着脱木素速率。

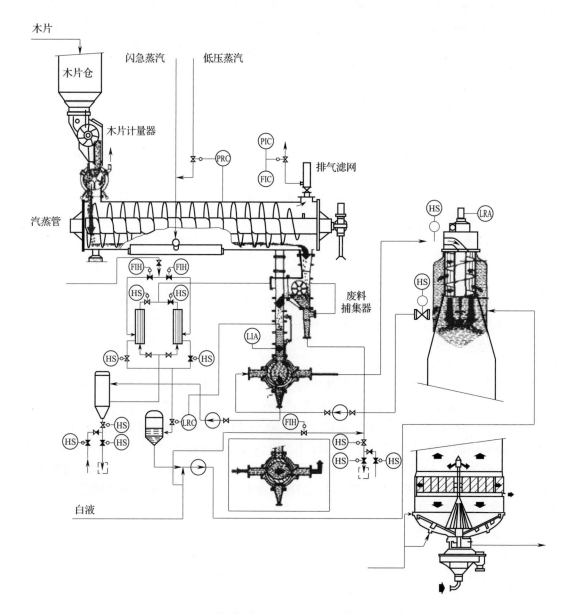

木片

闪急蒸汽 低压蒸汽

木片仓

木片计量器

PIC

PRC

FIC

排气滤网

汽蒸管

HS LRA

FIH FIH

HS HS

废料
捕集器

HS

LIA

HS HS

HS

LIA

LRC

FIH

HS HS

HS HS

白液

图 2 - 95 液相型连续蒸煮系统中送木片和蒸煮液[15]

当木片到达蒸煮器下部的药液抽滤网时,蒸煮被终止。在这个位置,热的黑液被抽出来。来自蒸煮器底部的洗涤液,以与木片运动相反的方向运动。如果洗涤液的温度比蒸煮液的温度足够低的话,在这个位置便会停止脱木素。从蒸煮器抽出的热的蒸煮液(黑液)流到两段或三段闪急蒸发系统。闪急蒸发的蒸汽用作蒸煮器循环药液的加热蒸汽和木片预汽蒸器以及木片仓预热木片用汽。这样,热能可以有效地回用(见图 2 - 96)。木片继续以与向上运动的洗涤液逆流的方向向下运动,经过洗涤区到洗涤循环,继续向前到达蒸煮器放浆刮板和排料装置(见图 2 - 97)。在此位置,木片被冷却至100℃以下,以8% ~ 12%的浓度喷放至喷放仓或连续扩散洗涤器。

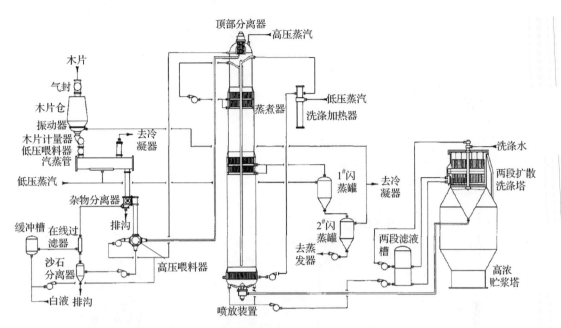

图 2 -96　带两段扩散洗涤器的单塔式汽 – 液相型蒸煮器[88]

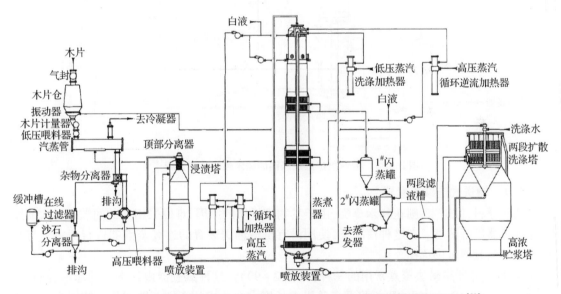

图 2 -97　具有改良逆流蒸煮和两段扩散洗涤的双塔液相型连续蒸煮器系统[88]

连续蒸煮器有多种型式,这将在 2.4.7 节中进行详细讨论。液相蒸煮器被药液完全充满。汽相蒸煮器在其顶部有个蒸汽空间,在此处木片可以用直接蒸汽加热。连续蒸煮器也可能有单独的预浸渍器,预浸渍器具有或没有药液循环。蒸煮系统可以调整,使其在逆流区还保持蒸煮,改良的蒸煮系统的洗涤区被转变为蒸煮区。图 2 -97 为改良连续蒸煮的双塔液相型蒸煮系统。

对木屑和一年生植物原料,蒸煮的操作原理与木材相同,但没有药液循环。蒸煮器较简单,如图 2 -98 所示。

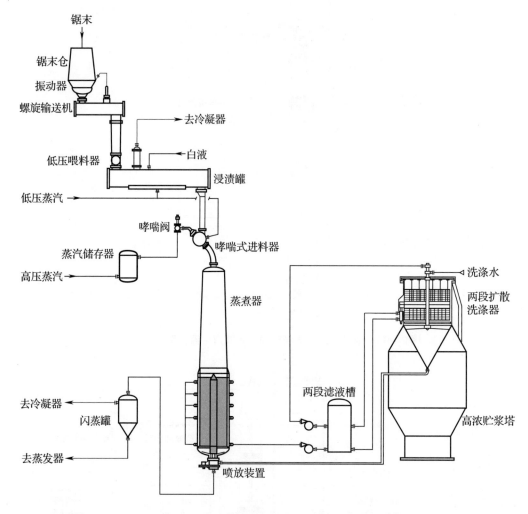

图 2 - 98 带两段扩散洗涤器的锯末连续蒸煮系统[88]

2.4.1.4 输送式连续蒸煮器

某些原料,像锯末、刨花和禾草类,由于其物理性质的原因,难以采用大的间歇式或大的连续式蒸煮器进行蒸煮。在这种情况下,使用设有机械输送装置的连续蒸煮器进行蒸煮。有几种类型的蒸煮器可供选择。

M&D蒸煮器是碱法蒸煮常用的一种(见图2-99)。这种蒸煮器由顶端为圆球形、倾斜角为45°的长管组成。中间的隔板将蒸煮管沿着长度方向分成两个室。链式传送装置在上室内向下运动、在下室内向上运动。靠这个传送装置,原料在装有蒸煮液的蒸煮管中向下和向上移动。靠近蒸煮器的顶部,设有装料和卸料装置。装料和卸料的连接采用旋转阀。蒸煮器的卸料末端也可以直接与一个立式停留管相连,从而可以延长蒸煮时间。像连续流动式蒸煮器一样,通过调节喷放阀可以使停留管内是空的。立式连续蒸煮系统所用的预汽蒸装置也可以用于本系统[9]。

另一种输送型蒸煮器是潘迪亚(Pandia)蒸煮器(见图2-100),它主要由一系列压力水平螺旋输送器组成。它可以通过旋转阀或者螺旋喂料器装料,还可以另加蒸煮反应管和连续预汽蒸装置。

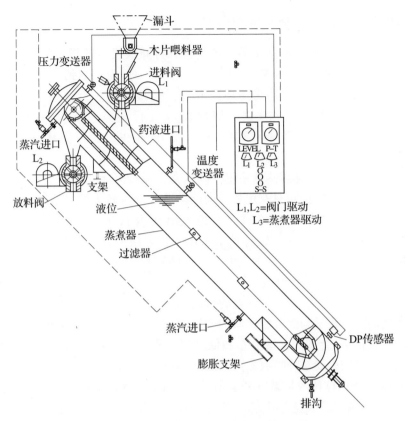

图2-99　倾斜输送式蒸煮器(斜管蒸煮器)[88]

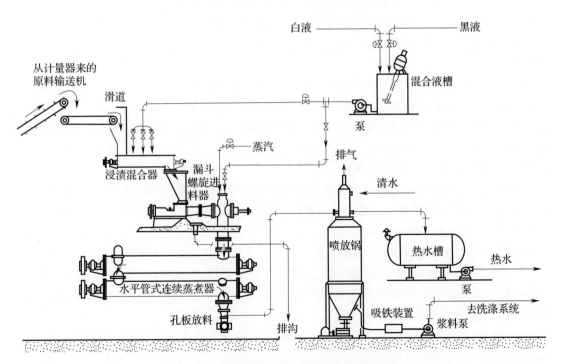

图2-100　锯末制浆水平螺旋输送式蒸煮器[88]

2.4.2 置换间歇蒸煮的基本原理和设备

在20世纪50年代之前,硫酸盐浆的生产设备只有间歇式蒸煮器。在传统的间歇蒸煮过程中,蒸煮药液(白液和黑液)在蒸煮开始时加入蒸煮器中。为了达到蒸煮温度,蒸煮器的物料通过直接蒸汽加热或者用换热器将循环药液进行间接加热。当达到设定的脱木素程度时,蒸煮器内的物料热喷放至喷放锅。如此循环进行蒸煮。传统的间歇蒸煮已经在2.4.1.1中介绍过了。近几十年,新建传统蒸煮工厂的很少,但是,仍有一些老的传统蒸煮工厂在运行着。

在20世纪60年代初期,连续蒸煮系统与间歇蒸煮系统开始了激烈的竞争。连续蒸煮系统的主要优点是其在能耗方面更具有优势。而间歇蒸煮具有较大的灵活性。在后来的20年里,间歇蒸煮在能耗方面没有什么大的改进。20世纪80年代初期,使用各种置换技术的节能型硫酸盐法间歇蒸煮技术出现了。这种技术采用液体置换的方式来回收蒸煮结束时的热黑液,把热黑液中的热量用于下一锅的蒸煮中。尽管早期的发明有效地回收了蒸煮的热能,但是在蒸煮药液的使用方面没有进行优化。

另外,在20世纪70年代,减少对环境的影响和废水量的环境方面的压力不断增加,从而推动了采用改良的蒸煮化学与深度脱木素的间歇蒸煮技术的发展。在20世纪80年代初期,进行了改良的蒸煮化学(合理的碱浓分布和低溶解物质含量)与节能的药液置换蒸煮相结合的实验。这项工作的结果就是冷喷放蒸煮方法(Cold blow)。

快速置换加热(RDH)技术是第一种运用了所有措施(例如,蒸煮前黑液处理和用泵从蒸煮器抽放纸浆)的间歇式硫酸盐蒸煮方法,它至今仍在使用[89]。在20世纪80年代后期,发展了下一代药液置换间歇蒸煮系统,其目的是更好地优化纸浆质量。这项发展的一个非技术方面的原因是两家重要的制浆设备制造公司的合并[90],Sunds Defibrator(顺智公司,冷喷放技术的拥有者)与Rauma – Repola Pulping Machinery(RDH技术的持证者)。进行了蒸煮化学和蒸煮设备对纸浆质量影响的大的、工厂规模的实验。这个发展阶段产生了SuperBatch制浆理念[91-92]。

这项技术包括高能效和有效利用残余的和新的蒸煮化学药品,能耗优点与改良的蒸煮化学二者相结合。还通过蒸煮之前的多段黑液处理,实现了低的氢氧根离子浓度与高的硫氢根离子浓度相结合。在20世纪90年代,RDH和SuperBatch为仅有的两种主要的、可行的置换间歇蒸煮方法,从而主导着市场。

2.4.2.1 置换间歇蒸煮的一般原则

药液置换间歇蒸煮是基本的间歇蒸煮,它将蒸煮结束时黑液中的热量和残余化学品收集起来,用于下一锅间歇蒸煮。这种作用是通过把置换出来的黑液贮存于不同的贮液槽,而后用于加热下一锅木片和白液而得以实现的。

2.4.2.2 RDH 和 SuperBatch 蒸煮方法

下面按照20世纪90年代最初的设计,简要介绍关于RDH和SuperBatch蒸煮方法中蒸煮周期的各个步骤。这里只对蒸煮过程做简要介绍,在本章的后面将对其进行更详细地解释。图2-101为置换蒸煮的一般步骤程序。

(1)装木片:向蒸煮器内装木片。通常采用蒸汽装锅器装木片,以增加装锅量。同时,空气通过药液循环的筛子抽出去。

(2)送温药液:药液泵入蒸煮器的底部,将空气置换至常压药液罐。蒸煮器充满药液后,顶部出口阀门关闭。然后继续向蒸煮器内泵送药液,以提高充满了药液的蒸煮器的压力。Su-perBatch 是从第二(低温)黑液贮存槽抽出冷却降温(约为 90℃)的温黑液送入蒸煮器。其理念是实现低的氢氧根离子浓度和高的硫氢根离子浓度,因此,不用白液[91]。在 RDH 蒸煮中,首先用来于第二贮液槽的冷却的黑液在蒸煮器内形成一个冷液层。可是,送入蒸煮器内的大多数温药液是直接来于温度为 120~130℃的第二黑液贮存槽。在 RDH 蒸煮中,部分白液与温黑液一起加入了蒸煮器内。

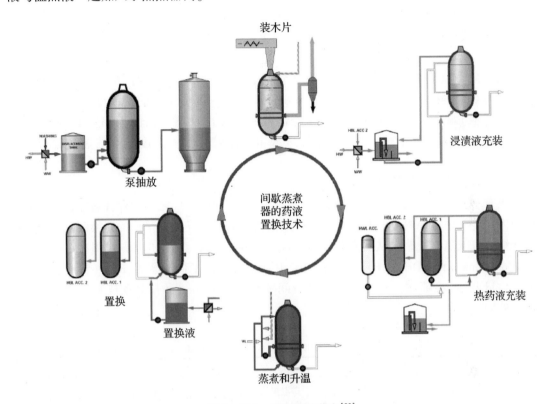

图 2 – 101 置换间歇蒸煮[86]

注 HBL ACC——热黑液槽 HW——热水 HWL ACC——热白液槽
DISPLACEMENT TANK——置换罐 WASHING——洗涤 WL——白液 WW——温水

(3)送热药液:在送热药液过程中,木片之间的自由液体被热黑液和热白液置换出来。热的药液从蒸煮器底部送入,置换出来的液体从蒸煮器的顶部通过置换篦子排出。进入蒸煮器的药液的流量用传统的流量控制器来控制,而从蒸煮器排出的液体的流量由蒸煮器的压力控制来决定。在 SuperBatch 蒸煮中,送热药液过程分为 3 个步骤。第一,送入的大部分药液,是来于第一(高温)黑液贮存槽的热黑液。第二,从白液槽内抽出热白液送入蒸煮器,送液量为蒸煮所用的全部白液或大部分白液。第三,泵入一些热黑液,目的是冲洗管道中的白液和提升蒸煮器内的白液层。在 RDH 蒸煮系统中,有 2~3 个黑液贮存槽,用来贮存不同温度的黑液。送热黑液是从一个或两个最热的黑液槽中抽出黑液,并连续向热黑液中加入白液。在这两种蒸煮过程中,多余的热黑液通过蒸煮器进行循环。在 RDH 蒸煮时,送入的热黑液体积一般为蒸煮器内木片之间自由液体体积的 2.0 倍,在 SuperBatch 蒸煮中为 1.5 倍。置换出来的黑液直接送入温黑液槽,供送温黑液时使用。当出来的黑液的温度超过 100℃时,黑液通过管道输送到低温黑液贮存槽。

(4)升温:升温阶段将蒸煮器内料片与药液的温度升高到规定的最高蒸煮温度,通常是用直接蒸汽来加热循环液。一般这一阶段温度只需要升高 10～15℃。因此,蒸汽的用量很少。这是胜过传统蒸煮的一大优点,传统蒸煮温度需要升高 90～110℃。在某些情况下,间接换热器替代直接蒸汽喷嘴,用于蒸煮液循环中。这一般是在带有药液循环换热器的传统间歇蒸煮重新改造成了置换蒸煮的工厂里使用的。换热器可以回收冷凝液,但与直接蒸汽喷嘴相比较,需要较多的机械维修和清洁工作。

(5)蒸煮最高温度和压力下的保温时间:蒸煮液继续在蒸煮器内循环。蒸煮器内的压力通过放气来控制,通常排至第二贮存槽。在送热黑液结束时通过降低蒸煮器内的液位可增强放气。

(6)洗涤置换(Wash displacement):当达到了规定的脱木素程度时,把蒸煮器内的料片和黑液冷却,以终止反应。方法是把本色浆洗涤工段第一段洗浆机的洗涤滤液(washing filtrate)(即黑液)泵送入蒸煮器的底部。洗涤滤液将热黑液从蒸煮器的顶部置换出来,送至压力热黑液贮存槽。首先置换出来的黑液进入主黑液贮存槽。温度较低的黑液置换至低温贮存槽。

2.4.2.3　其他置换间歇蒸煮方法

这里有一点需要注意,即使采用同一种蒸煮方法,不同的工厂之间会存在着差异。导致差异的原因可能是由于原料不同和企业的偏好以及技术的继续发展。早期的置换间歇蒸煮系统使用压缩空气或蒸汽把浆料从蒸煮器内推("喷")出来。例如,这种放浆方式用在某些采用冷喷放(Cold Blow)和 RDH 的工厂。图 2-102 用示意图描述了传统蒸煮、RDH(快速置换加热蒸煮)、Cold Blow(冷喷放)、SuperBatch(超级间歇蒸煮)和 Enerbatch 蒸煮技术。这些方法的不同之处如下。

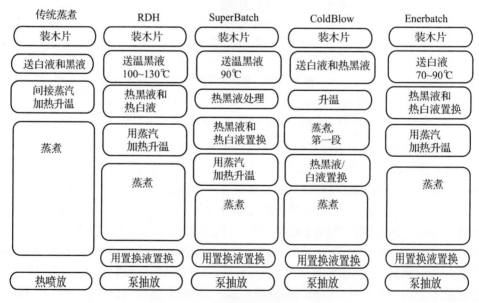

图 2-102　不同的间歇蒸煮方法[86]

冷喷放(Cold Blow)

在这种方法中,装完木片后往蒸煮器里送 90℃的白液和 165℃的热黑液,开始蒸煮。因此,升温的起始温度为 135～140℃。蒸煮器内的木片和药液通过药液循环和间接蒸汽加热至蒸煮温度。在蒸煮温度下的蒸煮阶段采用单段或两段蒸煮。在两段冷喷放蒸煮中,用预热了的低溶解固形物浓度的洗涤滤液与白液配成混合液,在蒸煮结束之前,用该混合液置换蒸煮液。这样,在规定的蒸煮终点之前继续进行一段时间的低溶解固形物含量的蒸煮。在单段蒸煮中,一般没有第二段的操作。在蒸煮终点,用洗涤滤液置换蒸煮液,从而终止蒸煮反应。冷喷放重要的特点是没有温黑液浸渍阶段。注意,来自本色浆洗涤的滤液用热黑液预热后,泵送至低浓药液贮存槽。

Enerbatch

在这种技术中,用大量的白液和一些黑液进行浸渍。然后,浸渍液被热的黑液和白液再置换出来。依照前述的基本原则进行蒸煮。Enerbatch 与 RDH 和 SuperBatch 主要的不同之处是采用降流式药液置换,而不是采用 RDH 和 SuperBatch 的升流置换。

2.4.3 置换间歇蒸煮的工程原理

为了获得最高效的间歇蒸煮,需要满足各种各样的原则。在下文中,对置换间歇蒸煮体系的不同方面进行了对比,包括置换程序的控制、工艺的灵活性和对原料的适应性、改良的蒸煮化学与深度蒸煮、纸浆的均匀性和强度以及纸浆的得率。

置换间歇蒸煮包括两种蒸煮液被置换的步骤:送入热药液(黑液)和蒸煮后的洗浆黑液置换。在送热药液步骤中,为了加热蒸煮器内的物料和均匀地加入蒸煮液,保持有效地置换是很重要的。在洗浆黑液置换过程中,通过把蒸煮液从蒸煮器内置换出来,蒸煮器内的浆料得到冷却和洗涤。为了获得药液的均匀置换,木片装锅应该均匀,避免流速过大;不然,会发生药液的沟流现象。置换液与被置换出来的液体的混合应尽量少,以节省热能和化学药品。通常,送入热药液与洗浆黑液置换的流速是不同的。送入热药液一般从一开始就以最大的流速进行操作。这样做的目的是为了减少对流,因为冷的液体较重,有向下流动的趋势,会造成冷热流体的混合,流速大可避免这种混合。洗涤黑液置换最初的流速很慢,其目的是避免破坏木片床层(chip bed)。在置换过程中,流速可以逐步增大。

现代硫酸盐法制浆要求蒸煮灵活性(适应性)好,同时对环境的影响要最小,并且生产出具有尽可能最低木素含量的高质量纸浆,用于漂白。浆厂可能使用几种漂白程序。某些工厂将原料进行严格分类。蒸煮车间必须灵活地生产出具有最佳卡伯值和漂白特性的纸浆。

多数情况下,卡伯值的确定要综合考虑浆的得率、蒸煮的生产能力和漂白化学品的成本。环保的要求和浆的强度也会限制卡伯值的范围。

在这种情况下,间歇蒸煮具有许多优势。这包括能够快速改变浆的级别、蒸煮条件和卡伯值。另一方面,生产水平(能力)不同时可以保持相同的蒸煮条件,并且生产出质量恒定的纸浆。其他的优点是容易扩大生产能力,对原料种类和料片质量变化的敏感性小。

在慢速的残余木素脱除阶段当卡伯值达到一定值时,传统硫酸盐法间歇蒸煮会失去蒸煮的选择性。因此,难以有效地进行深度脱木素。在 20 世纪 70 年代后期和 20 世纪 80 年代前期,出现了选择性较好的改良的硫酸盐法制浆。这使得硫酸盐法制浆行业,在不损失硫酸盐浆质量的情况下,可以应对环保的挑战。这样,降低浆的卡伯值,但不损失其质量。在 20 世纪 90 年代,当氧脱木素广泛应用之后,不再要求蒸煮过程中深度脱木素。但是,深度脱木素的原则仍然被认为是成功地进行高质量蒸煮的准则。

改良硫酸盐法蒸煮的 4 个原则,是根据 20 世纪 70 年代末期开始进行的实验室研究工作而得出的,这 4 个原则已经在 3.4.7 中进行过描述。

原则 1:在蒸煮初期,氢氧根离子浓度应该低。

原则 2:硫氢根离子浓度应该高,特别是在蒸煮初期。

原则 3:溶出物质的浓度应该低,特别是在蒸煮后期。

原则 4:蒸煮温度应该低,特别是在蒸煮的初期和后期。

通过使用液体置换,把这些改良扩大到了间歇蒸煮的工业生产上。在发展初期,没有意识到置换蒸煮几乎能够完全满足这些原则的要求[91]。

在置换蒸煮中,温黑液和热黑液处理以及白液分多次加入,结果是在蒸煮初期,氢氧根离子的浓度低和可以控制,并且硫氢根离子浓度高,这满足了原则 1 和原则 2 的要求。在蒸煮开始时进行几段(2~4 段,由蒸煮工艺而定)黑液预处理,通常在黑液预处理过程中碱的浓度逐渐增大。在蒸煮之前的这些预处理的温和的碱性条件下,会发生耗碱的反应(中和降解产物)和除去溶解的木素和碳水化合物。从而使得大量脱木素阶段和蒸煮后期的氢氧化物的浓度较高。

在蒸煮前期,硫氢化物的浓度比氢氧化物的浓度高。高的硫氢化物用量促进了硫化物的吸附,这可以改善后续蒸煮阶段的选择性。在整个大量脱木素阶段,脱木素速率增大的部分原因也是由于硫氢化物浓度较高。

原则 3 没有完全应用于传统的置换间歇蒸煮,这是因为大的液比会导致溶出的物质从蒸煮前期到后期一直过多。可是,最近的技术,将在 2.4.4 节和 2.4.5 节中介绍的超级间歇蒸煮 – K(SuperBatch – K) 和双置换(DUALC),改良了药液系统,降低了蒸煮过程中溶出物质的浓度(dissolved matter profile)。其原因是这些技术的初始浸渍阶段使用溶解物质浓度很低的洗浆黑液(溶解固形物含量约为 10% ~12%),代替传统置换蒸煮技术中所用的稀黑液(溶解固形物含量约为 15% ~18%)。

在置换间歇蒸煮中,原则 4 的一部分得以实现。在蒸煮前期,温度逐渐升高。因此,在达到最高温度之前,蒸煮反应已经进行。另外,在温度升到最高值之前,碱的浓度已经从最大值降下来了。置换间歇蒸煮所用的最高温度通常低于常规间歇蒸煮,其原因是由于蒸煮化学的改良,使得蒸煮所需的 H –因子减小了很多。这意味着可以采用较低的温度和大大缩短实际蒸煮时间,如图 2 – 103 所示。

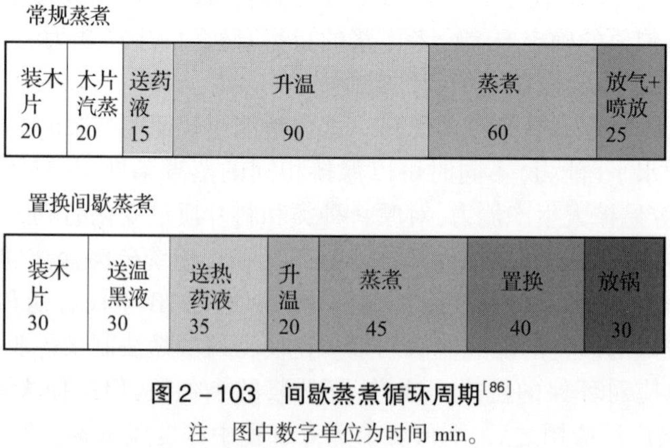

常规蒸煮

装木片 20	木片汽蒸 20	送药液 15	升温 90	蒸煮 60	放气+喷放 25

置换间歇蒸煮

装木片 30	送温黑液 30	送热药液 35	升温 20	蒸煮 45	置换 40	放锅 30

图 2 – 103　间歇蒸煮循环周期[86]

注　图中数字单位为时间 min。

为了达到良好的纸浆强度和均匀的纸浆质量,在整个蒸煮器内以及每块木片的横截面上,蒸煮必须尽可能是均匀的。在置换蒸煮的研发阶段,许多不同工厂间歇蒸煮系统的研究结果表明,在蒸煮器内置换蒸煮可产生比常规蒸煮脱木素更均匀的木片,如图 2 – 104 所示。

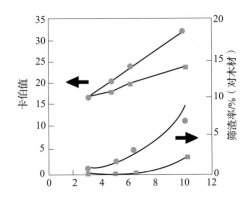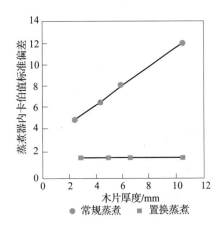

图 2－104　木片尺寸对实验室模拟置换蒸煮和常规蒸煮的卡伯值、筛渣率
和蒸煮器内卡伯值标准偏差的影响(针叶木木片硫酸盐法蒸煮条件固定) [86]

　　这些结果与蒸煮药液的加入方法和加热方式以及蒸煮器内蒸煮药品和热的分布情况有关。控制良好的置换蒸煮的蒸煮药液和热的分布,比在开始时加入蒸煮药液并通过药液循环加热的常规蒸煮要均匀。

　　常规蒸煮时,对蒸煮的均匀性来说,液比是一个重要的工艺参数。而在置换蒸煮过程中,液比却不是要控制的参数,这是因为在浸渍阶段,蒸煮器内充满了液体。另外,蒸煮之前的"累计液比"增加到常规蒸煮的 2 ~ 3 倍。"累计液比"是指送入蒸煮器内的所有液体,包括已经从蒸煮器中被置换出来的液体。

　　蒸煮的纸浆强度比(strength delivery)是指以相同的原料进行蒸煮时,工厂蒸煮所得纸浆的强度性能与实验室蒸煮得到的纸浆强度性能之比[87]。纸浆可以在实验室里进行漂白,以便于分析其强度性能。最常用的纸浆强度比是与抗张强度为 70Nm/g 的实验室 DEDED 漂白浆的撕裂强度相比较。实验室蒸煮通常在常规的强制循环蒸煮器中进行,因为实验室蒸煮的强度损失很小,不管是采取何种蒸煮方法。

　　在 20 世纪 80 年代,广泛的研究结果表明,对于相同的木片,工厂未漂白针叶木硫酸盐浆的平均撕裂——抗张强度仅为实验室蒸煮纸浆的 75% [93]。这种强度损失的原因在于常规工业规模的蒸煮器(间歇或连续的)。间歇蒸煮器的热喷放对硫酸盐浆的损伤严重。强度减小是由两方面因素共同造成的:蒸煮条件和放锅方法。纤维受到机械应力的作用,浆的强度降低,特别是纤维较长的针叶木浆降低得更严重。除了机械损伤之外,化学作用也会降低纤维的强度。图 2－105 示出了间歇蒸煮方法对强度比(strength delivery) 的影响。

　　许多工厂的研究结果表明,置换间歇蒸煮所得到的纸浆强度性能比常规间歇蒸煮的好。实际上,置换间歇蒸煮的纸浆强度在大多数情况下与实验室蒸煮的纸浆很相近。这表明置换间歇蒸煮对纤维没有任何损伤。木片与碱性蒸煮液接触之后,不再运动或者严重受压,直到它们再次被冷却和洗涤。结果是,在热和碱性蒸煮条件下木片没有受到任何机械作用,因此,不容易受到机械损伤。置换间歇蒸煮是工业蒸煮方法(间歇或连续的)中唯一的能够满足这一条件的。

　　蒸煮总得率的测定可以通过把装满木片的钢丝吊篮放在大生产规模的间歇蒸煮器内来完成。如图 2－106 所示,置换间歇蒸煮系统可以提高得率,这是由于蒸煮比较均匀和改良了蒸煮的化学作用。

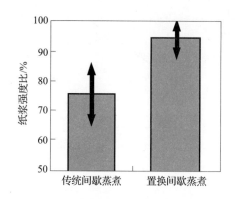

图2-105　传统间歇蒸煮和置换
间歇蒸煮纸浆的强度比[86]

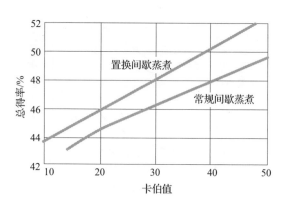

图2-106　针叶木硫酸盐法常规间歇蒸煮和置换
间歇蒸煮总得率与卡伯值的关系[86]

2.4.4　置换间歇蒸煮的操作

置换间歇蒸煮系统由几台间歇蒸煮锅和一个槽罐场组成,如图2-107原始的超级间歇蒸煮、图2-108RDH和图2-109DUALC——双置换蒸煮所示。生产速率决定了蒸煮锅的数量及其规格。槽罐场由压力热黑液贮存罐、常压黑液槽和纸浆喷放仓组成。中间贮存罐和药液槽用来平衡稳定不同蒸煮段的流量。另外,还可能有分离皂化物的常压槽,除去蒸煮过程产生的皂化物,将其与稀黑液一起送到蒸发工段。换热器通过加热清水或者在某些情况下加热白液,来回收热黑液中的热能。蒸煮液也会在换热器中通过中压蒸汽加热。

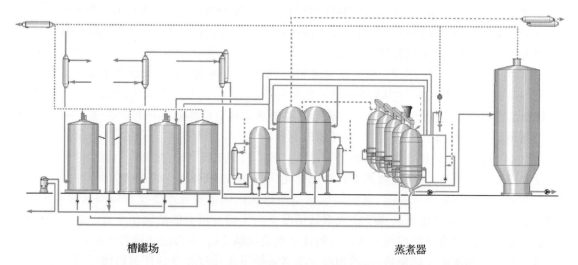

槽罐场　　　　　　　　　　　　　　　　　蒸煮器

图2-107　针叶木超级间歇蒸煮流程图(包括从稀黑液中分离皂化物)[86]

还有各种各样的管线,用于液体、蒸汽、排气和蒸煮器泵抽放浆料。通常,每道工序使用专门的管线,这条管线称为该工序的总管。例如,一台普通的浸渍液泵和一条总管用于几台蒸煮器的送液。每台蒸煮器通过切换阀与总管相连。另一种蒸煮器的进液设置是设有蒸煮器专用进液泵和进液管线,用于这台蒸煮器的所有工序。

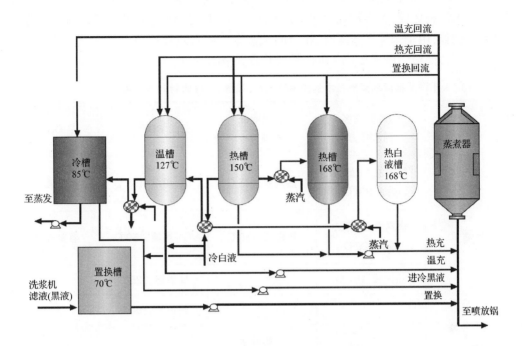

图2-108 RDH蒸煮车间槽罐布置实例[94]

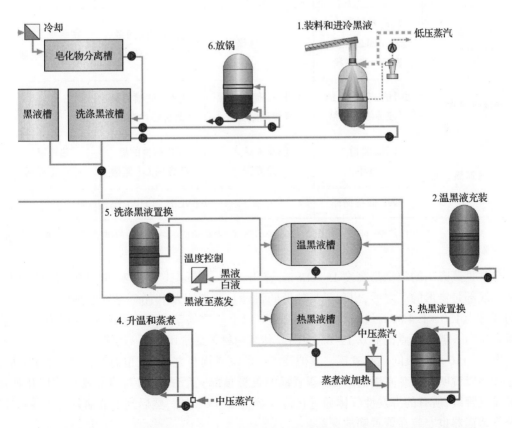

图2-109 针叶木双置换(DUALC)蒸煮车间槽罐布置示例(带洗涤液皂化物分离)[94]

通常,研发技术的目标是简化工艺和设备。这一目标已经达到了,与20世纪90年代相同生产能力的工厂相比较,大多数现代化的置换蒸煮的工厂已经明显减少了槽罐、设备、管路、阀门和仪表。例如,用于阔叶木蒸煮时,超级间歇蒸煮-K和双置换(DUALC)蒸煮仅有一个常压槽和两个压力储槽。由表2-13可以看到其较齐全的清单。

表2-13　不同置换间歇蒸煮技术的槽罐场(典型设置)温度为针叶木蒸煮实例[94]

	传统的超级间歇蒸煮	超级间歇蒸煮-K	RDH	DUALC
贮液槽	热黑液1(最初的),160℃	热黑液,145℃	C2黑液,168℃	热黑液,155℃
	热黑液2(第二段),120℃	热白液,150℃	C1黑液,150℃	温黑液,110℃
	热白液,150℃		B黑液,125℃	
			热白液,150℃	
液罐	2~4	2(阔叶木只有1个)	2~4	3(阔叶木只有1个)
针叶木皂化物分离	从蒸煮车间冷却的HBL2黑液,在第一洗涤段	在第一洗涤段	蒸煮车间的多个黑液槽中	在蒸煮车间从洗浆滤液(黑液)中
黑液热回收	由HBL储槽2的黑液传递给白液	由HBL储槽的黑液传递给白液	由C2储槽的黑液传递给白液	无
药液加热	HBL储槽1循环	热黑液送入蒸煮器	C2储槽的黑液进到C1储槽	热黑液送入蒸煮器
	HWL储槽循环		HWL进到HWL储槽	

注　C2:图2-108中的热槽168℃,C1:图2-108中的热槽150℃,B:图2-108中的温槽127℃,HWL=热白液,HBL=热黑液。

最常见蒸煮锅的类型是高度15~18 m,容积200~400m³。直到20世纪90年代中期,蒸煮锅的底部是锥形的。之后,出现了半球形的设计。蒸煮锅及其循环系统必须耐高压。设计压力通常为1.0~1.4MPa,最高设计温度200℃以上。置换蒸煮需要高的设计压力。贮液槽的设计压力一般比蒸煮锅低0.1~0.2MPa。其结构材料最常用的是不锈钢。

图2-110为超级间歇蒸煮锅。其他技术中的蒸煮锅与之相似,也有些例外,会在下面的文字中加以说明。在蒸煮锅的颈部(蒸煮锅的锥形顶部),管式出口与内部排气滤网相连接。这是排气管线,所有的挥发性气体通过它传送至热黑液贮存槽,然后到松节油系统。装木片用的蒸汽装锅器也安装在蒸煮锅的颈部。

在蒸煮锅的顶部和底部安装着遥控球阀(所谓的顶盖阀和放浆阀)。

在蒸煮锅的顶部(半球形部分)设有多孔滤网,置换出来的液体经过该滤网进入槽罐区。在双置换(DUALC)蒸煮中没有这些滤网,因为它是双置换,药液由顶部和底部进入,从中部的滤网吸出来。

在圆筒形部分的中部或下半部设有多孔抽滤网,在循环时通过它把蒸煮液从锅内抽出来。除了双置换(DUALC)蒸煮,置换蒸煮也使用这种中部滤网。在药液循环过程中,循环泵将药液送回蒸煮锅(药液分成顶部和底部两部分)。在升温阶段,循环液的加热可以通过进汽喷嘴用中压蒸汽直接加热,或者由换热器间接加热。在置换蒸煮中,由于需要的热量少和为了减少投资,通常采用直接蒸汽喷嘴。某些置换蒸煮的生产中,像常规间歇蒸煮一样,在循环过程中使用换热器。

循环泵为离心泵,通常在 15～20min 内所循环的药液的体积等于蒸煮锅的容积。在常规蒸煮中,热量和蒸煮化学药品

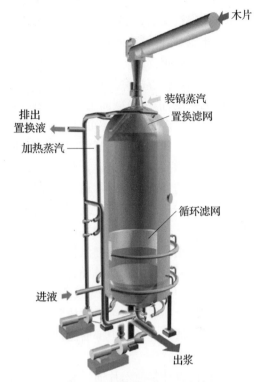

图 2 –110 超级间歇蒸煮锅[95]

的分布主要靠药液循环,循环泵的选型要求约 10min 时间可循环等同于蒸煮锅容积的液体量。

浆由低浓离心浆泵从蒸煮锅里抽出。浆料需要稀释,以达到泵送浓度并直接把浆全部抽出。在蒸煮锅的底部区域,设有不同高度的几圈喷嘴。根据实际情况,几台蒸煮锅可以共用 1 台泵。泵入口管线的设计要尽量减小摩擦损失。

在蒸煮锅的四周有许多液体管线(许多圆形的管子环绕着蒸煮锅)。例如,从中部滤网抽液的管子和蒸煮锅四周的稀释喷嘴供液管。最近的蒸煮锅设计中使用分配室代替外部的圆形管。其优点是所需的空间较小,并降低了成本。

2.4.4.1 蒸煮循环过程

在本章前面的章节中已经介绍了现代化的置换蒸煮循环过程。本节将讨论置换间歇蒸煮的规程,包括装木片、木片输送、木片压紧、浸渍液的输入、热药液(黑液)的置换、升温和蒸煮、洗浆黑液置换和放锅。不同应用场合可能会有些差异。总的蒸煮周期约为 180～250min,具体时间取决于卡伯值、木材种类、蒸煮工艺参数和蒸煮器大小。

在装木片时,每次蒸煮必须把一定量的绝干木片装入蒸煮锅,以保证锅与锅之间脱木素程度一致。现代化的装置中,蒸煮锅内木片的质量可以通过安装在蒸煮锅支柱上的称重传感器称量蒸煮锅的质量而测定出来。因为碱的加入量是根据蒸煮锅内绝干木片的质量,所以准确测量木片的水分是很重要的。

蒸煮从向蒸煮锅装木片开始。木片一般用皮带运输机从备料车间运到蒸煮车间。螺旋输送机或皮带输送机把木片送到蒸煮锅之上的送料槽。螺旋输送机较好,因为它运行可靠,并且是封闭式的,气体的散发少,可减少除尘。某些情况下,在输送机之前设有贮存木片的

料仓。

木片料位通过安装在蒸煮锅顶部的放射性料位检测器进行检测。当检测器被激活时,木片输送机停止,从而保证蒸煮锅内的木片料位稳定。

装木片是非常重要的。木片量的波动将会引起药液循环、用碱量和加热紊乱,从而导致蒸煮不均匀。装木片的方法会影响蒸煮锅内木片柱(chip column)的均匀性。有效的装木片可提高木片柱的匀度,消除横截面上的变化和改善药液置换以及蒸煮后期循环的均匀性;由于装入蒸煮锅内的木片多了,因此还可以增加产量。

蒸汽装锅是现代化置换蒸煮车间采用的主要装木片方法。蒸汽装锅加热了木片并除去了空气,从而产生较好的药液浸渍(渗透)效果。带有弯曲喷嘴的环形蒸汽装锅器装在蒸煮锅的颈部。蒸汽流动的目的是当木片通过装锅器下落的时候能够产生切向运动。蒸汽装锅使用的蒸汽为低压蒸汽。蒸汽装锅可使装锅量增加约25%。

装木片的另一种方法是药液装锅。在常规蒸煮中,由于没有办法自动停止装木片程序,在装锅之后经常使用药液装锅的办法把装料槽内残留的木片冲入锅内。药液装锅的均匀性不如蒸汽装锅好,装锅量没有蒸汽装锅的大。

在装锅过程中,空气和一些未冷凝的蒸汽由排气风扇通过抽吸滤网从蒸煮锅中排出去。风扇前面的旋风分离器可将细小物质除去。如果不排除空气,蒸煮锅的颈部和木片溜槽将会堵塞。空气可以通过蒸煮锅中部的滤网或蒸煮锅顶部的置换滤网排除,但这会造成未冷凝蒸汽的大量损失。

木片溜槽的设计是使木片通过装锅器垂直下落。木片装锅大约需要20~30min,这取决于蒸煮锅的大小和装木片的速率。图2-111示出了典型木片装锅的布置。

浸渍液,即80~125℃的稀黑液或洗浆滤液,这取决于制浆工艺,泵送至蒸煮锅的底部,直到蒸煮锅内全部充满液体。送浸渍液也可以黑液与白液相结合,这里先泵送冷的白液,以免送液高于100℃时锅内发生沸腾。

其结果是蒸煮锅内充满液体,压力达到0.2~0.5MPa,具有高的液比(>5)。浸渍液继续加热木片,使木片温度达到60~100℃,其温度的高低取决于装锅时所用的蒸汽量和浸渍液的温度。蒸煮锅内加压的目的是强化木片的浸透,并防止下一道工序用热黑液置换刚开始时发生闪蒸。

需控制进药液流速。在许多实际应用中,碱度也用在线测量仪测量并通过补加白液来控制。从蒸煮锅内排出的空气收集于低浓气体(weak gas)收集系统。

许多情况下,木片装锅与送液相结合,这里需要等到木片装到一定量之后再开始送液。这可以使装木片和充装浸渍液所需要的时间缩短10~15min,使整个蒸煮周期缩短35~45min,这取决于蒸煮锅大小等因素。图2-112为典型浸渍液充装的布置。

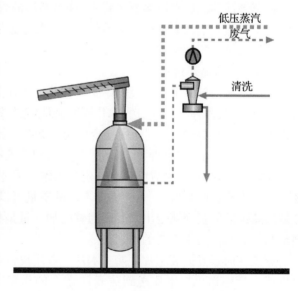

图2-111　蒸汽装锅和空气排除[94]

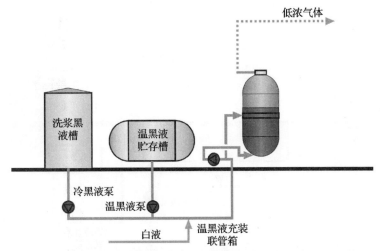

图2-112　浸渍液充装(先装冷底液,然后再送入经碱调节后的温药液)

热黑液处理始于从热黑液贮存槽泵送热黑液到蒸煮锅。这种热黑液将浸渍液从蒸煮锅内置换出来,经过蒸煮锅的滤网(篦子)进入常压黑液槽。当被置换出来的黑液的温度超过100℃时,流出的黑液切换到黑液贮存槽。置换可以升流方式进行,也可以进行双置换,即热黑液由蒸煮锅的顶部和底部进入,被置换出来的黑液从蒸煮锅中部流出来。

所用的黑液可以是最热的,它是前一锅所谓的"母液"。在具有两个以上热黑液贮存槽的情况下,热黑液处理可以分为温度逐步升高的几段。在具有两个热黑液贮存槽的情况下,使用第一(较热的)热黑液。

根据工艺的不同,白液连续不断地加入到黑液中,通过在线碱度仪控制;或者在热黑液泵入蒸煮锅之后加入白液。如果白液主要是在热黑液处理之后加入的,需要设置一个白液贮存槽,用于稳定预热白液的液位。

加入热黑液的目的是加热蒸煮锅内的料片和把蒸煮剂分布于蒸煮锅内。在某些情况下,进入蒸煮锅的热黑液的温度由间接中压蒸汽换热器来控制。这可以保证这次蒸煮与下次蒸煮的温度相同。大多数情况下,在热黑液充装之后,蒸煮锅内的料液温度仅仅比设定的蒸煮最高温度低几度。

需控制药液送入蒸煮锅内的流速。如上所述,热黑液的碱度和温度也能控制。另外,在药液管线上,蒸煮锅出口还设有压力控制。这可以保证置换过程中蒸煮锅内的压力恒定。其设定值要足够高,以防止锅里产生沸腾。置换至黑液槽和贮存槽的回流管线上也对压力进行控制,以避免压力波动和压力差过大。为了加热均匀,流动药液的体积应该约为蒸煮锅容积的2倍。通常,木片之间的空隙占蒸煮锅总容积的2/3。根据蒸煮锅的大小不同,热黑液充装大约需要25~45min。图2-113为典型的热黑液充装。

送热黑液结束后,便开始蒸煮锅内主体药液的循环。药液通过抽滤网抽出,再泵送至蒸煮锅的顶部和底部。温度一般在循环管线上(从蒸煮锅的中部出来,由顶部和底部再回到蒸煮锅内)进行测量,计算出蒸煮锅内料液的平均温度。送完热黑液之后,可以立即开始药液的加热,但是,在很多情况下,要进行一段时间的均衡,使蒸煮锅内不同部位的温度一致。药液可以用间接加热热交换器进行加热,但是,最常用的是使用直接蒸汽喷射器,因为其维修费用小,并且投资成本低。加热采用中压蒸汽。当蒸煮锅内温度达到设定的温度之后,停止加热。但是药液循环继续进行,直到蒸煮终点。根据蒸煮温度可计算出H-因子,通过H-因子监控蒸煮的进程。循环药液的流量由通入蒸煮锅顶部和底部循环管线上的阀门来控制。

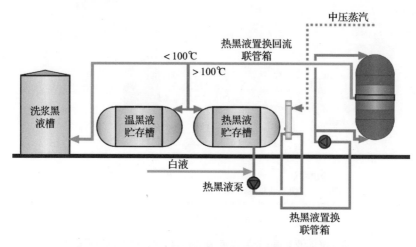

图2-113　具有在线加热和碱浓调节的热黑液充装[94]

在加热和蒸煮阶段,蒸煮锅的排气阀是敞开的,让惰性气体逸出。在大多数应用中气体经过黑液贮存槽,进入冷凝系统,然后再去气体焚烧。在针叶木制浆过程中,松节油从这种气流中回收,不纯的冷凝液去松节油倾析。在某些应用中,可能要在加热和蒸煮阶段添加白液。人们发现这对于传统的置换蒸煮是有利的,因为传统的置换蒸煮全部白液是在热黑液充装之后加入的。可是,在最新的应用中,白液已经分别加入浸渍段和热黑液处理段,因此,在热黑液充装结束时不再需要白液的分散处理。

通常,均衡时间约为10min,然后是10~20min的加热。在大多数情况下,总加热和蒸煮时间为45~85min,这取决于木材种类和木片性质(尺寸较小的木片蒸煮得较快)。蒸煮器的规格本身不会影响加热和蒸煮时间。图2-114示出了典型的加热和蒸煮。

达到预定的H-因子之后,开始洗涤置换。热蒸煮液置换开始时,蒸煮锅里的最高蒸煮温度和压力依然存在。

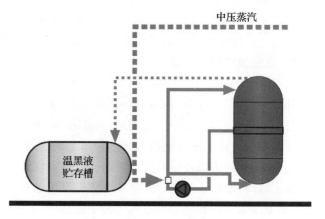

图2-114　加热和蒸煮[94]

冷的洗浆滤液(黑液)用于洗涤置换。可是,在某些蒸煮中(SuperBatch-K、DUALC),用废浸渍液(即浸渍回流液)进行置换,目的是为了使黑液中的钙经受热处理。洗涤置换的主要目的是为了回收热能用于后续蒸煮,但洗涤置换也成为制浆生产线上的第一洗涤段。

蒸煮段的"母液"置换至第一热黑液贮存槽,从而终止蒸煮。当置换继续,最初的置换液开始从蒸煮器流出来时,则从蒸煮器流出的置换液可以切换到第二黑液贮存槽(或者在某些应用中,后期置换回流到第三黑液贮存槽)。置换可以采用升流式,或者采用从蒸煮锅的顶部和底部到中部的双置换。

进入蒸煮锅的洗涤液的流速也需控制。在药液线上,在蒸煮器的出口设有压力控制,以保证置换过程中压力稳定。至贮存槽的回流管线上也有压力控制。

置换的液体的总量一般大约是木片之间的空隙的 2 倍。置换之后,纸浆的温度刚好低于 100℃,并且纸浆得到了洗涤。洗涤置换大约需要 30 ~ 55min,它取决于蒸煮锅的规格。图 2–115 为典型的洗涤置换的设置。

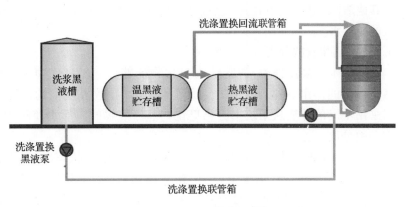

图 2–115　洗涤置换[94]

最后一个步骤是放锅。洗涤置换之后,可以用泵将纸浆从蒸煮锅内抽出来。浆料需要适当地稀释,以控制泵送的浆浓,同时把蒸煮锅放空。洗涤浓度也需要考虑。稀释液流也推动着蒸煮锅内的纸浆。纸浆用泵送到常压喷放锅内。纸浆进到喷放锅内浆料液位以下,目的是减少空气混入浆内。喷放锅里的气体排至工厂的低浓气体收集系统。蒸煮器也与低浓气体收集系统相连,以防止纸浆被泵出后蒸煮锅内形成真空。低压蒸汽可以通过木片装锅装置进入蒸煮锅,以防止真空,或甚至增加蒸煮锅的压力。

对稀释液的流速进行控制,并可以定向到多个位置。通常情况下,蒸煮器具有 1 ~ 3 圈稀释喷嘴(每圈围绕着蒸煮器有 6 ~ 15 个喷嘴),主要的稀释液从这里进入。然而,部分稀释可以在蒸煮器的出口弯头处进行,其目的在于冲洗泵吸入管。放锅由浆泵后边的控制阀来控制。根据蒸煮锅规格的不同,放锅大约需要 10 ~ 30min。图 2–116 示出了典型的蒸煮放锅流程。

2.4.4.2　热回收

在置换间歇蒸煮体系,热量回收是一个连续的过程,其在蒸煮中使用各种黑液进行处理,以达到所要求的温度和浓度特性。通常,使用管式换热器。管材通常为不锈钢,其设计压力高达 1.5MPa。

图 2–117 显示了一个包含几个功能的传热系统。在热回收过程中,白液首先被第二热黑液(热黑液Ⅱ)加热,之后,用"trim"热交换器(trim heat exchanger),通过循环热白液贮存槽中的白液,将其加热到所需的温度。第一热黑液(热黑液Ⅰ)在热黑液贮存槽中加热。

在黑液冷却过程中,热黑液Ⅱ中多余的热量用于加热生产用水。洗浆滤液(黑液)冷却的目的是为了调节置换用黑液的温度,以利于置换。

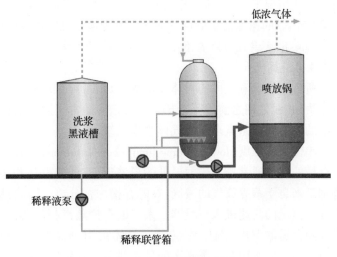

图 2–116　蒸煮放锅[94]

其他热回收方法是在冷凝换热器中脱除高温高压气体、冷却收集的低温低压气体和冷却蒸汽的冷凝水。

2.4.4.3 皂化物的分离

在针叶木制浆过程中,通常认为皂化物能够分离。皂化物循环回到置换蒸煮过程中,对蒸煮工段的操作不利。皂化物会扰乱置换,并导致黑液槽的泡沫问题。根据情况不同,可以采用不同的方法从系统中分离皂化物。当溶解的固形物和碱的浓度为最佳水平时,皂化物必须分离。

图2-118所示为当温度低于沸点和流动呈连续状态时,传统的从热黑液Ⅱ中除去皂化物的流程。在这种情况下,皂化物的溶解性低,皂化物分离是理想的。白液可用于调节,以进一步改善皂化物的分离。来自换热器的药液首先进到皂化物分离槽。皂化物被送往皂化物泵送槽,然后与稀黑液一起送去蒸发工段。除去皂化物后,黑液进入浸渍液槽。

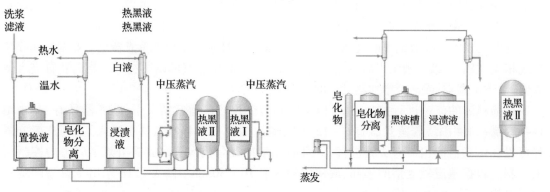

图2-117 热量传递系统[86] 　　图2-118 超级间歇蒸煮(SuperBatch cooking)系统中皂化物的分离[86]

在最新的应用中,皂化物通常是从洗浆滤液(从洗浆机出来的黑液)中分离。这可以在第一段洗浆机黑液槽中进行,或者在滤液(黑液)送往蒸煮工段的流动过程中进行除皂。然而在所有这些情况下,运用的是相同的皂化物分离原理。分离槽的横截面必须足够大,以便槽内滤液流(向下)的速度低于皂化物泡沫上升速度。在这种条件下,一般皂化物泡沫上升的速度为15~20m/h,上升速度随着溶解固形物浓度的增大而减小。

2.4.4.4 臭气

所有来自蒸煮工段的大体积低浓度(high-volume low-concentration,HVLC)气体都能进行收集,并在处理之前进行冷却。主要来源是常压黑液槽和木片装锅时的排气。图2-119为传统的置换间歇蒸煮车间的气体收集系统。

小体积高浓度(low-volume high-concentration,LVHC)气体要收集。蒸煮器和其他黑液贮存槽的气体通常排至压力最低的黑液槽,它收集并体积缓冲(volume-buffers)气体。液滴,特别是来自于蒸煮放气的液滴,在贮存槽内被分离。因此,从黑液贮存槽排出的气体连续不断地并以恒定的流速进入冷凝器。来自贮存槽蒸汽相的蒸汽在冷凝器中冷凝,气体和冷凝水被冷却到合适的温度,例如约60℃。气体被引到高浓气体收集系统(strong gas collection system)。污冷凝水用泵从蒸煮车间抽走排除。在针叶木制浆中,通常用倾析法将松节油从污冷凝水中分离出来。

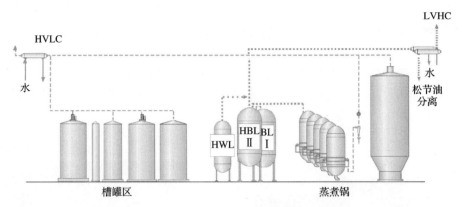

图 2-119 超级间歇蒸煮(SuperBatch)蒸煮过程中 HVLC 和 LVHC 气体的收集[86]

注 LVHC—小体积高浓度,HVLC—大体积低浓度,HWL—热白液,HBL—热黑液。

2.4.4.5 控制系统

置换蒸煮的重要组成部分是用于管理蒸煮程序和槽罐区的控制系统。现代化的置换蒸煮车间有多达 14 台蒸煮锅,分成 1~4 条生产线。每条生产线具有各自的设备,独立运行。在每条生产线中,蒸煮锅公用本生产线特定的设备。每条生产线上蒸煮锅的数量是有限制的,这是因为每台用于某个特定工序的设备,在某一时间只能供单台蒸煮锅使用。实际生产中,每条生产线上蒸煮锅的数量最多是 5~6 台。为防止工序的特定设备的需求发生重叠,在每条生产线上,同步进行蒸煮锅的时间调整。所有生产线共用一个槽罐区。所有的生产线也可能会使用不同种类的木片,或者生产不同卡伯值范围的纸浆。

置换蒸煮车间是高度自动化的,单台计算机系统可控制全部操作。这个系统包括基础和监督管理水平的控制。图 2-120示出了控制系统的基本原理图。基层控制包括顺序控制和闭环控制。这些通常被编程到分散控制系统(DCS)。

程序/顺序控制的功能包括控制蒸煮循环的逻辑。这个控制逻辑将信号送到具有控制功能的闭环中(设定值送至控制器,或者开/关信号送至泵或阀门)。逻辑的每一步会包括

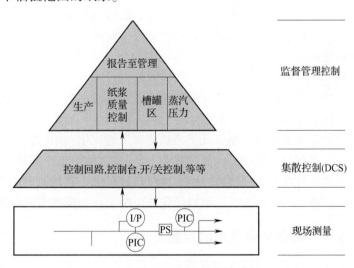

图 2-120 一般控制原理[86]

检测功能,这样,任务按照预设的顺序执行。顺序控制通常包括所有的蒸煮步骤(程序)。

闭环控制包括过程的测量、控制器、各个阀门和电机控制、连锁和逻辑功能以及报警。闭环控制可提供蒸煮的所有过程变量的测量和控制。闭环控制接收来自序列控制或来自设定值的指令,并且当以手动模式下操作时,该指令来自操作者。

上级控制系统由给操作员的指令或发送命令到基层系统的程序指令组成,使得蒸煮车间

按照优化的木片、蒸汽和蒸煮液消耗和预期的产能运行,产品质量合格。该系统还控制储罐液位、蒸汽流量和温度。上一级控制可以在 DCS 被编程或者是一个外部系统与 DCS 进行通信。

上级控制系统的功能包括蒸煮的调度和生产速率的控制、纸浆质量控制和蒸汽的调控和蒸煮液的管理。

调度表示合理安排每台蒸煮锅的装木片、蒸煮液输入和加热时间与其他蒸煮锅的装木片、蒸煮液输入和加热时间之间的关系。生产速率控制系统计算出蒸煮锅恰当的启动时间,以达到设定的产量。图 2 – 121 为置换蒸煮的调度。

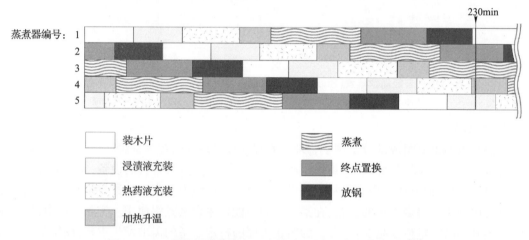

图 2 – 121　置换间歇蒸煮各工序的时间安排(多台蒸煮器)[86]

为了获得预期的卡伯值,纸浆质量控制系统对每台蒸煮锅的 H – 因子设定值单独进行计算。更先进的系统会根据每个蒸煮阶段的检测数据来调整蒸煮参数。

蒸汽稳定控制系统可保证送往蒸煮车间的蒸汽流量和压力均匀。生产所需要的蒸汽在加热阶段送往蒸煮器和蒸汽换热器。蒸汽包作为热量缓冲装置用于蒸汽分配各个支流的蒸汽流量。

蒸煮液管理控制系统计算并控制着蒸煮液在各个槽罐和缓冲器之间的分配,保证有充足的液量储备供应到各个蒸煮工序,并保证下一个蒸煮循环过程所需要的热黑液和白液供应。蒸煮液分配的时间控制保证了换热器能力的优化利用,最大限度地提高了热能的回收。

在多种形式复杂的控制过程中,上层控制使用了全系统的模拟和预测程序用于预估蒸煮车间的运行状态,判断突发故障,并纠正其对纸浆质量和生产运行带来的不利影响。

这种上层控制方式也可以简化并应用于小规模的蒸煮车间。

2.4.5　间歇蒸煮技术的最新发展

连续调节蒸煮液浓度的间歇蒸煮技术(continuous batch cooking,CBC)与 RHD 或 Super-Bath 的根本区别在于:在黑液热充之后,锅内蒸煮液通过第一热黑液贮存罐进行循环,并连续间接加热和补加白液。结果是由于新鲜碱液根据不断调节,连续地送入蒸煮器中,整个蒸煮期间的碱液浓度曲线是比较平稳的[96]。

在 21 世纪初期出现了 SuperBatch – K 蒸煮技术。该技术的设计主要是为了减少针叶木蒸煮黑液在蒸发车间的钙结垢问题[97]。在早期的间歇置换蒸煮技术中,浸渍后的黑液一部分作为温充液回用,另一部分送往黑液蒸发车间。然而,这种黑液含有在浸渍阶段和热充段前期从木材中释放出来的钙。当加热的时候,释放的钙离子会生成碳酸钙。碳酸钙的形成有一个原料的特定温度范围,大约在 120~160℃。在针叶木制浆时发现在蒸发工段的黑液蒸发温度下会形成碳酸钙,造成蒸发设备结垢。在 SuperBatch – K 中,在稀黑液送往蒸发车间之前,利用蒸煮后的余热来加热这种含有钙的黑液。另一种减少稀黑液中钙的特有方法是在浸渍段减少黑液的过多排出(加压之前溢流到黑液罐中)[98]。图 2 – 122 为传统的 SuperBatch 与 Super-Batch – K 蒸煮液平衡图。

除了含钙黑液的热处理外,SuperBatch – K 技术还有其他方面的改进。首先,部分置换洗涤液由来自浸渍段的黑液所替代,用洗浆稀黑液(washing filtrate)进行温充,洗浆稀黑液的溶解固形物浓度约为 10% ~ 12%,代替溶解固形物浓度高于 15% 的稀黑液。因此,使得整个循环中蒸煮液中溶解的固形物浓度更低。第二黑液贮存槽的稀黑液直接送往蒸发工段。同传统的 SuperBatch 工艺一样,也用回收热量来加热白液。稀黑液的温度通过黑液/水换热器来进一步控制。由于稀黑液温度控制会影响送往蒸发工段的所有黑液,所以 SuperBatch – K 具有更高效的温度控制。

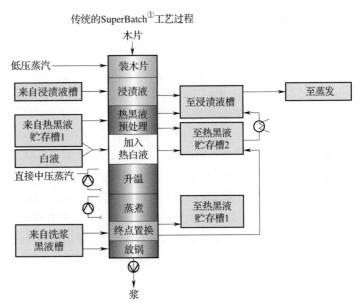

与此同时,对槽罐区也进行了重新设计。在原来的设计中,第一和第二黑液贮存罐是立式的压力容器,取而代之的是单台卧式压力罐。这增强了松节油的回收,并使整个系统更简单和更具投资成本效益[99]。此外,新设计还降低了蒸煮过程中蒸煮液的固形物浓度。在单一卧式黑液贮罐中,黑液进入其气相区域,发生闪蒸和冷凝作用,促进了松节油的分离,松节油的分离取决于温度。与双黑液贮存罐系统中的第一黑液贮罐相比,单一卧式黑液贮罐的黑液温度较低。因此,设有换热器来控制进入蒸煮器的热充黑

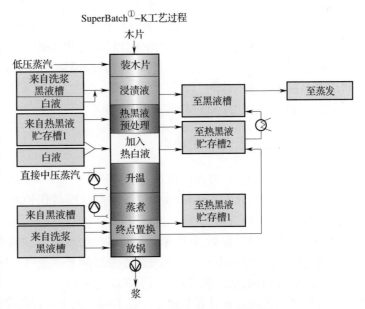

图 2 – 122　传统 SuperBatch(超级间歇蒸煮)与 SuperBatch – K
蒸煮技术中药液流程的比较[94]

液的温度。而原来的 SuperBatch 系统的换热器则主要用于开机启动时的加热。但是,配置单一热黑液贮存罐的系统也有一些不足之处:

(1)中压蒸汽的消耗比配置双黑液贮存罐的系统高约15%。在热充阶段需要更多的蒸汽将热黑液加热到设定温度。虽然从稀黑液中回收了更多的热量来加热白液,但并没有完全补偿多消耗的蒸汽。

(2)送蒸发的稀黑液的碱浓更难以控制。在配置单一热黑液贮存罐的系统中,实际蒸煮过程中的碱浓度会影响稀黑液的碱浓。而在具有双热黑液贮罐的系统中,来自蒸煮过程中的蒸煮原液不作为稀黑液的来源。

DUALC 蒸煮技术是继 SuperBatch - K 和 RDH 蒸煮工艺发展而来的。根据 SuperBatch 技术(其是由单个供应商开发的2种相互竞争的技术之一[90])的情况,需要开发一种将 RDH 和 SuperBatch - K 两种蒸煮技术之优点相结合的新的蒸煮技术。下面列出了 DUALC 蒸煮技术与 SuperBatch - K 和 RDH 蒸煮技术的区别:

(1)浸渍段与 RDH 相似。首先是送入冷黑液,接下来送入第二黑液贮存槽的温黑液。并对进入蒸煮器中的黑液碱浓进行控制。

(2)DUALC 中整个蒸煮药液的平衡和针对针叶木黑液中钙的热处理工艺与 SuperBatch - K 中相应的处理工艺类似。并且由于 DUALC 蒸煮工艺所送入的温黑液的温度较高,排出的黑液温度也相对较高,强化了黑液(钙)的热处理。

(3)送入热黑液(Hot liquor filling)与 RDH 和 SuperBatch - K 的送热黑液相似,但是,对黑液的回流进行了调整,总是将最热的黑液回流到第一黑液贮存罐。上述调整使第二黑液贮存槽的温度降低了很多,致使从黑液中回收热量用于白液加热不再可行。因此,与之前的技术相比,DUALC 蒸煮系统更简单,不需要热白液贮存槽及白液热交换器,同时,系统总的热效率保持不变。

(4)在两道置换工序,即送入热黑液和蒸煮后的洗涤液置换过程中,使用了 RDH 蒸煮中的双置换。双置换是指置换液由蒸煮锅的顶部和底部两处进入,通过蒸煮器中部的抽滤网(篦子)抽出。与传统的升流式置换相比较,在不造成蒸煮锅内木片层扰动的情况下,双置换可以大大提高置换液的流速,并且锅内木片柱被压得更均匀。采用双置换蒸煮技术易于将传统蒸煮改造成置换蒸煮。通常传统蒸煮器配备的抽液滤网可满足双置换蒸煮的需要,只是缺少用于顶部置换所需的滤网。

图 2 - 123 示出了 DUALC 的蒸煮工艺过程。

2.4.6 置换间歇蒸煮的优缺点

间歇蒸煮具有如下几方面的优点。

在蒸煮过程中的化学和机械(处理)条件对纤维的保护相当好,因此,生产出的纸浆质量好。蒸煮得率高。蒸汽消耗少。

许多工艺参数容易控制,并可单独调节,例如,应对原料特性的变化。由于木片堆积床层在蒸煮过程中是固定的,木片密度的变化不会影响蒸煮条件。除此之外,间歇蒸煮工艺容易在实验室规模进行模拟,从而找到最佳可行的工艺条件。

间歇蒸煮工艺灵活并且容易操作。在不同产能下可以持续使用相同的蒸煮工艺条件。某些设备可以停运维修,而其余的设备以满负荷运行。所有的单元操作都很简单。传热和传质主要使用流体泵送,很少有活动部件和设备。所使用的泵都是标准的离心泵。

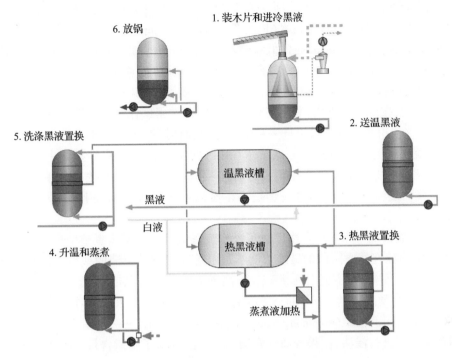

图 2 −123　双置换蒸煮（DUALC）蒸煮过程[94]

　　与传统间歇蒸煮比较,置换蒸煮系统的一个缺点是占地面积较大,因为槽罐区需要空间。除此以外,仪表比传统蒸煮多,特别是比连续蒸煮还要多。无论如何,所有蒸煮器的仪表都是一样的。最近的改进已经减少了仪表的配置。

2.4.7　连续蒸煮总则和蒸煮设备

　　全球大多数的硫酸盐浆是由连续蒸煮设备生产的。当然工艺设计会有所不同,但大多数现有蒸煮系统的关键技术装备是以相似的方式设计的。下面,对连续蒸煮器进行总体描述,包括详细地叙述工艺技术和工艺设备。

　　1938 年在瑞典的一家工厂里第一台连续蒸煮器样机开机运行。这台蒸煮器的生产能力是 20t/d。工厂实验持续了许多年,包括几次改造。1948 年,第一套商业化的连续蒸煮器在另外一家瑞典的工厂建成。这台蒸煮器生产能力是 30t/d。

　　后来的十几年间,销售了大约 15 台连续蒸煮器。直到 1957 年冷喷放技术成熟时,连续蒸煮器才真正地有所突破。冷喷放是指在蒸煮放料之前把浆料冷却。它能够提高浆的强度,这使得制浆工业对于连续蒸煮的兴趣增加。

　　1962 年,出现了一种称为 Hi − Heat 的蒸煮器内洗浆方法。这种在蒸煮器下部洗涤本色浆的新方法采用了逆流洗涤和逆流蒸煮。最先试验逆流洗浆方法的是一家澳大利亚的纸浆厂。蒸煮器内逆流洗浆大大简化了本色浆洗涤工段的配置。

　　1983 年,在芬兰的一家工厂首次进行了改良的连续蒸煮（MCC）的工厂试验。MCC 蒸煮方法,是由 STFI(现在更名为 Innventia)(瑞典制浆造纸研究所)和瑞典斯德哥尔摩的皇家理工学院（Royal Institute of Technology）开发的,MCC 可获得比传统硫酸盐法蒸煮更好的脱木素选择性和较高的纸浆强度。

之后,连续蒸煮技术又取得了几项主要进展。特别是,延伸改良的连续蒸煮(EMCC)、等温连续蒸煮(ITC)、黑液浸渍蒸煮技术(BLI)、紧凑蒸煮(Compact Cooking),菱形背面预汽蒸仓预汽蒸(Diamondback pre-steaming)、低位喂料系统(the Lo-Level feed system),增压输送式喂料系统(TurboFeed system)、格仓喂料系统以及低固形物蒸煮系统(Lo-Solids cooking system)等新的技术改善了连续蒸煮的效能,降低了投资成本,减少了维修费用。等温连续蒸煮于1991年开始使用,在等温蒸煮中,利用高温(Hi-Heat)洗浆区作为逆流蒸煮区,蒸煮时间得以进一步延长。这使得蒸煮温度可以进一步地降低,从而提高了蒸煮的选择性。

1993年首次进行了黑液浸渍蒸煮技术(BLI)的工厂试验。从蒸煮器中抽出的废(黑)液,送回到预浸渍段,这样做能够在预浸过程中提高硫氢根离子的浓度并使得碱液浓度更加均匀。黑液预浸渍蒸煮(BLI)进一步提高了蒸煮的选择性,并在相同抗张强度下改善了撕裂强度。

1997年,在瑞典的一家工厂首次完成了紧凑蒸煮试验。紧凑蒸煮整个蒸煮器的抽液是反复循环的,这样意味在蒸煮阶段的碱液浓度不是由送往蒸发的黑液的残碱决定的。这就允许采用更好的碱浓度分布,并且还伴随着硫氢根离子浓度的增加,结果降低了蒸煮温度。

第一台新型的紧凑蒸煮 G2(Compact Cooking G2)蒸煮器于2003年在巴西开机。紧凑蒸煮 G2 设有一个共用的槽罐(common vessel,我国称其"预浸塔"——译者注)用于闪蒸、汽蒸和浸渍。在100℃下进行浸渍,使得浸渍非常均匀,因此,降低了筛渣含量。图2-124显示了连续蒸煮系统的发展过程。

两种现代化的连续蒸煮系统——紧凑蒸煮 G2 和低固性物蒸煮,将在2.4.9节中进行详细介绍。

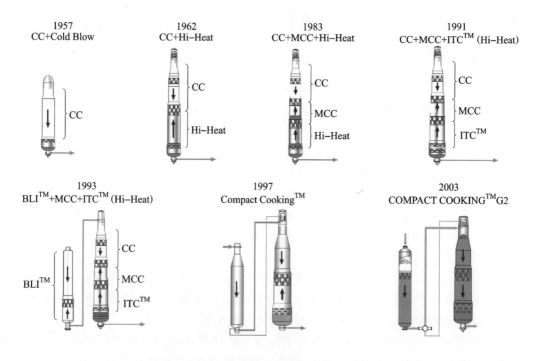

图2-124 连续蒸煮系统的发展过程[99]

CC—连续蒸煮　Cold Blow—冷喷放　Hi-Heat—蒸煮器内高温洗涤　MCC—改良的连续蒸煮　ITC—等温蒸煮

BLI—黑液预浸渍　Compact Cooking—紧凑蒸煮　COMPACT COOKING G2—第二代紧凑蒸煮

连续蒸煮器的发展一直注重于提高生产能力和改善浆的质量。目前运行着的最大的连续蒸煮器产量超过了 5000t/d，从 2000t/d 上升到目前的最大产量仅用了不到十年的时间。

有 4 种类型的连续蒸煮器：① 单塔液相型；② 单塔汽 - 液两相型；③ 双塔汽 - 液相型；④ 双塔液相型。

如果蒸煮所用的木材种类需要浸渍，有两种主要类型的连续蒸煮器都能配置预浸渍塔。

单塔液相型连续蒸煮器包括压力浸渍区（蒸煮器顶部）、蒸煮区（蒸煮器中部）和洗涤区（蒸煮器底部）。该蒸煮器内充满了蒸煮液，通过药液循环用外部加热器进行间接加热（见图 2 - 125）。

汽 - 液相型连续蒸煮器顶部充满了蒸汽，并采用新鲜蒸汽进行加热。它有一个独立的浸渍塔作为浸渍区，另一个塔用于蒸煮和洗涤（见图 2 - 126）。

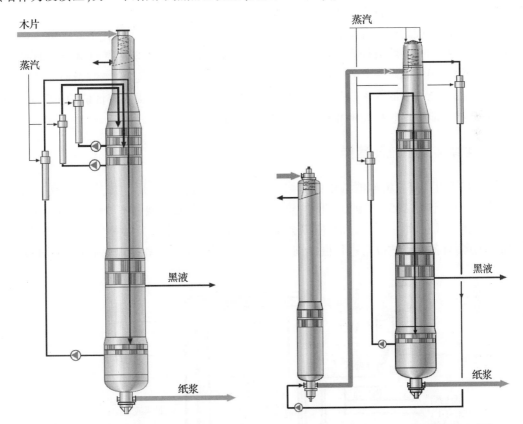

图 2 - 125　单塔液相型蒸煮器[99]　　　　图 2 - 126　双塔汽 - 液相型蒸煮器[99]

已经得到证明，这两种类型的蒸煮器经过改良后，其生产能力能够大大超过原设计的产能。

对蒸煮器各个区的停留时间和各个区的规格尺寸进行设计，以满足产能要求、适应木材种类和达到预定的卡伯值。19 世纪 60 年代和 70 年代建成的蒸煮器所设计的典型的浸渍时间为 30~50min，蒸煮时间 60~90min，洗涤时间 120~240min。

生产能力的增大会导致停留时间的缩短。在蒸煮过程中，由于温度与时间可以互补，因此，生产能力增加，则相应地蒸煮温度也要提高。最高温度可达 165~170℃。

有一个最高的实际蒸煮温度，最高温度主要由蒸煮器顶部或蒸煮循环中的换热器以及热效率和结垢情况所决定，最高蒸煮温度大约为 170℃，上下波动几度。

木片质量对料塞的移动(plug movement)具有重要影响。较小的木片组分必须保持尽可能少,以保证蒸煮药液在木片柱内能够循环。蒸煮器也是针对木片密度而设计的,木片密度的变化将会影响木片柱(chip column)的移动。

另一个重要的蒸煮器设计参数是负荷,以蒸煮器单位横截面积(m^2)每天(d)所蒸煮的风干(AD)木片的质量(吨,t)表示[风干 $t/(d \cdot m^2)$]。老式蒸煮器的负荷通常为 25~30风干 $t/(d \cdot m^2)$。以这样的负荷运行一般没有什么困难,蒸煮器内的逆流洗涤效果良好。当产量增加时,蒸煮器横截面积上的负荷也会增大。那么,蒸煮器的稀释因子一般就必须减小。对原来的蒸煮系统,当负荷超过 40~45 风干 $t/(d \cdot m^2)$ 时,通常难以维持好的蒸煮器内洗涤效果。某些蒸煮系统通过提高卡伯值和使用质量很好的木片来应对负荷的增大。

减小蒸煮器的稀释因子,将会降低制浆线上高效洗涤段的效率。因此,恢复原始的蒸煮时间和蒸煮器内洗涤通常是很重要的。

连续蒸煮已经成为生产硫酸盐浆的主导方式。连续蒸煮器成功地取代了间歇蒸煮系统的原因是由于连续蒸煮的特有优点。与任何化学反应器系统一样,连续蒸煮器单位停留时间所需要的反应器体积比间歇蒸煮器小。这是因为间歇蒸煮周期中在装料片和放锅(放浆)过程中反应器体积不能用于脱木素。另外,连续蒸煮器的多相流系统可提供有价值的工艺灵活性,在反应混合物中能够单独控制液相流动方向及其流量。

2.4.8　连续蒸煮系统及其操作

图 2-127 为具有 4 组抽液滤带的单塔液相型蒸煮器,抽滤带用于加热循环或抽出废液(送蒸发系统)。这是 1955—1990 年间所建造的典型的单塔液相型蒸煮器的特有的构造。由于每个蒸煮系统是由用户所设计的,所以会有许多小的差别。本节只做一个简要的概述,在之后的章节中会对各种工艺设备进行更详细地介绍。现代化连续蒸煮过程见本书第 2.4.9 节。

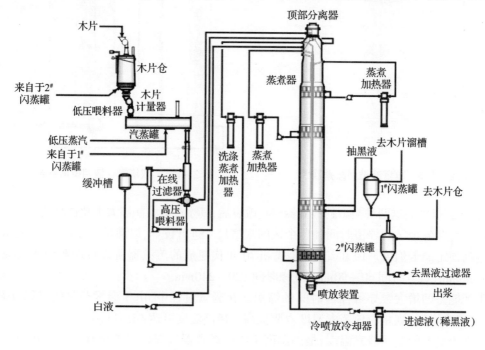

图 2-127　典型的单塔液相型蒸煮器设计图[100]

图 2-127 示出了典型的单塔液相型蒸煮器的设计。从木材备料工段输送而来的木片,通过木片仓进入蒸煮系统。通常由计量装置来控制由木片仓送出木片的速率。该木片计量装置控制着生产速率。木片仓内的第一段常压预汽蒸可有可无。置于木片仓内的常压预汽蒸于20世纪70年代中期面世,之后应用于大多数系统中。

由木片计量装置送出的木片进入低压喂料器,它将木片送至水平、压力汽蒸器。此过程的压力为 100~150kPa。汽蒸器为水平螺旋输送装置,它将木片送至垂直的溜槽。木片通过溜槽进入高压喂料器的入口。在溜槽内控制液位。

木片靠重力降落至溜槽并与蒸煮液首次接触。蒸煮液循环路线是由溜槽流经高压喂料器,再通过在线排液器返回溜槽,如图 2-127 所示。在溜槽底部的木片靠重力和上面所讲的循环蒸煮液的曳力的共同作用而进入高压喂料器。高压喂料器传送木片由低压(100~150kPa)到高压(超过 1MPa)。蒸煮液体将木片从高压喂料器冲到(输送)到蒸煮塔的顶部。塔顶上方的螺旋分离器将蒸煮液与木片分离,液体返回至高压喂料器的入口处,同时将木片分散于蒸煮器顶部。在喂料系统加入部分或全部白液(蒸煮化学品)。

木片在进入蒸煮器顶部之后形成木片柱,并垂直向下移动,在如图 2-127 所示的液相型蒸煮系统,蒸煮器内充满液体,从而产生液压。液压使系统压力增加。除了少量木片带入的和蒸煮过程中放出的气体以外,蒸煮器内基本上是固液二相系统。液相占据了木片柱内的空隙。通常称为未结合的或"自由"的液体。

在蒸煮过程中,直到蒸煮终点大放气减压或"喷放"之前,木片仍保留其原有的尺寸,并没有发生纤维化。木片具有两相:纤维与胞间层组成的固相和称为结合液体的液相。木片内部固态物料的质量分数通常在 0.1~0.35,这取决于多种因素,如原始木材的密度和制浆过程中的化学反应程度。随着蒸煮的进行,因为木材各组分溶解到周围的液相之中,所以木片中固态物料的质量分数逐渐降低。

请注意,木片向下移动的推动力是木片柱与未结合的自由液体之间的密度差。尽管木片和结合液体(木片内部的液体)始终垂直向下移动,而木片外的(自由)液体可以向任意方向运动。图 2-127 所示的蒸煮器的顶部是浸渍区。该区的高度为从木片柱的顶部到蒸煮器第一段抽液滤板。送到分离器顶部的固液混合物的温度决定了该区域的起始温度。此温度通常是115~125℃,此温度取决于汽蒸罐内的蒸汽压力、进入喂料系统的白液量和白液的温度以及喂料系统的自然降温等因素。在这个区域内,在温度达到蒸煮最高温度之前,蒸煮化学品要能够扩散到木片中心。在反应之前化学药品扩散到木片内,使得木片内脱木素程度的差别最小化。

满负荷运行时,蒸煮器的尺寸使木片在浸渍区的停留时间为 45~60min。紧接着浸渍区的下方是蒸煮器 4 组抽液滤板(滤带)中的第一组抽液滤板。它们是位于蒸煮器内部的环形滤板。

滤板可以选择性地将游离液体(蒸煮液)从木片柱内抽出。木片与结合液体呈柱状留在蒸煮器内。蒸煮液被抽出后,通过泵和加热器,并由中心管布液装置重新进入蒸煮器内木片柱的中心。这可完成蒸煮液的循环以及分配。以这种方式,木片柱使用外部液体加热循环系统进行间接加热。最终的蒸煮温度一般为 150~170℃。

对于图 2-127 所示的系统,两组这样的加热循环系统可将木片柱加热到蒸煮最高温度。这是许多单塔型连续蒸煮系统的典型加热方式。位于两组加热循环下面的是顺流蒸煮区,由第二组加热循环系统与第三组抽滤板之间的体积划定。在顺流蒸煮区的停留时间为 1.5~2.5h。第三组抽滤板抽出蒸煮废液,这一区域是抽提区。

在抽提区,未结合液(木片外的液体)被抽出来并从蒸煮系统排出去。此处,提取的液体将不再送回木片柱的中心。相反,它通过串联的 2 台闪蒸罐,从蒸煮最高压力和温度降至常压和饱和温度。第一级闪蒸罐产生的蒸汽返回到汽蒸罐、木片仓,或者同时返回到汽蒸罐和木片仓,用于木片加压预蒸。来自于第二级闪蒸罐的蒸汽适用于木片仓内木片的常压预汽蒸。将冷却后的闪蒸液送至蒸发和碱回收工段。

再看蒸煮器内的木片柱,当顺流蒸煮区内提取液流量超过未结合的自由液体流量时,抽液网下方的未结合液会向上流动并向蒸煮区流动。因此,该抽液过程会在蒸煮器抽液滤板下方产生逆流。这种逆流会产生一个洗涤区,这样木片在蒸煮器底部得到了洗涤。木片在抽提滤板下方的洗涤区内的停留时间可以达到 1~4h。其洗涤液是蒸煮器之后本色浆第一段洗涤的滤液(即黑液)。

靠近蒸煮器的最底部是洗涤循环系统,它是图 2 - 127 中第四组、也是最后一组抽液滤板。该循环使得逆流洗涤滤液(黑液)的温度达到 130℃以上。

对于逆流洗涤,洗涤滤液从蒸煮器的底部泵入。蒸煮器底部也是喷放稀释和冷却区。在此区域,形成了自由液体向上流至洗涤区与其向下流入喷放管线的交流。换言之,温度 < 80℃ 的滤液泵入蒸煮器的底部。此滤液的一部分逆流向上流入蒸煮器的木片柱。此向上流动的滤液组分在洗涤循环中得到加热,从而提高了逆流洗涤区的洗涤效率。加入底部的滤液稀释和冷却完全蒸煮过的木片。将所得到的冷却了的木片与滤液的混合物用刮除装置从蒸煮器底部的出口排出。排放温度通常是 85~90℃。经过喷放阀时的减压作用将完全蒸煮的木片分散成浆,然后送至第一段粗浆洗涤或送入喷放锅。图 2 - 128 为逆流洗涤和冷喷放过程的示意简图。

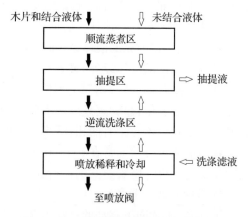

图 2 - 128　带逆流洗涤和冷喷放的连续
蒸煮器示意图

注　实心箭头表示木片与结合液的流向;
空心箭头表示自由液体的流向[100]。

2.4.8.1　预汽蒸

连续蒸煮过程的第一道工序是木片的预汽蒸。木片用新鲜蒸汽汽蒸或闪蒸蒸汽汽蒸,有时将上述两种蒸汽混合进行汽蒸。闪蒸蒸汽是回收废液中的蒸汽,从蒸煮器抽提出的废液由蒸煮温度(150~170℃)和压力(>1MPa)下降为常压下饱和温度时闪急蒸发而产生蒸汽。

预汽蒸具有 3 个重要的功能:

① 木片预热:由常温至 100~120℃;② 回收热能:抽提出蒸煮液(废液)并闪蒸产生蒸汽,用于预汽蒸;③ 去除木片中夹带的空气。

除去夹带的空气是非常重要的,它可使蒸煮达到最佳效果。空气与其他不凝性气体(NCG)在生产过程中的积累会导致泵的气蚀以及影响预汽蒸操作后的液压喂料。此外,预汽蒸去除夹带的空气可促进蒸煮浸渍阶段蒸煮液均匀渗透至木片内部。如之前所述,蒸煮液必须均匀地渗透和扩散至木片中心。木片一旦进入高压喂料器便开始药液浸渍。蒸汽的冷凝和不凝性气体(如空气)的压缩会在木片内部产生毛细管体积,并产生使蒸煮液占据此毛细管的作用力(即产生毛细管作用——译者注)。由于渗透发生于木片表面的各个位置,任何压缩的空气都可能被包在木片内部,因此阻碍了蒸煮液的渗透。在与蒸煮药液接触之前,尽可能地除去木片内的空气是非常重要的。

汽蒸由以下几种机理而除去夹带的空气：

① 加热使得空气膨胀从而排除；② 加热木片内部的水（以木材水分表示），从而增加了木片内部的蒸汽压力，有助于驱逐除去空气；③ 在木片外部创造饱和蒸汽环境，可产生空气的分压梯度，使空气由木片内部向外扩散。

蒸煮药液均匀快速地渗透是必要的，其原因有两个：第一，它可以减小木片内部制浆反应速率的梯度。第二，它增加了木片间的密度。预汽蒸不充分，可导致渗透过的木片的密度等于、甚至小于周围环绕着蒸煮药液的木片。这种情况会导致木片上浮，扰乱蒸煮器内木片柱的移动[101-102]，图 2-129 说明了这种情况。

图 2-130 显示了浸渍 30min 后不同汽蒸条件对浸渍后木片密度的影响。请注意，该数据来源于实验室试验和特殊的实验原料（低密度和低水分含量的北方针叶木）。实验室试验包括木片预汽蒸、加压浸渍 30min、木片减压并与药液混合，最后测定比重。该减压步骤不能代表连续蒸煮器的操作。然而，该试验可以用于不同预汽蒸条件下相对空气去除效率的比较。注意，任何预汽蒸过程中空气的去除效率会随着木片原始密度和水分的增加而增大。

图 2-130 中所述的原料在 125kPa 压力下即使预蒸 45s 都未能达到足够的空气排出量。结果是，浸渍后的木片具有比蒸煮液更低的密度。这些数据还表明，在常压下较长时间的预汽蒸比在汽蒸罐的压力下短时间预汽蒸更有效。空气去除效率很大程度上取决于汽蒸时间，这表明空气通过蒸汽的扩散是速率控制，速率决定着空气的去除。

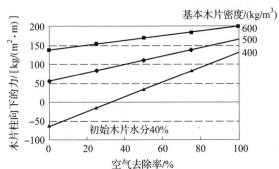

图 2-129 预汽蒸效率对液相型蒸煮器中柱移动的影响（所有值都是计算的）[103]

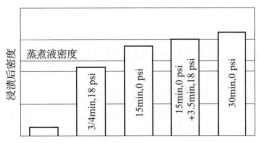

图 2-130 蒸汽条件对预汽蒸效果的影响（所有值为含水分 40% 的北方针叶木的测量结果）[101]

注 1psi = 6.895kPa。

在工业实践中，预汽蒸采用常压预汽蒸仓、压力汽蒸罐或二者兼有。1980 年前的早期设计，木片仓是简单的贮存容器（贮存木片），它为备料工段与蒸煮器喂料系统之间提供应变能力。对于这样的蒸煮系统，所有的预汽蒸是在水平式压力汽蒸罐处理 1~2min。

在 19 世纪 70 年代中期常压预汽蒸技术的广泛应用改善了硫酸盐法制浆效果，包括降低了筛渣率（蒸煮更加均匀）、改善了对卡伯值的控制、提高了木片柱的稳定性以及改善了木片柱的移动。最新的常压预汽蒸仓设计，无须任何活动部件就可使木片均匀地塞式流动。这消除了早期木片仓的设计所存在的操作问题。

在最先进的系统中，来自于备料车间的筛选后的木片由皮带输送至木片仓顶部的气封喂料器。该气封喂料器可以是星形旋转给料器或是螺旋装置。它可限制进入木片仓的空气量。

木片闸门安装在木片仓的顶部并与星型喂料器装配在一起,增加了密封性,从而减少空气的流入以及有害气体从木片仓排出。配重(平衡)物保持木片闸门关闭,直到木片的重量大于配重物所施加的力时才打开。

为防止恶臭气体从木片仓逸出,将蒸汽和空气以及不凝性气体的混合气体从木片仓的气相区域抽出,并送往木片仓冷凝器冷凝处理。不凝性气体去工厂的 HVLC(大体积低浓度) NCG(不凝性气体)处理系统,冷凝的物质通常送至污冷凝水系统处理。因此,木片仓应有微小的真空,以免挥发性气体逸出。

新鲜蒸汽或者闪蒸蒸汽或二者的混合蒸汽通过环绕在木片仓周边的喷嘴送入仓内,蒸汽从外壁均匀地分布于木片仓内。为了有效地汽蒸,木片需要彻底地加热。这在木片仓需要短时间低蒸汽流量。该木片仓的料位应尽可能地稳定在一个高度,以保证在正常的蒸煮速率下提供最佳的预汽蒸时间。料位测量系统,通常是伽马测量仪或是雷达,通常监控木片仓的料位,以确保在木片仓内有 20~30min 的停留时间,时间的长短取决于木片的质量。

安装在木片仓放气管上的温度探头可监控木片仓的温度。由两个蒸汽阀将温度控制在 80℃左右。其中一个蒸汽阀调节闪蒸蒸汽至仓内的流量,这是主要的蒸汽源。另一个蒸汽阀调节新鲜蒸汽的流量,当闪蒸蒸汽不够的时候它便打开,以使木片仓的温度保持在设定的温度。用于木片仓的新鲜蒸汽应为非过热的,因为过热蒸汽可能会使木片干燥并引起木片仓着火。

2.4.8.2 木片的计量和在蒸煮压力下喂料

连续蒸煮得以实现的重大突破是 20 世纪 40 年代后期喂料技术的发展,特别是高压喂料器。高压喂料器可把木片与蒸煮液的混合料液在第一时间送入高温高压的蒸煮器,随后诞生了卡米尔连续蒸煮器。传统的给料流程通常是由以下设备组成:木片仓、某一类型的木片计量装置、低压喂料器、汽蒸罐、高压喂料器、泥沙分离器、两个内联过滤器和缓冲槽,用于在把木片送到浸渍器或蒸煮器之前将木片加热以及去除木片间的空气。

木片被送入位于木片计量器上方的停留仓。通过测定送入木片的体积流量,并已知达到一定的卡伯值的纸浆得率,从而可以计算和控制蒸煮器的纸浆产量。木片空隙间的空气可防止其下沉,因此,通过向木片仓和汽蒸罐中通入加热蒸汽(预汽蒸)将空气除去。低压喂料器,一种旋转密封格仓喂料器,密封保持汽蒸煮罐的压力约为 $1.3 \times 10^5 Pa$。很少或没有夹杂空气的木片降落入木片溜槽并落在白液表面,此时浸渍开始。药液与木片的混合料进入高压喂料器,然后送至高压顶部循环,压力约为 $1.5 \times 10^6 Pa$。木片溜槽循环通过内联过滤器,把置换的液体和高压侧的漏液分离并送入缓冲槽。控制液比的白液,有时还有黑液,一起加入缓冲槽,这混合的药液通过常规的高压离心泵送入浸渍器或蒸煮器。

上述传统喂料系统上的木片计量装置、低压喂料器和汽蒸罐,在大多数情况下可以加快喂料速度或者以相对低的造价更换为较大规格型号的,以提高生产能力。以额定的生产能力运行时,高压喂料器通常的转速为 6~12r/min。在更高生产速率的系统中高压喂料器的转速可高达 16r/min。更高的生产速率和更高的高压喂料器速率要求更高的木片溜槽和顶部循环流量,这在某些情况下可能导致压力不均衡而产生振动。此外,高压喂料器的转速为 10~12r/min 时,通常会使喂料器的充满程度减小,这限制了高压喂料器的生产能力。在高速运转时考虑到喂料器的磨损会增大,其寿命会缩短,这也是很重要的。对超负荷的传统喂料系统,高压喂料器和顶部循环系统通常被认为是主要的生产瓶颈。

整个喂料系统示于图 2-131。图 2-132 至图 2-134 示出了设备的详细情况。

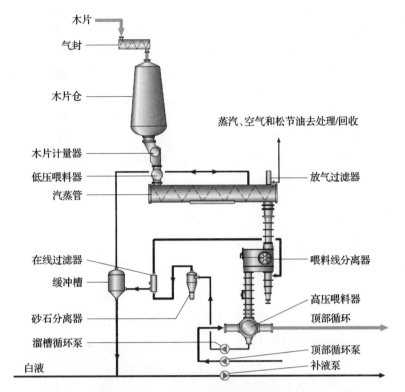

图 2-131 常规木片喂料和汽蒸系统[99]

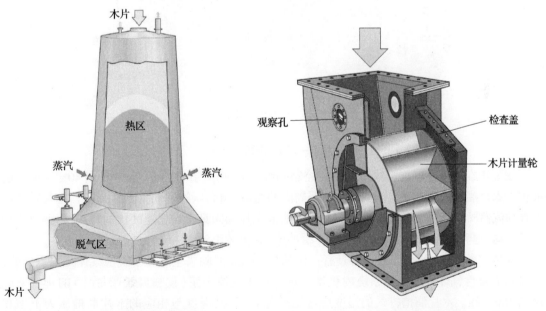

图 2-132 木片仓设计实例[99]   图 2-133 木片计量器[99]

木片离开计量装置落入低压喂料器(LPF),它是一个截锥旋转星形喂料器。该喂料器在木片仓的常压与汽蒸管以及木片溜槽约150kPa压力之间起到密封作用,它的功能是减少蒸汽泄露并将木片送至汽蒸管。由于截锥形设计,低压喂料器间隙的调整是使用手轮尽量拧紧转子但不卡住。如果其间隙太大,蒸汽泄漏至喂料器周围,会造成木片计量器不能够完全充满。

　　由于低压喂料器转动的方向和通气口的位置使料袋内产生的压力,通过低压喂料器的侧口排出去。排出的气体通常进入木片仓。当木片计量器停止工作时,低压喂料器的气体应该自动排放到大气中,以减少蒸汽反流至木片仓。料片仓内不活动的木片床有蒸汽流过时,会增大架桥的趋势。

　　通过低压喂料器和水平汽蒸管(见图2-135)之后,木片落到木片溜槽(见图2-136),这是一个与高压喂料器(HPF)顶部入口相连接的垂直压力容器。

　　图2-137描述了向有压力的蒸煮器连续喂料(输送木片与药液的混合物)的过程。

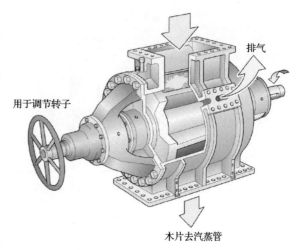

图2-134　低压喂料器[99]

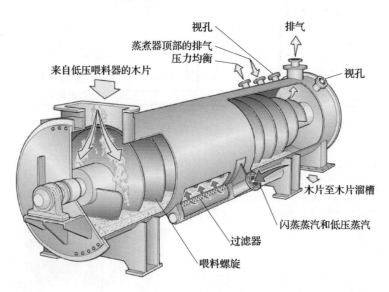

图2-135　汽蒸管[99]

　　安装于在线过滤器与缓冲槽之间的控制阀维持着溜槽内的液位。通常设定40%~60%的液位。木片溜槽内药液来自于高压喂料器周围的漏液(由高压侧到低压侧的漏液)、木片排液以及在预汽蒸阶段产生的蒸汽冷凝水。木片溜槽液位控制阀具有响应速度快的特点,以调节流量突然变动。药液过滤出来送到一个槽子(缓冲槽)并由高压泵(补液泵)泵送到蒸煮器中。

　　保持汽蒸管、木片溜槽或二者具有一定的排气流量对除去空气和不凝性气体是很重要的,空气和不凝性气体可能会在系统内积累。每生产1kg风干浆(按喷放线产量计)的排气率应该约为0.1kg。木片溜槽排气的温度应该定期检查,看其温度与相应的木片溜槽压力下饱和蒸汽的温度是否一致。如果在一定的木片溜槽压力下,排气温度低于饱和蒸汽温度,不凝气体将会积累,因此,木片溜槽排气应该增大。该木片溜槽排气装置上有一个滤网,有助于防止碎木片和其他颗粒进入冷凝器。

　　从木片溜槽泵流出的液体经过砂石分离器,除去系统中的砂石。以减少对间隙小的设备(如高压泵和高压喂料器)的磨损,延长其使用寿命。

从砂石分离器流出的药液进入在线过滤器。在过滤器中,将从高压喂料器排出的多余的药液以及木片溜槽循环系统中木片置换出的药液一起抽送到缓冲槽中。通过控制从在线过滤器抽出来送往缓冲槽的药液量来保持木片溜槽的液位恒定。

高压喂料器(见图 2 - 138)的作用是以温和的方式将木片由低压系统输送到高压系统。高压喂料器在液压条件下工作,处于水平位置(连接)为低压,而在垂直位置(连接)为高压。因此,转子为液压平衡。它有一个截锥形转子,转子上带有盛装木片和药液的贯穿通道,或称为料袋。转子上有 4 个独立的料袋,每个料袋的入口和出口相错 45°。这能够以稳定的流量(喂料器每转一周有 8 次排料)将木片送到顶部分离器(或者,对于双塔蒸煮器从预浸渍塔送到蒸煮塔)。当转子旋转时,一个料腔内已充满木片与药液,而另外一个或两个料腔正在装木片和药液。与此同时,药液和木片从另一个或两个料腔排出。由于截锥形转子和料腔逐渐磨损,转子能够通过轴向调节来保持最小的间隙,从而使药液从高压区到低压区的渗漏最少。

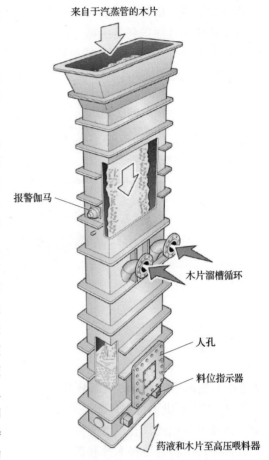

来自于汽蒸管的木片

报警伽马

木片溜槽循环

人孔

料位指示器

药液和木片至高压喂料器

图 2 - 136 木片溜槽[99]

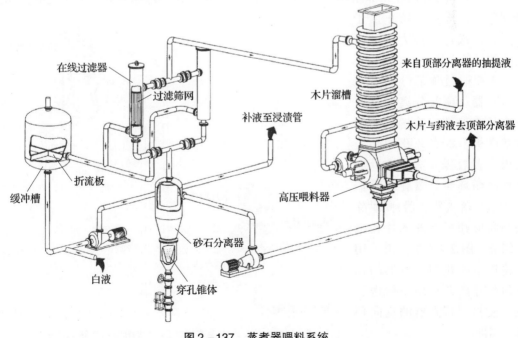

在线过滤器

过滤筛网

补液至浸渍管

来自顶部分离器的抽提液

木片溜槽

木片与药液去顶部分离器

缓冲槽

折流板

高压喂料器

白液

砂石分离器

穿孔锥体

图 2 - 137 蒸煮器喂料系统

木片的输送是由补液泵加压的,而不是由高压喂料器。高压喂料器是一种低能耗设备,它将料片从低压循环输送到高压循环。系统压力的产生来自于由缓冲槽向蒸煮器泵送额外药液(大于液比的药液——译者注)的过程。白液也可以通过补液泵吸到系统中。也可以使用专门输送白液的高压泵。

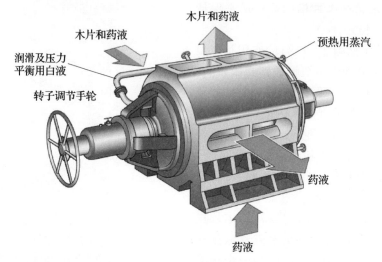

木片和药液

润滑及压力平衡用白液

转子调节手轮

木片和药液

预热用蒸汽

药液

药液

图2-138 高压喂料器[99]

2.4.8.3 顶部循环管路和顶部分离器

图2-139示出了将木片输送到反应器(蒸煮器)顶部的设备,即顶部循环管路和顶部分离器。该图是典型的具有顶部分离器的液相蒸煮器的顶部。

顶部循环喂料管路将木片和液体从高压喂料器输送到蒸煮器顶部的固/液分离器(顶部分离器)。顶部分离器分离出的液体通过顶部循环回流管路回流到循环泵的入口处。

两个活塞操作阀使顶部循环管路与蒸煮器隔离开来。在顶部循环管路加压之前,不能打开阀门。这样可以防止由于蒸煮器内液体突然大量倒流造成的设备损坏。

木片通过顶部分离器进入蒸煮器。顶部分离器具有一个环绕着螺旋输送机的圆筒状筛板。垂直开孔的筛板使得大多数传输蒸煮液返回到顶部循环泵。螺旋输送器推动木片落入蒸煮器,同时除去圆筒形筛板上的木片和细小组分。图2-140示出了用于输送至液相型蒸煮器的标准顶部分离器和用于输送到汽-液相型蒸煮器的反向顶部分离器。

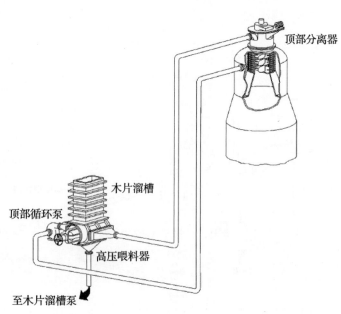

顶部分离器

木片溜槽

顶部循环泵

高压喂料器

至木片溜槽泵

图2-139 木片输送至浸渍器或液相型蒸煮器的顶部[100]

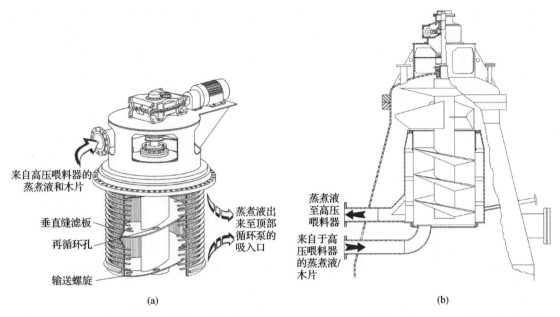

图 2-140　输送至液相型蒸煮器的标准顶部分离器(a)和输送到汽-液相型蒸煮器的反向顶部分离器(b)[100]

在反向的分离器,木片在螺旋输送器内垂直向上运动。大多数输送蒸煮液经过垂直开孔的筛板并回到顶部循环泵吸入口。木片从顶部溢流和靠自重下落,经过在蒸煮器顶部的蒸汽空间;木片会停在木片柱的顶端、可能或不可能被药液浸没。在汽-液相型蒸煮器,蒸煮液液位可能低于木片堆。蒸汽直接通到蒸煮器的气体空间内。

2.4.8.4　浸渍区

在木片和蒸煮液转移至蒸煮器的顶部之后,浸渍区中便发生下一个单元操作。许多物理和化学过程在这里同时发生:① 药液浸透入木片的毛细结构;② 蒸煮液与木片固相之间的低温化学反应开始;③ 蒸煮化学品从木片表面向木片中心扩散。

严格来讲,当高压喂料器料袋中的料液(木片与药液)被加压的那一刻,蒸煮液向木片内的浸透就开始了。加压导致蒸汽与空气压缩,为药液渗透入木片创造了空间,并提供了渗透的驱动力。精确测量在进料系统发生了多少渗透是不可能的。由木片置换出来(从木片滑槽循环置换到液位罐)的液体量的估计表明,在进料系统内木片几乎完全达到饱和。

如前所述,木片与药液接触之前除去木片中夹带的空气是药液良好浸透的关键。如果空气排出效率低,在木片内部药液不会润湿整个毛细管区域,会导致木片内部蒸煮不均匀。在高的空气夹带量的极端情况下,润湿的木片将不具备足够的密度,从而不能产生足够的向下的力来维持木片柱的运动。除了木片夹带的空气的数量以外,药液渗透的速率还由浸渍段的压力和木片的特性来控制。因为渗透率随着压力的增加而增大,浸渍阶段可以操作在压力大大超过药液的饱和温度(大于1MPa的操作压力)的压力下操作。然而,现代化的设备能够在略高于"饱和压力"的浸渍压力下操作,仍能实现蒸煮化学品的良好渗透。木材的渗透性将有几个数量级的差异,不仅是不同的木材种类之间,而且对固定的木材种类,因组成的不同,如边材与心材之间组成不同,则渗透性能不同[104]。通常阔叶木比针叶木更容易渗透。

连续蒸煮过程中,浸渍区通常木片在100~130℃保持45~60min。存在于木素和半纤维素上的酸性基团发生中和反应。低分子质量木素和聚葡萄糖甘露糖发生水解,一些木材抽提物溶解。这些反应消耗氢氧化钠。与木素大分子的硫氢化反应也发生在这个区域。这些反应是很重要的,可使木素在随后的大量脱木素阶段和残余脱木素阶段易于脱除。

在浸渍过程中,木材的溶解量和氢氧化物的消耗量明显高于间歇实验室规模的实验。对多数阔叶木和针叶木,实验表明,在浸渍阶段溶出了20% ~30%的木材,并且消耗了6% ~7%的有效碱(EA)(对木材,以 Na_2O 计)。这表示在整个硫酸盐法制浆过程中,40% ~60%的木材被除去。

这些反应导致在这个区域放热反应的热量增加。硫酸盐法蒸煮过程中,木材溶解反应放热量约400J/kg(溶解的木材)。这转化为5~15℃的温度升高。在浸渍时,由于反应放热造成的实际温度升高值在很大程度上取决于在该区域的液比(蒸煮液与木材的比率)。

药液浸透的物理过程、低温化学反应以及化学品的扩散在浸渍区同时发生,并且相互影响。例如,25%的固体木材组分的溶出打开了木片结构,使木片更易浸透、扩散速率升高。碱的消耗和随后木片内部及外部氢氧根离子浓度的减小,将会降低蒸煮化学品的扩散速率。在实际生产中,保证良好的药液浸透的关键因素是充分的预汽蒸和木片的原始特性(木材的密度和木材的水分)。

显而易见,木片的料位(木片柱顶端的位置)必须了解和控制。对液相型蒸煮器,测量料位的主要手段是在蒸煮器壳体的不同高度安装3~5个料位显示器。这些多应变仪独立工作,提供不同的料位指示器读数。当木片柱移动经过时,应变仪输出变为“活动的”(“active”),并撞击伸入蒸煮器的桨叶。对汽-液相型蒸煮器,伽马(γ)辐射计也可以检测未浸没木片的高度。这两种类型的蒸煮器,顶部分离器上的记录安培表也将显示出很高的料位水平;在正常情况下,蒸煮器木片料位将低于这一点。

蒸煮器内的料位通过平衡进入蒸煮器木片的速率与从蒸煮器底部喷放出的纸浆的速率来控制。

2.4.8.5 主加热区

当木片经过浸渍区之后,固/液反应混合物必须上升至最高蒸煮温度。这是主要的加热单元操作。从过程来看,主加热的方式代表了不同的蒸煮器配置(单塔与双塔、液相型与汽-液型相系统)的根本区别。

图2-141显示了一个单塔液相型蒸煮系统的主加热循环。木片柱内自由药液从蒸煮塔的中心沿着径向流向第一组安装在蒸煮器壁内侧的滤板。蒸煮液流过这些滤板,并泵入上部蒸煮加热器(间接蒸汽换热器)。加热之后,药液返回蒸煮器的顶部并向下流动通过中央分配室至略高于上部蒸煮滤板之处,完成循环。第二,

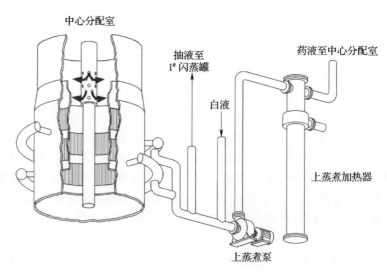

图2-141 带有两组加热循环的单塔液相型蒸煮器的主加热区[100]

类似的一组滤板和相关的加热循环装置安装在第一组滤板的下方。这两条药液循环回路和相关的蒸煮器内部的体积(区域),通常被称为上蒸煮区和下蒸煮区。

这种类型的径向、从塔中心到蒸煮器壁的外部加热循环,会产生径向温度梯度,因为木片柱的中心比蒸煮器壁处接触到更多的热量。这种效应会导致蒸煮不均匀,至少某种程度上。径向温度梯度取决于相对循环速率和系统总的热负荷。热负荷取决于反应物质(木片和药液)的质量和在加热区所需要升高的温度。

在20世纪60年代末和70年代初,蒸煮器的体积开始增加,以适应更大的生产能力。与此同时,蒸煮系统所用木片质量差(碎小组分含量高)的情况变得更加普遍。需要大循环量来加热的单塔液相型系统难以维持生产。为了应对这个问题,转向使用汽–液相型蒸煮器(见图2–142)。这种系统最初的开发是用于亚硫酸盐法和预水解硫酸盐法制浆。在这样的结构中,主加热是通过直接蒸汽注入来实现的,而木片仍然在塔的最顶端的蒸汽相。浸渍在位于蒸煮塔之前的独立的容器(浸渍塔)中完成。单塔的汽–液相型蒸煮是一个不太昂贵的系统。它没有浸渍塔,因此没有低温浸渍区。能量损失与两个汽–液相处理过程有关,因为直接蒸汽注入不能回收清洁的冷凝水,并且由于蒸煮液中蒸汽的冷凝水增加,从而导致黑液蒸发工段的负荷略微增大。

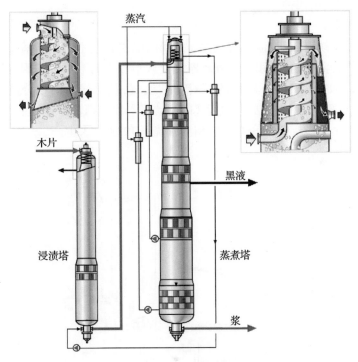

图2–142 双塔汽–液相型蒸煮器系统[99]

正如它的名字所表示的,双塔系统有两个独立的反应塔:用于浸渍的短停留时间的浸渍塔,接着是较大的蒸煮塔。

浸渍塔是一个充装着液体并具有标准顶部分离器的装置。在塔的底部,通过刮板和转移输送药液的循环排出木片。这种转移药液循环携带着木片从浸渍塔到达蒸煮器的顶部反向分离器。虽然某些两个塔之间输送木片所用药液的加热也用间接加热,但主加热采用直接蒸汽。

在其发展的 20 世纪 70 年代,汽 - 液相型蒸煮器能够以较高的生产速率运行,这个速率比以往任何用单塔液相型系统所达到的生产速率都要高。运行经验表明,双塔蒸煮器的设计仍然会导致粗浆的筛渣比老的和较小的单塔液相型蒸煮器的高。与此同时,木片在气相中的直接加热造成了蒸煮不均匀。也有一些证据表明,在汽相蒸煮器木片柱顶部的未被药液浸没的木片重量会导致径向速度梯度,位于木片柱中心的料片的运动速度明显快于在蒸煮器壁处的料片[103]。与液相型系统相比,双塔汽相型装置具有像单塔汽相型系统一样的、与直接蒸汽加热相关的能量损失。为了解决这些问题,开发了第四种蒸煮器:双塔液相型系统(见图 2 - 143)。

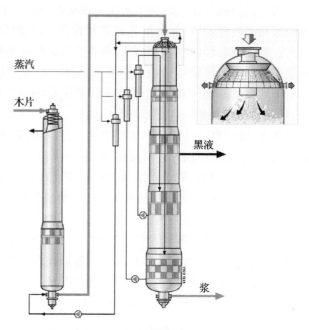

图 2 - 143 双塔液相型蒸煮器系统[99]

在双塔液相型系统,位于浸渍塔与蒸煮器之间的输送管线上的间接蒸汽加热器提供所有加热热量。蒸煮塔是液相的,不用顶部分离器装置从木片与药液的反应混合物中分离输送药液。相反,木片是由如图 2 - 144 所示的"稳液井"装置,从输送药液中分离出来。需注意的是,使用在浸渍塔底部的 IV 排放刮板和药液的流动将木片排到输送管线上。所有的双塔蒸煮系统使用这样的一个系统。第一套双塔液相型系统于 1978 投入生产。

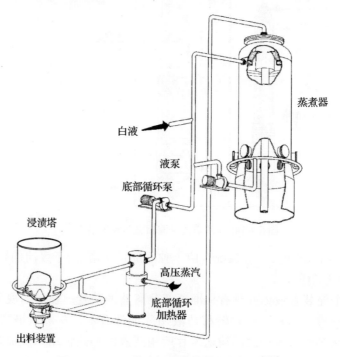

图 2 - 144 双塔液相型蒸煮器主加热区[100]

1975—1995 年间，一些设计的产量超过 1000t 浆/d 的新型蒸煮系统是双塔液相型和双塔汽–液相型装置，但在当时也有设计为相同产量的单塔蒸煮器。

在小型双塔类应用中，均匀加热的能力不是一个主要问题。单塔配置仍然有许多优点，包括较小的设备和空间需求以及操作和控制较简单。

2.4.8.6　滤板(篦子)的设计

在双塔结构成为高产率设备的工业标准的时候，单塔蒸煮的纸浆厂也将生产速率提升到超过原设计的范围。为了达到这个目标，他们不得不解决滤板堵眼的问题。在滤板设计方面新的改进包括增大滤板孔尺寸和开孔面积、改变了滤板设计、同时出现了边对边切换。这些滤板设计的改进不仅在单塔液相型蒸煮器的循环加热是有用的，并且对单塔或者双塔系统的抽提和洗涤循环滤板也是有用的。

滤板堵塞发生在木片、小木片、细小组分或者其他小的原料堵在滤板表面或者滤板孔中。颗粒越小，造成的问题越大。小颗粒例如，小木片或者细小组分在木片柱中的空隙内可以径向移动，因此，会堆积在蒸煮器壁和滤板上。这些物料堆积在滤板表面增加了堵塞的可能性。为了防止细小物料在蒸煮塔周边的堆积，滤板孔直径从 3 ~ 5mm 增加到 7 ~ 9mm，这使得小颗粒能通过滤板进入循环泵，随后再进入木片柱的中心。为了进一步降低堵塞的风险，滤板孔由早先的冲孔的孔滤板转变成了条缝滤板。图 2–145 比较了两种滤板设计。条缝滤板可以开更大的滤板孔，同时提供了更大的开孔率(单位滤板面积上的开孔面积)，较大的开孔面积还有助于减小通过滤板的压力降。

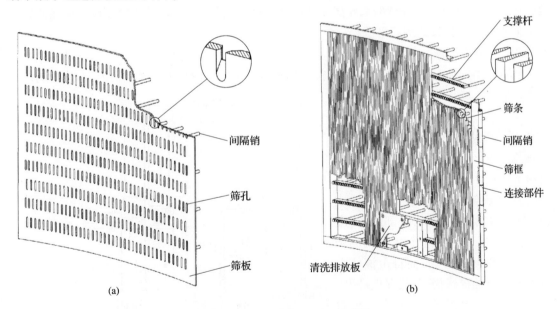

(a)　　　　　　　　　　　　　　　　　　　　(b)

图 2–145　蒸煮器滤板装配图[100]

(a)冲孔滤板　(b)条缝滤板

2.4.8.7　蒸煮和抽提区

大量脱木素阶段开始于药液浸透到木片，固体木片与蒸煮液混合反应后且蒸煮液温度升高到 145 ~ 150℃ 以上。

像在预浸区一样，多种物理和化学反应同时在蒸煮器内发生。在这个阶段开始时，蒸煮化学品存在于木片内部和木片外面的自由液体中。在蒸煮开始之后，木片内部的碱液开始反应并消耗。这时,木片外部的自由液体与木片内部形成浓度梯度。伴随着浸渍作用,蒸煮包括碱液扩散到木片内、碱液与木片组分发生反应以及随后的溶解的木片组分从木片内部扩散出来,这些同时进行。

大量脱木素阶段严格要求:有效碱不能完全消耗。如果反应混合物的pH降低得太多,低于11,缩合反应和木素的沉淀会发生,制成的浆会有大量纤维束和尘埃、筛渣率高、可漂性差。

宏观上,最小用碱量需求,指的是必须加入足够的蒸煮液到蒸煮器中。这些蒸煮液必须沿着蒸煮器的径向均匀分布。白液在输送循环过程中已经完全与木片混合(从高压喂料器传送到顶部分离器,在双塔系统从浸渍塔到蒸煮塔顶部),此外,热循环有助于药液径向分布。除了喂料系统外,还要意识到,白液可以通过任何一个药液循环加入到蒸煮器中。在微观上,最小的用碱量需求,意味着化学品扩散到木片中心的速率必须快于制浆反应的消耗速率。如果反应过程快于扩散过程,其过程属于扩散速率控制,并且木片中心会耗尽碱液,导致纸浆质量差。在其他方面,反应速率还取决于温度和木材的种类。实践经验表明,温度超过165℃时反应过程会受到扩散速率限制,但是这个温度会因木材的种类的不同而变化。低温蒸煮更加均匀。

蒸煮区的基本任务是提供停留空间和保温时间,使得蒸煮能够达到预期的反应程度。更确切地说,蒸煮区必须保证足够的保温时间,不需要过高的温度即可完成蒸煮反应过程。实际生产中,需要的最短的时间是1.5~2.5h。实际需求的时间和温度是特定的。例如,阔叶木蒸煮通常需要较短的时间、较低的温度,或者二者都比针叶木要小。改良连续蒸煮技术的新蒸煮器通常在较低的蒸煮温度下提供超过2.5h的保温时间。蒸煮废液(黑液)的残碱浓度低,溶解固体物(有机物和无机物)的浓度高。抽提区域把黑液从反应混合物中抽出来,抽提使用一套类似于之前所提及的圆筒形滤板(篦子)。

2.4.8.8 逆流洗涤

从蒸煮器的抽提滤板所抽出的废液首先是木片柱中的自由液体。换句话说,木片内的结合液体在抽提区域并没有直接抽提出来。结果是,木片和结合液体在塔中继续垂直向下流动。由于木片柱的液压,当顺流蒸煮区的任何抽提流量超过了自由液体向下流动的流量时,一股上升的自由液体就会在滤板下面形成(见图2-128)。蒸煮塔底部液体(废液)与木片呈现逆流运行,木片内的结合液体垂直向下移动,而自由液体垂直上升流至抽提滤板,并从那里排出。

高温洗涤是指蒸煮塔底部区域对蒸煮完全的木片或者接近蒸煮完全的木片进行逆流洗涤。在这种形式的洗涤中,洗涤液用泵泵入蒸煮塔底部。洗涤液从塔底垂直地上升,而留下来的被稀释的木片从蒸煮器底部排出。图2-146描述了这个过程。靠由滤板、泵和中央回流液分布管所组成的

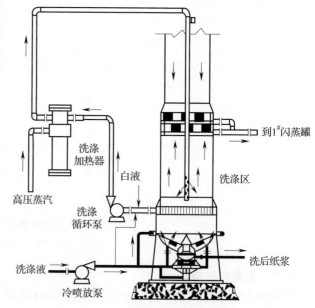

图2-146 蒸煮器底部的逆流洗涤区[100]

注 箭头表示蒸煮器内液体流动的方向,
木片和与其结合的液体总是垂直向下运动。

洗涤循环系统,把从蒸煮塔底部导入的洗涤滤液加热,并沿着木片柱的径向均匀地分布。

根据定义,洗涤区域的稀释因子(DF)等于加入蒸煮器底部的洗涤滤液的量多于喷放线浆中所含液体的那部分量(即稀释因子等于加入蒸煮器底部的滤液量与喷放浆中所含液体量之差——译者注)。连续蒸煮的逆流洗涤的稀释因子通常控制在 2 ~ 3(单位质量的纸浆所使用的超出浆料所含液体的那部分滤液的质量),木片在逆流洗涤区的停留时间 2 ~ 4h。由洗涤循环系统将逆流洗涤的温度控制在 130 ~ 160℃。如果蒸煮废液的置换作用好,便可获得最好的洗涤效果。这首先发生在抽液区,然后在较长的逆流洗涤区域以过量的洗涤液进行操作,最后在喷放的稀释和冷却区域进行混合和置换。同时也需要高温下的长的停留时间。这加强了可溶的木材组分从纤维和木片中的向外扩散。洗涤液与浆料逆流接触的目的是为了液相与固相间的浓度梯度的最大化和增强可溶性木材组分的扩散速率。

因此,逆流洗涤的机理包括了置换和扩散洗涤。在连续蒸煮器中影响洗涤效果的关键参数是抽液的相对流量或洗涤区的稀释因子、在逆流洗涤区域的停留时间和这个区域内的温度。洗涤液循环的流量和效率也会影响洗涤效果。许多连续蒸煮在超过了其设计生产能力的情况下操作良好。这是由于增加了蒸煮器装木片量(缩短停留时间),同时增大了蒸煮剂(化学品)用量、提高了蒸煮温度,或两者都提高。然而,蒸煮器抽液量不是伴随着装料量的增大而提高。由于木片的停留时间缩短,逆流洗涤区域洗涤液上升流量会因此而减少。这样的超负荷运行会导致洗涤效果降低。

蒸煮器以原始设计生产能力的 125% ~ 150% 运行时,典型的洗涤区稀释因子(DF)为 0 ~ 1.0t/风干 t。这会导致蒸煮器的置换比降低 5% ~ 15%[105]。

一些因素会限制超负荷蒸煮的抽提能力。第一个是抽提滤板的结垢,污垢的产生来自于纤维性物料、水垢沉积,或其二者的共同作用。纤维性物料的结垢在某些操作系统是个长期性的问题,但不是所有的操作系统都有这个问题。结垢速率会随着流量的增大而增加,因此会影响抽提能力。另一个影响抽提能力的问题是在抽提位置木片柱的堆积过度紧密。过度紧密堆积导致木片柱的透过性降低、自由液体的径向压力增大、抽提流量减小、木片柱晃悠,并且有时会导致抽提滤板结垢加速。木片柱的压紧是由于轴向和径向的压力。由于顺流区域向下运动的液体与逆流区域向上运动的液体在抽液处汇集,因此抽液处压力达到最大值。游离液体的径向抽提也会造成压力峰值。来自于顺流蒸煮阶段向下的压力随着产量的增加而增大。同时由于增加抽液量而增加了向上和径向压力,有时候这不可能不造成木片堆积过度紧密。最后,抽提能力会因顺流液体的线速度而受到限制。如果逆流液体产生的曳力超过木片柱的重力,木片柱会"浮动"或"挂起"。严格地讲,后一种情况表示受限于向上流动能力而不是受限于抽提能力。

甚至在蒸煮器内游离液体向上流动达到零的情况下,置换比的绝对值仍会超过 0.75。这种没有向上流动的洗涤是由于抽液滤板抽出了很大的废液量(浆料浓度较大——译者注),进入喷放稀释区的洁净滤液用于稀释浆料。

2.4.8.9 放浆稀释与冷却

图 2 - 147 显示了蒸煮器底部的喷放稀释和放浆部分。用于稀释和洗涤的滤液(洗浆黑液)可以从 3 个位置添加到蒸煮器底部。第一个是通过稀释总管进入 12 个喷嘴,这些喷嘴均匀地分布安装在蒸煮器圆周上,并紧靠着洗涤滤板的下方,也就是侧面稀释总管和喷嘴。第二个位置是通过底部总管和一组 4 ~ 8 个喷嘴进入蒸煮器的最底部(喷嘴均匀分布于蒸煮器圆周上),即底部稀释喷头。第三个滤液加入位置是放料刮板装置的侧臂。

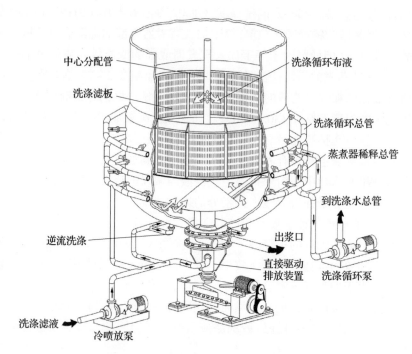

中心分配管

洗涤滤板

洗涤循环布液

洗涤循环总管

蒸煮器稀释总管

到洗涤水总管

逆流洗涤

出浆口

直接驱动
排放装置

洗涤循环泵

洗涤滤液

冷喷放泵

图 2 - 147　蒸煮器喷放稀释和冷喷放[100]

除了为高温洗涤区域提供洗涤滤液,此外,还添加冷却滤液到蒸煮器底部,在从蒸煮系统放出之前,对浆料进行冷却和稀释。喷放线浆料通常控制在浓度 9% ~ 11%、温度 80 ~ 90℃。

在卸料之前,冷却了浆料的放浆操作称为冷喷放。冷喷放对保护纤维和浆料强度是很重要的,同时也能带来某些操作方面的好处。降低放料温度,在本色浆操作区域可以使恶臭性气体在常压下的释放量达到最小化。这同时会简化浆料直接放到第一段洗浆机的工艺过程。从连续蒸煮器中直接喷放浆料到常压或者压力扩散洗涤器中是很常见的。最后,冷喷放是连续蒸煮的能量回收过程的一部分。在蒸煮器内,向下运动的热木片及其结合液体与向上运动的冷滤液之间的逆流运动产生了热量交换,逆流热量交换的结果是热浆料从底部放料时所损失的热能最少。以这种方式回收蒸煮器所含有的能量,省去了热回收系统,该热量回收系统比冷喷放复杂并且效率低。

木片柱通过洗涤循环滤板后的浓度太高,不能从蒸煮器出口排出。为了获得 9% ~ 12% 的浓度,在放料稀释区域必须进行稀释。压差传感器测量从木片柱底部到蒸煮器放料(也即放料线)的压力降,作为放料浓度的指示器。压差越大,表示浓度越高。

改变进入侧稀释喷嘴和底部稀释喷嘴的洗涤滤液的相对流量,可以控制喷放浆浓。滤液由底部喷嘴或刮板机侧臂加入比通过侧喷嘴加入所产生的稀释作用大。当蒸煮完全的木片从蒸煮器的放料口流出,并由喷放线通过喷放阀的时候,经过阀门的快速压力降会产生分离纤维作用。

对液相型蒸煮器,洗涤滤液加入蒸煮器底部,将会保持蒸煮器充满液体和液压。进入蒸煮器滤液总流量调节控制的阀门,通常用来控制蒸煮器的压力。

2.4.8.10　蒸煮过程的废气

硫酸盐法制浆过程中产生可凝性和不凝性气体。可凝性气体主要由蒸汽、萜烯和甲醇组成,不凝性气体(NCG)主要是由空气、硫化氢、甲硫醇、二甲基硫化物和二甲基二硫化物组成。硫化物称为总还原硫(TRS)。为了防止污染和臭气问题,萜烯、甲醇和TRS化合物需要专门收集和处理。连续蒸煮的一大优点是气体排放的速率慢且稳定,特别是与间歇蒸煮相比较,间歇蒸煮会产生一股很大的气流。这种慢而稳定的气流使收集和处理较为简单。

连续蒸煮过程中气流产生的3个来源:① 木片仓的排气;② 加压预汽蒸仓的排气;③ 闪蒸罐中产生的闪蒸汽中没有用于预汽蒸的气体。

木片仓的排气通常用板-管式木片仓冷凝器处理。冷的新鲜水使蒸汽、萜烯和甲醇凝结,也冷却不凝性气体(NCG)。不凝性气体主要是空气,会送至HVLC(大容积低浓度)NCG处理工段。产生的温的新鲜水用于工厂清热水系统。

加压预汽蒸排放的气体与闪蒸罐的过剩气体合并在一起,送到"闪蒸冷凝器"系统。这个系统也是用新鲜冷水作为冷却介质,所产生的温新鲜水用于工厂清热水系统。冷凝液收集于该系统的污冷凝液罐。从这个冷凝器出来的冷却了的NCG富含TRS挥发性有机物,因此,送到工厂的LVHC(小容积高浓度)NCG处理工序。

2.4.9　现代化的连续蒸煮工艺

直到20世纪80年代早期,多数制浆厂使用的是传统蒸煮模式。传统蒸煮是在一开始就把所需要的蒸煮化学品(白液)全部加入蒸煮器。对于连续蒸煮而言,这意味着在木片喂料系统中加入所有的白液。结果是,在抽液滤板之上的顺流蒸煮区内药液浸渍和蒸煮同时发生。在这种条件下,浸渍开始阶段反应混合物内的氢氧根离子的浓度最高。随着蒸煮反应的进行,氢氧根离子浓度逐渐降低,氢氧化物被消耗。

改良的蒸煮系统在20世纪70年代末期和80年代才在北欧一些国家开始使用。这种技术是由制浆条件对最终纸浆性能的影响的实验室研究项目演变而来。实验室研究发现了通过提高选择性而达到深度脱木素的方法。选择性指从木材中选择性地脱除木素,并尽量减少木材各种多糖组分的降解和溶出。由这些研究得出了提高硫酸盐法制浆选择性的基本原则。这些原则用于指导各种各样的连续蒸煮和间歇蒸煮的改良的蒸煮技术。详见2.3.4.7节的工艺过程优化和2.4.3节置换间歇蒸煮的工程原理。

改良蒸煮的原则最先应用于工业化生产的是连续蒸煮。改良型蒸煮目的的实现,是通过使用分散式或者多次添加白液的方式来改变碱浓梯度和使用逆流蒸煮方法来减小蒸煮末期木素的浓度。因此,总白液加入量的一部分,直接加入到蒸煮器的逆流蒸煮区。在某些应用中,白液也通过加热循环系统加入蒸煮器,这样蒸煮化学药品可以被加热到最高蒸煮温度,然后分布于木片柱中。例如,第一个改良连续蒸煮(MCC)系统在抽提滤板之下与高温洗涤区之上有一个额外的热循环系统。这种MCC的循环设有一系列的滤板和总管、一台循环泵、一个白液管线、一台加热器和一个中央布液管。在抽提滤板与MCC滤板之间的逆流区是MCC区。它通常提供1~1.5h的木片停留时间。

对于MCC操作,一部分白液通过MCC循环加入系统中,在MCC循环中白液与从木片柱中抽出的循环液混合。循环系统加热这种混合液,并将其分布于木片柱中。它以自由液体的状态在木片柱中逆流向上流动。蒸煮药品从向上流动的自由液体中扩散到向下流动的木片和结合液体中,并发生反应。在MCC区同时进行逆流蒸煮和洗涤。

进一步改良的连续蒸煮(EMCC)通过逆流洗涤区底部的洗涤加热循环系统加入白液,如

图 2 - 146 所示。这里,洗涤循环的温度升高到最高蒸煮温度,并且由逆流洗涤区提供的 1 ~ 4h 的停留时间使得洗涤和蒸煮同时进行。注意,一些在 MCC 技术出现之前投建的蒸煮器,已经通过简单地将白液加入到其洗涤循环区而改良成了 EMCC。类似地,具有 MCC 区和 MCC 循环的蒸煮器也可以通过在洗涤循环加入总白液量的一部分的方法来以 EMCC 模式操作。这意味着有两个位置用于逆流区加白液。等温蒸煮(ITC)与 EMCC 类似,整个高温洗涤区同时用于蒸煮和洗涤。等温蒸煮(ITC)与 EMCC 的不同之处,主要在于 EMCC 利用加热循环设备将白液加入蒸煮器的最底部。前者(ITC)采用附加的专门用于加热循环的系统(见图 2 - 148)。

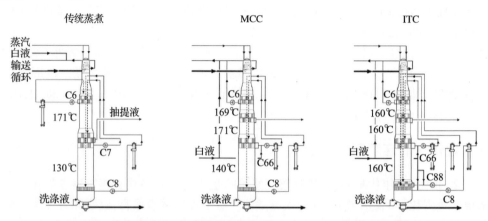

图 2 - 148 传统蒸煮与 MCC、ITC(或 EMCC)的比较(汽液相蒸煮器)

与传统蒸煮相比,改良的蒸煮技术,如 MCC、EMCC 和 ITC,能够获得较低的粗浆卡伯值、较高的纸浆黏度、降低漂白化学品的用量以及提高纸浆的洁净度[106-108]。改良的蒸煮还提高了浆的可漂白性。若送去漂白的浆的卡伯值相同,也就是达到同样的脱木素程度或最终白度,改良蒸煮所需的漂白化学品量较低。由于在浆料质量上的这些改进,改良的蒸煮方法从 20 世纪 80 年代中期开始成为新的行业规范。

2.4.9.1 紧凑蒸煮

图 2 - 149 显示了现代化第二代紧凑连续蒸煮 G2 系统的主要组成部分。它是一台双塔

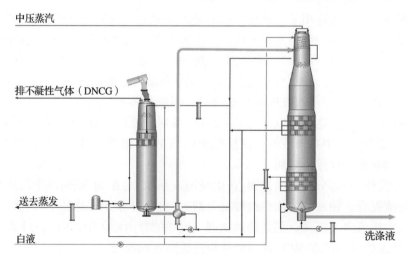

图 2 - 149 紧凑蒸煮 G2 流程简图[99]

气-液相型蒸煮器。由皮带输送机从备料工段送来的木片,进入木片计量器上面的木片溜槽(称为木片计量缓冲槽)。木片的流量由木片计量器旋转的转数测量。木片落入浸渍塔(Imp-Bin)(图2-149中左边的较小的反应器,详见图2-151)中,它由木片仓、闪蒸罐和预浸渍器结合为一体。塔的上部具有木片仓的功能,木片由闪蒸汽预汽蒸,这种闪蒸汽来自于添加到中心管的白液与黑液的热混合物,它进到液位上面。当木片沉到液位以下时开始浸透。浸渍在低温下进行,约为100℃。随着温度升高,化学反应速率增加。低温下完成浸渍,蒸煮剂(化学品)在其被消耗之前有时间扩散至木片中,这确保了药液均匀浸渍和蒸煮后低的筛渣含量。低温还使得半纤维素的溶解最少,从而获得高的蒸煮得率。

木片由排料装置和稀释液从浸渍塔排出。在高压喂料器中压力升高,借助于液泵木片被送到蒸煮器顶部的分离器。顶部分离器为立式螺旋,可把部分药液挤出来。木片和保留的部分药液从顶部分离器溢流并下落入蒸煮器中。白液和中压蒸汽加入到蒸煮塔顶部以调节碱浓度和提高温度。木片形成木片柱并在蒸煮器中缓慢地向下移动。一部分蒸煮液从上抽提滤板中抽提出来。余下的蒸煮液和一部分由底部加入的洗涤液从下抽提滤板中抽出。木片由放浆装置以10%~12%的浓度从蒸煮器中放出。木片通过喷放阀时分离成纤维状,并进入贮浆塔或者洗浆机。送去蒸发的黑液经过纤维筛筛除纤维和细小木片。

紧凑蒸煮G2显著地简化了连续蒸煮系统。与之前的蒸煮系统相比,ImpBIN和第二代紧凑喂料系统(Compact Feed G2),减少了泵、热交换器、槽罐和机械设备的数量。同时,由于泵和机械设备的减少,电耗也降低了。图2-150比较了紧凑蒸煮G2与等温蒸煮(ITC)的电耗和蒸汽消耗。紧凑蒸煮G2的动力消耗比ITC的动力消耗低60%。蒸汽消耗低是由于从蒸煮器抽出药液的热回收效率高。紧凑蒸煮G2的蒸汽消耗仅为ITC的70%左右。

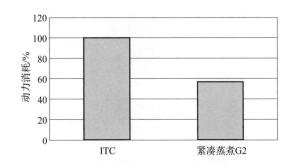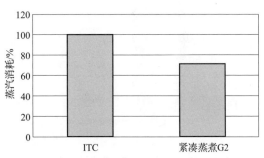

图2-150　紧凑蒸煮与等温蒸煮(ITC)蒸汽消耗和动力消耗的比较[99]

紧凑蒸煮提供了多种优化蒸煮过程中氢氧根离子和硫化物离子的浓度分布的途径。通过向浸渍塔中加入含有氢氧化钠和硫氢根离子的药液,木片中的酸性物质大部分会被中和,同时获得比较均匀的碱液分布。当新鲜木片遇到含硫化物的药液时,硫氢根离子会被大量消耗。因此,在进行黑液浸渍时,更容易获得理想的碱和硫氢根浓度。最佳的碱浓和在蒸煮器中长蒸煮时间的停留使得蒸煮能够采用较低的蒸煮温度。蒸煮过程中,低的蒸煮温度与设置和调节蒸煮化学品浓度相结合,使得浆的强度和漂白性能都得到了改善。浸渍阶段和蒸煮开始时保持较高的液比,这可以提供均匀的碱浓分布。与推迟药液抽提相结合,促进了聚木糖在纤维上的沉淀,从而提高了蒸煮得率。

　　木片在被称为 ImpBin(浸渍塔)的单独的塔中浸渍(见图 2 – 151)。这种常压容器融合了传统预汽蒸仓、浸渍罐和闪蒸系统的基本特点。塔中木片料位保持在液面之上。因此，上部的功能是木片仓，提供了缓冲时间并减少了木片进料变化的影响。白液与从蒸煮器中提取的黑液的混合液通过中心管道加入到浸渍塔的上部。部分从中心管加入的黑液也可能来自输送循环的回流管。木片被热药液加热，并以与传统木片预汽蒸仓相似的方式汽蒸。药液的加入点低于木片料位，并在进入常压罐时闪蒸。木片由加入的热药液所产生的闪蒸蒸汽加热后温度升到 100℃ 左右，除气效果很好。少量黑液从塔中抽出并送至蒸发。

　　浸透的木片通过控速刮板从底部排出(见图 2 – 152)，并且由高压喂料器送入蒸煮器的顶部。稀释液由塔底部分的喷嘴加入到塔里。

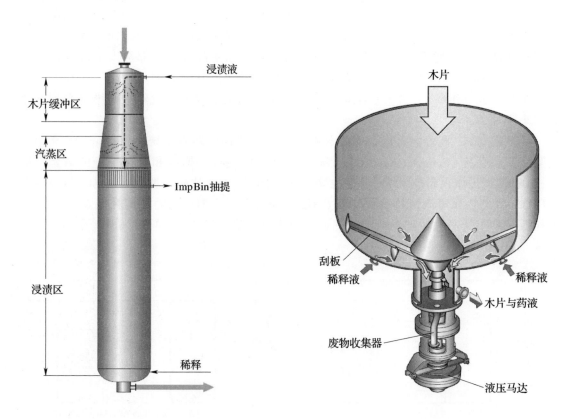

图 2 – 151　ImpBin 塔(浸渍塔)[99]　　　　　　图 2 – 152　浸渍塔的卸料装置[99]

　　当浸渍塔中的木片与液体进入高压喂料器时(见图 2 – 138)，它们把相应体积的液体从高压侧置换到低压侧。这些液体与从喂料器的高压侧到低压侧额外泄漏的液体一起泵回高压侧。这些液体与从蒸煮器顶部分离器回流的液体清空了高压送料器的料袋并将木片送至蒸煮器的顶部(见图 2 – 153)。在这种技术的低压侧比传统蒸煮系统具有更高和更稳定的压力。较高的压力提供了稳定的运行条件并且消除了普通操作条件下的脉动风险。现在的喂料技术特别容易开机与停机，并且大的进料体积为操作者提供了充足的时间。

　　蒸煮器被分成 3 个区域：上蒸煮区、下蒸煮区和洗涤区(见图 2 – 154)。上部的蒸煮器滤板部分把两个蒸煮区分隔开，洗涤区位于下蒸煮器抽液滤板的下方。

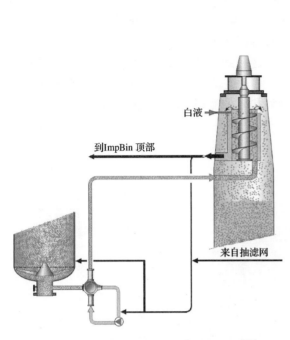

白液

到ImpBin 顶部

来自抽滤网

图 2 - 153　高压喂料器和蒸煮器的顶部[99]

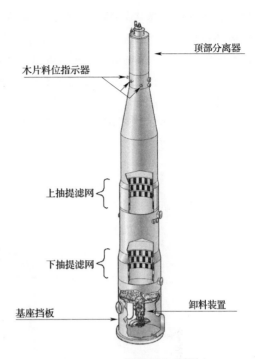

顶部分离器

木片料位指示器

上抽提滤网

下抽提滤网

基座挡板

卸料装置

图 2 - 154　紧凑蒸煮器[99]

位于蒸煮器顶部的顶部分离器(见图
2 - 155)把木片与输送循环的传输液体分离。
顶部分离器的慢速转动的螺旋保持滤网清洁
并把木片从顶部分离器提升出来,进入蒸汽
相,然后下落一小段距离到木片堆。一部分输
送循环液由顶部分离器溢出。顶部的直接蒸
汽提供了加热到预期蒸煮温度的后期加热。
通过蒸煮器由直接蒸汽加热木片,获得了蒸煮
器内均匀的温度分布。白液进入顶部分离器
下方的内部总管。调节白液用量使上部蒸煮
器抽液具有期望的残碱值。蒸煮在顺流模式
下进行。在下抽提滤板下方的洗涤区是蒸煮
器中唯一以逆流模式操作的部分。由于部分
木片柱高于液位,蒸煮器的装料密度可以通过
调节木片与液面的相对高度来控制。这是一
种控制蒸煮器中塞流(plug flow)的高效方法。
蒸煮器的上部区域很窄,木片料位在此处,对
料位变化的反应很快。木片料位由 3 个机械
料位指示器控制。

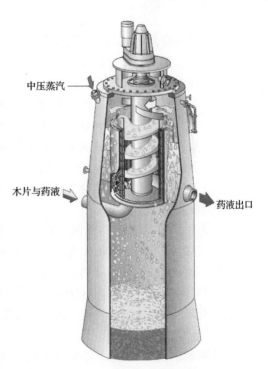

中压蒸汽

木片与药液

药液出口

图 2 - 155　顶部分离器[99]

从上滤板提取的黑液再循环到浸渍塔和输送系统。只有少量黑液送去蒸发。这使得在蒸
煮过程中控制碱的浓度具有灵活性。

从下滤板抽取的黑液送至蒸发,但在送去蒸发之前,先与白液进行热交换,以回收热量

和提高热效益。蒸煮器的上抽提滤板和下抽提滤板有几排(见图 2 – 156)。每排滤板都有滤板和盲板。在每排滤板的背后(位于滤板和蒸煮器外壁之间)是抽提的液体流到集合总管的空间,这里它收集这一排所提取的液体。每排滤板的下方都有一个集合总管。在集合总管上部设有节流孔,以保证均匀地抽提液体。连接到蒸煮器壁上的管道把集合总管与外部抽提管道连接起来。滤板由 T 型条棒制成。向下运动的木片柱作用于滤板表面从而使得滤板保持洁净。测试过不同类型的滤板,例如孔板的滤板,但是条棒滤板好像最稳固,并且具有自净能力。

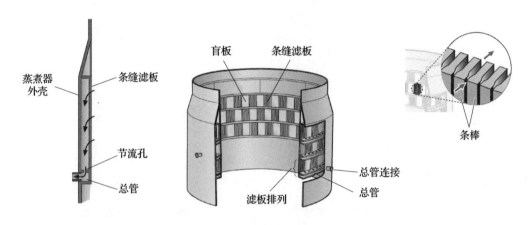

图 2 – 156　蒸煮器抽提区滤板剖面[99]

在蒸煮器的底部区域用粗浆洗涤的滤液(黑液)进行逆流洗涤。洗涤液通过垂直的和水平的喷嘴以及底部刮板臂分布于蒸煮器的底部。这使得要放出去的纸浆在送到喷放锅之前被冷却到约 90℃ 左右。

安装在蒸煮器底部的速控卸料装置把浆料排出。从整个蒸煮器横截面均匀地排出浆料意味着浆料均匀和木片料位控制良好。进入喷放锅的浆料浓度为 10% ~ 12% 。

送到蒸发器的黑液主要是从蒸煮器中提取。总抽提量的一部分是从浸渍塔抽提出来的,少部分也可能来自于输送循环的回流管。如果从粗浆洗涤而来的洗涤液有多余的液体,也会被送到蒸发工段。抽提液可能含有纤维或少量小木块,因此,在送去蒸发之前应该筛选。筛选的筛渣送到浸渍中。

来自浸渍塔和喷放锅的低浓气体用新鲜空气稀释并与其他的稀释过的不凝性气体(DNCG)一起送到工厂的 DNCG 系统中进行处理。

浸渍塔顶部的操作条件是冷的,因此,只有低浓气体送到 DNCG 系统。通过汽蒸的良好控制来保持冷的顶部。在汽蒸区用 4 ~ 6m 长的温度传感器测定温度平均值,控制汽蒸区的温度为阶梯状态。温度从室温升到 100℃ 的过渡区很短,不到 1m,如图 2 – 157 所示。

2.4.9.2　低固形物蒸煮

实验室研究表明蒸煮液里溶解的木材固形物(制浆副产物)会造成纸浆强度和黏度下降,会增加蒸煮化学药品的用量,还会降低纸浆的可漂白性[109]。即使对于采用延伸改良的连续蒸煮系统(或等温连续蒸煮)的蒸煮器,这种不良效果也是真实存在的。在大量脱木素阶段,蒸煮液中的木材溶出物会产生显著的不良影响,这些影响与蒸煮时间和溶出物浓度呈线性关系。因此,可通过缩短保温时间和降低溶出的木材固形物的浓度来改善蒸煮效果和纸浆的质量。这就是低固形物蒸煮的依据。

低固形物蒸煮是一种改良的蒸煮方法,这种方法第一次工业化规模的实践是在 1993 年,而后进行了连续几次改进。它采用白液分几次加入和逆流蒸煮方法来尽可能地达到:① 温度和蒸煮化学药品的均匀分布;② 碱的均匀分布;③ 降低蒸煮的最高温度;④ 蒸煮后期降低溶出木素的浓度。

该技术在大量脱木素阶段和最后的脱木素阶段还采用多次抽出废液和分次加入洗涤水(wash water)来降低溶出的木材固形物的浓度。

为达到这些目的,通过在蒸煮器的多处抽出蒸煮废液将溶出的木材固形物移除蒸煮系统。蒸煮废液中溶出的木材固形物的浓度高、残余蒸煮化学药品的浓度低。抽出这些废液可以去除蒸煮系统中溶出的固形物,并且可以防止它们进入后续的蒸煮区。因此,存在于大量脱木素阶段和残余木素脱除阶段的溶出物的数量将会减少。

每次抽出废液,除了抽出溶出的木材固形物外,还会抽出水和碱。补充水分以满足蒸煮系统液比的要求,还必须补充蒸煮化学品以满足后续蒸煮要求。因此,每次废液抽出后,在其抽出点的下方加入预热的洗涤水与白液的混合液。补加的混合液的溶出固形物浓度非常低,它们将稀释每次抽出废液之后所存留在蒸煮系统中的有机固形物。与此同时,补加的混合液提高了抽液之后的液比。高的液比有助于稀释后续蒸煮中溶出的固形物浓度。因此,补充加入的这些液体稀释和降低了大量脱木素阶段与残余木素脱除阶段溶出木材固形物的浓度。

如图 2 - 158 所示,低固形物蒸煮的基本原理是蒸煮废液的多处抽出。每次抽出后用预热的白液和洗涤水补充和稀释。为了取得预期的结果,可调整抽出物和稀释液的数量、蒸煮时间与溶出的木材固形物以及有效碱浓度。根据连续蒸煮器模型的计算机模拟,相对于单段抽出和单段稀释的方法,这种技术能够在大量脱木素和残余木素脱除阶段使溶出的固形物的浓度减少 30% 。

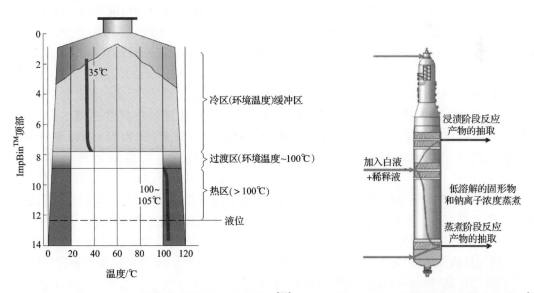

图 2 - 157 ImpBin(浸渍塔) 顶部温度分布情况[99]　　图 2 - 158 顺流低固形物蒸煮的原理[100]

废液可以用内部的滤板(篾子)抽出;预热的白液和洗涤水通过加热循环加入到蒸煮系统中。因此,低固形物蒸煮技术可以应用于任意的含有药液循环系统的蒸煮器。根据蒸煮系统的配置,一次或多次抽出、补充和稀释。

低固形物蒸煮技术可以使用单塔汽相型、单塔液相型、双塔汽相型以及双塔液相型蒸煮器蒸煮各种针叶木、阔叶木以及针叶木与阔叶木的混合原料。这种技术已经用来改造了多种蒸煮器,这其中包括曾经是传统蒸煮、改良的连续蒸煮、延伸改良的连续蒸煮、等温蒸煮和紧凑蒸煮的操作系统。在很多案例中,低固形物蒸煮已经成功地应用于许多蒸煮器的改造中,这些被改造的蒸煮器运行良好,超过了设计的生产能力,在它们的洗涤区几乎没有逆流的液体。低固形物蒸煮也被成功地应用于改造少数原来没有逆流洗涤区的蒸煮器(这些蒸煮器都是在高温洗涤出现以前建造的)。

低固形物蒸煮使大量脱木素和残余木素脱除阶段的有机固形物浓度降低 10% ~ 30%[110-114]。实际上,这个数据会随着在蒸煮器内位置的不同而变化。根据观察,各个工厂的蒸煮器内固形物浓度曲线的精确形状和数值大小相差很小,这都取决于蒸煮条件和工艺设置等因素。任何时候进行检测,其状况都与蒸煮器计算机模拟所预测的一致。

根据之前引用的实验结果[109],在其他条件不变的情况下,固形物浓度降低 10% ~ 30% 会使纸浆撕裂强度提升 5% ~ 10%,碱耗降低 2% ~ 5%,可漂白性提高 1% ~ 3%。与此同时,脱木素的选择性也会提高。这些改善已经在许多低固形物蒸煮技术的工业应用上实现了,其效果与实验室预测的相近,并且与溶解固形物浓度的减小状况成比例。蒸煮器模型模拟也预测到溶解固形物浓度的这种变化。

根据文献报道[113-115],针叶木浆厂改为低固形物蒸煮时,最终的漂白浆的物理强度可以提高 5% ~ 15%。对浆的强度影响的大小与溶出物浓度下降的程度相关。对于阔叶木浆厂,最终漂白浆的黏度(用 TAPPI 标准方法测定)提高 5 ~ 10mPa·s[113]。在许多情况下,改为新的蒸煮工艺,成浆的黏度也得到了提高。

溶解的木材固形物在第二次反应中消耗碱,并降低蒸煮的选择性。降低木材固形物的浓度将减少有效碱的用量。这样可降低白液用量,或者保持白液用量不变,从而能够降低蒸煮温度。工厂里改为低固形物蒸煮时,溶出木素浓度降低 10% ~ 30%,可以使白液用量降低 5% ~ 10%,蒸煮温度降低 2 ~ 5℃,或者蒸煮所得纸浆的卡伯值下降 5% ~ 10%。降低溶解固形物的浓度而产生的这些效果不可能同时获得。生产中降低蒸煮温度会使纸浆的黏度得到很大的改善。

据报道,阔叶木采用低固形物蒸煮技术在得率方面具有优势[116]。14 家改为低固形物蒸煮的工厂的得率比原来提高了 1% ~ 4%(对木材)。在硫酸盐法蒸煮中碱浓会影响纤维素和半纤维素的得率。蒸煮末期,低的碱浓主要对半纤维素(聚木糖)的得率有利。弄清化学药品对于各种木材成分的得率的影响,使纸浆性能尽可能满足每个客户的需求。

相对于其他的改良蒸煮技术,低固形物纸浆可使纸浆的可漂性提高 1% ~ 3%。尽管这可能是事实,但这样的效果在实际生产中很难测量出来。在改用改良蒸煮技术的生产过程中,目前不可能直接测量出常规漂白化学药品消耗量(卡伯因子)的逐渐减少量。看到了在某些工厂化学药品用量减少了,但还不能肯定这是否是由于蒸煮后浆的卡伯值降低、蒸煮器较好的洗涤、可漂白性的提高,或者所有这 3 种情况的综合效果。

在改造之前为传统蒸煮模式的操作系统中,纸浆的可漂白性得到了很大的改善。例如,蒸煮器底部没有逆流的操作系统,整个漂白过程的卡伯值因子降低了 20%[113]。由于传统蒸煮模式不具有改良蒸煮方法的任何好处,希望这样的蒸煮系统对可漂白性有更大的作用。几台有那么一点或没有逆流洗涤单元的蒸煮器,采用了低固形物蒸煮之后,获得了改良蒸煮的好处

(提高脱木素选择性和可漂性),提高了纸浆的强度。

在大多数应用中,低固形物蒸煮系统使得蒸煮器的抽出能力得到了很大的提高,典型的可以提高40% ~50%。采用多次废液抽出和适当地加入补充液,可以增加总的抽出液流且不会影响蒸煮器内料柱的移动。这样,当总抽出液量增大时,一方面每个抽滤带的抽液量可减少;另一方面,蒸煮器的主要抽滤板的负荷减小,这可以消除抽滤板的堵塞问题。

抽出废液能力的提高使得向蒸煮器内加入洗涤水的潜力增大,这肯定会改善蒸煮器内部的洗涤效果。这可以通过测量浆料中溶解的木材固形物的浓度来检验。例如,在喷放管道里,低固形物蒸煮可以使溶解固形物的浓度降低30% ~40%。Volk 和 Young[115] 的报告指出,喷放管道里废液的化学耗氧量(COD)下降了15% ~20%,相应地,粗浆消泡剂用量减少18%。伴随着喷放管道里废液 COD 的降低,整个粗浆区域的 COD 会较低。在后来的工作中,Yong 等人[117] 的报告指出喷放管里废液的 COD 对氧脱木素后纸浆强度以及第一漂白段的化学品用量的影响很大。类似地,Martin 等人[118] 还发现低固形物蒸煮会使本色浆及废液中的金属离子浓度降低11% ~23%。在工厂里洗涤后粗浆中锰离子的浓度降低了20%以上。这对于采用全无氯漂白(TCF)的工厂是很重要的。作者认为低固形物蒸煮将会促进工厂的封闭循环。

对于低固形物蒸煮,在达到最高蒸煮温度之前将浸渍液从系统中抽出。这些抽出液的最高温度低于145℃。这低于临界温度150℃,在此临界温度,与有机物结合的钙开始发生离解并从溶液中析出而结垢[119]。来自木材的大部分钙在还没有在工艺设备表面形成垢层之前已经被抽出。在生产中,这种做法已经大大降低了在加热器和蒸煮器抽滤装置上的沉积和结垢速率。结垢速率又是特定的,不是所有工厂都会出现快速结垢。原先易快速结垢的蒸煮器,改造为低固形物蒸煮后,蒸煮系统加热器的除垢维护频率会下降10 倍甚至更多。

低固形物蒸煮技术的另一优点是改善了径向热(温度)分布。如前面提到的,温度和蒸煮化学药品良好的径向分布可确保蒸煮的均匀性。如果径向的温度梯度太大,会产生较多的浆渣。低固形物蒸煮可以在很大程度上降低甚至消除温度梯度。多种因素带来这样的效果。首先采用预加热的和逆流的蒸煮液,将木片加热到最高蒸煮温度,如图2 – 159 所示。

蒸煮塔里温度在逆流方向的分布比径向分布更均匀。第一,两组滤板之间的逆流蒸煮能够改进温度分布。其次,大量的浸渍后的液体在没有加热之前就被抽出。白液和洗涤水仅替代部分抽出液。这些补加的液体已预热到设定的温度。这意味着在低固形物蒸煮过程中被置换和在外部加热的液体的量是很少的。对于低固形物制浆系统,每个循环加热单元的蒸煮液流量(LTR)是很大的。最后,低固形物蒸煮中逆流加热单元的实际液比要比传统蒸煮或者改良蒸煮低,这是有意这样调节的,其结果是,新工艺(低固形物蒸煮)的逆流加热区由于放热反应产生的温度升高幅度较大。放热反应所产生的加热是非常均匀的,这使得蒸煮化学药品的分布均匀。

在生产中,通过比较滤板出口与加热器出口的温度来测量加热循环的径向温度梯度。在所有的情况中,经过改造后温度梯度会下降,一般由原来的7 ~10℃的温度梯度可以下降到2 ~3℃。对于所有的单塔蒸煮系

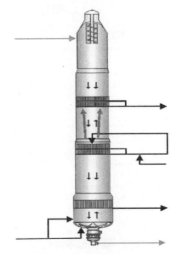

图2 – 159　低固形物蒸煮的逆流加热[100]

统,第一抽滤带处的加热循环可以取消。而对于传统蒸煮或改良蒸煮系统,必须要由这组加热循环来提供热量。可见,热分布得到了改进,而设备的需求却减少了。

2.4.10　连续蒸煮器技术的发展

2.4.10.1　菱锥形木片仓(diamondback chip bin)

如图2-160所示,第一个菱锥形木片仓在1994年10月正式安装使用。不同于早期的预汽蒸系统,这种菱锥形木片仓系统不需要任何的输送部件就可以提供均匀移动的木片柱,预汽蒸效果好,运行稳定,不需要维护。由于新预汽蒸系统的这些优点,所以它得到了快速、广泛的应用。

如前所述,除去木片中夹带的空气对喂料系统的稳定操作、浸渍阶段良好的药液渗透和大量脱木素阶段的均匀蒸煮是至关重要的。早期设计的常压预汽蒸的木片仓存在着许多操作问题,例如,密封装置漏气,维护要求高,由于木片仓木片的主要流动状态是漏斗状流动,造成了木片汽蒸不均匀。新型木片仓的设计保证了所有木片较好地预汽蒸,即木片柱状流,同时,去掉了活动部件或者弹性密封件,在宽的操作条件下木片仓的可靠性得到提高。这种木片仓采用的是重力驱动和柱状流的筒形设计。

2.4.10.2　低位喂料系统

低位喂料系统是连续蒸煮技术的另一个发展[115],于1995年11月得到应用。这种喂料系统极大地简化了向加压系统连续喂料的过程。其设计需要较少的设备和较小的建筑空间,这提供了更大的灵活性。它也提高了高压喂料器的生产能力,另外,这种喂料系统允许降低蒸煮温度和改善热量回收,从而减少了制浆系统总的能量需求。

用于低位喂料系统的常压预汽蒸菱锥形木片仓见图2-161。从大直径到排放口的小直径,它可以分为4部分,每一部分只缩小一个尺寸,而其他尺寸的筒壁是垂直的或者接近于垂直的。

图2-160　菱锥形木片仓[100]

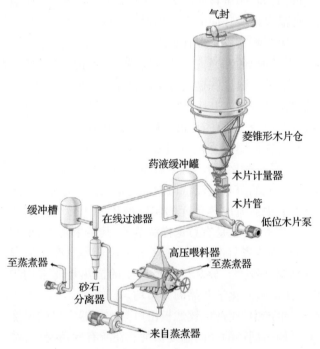

图2-161　带有菱锥形预汽蒸木片仓和低位木片泵的低位喂料系统[100]

2.4.10.3 增压输送式(TurboFeed)木片喂料系统

在连续蒸煮的历史上,高压喂料器被认为是立式连续蒸煮系统能够运行的关键装置。高压喂料器的设计非常独特,能够把木片与蒸煮液的混合物从喂料器 0 ~ 0.3MPa 的低压区输送到蒸煮区 0.8 ~ 1.2MPa 的高压区。蒸煮液向高压喂料器的回流造成其投资大、维修复杂和操作要求苛刻。

在 2002 年,连续蒸煮技术有了重要进展,高压喂料器和几个串联的高压泵以及其他辅助设备被 3 个串联的螺旋 – 离心泵替代(如图2 – 162)。增压喂料器在第一台木片泵之前使用的是与低位喂料系统相同的木片仓及输送设备。第一台木片泵之后,由两台木片泵替代高压喂料器,通过两台木片泵的逐级加压,使其压力提高到蒸煮器的最高压力。如前节所述,这些木片流进入到浸渍塔或者经过顶部的循环系统直接进入蒸煮器。

多余的药液会从蒸煮器顶部的分离器分离,然后被送回到木片管道与木片混合成为可以泵送的木片悬浮液。由于酸碱中和反应和蒸煮反应会产生热量,回流管道上的热交换器可使药液在木片管道的低压条件下不产生闪蒸。

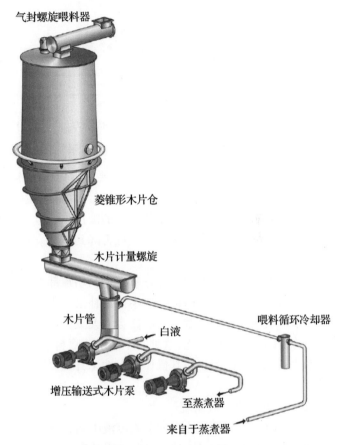

图 2 – 162 带有菱锥形木片仓的增压输送式木片喂料系统[100]

气封螺旋喂料器

菱锥形木片仓

木片计量螺旋

木片管

白液

喂料循环冷却器

增压输送式木片泵

至蒸煮器

来自于蒸煮器

2.4.10.4 木片紧凑喂料系统

1997 年开始了一个提高喂料线能力的研发项目。这项工作立刻专注于高压喂料器。这是一个同时水平和竖直输出的复杂的转动设备,它能够不断地装满和排空喂料器的料腔,能够将木片悬浮液从较低的预汽蒸压力输送到最高蒸煮压力的蒸煮器。广泛的测量项目与流体动力学理论研究一起进行。这能让我们更好地了解高压喂料器如何工作和高压喂料器性能的影响因素有哪些。这些新的知识能够转化为如何实现研发项目目标的办法。木片喂料系统的发展过程如图 2 – 163 所示。

紧凑喂料系统能够使高压喂料系统的料腔有很高的装料填充度,可达到 70% ~ 80%,而传统喂料系统的填充度为 55%。与传统喂料生产线相比,紧凑喂料系统甚至在高转速情况下仍能保持较高的装料填充度。例如,紧凑喂料 G2 的特殊型号的高压喂料系统能够比传统喂料系统多输送 175% 的木片。

这种木片喂料系统与传统喂料生产线的不同之处在于它控制木片溜槽填充度的能力。按比例控制回流到木片溜槽的液体量与木片流量,可使用可变速的木片溜槽离心液泵或者通过控制顶部循环返回到木片溜槽的液体流量。

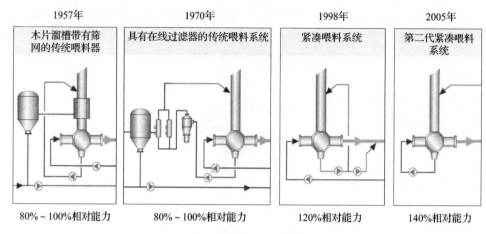

图2-163　木片喂料系统的发展[99]

控制木片溜槽中的液位稳定是很重要的。传统的木片喂料系统是通过一个控制阀来完成。因为这个控制阀必须能够适应大的流量,并且产生的压力降要小。所以对于这种特殊的控制阀门的要求是很严格的。木片斜槽的液位是通过可变速离心液泵控制的。如此设计的木片喂料系统可以把料液循环中的气蚀危害降到最小。这样,生产能力在设计范围内可达到系统的完全稳定。

系统的另一个重要方面是允许较好地利用顶部循环管道的可用空间。用小径管道就可输送大量的木片,不需要厚壁管线,成本得到补偿。当改用了先进的木片喂料系统后出现在过载的传统木片喂料系统的严重压力波动会大大减少,这也会减少维修费用和提高系统的效率。

与传统的喂料系统相比,这种类型的木片喂料系统含有较少的设备、仪表和控制环节。改进的木片斜槽的液位控制使其操作更人性化,比起传统的木片喂料系统,维修减少了,效率得到了提高。

2.4.10.5　低位热回收系统

低位热回收系统是从抽提的蒸煮废液中回收热能的一种可选方法,可替代前面叙述过的闪蒸罐系统。图2-164是一个示例,抽提的废液首先经过一台热交换器,再进入釜式再沸器,然后进入最后一台热交换器。对低固形物蒸煮过程,热量通过热量交换器在热的抽出废液和加入蒸煮器的冷的洗涤滤液之间传递。釜式再沸器利用抽出黑液中的余热把水和冷凝液变成洁净的蒸汽,如图2-165所示。

在釜式再沸器里进行间接传热,因此它能产生洁净的蒸汽。这些蒸汽用于预汽蒸木片仓中的木片。注意,预汽蒸使用闪蒸罐系列组合、液/液换热器以及釜式再沸器都是可行的。每种装置都有优点和缺点,它们的优点因地而异,取决于工厂里对低压蒸汽和中压蒸汽的需求。

对图2-164所示的热回收系统与前面的闪蒸罐系统详细地进行比较。低位热回收单元具有一系列优点:所需要的上层空间和建造空间较小(减少了投资费用);不需要闪急蒸汽冷凝器及其辅助设备(减少了投资和维修);从蒸煮器区域(工段)散发的TRS(总还原硫化物)少,但是更多的TRS进入到黑液蒸发系统;蒸煮工段中压蒸汽的用量较少。由于没有闪蒸,所以送到蒸发系统的黑液的浓度低,这样蒸发系统的负荷增加5% ~ 10%。由于蒸煮工段的优势很大,可以抵消蒸发系统负荷高所带来的影响。

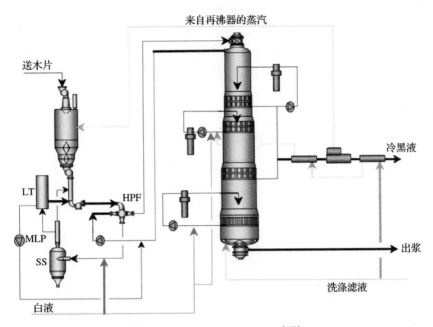

图 2-164　低位热回收系统[100]
LT—稳位罐　SS—泥砂分离器　MLP—补液泵　HPF—高压喂料器

　　能量利用效率的提高将成为连续蒸煮器未来发展最强劲的推动力。如同前面所描述的例子一样,对于任何一个特殊的系统,最适宜的能量回收方案都在很大程度上取决于整个企业的能量平衡和生产能力。

2.4.10.6　顺流低固形物蒸煮和斜孔抽滤板

　　在 1999 年,采用游离蒸煮液向下流动,低固形物扩展到了在蒸煮器的蒸煮后期/逆流洗涤区。这种技术的改良,通过改善木片柱的移动和允许更多的浆通过现有的蒸煮塔,提高了蒸煮器的效能。由于蒸煮器抽滤板技术的多种改进,使得蒸煮塔底部的抽液能力得到了提高。斜孔抽滤板(见图 2-166)的使用使抽液能力比从前使用垂直圆孔和缝式抽滤板的抽液能力增大。以前所用的这些抽滤板在抽液流速大的时候会出现堵塞问题。斜孔抽滤板的出现解决这个问题,使得蒸煮技术进一步发展。

图 2-165　热回收系统的釜式再沸器[100]

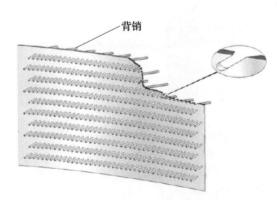

图 2-166　蒸煮器的斜孔抽滤板[100]

2.4.10.7　蒸煮器闪蒸系统

　　典型的蒸煮器闪蒸系统如图 2-167 所示。超负荷的闪蒸系统存在的共同问题是产生泡沫和闪蒸汽夹带液体。闪急蒸汽应该不含液体,如果这些液体包含在闪急蒸汽中,会污染冷凝液,干扰松节油的回收和冷凝水汽提系统。含有液体和泡沫的闪急蒸汽会干扰蒸煮器的喂料系统(木片斜槽料位和木片仓搭桥问题),导致不期望的停产。如果蒸煮器闪急蒸汽不回用于喂料系统,则整个蒸煮器系统的热能方面的经济效益会降低。

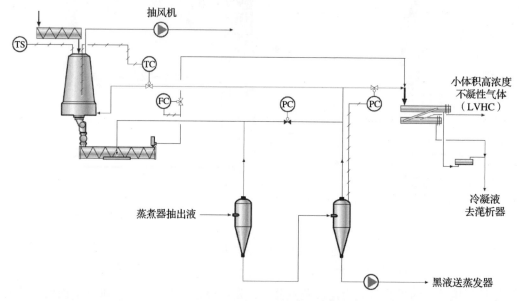

图2-167　典型的蒸煮器闪蒸系统[99]

在1996年开发了一种名为管形闪蒸(TubeFlash)的新型旋风闪蒸罐,它比以往的圆锥形闪蒸罐具有更大的生产能力。这种新型的闪蒸罐由带有特殊设计的进气喷口的圆筒罐组成(见图2-168)。这种圆筒罐的尺寸是相同生产能力的老式罐的30% ~40%(见图2-169),并且没有移动部件。新型旋风闪蒸罐的这种紧凑设计,对于升级和改造现有的超负荷的闪蒸罐,是个理想方案。由于新闪蒸罐的尺寸小,一般能够在相同的位置替代拆除的旧闪蒸罐。以新型旋风闪蒸罐改造的热回收系统,仍使用与传统闪蒸系统相同的仪表和生产过程控制方法。

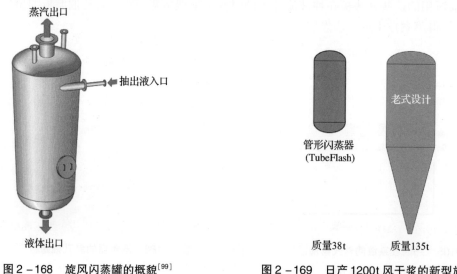

图2-168　旋风闪蒸罐的概貌[99]　　　　图2-169　日产1200t风干浆的新型旋风
　　　　　　　　　　　　　　　　　　　　　　　　闪蒸技术与传统闪蒸技术的比较[99]

2.4.10.8 蒸煮器的改造

许多超负荷运行的蒸煮器由于抽出能力的限制会影响到蒸煮器的洗涤。另外,减少蒸煮抽液会造成抽液下方的蒸煮区的扩展不可控制,这会造成蒸煮温度稍微降低。

然而由于抽提抽出了一些液体,使得脱木素在低残碱和小液比的状态下完成。这并不是很合理的制浆方法。为了克服这些问题,一种方法是改造蒸煮器,将抽液滤板位置向下移至洗涤区以扩大蒸煮区(见图2-170)。

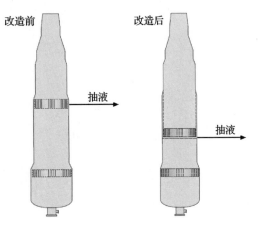

图2-170 蒸煮器抽液滤板位置的变化[99]

由于原来设计的浆料在洗涤区的停留时间是3~4h,这样一般会有足够的空间让蒸煮时间延长80~100min,并保留60~90min的洗涤时间。新的抽液区是根据实际产量设计的,通常位于老的抽液位置下方7~11m处。在某些案例中主要的抽液点下降至传统蒸煮的洗涤滤板处。在这些案例中洗涤滤板部分通常重新改造,增大滤板面积以提高抽液能力。蒸煮过程的主抽液部分接近于蒸煮塔底部(从传统蒸煮的洗涤滤板抽液)的蒸煮通常称为顺流蒸煮,因为蒸煮器中木片和药液同时向下流动,仅在接近蒸煮器底部一小部分区域木片与游离液体相对逆流运动。

增加蒸煮时间的最显著的效果是蒸煮温度降低,蒸煮器的控制较好,改善了洗涤并减少了筛渣。蒸煮温度已经降低了5~10℃[120]。

另外,降低逆流洗涤区的高度和缩短洗涤时间通常可以弥补一些前面损失的蒸煮器内的洗涤。稀释因子从零或者负的提高到1~2m³/t风干浆[120]。

超负荷运行的蒸煮系统中,逆流洗涤区停留时间长,有时会造成洗涤液短路(沟流作用),逆流洗涤效果不佳。液体沟流(短路)会对蒸煮卡伯值的控制和喷放的浆渣含量造成不良影响。

增加木片在蒸煮区的停留时间会让蒸煮化学品更好地扩散到木片内部。多数情况下,这样会大大减少喷放浆中的筛渣含量。

最后,比较1988年的连续蒸煮器[延伸改良蒸煮(EMCC)的双塔液相型]、1998年的(带低位喂料的单塔蒸煮器、低固形物/EAPC和低位热回收)与2010年的[图2-171所示的单塔顺流低固形物蒸煮器和图2-172所示的双塔紧凑蒸煮第二代(G2)(这是由传统蒸煮系统改造的)]连续蒸煮器,最显著的不同是蒸煮过程的不断简化。

低固形物蒸煮近年来最重要的进展是改善了径向加热,从而不需要双蒸煮塔系统,如图2-171所示。双塔系统的主要优势是能够在高产率的情况下保持加热均匀。

最新的系统主要是设备较少,因为省去了以下的设备:① 木片仓的机械卸料装置;② 低压喂料器及其相关的厂房建筑;③ 汽蒸压力容器及其相关的厂房建筑;④ 高压喂料器和包括循环设备在内的附属设备;⑤ 单独的浸透塔及其附属设备;⑥ 从浸渍塔到蒸煮器的输送系统;⑦ 闪蒸罐和附属的基建设施;⑧ 闪急蒸汽冷凝器。

精简的蒸煮系统会减少传动机器的数量,这可大大降低电耗和减少维修,从而降低投资成本。另外,容器、设备以及传动装置较少的系统会比先前的蒸煮系统更容易操作,同时化学工艺过程会更加灵活。能量效率、化学药品利用效率、洗涤效率以及纸浆质量都将不断改善。连续蒸煮器技术未来的发展很可能会在精简工艺设备的同时改善蒸煮效果,并节约成本。

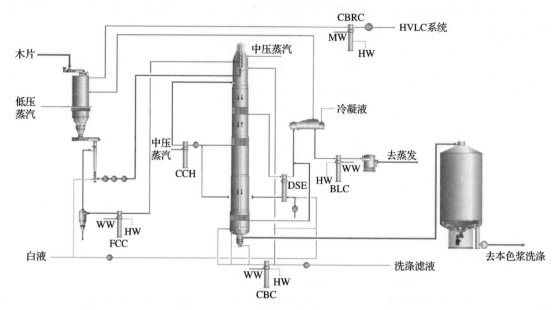

图 2-171　基于增压输送式喂料和顺流低固形物蒸煮的现代化蒸煮系统[100]

FCC—喂料循环冷却器　CCH—蒸煮循环加热器　CBC—冷喷放冷却器　DSE—蒸煮器节汽器

BLC—黑液冷却器　CBRC—木片仓排放气体冷凝器　WW—温水　HW—热水　HVLC—大体积低浓度不凝性气体

2.4.11　连续蒸煮的优点和缺点

连续蒸煮比间歇蒸煮具有几方面的优势。在单位停留时间内连续蒸煮器需要的蒸煮器容积比间歇蒸煮器小。由于连续蒸煮器以稳定的状态操作,在停留时间内蒸煮器的空间全部被利用,不像间歇蒸煮周期性地装料和放浆。除较好地利用蒸煮器的空间之外,连续蒸煮器还使用单台立式蒸煮器,而间歇蒸煮器需要许多台独立的蒸煮器。因此,连续蒸煮的空间效率是相当大的。另外,连续蒸煮器的输入流量(装木片、加入蒸煮化学药品和能量与蒸汽的使用)和输出流量(排出的蒸煮废液、闪急蒸汽、纸浆)都比较小。这意味着反应物(料片与蒸煮液)和最终产品(纸浆与废液)的连续、稳定的流量比间歇的、快速间歇装料和间歇放浆的"高峰"流量要低。其结果是连续蒸煮器的装机容量需求较低、装料和放浆设备较小以及操作更稳定。

连续蒸煮技术除了具有以上这些固有的优点外,连续蒸煮器的独特设计还赋予其优于间歇蒸煮系统的其他一些重要优点。这包括较低的生产过程能量需求(反应物加热至蒸煮温度所需的蒸汽)、更高效的生产过程能量回收、环境影响(气体散发和蒸汽污染)的问题较少,还有能够在蒸煮器内获得本色浆的第一段有效洗涤,这与不具有蒸煮器内洗涤的传统间歇系统大不相同。最后,连续蒸煮器是多相流系统,反应混合物的液相的流向和流量可以独立控制。这提供了许多工艺方面的灵活性。

当然,连续蒸煮器的缺点与间歇蒸煮工艺的优点相对应。因为在连续蒸煮器内木片在浸渍和蒸煮过程中不断地移动,机械作用对纤维的影响会稍大一些,这将导致纤维的损伤增加,因此,会降低纸浆的强度性能。另外,由于仅使用一台蒸煮器,生产障碍和设备维修而导致的停工会对生产造成较大的影响。

传统蒸煮系统

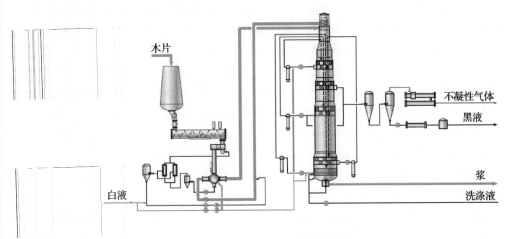

重新改造的第二代紧凑蒸煮(G2)系统

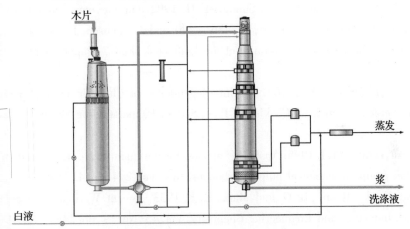

图 2 - 172　将传统蒸煮系统改造为新型蒸煮系统[99]

参考文献

[1]Brax,A. J. (1934)Puu paperin puoli – ja täysivalmisteiden raaka – aineena. Ln：Puu,sen käyttö ja jalostus,Osa II,Puu teollisuuäen raaka – aineena. Eä. Levón,M. Werner Söäerström Osakeyhtiö,Helsinki,Finland. pp. 313 – 636.

[2]Alhoniemi,E. ,Laine,J. E. ,Kettunen,J. (1983)Sulflittisellun valmistus. ln：Puumassan valmis-fus,Suomen Paperi – insinöörien Yhäistyksen oppi – ja käsikirja II,Osa 1. Ed. Virkola,N. – E Teknillisten tieteiden akatemia,Helsinki,Finland. pp. 411 – 502.

［3］Clayton，D. , Easty，D. , Einspah4 D. , Lonsky，W. , Malcolm，E. , McDonough，T. , Schroeder，L. , Thompson，N. (1989) Overview. In：Pulp and Paper Manufacture，Volume 5，Alkaline Pulping. Eds. Grace，T. M. , Leopold，B. , Malcolm，E. W. Joint Textbook Committee of the Pulp and Paper lndustry(TAPPI/CPPA) , Atlanta(GA) , USA. pp. 3 - 14.

［4］Virkola，N. - E，Pikka，O. , Keitaanniemi，O. (1983) Sulfaattisellun valmistus. In：Puumassan valmistus，Suomen Paperi - insinöörien Yhdistyksen oppi - ja käsikirja II，Osa 1. Ed. Virkola，N. - E Teknillisten tieteiden akatemia，Helsinki，Finland. pp. 291 - 410.

［5］Witham，G. S. Modern Pulp and Paper Making - A Practical Treatise，Ch. 8，The Alkaline Processes. Reinhold Publishing Corporation，New York(NY) , USA，1942. pp. 171 - 218.

［6］http：//specialtycellulose. com/more - photos - of - the - dissolving - pulp - equipment - arriving - in - thurso. htm(10. 01 . 2011) .

［7］Rydholm，S. A. Pulping Processes，Ch. 6，General Priciples of Pulping. Interscience Publishers，New York(NY) , USA，1965. pp. 277 - 367.

［8］http：//reports. andritz. com/2008/andritz - report - 2008 - en. pdf ，p. 48 (Visited 21. 10. 2009) .

［9］Gullichsen，J. and Fogelholm，C. - J. (eds) . Chemical Pulping，Papermaking Science and Technology Book 6A，Fapet Oy，Helsinki 1999.

［10］Gullichsen，J. , Kolehmainen，H. , Sundgvist，H. 1992. On the non - uniformity of the kraft cook. Paperi ja Puu. Vol. 74，nr. 6，pp. 486 - 490 and Gullichsen，J. , Hyvärinen，R. , Sundqvist，H. 1995. On the non - uniformity of the kraft cook，Part 2. Paperi ja Puu. Vol. 77，nr 5，pp. 331 - 337.

［11］Hartler N. and Onisko，W. , 1962. The lnterdependence of Chip Thickness，Cooking Temperature and Screenings in Kraft Cooking of Pine. Svensk Papperstidning Vol. 65，nr. 22. pp. 905 - 910.

［12］Gellerstedt，G. and Li，J. 1996. An HPLC method for the quantitative determination of hexeneuronic acid groups in chemical pulps. Carbohydr. Res. Vol. 294，pp. 41 - 51.

［13］lmmergut，E. H. , Rånby，B. G. and Mark，H. F. 1953. Recent Work on Molecular Weight of Cellulose. Industrial and Engineering Chemistry. Vot. 45，No. 19，pp. 2483 - 2490.

［14］Jensen，W. (editor) . 1977. Puukemia，Suomen Paperi - insinöörien yhdistyksen oppi - ja kälsikirja I，Toinen uudistettu painos，Suomen Paperi - insinöörien yhdistys.

［15］Virkola，N. - E(editor) . 1983. Puumassan valmistus. Suomen Paperi - insinöörien yhdistyksen oppi - ja kiisikirja II，osa 1. Toinen uudistettu painos. Suomen paperi - insinöörien yhdistys.

［16］Chakar，F. S. and Ragauskas，A. J. 2004. Review of current and future softwood kraft lignin process chemistry. lndustrial Crops and Products. Vol. 20，pp. 137 - 141.

［17］Gierer，J. 1980. Chemical Aspects of Kraft Pulping. Wood Science and Technology. Vol. 14，pp. 241 - 266.

［18］Gomes，F. J. B. , Gouvea，A. G. , colodette，J. L. , Gomide，J. L. , carvalho，A. M. M. L. , Trugilho，P. F. , Gomes，C. M. , Rosado，A. M. 2008. lnfluence of content and S/G relation of the wood lignin on kraft pulping performance. Papel. Vol. 69，nr. 12，pp. 95 - 105.

［19］Sjöström，E. 1992. Wood Chemistry：Fundamentals and applications，2nd ed. , Academic Press，

San Diego.

[20] Grace, T M. and Malcolm, E. W. (editors). 1989. Pulp and Paper manufacture Volume 5, Alkaline Pulping. TAPPI Press. p. 81.

[21] Fengel, D. and Wegener, G. Wood: Chemistry, Ultrastructure, Reactions, Walter de Gruyter & Co, Berlin 1983.

[22] Gierer J. 1985. Chemistry of delignification. Wood Science and Technology. Vol. l9, pp. 289 – 312.

[23] Knill, C. J. and Kennedy, J. F. 2003. Degradation of cellulose under alkatine conditions Carbohydrate Polymers. Vol. 51, pp. 281 – 300.

[24] Alén, R. , Basic chemistry of wood delignification. In Stenrus, P. (ed.). Forest Products Chemistry, Book 3, Fapet Oy, Helsinki 2000, pp. 78 – 86.

[25] Vuorinen, T. , Telemaff, A. , Fagerström, P. , Buchert, J. and Tenkanen, M. 1996. Selective hydrolysis of hexenuronic acid groups and its application in ECF and TCF bleaching of kraft pulps. In:1996 lnternational Pulp Bleaching Conference, Washington DC, USA, April 14 – 18 2001, Book 1, pp. 43 – 51.

[26] Danielsson, S. , Kisara, K. , and Lindström, M. E. 2006. Kinetic Study of Hexenuronic and Methylglucuronic Acid Reactions in Pulp and in Dissolved Xylan during Kraft Pulping of Hardwood. lnd. Eng. Chem. Res. Vol. 45, pp. 2174 – 2178.

[27] Lawoko, M. , Berggren, R. , Berihold, F. , Henriksson, G. and Gellerstedt, G. 2004. Changes in the lignin – carbohydrate complex in softwood kraft pulp during kraft and oxygen delignification. Holtzforschung. Vol. 58, pp. 603 – 610.

[28] Fardim, P. and Durán, N. 2003. Modification of fibre surfaces during pulping and refining as analysed by SEM, XPS and ToF – SIMS. Coll. Surf. A. Vol. 223, pp. 263 – 276.

[29] Auhorn, W. J. and Niemelä, K. Process Chemicals for the Production of Chemical Pulp. In: ZELLCHEMING Technical Committee(ed.). Chemical additives for the production of pulp & paper:functionally essential – ecological beneficial. Deutscher Fachverlag, Frankfurt am Main 2008.

[30] Hägglund, E. 1946. Allmän översikt 6ver verksamheten vid Svenska Träfors kmngs – instifufets Träkemiska avdelningoch Cellulosaindustriens Centrallaboratorium under âr 1945. Svensk Papperstiäning. Vol. 49, nr 9, pp. 191 – 204.

[31] Kleppe, P J. and Kringstad, K. 1963. Sulphate Pulping by the Polysulphide Process; 1. Investigations on Spruce and Pine. Norsk Skogindustri. Vol. 17, Nr 11, pp. 428 – 440.

[32] Holton, H. 1977. Soda additive softwood pulping. A maior new process. Pulp and Paper Mag. Can. Vol. 78, Nr. 10, pp. T218 – 7223.

[33] Bach, B. and Fiehn, G. 1972. New Possibilities for Carbohydrate Stabilization in Alkaline Pulping of Wood. Zellstoffe Papier Vol. 21, nr 1, pp. 3 – 7.

[34] Duggirala, P. Y. 1999. Evaluation of surfactants as digester additives for kraft softwood pulping. TAPPI Journal. Vol. 82, No. 11, pp. 121 – 127.

[35] Baptista, C. , Belgacem, N. and Duarle, A. P. 2004. The effect of surfactants on kraft pulping of Pinus pinaster. Appita Journal. Vol. 57, No. 1, pp. 35 – 39.

[36] Felissra FE. , Area M. C. 2004. The effect of phosphonates on kraft pulping and brown stock washing of eucalypt pulps. Appita Journal. Vol. 57, No. 1, pp. 30 – 34.

[37] Korpinen, R. and Fardim, P. 2009. Lignin extraction from wood biomass by a hydrotropic solution. O' Papel. Vol. 70, Nr 5, pp. 69 – 82.

[38] Gellerstedt, G. , and Gieref J. 1971. Reactions of Lignin during Acidic sulphite pulping, Svensk Papperstidning. Vol. 74, nr. 5, pp. 117 – 127.

[39] Al – Dajani, W. W. and Tschirner, U. W. 2008. Pre – extraction of hemicelluloses and subsequent kraft pulping Part 1: alkaline extraction. TAPPI J. Vol. 7, nr. 6, pp. 3 – 8.

[40] Yoon, S. – H. and van Heiningen A. 2008. Kraft pulping and papermaking properties of hot – water pre – extracted loblolly pine in an integrated forest products biorefinery. TAPPI J. Vol. 7, nr7, pp. 22 – 27.

[41] Yoon, S. – H. , MacEvan K. and van Heiningen A. 2008. Hot – water pre – extraction from loblolly pine(Pinus taeda) in an integrated forest products biorefinery. TAPPI J. , Vol. 7, Nr. 6, pp. 27 – 31.

[42] Song, T. , Pranovich, A. , Sumerskiy I. and Holmbom, 8. 2008. Extraction of galactoglucomannan from spruce wood with pressurised hot water. Holzforschung. Vol. 62, pp. 659 – 666.

[43] Nabarlatz, D. A. Autohydrolysis Of Agricultural By – Products For The Production Of Xylo – Oligosaccharides. Ph. D. Ihesis, Universitat Rovira iVirgili, Departament D' Enginyeria Quimica, Tarragona 2006, p208.

[44] Behin, J. and Zeyghami, M. 2009. Dissolving pulp from corn stalk residue and waste water of Merox unit. Chemical Engineering Journal. Vol. 152, pp. 26 – 35.

[45] Frederick, W. J. 1997. Black Liquor Properties. In: Adams, T. N. (ed.) Kraft Recovery Boilers, TAPPI Press, Atlanta, pp. 59 – 99.

[46] Bobleter, O. Hydrothermal degradation and fractionation of saccharides and polysaccharides. In: Dumitriu, S. (ed.). Polysaccharides: Structural Diversity And Functional Versatility, Marcel Dekker, New York 2005. pp. 893 – 936.

[47] Ligero, P Villaverde, J. J. , De Vega, A. and Bao, M. 2008. Delignification of Eucalyptus globulus saplings in two organosolv systems(formic and acetic acid) Preliminary analysis of dissolved lignins. Industrial crops and products. Vol. 27, pp. 110 – 117.

[48] Muurinen, E. Organosolv pulping, a review and distillation study related to peroxyacid pulping. Ph. D. Ihesis, University of Oulu, Department of Process Engineering. Oulu 2000. 314 p.

[49] Sundquist, J. Organsolv pulping. In Gullichsen, J. and Fogelholm, C – J. (eds.). Chemical Pulping. Papermaking science and technology, Book 6B, Fapet, Helsinki 1999. pp. B410 – B427.

[50] McDonough T. J. , 1993. The chemistry of organosolv delignification. TAPPI Journal. Vol 76, nr 8, pp. 186 – 193.

[51] Yawalata, D. and Laszlo, P. Characterisfics of NAEM salt – catalyzed alcohol organosolv pulping as a biorefinery. Holzforschung. Vol. 60, pp. 239 – 244.

[52] Hergert, H. L. , Pye, E. K. 1992. Recent history of organosolv pulping. TAPPI Notes – 1992 Solvent Pulping Symposium, TAPPI PRESS, Atlanta, pp. 9 – 26.

[53] http:// www. chempolis. com/ news 18. html(06. 07. 2010).

[54] http://www.tekniikkatalous.fi / metsa/ article45227.ece(06.07.2010).

[55] http://www.lignol.ca/(30.06.2009).

[56] Pan,X.,Arato,C.,Gilkes,N.,Gregg,D.,Mabee,W.,Pye,K.,Xiao,Z.,Zhang,X.,and Saddlef J. 2005. Biorefining of Softwoods Using Ethanol Organosolv Pulping:Preliminary Evaluation of Process Sfreams for Manufacture of Fuel – Grade Ethanol and Co – Products. Biotechnology and bioengineering. Vol.90,pp.473 – 481.

[57] Mikkonen,H.,Peltonen,5.,Kallioinen,A.,Suurnäkki,A.,Kunnari,V.,Malm,T. 2009. Organosolv process for defibering a fibrous raw – material. PCT lnt. Appl.,CODEN:PIXXD2 WO 2009066007 A2 20090528 CAN 151:105664N 2009:649915 and http://www.vtt.fi/fileslresearch/b ic/ mikkonen_suurnakki_tamminen_fekes_posteri. pdf(30.06.2009).

[58] Ho,C.L.,Wang,E.l.C. and Su,Y C. 2009. Tetrahydrofurturyl Alcohol(THFA) Pulping of Rice Straw. Journal of Wood Chemistry and Technology. Vol.29,pp.101 – 118.

[59] Malkov,S. Stuäies On Liquid Penetration lnto Softwood Chips – Experiments,Models And Applications. D. Sc. Ihesis,Helsinki university of technology,Department of Forest Products Technology. Espoo 2002. 76 p.

[60] Sixta,H. 2006. Handbook of Pulp Vol 1. Wiley – VCH,Weinherm./SBN:3 – 527 – 30999 – 3.

[61] Hultholm,T. lmpregnation behaviour of the active ions in the kraft process. D. Sc. Ihesis,Åbo Akademi,Faculty of Chemicat Engineering,Abo 2004. 157 p.

[62] Ban,W.,and Lucia L.A. 2003. Kraft Green Liquor Pretreatment of Softwood Chips. 1. Chemical Sorption Profiles. lnd. Eng. Chem. Fes. Vol.42,pp.646 – 652.

[63] Härkönen,E.J. 1987. A mathematical model for two – phase flow in a continuous digester. TAPPI J. Vol 70,nr.12,pp.122 – 126.

[64] Stamm,A.J. 1953. Diffusion and penetration mechanism of liquids into wood. Pulp and Paper Mag. Can. Vol 54,nr 2,pp.54 – 63.

[65] Stone,J.E.,Green,H.V 1958. Penetration and diffusion into hardwoods. Pulp and Paper Mag. Can. Vol.59,Nr.10,pp.223 – 232.

[66] McKibbins,S.W. 1960. Application of diffusion theory to the washing of kraft cooked wood chips. TAPPI J. Vol 43,pp.801 – 805.

[67] Gustafson,R,. Sleicher C.,McKean,W. 1983. Theoretical Model of the Kraft Pulping Process. lnd. Eng. Chem. Process Des. Dev. Vol 22,nr 1,pp.87 – 96.

[68] Pu,Q.,McKean,W.,Gustafson,R. 1991. Kinetic model of softwood kraft pulping and simulation of RDH process. Appita. Vol 44,nr 6,pp.399 – 404.

[69] Mortha,G.,Sarkanen,K. and Gustafson,R. 1992. Alkaline pulping kinetics of short rotation, intensively cultured hybrid poplar. TAPPI J. Vol 75,nr 11,pp.99 – 104.

[70] Pu,Q.,McKean,W.,Gustafson,R. 1993. Pulping chemistry and kinetics of RDH process. Appita. Vol 46,nr 4,pp.277 – 281.

[71] Vroom,K.E. 1957. The H factor:A means of expressing cooking times and temperatures as a single variable. Pulp and Paper Mag. Can. Vol.58,nr 3,pp.228 – 231.

[72] Agarwal,N.,Gustafsson,R.,Arasakesari,S. 1994. Modeling the effect of chip size in kraft pulping. Paperi ja Puu. Vol 76,pp.6 – 7.

[73] Gullichsefl, J. , Hyvärinen, R. , Sundqvist, H. 1995. On the non – uniformity of the kraft cook. Part 2. Paperi ja Puu. Vol. 77, nr 5, pp. 331 – 337.

[74] 74. Lammi, L. 1996. Eucalyptus Camaläulensis – lajin hyödyntätminen, Super Batch prosess// a. M. Sc. fhesis, Helsinki University of Technology, Helsinki 1996.

[75] Knowpulp website(http://www. knowpulp. com/)06. 07. 09.

[76] Seppälä, M. J. , Klemetti, U. , Kortelainen, V – J. , Lyytiki) inefl, J. , Siitonen, H. And Sironen, R. Paperimassan valmistus. Opetushallitus. Gummerus. Helsinki 2001. 201 P.

[77] Paavilainen, L. 1989. Effect of sulphate cooking parameters on the papermaking potential of pulp fibres. Paperi ja Puu. Vol. 71, nr 4, pp. 356 – 363.

[78] Griffin, R. , Ni, Y. , and van Heiningen, A. 1995. The development of delignification and lignin – cellulose selectivity during ozone bleaching. 87sf Annual Meeting, Canadian Pulp and Paper Association, Montreal, p. 4117 – 4122.

[79] Rapson, W. H. , and Anderson, C. B. 1966. Dynamic Bleaching: Continuous Movement of Pulp Through Liquor Increases Bleaching Rate. TAPPI. Vol. 49, nr 8, pp. 329 – 334.

[80] Reeve, D. W. 1989. Bleaching chemistry. In: Kocurek, M. , Grace, T. , Malcolm E. (Eds). Alkaline Pulping(Pulp and Paper Manufacture Series, Volume 5). 3rd edition. Montreal. CPPA. pp. 425 – 447. ISBN 1 – 919893 – 71 – 6.

[81] Aurell, R. 1963. Några jämförande synpunkter på sulfatkokning av tall – och björkved. Svensk Papperstidn. Vol. 66, nr. 23, pp. 978 – 989.

[82] Germgård, U. , and Teder A. 1980. Kinetics of chlorine dioxide prebleaching. CPPA(Can. Pulp Paper Assoc.)Trans. Tech Sect. Vol 6, nr 2. pp. TR31 – TR36.

[83] Hartler, N. 1978. Extended Delignification in Kraft Cookings A New Concept. Sven. Papperstidn. Vol 81, pp. 483 – 484.

[84] Sjöjblom, K. , Mjöberg, J. , Hartler; N. 1983. Extended Delignification in Kraft Cooking through Improved Selectivity. Part 1. The effects of the Inorganic Composition of the Cooking Liquor. Pap. Puu. Vol 65, nr 4, pp. 227 – 240.

[85] Johanssofr, B. , Mjöberg, J. , Sandström, P. and Teder, A. 1984. Modified Continuous Kraft Pulpings – Now a Reality. Sven. Papperstidn. , Vol. 87, nr 10, pp. 30 – 35.

[86] Sunds Defibrator Files(1998).

[87] Tikka, P, Kovasin, K. 1990. Displacement vs. conventional batch kraft pulping: delignification patterns and pulp strength delivery. Paperi ja Puu. Vol. 72, nr B, pp. 773 – 779.

[88] lngruber; O. V. 1989. Alkaline äigester systems. In: Kocurek, M. , Grace, T. , Malcolm E. (Eds). Alkaline Pulping(Pulp and Paper Manufacture Series, Volume 5). 3rd edition. Montreal. CPPA. pp. 140 – 780. ISBN 1 – 919893 – 71 – 6.

[89] Shin, N. H. , Abuhasan, U. S. , Sezgi, U. S. 1996. Wood Pulp, Paper and Waste Paper Conference, Jakarta, Indonesia.

[90] Weckroth, R. and Hiljanen, S. 1996. SuperBatch cooking: from innovation to experience. ln: 5th International Conference on new Available Techniques. SPCI, Stockholm. pt 1, pp. 449 – 474.

[91] Tikka, P. 1992. Conditions to extend kraft cooking successfully. TAPPI Pulping Conference proceedings. Boston, pp. 699 – 706.

[92] Kovasin, K., Tikka, P 1992. Superbatch cooking results in superlow kappa numbers. SPCI - ATICELPA 92, Bologna, Italy, pp. 71 - BB.

[93] Cyr, K., Embley, D., and MacLeod, J. 1989. Stronger kraft softwood pulp - achieved!. TAPPI J. Vol. 72, nr 10, pp. 157 - 163.

[94] GL&V Files(2009).

[95] GL&V Files(2010).

[96] Ruckl, W. 2008. The Second Workshop on Chemical Pulping Processes, Karlstad University.

[97] 97. Lammi, L., Uusitalo, P, Svedman, M., Paakki, A. 2002. SuperBatch - K Atool to control the behaviour of calcium in displacement kraft cooking ln:7th lnternational Conference on new Available Techniques. SPCI, Stockholm, p. 22.

[98] Uusitalo, P. 2002. New SuperBatch - K process offers many advantages. Fibre&Paper(Metso Paper), Vol. 4, nr 2, pp. 22 - 25.

[99] Metso Files(2009).

[100] Andritz Files(2009).

[101] Phillips, J. R. 1985. Kamyr lnc. Tech. Bull. No. KGD 1790 - W85 Glens Falls, p. 1.

[102] Strömberg, C. B. 1996. Ahlstrom Technology as a Tool Symp. Proc. Santiago, Ahlstrom, Glens Falls, p. 1.

[103] Marcoccia, B, Johanson, J. R., Williams, G and. Bruce, P. 1995. Pacific Paper Conf. Proc., Pacific Paper, Vancouver, p. B.

[104] Stone, J. E. 1956. The penetrability of wood. Pulp Paper Mag. Can. Vol 57, nr. 7, pp. 139 - 145.

[105] Strömberg, C. B. 1991. Washing for low bleach chemical consumption. TAPPI J. Vol. 74, nr. 10, pp. 113 - 122.

[106] Sjöblom, K. 1988. Extended delignification in kraft cooking through improve selectivity. Part 3. The effecf of äissolved xylan on pulp yield. Nordic Pulp Paper Res. J. Vol 3, nr. 1, p. 34.

[107] Sjöblom, K. and Söderqvist - Lindblad, M. 1990. Extended delignification in kraft cooking through improved selectivity. Part 4. lnfluence of Dissolved Lignin on the Alkalinity. Paperi Puu, Vol. 72, nr. 1, pp. 51 - 54.

[108] Jiang, J., Greenwood, B. F., Phillips, J. R., Becker, E. S. 1992. Extended delignification with a prolonged mild counter - current cooking stage. Appita. Vol. 45, nr 1, pp. 19 - 22.

[109] 109. Backlund, E. A. 1984. Extended delignification of softwood kraft pulp in a continuous digester. TAPPI J. Vol 67, nr 11, pp. 62 - 65.

[110] Johansson, B., Mjöberg, J., Sandstrom, P. and Teder, A. 1984. Modified pulping process shows promising results at Finnish mill. Pulp and Paper Vol. 58, nr. 11, pp. 124 - 127.

[111] Whittey, D, Zerdt, J. and Lebel, D. 1990. Mill experiences with conversion of Kamyr digester to modified continuous cooking. TAPPI J. Vol. 73, nr. 1, pp. 103 - 108.

[112] Chamblee, W., Funk, E., Marcoccia, B., Prough, R. and McClain, G. 1996. Lo - Level feed system at the Gulf States paper mill in Demopolis, Alabama. TAPPI Pulping Conf. Proc., TAPPI Press, Atlanta, pp. 451 - 463.

[113] Marcoccia, B., Laakso, R., and McClain, G. 1996. Lo - Solids pulping: Principles and applications. TAPPI J. Vol. 79, nr. 6, pp. 179 - 188.

[114] Sammartino, L. 1996. Lo – solids cooking trials at Howe Sound Pulp and Paper Ltd. Pulp & Paper Canada. Vol. 97, nr 3, pp. 61 – 65.

[115] Volk J. and Young, J. 1997. Successful Lo – sofids Cooking at Hinton. Pulp & Paper Canada. Vol. 98, nr 3, pp. 47 – 50.

[116] Strömberg, B. 2002. Yield rncreases with Lo – Solids cooking. ln: Congresso e Exposicao, Anual de Celulose e Papel. Sao Paulo, Brazil.

[117] Young, J. , Volk, J. , Chem. C. 1996. Successful Lo – solids Cooking at Hinton. Proc. 82nd Annual Meeting Tech. Sect, CPPA, Montreal, pp. 37 – 41.

[118] Martin, F. , Nepote, J. , Girard, K. 1996TAPPI Minimum Effluent Mill Symp. Proc. , TAPPI Press, Atlanta, Session 6.

[119] Hartler, N. and Libert, J. 1973. The behaviour of certain inorganic ions in the wood/white liquor system. Svensk Papperstidning. Vol. 76, nr. 12, pp. 454 – 457.

[120] Samuelsson, A. 2003. Rebuilding continuous digesters and atmospheric diffusers to meet current production demands, 89th Annual Meeting, PAPTAC, Montreal, Canada.

第③章　纸浆的洗涤、筛选和净化

3.1　洗涤原理

洗浆是纸浆厂制浆生产线一个重要的单元操作。蒸煮脱木素后本色浆的洗涤和氧脱木素后纸浆洗涤的目的是尽可能多地回收溶解的有机物质作为燃料和尽可能多地回收再生有价值的无机化学品,并且废液的稀释程度应最小(即保持尽量高的废液浓度)。良好的洗涤可减少化学品循环过程中的化学品损失,回收更多溶解的有机物质作为能源,减少漂白过程化学品的消耗,并降低环境污染负荷。漂白工段洗浆的目的是尽量减少浆中残留的有害物质对后续漂白的影响。洗涤也是一种纤维悬浮液的热量的传入和传出以及调整其他的工艺条件,以满足后续处理要求的手段。

洗涤最简单的方式一种是用水或比原液清洁的液体稀释纤维悬浮液(即浆料),两者混合,然后从浆料中过滤或挤压出液体。另一种方式是用水或清洁的液体置换出纸浆床(滤饼,垫层)或纸浆层中的液体。比如,挤压的洗涤操作是基于稀释—浓缩,而压力扩散的洗涤操作是基于置换洗涤(滤饼洗涤)。大多数工业纸浆洗涤设备采用的是稀释—浓缩与置换洗涤相结合。

在蒸煮器之后,多台设备或洗涤操作相串联,洗涤液逆流穿过要洗涤的纸浆,浆得到洗涤。在该技术中的洗涤液与纤维流以相反的方向流动。最洁净的洗涤液是用来洗涤最后洗涤段的最洁净的纸浆。每个洗涤段的滤液作为其前一段的洗涤液。通过这样做,在本色浆洗涤和氧脱木素后浆的洗涤时,一方面可以减少送至蒸发的黑液流量,另一方面可以得到洁净的纸浆。逆流洗涤的原理如图 3–1 所示。每一个方框可能包含着稀释—浓缩与置换洗涤的各种组合的洗涤设备。【纸浆洗涤包括蒸煮后本色浆的洗涤和漂白过程中浆的洗涤。在我国本色浆的洗涤后从浆中除去的液体一般称为废液(黑液,红液);漂白过程中浆料洗涤所除去的液体一般称为废水。本书原文中一般将洗涤过程中从浆中除去的液体称为滤液(filtrate)。许多洗涤设备即可用于本色浆的洗涤,也可用于漂白段间洗涤。因此,本书译文中也将纸浆洗涤过程中从浆料中除去的液体统称为滤液。——译者注】

3.1.1　纸浆在多孔介质中的流动

纤维在低浓度时(<1%)凝聚成松散的缠结絮体而形成网络(浆层)。伴随浓度的增大,网络的刚性增加。该纤维网

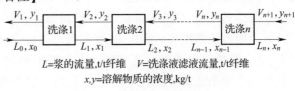

L=浆的流量,t/t纤维　　V=洗涤液滤液流量,t/t纤维
x,y=溶解物质的浓度,kg/t

图 3–1　纸浆逆流洗涤的原理

络(浆层)的性质取决于流体压力或外部压缩力。此纤维网络随外力而变化的情况取决于纤维的基本性能,如纤维尺寸分布、纤维的柔韧性和颗粒的尺寸。纤维网络(浆层)的一般性质可以通过研究固 – 液分离的过程来描述,借助于允许液体通过、固体不能通过的过滤介质使液体从浆料中分离出来或者从浆中置换出来。这可以通过达西定律(Darcy′s law)来描述。

$$v = \frac{K_P}{\mu_1} \frac{\Delta p_1}{\Delta d} \qquad (3-1)$$

式中　v——通过浆层的表观液速,m/s

　　　K_p——浆层的渗透系数,m^2

　　　Δp_1——穿过滤层的压力降,Pa

　　　μ_1——流体的动力黏度,Pa·s

　　　Δd——滤层的厚度,m

公式(3 – 1)适用于具有几何上可定义的孔隙结构的不可压缩床层材料。这里还假设液体流动的雷诺数 Re 比较小[1]。Kozeny 和 Carman 给出了渗透系数的一般表达式:

$$K_P = \frac{1}{k_2 S_0^2} \frac{\varepsilon^3}{(1-\varepsilon)^2} \qquad (3-2)$$

式中　k_2——Kozeny 常数,取决于滤层流动通道的形状和分布

　　　S_0——暴露于流体的滤层材料(纤维)的比表面积,m^2/m^3

　　　ε——滤层的孔隙率

孔隙率表示可与流体接触的滤层材料的体积分数。滤层不能与流体接触部分的体积分数为 $\phi_s = 1 - \varepsilon$。体积分数可以表示为:

$$\phi_s = \nu_{sv}\rho \qquad (3-3a)$$
$$\varepsilon = 1 - \phi_s \qquad (3-3b)$$

式中　ν_{sv}——滤层材料的比体积,m^3/kg

　　　ρ——纤维的浓度,kg/m^3(或某些情况下的浓度或纤维的浓度[2])

纸浆纤维滤层的比表面积和比体积很大程度上取决于纤维的尺寸和柔韧性。因此,这些性质需要通过实验来确定。纤维的浓度可由纸浆悬浮液中纤维的质量分数计算出来。

$$\rho = \frac{1}{\frac{1}{\rho_f} + \frac{1-w}{w\rho_1}} \qquad (3-4)$$

式中　w——悬浮液中纤维的质量分数

　　　ρ_f——纤维壁的密度(通常为 1500 ~ 1520kg/m^3),kg/m^3

　　　ρ_1——液相的密度,kg/m^3

式(3 – 1)和式(3 – 2)表明,如果渗透性和孔隙率是恒定的,那么通过该滤层液压的压力梯度是恒定的。然而,纸浆滤层是可压缩的,压力梯度和孔隙率不是恒定的。孔隙度和液压压力与距滤层表面的距离的变化从理论上和工业实际应用上来看都是很重要的,滤层可压缩性取决于纤维的弯曲、纤维的重新定位、纤维形态、滤层的初始结构、纤维之间的摩擦和 pH[3-4]。

要说明可压缩性和压缩压力,我们可以假设,纤维仅通过点接触,每根纤维完全被液体包围着,并且液体压力沿着垂直于流动方向的平面均匀地传递。在这些假设下,液体的压力 p_1 有效作用于整个滤饼横截面面积 A 之上的。如果滤饼上的所有作用力除了曳力和液体产生的压力忽略之外,从 z 到 L 的作用力平衡方程为:

$$Ap = Ap_1 + F_s \qquad (3-5)$$

式中　p——所施加的压力，Pa

F_s——作用于纤维上的累积曳力，(N)[会在纤维与纤维之间传递，从滤饼的顶部$(z=L)$到底部$(z=0)$逐渐增大]

由于我们假设只是点接触，所以方程(3-5)可以重新写成：

$$p = p_1 + p_s \tag{3-6}$$

其中压缩压力 $p_s = F_s/A(\mathrm{Pa})$。横截面积 $A(\mathrm{m}^2)$ 不等于纤维的表面面积或实际接触面积。因此，p_s 是为了方便计算而使用的一个虚拟压力[5]。在相关文献中，压缩压力和纤维浓度之间的关系通常以如下形式表示：

$$\rho = Mp_s^N \tag{3-7a}$$

其中 $M[\mathrm{kg/(m^3Pa^N)}]$ 和 N 是可压缩性常数[6]。公式(3-7a)具有一定的局限性：M 和 N 在一定程度上都受制浆和漂白的影响，并且在压缩压力为零时纤维浓度是零。修正后的压缩函数为：

$$\rho = \rho_0 + Mp_s^N \tag{3-7b}$$

或者

$$\rho = \rho_0 \left(1 + \frac{p_s}{p_A}\right)^N \tag{3-7c}$$

其中 ρ_0 是在压缩压力为零和 $p_A = (\rho_0/M)^{1/N}$ 的条件下的纤维浓度($\mathrm{kg/m^3}$)[7-8]。可压缩的滤层材料内流动通道的结构随着压缩压力而变化。另外可压缩函数的复杂性来自于纸浆滤饼的时间和其之前的处理[9]。

对可压缩滤层 Kozeny 常数不是固定的。Davies 用一个经验公式来描述 Kozeny 常数与孔隙度之间的关系[10]。

$$k_2 = a \frac{\varepsilon^3}{(1-\varepsilon)^{0.5}} [1 + b(1-\varepsilon)^3] \tag{3-8a}$$

对许多的纤维物料而言，式中的 $a = 3.5$，$b = 57$。韩[4]采用的 Kozeny 常量表达式：

$$k_2 = 5.0 + e^{14(\varepsilon - 0.8)} \tag{3-8b}$$

重写方程(3-1)，并结合方程(3-2)、方程(3-8)和方程(3-8a)，得出了计算纤维网络中由流体曳力造成的压力梯度的表达式。

$$-\frac{\Delta p_1}{\Delta d} \approx \frac{\mathrm{d}p_s}{\mathrm{d}z} = \nu\mu S_0^2 a (1-\varepsilon)^{1.5} [(1 + b(1-\varepsilon)^3] \tag{3-9}$$

压缩常数 M 和 N 可以通过纸浆悬浮液在过滤器中逐步地增加外部压缩压力而脱水来确定，如图3-2所示。

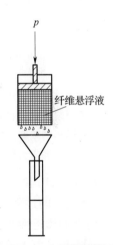

图3-2　纤维网络可压缩性的测量

比表面积 S_0 和比体积 ν_{sv} 的确定是通过记录在很稀的悬浮液恒速过滤中压力降随时间的变化和预定的可压缩性函数来确定。表3-1显示了一些测得的数据的实例。图3-3示出了实例中压缩压力和浓度的关系。

表3-1　　　　　　　　一些纸浆的压缩系数、比表面积和比体积实例[12]

纸浆样品	$M/[\mathrm{kg/(m^3Pa^N)}]$	N	$S_0/(\mathrm{m^2/m^3})$	$\nu_{sv}/(\mathrm{m^3/kg})$
漂白硫酸盐桦木浆	5.15	0.335	380000	0.0025
未漂白松木硫酸盐浆Ⅰ	2.62	0.405	234000	0.0040
未漂白松木硫酸盐浆Ⅱ	2.36	0.414	281500	0.0028

在纤维网络内的所有液体不参与穿过滤层的流动。纤维细胞腔、絮体和细胞壁内会包着一些液体。最高的压缩压力是在过滤介质表面，此处累积着外力和流体曳力。式(3－9)计算当置换液体通过纸浆滤层时的压力和浓度梯度。图3－4示出了连续扩散洗涤器的喷嘴与筛板之间的速度和浓度变化情况，其浆层的厚度为0.225m。

图3－5解释了在给定的压力差和恒定的平均浓度下，液体的温度对表观洗涤液速度的影响。液体的动态黏度取决于温度，因此，如果其他参数保持不变，较高的温度会导致动态黏度降低和流动液体的表观速度增大，见公式(3－1)。

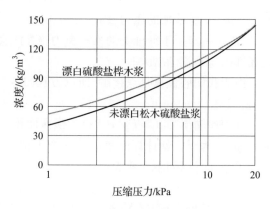

图3－3　以浓度与压缩压力的关系表示纤维网络的可压缩性[12]

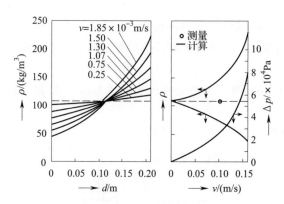

图3－4　不同液体流速流经约0.20m厚(d)和平均浓度10%的桦木硫酸盐浆层时计算得出的浓度ρ曲线、液体表观速度v和压力降Δp的关系[12]

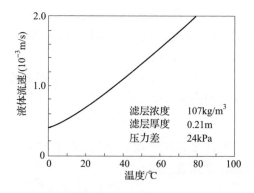

图3－5　在给定的压差下置换液体通过给定的纤维滤层时温度对其速度的影响

方程(3－1)和方程(3－9)描述了在稳态条件下液体通过纸浆滤层的流动。过滤是一个随时间而变化的过程，过滤介质上的纸浆滤层积累(滤层的形成)取决于时间、进浆压力、进浆浓度、滤层的渗透性和流动液体的动态黏度，这些是评价洗浆机生产能力的重要参数。Stamatakis 与 Tien 引入了时间控制的过滤方程。

$$\frac{\partial \rho}{\partial t} = -v_m \frac{\partial \rho}{\partial z} + \frac{\partial}{\partial z}\left(\rho \frac{k}{\mu_1} \frac{\partial p_s}{\partial z}\right) \qquad (3-10)$$

式中　t——时间，s

　　　z——到过滤介质的距离，m

　　　k——滤层的渗透系数，m^2

　　　v_m——渗透速度，m/s

　　　ρ——纤维的浓度，kg/m^3

Nordén 和 Kauppinen[13]是最早把方程(3－10)应用于纸浆脱水的。Kovasin 和 Aittamaa 简化了过滤模型[8]，因此，在过滤过程中，纤维不会移动至滤层内部，并且逐渐增长的浆层中的平均纤维浓度是恒定的。这使得数学处理较容易并具有合理的结果。图3-6示出了当纸浆悬浮液在洗浆机上以恒定的压力差作用下在滤层上脱水时,滤层的形成与纤维浓度的分布。

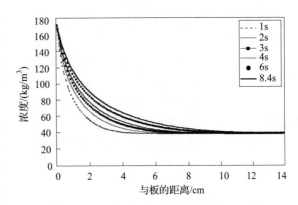

图3-6　当纤维进料浓度是40kg/m³(约4%的浓度)和作用在形成的滤层上的压力差为30kPa时松木硫酸盐浆启动脱水后不同时间内在洗鼓附近纤维浓度的分布情况

过滤性能因条件不同和纸浆种类的不同而异,例如机械浆和一些草浆的比表面积比化学浆的比表面积大得多,这说明其表观速度是比较低的。同样,高卡伯值的纸浆由于打浆后细小组分较多,因此,比表面积大,说明渗透速度小。方程(3-1)表明,洗涤液的动态黏度大,则其通过滤层的表观速度小。随着液体温度的降低和液体中溶解的固形物含量的增加,流动液体的动态黏度增大。其他影响过滤性能的重要因素是空气、pH和皂化物。浆料中所含的空气会增加滤层形成过程中的过滤阻力,从而降低了洗浆机的生产能力。仅仅百分之几(体积)的空气含量就会对洗浆机的生产能力产生显著的影响。在模拟时考虑到空气含量的一种方法是把式(3-3b)修改成:

$$\varepsilon = 1 - \nu_{\mathrm{sv}}\rho - \phi_{\mathrm{air}} \tag{3-11}$$

式中　ϕ_{air}——纸浆悬浮液和滤层中空气的体积分数[8]

纸浆洗涤通常是在碱性条件下比在酸性条件下更加苛刻。其中一个原因是由于在碱性条件下纤维发生润胀,使得渗透速度有所降低。粗浆洗涤中的塔罗油皂会显著地降低过滤速度,这是由于在滤层中有皂化物黏附在纤维上。关于在粗浆洗涤过程中皂化物的影响在参考文献[14]中进行了更加详细地描述[14]。

具有适当限定条件的方程(1-10),可以用作制浆行业的所有脱水、置换洗涤和挤压设备的设计基础。

3.1.2　纸浆洗涤过程中的传质

纤维网络的可压缩性和纤维悬浮液的流变特性决定了过滤、置换洗涤和挤压操作的设计和效率。纸浆稀释到足够低的浓度,或接触足够大的剪切力,以使其成为类似流体状态。流态化的纸浆均匀地分布在过滤介质上,如开孔的表面或网子上。当液体从悬浮液中分离出来并流经过滤介质时,便会在过滤介质上形成滤层。过滤介质上面所施加的压力差和纤维悬浮液的过滤阻力决定了滤层形成的速率。如果滤层从进浆槽或流浆箱排出后仍保持着压力差,那么过滤会继续进行,滤层的浓度会增大。洗涤液可喷淋或分布在滤层的表面上。该液体将置换纤维层中的自由液体,被置换出的液体穿过过滤介质。置换之后通过在过滤介质上继续保持适宜的压力

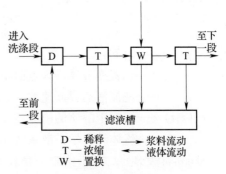

D—稀释　　→ 浆料流动
T—浓缩　　← 液体流动
W—置换

图3-7　在过滤、置换和挤压设备上的单元操作

差或者通过压辊机械挤压,浆层将会进一步浓缩。在这种情况下,纸浆纤维层通过在压辊之间形成的压区。

所有过滤、置换洗涤和挤浆机的设计和流体动力学的作用包含于图3-7所示的操作单元中。它们可以单独地进行操作。由稀释(D)和脱水/过滤/浓缩(T)模型可以得出简单的物料平衡计算,前提是假设理想的混合以及忽略吸附和扩散作用。置换洗涤(W)模型比稀释浓缩模型在数学方面的要求更为苛刻。

当置换洗涤(滤饼洗涤)发生时,洗涤液把原液从浆层中置换出去。被置换的液体在自由流动通道中流动,通过纤维层。式(3-9)给出了置换洗涤操作浓度变化情况的估算及流体阻力的计算。

由于滤层材料(浆层)的不均一性,理想的置换是永远不会发生的。在某些部分的流动会比其他部分快。如在图3-8所示,当液体流向过滤介质时,流体曳力引起的浓度梯度变化将导致在自由流动通道内的流动明显加速。

在置换洗涤刚开始时,除去的滤液中的溶质浓度(例如溶解的固形物、钠)与未洗涤滤层里的自由液体中的溶质浓度是相同的。当洗涤继续,在离开滤层的滤液中开始出现洗涤液。置换洗涤在实践中是不完美的,因为未洗滤层的原始液体与洗涤液之间会发生混合。图3-9示出了典型的穿透曲线,其示出了置换洗涤过程中在除去的滤液中溶质浓度的变化。

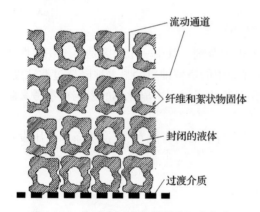

图3-8　在流体压力下纤维滤层中自由
　　　　流动通道的示意图

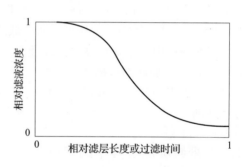

图3-9　置换洗涤的穿透曲线

置换洗涤的标准模型为:

$$\frac{\partial \rho_1}{\partial t} = D_L \frac{\partial^2 \rho_1}{\partial z^2} - u \frac{\partial \rho_1}{\partial z} \tag{3-12}$$

式中　　　　t——时间,s

　　　　　　z——到置换液体进入点的距离,m

　　　　　　u——洗涤液的界面速度,m/s

　　$\rho_1 = \rho_1(z,t)$——液相中溶质的浓度,g/L,mol/L

　　　　　　D_L——流体动力学扩散系数,m^2/s

Sherman 发现[15],对于给定的颗粒滤层,D_L/u 比是恒定的。佩克莱特准数(Peclet number)$P_e = uL/D_L$ 决定了穿透曲线的形状。当 $P_e = \infty$ 时,曲线是一个阶跃函数,它对应于一个理想的活塞式置换。当 $P_e = 0$ 时,穿透曲线是简单 CSTR(连续搅拌反应器)的状态。Brenner[16]

给出了方程(3-12)的分析解及其适用范围和初始条件,以及几个佩克莱特准数的表格解。

这些模型描述了在均匀滤层中,不考虑物理化学吸附时,流动通道的置换现象和扩散现象。Wakeman 和 Tarleton[11]、Poirier 等人[17]与 Mauret 和 Renaud[18]给出了流体动力学扩散系数的估计方法。

吸附是从液相到纤维表面的质量传递(溶质离子形式),是由溶质和纤维的化学性质以及液相中溶质的浓度控制的[1,19-20]。由于纸浆的吸收与吸附现象彼此难以区分,因此,在制浆工业中使用的吸附指的是这两者。吸附已有传统的计算方法,例如钠,用朗缪尔(Langmuir)等温吸附。

$$m_{s,c} = \frac{AB\rho 1}{1 + B\rho 1} \qquad (3-13)$$

式中　$m_{s,c}$——单位质量绝干纤维所吸附的溶质的质量

　　　A——常数,是纤维上可吸附的溶质的最大量,mg/g

　　　B——液体与纤维之间的平衡常数,L/mg

　　　ρ_1——同式(3-12)

常数 A 和 B 已经通过实验确定[20-25]。这些常数会受 pH 影响,因此,在较高 pH 下,会有较多的溶质吸附到纤维上[24]。纤维表面的净电荷一般是负的,因此在洗涤时主要作用是吸附正离子(阳离子)。吸附作用还略微受到温度的影响,所以在较高的温度下,纤维与离子的结合较弱[25]。

最近,已证明 Donnan 平衡模型可很好地描述纸浆纤维水相与纤维外部的水相之间所发生的离子交换现象[26-31]。假定纤维－水悬浮液包括两相:纤维相和外部液相,参见图3-10。纤维相包括固体纤维基质,以及在纤维细孔内含有的液体和与纤维表面紧密结合的液体。是由纤维、水、阳离子和阴离子所组成的系统。纤维含有大量与纤维相结合的酸性基团,并且只有氢离子与这些纤维结合的基团发生特殊反

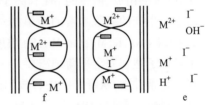

图3-10　纤维壁上的水与外部液体接触的模型[10]

应。在纤维素纤维中可离子化的官能团的种类和数量在很大程度上取决于纸浆的种类。除了那些结合在纤维上的之外,系统中的所有离子在纤维相和外部水相的溶液之间自由运动。离子的分布服从质量平衡以及在外部相和整个系统(或在纤维相)的电中性条件。为方便起见,用 m、V、ρ 分别表示物质质量、单位质量绝干纤维的溶液的体积和浓度。相应的相和种类可以用下标表示,f 表示纤维相,e 表示外部相,k 为物质种类。在 Donnan 平衡模型中,两相之间的任何可自由移动的离子种类的分布是:

$$\rho_{k,f} = \lambda^{z_k} \rho_{k,e}, k = 1,2,3\ldots, n \qquad (3-14a)$$

$$c_{k,e} = \frac{n_{k,T}}{m[V_T + V_f(\lambda^{z_k} - 1)]}, k = 1,2,3\ldots, n \qquad (3-14b)$$

式中　λ——分配系数

　　　z_k——自由移动离子 k 的电荷

　　　V_T——单位质量绝干纤维的料液的总体积

　　　V_f——纤维相溶液的体积(也称为纤维饱和点)

　　　$n_{k,T}$——各种自由移动离子 k 的总数

图3-11为搅拌槽中置换洗涤的实验结果。在置换洗涤过程中有少部分液体从槽中移除,同时向槽中添加相同体积的洗涤液。这被称为洗涤段。在六段洗涤之后,所用的洗涤液的

体积与洗涤槽中原有液体的体积相同。移除
的滤液测定其 pH 和钙离子浓度。钙离子起
初吸附在纤维相上。之后逐段加入酸性洗涤
液，使得外部液相的 pH 和钙离子浓度降低。
当大多数钙从纤维相释放到外部液相时，由于
稀释作用，外部液相中的钙离子浓度开始降
低[32]。近年来，Donnan 理论在解释浆料悬浮
液相关现象方面的应用更加普遍，并在进一步
开发其在指导洗浆、螯合和动力学方面的应
用[26,33-34]。

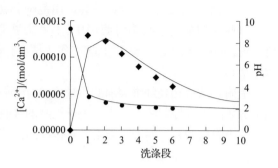

**图 3-11　平衡滤液(外部液体)的钙离子
浓度和 pH 与洗涤段的关系**

注　◆试验测得的 Ca^{2+} 浓度　●试验中的 pH，
曲线表示模型计算[37]。

　　发生于纸浆悬浮液中的外部液体，与纤维
壁内不运动的液体和靠近纤维的不运动的液
体之间的时间控制的过程称为扩散过程。外部液体与不运动液体之间较大的浓度差异造成溶
质较大的扩散通量。扩散一直持续到外部液体与不运动液体的浓度相等或系统已经达到了某
种其他形式的平衡，如 Donnan 平衡。达到平衡所需的时间取决于许多因素，如温度、扩散物质
的大小、纤维的组成、液体的 pH 和离子强度。像钠这样的物质达到平衡相对较快[35-36]。

　　对工厂生产的氧脱木素的斯堪的纳维亚针叶木和阔叶木硫酸盐浆，在其调节 pH 30s 之
后，某些元素(Na,K,Mg,Ca,Mn,S)浓度的动态变化达到了 80%[37]。在某些情况下，大的溶
解的木素分子达到完全平衡则需要几个小时[38-39]。

　　在一定条件下，从纤维壁中释放出阴离子物质似乎是一个较快的过程。人们发现在 3h 内
从纤维相释放出来的 COD(化学耗氧量)组分中，有 65% ~85% 会在 20℃的适宜条件下在刚
开始的 30s 释放出来[40]。较高的温度能够强化扩散过程[41]。

3.1.3　洗涤效率

　　过程模型广泛用来评价洗涤效率。洗涤效率以各种性能(洗涤效果)参数表示。普
遍应用的性能参数有置换比(DR)[42]，当量置换比(EDR)[43]，Nordén 效率因子(E 因
子)[44]，得率 Y 和在固定出浆浓度下的效率 ρ_{st},(E_{st})[45]，其中 DR、Y 和 E 因子是化学浆
行业最常用的参数。

　　图 3-12 为一台洗浆机或一个洗涤系统中液体和纸浆(溶质)流动情况的示意图。术语
"洗涤系统"在这里是指单台洗浆机或者整个洗浆工段。

　　在图 3-12 的洗涤系统中，ρ_0 表示系统的进浆浓度(%)，ρ_1 表示系统的出浆浓度(%)，L_0
为流入洗涤系统的浆料中的液体的流量，L_1 为从系统流出的浆料中的液体的流量，二者以液
体的质量流速与绝干纤维质量流速之比表示；V_2 为进入洗涤系统的洗涤液的流量，V_1 是从洗
涤系统出来的滤液(废液)的流量，二者以洗涤液质量流速与绝干纤维质量流速之比表示；x_0
是 L_0 中溶质的质量分数，x_1 是 L_1 中溶质的质量分数；
y_2 为 V_2 中的溶质的质量分数，y_1 为 V_1 中的溶质的质
量分数。溶质浓度可以用来代替溶质质量分数。洗
涤液的质量流速与绝干纤维质量流速之比可根据下
式计算：

图 3-12　洗涤系统的流程示意图

$$L_0 = \frac{100 - \rho_0}{\rho_0} \qquad (3-15a)$$

$$L_1 = \frac{100 - \rho_1}{\rho_1} \qquad (3-15b)$$

常用的符号,特别是在洗浆中应用的,如下:

$$W = \frac{V_1}{L_0} \qquad (3-16a)$$

$$R = \frac{V_2}{L_1} \qquad (3-16b)$$

$$DF = V_0 - L_0 = V_2 - L_1 \qquad (3-16c)$$

式中　W——洗涤比(wash ratio)

　　　R——质量比(weight ratio)

　　DF——稀释因子(dilution factor)

置换比(displacement ratio)的定义如下:

$$DR = \frac{x_0 - x_1}{x_0 - y_2} \qquad (3-17)$$

置换比会受到稀释因子、进浆浓度和出浆浓度的影响。洗涤得率的原始定义如下:

$$Y = 1 - \frac{L_1 x_1}{L_0 x_0} = \frac{V_1 y_1}{L_0 x_0} \qquad (3-18a)$$

这里洗涤液浓度为0,这减小了公式(3-18a)的适用性。然而,较为通用的得率公式可以定义为:

$$Y = 1 - \frac{L_1 (x_1 - y_2)}{L_0 (x_0 - y_2)} = \frac{V_1 (y_1 - y_2)}{L_0 (x_0 - y_2)} \qquad (3-18b)$$

这里消除了洗涤液浓度为0的问题。洗涤得率受进浆浓度和出浆浓度影响,尤其在比较不同洗涤设备时必须注意。

当量置换比(Equivalent Displacement Ratio, EDR)概念的引入是为了便于比较各种类型的洗浆机,如转鼓式洗浆机、扩散洗涤器、挤压式洗浆机。实际的洗浆机与在1%进浆浓度和12%出浆浓度下运行的假设洗浆机进行比较:采用下面的公式来计算假设的洗浆机的 EDR:

$$BDR = 1 - (1 - DR) \times (DCF) \times (ICF) \qquad (3-19)$$

式中　$DCF = L_1 / 7.333$

　　　$ICF = 99.0 (L_0 + DF) / (L_0 (99.0 + DF) - L_1 (99.0 - L_0)(1 - DR)$,对稀释-脱水洗浆机 $ICF = 99.0 / (99.0 + L_1 + DF)$。

然而,EDR 会受稀释因子影响。

E 因子是用来评价理想的逆流稀释-浓缩多段洗涤系统的性能。一个理想的稀释-浓缩洗涤段包括纤维悬浮液与洗涤水或与下一段的滤液的混合,然后浓缩至预期的浓度。E 因子如同 DR、EDR、Y,是"黑箱"模型并且反映了洗涤系统的总效能。E 因子并没有描述洗涤是如何进行的,如置换洗涤和/或者稀释-浓缩洗涤。Nordén 洗涤效率因子或 E 因子定义如下:

$$E = \begin{cases} \dfrac{\ln\left[\dfrac{L_0 (x_0 - y_1)}{L_1 (x_1 - y_2)}\right]}{\ln\left(1 + \dfrac{DF}{L_1}\right)}, & V_2 \neq L_1 \\[4mm] \dfrac{L_1 (y_1 - y_2)}{L_0 (x_0 - y_1)}, & V_2 = L_1 \end{cases} \qquad (3-20)$$

式中　$1 + DF/L_1 = V_2/L_1$

　　注意，$E = \infty$ 对应的是塞流，$E = 1$ 表示是理想混合。E 因子取决于纤维的种类、洗浆机的负荷、在洗浆生产线中的位置、机械条件、洗浆机操作情况、进浆温度、空气含量、皂化物和其他与洗浆相关的因素。未漂白浆的洗涤和氧脱木素浆的洗涤的 E 因子一般通过测定溶解的绝干固形物和钠的含量来确定。最近，COD（化学需氧量）和 TOC（总有机碳）已成为重点监测的"溶质"。在漂白段，由于液相中的离子强度与纤维的电荷比较相近，并且纤维离子交换能力的影响增大[29]，使得 E 因子的应用面临着挑战。

　　E 因子与 P_e 准数具有相关性，解方程（3 – 20）可以计算出 E 因子。图 3 – 13 示出了 E 因子与 P_e 准数之间的关系。

　　尽管 E 因子不完全受洗涤液用量和稀释因子影响，但是在化学法制浆行业中，它仍被广泛应用于物料和能量衡算的计算程序中。

　　因为 E 因子和 L_1 都取决于出浆浓度，所以对不同出浆浓度的洗涤系统进行比较并不容易。为了便于对不同的洗涤系统进行比较，采用 E_{10} 因子[46]和更为通用的 E_{st} 因子[45]。其基本理念是计算"标准出浆浓度"的洗涤系统的 E 因子。采用 E_{st} 因子的目的是便于比较不同洗涤系统。E_{st} 因子的定义如下：

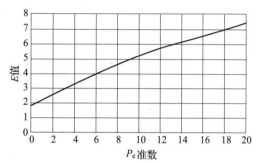

图 3 – 13　浆层浓度为 10% 和 $V_2/V_1 = 11.5/9$ 的置换洗涤

$$E = \begin{cases} \dfrac{\ln\left(\dfrac{L_0(x_0 - y_1)}{L_1(x_1 - y_2)}\right)}{\ln\left(1 + \dfrac{DF}{E_{st}}\right)}, DF \neq 0 \\[4mm] \dfrac{L_{st}(y_1 - y_2)}{L_0(x_0 - y_1)}, DF = 0 \end{cases} \qquad (3-21)$$

　　其中

$$L_{st} = \frac{100 - \rho_{st}}{\rho_{st}} \qquad (3-22)$$

式中，ρ_{st} 为洗涤系统的标准出浆浓度，常用的浓度有 $\rho_{st} = 10\%$（记为 E_{10}）和 $E_{st} = 12\%$（记为 E_{12}）。

　　若 $\rho_1 > \rho_{st}$，洗涤系统的出浆浓度会被洗涤液稀释至 ρ_{st}。在 $\rho_1 < \rho_{st}$ 的情况下，将会从洗涤系统排出的浆料中抽出洗涤液，使浓度达到 ρ_{st}。

　　效率评价应该是基于对整个洗涤系统的测量，但如同其他流动系统一样，当测定洗涤系统的样品时，难免会出现误差。因此，如果样品测定数据重现性很差，会得出奇怪的洗涤效率值。例如，在取样和样品测定过程中如果出现大的误差，可能会得出负的 E 因子[47]。

　　为了得到准确的洗涤系统物料平衡，特采用了各种数据分析技术。通用的简化方法是只分析 3 股流体，根据物料平衡计算第四股流体[45,48 – 49]。Oxby 等人[50]通过测定溶质浓度、进浆和出浆浓度算出稀释因子，进行物料平衡计算。Nierman[47,51]提出拉格朗日乘数优化法进行洗涤系统的物料平衡计算。

　　图 3 – 12 所示的洗涤系统的物料衡算公式如下：

$$L_0 + V_2 = L_1 + V_1 \qquad (3-23a)$$

$$L_0 x_0 + (L_1 + DF) y_2 = L_1 x_1 + (L_0 + DF) y_1 \tag{3-23b}$$

将稀释因子代入方程(3-23b)中,得到如下公式:

$$L_0 x_0 + (L_1 + DF) y_2 = L_1 x_1 + (L_0 + DF) y_1 \tag{3-24}$$

用物料平衡方法,由方程式(3-24)可以计算出变量,然后,代入方程式(3-21)可以得到 E_{st}。表3-2列出了算出的变量(左栏),测定出的假设是正确的变量(中栏),以及各种情况下最常用的 E_{st} 计算公式(右栏)。

表3-2　　　　　　　　　　　　　　　　　E_{st} 因子:最常用的物料衡算方法

计算的变量	正确的假设	E_{st}	
x_0 或 L_0	$L_0, x_1, L_1, y_1, y_2, DF$ $x_0, x_1, L_1, y_1, y_2, DF$	$\dfrac{\ln\left[1 + \dfrac{DF(y_1 - y_2)}{L_1(x_1 - y_2)}\right]}{\ln\left(1 + \dfrac{DF}{L_{st}}\right)}, DF \neq 0$ $\dfrac{L_{st}(y_1 - y_2)}{L_1(x_1 - y_2)}, DF = 0$	$(3-25)$
y_1	$x_0, L_0, x_1, L_1, y_2, DF$	$\dfrac{\ln\left\{\dfrac{L_0}{L_0 + DF}\left[1 + \dfrac{DF(x_0 - y_2)}{L_1(x_1 - y_2)}\right]\right\}}{\ln\left(1 + \dfrac{DF}{L_{st}}\right)}, DF \neq 0$ $\dfrac{L_{st}(x_0 - y_2)}{L_1(x_1 - y_2)} - \dfrac{L_{st}}{L_0}, DF = 0$	$(3-26)$
DF	$x_0, L_0, x_1, L_1, y_1, y_2$	$\dfrac{\ln\left[\dfrac{L_0(x_0 - y_1)}{L_1(x_1 - y_2)}\right]}{\ln\left(1 + \dfrac{DF}{L_{st}}\right)}, DF \neq 0$ $\dfrac{L_1(y_1 - y_2)}{L_0(x_0 - y_1)}, DF = 0$	$(3-27)$

$$DF = \frac{L_0(x_0 - y_1) + L_1(y_2 - x_1)}{y_1 - y_2} \tag{3-28}$$

有时式(3-25)称为 APE 因子(AP parent E_{st})。式(3-25)和式(3-26)需要估算稀释因子的单一值或者变化范围,例如,稀释因子可以通过出浆浓度、洗涤液流量和产量的测定来计算。

在某些情况下,使用式(3-25)和式(3-26)是唯一评价洗涤效率的方法。例如,实际上从置换蒸煮器的蒸煮终点之后的洗浆黑液的"终点置换"("terminal displacement")中收集代表性数据 x_0 是不可能的。Timonen 等人采用式(3-25)来估算 E_{st} 因子[49]。类似地,式(3-26)可以用来估算转鼓式真空洗浆机的洗涤效率,不包括鼓式真空洗浆机前面的稀释,此处部分洗涤液会直接通过旁路进入废液(滤液)槽,而不经过滤层。

示例: 洗浆机进浆为 4%、出浆浓度为 26.5%。未洗浆含 COD_{Cr} 47040mg/kg 液体,洗后浆的 COD_{Cr} 含量为 36120mg/kg 液体。洗涤液 COD_{Cr} 含量为 22960mg/kg 液体,除去的废液的 COD_{Cr} 含量为 43680mg/kg 液体。根据产量和洗涤液流量估算出的稀释因子为 1.9t/绝干 t。计算各种洗涤效率。

解：

$$DF = \frac{47040 - 36120}{47040 - 22960} = 0.453$$

$$L_0 = \frac{100 - 4.0}{4.0} = 24 (t/绝干 t)$$

$$L_1 = \frac{100 - 26.5}{26.5} = 2.774 (t/绝干 t)$$

$$L_{st} = \frac{100 - 10}{10} = 9 (t/绝干 t)$$

$$Y = 1 - \frac{2.774 \times (36120 - 22960)}{24.0 \times (47040 - 22960)} = 0.937$$

$$DCF = \frac{2.774}{7.333} = 0.378$$

$$ICF = \frac{99.0 \times (24.0 + 1.9)}{24 \times (99.0 + 1.9) - 2.774 \times (99.0 - 24.0) \times (1 - 0.453)} = 1.111$$

$$EDR = 1 - (1 - 0.453) \times 0.378 \times 1.111 = 0.770$$

由式(3 - 25)得：

$$E_{10} = \frac{\ln\left[1 + \frac{1.9 \times (43680 - 22960)}{2.744 \times (36120 - 22960)}\right]}{\ln\left(1 + \frac{1.9}{9.0}\right)} = 3.82$$

由式(3 - 26)得：

$$E_{10} = \frac{\ln\left\{\frac{24.0}{24.0 + 1.9}\left[1 + \frac{1.9 \times (47040 - 22960)}{2.744 \times (36120 - 22960)}\right]\right\}}{\ln\left(1 + \frac{1.9}{9.0}\right)} = 3.84$$

由式(3 - 28)得：

$$DF = \frac{24.0 \times (47044 - 43680) + 2.774 \times (22960 - 36120)}{43680 - 22960} = 2.130 (t/绝干 t)$$

计算出的 DF 接近于估算的 DF。

由式(3 - 27)得：

$$E_{10} = \frac{\ln\left[\frac{24.0 \times (47040 - 43680)}{2.744 \times (36120 - 22960)}\right]}{\ln\left(1 + \frac{1.9}{9.0}\right)} = 3.7$$

通常情况下，尽管稀释因子的变化范围是已知的，但是确切的稀释因子值是未知的。图 3 - 14 为 E_{10} 因子估算值随 DF 的变化情况，这是根据数据采用式(3 - 25)和式(3 - 26)计算的。该曲线不代表 E_{10} 因子与稀释因子的通用函数关系。该曲线表示，如果由实验数据计算出稀释因子，那么由曲线可知其对应的 E_{10} 因子。该图也展示了基于已测数据在一定范围内 DF 所对应的 E_{10} 因子。此图的一个优点是能够用来对洗涤效率进行图表分析。例如，可以很容易地确定不同的稀释因子的洗涤效率。图 3 - 14 中的注释 (x_0, L_0, y_1) 是由式(3 - 24)解出的变量[52]。

如果由式(3 - 28)算出的稀释因子与

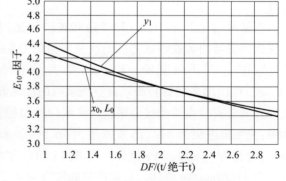

图 3 - 14 洗涤效率的图解估算

根据测得的产量、流量、浆料浓度计算出的稀释因子相差较大,这可能是在不稳定的运行状态下取的试样。在图 3-14 中,由式(3-27)和式(3-28)算出的两条曲线在某点交会。

随着数据测定准确度的提高,图解法得到了进一步的发展。基于收集样本数据的物料平衡,Tervola 和 Gullichsen 提出了计算置信限的方法并将其应用于浆料洗涤效率的估算中。这样一来,根据物料平衡、统计置信区间和测量,E_{st} 因子的估算方法得到了发展[52]。

一套洗浆系统由一系列的洗浆机组成。可以通过 E 因子的特性来评估整条洗浆生产线的性能。假定一个洗浆系统由 n 台逆流的相互连接的洗浆机组成,如图 3-1 所示,这样,式(3-20)可变为如下形式:

$$E\ln\left(\frac{V_{n+1}}{L_n}\right) = \ln\left[\frac{L_0(x_0 - y_1)}{L_n(x_n - y_{n+1})}\right] = \ln\left[\frac{L_0(x_0 - y_1)L_1(x_1 - y_2)}{L_1(x_1 - y_2)L_2(x_2 - y_3)} \cdots \frac{L_{n-1}(x_{n-1} - y_n)}{L_n(x_n - y_{n+1})}\right] \tag{3-29}$$

这里 E 是整个洗涤系统的洗涤效率。利用对数函数的性质,对每台洗浆机运用式(3-20)并利用式(3-16b)的优点,可得到如下公式:

$$E\ln(R) = E_1\ln(R_1) + E_2\ln(R_2) + \cdots + E_n\ln(R_n) \quad R = R_n \neq 1 \tag{3-30}$$

当 $R = 1$ 时,式(3-20)可变为如下形式:

$$EL_0(x_0 - y_1)/L_n = (y_1 - y_{n+1}) = (y_1 - y_2) + (y_2 - y_3) + \cdots + (y_n - y_{n+1}) \tag{3-31}$$

式(3-20)再次应用于右边括号里的式子,并应用溶质物料平衡方程:

$$L_{i-1}(x_{i-l} - y_i) = L_i(x_i - y_{i+l})$$

这样便可得:

$$\frac{E}{L_n} = \frac{E_1}{L_1} + \frac{E_2}{L_2} + \cdots + \frac{E_n}{L_n}, \qquad R = R_n = 1 \tag{3-32}$$

在特别重要的情况下,$L = L_0 = L_1 = L_2 = \cdots = L_n$,且在逆流情况下,$R = R_1 = R_2 = \cdots R_n$,此时式(3-30)和式(3-32)可简化为:

$$E = E_1 + E_2 + \cdots E_n, \quad L = L_1 = L_2 = \cdots = L_n \tag{3-33}$$

在出浆浓度相同的条件下进行估算时,E 因子可累加。运用式(3-21)将不同出浆浓度下的 E 因子换算成标准出浆浓度 E_{st} 下的 E 因子,就可以对 E 因子进行累加。将 E 因子换算成 E_{st} 的公式如下:

$$E_{st} = \begin{cases} E\dfrac{\ln\left(1 + \dfrac{DF}{L_1}\right)}{\ln\left(1 + \dfrac{DF}{L_{st}}\right)}, DF \neq 0 (R \neq 1) \\[4mm] E\dfrac{L_{st}}{L_1}, DF = 0 (R = 1) \end{cases} \tag{3-34}$$

已知 E 因子的洗浆机的洗浆得率 Y:

$$Y = \begin{cases} 1 - \dfrac{W - 1}{WR^E - 1}, R \neq 1 \\[3mm] 1 - \dfrac{L_0}{EL_0 + L_1}, R = 1 \\[3mm] 1 - \dfrac{1}{E + 1}, R = 1, L_0 = L_1 \end{cases} \tag{3-35}$$

多段洗涤的所对应的方程如下:

$$Y = \begin{cases} 1 - \dfrac{W-1}{WR_1{}^{E_1}R_2{}^{E_2}\cdots R_n{}^{E_n-1}}, & R_1 \neq 1, R_2 \neq 1, \cdots, R_n \neq 1 \\[3mm] 1 - \dfrac{L_0}{L_n}\dfrac{1}{L_0\left(\dfrac{E_1}{L_1}+\dfrac{E_2}{L_2}+\cdots+\dfrac{E_n}{L_n}\right)+1}, & R = R_n = 1 \end{cases} \qquad (3-36)$$

在特殊情况下,当 $L = L_0 = L_1 = L_2 = \cdots = L_n$ 且 $R = R_1 = R_2 = \cdots R_n$ 时,并且

$$Y = \begin{cases} 1 - \dfrac{W-1}{WR_1{}^{E_1+E_2+\cdots E_n-1}}, & R \neq 1, L = L_0 = L_1 = L_2 = \cdots = L_n \\[3mm] 1 - \dfrac{1}{(E_1+E_2+\cdots+E_n)+1}, & R = 1, R = R_1 = R_2 = \cdots R_n \end{cases} \qquad (3-37)$$

不同 E 因子下洗涤得率随质量比的变化情况如图 3-15 所示。

置换洗涤的效率并不总是与液力负荷无关。它会随着质量比 W 的减小而减小。质量比的一种表达方式是引入由常压扩散的测量所得出来的校正因子。

$$E = E_k \frac{1-\dfrac{1}{W}}{\ln W} \qquad (3-38)$$

式中　E——质量比校正的效率

　　　E_k——在 $W=1$ 时测定的 E 值

　　　W——质量比[21]

另外一种探讨洗涤液质量比的影响

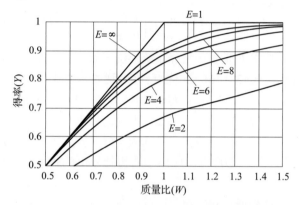

图 3-15　进浆浓度和出浆浓度均为 10% 时,不同 E 值下洗涤得率与质量比的关系

的方法,是先根据 Mauret 和 Renaud[18] 的方法计算水力动力学扩散系数,然后计算 P_e 准数和 E 因子;其实例见图 3-13。

E_k 对置换洗涤有意义,如果是根据现场样品的分析直接计算的话,E_k 还包含吸附和扩散作用。如果污染物浓度高到足以掩盖了吸附和扩散作用的影响,这些数据可能会反映置换洗涤中的流动行为。这种情况在最后洗涤段有着较大的差异。在这段扩散和吸附起着主导作用。在某种程度上吸附作用降低了洗涤效率,这是因为吸附的物质不能直接进入稀释-浓缩或置换洗涤。吸附的物质留在纤维内部,由于外部溶液中溶质浓度的降低,洗涤效率可能会下降。假设一条洗浆线由 4 段完全相同的置换洗涤段组成,每段的洗涤效率 $E=4$,均在 10% 的浓度下运行。稀释因子 DF 是变化的,吸附常数为 $A=8\text{mg/g}, B=25\text{L/mg}$。图 3-16 的结果表明,扩散和吸附现象可能对洗涤系统的性能有显著的影响,因此,在设计洗涤系统时应该予以考虑。

在科技文献中,对漂白段洗涤的关注比本色浆的洗涤少得多。一方面原因是,与本色浆洗涤相比,漂白段对洗涤用水的限制较少。制浆工业是资本密集型的,资源的高效利用是非常重要的。现在人们对含氧漂白化学品有着与日俱增的兴趣,并且总的趋势是减少漂白用水量和降低废水排放量。然而,降低漂白工段废水排放量的一个严重的问题是,当废水回用时,工艺过程的水中会有一些化学元素富集,这些化学元素被称为非工艺元素。非工艺元素是工艺过程中不需要的物料,是随着原料和化学品带入工艺过程中的元素。富集的非工艺元素会给漂白反应的选择性、产品质量、沉积物的形成、设备腐蚀等带来负面影响。过渡金属原子能够催化分解含氧漂白化学品,如过氧化氢的催化分解。结合 Donnan 平衡、离子交换、沉淀和洗涤模型能够进一步了解非工艺元素在漂白过程中的复杂行为[30-34,53-54]。

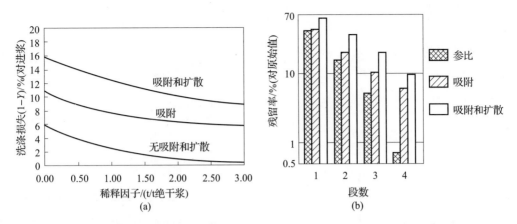

图 3-16　(a)为 4 段洗涤工段废液残留率与稀释因子的关系其中浆浓为 10%,各段洗涤效率为 $E=4$

(b)为出洗涤段的残留率[其稀释因子 $DF=2.5t/t$ 绝干浆,其他条件与(a)相同]

3.1.4　不同洗涤系统的效率

图 3-7 示出了大多数洗浆机的一般流程。进入洗浆机的浆料浓度的调节是在稀释区(D),调到浆层形成浓度和脱水至置换浓度(T)。为了计算,稀释段可以认为是理想的搅拌槽。洗涤液穿过浓缩的纤维层进行置换(W)。在置换洗涤(W)之后,一些洗浆机具有脱水单元,以达到出浆浓度(T),例如挤压区或者某些过滤设备的真空段。收集在滤液槽(废液槽)中的滤液(废液)通常与浆料浓缩产生的滤液混合。用于调节浆层形成浓度的稀释液取自于滤液槽,多余的滤液泵送至前面的洗涤段或废液回收系统。某些洗浆机在置换洗涤区采用多段逆流洗涤。不同类型的洗浆机的置换洗涤效率(P_e 值或 E 值)是不同的,因取决于浆层的厚度和洗涤液分布于浆层上的情况。

洗涤损失($1-Y$),与"标准"鼓式洗浆机、扩散洗涤器、洗涤压榨或两段中浓压力洗浆机的置换洗涤浓度的关系,可以用洗涤得率计算法进行计算。图 3-17 为这种计算的典型结果。结论是,洗浆机的置换浓度对洗涤系统总的效能起着重要作用。当出浆浓度相同但置换浓度较高时,置换洗涤的质量比(weight ratio)较大。

挤压式洗浆可以采用带置换洗涤或者不带置换洗涤的。图 3-18 所示的是整个置换洗涤区对最后出浆浓度的影响。上面的例子表明,如果不清楚洗涤机详细运转状况,就很难正确地评估洗涤机是否达到预期性能。对一台包括稀释-浓缩和后期置换增浓的洗浆设备,计算整套洗涤设备总的洗涤效能也是比较常见的。这些值自然会

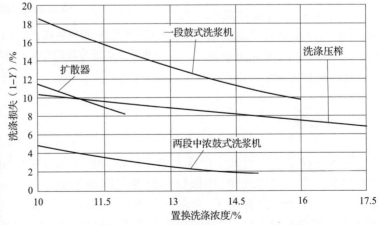

图 3-17　置换浓度对某些类型洗浆机洗涤损失的影响

注　稀释前进浆浓度为 10%,稀释因子为 2.5t/t 绝干浆[10]。

偏离单独计算的置换洗涤区的效率。所有详细的工程计算应当假定置换洗涤的操作浓度为恒定。参照标准运行条件,可以粗略比较不同洗浆机的潜在性能。

强化多段置换洗涤的方法是采用滤液分段循环。滤液分段循环的基本思路是基于如图 3-9 所示的穿透曲线。高浓度滤液从进浆口处流出,低浓度的滤液从出浆口处流入。分隔滤液,并以逆流方式将其单独进行置换,改善置换洗涤效果[55]。浓度较大的滤液用来洗涤废液含量较大的浆层,较干净的滤液用来洗涤较干净的浆料。滤液分段循环强化了洗涤效果,它也是逆流洗涤原理的延伸。图 3-19 将两段分段洗涤系统与没有滤液分段的相同的标准洗涤系统进行了对比。滤液分段循环原理也可以应用到漂白工段。将从洗浆机出来的滤液分为两部分,第一部分来自于置换洗涤初始端,第二部分来自于置换洗涤末端,并将其分别导入至滤液槽的不同室中,不同部分的滤液可以继续泵到不同的工段[56]。

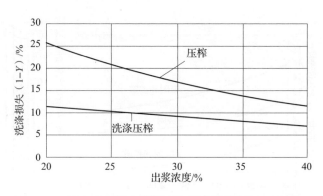

图 3-18　挤压或压榨洗浆机的出浆浓度对洗涤损失的影响

注　两种洗浆机的进浆浓度均为 10%,浆浓稀释到 4%,稀释因子为 2.5t/t 绝干浆。压榨洗浆机的置换洗涤区的浓度为 15,$P_e = 0.0$,在置换洗涤区 $E = 1.60 \sim 1.77$。

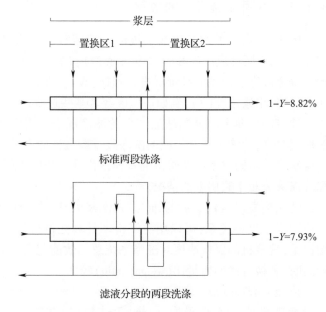

图 3-19　假设在相同的稀释因子(2.5t/t 绝干浆)和水力负荷条件下滤液分段的与标准两段的洗涤损失的比较

3.2　洗浆工艺

浆料洗涤是浆厂制浆生产线上最常见的操作单元。它应用于蒸煮之后的本色浆的洗涤和氧脱木素后浆的洗涤,以回收黑液和去除溶解的杂质。在连续蒸煮系统中,浆料洗涤在蒸煮器中就已经开始了,通常相当于一个洗涤段。改良的间歇式蒸煮中也包括这样的洗涤段。洗涤用于漂白之后,以去除漂白反应后浆中的溶解物质,并为浆料后续处理做好准备。

浆料洗涤设备有很多种。每种洗涤设备都有各自的机械结构和洗涤原理。它们在进浆、出浆以及洗涤浓度方面存在着差异。表 3 - 3 给出了目前所用的不同洗涤设备洗涤效率的一般信息。

在设计和确定本色浆和氧脱木素之后所需的洗浆能力时,应当满足一定的洗涤效率,目的是为氧脱木素提供好的反应条件,同时,使带至漂白段的残余物质最小化。在阔叶木浆的生产中,洗涤效率通常用 E_{10} 表示,在氧脱木素之前约为 12,在其之后约为 8。对于针叶木浆,氧脱木素之前和之后 E_{10} 分别在 15 和 8 左右。理论上,氧脱木素

表 3 - 3 不同洗涤设备的典型进浆浓度、出浆浓度和洗涤效率

洗浆机	进浆浓度/%	出浆浓度/%	$DF = 2.78t/t$ 绝干浆时典型的 E_{10}（以 COD_{Cr} 计算）
连续蒸煮	10	10	3 ~ 6
改良的间歇蒸煮	7 ~ 10	7 ~ 10	1 ~ 2
压力扩散洗浆器	10	10	4 ~ 6
一段常压扩散洗浆器(AD)	10	10	3 ~ 5
两段常压扩散洗浆器(AD)	10	10	7 ~ 8
洗涤压榨	3 ~ 9	28 ~ 35	3 ~ 7
压力洗浆机	3 ~ 4	12 ~ 14	3 ~ 5
真空洗浆机	1 ~ 2	12 ~ 14	2 ~ 4
一段鼓式置换洗浆机	4 ~ 10	12 ~ 14	4 ~ 5
二段鼓式置换洗浆机	4 ~ 10	12 ~ 14	8 ~ 11
三段鼓式置换洗浆机	4 ~ 10	12 ~ 14	11 ~ 13
四段鼓式置换洗浆机	4 ~ 10	12 ~ 14	13 ~ 16

前后的洗涤系统可以采用各种类型的洗浆机。在本色浆生产中,如纸袋纸和挂面纸板,洗涤要求是根据最终产品的要求确定的,但总的洗涤效率一般在 $E_{10} = 14$ 以上。

3.2.1 常压扩散洗涤器

早在 1960 年,连续式常压扩散洗涤器(AD)就已经设想出来了。1965 年在瑞典第一台设备投入运行。常压扩散洗涤器一般适用于中浓(10% ~ 12%)洗浆,其典型的特性是高效洗涤、低能耗、操作简单。其密封式操作意味着臭味排放少,在无空气条件下运行,基本无需消泡剂。由于所有的洗涤都在中浓条件下,所以不需要稀释和浓缩,从而降低了能耗。

AD 洗浆机可以是单段洗涤(一组筛板)或者是两段洗涤(两组筛板)的扩散洗涤器。具有两个洗涤段的双筛板扩散洗涤器在第一组筛板的正下方另外还有一组筛板。(Screen 翻译为"滤板"更确切,但目前很多资料上都将其称为"筛板",所以本书也将其译为"筛板"——译者注)。每组筛板设有其单独的提供洗涤液和相应的抽提液排出系统。这种类型的扩散洗涤器用于两段逆流洗涤,下部的是第一段,上部的是第二段。

AD 洗浆机有不同的规格,最大的生产能力可以达到 2400t 绝干浆/d。

一般设计的产能为 4.5 ~ 5.5t 绝干浆/m^2 筛板。根据应用情况,洗浆机的材质一般为不锈钢或者钛合金。

AD 洗浆机最常用的是连续蒸煮后的本色浆的洗涤。如图 3 - 20 所示,在蒸煮器喷放线上,浆料以喷放浓度直接从蒸煮器送入扩散洗涤器。

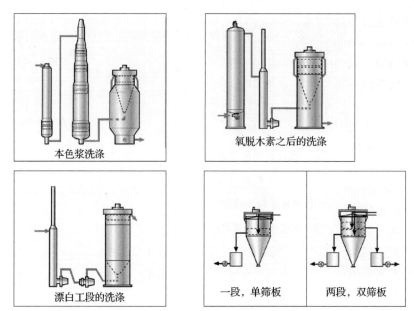

图 3 -20　AD 洗浆机在本色浆洗涤、氧脱木素后的洗涤和漂白工段洗涤中的应用

　　AD 洗浆机的主要优点是它的占地面积小,需要的空间小。由于这方面原因,AD 洗浆机有时候安装在氧脱木素之后,尽管那不是一个合适的位置。还有许多浆厂将 AD 洗浆机用作漂白过程中的洗浆机。AD 洗浆机可以安装在漂白塔的顶上,这将所需要的空间减小到了最小。近来,在漂白过程中鼓式置换洗浆机和压榨洗浆机取代了扩散洗浆机。

　　AD 洗浆机由锥形入口、带盖的外壳、上下移动的环形筛板组件、洗涤液分配器、旋转环形刮浆板和喷嘴臂、变速箱、筛板移动的液压升降装置、稳压罐等组成。筛板组件是一组有4 ~ 10个垂直的、同心的、双面环形筛板。这些筛环安装在提升筛板组件(带纸浆)的支撑臂上,支撑臂与液压缸相连接。图 3 - 21 为该装置的布置情况。为了确保所有的液压缸等负荷,液压缸组合成对,并组成系列。

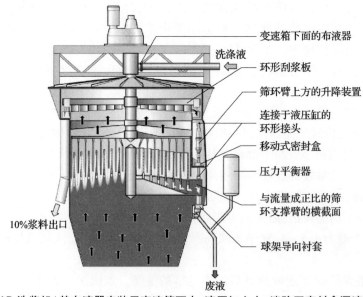

图 3 - 21　AD 洗浆机(其布液器安装于变速箱下方、液压缸之上,消除了密封盒漏液对机器造成损坏)

筛板组件提升装置的液压缸和压杆紧固在球形球窝接头上。可移动的包装盒与抽液管上的球形导向套管相结合，允许筛板倾斜，不会有横向力破坏设备的任何风险。这也保证了没有侧向力传至液压缸。图3－22 示出了流动开口和筛板系统通道的优化配置。原则上，除了液压缸的位置和运行方向之外，不同设计类型的 AD 洗浆机的操作系统和机械结构是相似的。最初的设计是，液压缸位于筛环下面，推动着筛环与浆流一起向上运动，然后在环形筛板向下迅速返回原位阶段，向下拉动筛板环。在后来的设计中，液压缸安装在筛环的上面，拉着筛

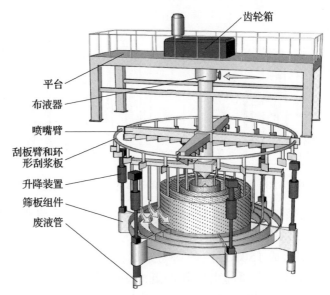

图3－22　带有筛板系统流动开口和通道并对压降和液体流速以及避免积气进行了优化的 AD 洗浆机

环与浆流一起向上运动，在筛环向下迅速回位阶段将其推下来[58]。

　　中浓浆料通过圆锥形入口从底部进入 AD 洗浆机系统。椎体的角度可使得浆料很好地分布于筛环之间的横截面上。筛环向上移动要比浆料移动得稍微快一些。筛环的臂连接在液压缸上。油直接作用于这些液压缸上，使筛环上下移动。旋转臂和喷嘴把洗涤液分布于筛环之间。与浆料一起进入的废液被洗涤液沿着径向从两个（内外）方向置换出去。对过滤板的开孔情况和洗涤液喷嘴的位置进行优化，以获得最大的洗涤效率。总管与通道的规格应与废液流量的大小成比例。通道中液体的流速大且稳定，可防止气体在筛环和臂内聚积。滤液（废液）从筛板中抽出，然后通过外部环形管汇集到滤液槽中。通过大约 1min 的向上运动后，筛板停在其顶部位置。滤液抽提关闭几秒钟。在一个快速下降的回程中，筛板的运动和从压力均衡池内回流的液体，会将筛板的孔冲洗干净。洗后浆料由环形刮浆板刮出来，靠重力作用落入储浆塔或中浓泵的立管。一般而言，出浆浓度在 10% 左右。也可以通过刮板臂下方的一组喷嘴，把浆料浓度稀释至 5% 左右。

3.2.2　压力扩散洗涤器

　　压力扩散洗涤器（PD，Pressure diffuser）是一种在压力环境下运行的完全封闭的扩散型洗涤器。主要应用于本色浆的洗涤，通常与连续蒸煮器相连；也用于氧脱木素后浆料的洗涤。20世纪 70 年代后期开发的紧凑型加压设计，可以在 100℃ 以上正常运行。如图 3－23 所示，其最典型的应用是在喷放线上的洗涤。当今的压力扩散器具有高实用性、高效率并易于操作。2009 年，工业化设备的生产能力为 180～1900t 绝干浆/d。根据不同的浆种和使用情况，典型的设计能力为 11～18t 绝干浆/（d·m² 筛板）。

　　压力扩散洗涤器有两种基本设计形式。它们的共同特点是浆流只通过位于置换喷嘴与往复抽提滤板之间的环形区域。在一种设计中，浆料的流动方向是垂直向上的[57]。在另一种设计中，浆流方向是向下的[58]。

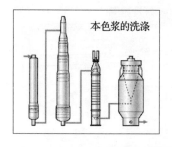  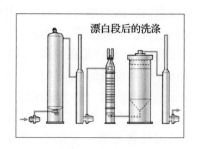

图3-23 压力扩散洗涤器应用于本色浆的洗涤、氧脱木素后的洗涤以及漂白过程中纸浆的洗涤

在浆流向上的设计中,10% ~12% 的中浓浆料从压力扩散器底部的入口进入(见图3-24)。浆通过筛板与挡板(洗涤液的)之间的环形区域向上流动,在洗涤器外壳的内部形成150mm厚的均匀浆层(见图3-25)。只有旋转卸料刮浆板和筛板组件是活动部件。在顶部出口处的卸料刮浆板确保浆料均匀地通过该设备。由于这是一个联泵装置,出浆需要有足够的压力才能流到下一道工序。另外的活动部件(液压驱动筛板)分别有450mm、600mm或者750mm的往复运动。筛板略微有一点锥度,使其在每个周期的快速下行回程中会产生自动反冲洗。洗涤作用是由于洗涤滤液通过浆层的横向置换产生的。洗涤滤液通过洗涤器外壁内侧的一系列洗涤液折流板进入。这些折流板确保了洗涤液在整个壳体的内表面均匀地流动。洗涤液置换通过浆层和抽提筛板进入中心汇集室内。抽提的滤液从底部总管排出。洗涤和抽提流动操作均为自动化控制。

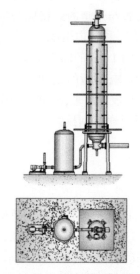

图3-24 压力扩散器和滤液罐
典型布局的主视图和俯视图[57]
(浆料从压力扩散器的底部进入,
从顶部排出)

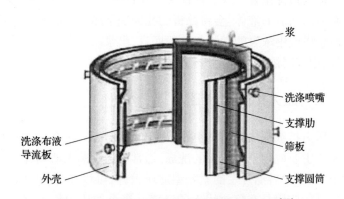

图3-25 浆和滤液在压力扩散器内的流动[57]

为了便于维修,液压系统置于地面上。由于只有两种活动部件,检测仪表很简单。压力扩散器易于开启和操作。一般情况下,只有5~7个过程控制回路。

如图 3-24 所示,压力扩散器占地面积很小,并且安装在地面上。它可以在工厂制造成可以船运和安装的单个部件。例如,一套完整的日产 900t 绝干浆(包括滤液槽)的系统仅需要 5m×13m 的空间。由于浆料从压力扩散器的底部进入,然后从顶部排出,所有随着浆料或者洗涤滤液一起进入系统的空气将会随着浆进入喷放锅。因为空气已被除去,并没有发生浓缩,所以可用小的滤液槽。

最近开发的压力扩散器是以相同的方式设计的,为标准的升流式装置,所不同的是它具有较大的回程速度,以形成较薄的浆层。其结果是洗涤液通过浆层的压力降较小,最终产量较高。以往,浆层的厚度是限制生产能力的主要因素。早期的压力扩散器的生产能力已经增加了 33%。降流式压力扩散器是一个垂直的压力容器,内部有垂直移动的筛板,筛板悬挂于顶端并与外部液压系统相连接。洗涤浆料从顶部进入,从底部流出。浆料在扩散洗涤器中仅有几分钟的停留时间。当浆料需要增强洗涤时,选择安装在蒸煮器喷放线上的压力扩散器较为合适。蒸煮器产生的压力可把浆料转移到扩散洗涤器中。图 3-26 示出了这种压力扩散器的工作原理。引导洗涤液的环形通道与压力扩散器外沿的壳体结合在一起。筛板呈略微有点锥度的圆锥形,其底部直径较小,且与外壁同轴线。洗涤期间它会随着浆流垂直向下移动,并进行规律性地快速向上返回运动,实现对筛板的反冲。筛板上的水平环可以起到加箍作用,并提高反冲效果。筛板与设备顶端的液压系统相连接。在最后的装配中,这可以由液压装置把筛板吊挂起来,以对筛板进行精确校准,延长轴承的使用寿命。底部的定速卸料刮板支撑着出口的浆流。液压系统有两种主要设备:一个独立的泵站和一个阀门站。中浓浆料进入设备的顶部。收集器能确保均匀的浆流环绕在加压壁与悬挂的筛板之间的环形空间内。均匀的浆流可以防止沟流。在设备顶部的液压装置推动筛板上下运动。顶部室内的设计消除了压力高峰,让浆流平缓地通过洗涤区。

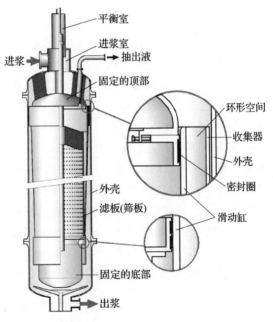

图 3-26　压力扩散器的原理[58]

洗涤液由一系列的洗涤液分配头和孔板(节流板)连续不断地引导着流出来。独特的孔板简化了每支液体的控制。壳体内部的导流板保证了洗涤液的流量均匀。图 3-27 描述了流体通过设备的流动情况。略带锥度的锥形筛板的快速下降过程中产生了反冲,并且在纤维悬浮液与筛板之间产生了一层可以清洗滤孔的液膜。不需要外部反冲。刮浆板把洗涤之后的纸浆从洗浆机的底部排出来。

如图 3-28 所示,压力扩散器的滤液可以汇集于滤液槽中或者联管箱系统。压力扩散器直接与蒸煮器相连,没有滤液槽,允许进浆温度超过 100℃。

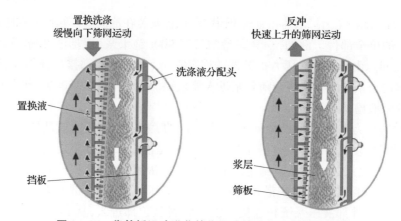

图 3-27　靠筛板运动进浆的作用连续进浆式压力扩散器

注　洗涤液在浆层中连续不断地置换。提取出来的液体通过滤孔，汇集于环形筛板组件的中间，
然后从洗浆机的顶部排出[58]。

3.2.3　带式洗浆机

　　带式洗浆机已变得越来越少，但其仍然用于亚硫酸盐浆和中性亚硫酸盐半化学浆的洗涤，有时也应用于非木材浆的洗涤。带式洗浆机在半封闭状态下运行，因此，建议不要用于抽出物含量高的纸浆和废液。带式洗浆机通常应用于中等生产能力（低于900t 绝干浆/d）的制浆生产线。

　　一般来讲，带式洗浆机由长的回转钢网带或者塑料网带构成。浆料以约3%的浓度送到水平带上，如图3-29所示，然后在网带上脱水至中浓。通常，浆料从筛选工段直接输送至带式洗浆机的流浆箱。流浆箱是洗浆机的主要组成部分。它可以使浆料在网带的工作宽度区域内均匀地分布，以确保形成均匀的浆层。均匀浆层的形成对置换洗涤来讲是至关重要的。

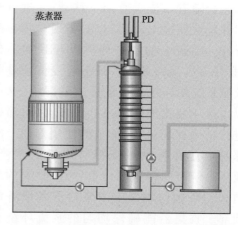

图 3-28　压力扩散器直接安装在连续蒸煮器之后（不含滤液（黑液）槽）[58]

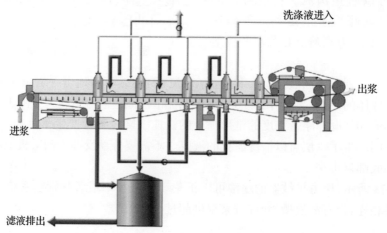

图 3-29　具有 4 段洗涤和 1 段末端浓缩的带式洗浆机[57]

浆层依次通过几个(一般是 3~5 个)洗涤段。洗涤水进入最后的洗涤段,滤液逆流泵送通过各个洗涤段,并且各段之间没有滤液槽。在真空泵产生的微小的真空作用下,进行浓缩和洗涤液的置换。在浓缩区,即网带出口末端,浆浓增大至 12%~15%。一些改良的水平带式洗浆机,在浓缩区之后增加了挤压机,使得洗浆机变成了水平带式洗浆机与压榨机的组合[57]。与其他类型的洗浆机相比,带式洗浆机占地面积相对较大。

3.2.4 真空洗浆机(真空过滤机,鼓式洗浆机)

真空过滤机,其设计为鼓式洗浆机,是 25 年前应用最为广泛的洗浆机型。洗鼓的外层是用塑料网或者金属网覆盖在钻孔的板上。在内部,转鼓内的滤液通道(即小室)与管子交汇,引导滤液进入与水腿相连接的分配头。混合均匀的浆料以 0.7%~1.5% 的浓度进入真空过滤机的喂料槽。浆料从喂料槽缓慢且均匀地溢流至网槽(如图 3 – 30)。当洗鼓的滤液通道完全浸入浆料之中时,在重力作用下,通道充满滤液。

重力段之后是真空段。这里,在由水腿产生的真空的作用下进行过滤。滤液经过真空分配头进入水腿。当浆层从过滤槽(网槽)里升起来时,在真空的作用下通道变成空的。当浆层充分脱水时,即浆浓为 8%~10% 时,置换洗涤便开始了。洗涤液通过喷嘴缓慢地喷到浆层上。在浆层从洗鼓表面脱落之前,通过真空分

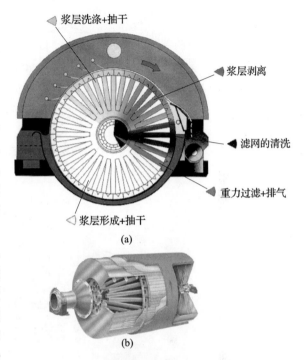

图 3 – 30 不同阶段真空洗浆机的操作(a)和机械构造(b)[57]

配头的盲区将真空立即释放出来。为了避免浆层再稀释,浆层剥落之前需放空滤液通道。在进入下一个操作周期前,用滤液将网子冲洗干净。浆料的出口浓度通常为 12% 或者更高。

转鼓洗涤系统由多台完全相同的或者不同的洗浆机组成一系列,如图 3 – 31 所示。在这里,来自于硫酸盐法间歇蒸煮车间的浆喷放至喷放锅。喷放锅也可以作为洗浆的喂料槽。浆料在喷放锅的锥形底部稀释至洗浆机的进浆浓度,里面的混合搅拌装置可确保稀释的均匀性。浆料以 1% 的浓度进入洗涤系统的第一台洗浆机,在转鼓中浓缩,然后用来自于下一段的滤液通过浆层,进行置换洗涤。转鼓中的滤液汇集于滤液槽中,收集后的滤液(即废液)泵送到蒸发工段和用于喷放锅浆料稀释。从第一台转鼓出来的浆,用下一段的滤液进行稀释,然后进入第二台鼓式洗浆机的网槽。第三段和第四段也同样继续进行逆流洗涤。滤液槽又大又宽(横截面积是转鼓表面积的 1~1.4 倍),开口通向大气或者臭气收集系统,以利于在进入下一段置换之前将泡沫从液体中分离出来。该图表明,泡沫收集系统分离出的液体返回至洗涤系统中。在硫酸盐法制浆系统中,泡沫是一个特殊的问题。在硫酸盐法制浆过程中抽出物会被皂化,形成皂化物,当这些皂化物与夹带的空气或者气体接触时就会产生泡沫。图 3 – 32 为真空洗浆机的布置图。

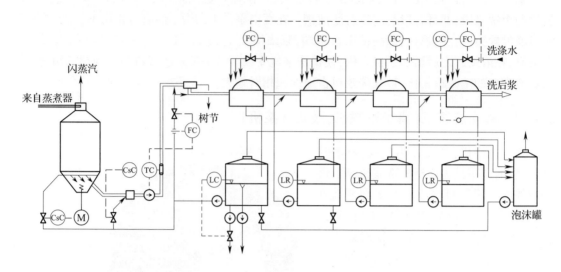

图 3 − 31　四段鼓式真空洗涤车间示意图

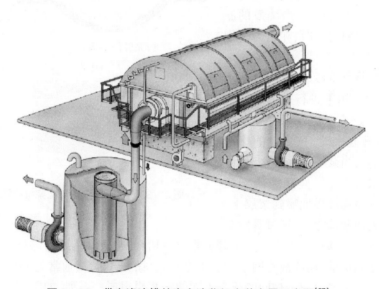

图 3 − 32　带有滤液槽的真空洗浆机安装布置示意图[57]

　　尽管不同真空洗浆机的机械构造有所不同,但它们的工作原理是一样的。据不同类型的浆料及应用,设计生产能力一般在 4.5 ~ 7t 绝干浆/m² 鼓表面积。每台设备的转鼓的表面积为 20 ~ 200m²,最大产能可以达到 1400t 绝干浆/d。转鼓的正常转速高达 2r/min。下面是目前可用的真空洗浆机的实例。

　　图 3 − 30 和图 3 − 33 所示为真空洗浆机的倾斜(锥形)的滤液通道与转鼓外鼓面结构相结合的构造。转鼓内的滤液通道固定于转鼓末端,此处还设有分配头。当转鼓的通道浸没入浆料时,在重力的作用下,滤液充满了转鼓通道。滤液流入通道,把其中的空气和其他气体从通道和抽吸管中置换至分配头。空气中所夹带的液滴,通过分配头将其与气体分离后,进入滤液槽。滤液中的空气含量越低,则真空度越高;滤液和纸浆中夹带的空气含量降低,将会提高洗涤效率,增加生产能力,并且可减少消泡剂用量。

图 3 – 34 为真空洗浆机的另一种设计类型。这种洗浆机的特点是波纹板的设计。面网紧贴在波纹板上。在波纹板下面,滤液通道引导滤液进入转鼓的末端。转鼓内没有滤液管,但转鼓末端的通道会把滤液汇集到分配头里。波纹形的转鼓表面可使滤液沿着切线方向流动,这对消除回湿是有利的。

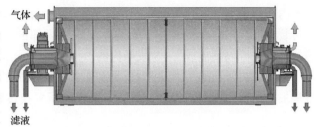

图 3 – 33 表明了排出滤液和除去空气的真空过滤机的工作原理[57]

图 3 – 35 所示的真空洗浆机的特点是开放式转鼓设计,转鼓由坚实的不锈钢制成。该设计使转鼓所受的浮力最小化。从而减少了作用于转鼓结构上的静态的和动态的作用力。这种设计允许转鼓较长,长达 16m,可获得较高的生产能力(超过 2000t 绝干浆/d)。鼓板具有综合防回湿功能,从而可以增大出浆浓度。真空洗浆机具有独立的中心阀,并设有人孔,便于维修人员进入。阀门的位置能使操作人员从外部进行调节。转鼓的设计能适用于老式过滤槽升级改造。

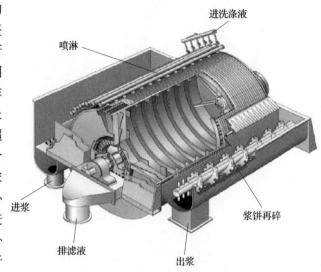

图 3 –34 真空洗浆机的构造和转鼓的结构[59]

除了上面所提到的以外,在不同的商业领域,当地的制造商还对真空洗浆机进行了很多其他方面的改良。

3.2.5 压力洗浆机(压力过滤机)

压力洗浆机在其工作原理和机械结构上都不同于真空洗浆机。浆层的外面有一定的压力,使洗涤液通过浆层。转鼓内部略带真空度或者是大气压。在运行中不需要真空水腿。这种洗浆机可以较高的浆浓进浆,例如达到 4% 。图 3 – 36 和图 3 – 37 为直到现在仍然还在某些浆厂使用的两种不同形式的压力洗浆机,尽管用得越来越少。

图 3 – 36 所示的压力鼓式洗浆机,在其罩子的外部有一台鼓风机,可以使

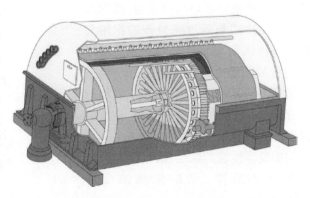

图 3 –35 真空洗浆机的构造和转鼓的结构[58]

罩子内部产生10kPa到15kPa的正压力。转鼓的内部略带真空度或者为大气压。洗浆机通过密封装置将其与碎浆机分开。安装在洗浆机内部的液体收集池用于将各洗浆段的滤液分开的。洗浆机可以制造成1～3段操作的。

图3－37所示的压力洗浆机,具有促进浆层形成的可调节压板。洗涤滤液的加入及其分布是根据结合原理(bondprinciple),从而消除了置换过程中夹带空气。

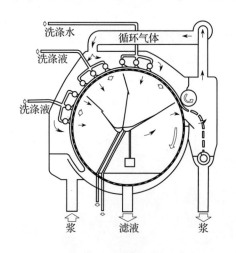

图3－36　三段压力鼓式洗浆机[58]　　　　图3－37　具有可调压板的过滤机[59]

压力鼓式洗浆机的单位生产能力比真空过滤机高(高两倍或者三倍),这是因为它的进浆浓度较高。

鼓式置换洗浆机是鼓式洗浆机的一种特殊类型。它浸没于液体中并在压力条件下运行。洗浆机可以分为低浓鼓式置换洗浆机(进浆浓度为3%～6%)和中浓鼓式置换洗浆机(进浆浓度为8%～11%)。低浓鼓式置换洗浆机的典型位置是在除节与筛选工段之后。中浓鼓式置换洗浆机安装范围要宽得多,包括本色浆的洗涤、氧脱木素后浆的洗涤以及漂白工段之后浆的洗涤。洗浆机由转鼓和壳体组成,如图3－38所示。洗浆机的核心部件是转鼓,肋板沿着洗浆机的纵向将转鼓分隔成许多浆室。浆室的底部是多孔板材料。多孔板的下方是滤液小室,它与转鼓末端的滤液室相连。浆料以3%～11%的浓度和0.0～60kPa的压力进入流浆箱,浆料均匀地从流浆箱分布到转鼓的浆料小室。浆料被浓缩成均匀的浆层,填充入小室内。进浆箱通过密封条的作用与置换洗涤区和卸浆区分隔开来。洗涤区的密封条还会刮去浆层,因此,当进入置换洗涤区时,小室总是被浆料均匀地充满着。密封的压力进浆箱、稳定的进浆压力以及浆层的浓缩,形成了具有均匀的脱水性能的浆层,满足了高效洗涤的先决条件。浆层洗涤浓度在9%～13%。

从洗浆机的箱体,洗涤液以0～10kPa

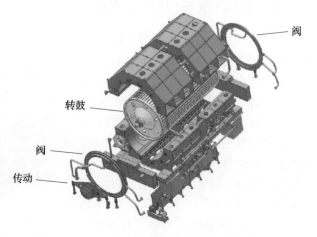

图3－38　鼓式置换洗浆机的构造[57]

的压力均匀地分布于洗涤区域。在置换洗涤区段,浆料小室是浸入液体下面的。洗涤液渗透通过浆层,滤液汇集于滤液室中。滤液从滤液收集室泵送到前一段。每一段可分成两个部分。图 3-39 为一台四段洗浆机。根据不同的应用或者需求,洗浆机具有 1~4 个独立的洗浆段。在置换洗涤之后的最后一段的真空区,出浆浓度可达 13% ~18% 。

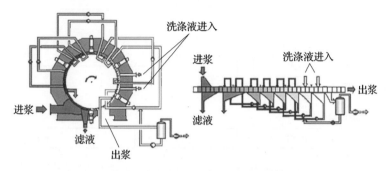

图 3-39　每段分成两个区和滤液以隔离方式循环的四段洗浆机示意图[57]

图 3-40 所示的是单段洗浆机的一个示例。该洗浆机的独特之处是,如果需要,它能排出两种不同的滤液。这种滤液的隔离为漂白滤液的回用、封闭滤液循环以及减少水耗提供了新的可能性[56]。这种单段洗浆机的单位生产能力高达 6000t 绝干浆/d。单位生产能力取决于洗浆段的数量和浆的种类。

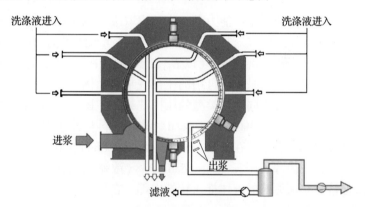

图 3-40　无滤液循环的单段洗浆机的工作原理[57]

3.2.6　压榨洗浆机(置换压榨洗浆机)

压榨洗浆机用于本色浆和氧脱木素后和漂白浆料的洗涤。压榨洗浆机(有时也称为置换压榨洗浆机),包括以下单元操作过程:稀释、浓缩、置换洗涤以及挤压至 30% ~35% 的浓度。各种洗涤设备运用这些单元操作工艺的程度,以及在洗涤设备或者洗涤系统中具体过程的效能,决定着洗涤效率。图 3-41 示出了用于置换压榨洗浆机的单元工艺过程与其他洗涤设备的对比。在所有洗涤设备中,置换洗涤几乎在同一浆浓下进行,但其稀释因子是由出浆浓度决定的。压榨洗浆机的出浆浓度为 30% 或者更高,这就意味着置换洗涤段的洗涤用水量较少。

目前,压榨洗浆机的进浆浓度范围在筛选浓度与中浓之间。压榨洗浆机主要由两个反向转动的带孔压榨辊组成。挤压前,树木节子和粗渣部分必须与浆料分离。流入的浆料送入进浆装置,一台进浆装置对应于一个转鼓,转鼓将浆料搅匀并均匀地分布于洗浆机的整个工作区内。进浆时浆料分布良好是获得均匀洗涤效果和均匀出浆浓度的必要条件。送入洗涤液并将其分布在浆层上,经挤压后洗涤液通过浆层和筛板进入压辊内部或者流动通道。浆层离开置换洗涤区后,进入压榨区,此处浆的浓度可升高至 30% ~35% 。经过压区后,浆层从挤压辊的表面刮落下来,然后送入破碎螺旋。在破碎螺旋之后,浆料稀释至中浓,以便进一步处理。在下一个循环之前,挤压辊用高压喷射器冲洗干净。

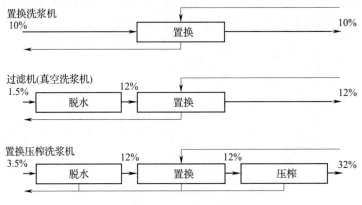

图 3 - 41　洗涤设备中使用的单元工艺过程

压榨洗浆机的生产能力和洗涤效率取决于以下参数:① 进浆浓度;② 浆槽压力;③ 压辊转速;④ 压辊扭矩;⑤ 洗涤液流量;⑥ 浆料滤水性能;⑦ 压区宽度。

压榨洗浆机的洗涤效率(以 E_{10} 表示)通常在 3 ~ 7 之间,这取决于洗浆机的型号和位置以及制浆原料。以下是目前可用的压榨洗浆机示例。

主要有 3 种不同设计类型的压榨洗浆机。图3 - 42是第一种设计类型的示意图。单台设备的生产能力可达3600t 绝干浆/d。溢流进料与分布螺旋相结合,保证了浆层在转鼓上的均匀性。浆浓随着浆层在转鼓与固定的弧形板(flap)间的移动而逐渐增大。除去的液体通过小孔进入转鼓内部。压实(consolidation)区(浓缩区、脱水区)之后,浆层进入置换洗涤区,在此区洗涤液将浆层原来的液体推入转鼓内部。在压区内,浆料压榨至出浆浓度,并从压区进入破碎螺旋。

第二种压榨洗浆机设计类型如图 3 - 43 所示,它最初构思于 1954 年。压榨机主要有两种类型:脱水压榨洗浆机和置换压榨洗浆机。单台压榨洗浆机的最大生产能力约达 5400t 绝干浆/d。所有的压榨机都是模块化产品中的一部分,相同的组件用于不同规格和类型的压榨洗浆机。

置换压榨洗浆机运用两种机理,分为 3 个单独的步骤:首先是脱水,然后是置换,最后脱水(压榨)以达到卸料浓度。浆料通过每个转鼓上的单独的进料装置进入压榨洗浆机。进浆浓度在 3% ~ 11% 范围内。在置换区之前的初步脱水浓度达到 10% ~ 17%。通过喷嘴加入洗涤水,之后紧接着是置换洗

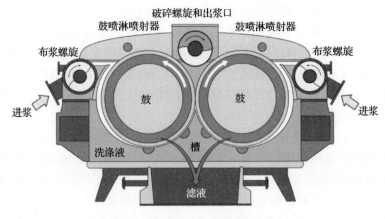

图 3 - 42　压榨洗浆机示意图[57]

涤。当浆料进入压区时,置换洗涤结束。在压区进行最后一段脱水,至浓度30%～32%。当纸浆通过了压区时,便被从转鼓上刮下来,然后进入顶部的破碎机进行撕碎。

第3种设计类型的压榨洗浆机示于图3-44。在压榨洗浆机中,浆料送入两台布浆螺旋,每一台螺旋的浆料分别进入一个转鼓。布浆螺旋沿着洗浆机的整个工作宽度分布浆料,然后在转鼓与弧形板之间的收缩空间内脱水。经过脱水的浆料在槽体与转鼓之间的洗涤区进行洗涤。洗涤液由转鼓上方的两排喷嘴加入,挤压后的滤液通过转鼓上的孔排出。安装了喷嘴,以均匀分布洗涤水。逐渐减小转鼓和槽体之间的距离,使浆料进一步浓缩,然后所有的浆料进入压区,两个转鼓上的浆层在压区会合。最后,挤压区将把剩余

图3-43 置换压榨洗浆机[58]

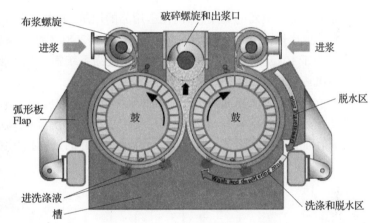

图3-44 压榨洗浆机示意图[60]

的残液从浆里压榨出去,最后浆料浓度达到30%以上。

刮浆刀从转鼓上把浆刮至破碎和输送螺旋上。输送螺旋把浆料沿着轴向输送到稀释区,用洗涤液稀释至所需的浓度。在碎浆螺旋与布浆螺旋之间转鼓的无浆区,从滤液槽泵送高压内部滤液至喷水管,将转鼓上的孔冲洗干净。浆层置换和脱水出来的所有滤液都会流入转鼓内部的通道,并汇集在转鼓端部的室内。滤液从室内流入滤液槽。布浆螺旋和转鼓都是可调速的,以便于为不同的产品提供最佳的洗涤效果。

3.2.7 挤浆机

在某些应用中,只用挤浆机(有时也称为脱水挤压洗浆机)。脱水挤压并无洗涤液置换洗涤步骤;而是将洗涤液在进入挤浆机之前直接加入到浆料中。其结果是,脱水挤压洗浆机比压榨洗浆机的洗涤效率低。

脱水挤浆机用于脱水时分为两步:初始脱水和最终脱水(挤压)达到出浆浓度。浆料通过中心部分的底部开口进入挤浆机。进浆浓度在3%～9%范围内。浆料在辊子的表面自由形

成浆层并开始脱水。浆层进入挤压区进行最后脱水。有不同类型的脱水挤压洗浆机可供选用。最常见的挤压洗浆机,其出浆浓度为 30% ~ 32% 左右,它广泛用于洗涤要求比较低的地方。另一种类型为脱水挤压机,它能提供很高的出浆浓度,高达 42%。这种挤浆机主要在高浓臭氧漂白段之前使用。浆层在压区受到较大的压力,从而获得高的纸浆浓度,这就是为什么这种挤浆机所设计的结构载荷比低浓出浆的挤浆机要高的原因[58]。

3.3　洗涤系统

由两台或者多台洗涤设备连在一起组成一个洗涤系统。应用这一概念,在漂白车间之前,硫酸盐法制浆过程中有两个洗涤系统:一个是紧跟在蒸煮后面,而另一个则是在氧脱木素之后。漂白车间内的洗浆机并不是一个系统,由于每一段漂白都有各自的洗涤要求,所以单台独立的洗涤设备更容易操作。在连续蒸煮系统中,纸浆洗涤在蒸煮器内就已经开始了,一般会含有一段洗涤。改良的间歇蒸煮系统可能也含有这样的洗涤段。

洗涤系统应该以完全封闭的布局,使用最优的洗涤稀释因子,将较低 COD 含量的浆输送至漂白车间。

稀释因子决定蒸发的费用、漂白化学用品的用量、废水处理以及设备的投资[61]。

典型的现代化洗涤系统应该在稀释因子小于 2.8t/t 绝干浆的条件下,向漂白车间提供 COD 含量小于 10kg/t 绝干浆的纸浆。本色浆洗涤系统需要向氧脱木素反应塔输送总 CODCr 量低于 110kg/t 绝干浆的浆。

图 3-45 所示为压榨洗浆机在一条制浆生产线上的应用。采用连续蒸煮的系统中,在蒸煮之后具有 2 台压榨洗浆机、氧脱木素后使用 2 台压榨洗浆机就足够了。在第一段本色浆压榨洗浆机前面必须安装除节机,以确保没有过大尺寸的杂物损坏压榨洗浆机的辊子。

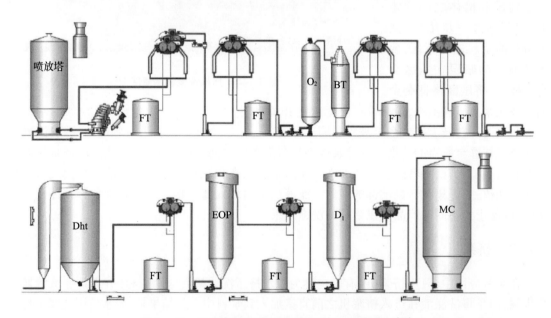

图 3-45　采用压榨洗浆机的制浆生产线洗涤系统[58]

FT—滤液槽　O₂—氧脱木素反应器　BT—喷放塔　Dht—高温二氧化氯段

EOP—氧和过氧化氢强化的碱抽提段　D₁—二氧化氯漂白段　MC—中浓贮浆塔

基于鼓式置换洗浆机技术的制浆生产线洗涤实例示于图 3 – 46。两段鼓式置换洗浆机安装于氧脱木素工段之前和之后,单段的鼓式置换洗浆机安装在漂白车间。除节和筛选工段置于氧脱木素工段之后。鼓式置换洗浆机可以洗涤含有树木节子的纸浆。由于粗筛和精选系统位于氧脱木素工段之后,所以筛选工段的筛渣减少了,同时也减少了臭气向大气的排放量以及废液系统中产生泡沫的风险。

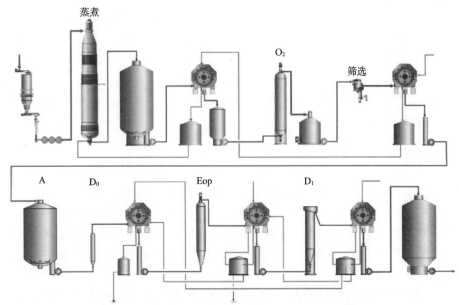

图 3 – 46　具有 DD 洗浆机的制浆生产线的浆料洗涤[57]

O₂—氧脱木素反应塔　A—酸处理段　Eop—氧和过氧化氢强化的碱抽提　D₀、D₁—二氧化氯段

O_2—氧脱木素反应塔　A—酸处理段　Eop—氧和过氧化氢强化的碱抽提　D_0、D_1—二氧化氯段

硫酸盐法蒸煮过程中,木材里的抽出物会发生皂化反应,在黑液中形成皂化物。蒸煮后,这些皂化物会溶解或者呈固态。在本色浆洗涤的过程中必须把皂化物溶解并洗涤除去。皂化物的溶解性能主要取决于黑液的固形物含量,在固形物含量约为10%时,其绝大部分溶解。许多阔叶木的抽出物含量都比较低,所以在本色浆洗涤系统中不需要皂化分离系统。桦木浆洗涤系统一般含有皂化物或者泡沫分离系统,但桉木浆洗涤系统中却不需要。在针叶木浆洗涤系统中需要有皂化物系统。图 3 – 47 示出了一个泡沫和皂化物分离系统实例。皂化物从黑液表面撇出来,

这是由于皂化物的密度较小,从而被分离出来。泡沫导入黑液与皂化物分离槽中。消泡器安装于黑液槽和泡沫槽的底部,以泵送泡沫至泡沫槽,并将泡沫打碎后变成液体。在现代化制浆系统中,仍然需要消泡器,只是比过去用得少了。

图 3 – 47　本色浆洗涤中皂化物和泡沫分离系统示例[57]

3.4　筛选

蒸煮出来的浆难免包含一些不想要的固体物料。某些木片可能蒸煮不完全,还可能有一

些纤维原料没有完全分离成单根纤维。木材中的一些瑕疵(例如受压木,枝丫材的紧密节段,或者紧密的心材)可能会呈现为非纤维状固体。木材以外的其他杂质组分也可能跟木片一起进入蒸煮。这样的杂物包括树皮、砂子、石块和夹杂的金属等。

如果采用鼓式真空洗浆机或者挤压式洗浆机洗浆,大的颗粒物,诸如石块、未蒸解的木片和树木节子等,应在洗涤前除去,以避免在洗浆过程中损坏设备。尽可能完全地除去未纤维化的组分,以减少漂白过程中化学品的消耗。

筛选的目的就是尽可能有效地除去浆中的这些杂质,并对尾浆加以处理;在尾浆处理系统中把优质的纤维分离出来,送回浆的主流程中,并为筛渣处理做准备。筛选可以将绝大部分未纤维化的组分从浆中分离出来。与纤维相似的或者比纤维细小的其他组分,可根据密度的不同将其除去。例如,砂子比纤维重,然而某些塑料比纤维更轻。

利用筛选技术还可以把纸浆分为具有不同特性的纸浆级分,例如基于纤维长度和滤水性能。这种应用称为分级。

3.4.1　典型杂质

(1)纸浆中的固体杂质主要分为两大类:① 来自于原料[树枝、纤维束(碎片)、树皮和细小组分]的杂质;② 木材加工处理过程中带入纸浆的(砂子、石子、灰烬、金属和铁锈)的杂质。

(2)根据杂质所产生的问题进行分类:① 对制浆生产的最终产品产生干扰的(抄纸或者纸张加工);② 在生产过程中引起设备故障的;③ 基本是柔软的,容易随着纸浆一起活动或随着过程水流动。

随着木材引入的那些污染物或者杂质,一般来说最难处理,但它们很少引起设备故障。石头、砂子和夹带的金属会导致设备故障,但易于分离。这种分离应该尽早在生产过程中完成。留在最终产品中的大部分杂质来自于木材。制浆过程产生的杂质可按照来源进行分类。

3.4.1.1　树木节子

在硫酸盐浆中,树木节子一般是各种形状的大块物质,一般在蒸煮喷放浆料中树木节子占0.5% ~ 3%。树木节子的颜色较深。其部分来源于大的或者太厚的木片,它们未充分浸透以及蒸煮不完全。也可能来自于枝丫材密度大的部分或者受压木。树木节子会导致真空鼓式洗浆机的网面破裂或者挤浆机的滤板毁坏,应该在洗浆前去除。树木节子可重新蒸煮,即在分离后送回蒸煮锅再蒸煮,也可以用机械法磨成纤维状浆料。后者不建议用于漂白浆。树木节子的木素含量较高,会消耗大量的漂白化学药品;即使是磨成浆,可能也不容易漂白。回煮、废弃或者转送至生产本色浆,都是较好的方案。

3.4.1.2　纤维束(碎片,Shives)

纤维束或者碎片来自未完全蒸煮的木片。有些碎片,其颜色通常比浆的颜色要深,可以漂白,可能不被察觉就送到纸机了,造成纸页断头和其他操作运行问题。本色浆的筛选过程中会将纤维束分离出来;在某些情况下,纤维束经磨浆后返回制浆流程、进入筛选系统中。在硫酸盐法制浆中,纤维束含量一般占蒸煮浆料的0.1% ~ 1%。

3.4.1.3　树皮

浆中的树皮是常见且难以处理的杂质。树皮颗粒小,有弹性且易破碎。在最终的产品中以小黑点的形式出现。氯气和二氧化氯等强氧化剂可将树皮粒子漂白,但过氧化氢和臭氧则不能漂白树皮。树皮颗粒的密度与纸浆纤维相近,其尺寸大小也与纸浆纤维的相似。尚无简单的树皮分离方式。最佳的方法就是在备料工段对木材进行适当处理,以防止树皮进入制浆过程。砂子和碎石颗粒经常随着树皮一起进入制浆系统,导致设备的过度磨损;这也是削片前需要有效地去除树皮的另一个原因。

3.4.1.4 碳和灰渣

碳和灰渣可能来自燃烧的木材,它是森林火灾所造成的,或者来自附近燃煤或湿混合废木料燃烧所产生的污染物。灰是难以除去的污染物,可使浆变色,它既不能漂白,也不能通过洗浆和筛选分离。灰渣,根本不能允许其在原料线上存在。

3.4.1.5 树脂

树脂是由难溶的抽出物组成的凝聚物。富含抽出物的原料常会出现树脂问题,特别难解决的问题是树脂会黏着和堵塞网子、传送带、黏压榨(辊)和纸浆干燥机以及纸机的烘缸。如果树脂结块足够大,则可以通过筛选将其除去,或者用像滑石粉这样的固态助剂吸附树脂,从而减少其凝聚,这样黏性树脂凝聚问题可以得到缓解。解决树脂问题的常见方法是对原材料进行处理和选择正确的制浆方法。原料长期(数月)贮存,可减少木材的抽出物含量;这是一种昂贵的方法,常用于亚硫酸盐法制浆,偶尔也用于硫酸盐法制浆。硫酸盐法制浆可处理(溶解)大部分脂肪酸和树脂酸,并溶解树脂成分。针叶木蒸煮产生的皂化物,尤其是精制的塔罗油,是有效的分散剂,可用来减少阔叶木硫酸盐法蒸煮所产生的树脂。树皮通常富含抽出物,所以完全彻底地剥皮是必要的,这可减少后续工艺过程中的树脂问题。

3.4.1.6 砂子、石灰和水泥

这些成分可能随着木片或者原木的运输进入系统,也可能来自其他操作或者对设备和地面的冲洗。这些杂质会导致设备磨损,所以需要尽早地清除。如果颗粒足够大,可用筛选除去;如果是小颗粒,就用离心除砂方式除去。砂子与纸浆纤维在密度上的明显差异,使得它们容易分离。但是,要除去最小的砂粒却很难或者花费很大。

3.4.1.7 细小组分(细小纤维,Fines)

浆的细小组分并非真正的杂质。实际上,它是最终产品的基本组分,但它可能是树脂的来源和树脂沉积的集结点。

3.4.1.8 塑料

塑料可能是木材夹带的或者设备上脱落的。原木从林场到备料车间的整个木材运输链,有很多塑料成分会进入原料中。塑料会造成设备堵塞、纸页断头,以及纸页刮刀涂布故障。如果在制浆过程中,塑料被碎解成细小颗粒,就特别难以将其分离了。

3.4.1.9 其他

制浆系统中偶尔也会出现铁锈、油漆、黏土和油类等污染物。这些污染物必须根据各自的特征进行处理。当浆厂工艺过程水循环程度增大,并且禁止使用强消毒剂时,由真菌和微生物的生长所产生的生物污染物,是制浆厂潜在的问题。

3.4.1.10 污染

关于污物(杂物),世界各地的制浆行业所用的术语是不同的。树木节子和碎片(纤维束)通常定义如上,但也使用下列术语。

(1)杂质 是指影响纸页外观或其使用的任何物料。在最终产品中出现的任何比背景颜色深的斑点都是不希望的。制浆造纸生产过程中,任何导致最终产品出现问题的颗粒也可能被归类为杂质。这样的物料可能包括非纤维素的材料,如塑料。

(2)碎末 是指立方体形的不规则形状的碎屑,它来源于不规则的阔叶木导管或来源于木材削片操作。

（3）尘埃：包括无机或有机的尘埃斑点（颗粒），它可能来源于树皮。砂子和砂砾颗粒是典型的无机尘埃颗粒。尚无定义碎屑和斑点的行业标准。基于物理尺寸的定义示于图3－48。

物理性质，如大小、形状、密度和可变形性，是影响技术方案实施和效率的最重要的污染物参数。

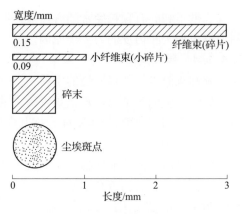

图3－48　化学浆中的杂质

3.4.2　筛选原理

纤维悬浮液（浆料）送入筛浆机内被分为两部分：良浆和粗渣。浆料通过孔板或缝板，孔或缝的尺寸足以让单根纤维和小絮体（小浆团）通过，而纤维束和较大的浆团从筛中排出，继续处理。浆团必须充分破开，以确保纤维易于通过筛板；筛渣必须从筛板面有效地除去，以避免堵塞。在纸浆悬浮液中，杂质和纤维要能够尽可能单独移动，这对筛选是至关重要的。

浆料的浓度在这方面是重要的因素。浓度越高，则纤维网络结构和浆团越牢固，因此，分散纤维网络结构和絮体就需要较大的速度和剪切力。自然的絮聚体，其会包含几千根纤维，直径可以达到5mm；除非能在筛板表面上分散开，否则它们将被筛除。良好的纤维也可能会黏附在粗渣上，从而形成比粗渣大得多的聚集体。除非筛选条件能使得粗渣在纸浆悬浮液中自由移动，否则，这样的好纤维也会被筛除。

通过振动筛子，或高频往复运动，或在浆中产生强烈的湍动，例如设置适当的转子，浆料会受到剪切力作用。振动筛表面的流动模型对于筛的性能是很重要的。浆料通过筛板的轴向流动（从进浆点到排放点）、横向流动或径向流动的关系，以及切向或垂直流动，对于许多筛选机的分离效率是至关重要的。同样地，开孔尺寸和模型也是影响筛选能力和净化效率的重要因素。

3.4.3　筛选机理

筛浆机不能选择性地分离纤维中的全部杂质。因此，好纤维总是混有粗渣和一些杂质。仅当微粒在三维上尺寸足够大，通过筛孔，除渣率100%（屏蔽筛）。大多数颗粒的尺寸至少在一个方向上小于筛孔将被截留，因此，它们的分离是基于筛选的几率。

杂质被分离的可能性取决于杂质颗粒本身的性质、浆的性质、筛浆机的条件以及制造和操作原理。筛浆机越小越灵活，颗粒越接近纤维状，分离越困难。筛选原理可以解释为埋伏理论和导向理论。根据埋伏理论，纤维呈网状分布在筛表面，作为一个大孔筛，可以分离远小于筛孔尺寸的颗粒。

根据导向理论，分离的可能性取决于转子产生的切向流动与通过筛鼓的径向流动产生的差异。颗粒在筛鼓表面沿切向移动，遇到由于筛鼓进浆口和出浆口之间的压力差所产生的径向流动。在这种情况下，惯性力使重的或坚硬的颗粒通过筛孔，或留在筛表面。颗粒越重或者表面积越大，越难将其导向于良浆流。另一方面，良浆的流量越大，颗粒越容易流入良浆。

进而,操作情况稳定时,筛选机仅可以分离一部分杂质。这意味着随着喂料口尘埃的增加,良浆中尘埃的含量也将增加。

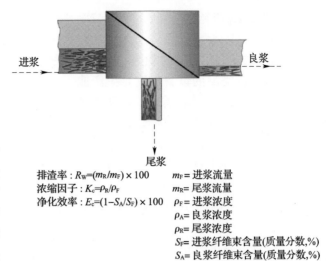

排渣率：$R_W=(m_R/m_F)\times100$　　m_F= 进浆流量
浓缩因子：$K_c=\rho_R/\rho_F$　　m_R= 尾浆流量
净化效率：$E_c=(1-S_A/S_F)\times100$　　ρ_F= 进浆浓度
　　　　　　　　　　　　　　　ρ_A= 良浆浓度
　　　　　　　　　　　　　　　ρ_R= 尾浆浓度
　　　　　　　　　　　　　　　S_F= 进浆纤维束含量(质量分数,%)
　　　　　　　　　　　　　　　S_A= 良浆纤维束含量(质量分数,%)

图3-49　筛选过程中的主要流体和参数

3.4.4　数字特征

特征数据用于筛选过程的定量分析,是基于进浆、良浆和筛渣的量及其性质(见图3-49)。这可以描述为操作评分值(operation point)和筛选效率或设备的产能。筛选操作最常用的参数是排渣率 R_w,即浆渣占进浆的百分比,排渣率通常用于描述压力筛的操作评分。排渣率可以根据单位时间内筛渣的绝干质量或根据筛渣体积与浆料体积的关系进行估算。筛选时排渣率越高,良浆越洁净,但也会排出很多好纤维。排渣率为:

$$R_W = \frac{m_R}{m_F} \times 100 \tag{3-39}$$

式中　m_F——进浆量

　　　m_R——浆渣量

筛渣浓缩因子 K_{CR} 用于确定筛选操作分值。因为液体通过筛孔比纤维和杂质颗粒要容易,所以筛渣被浓缩了。残留的筛渣量越少,或筛选进浆浓度越高,则筛渣浓度越高。在某一点,会由于筛渣太浓而导致筛板堵塞。筛渣浓缩因子为:

$$K_{CR} = \frac{\rho_R}{\rho_F} \tag{3-40}$$

式中　ρ_F——进浆浓度

　　　ρ_R——尾渣浓度

净化效率 E_C(cleaning efficiency)直接描述了从进浆的纤维束含量 S_F 到良浆纤维束含量 S_A 的纤维束含量的减少情况。测定浆中纤维束含量最常用的方法是基于质量的 Somerville 法。这种方法筛选浆样时采用缝筛,筛缝宽度 0.15mm。净化效率:

$$E_C = \left(1 - \frac{S_A}{S_F}\right) \times 100 \tag{3-41}$$

式中　S_F——进浆纤维束浓度(质量分数,%)

　　　S_A——良浆纤维束浓度(质量分数,%)

3.4.5　筛选设备和操作条件

筛选和净化的目的通常是为了减少进浆中的杂质含量,以将合格的良浆直接送往下一道工序。当以良浆获得最大纯度为目标时,尾渣中会含有一定量的好纤维。因此,筛选和净化系统设有多段串联装置,第一段纯化良浆,第二段、第三段、第四段回收利用筛渣中的好纤维(送回主浆流)和浓缩筛渣,以便于再处理或丢弃。筛渣再筛选的主要目的是减少或消除纤维损失。某些种类的筛渣经过磨浆后可以回到筛选系统。

　　因为要除去不同类型的颗粒，所以筛选系统包含不同类型的设备以满足生产能力、洁净度和除去浆渣的需求，这取决于实际应用情况。当绘制筛选系统流程图时，使用描述这些操作基本原理的标准符号。图3－50展现了这一套符号。所有的分离设备按照此规则都画有斜线，其象征分离筛板。画图的方式说明了分离的原理。

　　这些分离设备可以相互连接组成多级筛选(series，串联)、多段筛选(cascades)或者良浆合流的多段筛选(pseudo－cascades)，如图3－51所示。为获得较高的筛选产能或允许单独的二次处理，串联系统经常用于初级筛选，例如粗渣和细小杂质的分离。

　　连接第一台、第二台和第三台筛选设备的最普遍的方法是多段筛选(cascades)——来自第一台设备的尾浆是第二段筛选的进浆，第二段筛选的良浆回送至第一台筛选设备的进料口，同时尾浆送往第三段筛选，其第三段筛选的良浆送往第二段筛选。因此，筛渣被浓缩，好纤维被送回至多段筛选系统(cascades)的主要浆流(见图3－52)。

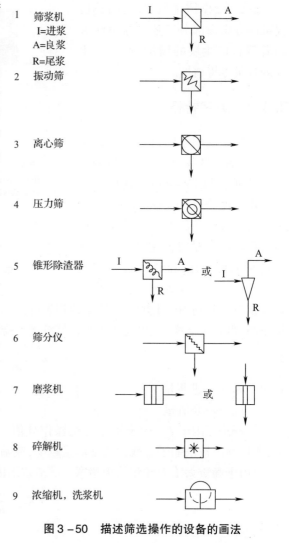

图3－50　描述筛选操作的设备的画法

3.4.6　筛选系统示例

　　典型的两个筛选平衡系统如图3－53所示。系统1描述了单独的第一段筛选(头道筛)平衡，操作条件：进浆浓度4.6%，进浆量4200风干t/d(1风干t=0.9绝干t)。进浆纤维束含量0.3%。体积排渣率为10%，筛选效率90%。这一单级筛选系统的良浆流量为3780t风干浆/d，良浆的纤维束含量为0.03%。粗渣流量420t风干浆/d(纤维束含量2.7%)。为了避免纤维损失以及增加产能，筛选系统由若干筛选设备组成，如系统2所示。在系统2中，多台独立的筛浆机连接到多段筛选系统中，显著地减少了好纤维的损失，提高了系统的产能。只有砂石分离段的砂石和粗渣洗涤段的粗渣，其中的纤维束含量几乎100%，被排出系统。好纤维循环，送回至前一段，增加了系统的产能。

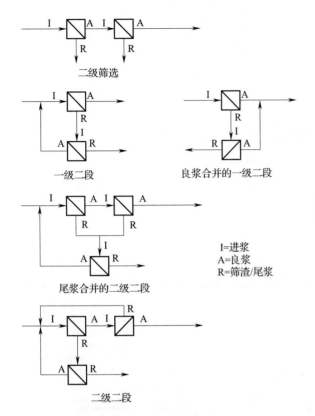

二级筛选

一级二段

良浆合并的一级二段

尾浆合并的二级二段

I=进浆
A=良浆
R=筛渣/尾浆

二级二段

图3-51　典型的筛选过程连接举例

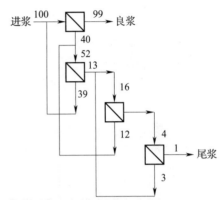

图3-52　带有第一段、第二段、第三段和
第四段筛选的多段筛选示例

3.4.7　筛选操作

3.4.7.1　除节

除节是最容易的筛选操作,这是由于可分离的渣子,通常其二维尺寸大于筛板上的筛孔。粗渣不能简单地通过筛子。除节主要关注的焦点是减少粗节上携带的好纤维的量,所以必须使好纤维尽可能进入良浆。湍动程度要足够高,以使好纤维与粗节以及未解离木片分离,但是湍动太强会使大量粗节破碎。如果粗节要进行回煮,这是特别重要的,因为若粗节中含有大量纤维,回煮时,这些纤维可能会给蒸煮的药液循环带来问题。

除节的作用是双重的:首先,将节子分离到浆渣中,与进浆量相比渣子量小;第二,洗掉粗节上的好纤维,得到不含纤维的节子,将其送回至蒸煮或者分离纤维(磨浆)工序,从而使好纤维回到主浆流中。大多数除节操作浓度为2%～5%。用于二次蒸煮的节子干度为25%～35%。因此,除节系统应包括脱水操作。

漂白浆除节系统的基本过程示于图3-54。来自喷放塔的浆料泵送至压力除节机(压力筛),粗渣被送至粗节清洗器,以回收良纤维和将节子脱水。粗节清洗应在密闭设备中操作,以避免带入空气,对纸浆洗涤不利。传统上,粗节的洗涤是在敞开式脱水振动筛中进行,脱水之前用高压液体洗掉粗节上的良纤维。在现代化的粗节洗涤器中,粗节送到旋转的螺旋和筛子之间。随着螺杆旋转,粗节被洗涤、脱水、并从上部连续不断地排出去。

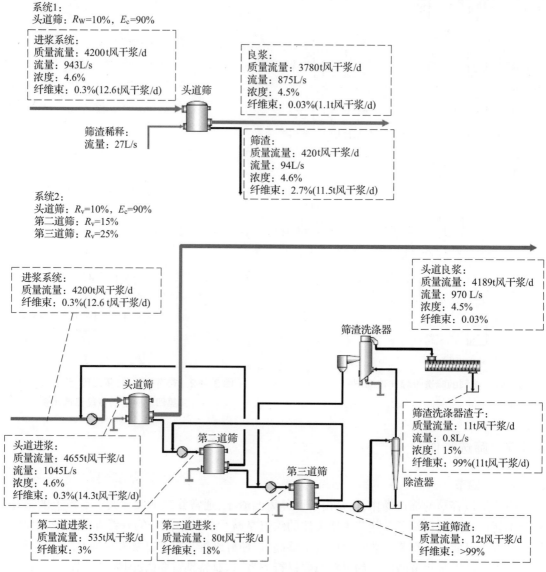

图3-53 典型的筛选平衡:单段筛选和三道筛选系统[57]

3.4.7.2 精筛(细筛,精选)

对除节后的浆进行筛选以除去纤维束。精选时采用低浆浓(3%~5%)。进入下一道工序之前,浆料需要浓缩至中浓。筛选之后的洗涤设备可以作为浆料浓缩设备和洗浆机。

在现代工厂里,精筛采用压力筛,其液体循环是完全密闭的,因此,在筛选和洗涤时允许存在少量空气。

传统上,粗渣再磨和筛选直到筛选工段无浆渣出现。浆渣再磨仍在使用,尤其是高卡伯值浆线。在最新的绿色和现代化生产线,在筛选和处置之前,浆渣大多送至氧脱木素工段,这是因为粗渣磨后所得到的浆料难以漂白。

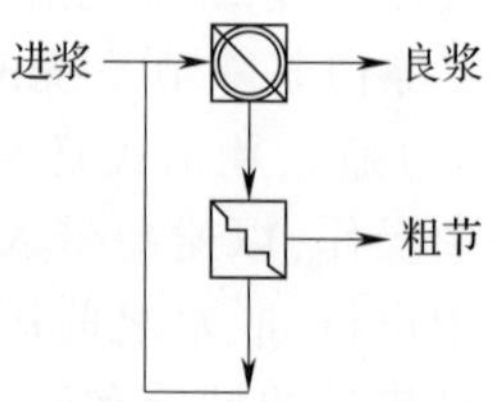

图3-54 除节系统

3.5　净化原理

与纸浆纤维尺寸相似的物料,不能通过筛选分离。如果这些固态杂质的密度不同,根据旋液分离原理,它们可以采用旋液分离器,也称为离心除渣器或锥形除渣器,进行分离。在纸浆净化过程中,离心净化的重要性减小,这是由于泵送所消耗的能量以及需要大量的设备,同时也由于压力筛最近不断改进。然而,除渣器仍然用于从小流量的浆流(如筛选的浆渣)中分离沙石和一些浆中难以分离的颗粒。

旋液分离器(锥形除渣器)将液体压力能转变为旋转运动,引起悬浮在流体中的物质发生不同的运动。如果离心力足够大,并且要被分离的固体之间的密度差足够大,以及不同的颗粒在悬浮液中能够自由移动,便可以实现分离。操作浓度必须低,以确保在流动区域内的絮聚作用不妨碍颗粒的分离。

在锥形除渣器中,低浓度浆料沿切线高速进入分离器的圆筒部分,下部是一个圆锥体。轻物质从入口端的中心排出,所以旋转的浆料朝着中心螺旋上升。因此,在旋转的浆料中存在着径向向内的流动成分。浆中的颗粒暴露于两种相反的作用力之中,一种是径向向外的力(由离心加速度产生的),另一种是径向向内的力(来自于向内部流动的液体的曳力)。

这些力的大小取决于浆料的流动情况以及悬浮物质的尺寸、质量或密度。重的、致密的物质趋向于停留在旋转的浆料的边缘,然而轻物质向旋转中心移动。还必须有利于重物质接近或旋转外周的另一个出口。涡旋运动模式的描述见图 3 – 55。

目前,净化主要用于浆线,以除去筛选车间的小流量($10 \sim 60 L/s$)中的砂石和其他重的颗粒。锥形除渣器采用低浆浓(从 0.3% ~ 1.5%)。典型的除渣器的应用如图 3 – 56 所示。除渣器具有不同的除渣和稀释方法,以避免浆渣过度浓缩、纤维损失和冲蚀磨损。

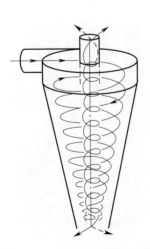

图 3 – 55　离心净化原理(锥形
除渣器工作原理)

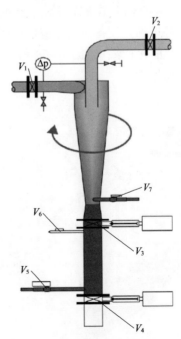

图 3 – 56　基于离心净化的除渣器和
砂石分离器

在漂白浆的筛选中,锥形除渣器可以用于除去最难以除去的小颗粒,比如树皮、砂石、铁锈、飞灰、短的纤维束和细小碎块(chop)。这些颗粒一般表面积小于1mm²,长度小于5mm。

大型净化系统由直径50~300mm的许多组固定规格的除渣器组成(见图3-57)。运行操作压降为0.1~0.2MPa,同时控制浆料的流量为1~10L/s。一个重要原则是,要去除的颗粒的尺寸越小,则除渣器的直径应该越小。

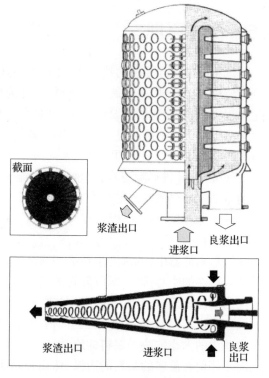

截面

浆渣出口　　良浆出口

进浆口

3.6　筛选和净化技术

3.6.1　除节和洗涤

除节的目的是分离浆中的大颗粒。这些颗粒是未蒸解的木片、大的节子或石头,它们会损害下游的设备。把它们从系统中除去时应减小纤维流失的可能性。除节机作为一个

图3-57　除渣器装配图

栅栏阻止这些颗粒进入后续的工艺过程。除节通常至少需要两步或两段:除节和节子洗涤。节子洗涤可以回收其中的好纤维,然后再送往筛选。通过回用筛选后的节子可以提高纤维得率,节子送往蒸煮工段,或将节子输送到纸板机车间,用于生产低等级产品。

当代的除节筛选设备一般都是带压的。进浆浓度为3%~5.5%。机型覆盖的产量范围接近90~2200t绝干浆/d。图3-58和图3-59展现了除节筛选系统的结构,而图3-60说明了操作的主要原理。

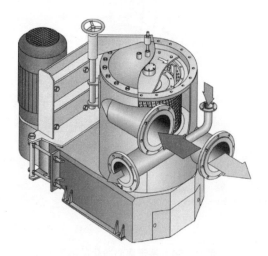

图3-58　除节筛的结构[57]

图3-59　除节筛的结构[59]

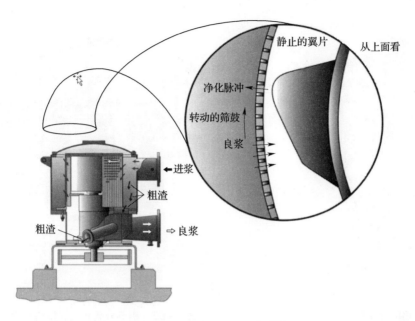

图 3 – 60　除节筛工作原理[60]

在粗节分离器中,离心力和带孔的筛鼓用于分离节子和其他的重颗粒。浆沿切线方向以足够的旋转速率进入筛鼓外侧。由于离心力、筛鼓表面形状所产生的湍动和旋翼产生的脉冲的作用,使筛的表面保持洁净。旋转的筛鼓内部的翼片是静止的,在旋转的筒体上产生清洗脉冲。一个重要特征是入口处没有叶片或等效物。由于重的颗粒不能进入设备接触运动的部件,从而减少了对设备的损害。筛渣沿切线从筛体底部区域排出,同时在出口处被直接稀释。

使用这种类型的筛子进行除节的典型工艺参数和性能是:① 良浆浓度3% ~5% 并且良浆的稀释较小;② 仅通过筛鼓的轮廓产生湍动,节子和其他颗粒所受到的作用较温和;③ 排渣率低(5% ~6%),第二段可以直接进行粗节洗涤。

在图 3 – 59 所示的设备中,筛鼓是静止的和光滑的,这是为了减少进料一边的作用力。通过筛鼓内部高强度旋转的旋翼,清洗筛鼓和产生作用力维持良浆流动。

这些粗筛也可以用于带有间歇排渣的保护筛,例如在净化器之前。

除节可以与第一级细筛联合组成同一筛体——集成筛,如图 3 –61 所示。除节机安装在筛子顶部,而细筛装在底部。浆料送入除节机部分,节子分离过程采用与单独的除节机相同的方法。分离的节子从筛中排出,进一步送至粗节洗涤器。良浆不稀释直接送入筛选装置底部的细筛。底部的细筛按照与单独的细筛相同的原理操作;通过筛子的良浆送去洗涤,同时粗渣从设备底部排出。

图 3 –62 说明了筛子的工作原理,其中粗筛与细筛也是相结合的。浆通过入口管路沿切线进入筛选室较低的部位。粗渣,例如节子、砂石,金属屑,伴随着一些可以利用的纤维,在离心力的作用下与纸浆分离,并直接下落入粗渣排出口(树节渣子)。通过粗筛的浆料在细筛转子内向上流至筛子的上部,然后在转子与筛板之间向下流动。在泵的压力作用下,悬浮纤维穿过筛鼓的缝或孔到良浆侧。良浆通过良浆出口离开筛子。

两个筛选段二为一有很多好处,例如减少了泵、管路和设备。

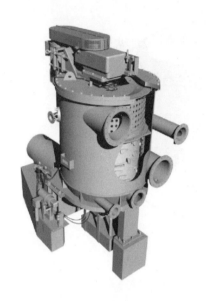

图 3 -61　粗节分离与细筛结合[57]

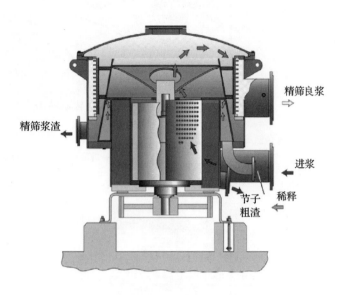

图 3 -62　粗节分离和细筛相结合[58]

好纤维从除节的渣子中洗出来,粗渣在密闭的粗节洗涤器中浓缩。封闭的粗渣洗涤器主要用于现代化浆线。图 3 -63 和图3 -64示出了两台相似的浓缩洗涤筛。

为了稳定控制向洗涤器底部进料,节子在除节筛粗渣出口直接稀释,混合叶片分离大的和重的颗粒,然后依靠重力和离心力使其送至粗渣收集处。孔状筛鼓内部的螺旋提升液体与纤维的悬浮液(浆料)向上流,通过筛鼓进入良浆室,同时节子从洗涤器顶部的粗渣口排出。洗涤液体从筛子中心向着出口方向注入,增强了洗涤效果。对无压力洗涤器,在气体分离筒中慢而细的液体流动,可除去良浆中的气体以免产生气泡。典型地,这种粗节洗涤器可以产生干度大于30% 和好纤维含量小于2% 的节子。

图 3 -65 所示是另一种粗节洗涤器。其工作原理与上述洗涤器相同;节子在筛子部分洗涤,旋转叶片带着粗渣向上运动。

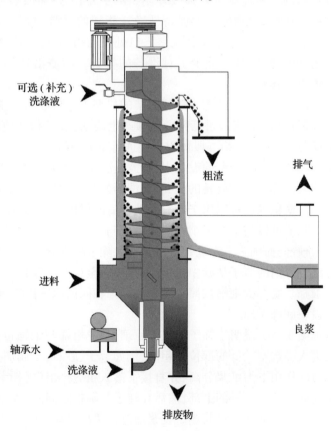

图 3 -63　用于粗节洗涤和纤维回收的筛选[57]

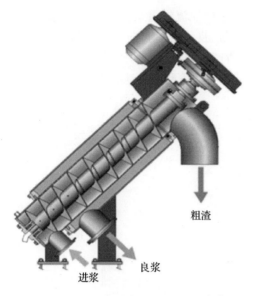

粗渣

良浆

进浆

图 3 –64　粗节洗涤和纤维回收筛[58]

图 3 –65　粗节洗涤和纤维回收筛[59]

3.6.2　精筛(细筛)

　　精筛的作用变为筛除碎片和纤维束,以及除去轻的渣子(例如塑料)、小杂质和砂石。随着筛选技术的发展,例如增大筛选能力,更高的操作浓度,从而拓宽了应用范围。随着现代化的转子和筛鼓技术的发展,筛选浓度和生产能力可以提高,并且对筛选洁净度或能耗没有任何不利影响。提高筛选浓度通常是有意义的,因为有许多优点,例如较高的设备生产能力和提高了工艺过程的经济性。为了确保在高浓度下筛浆机操作良好和稳定,应对筛浆机中的每一种流体进行优化,为筛子的活动部件(如转子和筛鼓)提供良好的操作环境。改进措施包括优化管路尺寸、转子工艺以及粗渣室的设计。

　　精筛筛浆机是一台应用于浆线上所有精细筛选工序的多功能筛浆机。现如今精筛的进浆浓度为3% ~5.5%。筛选能力从35 ~2200t绝干浆/d。图 3 –66 所示为一种典型筛浆机的结构,其基本工作原理如图 3 –67 所示。

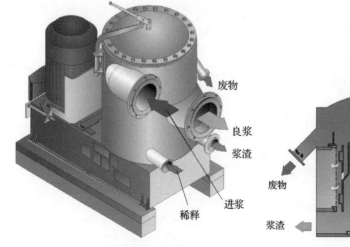

废物

良浆

浆渣

进浆

稀释

图 3 –66　一种精筛的设计[57]

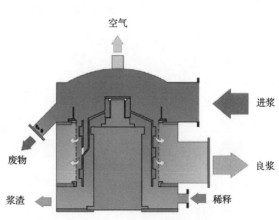

空气

进浆

废物

良浆

浆渣

稀释

图 3 –67　一种精筛的工作原理[57]

浆从筛浆机顶部沿切线方向进入,重的、大的颗粒缓慢地流到重杂物排出管的底部,然后排至粗渣捕集器。浆料流入筛鼓与转子之间的筛选区域,良纤维沿径向通过筛鼓。粗渣从粗渣室连续地排出。在特殊情况下,由于转子高速旋转所产生的离心力的作用,粗渣颗粒被分为重的和轻的组分。积累于转子下面的轻质的渣子可通过特殊管路间歇地除去。

3.6.3　转子技术

图 3-68 显示了为了提高筛选浓度而特别设计的一种转子。这种设计是基于流态化现象,用异形筛鼓表面控制筛选室内流量的分布。这使得筛板效率在整个筛板高度上尽可能均匀一致。用这种转子设计,在筛选浆浓和生产能力增大的情况下,粗渣的浓缩是适度的。在稳定的操作条件下,能够达到低排渣率。

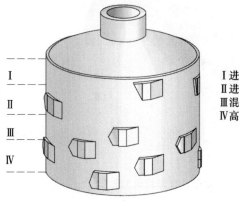

Ⅰ 进浆区
Ⅱ 进浆和混合区
Ⅲ 混合区
Ⅳ 高效混合区

图 3-68　筛浆机转子的详细结构[57]

大型筛浆机需要使用组合的转子。这意味着两种转子都是相同设计的部件。新来的浆通过上部的转子到下部转子的筛选区域,浆渣从上部的转子经过下部的转子进入粗渣室。这一技术允许大型筛浆机从现代化转子技术的优势中获益。

水比纤维更容易通过筛板,因此,良浆浓度降低,而筛鼓内部的浆浓升高。一旦靠近筛鼓的浆层浓度超过临界值,转子就不再能分散浆层。此时,良浆通过筛缝的流量降低,筛的功能紊乱。

筛选区域的浓缩作用会通过转子稀释而减小。稀释液在靠近筛浆机底部加入,导入转子内部,再通过转子上的缝隙进入筛选区域。

3.6.4　筛板

筛鼓表面形状的变化标志着筛鼓技术革新的开始。不同形状的筛板表面使筛选浓度增加,以及使用开缝的筛鼓可获得更高的筛选效率。带有连续筛缝的条棒状筛鼓与新的旋翼设计相结合,具有良好的筛选效率、高产能、良好的筛选浓度和稳定的操作等许多优点。图 3-69(a)~(c)显示了不同类型的筛鼓。表 3-4 是筛鼓典型的操作参数。

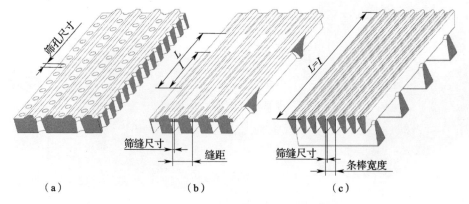

（a）　　　　　　　　（b）　　　　　　　　（c）

图 3-69　典型的筛鼓孔和沟槽模型[57]

表 3 - 4　　　　　用于针叶木浆和阔叶木浆的不同筛板结构的典型操作参数[57]

筛鼓	浆浓/%	相对生产能力/%	筛选效率/(E_c)/%
孔 Φ1.4mm	3.5/4.5	100/130	82/77
切割缝#0.25	2.9/3.6	55/75	>90/88
切割缝#0.35	3.5/4.5	100/130	87/82
具有连续筛缝的条棒状筛鼓#0.25	3.5/4.5	100/130	>90/88

对于穿孔的和楔形的筛鼓面,筛板的有效面积是 100% 。这意味着整个鼓面上的孔或槽缝,从上至下是连续的。对于切割的筛缝,有效面积通常是 60% ~80% (缝槽长度跨越整个鼓面长度,l/L)。

3.6.5　粗渣洗涤

为了获得最佳的筛选效率,纤维束应轻轻地从系统中排除,以避免累积和被磨成小颗粒。洗涤筛选机带有小的筛孔尺寸和特殊设计的螺旋,以便于让浆料停留更长时间,可在筛选工段的最后阶段成功地进行粗渣筛选和洗涤。洗涤筛选的主要目的是除去系统中的纤维束,并减少好纤维的损失。工厂应用的典型工艺参数是浆浓 8% ~16% ,浆渣中好纤维含量 2% ~5% 。

3.6.6　轻杂质去除

浆料中塑料颗粒数量很少。因此,必须采用特殊的工艺富集塑料颗粒到稀释液中。塑料和其他轻物质依靠转子产生的离心力从粗渣中分离。在转子内部,积累的轻物质从纤维中冲出来,通过筛浆机的特殊管路排出,间歇地减少了纤维损失。使用带有连续槽缝的棒状筛鼓可以保证有效地去除轻杂质。

3.6.7　浓缩机

带压力或无压力的纸浆浓缩机也用于筛选系统。例如,压力浓缩机(PT) 是一种用于纸浆浓缩的压力设备,位于主干线洗浆机之前,或粗渣精磨机之前的粗渣段。

3.6.8　除渣器(净化器)

在化学浆操作系统中,压力筛得到离心净化的支持。这是因为一些杂质尺寸与纤维相近,仅能根据颗粒的比重或表面和形状进行分离。缝筛出现之后,离心筛失去了一些重要性。除渣器用于未漂白浆筛选中,以除去砂石,以及用于漂白浆的筛选中,除去砂石和粗渣中的杂质。表 3 -5 列出了不同的离心除渣器。

除砂器用于除去较重的杂质。这些除砂器设有杂质捕集器,定期排除。由于稀释液逆

表 3 - 5　　　锥形除渣器

小直径除渣器,用于筛选漂白浆,粗渣段 TC67 筒型,压力除渣,塑料双除渣器 RB87 排列型,自由排渣,金属除渣器

大直径除渣器,用于未漂白浆筛选的除渣,粗渣段 RB300 排列型,间歇排渣,金属除砂器 RB200 排列型,间歇排渣,金属除砂器

流进入杂质捕集器,所以纤维损失非常小。为保证从系统中除去小的砂石颗粒,浆浓必须维持在 0.7% ~ 1.5% 的水平。

3.6.9 漂白浆后净化设备

用于漂白后净化段的除渣器是小直径的、通常是 canister 型的,塑料的双除砂器或金属除渣器。除渣器可用于系统中所有工段,但更近期的带有窄缝的除渣器也用于主浆线压力筛中排出的尾渣的除渣。

一台精除砂器可以除去极小的杂质,例如砂石、树皮斑点以及纤维束。canister 型构造是适宜的。因为所需要的压差低,所以电力消耗较低。图 3 – 70 所示为加压 canister 型除渣器和塑料双除渣器。

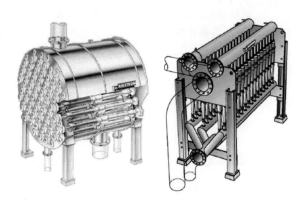

图 3 – 70　筒型(Canister)除渣器

3.7　筛选系统

筛选工段的设计和优化对于制浆生产线的经济性和操作变得日益重要。产品质量需求在提高,而原料来源越来越差。减少投资和产品成本的需求也在增加。

除了碎片和纤维束,浆料中还含有重的颗粒,例如节子、砂石和金属,以及轻的颗粒,像树皮、塑料颗粒。杂质通常来源于送到工厂的原料。这些杂质颗粒需要除去,以提高纸浆洁净度和避免操作问题。

为了能够除去各种类型的杂质颗粒,必需全面了解颗粒的特征及其在浆中的行为。主要技术是在选择性的筛选和净化系统中尽可能早而温和地除去杂质颗粒。这将避免杂质被切断或磨成更小的颗粒。

为了使选择性的筛选系统简单且具有成本效益,在每道工序(位置)上仅用少数设备,通常是一台或两台。如果可能,采用集成筛。对每道工序(每个位置),通过选择适当规格的设备,可呈现一些成本优势的原因是:① 简化的布置;② 简化的管路;③ 少量的仪器设备;④ 简化的输电线路和控制。

另外,生产成本减少了,这是因为:① 简单系统的操作稳定并且生产能力增大;② 较低的单位电耗。

最后,设备维修成本降低了,这是由于:① 较易于自动化维护维修;② 由于事先计划,停工期较短;③ 需较少的备件库存。

筛选总的趋势是采用条棒状筛鼓取代铣削的或打孔的筛子。

3.7.1　本色浆筛选系统示例

筛选和净化系统必须尽量减少纤维的损失以及防止杂质在循环系统中积累。图 3 –

71 显示了使用不同筛选段(或级)的选择性筛选与净化系统的原理。从氧脱木素段来的
浆料送至筛选喂料槽。浆在槽底被稀释,然后以 3.5% ~ 5.5% 的浆浓泵送至主要浆线的
两台平行的集成筛。来自于除节部分的粗节进入垂直螺旋洗涤器,用筛选室的滤液洗掉
粗节上的游离纤维。粗节返回至蒸煮。在粗节洗涤器较低的部位,在重力和离心力作用
下分离重的颗粒。气体分离器中以一股缓慢的细流脱除粗节洗涤器良浆中的气体,以避
免产生泡沫。洗涤器中的良浆以最佳的浆浓除砂。除节系统装备有除砂器,可以有效地
去除粗砂颗粒,同时纤维损失较少。除渣器出来的良浆直接返回至筛选喂料槽,用作稀
释液。

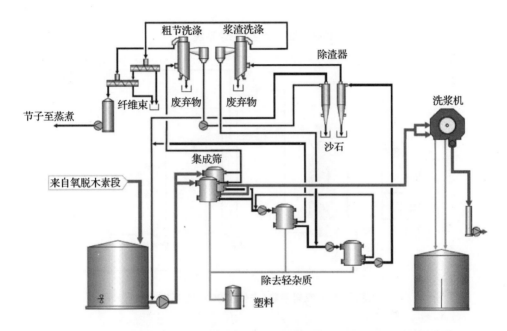

图 3 - 71 常规浆线(针叶木硫酸盐浆,卡伯值约 30)带有粗渣洗涤的筛选[57]

注 其中粗节被分离和洗涤,第一级筛选后的良浆送至洗浆机,
而粗渣进行第二段筛选和第三段筛选以及粗渣洗涤。

来自集成筛选除节部分的良浆直接流入头道精筛部分,由此良浆直接送至洗浆机并进一
步去漂白。第三段的粗渣经泵送至除渣器,进一步到粗渣洗涤器,以除去纤维束。所有的精筛
都装备了连续缝的条棒状筛鼓和轻渣回收器。所有筛选段的筛缝尺寸应该相同,以避免一定
尺寸的砂石积累在系统中。针叶木与阔叶木浆线的主要区别在于筛缝的尺寸,阔叶木浆可以
使用较窄的筛缝进行筛选。

图 3 - 72 为另一除节与精筛相结合的例子。其包括除节与头道精筛两道精筛(此处与我
国的说法不同——译者注);螺旋压榨、除渣器和一个粗渣槽(处理细小的渣子);以及一个废
物收集器和粗筛(处理除节的渣子)。

图 3 - 73 显示了高得率制浆(卡伯值 90)生产线在喷放线上的筛选和粗渣磨浆的工艺流
程图,其中头道筛选的良浆送至洗涤器(图中未显示),同时粗渣进一步筛选和磨浆。其筛选
工段没有粗渣排出。

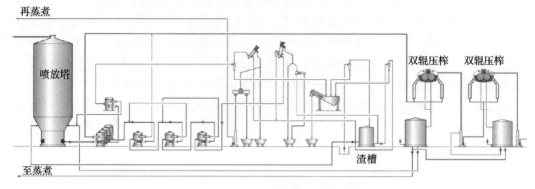

图 3 - 72　本色浆筛选系统[58]

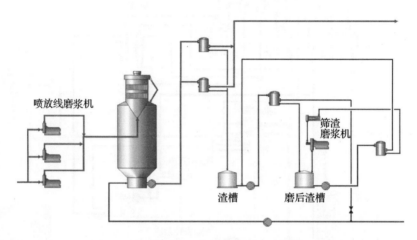

图 3 - 73　高得率浆(卡伯值 90)筛选系统[57]

3.7.2　后筛选(漂后筛选)

后筛选,也就是漂白浆筛选系统,是输送至浆板机系统的一部分。后筛选操作浆浓是3%。筛选主要采用具有条棒状筛鼓和窄缝的压力筛,但是,如果纸浆中含有表面积很小的尘埃颗粒,例如小的树皮或砂石颗粒,在筛渣段也可以使用小直径的除渣器。

后筛选段压力筛的优点包括良好的筛选(净化)效率和高产能。另外,除渣器比筛浆机便宜,可以更有效地除去砂石和最小的尘埃颗粒。这些尘埃颗粒的尺寸分布,在对高质量后筛选系统作任何改变之前,应该进行测定并予以考虑。

参考文献

[1] Bear, J. 1988. Dynamics of fluids in porous media. New York, Dover Publications, 764 p. ISBN 0 – 486 – 65675 – 6.

[2] Ingmanson, W. L., Andrews, B. D., Johnson, B. C. 1959. Internal pressure distributions in compressible mats under fluid stress. TAPPI Journal. Vol. 42, nro 10, pp. 840 – 849.

［3］Grén，U. 1973. Compressibility and permeability of packed beds of cellulose fibres. II：The influence of permeation temperature of electrolytes. Svensk Papperstidning. Vol. 76，nro 6，pp. 213 – 218.

［4］Han，S. T. 1969. Compressibility and permeability of fibre mats. Pulp and Paper Magazine of Canada. Vol. 70，nro 9，pp. 65 – 77.

［5］Tiller F. M. ，Crump，R. 1977. Solid – liquid separation：an overview. Chemical Engineering Progress. Vol. 73，nro 10，pp. 66 – 75.

［6］Qviller，O. 1938. Utpresning of vann av cellulose. Papir – Journalen. Vol. 26，nro 23，pp. 312 – 324.

［7］Stamatakis，K. ，Tien，C. 1991. Cake formation and growth in cake fittration. Chemical Engineering Science. Vol. 46，nro 8，pp. 1917 – 1933.

［8］Kovasin，K. ，Aittamaa，J. 2003. Factors defining the capacity of pulp washers. Paperi ja Puu. Vol. 85，nro 6，pp. 340 – 346.

［9］Wilder，H. D. 1960. The compression creep properties of wet pulp mats. TAPPI Journal. Vol. 43，nro 8，pp. 715 – 720.

［10］Davies C. N. ，1952. The separation of airborne dust and mist particles. In：Proceedings of the Institution of Mechanical Engineers，London，Part B，1：185 – 198.

［11］Wakeman，R. J. ，Tarleton，E S. 7999. Filtration – equipment selection modelling and process simulation，Oxford. Elsevier Science，446 p. ISBN 1 – 85617 – 345 – 3.

［12］Gullichsen J. Personal communication.

［13］Nordén，H. V. ，Kauppinen，P. 1994. Cake filtration with application to dewatering of pulp. Nordic Pulp and Paper Research Journal. vol. 9，nro 4，pp. 208 – 213.

［14］Tikka，P. （ed）. 2008. Papermaking science and technology. Book 6，Chemical pulping. Part 2，Recovery of chemicals and energy，2nd ed. ，Helsinki，Fapet Oy. 387 p. ISBN 978 – 952 – 5216 – 26 – 4.

［15］Sherman，W. R. 1964. The movement of a soluble material during the washing of a bed of packed solids. AIChE Journal. Vol. 10，nro 6，pp. 855 – 860.

［16］Brenner；H. 1962. The diffusion model of longitudinal mixing in beds of finite length. Numerical values. Chemical Engineering Science. Vol. 17，nro 4，pp. 229 – 243.

［17］Poirier，N. A. ，Crotogino，R. H. ，Douglas，W. J. M. 1988. Axial dispersion models for displacement washing of packed beds of wood pulp fibres. The Canadian Journal of Chemical Engineering. Vol. 66，nro 12，pp. 936 – 944.

［18］Mauret，E. ，Renaud，M. 2002. Measurement of axial dispersion in fibre beds：application to displacement washing of pulp. Appita. Vol. 55，nro 3. pp. 123 – 129.

［19］Bosen，A. 1975. Adsorption of sodium ions on kraft pulp fibers during washing. TAPPI Journal. Vol. 58，nro 9，pp. 156 – 161.

［20］Ohlsson，A. ，Rydin，S. 1975. Washing of pulps. Part 2. The sorption of Na，Mg and Ca on kraft pulp. Svensk Papperstidning. Vol. 78，nro 15，pp. 549 – 552.

［21］Gullichsefl，J. ，Östman，H. 1976. Sorption and diffusion phenomena in pulp washing. TAPPI Journal. Vol. 59，nro 6，pp. 140 – 143.

［22］Fogelberg, B. C. , Fugleberg, S. 7963. A study of factors influencing the amount of residual alkali in sulphate pulp. Paperi ja Puu - Papper och Trä. Vol. 45 , nro 12 , pp. 675 – 680.

［23］Hartler; N. , Rydin, S. 1975. Washing of pulps. Part 1. Equilibrium studies. Svensk Papperstidning. Vol. 78 , nro 10 , pp. 367 – 372.

［24］Grähs, L – E. 1976. Displacement washing of packed beds of cellulose fibres. Part 2. Analysis of laboratory experiments. Syensk Papperstidning. Vol. 79 , nro 3 , pp. 84 – 89.

［25］Eriksson, G. , Grén, u. 1996. Pulp washing: sorptio equilibria of metal ions on kraft pulps. Nordic Pulp and Paper Research Journal. Vol. 11 , nro 3 , pp. 164 – 170.

［26］Ala – Kaila, K. 1998. Modeling of mass transfer phenomena in pulp – water suspensions. D. Sc. Dissertation, Helsinki University of Technology, Espoo, Finland.

［27］Bygrave, G. , Englezos, P. 2000. A thermodynamics – based model and data for Ca, Mg and Na ion partitioning in kraft pulp fibre suspensions. Nordic Pulp and Paper Research Journal, Vol. 15 , nro 2 , pp. 155 – 159.

［28］Norberg, C. , Lidén, J. , Öhman, L – O. , 2001. Modelling the distribution of "free" , complexed and precipitated metal ions in a pulp suspension using Donnan equilibria. Journal of Pulp and Paper Science. Vol. 27 , nro 9 , pp. 296 – 301.

［29］Räsänen, E. , Stenius, P. , Tervola, P. 2001. Model describing Donnan equilibrium, pH and complexation equilibria in fibre suspensions. Nordic Pulp and Paper Research Journal. Vol. 16 , nro 2 , pp. 130 – 139.

［30］Towers, M. , Scallan, A. M. 1996. Predicting the ion – exchange of kraft pulps using Donnan theory. Journal of Pulp and Paper Science. Vol. 22 , nro 9 , pp. 332 – 337.

［31］Koukkari, P. , Pajarre, R, Pakarinen, H. 2002. Modeling of the ion exchange in pulp suspensions by Gibbs energy minimization. Journal of Solution Chemistry. Vol. 31 , nro 8 , pp. 627 – 638.

［32］Räsänen, E. , Tervola, P. , Fiskari, J. , Stenius, P, Vuorinen, T. 2000. Modeling of non – process element balances in washing and bleaching of kraft pulp. In: 2000 International Pulp Bleaching Conference, Halifax, Canada, pp. 267 – 271.

［33］Räsänen, E. 2003. Modelling ion exchange and flow in the pulp suspension. D. Sc. Dissertation, Helsinki University of Technology, VTT Publication 495.

［34］Tervola, P. , Räsänen, E. 2005. A cake – washing model with an overall cation transfer in kraft pulp washing. Chemical Engineering Science. Vol. 60 , nro 24 , pp. 6899 – 6908.

［35］Edwards, L. , Rydin, S. 1975. Washing of pulps, 3. Transfer rates of dissolved sodium and lignin from pulps in dilute, agitated suspension. Svensk Papperstidning, Vol. 78 , nro 16 , pp. 577 – 581.

［36］Trinh, D. T. , Crotogino, R. H. 1987. The rate of solute removal from kraft pulp fibres during washing. Journal of Pulp and Paper Science, Vol 13 , nro 4 , pp. 126 – 132.

［37］Ala – Kaila, K. , Alén, R. 1999. Dynamic response in pH and the transient behavior of some chemical elements in pulp – wafer suspensions. Nordic Pulp and Paper Research Journal. Vol. 14 , nro 2 , pp. 149 – 157.

［38］Stromberg, C. B. 1991. Washing for low bleach chemical consumption. TAPPI Journal. Vol. 74 , nro 10 , pp. 113 – 122.

[39]Ala – Kaila,K. ,Vehmaa,J. ,Gullichsen,J. ,Strömberg,B. 1996. Leaching of organic material from kraft pulps. In:Pulp Washing 96,Vancouver,Canada,pp. 147 – 154.

[40]Andersson,R. ,Lidén,J. ,Öhman,L – O. 2003. The Donnan theory applied to pulp washing – Experimental studies of the removal of anionic substances from an assumed fiber lumen volume and from the fiber wall. Nordic Pulp Paper Research Journal. Vol. 18,nro 4,pp. 404 – 412.

[41]Eriksson,G. ,Grén,U. 1997. Pulp washing:Influence of temperature on lignin leaching from kraft pulps. Nordic Pulp and Paper Research Journal. Vol. 12,nro 4,pp. 244 – 251.

[42]Perkins,J. L. ,Welsh,H. 5. ,Mappus,J. H. 1954. Brownstock washing efficiency – displacement ratio method of determination. TAPPI Journal. Vol. 37,nro 3,pp. 83 – 89.

[43]Luthi,O. 1983. Equivalent displacement ratio – evaluating washer efficiency by comparison. TAPPI Journal. Vol. 66,nro 4,pp. 82 – 84.

[44]Nordén,H. V. 1966. Analysis of a pulp washing filter. Kemian Teollisuus. Vol. 23,nro 4,pp. 343 – 351.

[45]Haapamäki,P. O. 1979. Modified Norden's method for pulp washing calculations. In:Chemical Recovery Workshop,Montreal,Canada,pp. 26 – 46.

[46]Phillips,J. R. ,Nelson, J. 1977. Diffusion washing system performance. Pulp &Paper Canada. Vol. 78,nro. 6,pp. 73 – 77.

[47]Nierman,H. H. 1986. Optimizing the wash water rate of counter – current washing systems. TAPPI Journal. Vol. 69,nro 3,pp. 122 – 124.

[48]Martin,G. L. 1983. On4ine soda – loss prediction for a Kamyr digester and brown stock diffusion washer. TAPPI Journal. Vol. 66,nro 3,pp. 97 – 99.

[49]Timonen,O. ,Kovasin,K. ,Tikka,P 2002. The washing efficiency of digester displacement:New aspects based on laboratory studies and improved calculation procedures. In:2002 TAPPI Fall Technical Conference and Trade Fair,San Diego,USA,pp. 1377 – 1383.

[50]Oxby,P. W. ,Sandry,T. D. ,Kirkcaldy,D. M. 1986. A method for quantifying pulp washer performance that does not use flow rate measurements. TAPPI Journal. Vol. 69,nro 8,pp. 118 – 119.

[51]Nierman,H. H. 1986. More on data adjustment for countercurrent washer efficiency calculations. TAPPI Journal. Vol. 69,nro 8,pp. 85 – 89.

[52]Tervola,P,Gullichsen,J. 2007. Confidence limits in mass balances with application to calculation of pulp washing efficiency. Appita Journal. Vol. 60,nro 6,pp. 474 – 481.

[53]Gu,Y. ,Edwards,L. 2004. Prediction of metals distribution in mill processes,Part 2:Fiber line metals profiles. TAPPI Journal. Vol. 2,nro 3,pp. 13 – 20.

[54]Bryant,PS. ,Edwards,L. L. 1996. Cation exchange of metals on kraft pulp. Journal of Pulp and Paper Science. Vol. 22,nro 1,J37 – J42.

[55]Tervola,P. 2006. Fourier series solution for multistage countercurrent cake washing and segregated wash effluent circulation. Chemical Engineering Science. Vol. 61,nro 10,pp. 3268 – 3277.

[56]Tervola, P, Henricson, K. ,Gullichsen, J. 1993. A mathematical model of fractional pulp washing and applications in a bleach plant. In:1993 TAPPI Pulping Conference, Atlanta,

USA, pp. 151 – 154.

[57] Communication from Andritz.

[58] Communication from Metso.

[59] Communication from GL&V.

[60] Bryntesson, J. , Dahllöf, H, Pettersson, E. , Ragnar, M. 2002. New compact technology for washing of chemical pulp. African Pulp and Paper Week, Durban.

[61] Compton, R. 1997. Economic analysis of brown stock washing system. In: TAPPI Pulping Conference, San Fransisco, USA. pp. 257 – 272.

第 ④ 章　漂　白

4.1　漂白发展史

化学浆漂白的主要目的是除去蒸煮后残余的木素和发色集团,以获得:

(1)具有一定白度的纸浆,通常为 88% ~91% ISO;根据其用途的不同,漂白纸浆的最终白度可以达到 85% ~94% ISO 的范围内变化。

(2)白度稳定的纸浆:防止返黄。

纸浆漂白要达到预期的白度,必须考虑多方面的因素,包括纸浆特性的要求、生产成本、当地的环境管制、消费者的需求以及健康安全等方面。

在特种浆的生产中对纯度的要求很高,因此,漂白过程中不仅仅要除去木素,还要采用适当的漂白段除去残余的抽出物和半纤维素,并控制纸浆的黏度。

蒸煮后纸浆中的残余木素量约占未漂白浆质量的 3% ~5% ,这些木素很难除去。这些木素在蒸煮过程中发生了变化并由于各种原因而残留在纸浆中。硫酸盐法蒸煮是主要的蒸煮工艺,由于在其蒸煮过程中木素结构上产生了新的共轭碳—碳双键和醌型结构,因此,残余木素的颜色很深[1-2]。缩合反应的进行,也会增加木素结构单元之间苯环碳—碳键的数量。此外,由于木素碳水化合物的共价连接,使得残余木素难以除去[3]。在亚硫酸盐法制浆中,其未漂白浆较易漂白,一个原因是其残余木素的白度比硫酸盐浆中木素的高,这是因为除了引入了易溶于水的磺酸基之外,木素结构的变化很小。亚硫酸盐浆易于漂白的另一个原因是残余木素结构上含有一些磺酸盐基团[4]。尽管没有足够的磺酸基使木素溶出,但会增大漂白所引入的羧基的亲水性。

为了充分地脱除木素和提高白度,化学浆漂白需要几种漂白段组合成漂白程序。漂白时使用氧化性漂白剂,像二氧化氯、氧、过氧化氢、臭氧以及过氧乙酸,采用不同的温度(50 ~110℃)、漂白时间(几秒至 4h)、浓度[(浓度是指纤维悬浮液中绝干纤维的质量百分比),可以在低浓(通常为 3%)到高浓(通常为 30% ~40%)范围内变化]以及压力(常压至 0.8MPa)。

每种漂白剂对木素都有特定的作用以及或多或少的选择性。多年前人们早已得出了这些漂白剂与木素的主要反应类型(如表 4-1 所示)[5]:臭氧和氯几乎可以与所有的木素结构发生反应,属于最强漂白剂。氧气和二氧化氯只与酚型结构发生反应,硫酸盐法蒸煮后残余的木素中有 30% ~50% 的酚型苯基丙烷单元,其含量取决于

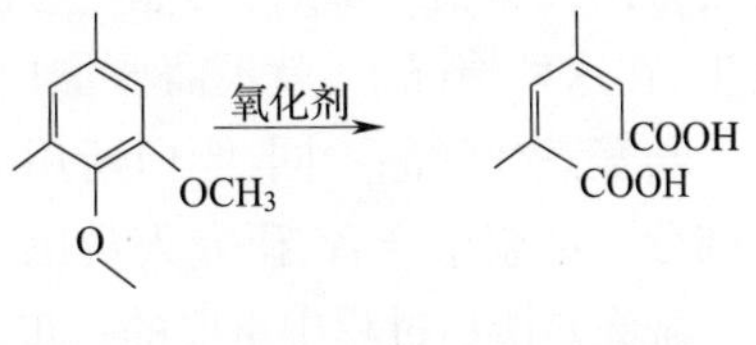

图 4-1　氧化脱木素的一般机理

卡伯值[6-7]。而过氧化氢和次氯酸盐,在常规的(60~70℃)操作条件下,一般只与羰基反应,例如醌类衍生物上的羰基。这种分类并未考虑木素与其副产物之间的反应,也不包括这些化学品在非常规操作时的反应。

根据各种漂白剂的漂白机理的研究,发现木素的脱除是由于木素苯环结构的打开并形成了黏康酸型的结构,进而使木素溶于水,尤其在碱性条件下更容易发生反应。无论哪种反应途径,漂白机理都可以概括为图4-1的形式。

不可否认的是在某些特定的情况下,漂白剂对纤维素和半纤维素也有影响,导致其降解和氧化,最终影响纸浆的强度性能和白度稳定性。漂白方法通常用它们的选择性来评价,选择性是指木素的减少量与纤维素黏度降低量的比较。通常通过测量卡伯值的减小来表示木素含量的降低(即脱木素)情况。

表4-1　　　　　　　　　漂白剂的分类(根据对木素结构的反应性能)

项目	种类		
	I	II	III
漂白剂			
含氯	Cl_2	ClO_2	NaOCl
无氯	O_3	O_2	H_2O_2
反应类型	亲电	亲电	亲核
木素结构上的反应部位	烯类和芳香基团	酚型结构和双键	羰基,包括醌类

如今,采用单段进行漂白纸浆是不可能的。首先,一些漂白剂的选择性较强,只对一部分木素结构起作用,这意味着超过一定量时,不会有进一步的脱木素作用。其次,漂白剂会被其与纸浆反应所生成的副产物所消耗,因此,当用量超过一定值后,通常脱木素作用的速率减慢。多段漂白的另一个原因是一些漂白剂尽管能有效地脱除木素,但是它们在脱木素的同时也会生成一些新的发色基团。氯就是这样,它是一种非常好的脱木素剂,但是它会引入醌型结构而使纸浆颜色加深[8]。二氧化氯漂白时也发现有醌型结构形成[9]。其他能除去这些基团的漂白段,如过氧化氢漂白,用在漂白程序的后边是有利的。

当今所使用的漂白剂或者是液体(过氧化氢、氢氧化钠、二氧化氯)或者是气体(氧气、臭氧)。一些漂白剂(过氧化氢、烧碱,通常还有氧气)可以从其他厂商那里购买,其余的漂白剂不得不现场制备,如二氧化氯和臭氧,它们分别由氯酸钠和氧气制成。这些漂白剂与浆料的混合方式取决于它们的性质(液体还是气体)、操作条件(温度和压力)以及漂白塔和反应器结构,通常每个漂白段也不同。事实上,由于操作条件和在漂白流程中位置的不同,其反应动力学将会不同,因此,需要不同大小的漂白塔。有些化学品必须在压力条件下加入,则可能需要更复杂的反应器。最后,其他一些漂白剂,如臭氧,反应活性很大,大部分的反应在混合时已经发生,在这种情况下,就不需要漂白塔了。

与蒸煮化学品不同,漂白所用的化学品不能回收,因此,它是漂白浆厂生产成本的一个重要部分。纸浆生产者、研究人员以及供应商们正不断地做出努力以降低这部分成本。

洗涤是漂白过程中重要的一步。有些溶解的有机物在后续的漂白中会消耗漂白剂。此外,残留的漂白剂可能会干扰其他漂白剂的作用效果(例如臭氧与二氧化氯之间会发生反应),因此需要除去。再者,各个漂白段的 pH 不同,洗涤有助于调节 pH,从而减少苛性钠或硫酸的用量。洗涤则意味着漂白会产生废水。与蒸煮的废液不同,漂白产生的废水不能燃烧。这是漂白浆厂唯一在排放之前必须进行处理的废水。事实上,从含氯漂白段(氯、二氧化氯、次氯酸盐段、含氯漂白后的碱抽提段)回收和燃烧所有的废水是不可能的,因为它们含有氯离子(Cl^-),氯离子有强的腐蚀性,对燃烧炉会产生极为不利的影响。在一些工厂中,D 段之后的碱抽提段(如 EO 段)的滤液可以部分送去回收。与此相反,含氧的漂白段的废水一般可以燃烧(这取决于它们在漂白流程中的位置),目前大多数用氧气作为漂白第一段的工厂将其废水送到回收炉(氧脱木素用于本色浆的洗涤,最终送到碱回收系统——译者注),从而使工厂的废水负荷明显降低。

每个漂白段由一个字母或带括号的一组字母表示,以简化漂白流程的书写。每个字母包括完成该段所需要的所有单元操作,即泵、混合器、反应器和洗涤设备。表 4 - 2 列出了工业上常用的漂白段及其相应的字母。当括号中有两个或更多的字母时,表示这些漂白剂同时或分几次加入到相同的漂白段,中间没有洗涤。可以看出,某些漂白段,如(EOP)和(PO)或(OR)段,使用相同的漂白剂,但是其用量和操作条件是不同的。这将在本章的第四节详细介绍。

表 4 -2 漂白段的名称及其对应的漂白剂

漂白段的符号	漂白段的名称	化学品
C	氯化	Cl_2
D	二氧化氯漂白	ClO_2
E	碱抽提	NaOH
(EO)	氧强化的碱抽提	$NaOH, O_2$
(EP)	过氧化氢强化的碱抽提	$NaOH, H_2O_2$
(EOP)	氧和过氧化氢强化的碱抽提	$NaOH, O_2, H_2O_2$
O	氧脱木素	$O_2, NaOH$
Z	臭氧漂白	O_3, H_2SO_4
P	过氧化氢漂白	$H_2O_2, NaOH$
Paa 或 Pa	过氧醋酸漂白	CH_3COOOH
Q	螯合处理	主要有 EDTA, DTPA
A	酸处理	H_2SO_4
(CD) 或 (DC)	顺序加入氯和二氧化氯的漂白	Cl_2, ClO_2
(ZD) 或 (DZ)	顺序加入臭氧和二氧化氯	O_3, ClO_2, H_2SO_4
X 或 Enz	木聚糖酶辅助漂白	主要是木聚糖酶
(DQ)	顺序加入二氧化氯和螯合剂的漂白	$ClO_2, EDTA$ 或 DTPA
(ZQ)	顺序加入臭氧和螯合剂的漂白	$O_3, EDTA$ 或 DTPA
(OP)	过氧化氢强化的氧脱木素	$O_2, NaOH, H_2O_2$
(PO)	氧加压的过氧化氢漂白	$H_2O_2, NaOH, O_2$

19 世纪后半叶化学浆开始工业化生产,从那时起漂白程序就在不断地发展变化着[10-11]。随着技术的创新和新漂白剂的发现,同时还有环境压力的驱动,尤其在 20 世纪末,漂白程序发生了很多变化。图 2 示出了漂白程序的进展过程。在化学浆工业生产的最初的 50 年中,所用的唯一的漂白剂是次氯酸钠(H),在低浓(3% 或更小)下进行单段漂白或两段漂白。为了达到一定的漂白效果,必须进行比较深度的漂白处理,但硫酸盐浆只能达到半漂白浆的白度,并且由于次氯酸盐的作用,纤维素会发生显著降解。20 世纪初期出现了一些技术进展:贝尔麦(Bellmer)式漂白机使漂白浓度提升到了 7%,这提高了漂白的效率并节约了蒸汽。与此同时,还出现了多段漂白技术。碱抽提段(E),用在了两段 H 之间,即形成了 HEH 的漂序。再加上段间的洗涤,这种漂白方式明显地节约了漂白剂。20 世纪 30 年代,随着耐酸钢的发展,氯气(C)被用于漂白。CEH 和 CEHH 成了标准的漂序,这可以达到更高的白度。在 20 世纪 40 年代后期,二氧化氯漂白(D)的发现是漂白史上的一个重大突破。它可以使漂白硫酸盐浆达到高白度(白度 90% ISO,甚至更高),相当于易漂白的亚硫酸盐浆的白度。此外,二氧化氯能够在对纤维没有损伤的情况下生产全漂白浆。在此之后又出现了 CEDED 或 CEHDED 漂序。另一个重大的进展是 20 世纪 70 年代氧气漂白(O)的发明。氧气漂白于 1970 年在南非首次应用于商业化生产。用氧气漂白如同于用空气漂白,由于在氧气漂白段的废水中不存在氯离子,它可以用于未漂白浆的洗涤,然后送到碱回收炉,因此,氧气的使用意味着对环境的重大改善。采用 OCEDED 这样的漂序,氧气漂白使工厂的废水负荷降低了 50%。然而,由于需要加压设备和高效的洗涤以回收废水,氧气漂白的投资成本相当高,这使得氧气漂白在初始时发展相当缓慢。由于环境的压力,如今全球超过 80% 的漂白纸浆的生产过程中,漂白的第一段采用一段或两段氧脱木素。除了有益于环境外,氧气比二氧化氯的价格低得多,因此,用氧气漂白可以显著降低漂白剂的成本。在 20 世纪 80 年代,氧气用于碱抽提段,即(EO)。

20 世纪 80 年代取得的技术进步有:用于中浓纸浆的高强混合器,它可以有效地将中浓纸浆(10% ~ 15%)与气态的化学品(如氧气和臭氧)混合。与此同时,中浓离心浆泵也实现了工业化。20 世纪 80 年代还出现了改良的蒸煮技术,蒸煮脱木素程度增大,从而使得未漂白浆中的木素含量和漂白化学品的用量均减少。20 世纪 80 年代,主要在西欧和北欧国家以及后来在北美,人们对环境的关注使其有了新的巨大的变化。在废水和漂白浆中检测到了含氯漂白过程中所形成的有机氯化物(简称 AOX),且其含量较高。有些 AOX 是有毒的,其毒性取决于其分子中氯原子的数量(氯原子越多,毒性越大)。其数量与 C 段氯的用氯量直接相关。证实了 C 段和 E 段的废水中,甚至被漂白的纸浆中,含有氯化二恶英和呋喃,就标志着漂白中使用元素氯的结束。有关部门推出了新的规章制度,要求纸浆制造者开发对环境影响更小的漂白工艺。因此 CEDED 漂序逐渐被(CD)EDED 和 DEDED 漂序所取代。由于能够降低一半的二氧化氯的需求,而二氧化氯比氯气更贵,所以氧气漂白得到了迅速且持续地发展。而后,在一些国家,人们开始通过引入新的漂白化学品,如臭氧(Z),来研究开发全无氯漂白(TCF)(不使用任何含氯的化学品)。后来,由于发现无元素氯漂白(ECF)(仅仅禁用氯气)对环境的危害没有预期的那么严重,可以满足环保法规并得到了全世界的认可。近些年来在研究和开发方面的不断努力,使以氧为基础的化学品得到了更为广泛的应用。两段氧脱木素(OO)、过氧化氢(P)、臭氧(Z)和过氧酸(Pa)的应用,有利于二氧化氯漂白的发展,使"轻 ECF 漂白"(ECF light)的发展成为可能,如 OO(ZD)ED,OOQ(OP)DQ(PO),有助于进一步降低漂白废水对环境的影响。在大多数情况下,这些变化也节约了一定的成本,如把臭氧引入到 ECF 漂白中,利用了臭氧特有的脱木素效率。在 20 世纪 90 年代,有研究表明,阔叶木硫酸盐浆用热酸处理可以显著降低纸浆的卡伯值,同时还可以改善最终的漂白效率。这是因为在碱法蒸煮过程中木聚糖上形成了己烯糖醛酸基团。这些基团会消耗一定量的化学漂白剂,如二氧化氯。于是出现了两种方法来克服这个问题。第一种是采用 AD 工艺,其中 A 表示在高温(95℃)下进行至少 2h 的酸处理,使己烯糖醛酸基团水解,D 是常规的二氧化氯漂白。第二种方法是 Dhot 漂白段。Dhot 表示长时间(至少 2h)的高温(85~95℃)二氧化氯漂白。此时二氧化氯首先被木素消耗,然后高温及酸性条件下起到了热酸处理段的作用,水解了己烯糖醛酸基团。自 21 世纪以来,所有的新建阔叶木硫酸盐浆项目均包括这两种漂白工艺中的一种。

从图 4 -2 可以看出,目前有许多不同的漂白程序,但占主导地位的(灰色的)仍然是以二氧化氯为主要漂白剂的漂白程序。如今大约 80% 的漂白纸浆第一段采用一段或两段氧脱木素。现在大约有 30 条使用臭氧的生产线,使用过氧乙酸的不到 5 条。而 TCF 漂白浆的产量非常小,约占全球漂白化学浆产量的 5% 。正如前面提到的,TCF 之所以没有得到更大的发展是因为漂白后浆的强度略有损失,而 ECF 漂白能够满足新的环保法规。然而,TCF 是漂白废水可以全部回收的一种漂白方法,因此,在未来的几十年里会由于对绿色技术的要求不断加强,TCF 有可能被重新使用并得到发展。

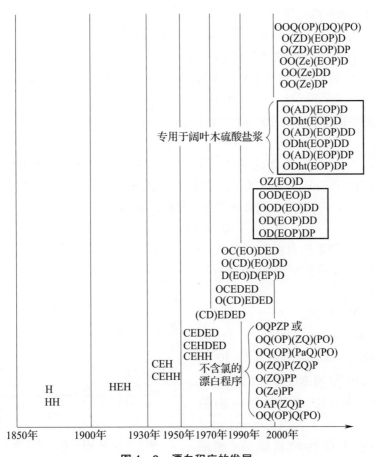

图 4 -2　漂白程序的发展

漂白这章分为3部分。第一部分是关于漂白化学方面的内容,描述漂白化学药品是如何与纸浆成分发生反应的。第二部分是主要为漂白的化学工程原理,并介绍了漂白所需的不同类型的设备。第三部分,称为漂白技术,首先讨论的是漂白化学药品的制备和使用方法,然后是目前所用的各种漂白程序。最后,探讨了每种漂白段的操作参数(条件)以及所用的特定技术。

漂白这一章为读者提供的,不仅有理解当今工厂实际的纸浆漂白所需的基础,还有个人发展进步的工具,无论读者是工作在生产第一线、从事研发工作或与供应商有关。

4.2 漂白化学

这部分将会探讨漂白化学品(bleaching chemicals)与木素和碳水化合物的反应。最后一节会提供关于漂白剂(bleaching agents)对抽出物的作用方面的资料。

4.2.1 氯化段的化学反应

虽然由于环境的原因,大多数工厂已不再使用氯气,但是它还在某些非木材(一年生植物)纸浆的漂白中使用着。此外,了解它的化学是重要的,因为二氧化氯与木素反应时会产生氯气,这意味着氯气的化学反应对二氧化氯漂白也有影响。

4.2.1.1 氯气在水中的化学

氯气的化学式是 Cl_2。室温下它是气体,而且不易溶于水。

例如,在10℃下,溶液浓度能达到10g/L,而在50～60℃下,溶解度降到大约3.5g/L。当氯气溶解于水中的时候,水的 pH 变为酸性的,按照下面的方程式形成次氯酸(ClOH)。

$$Cl_2 + H_2O \rightleftharpoons ClOH + H^+ + Cl^- \tag{4-1}$$

这个方程的平衡常数(K),20℃时等于 4×10^{-4},60℃时为 4×10^{-3}:

$$K = [ClOH][H^+][Cl^-]/[Cl_2] \tag{4-2}$$

这意味着在20℃和 pH 为2的条件下,HClO 的浓度是 Cl_2 的4倍,在60℃时其浓度高10倍。因此,在氯漂条件(pH 为2,60℃)下,漂液中次氯酸(HClO)是主要的化合物。在高温下,次氯酸很不稳定。在60℃时,它就会导致自由基的产生,如下式:

$$ClOH \rightarrow Cl \cdot + \cdot OH \tag{4-3}$$

这些自由基,特别是羟自由基,·OH,是非常活泼的基团,将会降解纤维素,导致纤维素的解聚和氧化。

HClO(或 ClOH)是酸:

$$ClOH \rightleftharpoons ClO^- + H^+ \tag{4-4}$$

20℃时这种酸平衡常数等于 3.5×10^{-8}。当 pH 为7.5时,HClO 的浓度等于 ClO^- 的浓度。当 pH 为9.5时,ClO^- 的浓度为 HClO 浓度的100倍。

存在于溶液中的物种总结见(见图4-3):

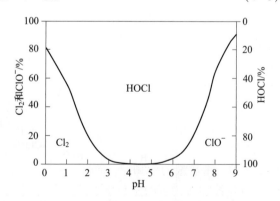

图4-3 0.01mol/L 氯水溶液的组成与 pH 的关系[12]

① pH < 2,主要是 Cl_2;

② pH = 2,主要是 HClO,还有少量 Cl_2;

③ pH = 3 ~ 4,几乎只有 HClO;

④ pH = 7.5,ClO^- 与 $HClO^-$ 的量相等;

⑤ pH = 9.5,主要为 ClO^-。

总之,如果打算用氯并尽量避免 HClO,那么,pH 应该低于 2,并且温度应当尽可能低,或者 pH 应当高于 10,其对应于次氯酸盐漂白的条件。

4.2.1.2 氯与木素的反应

氯与木素的反应有几种类型。第一种是通过亲电取代的芳香环的氯化(见图 4-4,途径 A)[12]。取代一个氯原子很容易,取代更多的氯原子是比较困难的,这是因为已经固定在芳香环上的氯的存在,阻碍新的氯的攻击。用过量的氯,它可以取代 4 个甚至 5 个氯原子,这导致废水中有毒化合物的形成。第一种反应并不能解释为什么氯气是一种良好的脱木素剂,因为氯原子的取代并没有使得木素溶解。

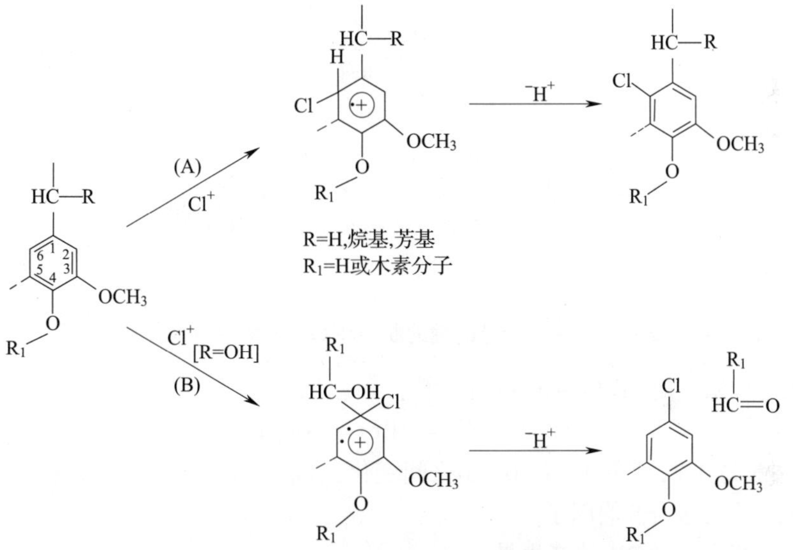

图 4-4 氯化过程中芳环和侧链上氯的取代反应[13]

其他两种机理可以解释脱木素作用。一种是在 C_a 上含有羟基的前提下,通过侧链(丙烷链)的脱除,木素发生降解(见图 4-4,路径 B)。第二种,这无疑能解释大部分的脱木素作用的,是醚基团的水解(见图 4-5)[12,14]。根据该反应,木素不仅发生降解,而且还引入了亲水性基团,可以看出,新的羟基存在于芳香环上。这两种反应已经使得木素在 C 段有一些脱除,而在随后的碱抽提段,会使木素更明显地脱除。

必须指出的是,尽管 C 段脱除了一些木素,但 C 段之后所得到的纸浆的颜色比氯化之前要深。这是由于在 C 段之后木素中的邻苯二酚被空气中的氧气氧化为有色的醌类,如图 4-5 所示[9,12]。

4.2.1.3 用氯量的计算

氯化段加入的氯的量与木素的量成比例。由于木素含量的测定很费时间,所以制浆工作者通常用卡伯值来代替木素含量。卡伯值反映了消耗高锰酸钾的那部分纸浆的量,即含有碳-碳双键结构的。这主要是木素,还有己烯糖醛酸基团,其在阔叶木硫酸盐浆中会大量存在。

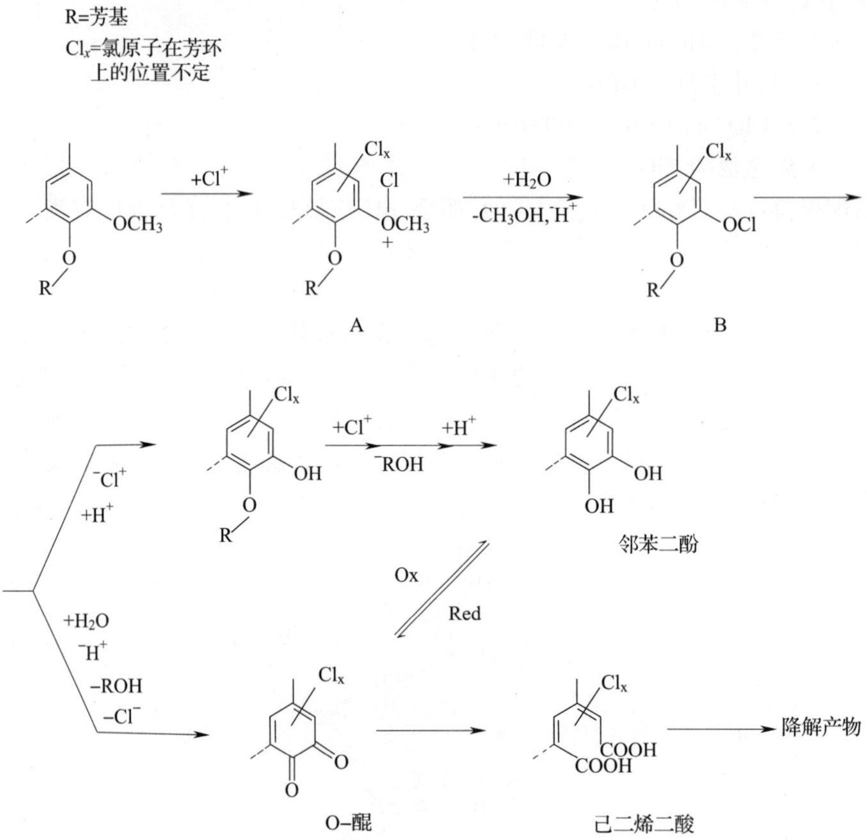

R=芳基
Cl$_x$=氯原子在芳环
　　　上的位置不定

+Cl$^+$　$\longrightarrow$　　　+H$_2$O
　　　　　　　　　　　　　$-$CH$_3$OH,$^-$H$^+$

OCH$_3$　　　　　OCH$_3$　　　　OCl

A　　　　　　B

$^-$Cl$^+$
+H$^+$

+H$_2$O
$^-$H$^+$
$-$ROH
$-$Cl$^-$

OH　　　+Cl$^+$　+H$^+$　　OH
　　　　$-$ROH　　　　　　OH

邻苯二酚

Ox / Red

O$-$醌　　　　　COOH / COOH　$\longrightarrow$　降解产物

己二烯二酸

图4-5　氯水中烷基-芳基醚键的断裂和 O-苯醌中间体的氧化反应[15]

用氯量(对纸浆)按照式(4-5)进行计算:

$$Cl_2(\%) = 氯因子 \times 卡伯值 \qquad (4-5)$$

氯因子一般为0.2,可在0.16~0.25之间变化,这取决于工厂,其大小由工厂决定。在某些工厂里,氯因子也称为卡伯因子。

4.2.1.4　估算氯化段 AOX 的产生量

如上所述,氯能将有机物氯化,特别是木素,导致废水中含有有机氯化物。芳环上可以含有 1~5 个氯原子,这取决于氯的用量。多数国家都有工厂废水中这些产物(有机氯化物)排放极限量的法律规定。法规是依据 AOX 的量:AOX 是测定存在于废水中的有机物所含的氯的量。AOX 表示:可吸附有机卤素(X)。AOX 量的测定如下:废水与活性炭混合,活性炭会吸附废水中的有机物。含有有机物(其中包括有机氯化合物)的活性炭先通过过滤分离,然后燃烧。有机物中的氯原子被矿化,变成氯离子(Cl$^-$)。测定氯离子的量,即可得出 AOX 的量。

有机氯化物产生于氯化段,在氯化段的废水中存在,在氯化段之后的碱抽提段的废水中也存在。事实上,碱抽提段有助于溶出残留的氧化(也包括氯化)的木素。废水中的 AOX 的量可以用以下公式估算[16]:

$$AOX(kg/t 浆) = 用氯量(kg/t 浆)/10 \qquad (4-6)$$

4.2.1.5　氯化阶段中碳水化合物的反应

如上所述,当 pH 约为 2(氯化段采用的 pH)时,HClO 是溶液中主要的含氯化合物。当温度升高时,HClO 的量更加重要。此外,当温度高于 50℃ 时,HClO 按照如下反应式发生均裂,生成了反应活性很大的自由基：

$$HClO \rightarrow Cl \cdot + \cdot OH \qquad (4-7)$$

这些自由基非常活跃,很容易与纸浆发生反应,不受任何限制。这些自由基通过从碳原子上夺取氢原子而发生反应。根据位置的不同,碳水化合物发生氧化和/或者发生解聚(depolymerisation)。而纤维素的解聚会导致成纸强度的损失。图 4-6 为纤维素上的 C_1 受 $Cl \cdot$(氯自由基)进攻的示例,其结果造成纤维素解聚和氧化。图 4-7 显示的是羟自由基进攻 C_2 的反应,这导致了羟基的氧化(羰基的形成)。

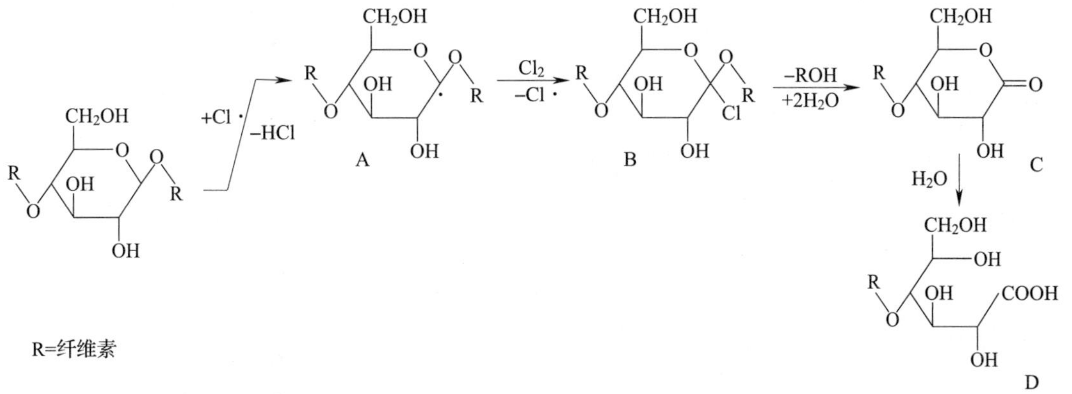

图 4-6 氯自由基($Cl \cdot$)进攻纤维素 C_1 的反应[17]

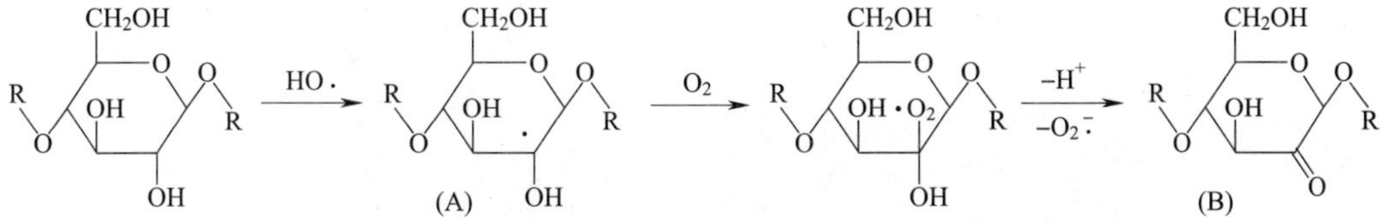

图 4-7 羟自由基($OH \cdot$)进攻纤维素上 C_2 的反应[17]

有两种能防止这些反应发生的可能性。第一种是在尽量减少自由基形成的条件下操作,即在低温和很低的 pH 条件下反应。由于蒸煮和洗浆之后的温度(较高)和漂白废水的再循环,所以在工业生产中很难实现低温(低于 50℃)。第二种是加入自由基捕捉剂;已经发现在氯化段添加少量的二氧化氯,便可以防止纤维素的降解。对此的解释是,可能二氧化氯本身是一个自由基(一个稳定的自由基),其可与 $Cl \cdot$ 或 $\cdot OH$ 自由基反应:两个自由基相互吸引,使未配对的电子配对。

4.2.2 二氧化氯漂白段的反应

二氧化氯,ClO_2,是一种气体。在纸浆漂白中,使用二氧化氯的水溶液,二氧化氯的水溶液是酸性的。这种化学品的特性是它是一个自由基,$O-Cl-O \cdot$,它可以自由基形式发生反应。

4.2.2.1 二氧化氯与木素的反应

ClO_2,主要与木素中游离的酚基(酚型结构)发生反应,在硫酸盐法蒸煮之后的残余木素中酚型结构单元的含量为 30% ~ 50%(对苯基丙烷单元)。二氧化氯与酚型结构单元的反应过程经历3个步骤,如图4-8所示[18-19]。二氧化氯夺取酚羟基的氧原子上的一个电子。H+失去之后,形成了苯氧自由基(步骤1),并且二氧化氯被还原成亚氯酸盐,HClO₂。苯氧自由基处于平衡形式,自由基在芳香环 C₁、C₃ 或 C₅ 上。图4-8的左半部分显示出自由基位于 C₃ 的情况,也称为醌甲基化物自由基。二氧化氯的第二个分子将会与这个自由基反应,生成不稳定的亚氯酸盐酯。最后一步是这些不稳定的产物水解成己二烯二酸衍生物,并形成次氯酸(HOCl)。这些己二烯二酸衍生物使木素变为可溶于水的,特别是在后期的碱抽提段可溶。

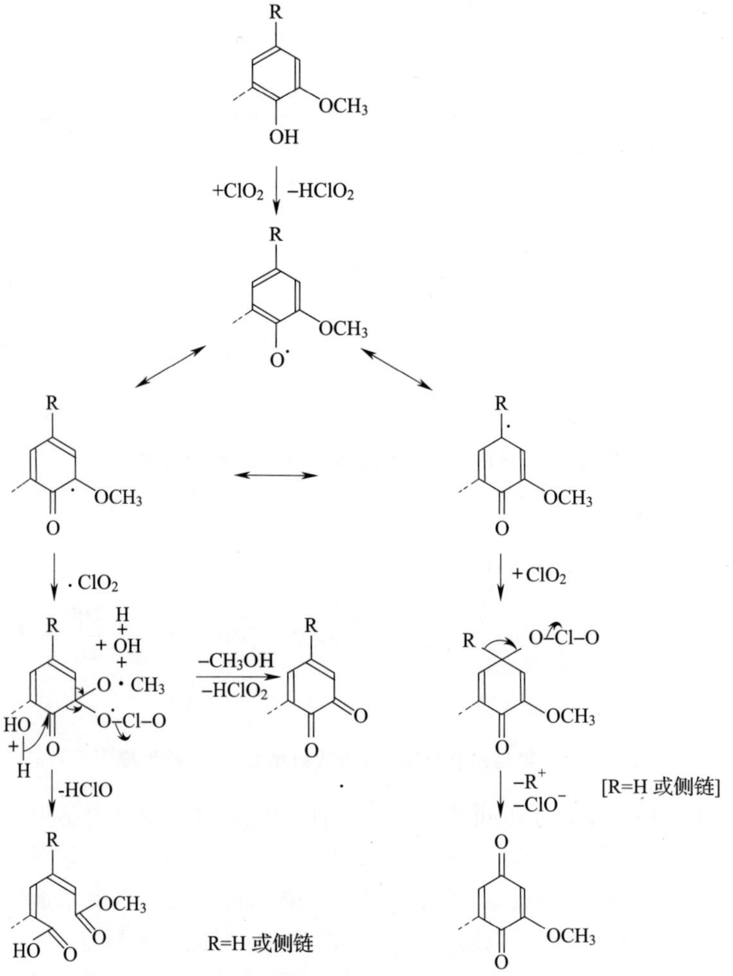

图4-8 二氧化氯与酚型木素结构的反应(De Gruyter)[19]

从图4-8的右半部分可以看出,在二氧化氯漂白过程中还会形成醌结构,这是不期望的,因为漂白的目的是要去除木素和发色基团。

4.2.2.2 二氧化氯漂白段氯的形成

综合图4-8的反应可以得到如下式子:

$$酚型木素 + 2ClO_2 + H_2O \rightarrow 氧化的木素 + HClO_2 + HOCl \tag{4-8}$$

此外,HClO₂ 与 HClO 反应,产生 ClO₂,反应式如下:

$$2HClO_2 + HClO \rightarrow 2ClO_2 + H_2O + HCl \tag{4-9}$$

因此,将反应方程式(4-8)乘以2后,再减去反应方程式(4-9),可以得到:

$$酚型木素 + ClO_2 + 1/2H_2O \rightarrow 1/2HClO + 氧化的木素 + 1/2HCl \tag{4-10}$$

根据反应方程式(4-1),当 HClO 和 HCl 与 Cl_2 和 H_2O 达到平衡时,意味着一分子的 ClO_2 与一分子酚型木素反应时,会生成 1/2 分子的 Cl_2。

这种氯无法测量,因为它很容易与木素发生反应。根据 4.2.1 节中列出的反应,氯会很快参与到脱木素的反应中。缺点是这种氯也会导致有机氯化物(AOX)的形成。这可以通过在 ClO_2 漂白过程中添加二甲亚砜(DMSO)得到证明:的确,二甲亚砜能够有选择性地与氯发生反应。添加二甲亚砜导致 AOX 明显减少,脱木素效率也显著降低[20]。

这种氯对发色基团的形成也是有贡献的,因为它产生了极容易转化为醌类的邻苯二酚。这就意味着当二氧化氯用于漂白流程的末端时,最好避免采用可能产生氯的条件,因为在漂白流程的末端,每一个单位的白度都是非常重要的。在那种情况下,要优先选择较高的 pH。其缺点是,当 pH 增大时,次氯酸与亚氯酸钠将会发生反应,导致了氯酸盐(ClO_3^-)的形成:[21]

$$HClO + ClO_2^- \rightarrow ClO_3^- + H^+ + Cl^- \tag{4-11}$$

这种反应对漂白来说是毫无意义的,因为氯酸盐对纸浆不起作用。

4.2.2.3 有效氯

在许多工厂,所用的二氧化氯的量并不是以真正的二氧化氯的量表示,而是以有效氯的量来表示。这是由于大部分现在使用二氧化氯的工厂,过去使用氯。二氧化氯换算成有效氯等于 2.63 乘以二氧化氯的量。因此,用以下公式计算脱木素(在漂白流程的第一个二氧化氯漂白段)所需要的二氧化氯的量:

$$ClO_2(\%,以有效率计) = 卡伯因子(例如\ 0.2) \times 卡伯值 \tag{4-12}$$

如果要以纯的二氧化氯表示二氧化氯的用量:

$$ClO_2(\%,以\ ClO_2\ 计) = 卡伯因子(例如\ 0.2) \times 卡伯值/2.63 \tag{4-13}$$

4.2.2.4 二氧化氯脱木素过程中 AOX 的产生量

如上所述,有些氯是在二氧化氯漂白过程中产生的副产物,这些氯导致了有机氯化合物的产生。由于所产生的氯的数量小于在氯化段的用氯量,因此,AOX 的量也比较少。并且,由于氯的浓度较小,所以结合于芳香环上的氯原子的数量较少。因此,所产生的有毒化合物会少很多。在二氧化氯漂白的废水中以及其后(二氧化氯漂白之后)的碱抽提段的废水中均发现有 AOX。以下公式可以用来估算在多段漂白中第一个二氧化氯段(D_0)AOX 的产生量:[16]

$$AOX(kg/t\ 浆) = ClO_2用量(以有效氯计,kg/t\ 浆)/50 \tag{4-14}$$

4.2.2.5 二氧化氯漂白过程中碳水化合物的反应

对于纤维素而言,在所采用的漂白条件(酸性 pH)下,二氧化氯对纤维素没有影响。就半纤维素而言,蒸煮过程中会在聚木糖上形成己烯糖醛酸基团。这些己烯糖醛酸基团带有碳-碳双键,会消耗某些漂白化学品,包括二氧化氯(它们会与二氧化氯漂白过程中产生的 HOCl 和 Cl_2 反应,导致氧化能力损失和漂白效率降低)[22-23]。己烯糖醛酸同时还消耗高锰酸钾,这就意味着当测定卡伯值时,它们所消耗的高锰酸钾量也计入卡伯值之内了。在阔叶木硫酸盐法浆中,特别是桦木浆和桉木浆,这些己烯糖醛酸占了卡伯值的 30%~50%[24],并且它们也浪费了大量的二氧化氯。这样,己烯糖醛酸的反应耗费了二氧化氯,结果是既没有脱木素,也没有漂白纸浆,从而削弱了漂白的经济性。实际上,己烯糖醛酸基团是白色的。

目前,在工业生产中提出了两种除去己烯糖醛酸的方法:AD 漂序中在二氧化氯段之前,使用高温热酸处理至少 2~3h[22,25],或者在 D_{ht} 段采用高温二氧化氯处理 2~3h[26]。在 AD 漂序中,己烯糖醛基团被水解并从浆中除去,生成了一些呋喃羧酸(糠酸)类产物[25]。在 D_{ht} 过程中,漂白剂先与木素发生非常快速的反应,温度越高,反应速率越快,而后慢速酸水解己烯糖醛酸。这些方法可节省大约 20% ~30% 的二氧化氯,从而降低了 AOX 的产生量[26-27]。

4.2.3　氧脱木素(氧气漂白)段的反应

4.2.3.1　氧气与木素的反应

氧气(O_2),是气体。它具有双自由基的特性,与木质素反应的机理与二氧化氯相似,二氧化氯也是自由基。氧气主要与酚型的木素结构发生反应,并且需要高温和碱性 pH,才能有效反应[28]。其反应过程如图 4-9 和图 4-10 所示。首先,第一步是在碱性条件下(木素酚型结构)形成酚盐阴离子。氧气分子,作为自由基,从酚盐离子的氧原子上夺取一个电子,从而形成苯氧自由基和过氧化物阴离子,$O_2^{\cdot-}$,(见图 4-9)。而后,过氧化物阴离子($O_2^{\cdot-}$)与苯氧基或其中间体反应(见图 4-10)。最终结果是芳环打开,形成黏糠酸(己二烯二羧酸)衍生物,从而使木素变为可溶性的。

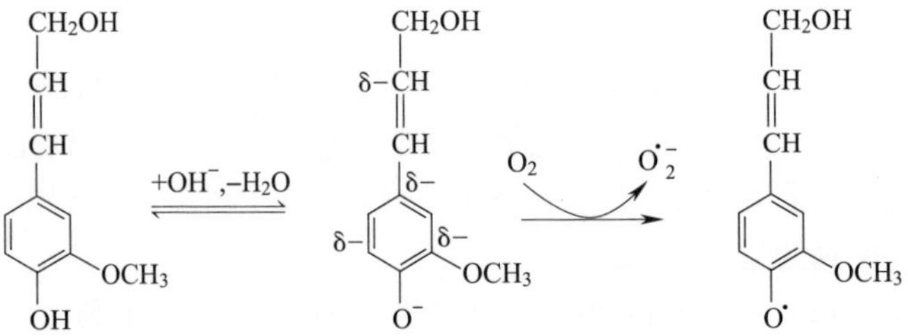

图 4-9　氧气漂白反应的初始步骤[29]

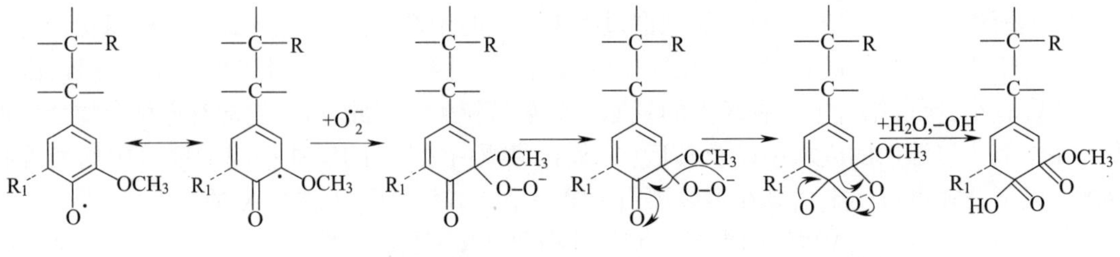

图 4-10　氧气漂白过程中由苯氧自由基形成氢过氧化物中间体[29]

4.2.3.2　氧脱木素过程中碳水化合物的反应

如前面所指出的,在氧与木素反应时,副产物是过氧化物阴离子($O_2^{\cdot-}$)。它会与它的酸性形式 $HOO^{\cdot}$ 发生反应,生成氧气和过氧氢根阴离子(HOO^-):

$$O_2^{\cdot-} + HOO^{\cdot} \rightarrow O_2 + HOO^- \qquad (4-15)$$

在金属离子存在时,过氧氢根阴离子被催化分解,见式(4-18)和式(4-19)。这导致羟自由基的形成。然后,依照在本章第 2 节(4.2.1)中描述的机理,羟自由基将与纤维素发生反应,导致其氧化和解聚。减少(至少防止一部分)纤维素降解的一种方法是添加硫酸镁(见图 4-11)。这种方法发现于 20 世纪 70 年代,其促进了氧脱木素工业化的进展[30]。硫酸镁可作为纤维素保护剂的原因尚不清楚。一种假设是,碱性条件下硫酸镁沉淀为 $Mg(OH)_2$,它会吸附金属离子,从而防止金属离子催化过氧化氢分解[31]。

4.2.4 过氧化氢漂白段的反应

4.2.4.1 金属离子对过氧化氢漂白的影响

过氧化氢既可以用作增白剂,也可以作为脱木素剂,这取决于反应条件。在这两种情况下,过氧化氢是在碱性条件下使用。在碱性条件下,过氧化氢的主要存在形式是过氧氢根离子 HOO^-。

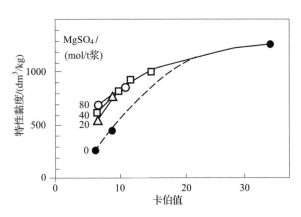

图 4-11　氧脱木素过程中添加硫酸镁对纤维素黏度的有益影响[32]

$$H_2O_2 + OH^- \rightleftharpoons H_2O + HOO^-$$

$$(pK_A = 11.6, 25℃) \tag{4-16}$$

碱性过氧化氢可以按照以下反应式歧化为羟基和超氧自由基,温度越高反应越多:

$$H_2O_2 + HOO^- \rightarrow HO^· + O_2^{·-} + H_2O \tag{4-17}$$

此外,过氧化氢和过氧氢根离子对某些金属离子很敏感,导致其催化分解。特别是铁、铜和锰,通常存在于木材中,纸浆中含有这些金属离子时,会按照芬顿型反应分解过氧化氢,如反应式(4-18)和反应式(4-19)所示。M 代表金属离子。已经存在于木材和纸浆中的金属离子,如 Fe^{2+}、Fe^{3+}、Cu^{2+}、Mn^{2+},参与该分解。金属离子也可能来自工艺过程用水或化学药品(如烧碱)。纸浆中金属离子的典型含量为:铁 $30 \sim 100mg/kg$,铜 $1 \sim 10mg/kg$,锰 $20 \sim 150mg/kg$。

$$H_2O_2 + M^{n+} \rightarrow M^{(n+1)+} + HO^· + OH^- \tag{4-18}$$

$$HOO^- + M^{(n+1)+} \rightarrow M^{n+} + O_2^{·-} + H^+ \tag{4-19}$$

4.2.4.2 过氧化氢与木素的反应

当过氧化氢在适宜的温度(70℃ 及以下)和碱性条件下使用时,活性反应成分是过氧氢根离子,HOO^-。HOO^- 是亲核的漂白剂,它仅能与含羰基的结构(如醌类)(见图 4-12)进行反应。在这种情况下,过氧化物主要具有增白作用,由于它消除了发色的结构。还可以通过所谓的达金反应机理进行侧链置换[33]。然而,在这条件下,HOO^- 的脱木素作用很有限,其是典型的用过氧化物强化的碱抽提段[(EP)段]。

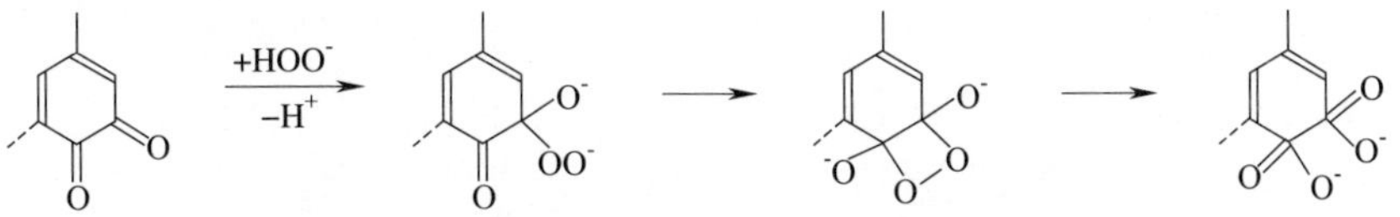

图 4-12　过氧氢根离子与醌类的反应(De Gruyter)[19]

过氧化氢漂白段的温度越高,则自由基的产生量将会越大。在这种情况下,类似于发生在氧脱木素过程中的化学反应将会在酚型木素结构上发生:羟自由基($HO^·$)攻击酚盐阴离子,产生苯氧自由基;然后按照木素与氧反应相同的路径(见图 4-9 和图 4-10),苯氧自由基会与超氧自由基($O_2^{·-}$)反应[34-36]。在这种情况下,过氧化氢段通常被称为 P 段。

在这些条件下,在过氧化氢加入之前,通过去除至少一部分金属离子,能够获得较好的结果[37]。这是通过采用螯合处理段(称为 Q),例如用 EDTA 或 DTPA 将金属离子螯合,而得以实现的。在进入过氧化氢段之前,通过洗浆除去螯合了的金属离子。除去金属离子的作用是稳定过氧化氢:芬顿型催化反应[反应式(4-18)和反应式(4-19)]所浪费的过氧化氢较少,从而有较多的过氧化氢能够用于脱木素和漂白。因此,自由基的产生率将是一个关键的参数。

4.2.4.3 过氧化氢漂白过程中碳水化合物的反应

如同氧脱木素的情况,过氧化氢漂白过程中碳水化合物可能会发生降解,这是由于在金属离子催化作用下,过氧化氢会分解成羟自由基。羟自由基可降解和/或氧化纤维素,这已经在4.2.1节中讨论过了。在P段所用的过氧化氢的量通常比氧脱木素段产生的过氧化物的量更高。此外,氧脱木素段过氧化氢和羟自由基的形成通常与木素密切相关。因此,在过氧化氢漂白段纤维素的降解更显著。对防止P段纤维素的降解而言,只加入硫酸镁通常是不够的,一般要通过螯合处理段(Q段),例如使用EDTA和DTPA作为螯合剂,除去金属离子。

4.2.5 碱抽提段的反应

用于脱木素的碱抽提段总是紧跟在酸性氧化段之后,如在氯化、二氧化氯或臭氧漂白段之后。

4.2.5.1 碱抽提段木素的反应

在碱抽提段所发生的最重要的反应是由木素产生的酸性基团的中和反应:

$$RCOOH + OH^- \rightarrow RCOO^- + H_2O \tag{4-20}$$

其中R是木素的片段。

其结果是木素的溶解性能增加,从而进一步脱除木素。碱处理的第二个作用是通过碱性水解除去一些有机结合的氯,导致氯原子被羟基取代(如图4-13所示)[19]。

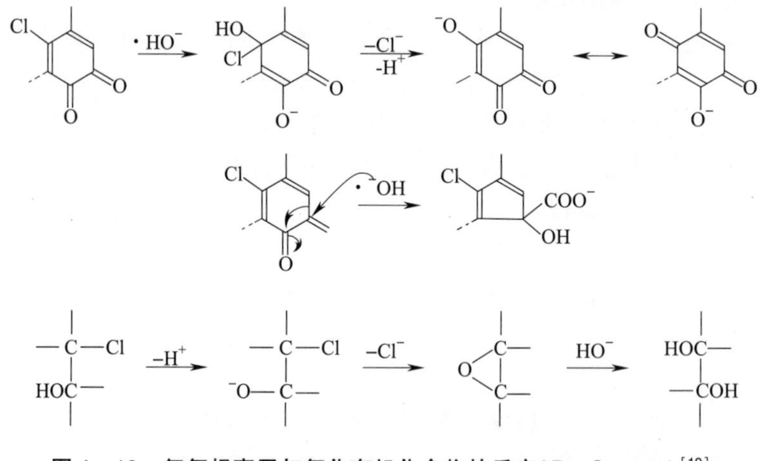

图4-13 氢氧根离子与氯化有机化合物的反应(De Gruyter)[19]

碱抽提段只使用碱(最常用的是氢氧化钠),被称为E段。如今,大多数E段使用了少量的氧气[即(EO)]段或过氧化氢[即(EP)段],或两者都用[即(EOP)段]。过氧化氢和氧气在碱性条件下都是活跃的,因此,对于强化碱抽提是有益的选择,会使纸浆的卡伯值有所降低或者使纸浆白度提高几个单位[38]。

(EP)段的脱木素化学反应与4.2.4部分所述的一样:在温和的条件下(通常最高温度为70℃),过氧氢根离子与醌型结构反应,生成羧酸盐。这有助于溶出更多的木素(但是,由于木素中这种醌基团比较少,所以这种作用是有限的),并且除去了发色基团,也起到了漂白的作用。

4.2.5.2 碱抽提段碳水化合物的反应

在碱抽提段,被氧化的碳水化合物,特别是含有羰基的碳水化合物,通过碱诱导的烷氧基消除反应而发生降解,如图 4-14 所示。如果羰基位于碳水化合物链的中部,这种反应会特别显著。羰基可以通过自由基的作用(在氯化、氧脱木素、过氧化氢、过氧乙酸和臭氧漂白段)而产生,或与臭氧直接反应而生成。

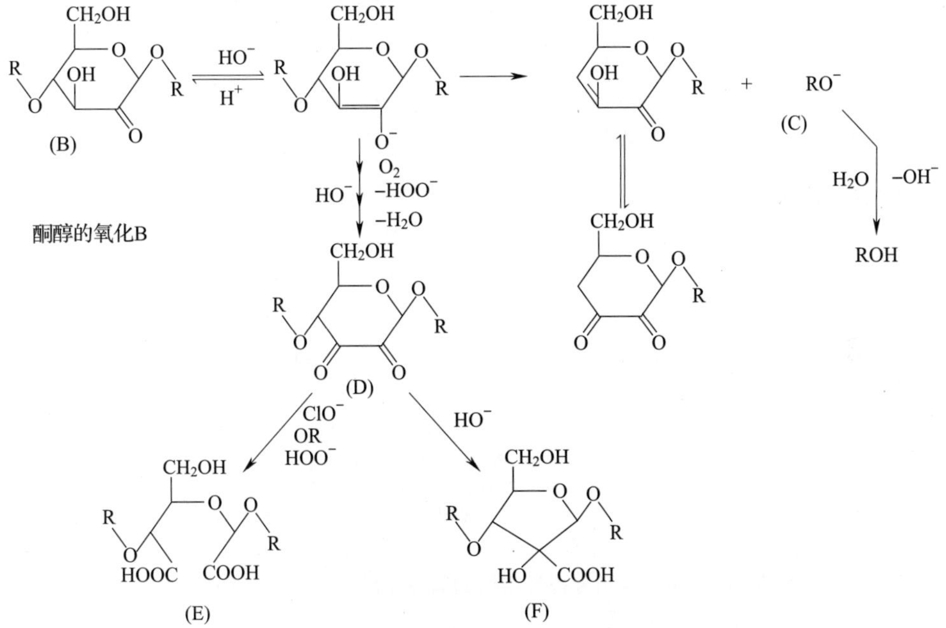

图 4-14　含羰基纤维素的 β-烷氧基消除反应[17]

在碱性的漂段,如氧脱木素或过氧化氢漂白段,也会发生这种反应。由于碱的作用,羟自由基会导致羰基的产生,然后就会发生 β-烷氧基消除反应。

在测定纤维素的黏度或聚合度时,也会出现这种情况。事实上,纤维黏度的测定是用强碱性的铜乙二胺溶液将纤维溶解,然后,进行检测。如果纤维素含有羰基,就会发生 β-烷氧基消除反应,从而使纤维素在黏度测量过程中发生降解,所测得的黏度偏低。解决这个问题的一个方法是在黏度测量之前消除羰基。可利用还原剂,如硼氢化钠,将羰基还原成醇羟基。[39]

4.2.6 臭氧漂白段的反应

4.2.6.1 臭氧与木素的反应

臭氧,O_3,是一种非常强的氧化剂,它能够在常温常压下脱除木素和漂白纸浆。它是一种不稳定的淡蓝色气体(无法贮存)。在酸性溶液中,它的氧化能力仅次于羟自由基、氟气以及少数几种其他物质:

$$O_3 + 2H^+ + 2e^- \longrightarrow O_2 + H_2O \qquad E^0 = 2.07eV \qquad (4-21)$$

臭氧的分子结构可以表示为 4 个异构(图 4-15)的共振杂化分子。

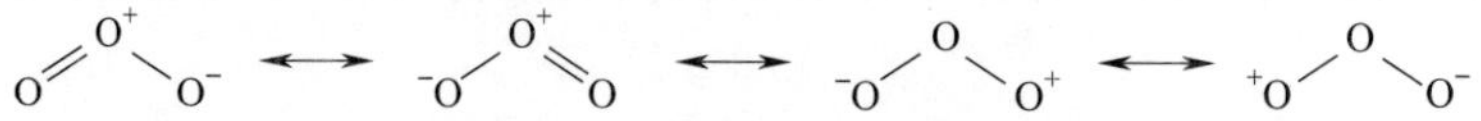

图 4－15 臭氧的 4 种异构形式

在图 4－15 中的第三和第四结构形式中具有带正电荷的末端氧原子，这说明臭氧具有亲电性质。

臭氧对烯类和芳香结构的反应活性很强。第一步是双键的 1,3－偶极加成，得到臭氧化物（见图 4－16）[34]。最终的结果是形成含羰基的结构和产生过氧化氢。

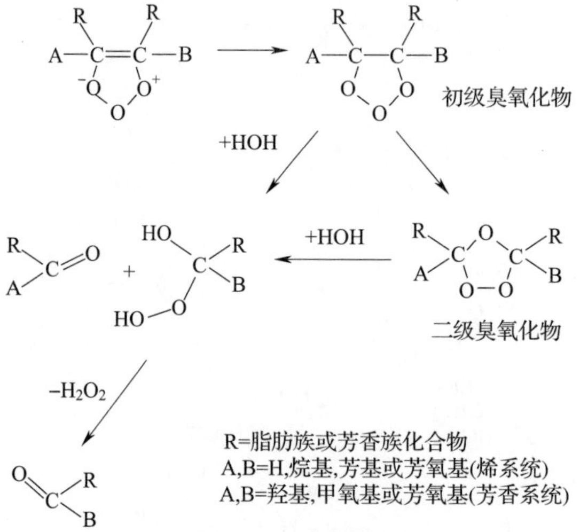
+HOH
初级臭氧化物
+HOH
二级臭氧化物
$-H_2O_2$
R=脂肪族或芳香族化合物
A,B=H,烷基,芳基或芳氧基(烯系统)
A,B=羟基,甲氧基或芳氧基(芳香系统)

图 4－16 脂肪类和芳香类结构的臭氧化反应（De Gruyter）[34]

臭氧与木素的反应产生了己二烯二酸（黏糠酸）衍生物（见图 4－17）[41－44]。

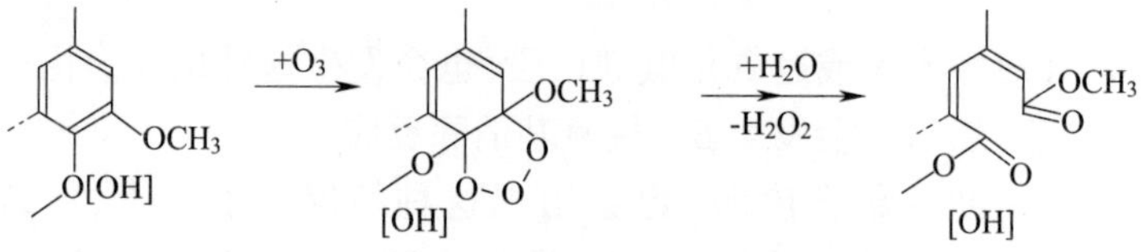
$+O_3$
$+H_2O$
$-H_2O_2$

图 4－17 臭氧与木素的反应（De Gruyter）[19]

4.2.6.2 pH 对臭氧分解的影响

当 pH 升高时，臭氧按照下式分解：

$$O_3 + OH^- \rightarrow HO_2 + O_2^- \quad (4-22)$$

在水中氢氧根离子催化臭氧发生分解的速率可以用下面的方程表示：

$$d[O_3]/dt = -k \cdot [O_3]^a \cdot [OH^-]^b \quad (4-23)$$

根据 pH 的不同，反应级数 b 的变化范围在 0.36～1.0 之间，而反应级数 a 的范围则在 1.0～2.0 之间[45－46]。

4.2.6.3 过渡金属离子对臭氧分解的影响

臭氧会被金属离子分解，特别是二价钴离子和二价铁离子[45,47]。二价钴离子与臭氧会按照以下反应式反应，导致羟自由基的产生：

$$Co^{2+} + O_3 + H_2O \rightarrow Co(OH)^{2+} + O_2 + \cdot OH \cdot \tag{4-24}$$

$$HO \cdot + O_3 \rightarrow HO_2 \cdot + O_2 \tag{4-25}$$

$$HO_2 \cdot + Co(OH)^{2+} \rightarrow Co^{2+} + H_2O + O_2 \tag{4-26}$$

幸运的是,纸浆中一般不会有钴存在。

臭氧被铁分解时则不会产生羟自由基[48]。

当臭氧与木素反应时会产生过氧化氢(见图 4-17)。如果有金属离子存在,这种过氧化氢会通过芬顿式反应发生分解,从而形成羟自由基,见方程式(4-18)和方程式(4-19)。

4.2.6.4 臭氧漂白过程中碳水化合物的反应

与其他漂白剂相反,臭氧能与纤维素直接发生反应,导致纤维素降解和氧化(形成羰基和羧基)。在纤维素的降解过程中,羟自由基也会参与反应:这些羟自由基或者来源于臭氧在水中的分解,或者来自于过氧化氢(臭氧与木素反应所产生的副产物)在金属离子作用下的分解反应,也可能是由臭氧与游离酚羟基的反应而产生的[49]。

虽然羟自由基会参与纤维素降解反应,但最主要的是臭氧与纤维素之间的反应[50-53]。当臭氧攻击纤维素葡萄糖基上的 C1 或与糖苷键中的氧原子发生反应时,纤维素便发生降解(见图 4-18)。

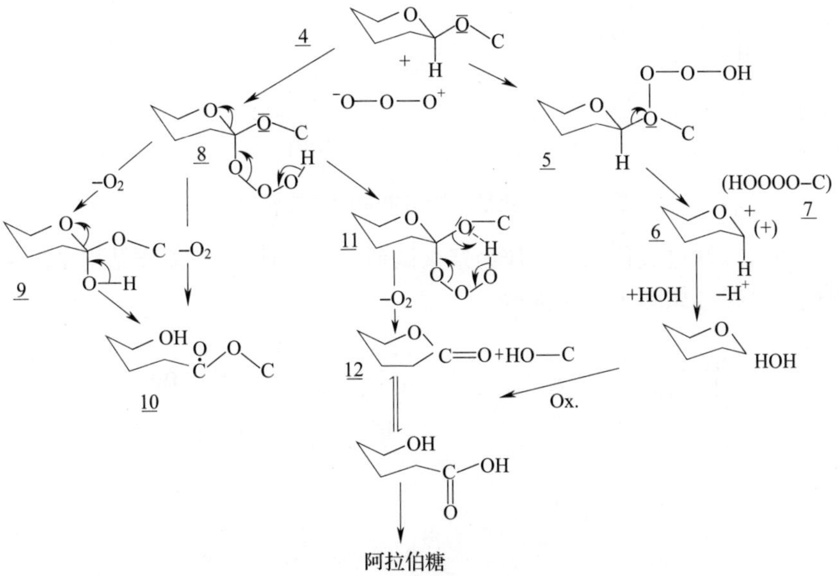

图 4-18 碳水化合物的臭氧降解和氧化[53]

然而,模型物的研究表明,臭氧与木素反应的活性比与纤维素反应的活性大得多[54]。这已通过木素含量逐渐降低的纸浆的臭氧化反应得以证明:木素含量越高,则纤维素的降解程度越低[55]。因此,根据木素含量调节臭氧用量,可以实现用臭氧脱除木素和漂白纸浆,而不降解纤维素。

此外,臭氧还可与己烯糖醛酸基团反应,导致臭氧消耗量增加[56]。

4.2.7 过氧乙酸漂白段的反应

4.2.7.1 过氧乙酸与木素的反应

过氧酸是由过氧化氢上的一个氢原子被 RCO 基团(酰基)所取代而形成的。对过氧乙酸而言,R 代表 CH_3。与过氧化氢不同,过氧乙酸可作为一种亲电试剂,能增加芳香环的羟基化作用和己二烯二酸衍生物的形成[57-58],如图 4-19 中途径(3)所示,其中的 HO^+ 来源于 CH_3COOOH。

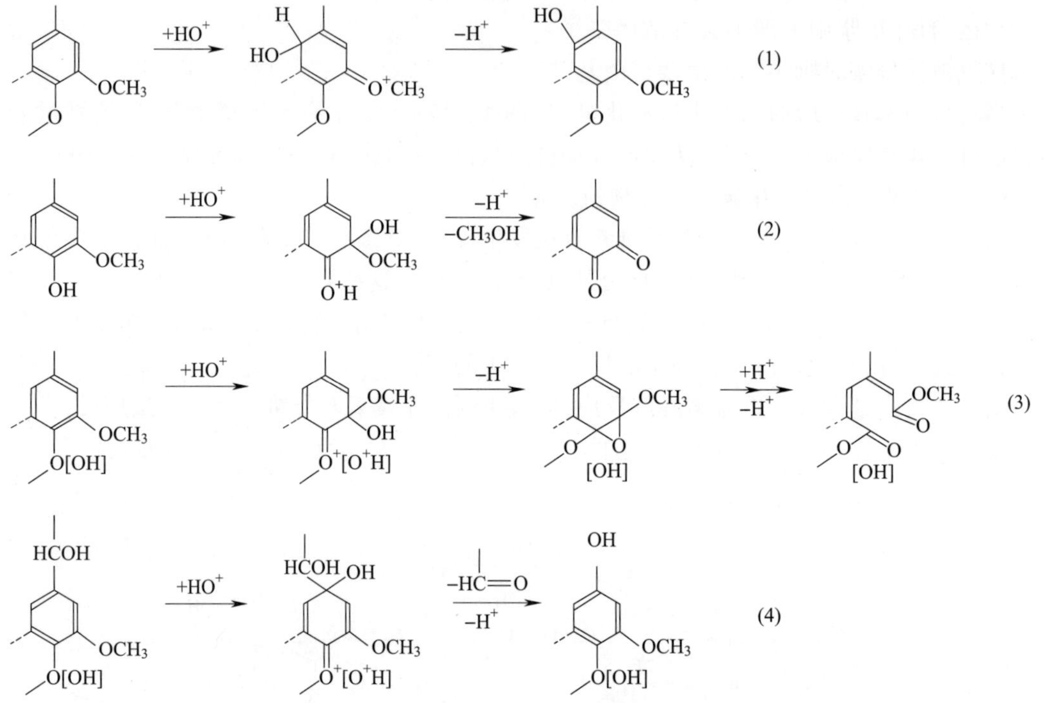

图 4-19 过氧乙酸与木素的亲电反应[19]

过氧乙酸还可以像过氧化氢一样作为亲核试剂,通过与羰基或醌类结构中的碳原子反应,起到漂白的作用[59-60],如图 4-20 所示。

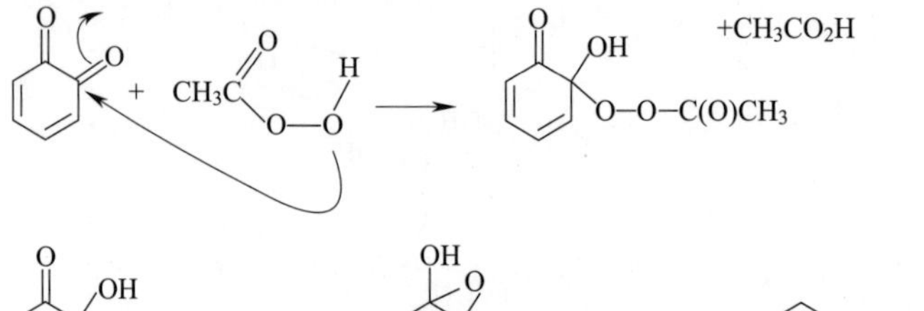

图 4-20 过氧乙酸亲核反应示例[61]

4.2.7.2 过氧乙酸漂白过程中碳水化合物的反应

过氧乙酸会被纸浆中存在的金属离子催化分解[62-63]。此外,过氧乙酸的平衡溶液中含有过氧化氢,如在第 4.2.4 节中所讨论过的,过氧化氢对金属离子的存在非常敏感。因此,为了防止纤维素降解,最好采用螯合段把纸浆中的金属离子除去[64]。

4.2.8 聚木糖酶处理过程中的反应

在 20 世纪 90 年代中期,研究发现漂白前向纸浆中加入聚木糖酶可节省漂白化学品[65],

并于 1989 年在造纸厂投入使用[66]。聚木糖酶为聚木糖专用酶,能催化聚木糖链中木糖与木糖之间化学键的水解。关于聚木糖酶对漂白有利的原因仍存在争论[67]。其中一种解释是:在硫酸盐法蒸煮过程中最初溶解的聚木糖会在蒸煮后期沉淀于纤维表面或内部,造成木素与漂白化学品的可及性减小,聚木糖酶能把这些聚木糖除去,利于木素与漂白剂反应及脱除。另一种假设是部分聚木糖被破坏,则会使得木素与碳水化合物间的连接减少,因为半纤维素被认为是蒸煮之后木素难以除去的原因之一,即木素与半纤维素会形成复合体(LCC)[67]。在聚木糖酶处理段,由于碳水化合物的溶解会导致其得率降低,在评估其经济效益时必须考虑到这一点[68]。

4.2.9　漂白过程中抽出物的反应

由于在硫酸盐法蒸煮过程中大部分的木材抽出物已经溶出,所以蒸煮后浆中的抽出物含量一般较低。然而,某些树种(桦木或桉木)的纸浆中残留的抽出物会给后续纸机运行带来树脂问题。能与漂白剂反应的抽出物是那些含有烯类结构的,即不饱和脂肪酸、脂肪酸酯和树脂酸。氯、二氧化氯漂白和臭氧能与这些结构反应。它们与氯的反应会生成有机氯化物[69]。

在一项研究中,按照二氧化氯漂白段(D)和碱抽提段(E)漂白流程探讨了蓝桉硫酸盐浆中抽出物的变化[70]。

关于有研究表明蓝桉硫酸盐浆的部分抽出物,其衍生物将一直存在于后续漂白过程中的二氧化氯漂白段(D)和碱抽提段(E)[70]。经二氧化氯漂白后抽出物的含量大幅减少,尤其是在漂白后期残余抽出物更易发生反应(如图 4 -21 所示)。也有研究认为,由于臭氧能与乙烯基团发生极性反应,因此,其去除抽出物的效率比二氧化氯高(如表 4 -3 所示)[71-72]。

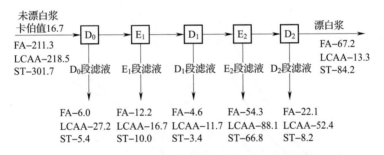

图 4 -21　二氧化氯漂白段对于蓝桉硫酸盐浆中抽出物的影响[70]

注　绝干浆抽出物含量,mg/kg;FA—脂肪酸,LCCA—长链脂醇,ST—固醇类。

表 4 -3　　　　　　　　臭氧对蓝桉和柳桉硫酸盐浆中丙酮抽出物的影响

浆中抽出物含量/(g/kg)	DEDD	ZDED 0.2%O₃	ZDED 0.4%O₃	ZDED 0.8%O₃
树脂和脂肪酸含量/(g/kg)	0.13	0.08	0.07	0.06
固醇类含量/(g/kg)	0.01	0.01	0.01	0.01
蜡含量/(g/kg)	0.04	0.04	0.03	0.02
总抽出物含量/(g/kg)	0.18	0.13	0.11	0.99

4.3 漂白的化学工程原理

4.3.1 漂白过程中的传质和反应动力学

4.3.1.1 漂白中的传质

漂白是要尽可能多地除去纸浆中的残余木素,但不损失碳水化合物。漂白剂有多种。有些是液体或溶液,其他的是气体,气体在与木素反应之前必须溶入液相之中。所有的漂白反应发生于溶解的漂白剂和细胞壁的固体成分之间。因此,在反应开始之前,漂白化学品需要与纤维悬浮液充分混合,使纤维与漂白剂良好地、均匀地接触。良好的混合可缩短漂白剂扩散的距离。

通过测定理想情况下的偏差,在一个给定的反应阶段,混合的不均匀性可以通过变化系数来评估。变化系数定义如下:

$$V = \frac{s}{\bar{x}} \tag{4-27}$$

式中　s——药品加入量的标准偏差

　　　$\bar{x}$——药品的平均加入量

当混合很好时($s=0$),$V=0$。在实际应用过程中,V不可能为零。对于一些新的、高剪切力的搅拌器来说,变化系数(V)为 3% ~ 10%,对于一些老式的搅拌器来说,V 可能为10% ~ 70%。变化系数越高,意味着未接触到纤维的药品量越多,如图 4 - 22 所示[73]。

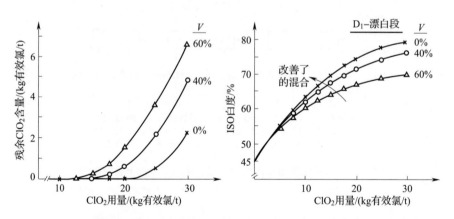

图 4 - 22　改善混合对漂白残余有效氯和纸浆白度的影响(采用不同的漂白剂用量)

当使用与纤维反应的选择性较差的漂白化学品时,均匀混合就显得更为重要。漂白剂浓度高的区域可能会导致碳水化合物受到显著的攻击。

根据图 4 - 23,纤维相的化学反应和传质可以分为几个步骤:① 漂白剂(反应物)从主体溶液转移至纤维周围的液层中;② 漂白剂通过液膜层的扩散;③ 漂白剂通过纤维细胞壁的扩散;④ 与木素和碳水化合物的反应;⑤ 反应产物通过细胞壁的扩散;⑥ 反应产物通过液膜层的扩散;⑦ 反应产物从液膜层转移至主体溶液中。

与纤维的反应只发生于上述步骤中的第四步。所有其他的为传质步骤。在这些传质步骤中也可能会发生反应物(漂白剂)与反应产物之间的二次反应。气态漂白剂,如氯、氧和臭氧需要溶解于液体中,然后才可以进行反应;而液体漂剂如二氧化氯、过氧化氢和碱可以直接通过液膜扩散。气态漂白剂还多一个溶解步骤。液体与固体纤维的比值,即纸浆浓度,也具有显著影响。较高的浆浓,意味着携带溶质(漂白剂)的液体量较少,但传质距离短。实际上,在浓度为30%～40%的纸浆悬浮液中几乎没有游离的液体,但可能含有数以千计的纤维絮状物。气体漂白剂容易进入纤维絮状物的表面,但扩散至其内部可能会有些困难。带游离气体的高浓反应器的操作系统一般采用纤维松散机喂料,这可以将絮状物打破或松开,以利于气体与纤维的良好接触。

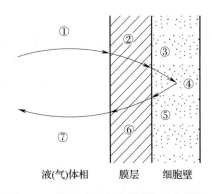

图 4 -23 漂白过程中的传质和反应步骤

4.3.1.1.1 两相系统

下面是从主体溶液通过纤维周围的薄膜层和在两相系统的纤维腔内漂白剂传递的表达式[74]。

$$\frac{1}{K_L a_L} = \sum_{i膜层} \frac{1}{K_i a_i} \tag{4-28}$$

式中　$K_L a_L$——总体积传质系数

　　　$K_i a_i$——单层薄膜的体积传质系数

在纤维细胞壁中的传质过程是非常复杂的。如果细胞壁中木素和碳水化合物为均匀分布的假设是合理的,则可以采用收缩核模型。图 4 - 24 为传质情况的示意图。随着漂白剂进入细胞壁内,木素的含量下降,碳水化合物的含量也可能降低。漂白剂的浓度以相反方向降低。

通过细胞壁的扩散情况取决于木素在纤维中的位置。这是因为细胞壁的不同层的木素结构及其反应性是变化的。很幸运,木素富集于纸浆纤维表面。例如,当平均木素含量为5%时,在纤维表面上木素覆盖率超过20%,如图 4 - 25 所示。表面的木素可能是在硫酸盐蒸煮过程的后期阶段发生沉淀的木素,或者它来源于残余的胞间层木素,其反应活性通常不如次生壁的木素。漂白化学品与这种表面木素可发生不同的反应。

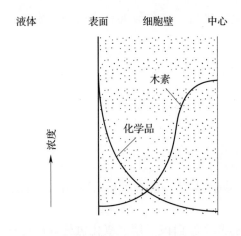

图 4 -24　细胞壁内漂白化学品浓度的分布　　图 4 -25　表面木素含量与总木素含量的关系

有关传质方面的文献,没有把木素和碳水化合物在纤维细胞壁内的分布看作是不均匀的。大多数发表的文章都假设均匀分布,并试图确定扩散至细胞壁的深度。不同漂白剂的扩散特性是有差别的。传质和漂白剂扩散模型是非常复杂的。

Rapson 和 Andersson 发现,如果液体流过纤维,传质系数可能会更大,从而使反应产物被连续地从纤维表面去除。薄膜层的阻力最小化,并且所需的反应时间大大缩短。

4.3.1.1.2 三相系统

气态反应物(漂白剂)的传质系统更加复杂。气体溶于液体可能是速率的决定因素。臭氧和氧气这些漂白剂确实是这样的。氯和二氧化氯在水中的溶解度也是有限的。图 4 – 26 示出了一些重要的漂白剂的溶解度[76]。氯和二氧化氯的溶解度比臭氧和氧的溶解度高几个数量级。

气体到液体的总传质可以采用双膜概念,一个是用于气相,而另一个是用于液相:

$$\frac{1}{K_L a_i} = \frac{1}{H k_g a_i} + \frac{1}{k_L a_j} \tag{4 – 29}$$

式中　$K_L a_i$——总体积传质系数

$k_g a_i$——气相的体积传质系数

H——亨利常数

$k_L a_j$——液相的体积传质系数

4.3.1.2 漂白反应动力学

漂白过程中的反应速率没有一个通用表达式。处理段在漂白程序中所处的位置、脱木素的历程和

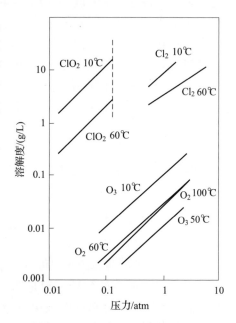

图 4 – 26　气态漂白剂的溶解度
注　1 atm = 0.101325 MPa。

纤维原料种类对纤维细胞壁组分的反应性能起着重要的作用。首先来看两相系统,温度对反应速率的影响遵循阿伦尼乌斯方程:$K = A e^{-Ea/RT}$,其中频率因子 A 和反应活化能 Ea 都需要实验来确定。实验条件对结果会产生很大的影响。我们将分别讨论各类漂白化学品的反应动力学。

4.3.1.2.1 两相系统

(1)氯和二氧化氯漂白　Teder 和 Tormund 建立的氯与二氧化氯混合漂白的脱木素反应动力学方程如下[77]:

$$-\frac{dc_k}{dt} = k[ClO_2] + 3[Cl_2]^{0.4}[H^+]^{-0.2}(\rho_k - \rho_{ka}) \tag{4 – 30}$$

式中　ρ_k——以 k_{457} 值表示的发色基团的浓度

ρ_{ka}——本段漂白所能达到的最低发色基团浓度

$[ClO_2]$——二氧化氯浓度

$[Cl_2]$——总的氯的浓度 = $[Cl_2]$ + $[HOCl]$ + $[ClO^-]$

化学品浓度以 mol/L 表示,研究人员还测定了不同纸浆第一段有氯和无氯漂白的活化能,如表 4 – 4 所示。

二氧化氯是最常用的漂白剂,可用于漂白程序的几个漂白段。用二氧化氯处理后往往紧跟着一个(碱)抽提段。这个碱抽提段还可能含有其他氧化剂。

表 4 –4　　　　　　　　　不同种硫酸盐浆的 D 和(D + C)漂白活化能的比较

浆种	漂白段	硫酸盐浆	硫酸盐浆 – O
卡伯值		34. 8	22. 4
活化能/(kJ/mol)	D	58	64
	$D_{70} + C_{30}$	55	57

注　二氧化氯用量为总有效氯用量的 70%。

进入漂白段的纸浆的残余木素含量或者卡伯值、二氧化氯浓度、温度、氯离子浓度以及氢离子浓度是二氧化氯预漂白段的最重要的参数。如果二氧化氯漂白中含有氯,则氯的浓度也是二氧化氯漂白的另外一个重要影响因素。只用二氧化氯进行漂白,并包括其后的碱抽提段的反应速率表达式如下:[78]

$$-\frac{\mathrm{d}K}{\mathrm{d}t} = k_1 [\mathrm{ClO}_2]^{0.5} [H^+]^{-0.2} [\mathrm{Cl}^-]^{0.3} K^5 \qquad (4-31)$$

式中　K——碱抽提之后的卡伯值,其碱抽提条件固定不变(只改变二氧化氯漂白参数——译者注)。

$\quad t$——反应时间

$\quad k_1$——阿伦尼乌斯速率常数,$Ae^{-E_a/RT}$,其中 A 是一个取决于卡伯值的常数

$\quad E_a$——反应活化能

$\quad R$——理想气体常数

$\quad T$——热力学温度,K

漂白化学品的浓度单位以 mol/L 表示。

由此表达式可以看出,反应速率随着二氧化氯浓度、氯离子浓度和温度的升高而增大。降低 pH 会使反应速率变慢。此公式适用的条件是预漂白温度 20 ~ 60℃ 和 pH 为 2 ~ 4。

新的速率表达式适用于后期的二氧化氯漂白段(D_1 和 D_2)。Edwards 等人[79]建立了 pH 为 4.5 时,D_1 段破坏发色基团的动力学方程式:

$$-\frac{\mathrm{d}n}{\mathrm{d}t} = k(n_0 - n_f)^{3.6} [\mathrm{ClO}_2]^{0.3} \qquad (4-32)$$

式中　n_0——发色基团的数量,以光吸收系数(k)表示

$\quad n_f$——无法除去的发色基团的数量

显然,这个方程的变量中不包括 pH。

Teder 和 Tormund 给出了如下所示的 D 段速率表达式:

$$-\frac{\mathrm{d}c_k}{\mathrm{d}t} = k[\mathrm{ClO}_2]^{0.5} [H^+]^{0.3} (\rho_k - \rho_{k\infty})^3 \qquad (4-33)$$

式中　ρ_k——发色基团的浓度,以光吸收系数(k)表示

$\quad \rho_{k\infty}$——无法去除的发色基团浓度(~ 0.1 m²/kg)

这个方程式可以用一个化学计算式来完成,并且用 pH 方程来精确模拟:

动力学:

$$k = (a + b\rho_{k0}^{-2})^{e-Ea/RT} \qquad (4-34)$$

化学计算：

$$\mathrm{d}\frac{\mathrm{ClO_2}}{\mathrm{d}\rho_k} = k'' \cdot \rho_k^{-n} \tag{4-35}$$

pH 方程式：

$$\mathrm{d}(H^+) = k^n \cdot \mathrm{d}(\mathrm{ClO_2}) \tag{4-36}$$

$$\mathrm{d}(\mathrm{pH}) = k''' \cdot d(\log H^+) \qquad \text{pH 为 4.5 ~ 10 时} \tag{4-37}$$

$$\mathrm{d}(\mathrm{pH}) = k^{\mathrm{IV}} \cdot d(\log H^+) \qquad \text{pH 为 2 ~ 4.5} \tag{4-38}$$

其中，a,b,n,k',k'',k''' 和 k^{IV} 是取决于先前漂白状况的经验常数。

（2）碱抽提　二氧化氯漂白之后的碱抽提段的反应动力学为：快速初始阶段和慢速后续阶段[81]：

$$\frac{\mathrm{d}k}{\mathrm{d}t} = -k_f[\mathrm{OH}^-]^{0.2}K_1 - k_s[\mathrm{OH}^-]^{0.05}K_2 \tag{4-39}$$

式中　$K_1 + K_2 = K$——测定的卡伯值

$-k_f$——初始反应的阿伦尼乌斯反应速率常数（快）

k_s——后期反应的阿伦尼乌斯反应速率常数（慢）

初始反应的活化能是 39kJ/mol，后期反应的活化能仅为 2kJ/mol。

这些早期的大量模型研究为进一步的模型研究工作开辟了道路。Jain 和 Mortha 提出了一个新的漂白模型[80-82]，其中沿着 ECF 漂白流程提出了一些新的动力学表达式，以及在不同漂白工段 COD 产生的动力学表达式。

4.3.1.2.2　三相系统

（1）氧脱木素和氧强化的漂白　关于氧脱木素动力学模型已经进行了相当深入的研究。一些作者把反应速率分为两个阶段：快速初始阶段和慢速后续阶段。其他研究者把氧脱木素看作单段的多级反应。所有方程都具有相同的通式[83]。因此，所有动力学推导都认为脱木素速率取决于液相中氧气的浓度和 pH。其所用的参数存在着相当大的差异，这可能与实验条件、浆的种类和制浆工艺过程有关。氧脱木素动力学通式如下：

$$-\frac{\mathrm{d}K}{\mathrm{d}t} = k_i \mathrm{e}^{-Ea/RT}[\mathrm{OH}^-]^x[\mathrm{O_2}]^\beta K_i^\alpha \tag{4-40}$$

式中　K_i——i 段的卡伯值（第一或第二段）

k_i——动力学的速率常数

α,β,x——表观反应级数

表 4-5 列出了不同作者建立的两段反应模型的表观动力学常数。表 4-6 示出了单段动力学模型的总脱木素情况。对碳水化合物的降解和多糖的断裂也进行了研究，并建立了下面的动力学通式：

表 4-5　不同研究者建立的氧脱木素表观动力学方程的参数[两段反应,见式(4-41)]

相关参数	x	β	α	$Ea/(\mathrm{kJ/mol})$
Olm& Teder				
初始阶段	0.1	0.1	1	10
后续阶段	0.3	0.2	1	45
Hsu & Hsie				

续表

相关参数	x	β	α	$Ea/(\text{kJ/mol})$
初始阶段	0.78	0.35	3.07	36
后续阶段	0.80	0.74	3.07	71
Myers & Edwards				
初始阶段	0	0.43	1	31.6
后续阶段	0.875	0.43	1	61.4
Vincent 等人				
初始阶段	0	0.4	1	24.2
后续阶段	0.39	0.38	1	46.3
Iribane 等人				
初始阶段	1.2	1.3	1	67
后续阶段	0.3	1.2	1	40

表 4 – 6   用单段方程[见式(4 – 41)]表示时氧脱木素的表观动力学方程的参数

相关参数	x	β	α	$Ea/(\text{kJ/mol})$
Evans 等人	1	1.23	1	49.1
Teder & Olm	0.6	0.5	3.2	70
Kovasin 等人	0.13	0.5	1	18.6
Perng & Oloman	0.4	0.5	4.8	60
Iribane 等人	0.7	0.7	2.0	52

$$-\frac{dm_n}{dt} = k\mathrm{e}^{-Ea/RT}[\mathrm{OH}^-]^x[\mathrm{O}_2]^\beta m_n^\alpha \qquad (4-41)$$

式中 m_n——每 mg 浆中纤维素的平均摩尔数

t——时间, min

k——速率常数, 5×10^{10}

表 4 – 7 示出了不同作者确定的参数。将脱木素与碳水化合物降解相结合, 得出了氧脱木素的选择性模型[84]:

表 4 – 7   不同研究者确定的碳水化合物降解的参数[见式(4 – 42)]

相关参数	x	β	α	$Ea/(\text{kJ/mol})$
Olm&Teder				
初始阶段	0.2	0.8	0	40
后续阶段	0.6	0.1	0	53
Perng&Oloman	0.7	2.1	−5.3	94
Iribane 等	0.3	0.3	0	77

$$-\frac{\mathrm{d}K}{\mathrm{d}m_n} = 10\mathrm{e}^{10/RT}[\,\mathrm{OH}^-\,]^{0.9}K_1 + 10^{-6}\mathrm{e}^{36/RT}[\,\mathrm{OH}^-\,]^{-0.01}[\,\mathrm{O}_2\,]^{-0.01}K_2 \qquad (4-42)$$

式中　K_1——初始脱木素阶段的卡伯值

　　　K_2——后续脱木素阶段的卡伯值

（2）臭氧漂白　Germgård 和 Sjögren 确定的臭氧漂白速率表达式如下：

$$-\frac{\mathrm{d}K}{\mathrm{d}t} = A\mathrm{e}^{-Ea/RT}[\,\mathrm{O}_3\,]^{1.0}[\,\mathrm{H}^+\,]^0(K - K_\infty) \qquad (4-43)$$

式中　K——在恒定碱抽提条件下碱抽提后的卡伯值

　　　E_a——30kJ/mol

　　　K_∞——卡伯值下限（无限长时间后理论上可达到的）

pH 在 2~5 的范围内，pH 对反应速率没有明显影响。

（3）传递速率的降低和副反应　一般认为漂白动力学反应分为两段。快速的第一段和相当慢的第二段。反应速率的降低原因可能是由于局部浓度梯度较小，造成漂白药剂传递速率减小，或者是由于药剂与已经溶解了的物质之间的副反应。

在漂白过程中，已经溶解的有机物质与漂白剂之间发生的副反应起着重要作用。会出现漂白剂消耗了，而纸浆白度没有提高或者发色基团没有溶出。这意味着在纤维四周液体薄膜层或者纤维腔内已经溶解的物质的浓度变得足够高，从而消耗了大部分或者全部漂白剂。这种情况可以通过中间洗涤或者置换除去反应产物来避免。加强混合，在薄膜层的物质与漂白主体液体充分混合，也可以有效地减轻传递的困难。

另一种副反应可以归结为非过程元素，如过渡金属。例如，在过氧化物与纸浆反应之前这些非过程元素能快速分解过氧化物。臭氧也会通过相同机制在水溶液中自发地分解。副反应速率如果比主要反应慢得多，则其危害较小。如果副反应速率很快或者比主反应速率更快，则副反应的危害会是很大的。

漂白系统液体封闭循环，会增加液体中反应产物的浓度，这就会增加副反应的影响。因此，当设计废水排放量低的漂白生产线时，要重视这个因素。

（4）与纤维束（碎片）和残留黑液的反应　前面的漂白表达式没有考虑像纤维束（碎片）和残留黑液这样的杂质。纤维束由于其传递情况复杂而导致其表观反应速率很低。纤维束是几根纤维仍然结合在一起的纤维结合体。这通过测定反应活化能可以明显发现。如果纯纤维的活化能为 50~60kJ/mol 的话，纤维束的活化能仅为 30kJ/mol。黑液的反应活化能与纤维的反应活化能基本相同，黑液与主反应在同等条件下相互竞争。

4.3.2　纤维悬浮液的流变性

低浓（<1%）时，纸浆纤维在悬浮液中形成网络。纤维网络的强度随浓度的增加而增加。1% 以下浓度的纤维悬浮液呈流体状，而浓度为 10% 的悬浮液却像黏性固体一样，它们所形成的纤维网络也不均一。纤维先聚集成松散的相互交织的絮聚物，进而形成纤维网络。纤维网络是可压缩的，而悬浮液是不可以压缩的。因此，剪切力很容易使纤维网络分散开。纤维悬浮液是典型的非牛顿型流体，且在高浓时为黏性固体。纤维网络受到剪切力的作用而被瓦解分散开，从而液体悬浮液表现出流体性能，这一现象通常称作流态化。纤维网络被分散成足够小的絮状物从而能够在悬浮液中自由湍动。使纤维网络分散开所需的剪切力被称为临界破裂剪切应力。这种破裂应力 τd 随着浓度的增加呈

幂指数增大。在制浆造纸工业操作设计中,掌握纤维悬浮液的这些特性是必要的。图 4 - 27 的剪切速率图示出了用旋转式剪切测试仪所观察到的牛顿流体与纤维悬浮液之间的根本的差异。纤维悬浮液受到一定的初始剪切力后才开始流动。当剪切速率增大时,在剪切力的作用下纤维网状物开始分散开。在纤维悬浮液变为完全湍流之前,网状物的分散程度随剪切速率的增加而增大。在这一点,悬浮液已具有牛顿流体的特性,并变成流体。当剪切速率再增大时纤维悬浮液与牛顿流体的流动曲线近似。

关于低浓浆料在管道中的流动特性,已经有许多作者论述过[85-86]。从图 4 - 28 可以看出,压头损失与悬浮液平均流速的关系。这个曲线类似于图 4 - 27 的曲线,剪切应力和剪切速率分别换成了压头损失和流速。从这个图中可以看到很多基本的流动形式。速度在 A 到 B 之间时,纤维悬浮液以塞流的形式流动。B 点附近,在塞流四周有明显的层流液体环形成。由于管壁面摩擦所形成的压力梯度使水分离并移动到管壁。水分分离的程度取决于纤维网状物的可压缩性。在接近 C 点,液体环变为湍流,但固体状的纤维塞仍在管的中心。湍流使得纤维和絮体脱离纤维料塞,并且随着摩擦力的增大,流到层流环处的水越来越多。随着速度的增大,浆塞的尺寸逐渐变小。在 D 点附近及超过 D 点的位置,纤维悬浮液具有像水一样的特性(牛顿型流体)。这标志着在湍流运动时纤维网络分散成了絮状物。图 4 - 29 所示的正是这种现象[85]。

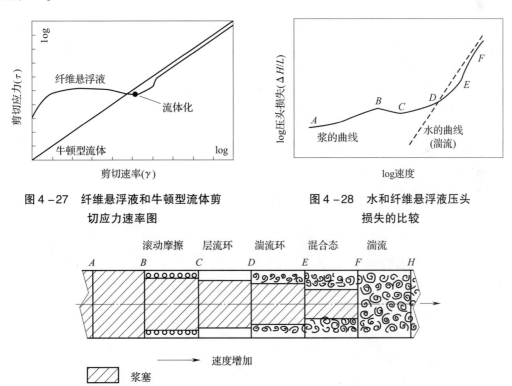

图 4 - 27　纤维悬浮液和牛顿型流体剪
　　　　　切应力速率图

图 4 - 28　水和纤维悬浮液压头
　　　　　损失的比较

图 4 - 29　悬浮液在管内的不同流态示意图

Hemaström 等人[87]提出用下面的公式可以估算浓度低于 5% 的悬浮液开始出现完全湍流时的速度。

$$v = 1.8\rho^{1.4} \tag{4 - 44}$$

式中　v——速度,m/s

ρ——浓度(0~5%)

Duffy[86]提出,使纤维网络完全分散时所需要的剪切应力可以由下面的公式确定:

$$\tau_d = k\rho^\alpha \qquad (4-45)$$

式中　k——27

　　　α——2.0(对于浆浓小于 5% 的漂白松木硫酸盐浆)

Gullichsen 和 Härkönen[88]用旋转式剪切仪(如图 4 – 30 所示)证明,同样的机理也适用于高浓度的情况,如图 4 – 31 所示。

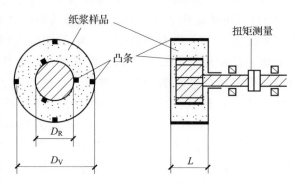

图 4 – 30　用于测量剪切力的装置

在流态化这点的剪切力可以由剪切测定仪所测得的数据,通过式(4 – 46)计算:

$$\tau_d = \frac{2M}{\pi L D_m^2} \qquad (4-46)$$

式中　D_m——转子与器壁之间环空间的几何平均直径

　　　M——所测扭矩,N·m

　　　L——转子的长度

从图 4 – 32 可以看出,这些数据与用 Duffy 的原始公式(4 – 45)所计算的结果很好地吻合。可得出以下结论:在很大的浓度范围内,流态化是浓度的单一函数;临界破碎剪切应力随浓度的增大呈指数形式增加。浓度为 10% 的悬浮液达到完全湍流时所需的能耗比浓度为 1% 的要高出两个数量级。长时间处于这种状态,将会使相当多的能量输入到浆料中,从而起到磨浆的作用。这如图 4 – 33 所示,可由纤维比表面积(S)的增大来表明。

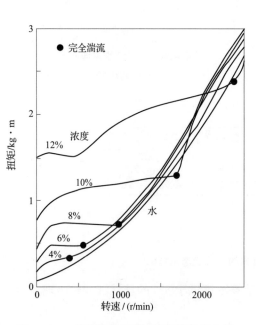

图 4 – 31　北欧针叶木硫酸盐浆的扭矩与转速的关系(用剪切测量仪测得)

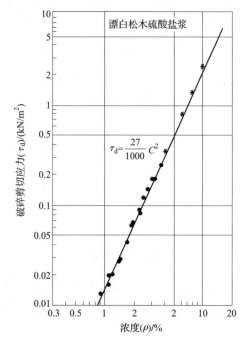

图 4 – 32　临界破碎剪切应力与浓度的关系曲线

湍动时的流化状态不需要将絮体分散成单根纤维,但应该有足够大的能量将悬浮物分散成足够小的絮状物,使其达到湍流。Gullichsen 和 Hietaniemi[89]指出超过流态化点后继续增加能耗会大大地缩小絮状物的尺寸,而絮状物的尺寸与湍流漩涡的长度相当。

许多操作,例如泵送、筛选、脱水、混合、纸页成形都要用到这些纤维悬浮液的基本流变特性。由于低浓时纤维网络易于分散而实现流态化和絮体的破碎,所以很多操作在 0.5% ~5% 的低浓下进行。低浓操作系统中需要大量的水循环和连续不断的稀释以及浓缩装置。而纸浆悬浮液从一个操作单元输送到另一个操作单元的过程中则需要大量的能量。设备的发展趋势是向着高浓(高达 15%)方向发展。可用的设备包括:中浓(5% ~15%)离心泵、混合器、反应器的卸料装置。要使各个操作单元稳定地运行,则必须符合特定的操作条件,通过工艺设计可以确保工艺条件的稳定。各个操作单元的操作原理将在本章的后半部讨论。

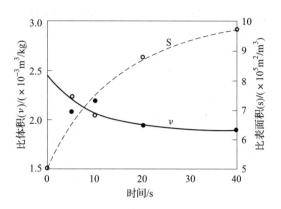

图 4 -33 时间对纤维特性的影响(浆浓为 10% 的针叶木浆处于连续流态化时)

4.3.3 漂白过程中的单元操作

漂白过程中的单元操作包括(见图 4 -34):

(1)浆料悬浮液的泵送,以输送浆料;

(2)一台或多台混合器,用于调节浆料温度(蒸汽与浆混合)和把化学品加入纸浆中(注意,泵也能用于将液体化学品加到浆中);

(3)常压或加压反应器,以利于在要求的时间内发生化学反应;

(4)洗涤,以除去溶解的物质和调节进入下一操作单元的浆料的 pH。在第三章已详细介绍了洗涤操作。

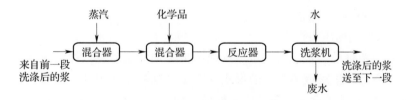

图 4 -34 漂白过程的操作单元[93]

4.3.3.1 纤维悬浮液的泵送

纸浆厂使用各式各样的泵,其主要类型为离心泵和容积泵。这部分讨论的依据是 Lindsay 和 Gullichsen 的文献资料。[90]

4.3.3.1.1 离心泵

离心泵是制浆造纸行业生产中最常见的类型。这是一种动力泵,液体通过泵时获得一定的动能,其中一部分动能又转化为压力。在典型的离心泵中,旋转的叶轮带动流体高速运动。如图 4 -35 所示,流体直接进入到横截面逐渐扩大的螺旋蜗壳状的泵壳中。由于这种蜗壳状的泵壳,当液体沿着泵壳流动时会产生均匀的流速;当流体离开泵时,其速度会逐渐减小。速度的减小把动能转化成了压力。

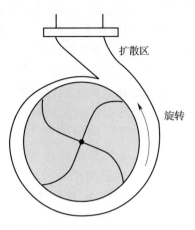

图4-35 离心泵的横截面(显示出壳体内的叶轮)

叶轮的设计对泵的性能来说是至关重要的。叶轮主要分为开式和闭式。开式叶轮仅在叶片间设加强筋而构成。闭式叶轮的叶片夹在两个盖板之间,液体必须从吸入侧的开孔处才能进入到封闭的叶轮内,进而通过旋转装置。由于闭式叶轮通常有高的效率和低的气蚀量,所以常用于纯液体的输送。在输送浆料悬浮液时,通常采用开式叶轮的泵,这是因为开式叶轮能够提供泵壳与高速运动的叶片间所需的剪切力,从而保证悬浮液处于流态化的状态。开式叶轮效率低,但却不易堵塞。壳体与叶轮之间的空隙可以制造的很小,这是效率高的一个重要特征。

离心泵的最大扬程取决于叶轮直径和转速。这些参数根据其用途和所需性能的不同而有所不同。

流体流过叶轮的径向加速使得叶轮入口处压力较低,而泵的出口处压力较高。低压区域可以降至低于所输送液体的蒸汽压。这将导致蒸汽气泡和汽蚀。当这些气泡进入泵的高压区时将破裂并产生强烈的局部冲击力,从而可能侵蚀和坑害金属表面。汽蚀现象是泵经常出现的一种故障,而引起汽蚀的原因有多种。

如果吸入管的压头足够高,则可以避免叶轮进口低压区压强低于流体饱和蒸汽压,很多汽蚀问题便可以避免。汽蚀余量(NPSH)是指在泵进口处液体的绝对压力与液体的饱和蒸汽压之间的差值。

$$NPSH = Z + (h_s - h_{vp}) - (h_{fs} - h_i) \tag{4-47}$$

式中　Z——吸入管中的静压头

　　　h_s——液面上方的压力

　　　h_{vp}——液体的饱和蒸汽压

　　　h_{fs}——吸入管中的摩擦损失

　　　h_i——泵入口处的压头损失

上述各项均以流体的当量压头表示。汽蚀余量必须大于避免汽蚀的最小值。一般来讲,如果空气或其他气体以溶解或不溶解的形式存在于纤维悬浮液中,则可以减小汽蚀。这是因为在相同的条件下,气体不会像冷凝蒸汽一样破裂而产生冲击力。相反,大的空气和气泡在低压入口处可能会分离,逐渐地进入叶轮,从而使流量减小,最终则形成空气聚集。空气或其他气体的存在将显著增大所需的汽蚀余量(NPSH)。

低浓度(<6%)的纤维悬浮液可以用标准的或稍加改进的开式离心泵泵送,悬浮液中不会含有太多不溶性气体。游离气体能够在叶轮入口处分离并聚集,形成气体聚集。气体在纤维网络中不易移动。泵送时,从纤维悬浮液泵中除去气体比从泵送纯液体的泵中去除气体难得多。如果吸入侧压头足够高,能够克服由于纤维悬浮液缓慢移动所产生的额外的摩擦,则低浓离心泵一般不需要特殊的喂料装置。

如图4-36所示,离心泵的性能曲线一般包括泵的流量、效率、扬程(产生的压头)。对给定的管路系统,还有压头损失随流速变化的特性曲线。泵的压头曲线与管路系统压头损失曲线的交点,决定整个输送系统的性能点。可以通过调节控制阀或者改变叶轮转速来改变这个性能点。通常使整个系统的性能点位于泵的最大效率点附近。

4.3.3.1.2　中浓离心泵

　　能够输送浓度高达18%的浆料的离心泵为特殊设计。泵的叶轮区域的剪切力足以使得大多数中浓(8%~18%)的纤维悬浮液流态化。问题是这种浆料不易流到泵的入口。为了使浆料到达叶轮区,需要有特殊的进料装置。这可以是一个喂料螺旋,或是一个非常高的水腿,或是一个流态化装置,它可以从泵壳入口延伸到浆槽或浆罐。最常见的方法是将叶轮延长至泵的入口处。流态化装置一般直接安装在叶轮上,与叶轮以相同的速度旋转。这种设计是为了能够在泵入口前提供足够大的剪切力,使浆料流态化并保持流动状态,直至到达叶轮。图4-37示出了这样的系统。

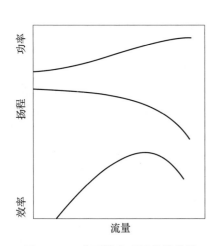

图4-36　典型的离心泵特性曲线

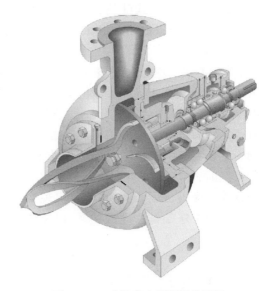

图4-37　中浓离心浆泵的装配图

　　中浓范围内纸浆网络结构很坚固,其强度足以让一个人能够在浆料的上边行走而不会弄湿脚。这些坚固的纤维网络会保持大量的空气及其他气体(体积含量高于10%)。浆料的浓度越高,持有的空气或气体越多。这不仅干扰泵送,而且还干扰操作过程的可靠性。空气进入叶轮的吸入口从而使得抽吸作用减小。在中浓泵中,气体先被分离,然后在泵入口侧和排气室之间的压力差作用下被除去。气体会使浆料的密度降低很多,因此喂料成了一个严重的问题。大多数中浓泵设有除气装置,可以依靠足够大的入口压力,也可以是内置或单独安装的一个真空泵。

　　如图4-38所示,泵有5个功能区,它们

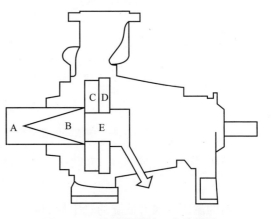

图4-38　中浓浆泵的5个功能区:
A、B、C、D 和 E 区[93]

安装在一个旋转轴上:

（1）剪切区（湍流发生器作用区——译者注），在此处纤维网络被分散开，使浆料具有像流体一样的特性，浆料的流动与水相似（A区）。

（2）气体分离区，在此区空气和其他气体在转子和叶轮所产生的离心力的作用下，从浆料中分离出来（B区）。

（3）泵送区，此处，叶轮叶片向出料口泵送浆料。叶轮的设计与典型的开式离心泵叶轮相似（C区）。

（4）纤维回流区，在这里纤维夹带着气体一起回流到泵的出口（D区）。

（5）气体排出区，将分离的气体排出泵外。从B区到D区，气体通过叶轮和泵壳上的开孔流到叶轮的背面。气体由叶轮转毂背面的腔室被除去（E区）。

如果浆料不含气体，或者吸进侧压头够高时，第2、第4和第5区便不那么重要了。

大多数中浓泵为开式叶轮，其转子叶片和泵壳间有较大的间隙可以让杂质、树节和木片等通过，而不会造成堵塞和破损等问题。除了这一点，中浓离心泵与标准离心泵非常相似。容积泵（变容泵）

在中浓离心泵出现之前，输送中浓浆料最常用的是容积泵。目前容积泵在特殊系统中仍有使用，如在浓度高达25%~35%的喂料反应器中。它们能够输送孔隙率 ε 接近于零的纤维悬浮物。这种情况下不会产生流态化。螺杆泵和齿轮泵是典型的2种容积泵。

值得关注的是中浓浆料如何被运送到泵中。离心泵需要在入口处有足够的压头使浆料流动。开式泵，例如容积泵，需要有进料器推动物料使之到达泵的转子处。在设计泵的进料系统时，应考虑浆料密度与管道摩擦损失的关系。当浓度增大时，纤维网络的强度和与壁面的摩擦也增大，这更容易出现架桥和其他进料问题。图4-39给出了浆料塞的相对有效吸上压头与浓度的关系，以及浓度为18%的浆料的进料槽压头损失与纸浆生产速率的关系。

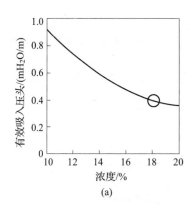 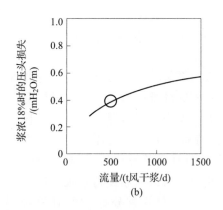

图4-39 中浓流体在进料槽中吸入压头和压头损失的关系

(a)每米浆料的有效吸入压头与浓度的关系 (b)浓度为18%的浆料在进料槽中的摩擦损失与流量的关系

注 $1mH_2O = 9.8kPa$

物料的流速对水力系统的稳定性起着重要的作用。在中浓管中通常采用0.15~0.5m/s的流速。如果速度太低，空气部分分离，将会导致液体和纤维流动不稳定。如果气体体积过大，会导致称为"黏滑"的间歇性流动。间歇流动是由于混有空气，当空气接近或经过流动阻力增大的区域,如弯管时,便交替性的收缩与膨胀,从而导致间歇性流动。这将引起管路脉动,最终导致浆管破裂。在实际操作中,中浓离心泵的浆管中的速度一般为 0.15 ~ 0.5m/s,而某些专用管道速度可以设计的高很多。然而,设计时需考虑相应增大的摩擦损失。容积泵运行速度可以高达 0.5m/s。可从浆料中除去空气的泵,如脱气离心泵,能够减小脉动。

在管道内泵送中浓纤维悬浮液时,压头损失非常大。如果没有增压泵,它们便不能远距离输送。系统中的压头损失可以用 Bodenheimer 方程近似计算:

$$H = 482F_1F_2F_3\rho^{2.35}P^{0.15}D^{-1.3} \tag{4-48}$$

式中　H——摩擦损失,m 水柱/100m 管长

　　　ρ——浓度,%

　　　P——生产速率,t 风干浆/d

　　　F——纸浆种类、pH 和温度的校正系数

　　　D——管子直径,m。

该公式对于不含空气的浆料,在较宽的浓度范围内都适用。

4.3.3.2 工业泵举例

在输送中浓浆料时,中浓泵(MC)是重要的单元。第一个商业化的可以脱气的流态化中浓离心泵于 1980 年应用于漂白工段。

市场上有各种各样的可用的泵,工厂可以选择最适合其操作条件的泵。如有一种类型的泵(如图 4-40 所示)带有集成的气体分离。由于在压差作用下可脱除气体或者设有外部脱气系统,所以该泵适用于各种操作中。这种泵也可以用于所有不需要脱除气体的场合。另一种泵(如图 4-41 所示)具有集成气体分离和内置气体排除泵,这种泵可以灵活地应用于始终需要脱气的操作中。

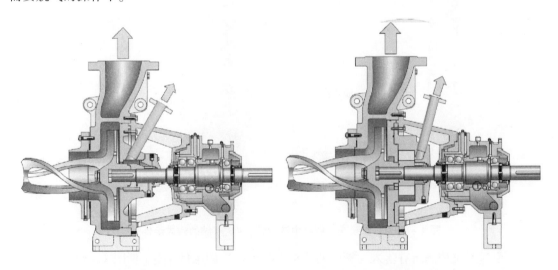

图 4-40　带有集成气体分离的　　　　图 4-41　具有集成气体分离和内置
　　　　中浓泵[93]　　　　　　　　　　　　气体排除的中浓泵[93]

泵的生产能力能达到 5000 ~ 6000t 风干浆/d,其扬程高达 240m。制造这些泵可选择的不锈钢有奥氏体铸钢(如 CG-8M),或双相钢(duplex steel)(如 5A 级 A-890)。钛和 654SMO 也适用于泵送含有强腐蚀性物质的浆料。

4.3.3.2.1 从洗浆机或喷放锅泵送浆料

中浓泵送的最常见的应用是从洗浆机和浓缩机或者压力漂白反应器之后输送浆料,如图 4-42 所示。浆料向下流入立管或进入喷放锅,然后经泵送到下一道工序。

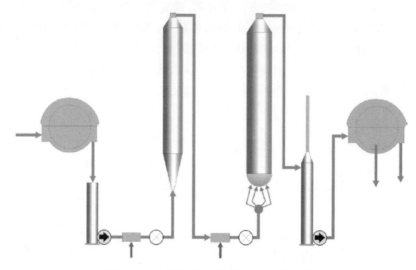

图 4-42　加压漂白段的中浓泵送系统[93]

中浓(MC)泵送系统由以下关键部件组成:作为泵送容器的立管或喷放罐和带有脱气系统的泵,或者一个立管和带有内置脱气系统的泵(见图 4-43)。

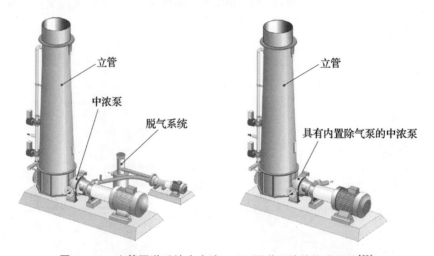

图 4-43　立管泵送系统中中浓(MC)泵送系统的构成组件[93]

MC 泵送系统控制所有落入立管中的浆料以尽可能高的浓度泵送(见图 4-44)。立管中的料位通过伽玛射线测量,为电容测量或者压力传送器。通过调节控制阀、改变泵的速度或者这两种方法结合起来,可以调控经过泵的流速(见图 4-45)。控制器保持立管中浆料的液位恒定。

液位不能下降或从立管中溢流出来,以确保生产操作稳定。单独的或者是内置的脱气系统适合于浆料所含空气的体积,以及所采用的流速。如果由于浓缩机或洗浆机造成了所进入的浆料浓度的波动较大,自动加水系统将稳定泵送。

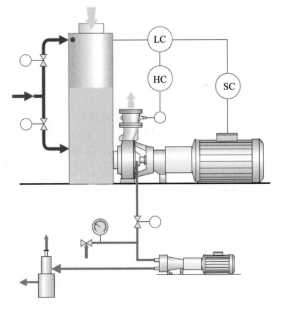

图 4 −44　MC 立管泵送过程中的控制系统[93]　　图 4 −45　阀门和速度相结合的控制系统[93]

4.3.3.2.2　泵出浆料后的分流

分流器或"静态"分流装置把从中浓泵出来的浆流分成两或 3 个不同的方向。分流器安装在中浓泵的出口法兰上(见图 4 −46)。它是焊接的、特殊形状的构件,标准的材料是 SS2343 不锈钢、254 SMO 或钛合金。

在浆厂,当漂白工段需要分路或 1 台泵为 2 台洗浆机或者 2 个或 3 个贮浆塔供浆时,常采用这种泵送系统(见图 4 −47)。如果洗浆机或贮浆塔离泵送系统不是很远的话,这种管路平行安装是比较经济的。

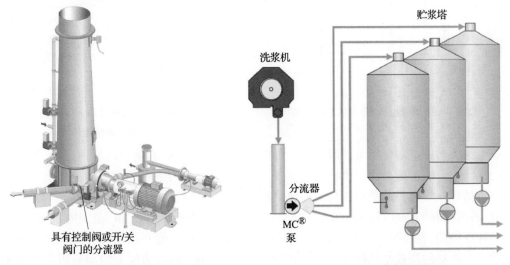

图 4 −46　具有分流器的 MC 泵送系统[93]　　图 4 −47　MC 分流器的应用[93]

4.3.3.2.3　压力反应器的增压泵送

在压力漂白段(氧脱木素和 PO 段),MC 泵送系统需要高的进浆压力。同时,必须通入调节温度用的蒸汽和加入漂白剂。如果通蒸汽和加入漂白剂所需要的 MC 泵压头太高的话,可由两台 MC 泵来产生压力。第二台 MC 泵用作增压泵。其位置取决于具体的工艺参数和工厂的流程；两种布局如图 4 – 48 所示。

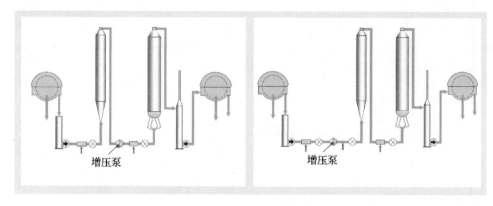

图 4 – 48　压力漂白工段的供浆 MC 增压泵[93]

4.3.3.2.4　塔的放料泵送

从大的中浓或者高浓贮浆塔往外排浆可能是难度较大的，特别是在进入漂白工段或洗浆工段的浆流的控制很重要的情况下（见图 4 – 49）。MC 塔排浆泵送系统具有以下关键部件（见图 4 – 50）：排浆刮板、喂料立管、塔隔离阀、泵和脱气系统。

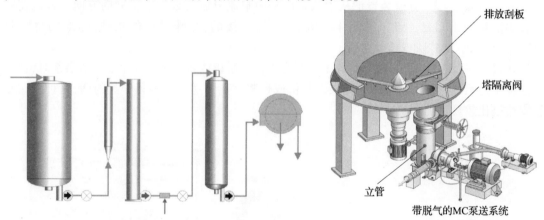

图 4 – 49　典型的浆塔 MC 泵送系统[93]　　　图 4 – 50　浆塔排放 MC 泵送系统中
　　　　　　　　　　　　　　　　　　　　　　　　　　　　的泵系统组件[93]

排浆刮板与中浓塔排浆泵同时工作。刮板刮着浆料在塔底的整个区域内运动，并使其进入泵的喂料立管中。这可以提供均匀的排浆，同时防止了塔内浆料的沟流。排浆刮板可带稀释或不带稀释。带稀释的刮板在均匀稀释浆料的同时还把浆料从塔里排放出去。当使用稀释刮板时，塔内浆料的浓度可以为 20% ~ 35%，而泵送浆料浓度可以在 MC 范围内。MC 排浆刮板有各种规格的，直径可达 6500mm。每种规格的刮板都有带稀释和不带稀释两种。带行星齿轮的最小规格的刮板是悬挂在塔底。正齿轮（直齿齿轮）驱动的较大的刮板固定在塔下方的地板上（见图 4 – 51）。这些设计不需要任何单独的、额外的轴承部件。

可选择的刮板构造材料是 SS2343 不锈钢或 254 SMO。

中浓塔放浆系统可以有不同的控制方案：

（1）流量控制器通过调节阀门（见图4 – 52）、泵的速度或同时调节二者，来控制中泵的流速。

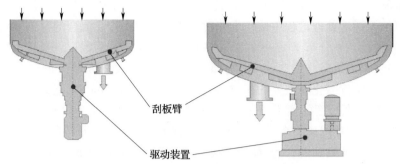

刮板臂

驱动装置

图 4 - 51 MC/HC 塔放浆刮板设计[93]

MC/HC—中浓/高浓

(2)料位控制器通过控制上述的阀门、泵的速度或同时调节二者,来保持塔里的料位恒定。

(3)流量控制和料位控制同时进行,这样流速保持恒定,并且只有当塔内料位的变化超过料位设定值时,流速设定值才变化。

脱气系统从中浓泵中除去气体和空气。

如图 4 - 52 所示,由塔底连接的水管、稀释刮板以及喂料立管可以把浆料稀释到工艺规定的浓度。

4.3.3.2.5 长距离浆料输送过程中的增压泵送

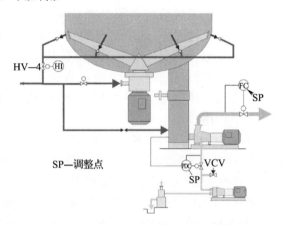

图 4 - 52 中浓/高浓塔放浆装置的控制系统[93]

在综合的制浆造纸厂,制浆车间与造纸车间之间的距离通常为 300 ~ 400m。浆料通常在稀释的状态下泵送,而中浓泵可以在 10% ~ 12% 的浓度下输送。

中浓浆料从洗浆机进入中浓泵的立管。具有脱气功能、可以定速或变速运行的中浓泵,泵送浆料到相同规格的增压泵,增压泵不需要脱气(见图 4 - 53)。具有变速控制的增压泵把浆料泵送至贮存塔(见图 4 - 54)。

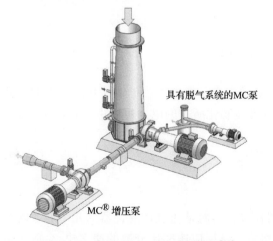

图 4 - 53 中浓(MC)增压泵送系统[93]

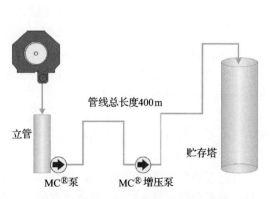

图 4 - 54 MC 增压泵送实际应用[54]

4.3.3.3　混合

混合是纤维悬浮液处理过程中的一个非常重要的单元操作。混合的目的是将两种物质合在一起,一种物质均匀地分布于另一种物质之中,为化学反应或共混提供最佳条件。为了达到充分混合的状态,不允许有非均匀性。其考量的大小范围可能不是唯一的。一个有用的标准尺度的定义是减少浓度变化所需要的相对运动的距离。Bennington[94]把这些尺度定义为宏观尺度和微观尺度,宏观尺度的值大于10mm,纤维长度值为 0.05~10mm,微观尺度的值小于0.05mm。纤维的长度范围从单个纤维的 0.05mm 到大的絮凝物或纤维的块状物的10mm。非均匀性可能源于外部流动到混合器,如流量或浓度的变化。在混合器中混合流动几何形状、流动状态或混合的条件也会对流动均匀性产生影响。

纤维悬浮液中化学品的混合是一种独特的现象,这是因为纤维悬浮液具有特殊的流变性质。纤维网状结构必须分散成足够小的聚集体,为药剂与纤维提供足够的接触面积。浆厂生产过程中,几乎所有的化学反应都是发生于纤维细胞壁内的液相反应。初始反应速率一般比药剂扩散至反应部位快得多。聚集体较小,药剂传递至反应部位的距离则较短,这样可以得到较均匀的混合结果。纤维细胞腔含有液体,此液体在湍流运动中随着纤维和絮体运动,并不参与混合(作用)。胞腔内液体中的物质传递(传入和传出)全靠扩散作用。

气体与纤维悬浮液(浆料)的混合需要特别注意。纤维网状结构保留气体的能力比液体好得多,这是因为网状结构具有一定强度,其内部可以持有气体。这种保留气体的能力随着浓度的提高而增大。为了达到有效的混合,在低浓或中浓条件下气体随着自由液体进入悬浮液,并需要将气体分散成尽可能小的气泡。这可以提供最大的接触面积,使气体有效地溶于自由液体中,并形成稳定的气体、纤维与液体的分散体系。当设计气体体系的混合器时,一定要避免离心力的产生。离心力将会把气体分离到引力中心,并导致混合器内气体聚集。如果浓度非常高,20%~40%,湿纤维聚集体四周会环绕着气体,悬浮液会变成由这样的聚集体所构成的网状结构。气体可以在纤维聚集体之间自由运动。除非絮团充分破碎,不然,纤维与气体的接触很少。网状结构内的气体含量或空隙率会影响纤维网状结构的强度。Bennington 在广泛的纤维悬浮液浓度范围内,检测了纤维网状结构的强度[95]:

$$p_y = 7.7 \times 10^5 \rho_m^{3.2} (1 - \phi_g)^{3.4} A^{0.6} \tag{4-49}$$

式中　p_y——网状结构产生的压力,Pa

$\quad\quad \rho_m$——质量浓度,以分数表示

$\quad\quad \phi_g$——悬浮液(浆料)中的气体含量,以体积分数表示

$\quad\quad A$——纤维长径比(纵横比),L/d

在混合过程中消耗能量。保持运动,因此需要供应充足的电力。单位体积的电力的消耗可以评价微小运动的情况。使不含气的纤维悬浮液流态化所需的电力可以由公式(4-45)或由 Bennington[96]测量方法而得到:

$$\varepsilon = 7.5 \times 10^3 \rho_m^{2.5} \tag{4-50}$$

式中　ε——单位体积的电力消耗

$\quad\quad \rho_m$——浓度,%

有些混合器不需要全部纤维悬浮液都进入湍流运动,而是通过在混合器的几个通道内布置悬浮液再分散元件。这里,混合速率慢,如果初始化学反应速率比分散的速率快,会造成漂白不均匀。静态混合器没有运动部件。在这种情况下,混合是靠静态导流元件把浆流分开和

再合并,靠浆流所产生的一定程度的湍流,或者是二者的共同作用。进浆泵提供静态混合器所需的动力。经过混合器后的压降大,则混合消耗的动力大、混合效率高。静态混合器的混合效率取决于悬浮液的流速和浓度。起初,静态混合器用于浓度为 3% ~5% 的低浓操作。对高浓混合采用羊角式混合器。它们的结构是混合器内装有一根或两根辊子,辊子上带有羊角,在混合器内壁上装有固定混合元件,辊子在这些固定元件之间转动。纸浆慢慢地受到转动的羊角与固定部件所产生的剪切作用和捏合作用,不断暴露出新的表面,以利于化学药剂与纤维接触。其他低浓悬浮液的混合与配料操作很多是在大的搅拌槽里进行。这些混合器为连续的搅拌槽(CST - continuous stirred tanks)。高剪切湍动区位于推进器的桨叶处。其他区域纤维悬浮液慢速循环。大多数中浓(8% ~18%)混合器运用流态化原理。较高的动力消耗产生较小的絮体和更有效的混合。

混合的质量可以用各种各样的技术来评价。使用电力和能源的消耗是一种评价质量的方法,但它仅适用于完全均匀分散的系统。在许多情况下纤维悬浮液是不均匀的。许多混合器如 CST 具有非均匀的动力消耗。混合器在某个区域可能使用了很多动力,而在另一个区域几乎没有消耗。只有当动力在整个混合空间内很好(均匀)地分配时,动力消耗才能作为评价混合质量的方法。表 4 - 8 给出了普通浆料混合器动力消耗的一些例子[97]。该表显示,流态化的中浓混合器消耗 10^6 ~$10^7 W/m^3$ 的电力。CST、静态混合器以及辊式混合器的动力消耗低得多。由于中浓混合器的设计采用了几分之一秒的短暂停留时间,因此避免了过度使用能量。中浓混合器短的停留时间使其对流速的变化敏感。高浓度悬浮液混合器运用高剪切力和比其他混合器更多的能量。

表4 -8　　　　　　　　　　　一些混合器的基本操作条件示例

混合器	浓度/%	停留时间/s	动力消耗/(W/m^3)	能量输入/(MJ/t)
实验室混合				
人工混合	3	180	2×10^4	120
人工混合	10	180	5×10^4	90
高剪机	10	10	1.8×10^6	180
疏解机	25 ~40	40 ~200	$(1.2 \sim 1.6) \times 10^5$	50 ~200
工厂混合				
搅拌槽(CST)	2 ~3	150 ~400	600	5 ~9
静态	2 ~3	3 ~5	3×10^3	4
辊式	10 ~12	10 ~12	$(8 \sim 11) \times 10^4$	11 ~15
塔中径向	8 ~12	8	1.7×10^5	13
高剪切 a)	8 ~20	0.03 ~0.2	$(1 \sim 6) \times 10^6$	2 ~6
高剪切 b)	9 ~14	0.2 ~0.9	$(6 \sim 12) \times 10^6$	14 ~43
高剪切 c)	9 ~14	0.025 ~0.05	$(4 \sim 11) \times 10^7$	9 ~18
中浓泵	8 ~11	0.3 ~0.5	$(4 \sim 5) \times 10^6$	13 ~18
高浓疏解	26 ~27		$(8.6 \sim 17) \times 10^7$	400 ~700

4.3.3.4 工业混合设备的例子

4.3.3.4.1 化学品和蒸汽的混合

化学品与浆的混合是纸浆漂白的重要操作。良好的混合可提供均匀的漂白条件,从而减少化学品和能量的消耗,提高了产品质量,并降低对环境的污染负荷。混合是漂白顺利完成的关键因素。

在中浓(MC)泵内浆料发生流态化,纤维网络分散、气体分离。这使得泵内的各种液体化学品有效地混合。大多数化学品可以在低压下送至泵的吸入侧。

所有的气态化学品和蒸汽用单独的化学混合器进行混合。图4-55示出了化学品的加入点。每一种化学和蒸汽混合器具有特殊的功能,用于正确选择混合器的类型和规格的详细指南(手册)对将化学品有效地加入管线(浆料内)是很重要的。

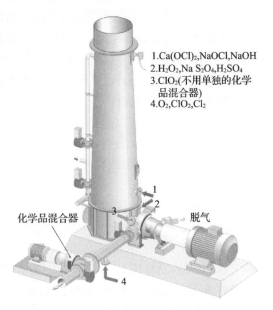

1. $Ca(OCl)_2$,NaOCl,NaOH
2. H_2O_2,Na S_2O_4,H_2SO_4
3. ClO_2(不用单独的化学品混合器)
4. O_2,ClO_2,Cl_2

化学品混合器　脱气

图4-55　在中浓(MC)泵和混合系统中化学药品的加入点[93]

可用于化学品与中浓度浆料混合的混合器有几种类型。大多数是基于悬浮液流态化原理。

对某些普通的混合器,浆料的流态化是靠转子和静态湍流发生器产生的。转子(见图4-56)的垂直定位和三维紊流区防止气体的分离。图4-57显示了工业上用的装置。

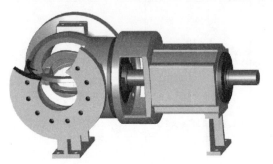

图4-56　化学品混合器的设计[93]

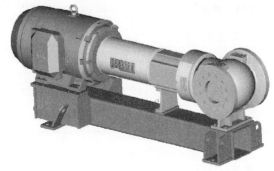

图4-57　化学品混合器的装配[93]

该混合器的主要设计特点是:

① 转子的垂直定位;② 0~4m 的小压降;③ 直接驱动;④ 混合器停机时浆料也能通过。

该混合器适用于 3%~20% 的浆料浓度,生产能力高达 4000t 风干浆/d。混合器可以是不锈钢、钛、镍基哈斯特洛伊合金或654SMO,取决于要混合的漂白剂和所处的漂白工段。

另一种中浓混合器如图4-58所示。混合器的主要部件是壳体和转子。该壳体具有纵向棱条和沿径向定位的喷嘴。转子具有轴向翅片。在设备的入口处转子使纸浆流态化。喷嘴将漂白化学品加入流态化的浆料中,快速且高效地混合。

当大量的气体要被混合时,在中浓(MC)混合器流化转子的端部具有大的齿盘。旋转的齿盘与壳体之间的高效分散作用保证气泡均匀地分布到纤维悬浮液中。

如果纸浆用上流泵脱气的话,混合效率可以进一步提高。减少纸浆中的空气含量也会增加化学品和纸浆之间的反应速率。

图4-59示出了另一种类型的混合器。在混合器的固定的和旋转的环之间具有细槽(缝)。槽缝中的高度湍流产生混合作用。

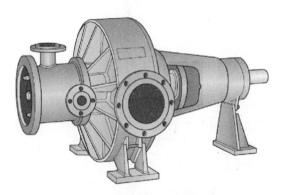

图4-58 具有纵向肋板和径向装有喷嘴的中浓混合器[98]

图4-59 其他类型的中浓混合器[99]

4.3.3.4.2 氧气与蒸汽的混合

在氧脱木素阶段,氧和蒸汽同时进入 MC 泵后面的蒸汽喷射管。浆料线上没有必要设置额外的流量控制或显示仪表。氧气也可以通过一个单独的氧供给装置注入到浆料中,如图4-60所示。温度可通过直接通蒸汽升高到25℃以上。恰当的设备尺寸、合适的管路布置和稳定地通蒸汽,可消除干扰和振动。

4.3.3.4.3 过氧化氢和过氧乙酸混合

过氧化氢和过氧乙酸以较低的压力进入到 MC 泵的入口侧,此处浆料中的空气已被排除了。以这种方式,化学药品与浆料有效地反应并获得良浆的混合效果。在(PO)和(EOP)段,蒸汽和氧气的混合在单独的化学混合器中进行。

4.3.3.4.4 二氧化氯和氯的混合

对于二氧化氯与浆料的混合,建议使用单独的化学混合器,如图4-55所示。在此情况下,这一段的 MC 泵要求是由不锈钢制成的。

氯化段,当气态氯和液态二氧化氯与浆料混合时,通常需要两种化学混合器。两台混合器可以以一定间隔串联安装,以提供适当的停留时间。

在某些使用扩散洗涤器洗浆的漂白车间,在 MC 泵中二氧化氯已经与浆料混合,但这种方式没有应用于以鼓式洗浆机或挤压洗浆机的情况。

4.3.3.4.5 臭氧的混合

臭氧气体混合到浆料中是在流态化、大容

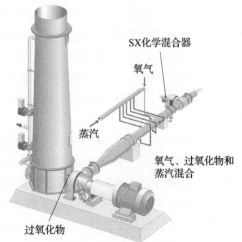

图4-60 用SX 化学混合器混合氧、过氧化氢和蒸汽[93]

积的混合器中完成。通常情况下,在臭氧漂白段两台混合器可以串联安装,如图4-61所示。臭氧与纸浆的反应是非常迅速的。几乎所有脱木素的重要反应发生在混合器中。化学混合器具有高剪切区,这增大了纤维絮体与臭氧气体之间的接触面积。有效地防止了气体分离,并且大的气体体积保持了很大的混合强度。由于压力降低,气体体积会迅速增大,因此,化学混合器必须尽量减少压力损失。图4-62示出了典型的化学混合器安装情况。可选择的材料是SS2343不锈钢和254 SMO。最大的混合器的生产能力可达3000t风干浆/d。

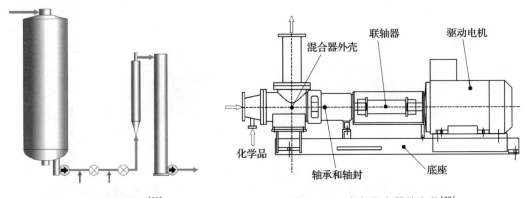

图4-61　臭氧漂段[92]　　　　　　　　图4-62　臭氧混合器的安装[92]

4.3.3.5　反应器和槽

制浆行业使用许多不同的反应器设计。压力式或常压的,升流、降流或升降流反应器(或塔)是最常见的类型。它们的主要用途是为化学反应提供足够的反应时间或通过扩散使化学药品浓度达到平衡。如果反应温度高或者如果反应物或反应产物是气态的,反应器要加压,以避免沸腾。大多数操作为中浓,但特殊情况下也用高浓度的反应器,如臭氧漂白。

由于塔具有一定高度,因此,升流塔的优点是在塔的入口纸浆悬浮液受压,这对于使用像二氧化氯这样的挥发性漂白化学品是有利的。所有使用气体漂白剂(如氧气)或挥发性漂白剂(如二氧化氯)的漂白阶段,均采用升流塔。

另一方面,降流塔能够通过改变塔里纸浆悬浮液的液位来调整停留时间,从而可以比升流式塔更好地缓冲生产速率的变化。

升降流塔具有组合了上述两方面的优点。

均匀的反应需要反应物均匀地分布于所有的纤维并且所有的纤维要拥有相同的反应时间。

中浓反应器设计成以理想的活塞式流动通过反应器。这意味着该纤维悬浮液以均匀的运动速度通过反应器。这可以通过正确设计漂白塔和反应器,并保持设计的浓度来实现。比较差的设计和偏离设计的参数会导致沟流和速度梯度这样的问题。

由于反应速率慢、传质慢或两者都有,在纸浆漂白反应器的反应时间可长达4h。这需要大的圆筒型反应器和浆料以2~4mm/s的慢速流动。反应器直径很大,在3~8m的范围,以避免反应器过高。

纸浆悬浮液以大于漂白反应器内流速100倍的平均速度通过管道进入升流式反应器。入口部分的形状对保证流速均匀是很重要的。通常以锥形、抛物线或半球形,由进料管道尺寸过渡到反应器的直径。抛物线形或半球形过渡转换是用于大容积的反应器,以降低塔的高度。有时使用旋转或固定的布流器使得在整个反应器的横截面上的浆料能够均匀分布。这可以弥补由于浆料减速所产生的剪切力而造成的任何沟流趋向。新建的纸浆厂所有的没有气体加入或只有少量气体加入的反应器具有静态的进浆系统,而氧脱木素或者氧用量较大的 E(OP)段使用动态系统。

有许多可行的排放设置。常压升流漂白塔设有贯穿整个横截面的排浆旋转刮板。从漂白塔的周边排放浆料比从中心排放多,从而避免了中心排料浆流较快。压力反应器设有半球状的浆料排放区域,在此区域,快速旋转流态化排放装置位于出口管或者设有旋转刮板,以避免由于浆料流动加速而产生沟流短路。无稀释区的降流式反应器的浆料排放方式的设计与此类似。常压降流式反应器也可以有稀释区,以低浓度排出。这些漂白塔设有螺旋桨式推进混合器和稀释液喷嘴,这些喷嘴把稀释液沿着塔的周边均匀地分布于塔底部。推进器的设计、电力输入和排浆浓度决定湍流区域的体积大小。

在反应器中浆流与塔壁的摩擦和浆流的减速将动能转换为力和压强。加速将正压头转化为动能。这些力作用在可压缩的纤维网络上,从而引起脱水。如果流速足够高,在反应器壁上形成环形层流液体,摩擦减少。这种情况对应于图 4-28 中的 C~D 段。纤维网络的可压缩性、液体黏度、局部速度和反应器壁的摩擦因数决定脱水程度。对应图 4-28 中 A~C 段流动形态的较慢的浆料流动速度会有较大的压头损失,这是由于摩擦作用造成的。最后,微小的力的平衡决定了在反应器中浆料的流动形态。

如果在正常操作过程中保持活塞流和在有干扰期间只有轻微的沟流趋势,则该反应器和塔运行良好。如果由于摩擦、加速和减速所产生的力的总和超过纤维网络的强度,并导致网络结构破裂,则浆料流动将会出现沟流。在浆料中形成裂缝,这会出现浆料速度的局部差异。停滞和流动的浆流之间的摩擦作用会产生压力梯度,从而使停滞的浆料脱水进入边界层。停滞的浆料的浓度增加,流动的纸浆悬浮液会被稀释。这降低了流动浆料的网络结构的强度,加剧了沟流的趋势。一个新的力量平衡会产生,其往往是非常稳定的,会导致永久性的沟流。均匀流动的恢复方法是,可以通过提高进入反应器的浆料的浓度(较高的网络强度)、通过迅速增加浆料流量或者停止浆料流动,从而获得足够长的时间使塔中局部浓度差异一致。这种情况和相应的法则仅限于不含气体的浆料。

设计稳定运行的活塞流反应器是一个棘手的问题。这样做的意图是将它的流动条件设计成在反应器壁与流动的浆料塞(图 4-28 中 C~D 条件)之间形成一个足够厚的层流环状液体薄膜。较高的料塞浓度可以提供较强的纤维网络,从而具有较低的沟流倾向。因此,浆反应器的设计包括流速(2~4mm/s)和浓度(9%~12%)。只有在设计的条件下反应器才能运行良好、无沟流。当反应器在低于设计的流速和浓度下操作时,沟流是很常见的。一般的规则是,较高的速度或较高的浓度等于较小的沟流趋势。如果反应塔和反应器以较高的浆浓和可控制的方式运行,像沟流这样的问题通常会消失。

气态反应剂或气态反应产物会加剧沟流问题。网络结构和完全液力的系统是可压缩的。混合时没有恰当的气体分散,会集聚成较大的气态集合体,从而形成动态的三相悬浮液,此处应力不恒定,但对纸浆悬浮液起加压的作用。

升流式反应器与降流式反应器相结合,已作为在反应器系统中部分解决沟流问题的手段。纸浆用泵以很高的速度泵送通过小直径的升流塔,然后转移到一个大直径的降流式反应器中。在升流阶段大部分的反应已发生,因为化学品混合之后通常立即快速反应。在向下流动部分的较长的停留时间内完成反应。在降流反应器发生沟流的规律与升流反应器相同,但下降的纸浆会形成打破塞流的动力。排空降流部分可以破坏沟流而不中断生产。

在设计合理的反应器内虽然浆料的流动不会形成沟流,但是可能也会出现一些偏离理想塞流的情况,这是由所设计的进浆和放浆系统的速度梯度和混合区所造成的。在反应器中,停留时间的分布可以以其对工艺过程的变化的阶跃响应来表示。

示踪技术可以用来评估在纸浆反应器中的停留时间分布。停留时间分布的确定可以根据温度或过程化学药品的脉冲或阶跃变化,或通过瞬间注射容易测量的非工艺过程元素到浆料中。通过测量脉冲注入的示踪剂的浓度或强度,可得到以下停留时间分布表达式:

$$E(t) = \frac{I(t)}{\int I(\tau)\,\mathrm{d}\tau} \tag{4-51}$$

式中 $I(t)$——流出浆料中示踪剂的辐射强度或浓度

$E(t)$——示踪剂脉冲注入的归一化响应(即停留时间分布密度函数——译者注)

$E(t)$对时间积分,得到阶跃响应函数(停留时间分布函数——译者注):

$$F(t) = \int E(\tau)\,\mathrm{d}\tau \tag{4-52}$$

平均停留时间(t_m)和停留时间的标准方差(t_s),的定义如下:

$$t_\mathrm{m} = \int t E(t)\,\mathrm{d}t \tag{4-53}$$

$$t_\mathrm{s} = \sqrt{\int (t - t_\mathrm{m})^2 E(t)\,\mathrm{d}t} \tag{4-54}$$

图 4-63 显示了良好运行的漂白反应器的阶跃响应[即停留时间分布函数 $F(t)$]与理想混合和理想塞流阶跃响应的比较[100]。图中还包括了大量沟流的阶跃响应。

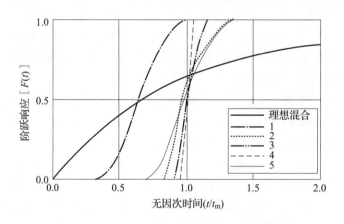

图 4-63   在漂白塔内的典型停留时间分布

(1)具有稀释区的中浓降流塔   (2)低浓升流塔   (3)中浓升流/降流塔   (4)中浓升流塔   (5)发生沟流的升流塔

4.3.3.6   工业反应器和槽的实例

4.3.3.6.1   压力反应器(压力漂白塔)

氧脱木素(O)和过氧化氢漂白段(OP)或(PO)使用压力反应器(反应塔),但它们也可以用于臭氧和二氧化氯漂白工段。设计压力和温度取决于实际工艺。常用压力为 0.5~1.2MPa

(5~12 巴)、温度 100~130℃。氧脱木素塔使用的压力比过氧化氢漂白塔的压力高。所有漂白反应器(反应塔,漂白塔)的目标是要保持均匀的浆料流动、不发生沟流。大约 50 年前就已经有了塔的设计和反应器的流动行为的基本规定,但每家技术供应商,拥有自己的设计原则。所开发的用于瓷砖衬里塔的基本数据也可用于钢挂面塔的设计。

在带压的氧脱木素段和过氧化氢漂白段所用的反应器底部的类型主要有两种(见图 4-64)。小直径的反应器和大直径的反应器,设计进气量仅为 5kg/t 风干浆,都有一个锥形入口。大直径和高进气量(超过 10kg/t 风干浆),锥形入口不能保证反应塔内的均匀给料和分布,因此必须使用动态喂料系统。

如图 4-64 所示的反应器具有一个流化分配器,它把浆料分配成几股同样大的、均匀的浆流,并分布到反应器的底部。卸料器安装在反应器的顶部,保持卸料畅通和均匀、无脉动流出。同时,卸料器还作为排气装置,并且在必要时可给系统增加压力。分布器和卸料器安装在反应器外侧。这消除了复杂的维护和维修。

另一种类型的氧反应器的底部设有旋转分配器,连续不断地、均匀地向反应器的横截面上散布纸浆与气体的混合物。完全浸没的卸料器,其功能就像漂白塔的刮板,从反应器顶部排除浆料,保证均匀排放并防止不希望的沟流。类似的反应器可用于 PO 段。图 4-65 显示了一种加压的升流式漂白反应器(漂白塔)。

在双塔反应器系统,第一个反应器是通过锥形底部进料,第二个反应器是通过一个流动分配器喂料;必须预备出 0.1~0.3MPa 的管道和设备的压力损失。

图 4-64　压力升流式中浓纸浆
反应器(漂白塔)的两个示例[92]

图 4-65　压力升流式漂
白塔[98]

所有的加压反应器都是根据压力容器设计法规或标准设计的,包括设计和压力密封的规则。

早期的氧脱木素系统为高浓,但中浓(MC)系统开发出来后,在过去的25年再也没有新建高浓度系统的。高浓(HC)技术仍然在机械浆的漂白中使用。

常压反应器

常压反应器用于大多数漂白段[D、A、E、P(EP)阶段]。在反应器中的停留时间和构造材料取决于所用于的工艺过程。二氧化氯塔通常有砖衬里,很少用钛构造。在碱性和氧气的漂白工段采用耐酸钢。漂白塔可以为降流式或升流式,并配有低浓(LC)或中浓(MC)排放装置(见图4-66)。

4.3.3.6.2　升流式反应器

浆从塔的底部进入,底部锥体将纸浆分布于塔底部的整个区域,纸浆以塞流形式通过反应塔。在塔顶部的刮板把纸浆均匀地从整个塔的表面排出。这样设计的好处包括发生沟流的风险小、反应气体好管理、在整个漂白车间水的管理容易和排气气体的损失小。

图4-66　常压升流式和降流式反应器[92]

特别是大直径的反应塔进料锥体增加了总高度,以至于在某些情况下,底锥体不得不以加压反应塔中的底部进料系统所取代。然而,当投资成本、维护成本和功耗都要考虑时,这些技术是公平竞争的。

在D、A和P漂白段,最大的上升流塔为4000t风干浆/d、2h和高度超过70m。如果工厂的产量超过2000t风干浆/d时,塔的高度允许从漂白塔直接把中浓浆排放到中浓洗浆机。重力和下落的浆料为洗浆机产生足够的流量(如图4-67所示)。

某些漂白工段,像二氧化氯段,可以在其反应器的顶部带一个扩散洗涤器(见图4-68)。根据漂白工段,扩散洗涤可由1~2段组成。由于能力的限制、需要钛材料和滤液循环设计上的限制,扩散器技术已经失去其优势,并在新的漂白系统已经逐渐被过滤和压榨形式的洗浆机所取代。

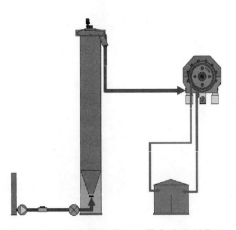

图4-67　常压漂白塔和不带中浓喂料浆泵的洗浆机[92]

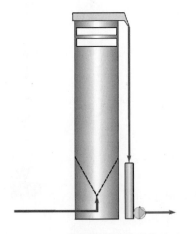

图4-68　具有两段洗涤的升流式中浓反应器[92]

4.3.3.6.3　升 – 降流塔

在升 – 降流系统,第一个较小的反应塔是基于升流技术,浆的流动基于与升流式漂白塔相同的原理。由升流反应塔转到降流塔,剩余的反应时间在降流塔中,并在其塔的顶部结束反应。降流塔设计的停留时间约占总时间的60% ~85%,但50% ~90% 的漂白化学反应在升流部分发生。第二部分浆料的排出可以是中浓(MC)或低浓(LC),这取决于洗浆机的类型。在一些应用中,纸浆从降流塔中排出是利用降流塔的流体静压力,而不是泵送。升 – 降流技术已是漂白后白浆料以低浓度进入洗浆机设计的首要选择。

多种化学品的漂白段,如(ZD),(ZQ),(DQ),(ZDQ)或 DND 反应器系统,按照如上所述的相同的原理进行设计。MC 的技术可以用单台泵输送浆料通过反应器系统。必要时可以使用浆料排出器来增大压力反应塔的压力。

通常,过滤漂白工段为了改善运行状况,在其漂白程序中至少包括一个降流塔,因为它可以缓冲停留时间。

漂白车间系统通常包含多种类型的槽罐,如洗涤滤液(废水)罐、喷放槽、化学品罐、废油罐、水槽和贮浆罐。根据预期的用途,每个罐被设计成一定的贮存容量、具有特殊的设计形状。

所有槽罐及塔的设计必须考虑到以下因素:① 所需的停留时间或贮存容量;② 搅拌和物料混合的需求;③ 介质的温度;④ 罐的高度和泵送所需的净压头(NPSH);⑤ 气体收集的需求;⑥ 合适的入口和出口管道。

所需的停留时间和存储容量决定槽罐的容积。一定的介质,如纸浆、滑石粉或硫酸镁需要在罐中有效地混合,从而保证泵送的物料浓度均匀和泵的运行操作稳定。在选择泵时,存储物料的温度是非常重要的,而泵体的高度也必须与停留时间和温度相适应。所有液位有变化的槽罐必须配备适宜的液位检测装置和溢流保护。

如果贮存的物料散发出异味或有害气体,该罐必须用密封环密封,并由排气管线提供适当的气体处理。在这种情况下,必须考虑由于密封而产生的真空和超压现象。通过探测仪表和提供适当的溢流孔及管道来应对溢流风险。产生真空的风险在设计阶段必须消除。

4.4　漂白技术

在本节中,首先介绍漂白化学品。漂白化学品或者是由化学品供应商制备,或者必须在纸浆厂现场制备。接着,讨论漂白程序的设计;最后,对每种漂白工段的工艺参数及其所用设备进行详细探究。

4.4.1　漂白化学品的制备和处理

4.4.1.1　氯气和烧碱

氯气和烧碱是由电解氯化钠同时产生的。总反应式为:

$$2NaCl + 2H_2O \rightarrow 2NaOH + Cl_2 + H_2 \tag{4-55}$$

其产物是氢氧化钠、氯气和氢气。如果纯氯气不作为产品使用,它与氢气燃烧生成盐酸。在环境温度和压力下,氯气是一种气体,它可在加压的容器中液化运输。

生产氯气和氢氧化钠的方法有 3 种:水银法、隔膜法和膜法(离子交换膜法)。这些方法的基本原理是相同的。在电解槽中,氯化钠溶液(盐水)在阳极与阴极之间被电解。在阳极和阴极之间通入电流。每种方法使用不同的手段,使得在阳极处产生的氯气与在阴极产生氢氧化钠和氢分离。离子交换膜法的工艺流程简图示于图4-69。在所有方法中卤水的净化都很重要。

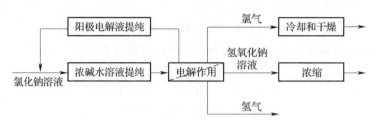

图4-69 离子交换膜法的工艺流程简图

水银法

水银法中以石墨作为阳极、汞作为阴极。钠离子在阴极上排出并以汞齐形式溶解于水银(汞)中,同时,生成氯气。在称为分解器的单独的反应器中,钠与水从水银中释放出来,并产生氢氧化钠和氢气。水银返回到电解槽中。因为盐水不从阳极流动到阴极,所以产品是非常纯的。可以直接生成50%的氢氧化钠产物。因为汞的毒性和相对高的动力消耗,所以这种方法没有应用市场。

隔膜法

在隔膜法中,具有渗透性的隔膜,它通常由石棉制成,将阳极与阴极分隔开。盐水被送入阳极室,然后与钠离子一起流经隔膜进入阴极室。稀的苛性盐水从阴极室离开电解槽。氯化钠在蒸发过程中通过分步结晶从溶液中除去,同时氢氧化钠得到浓缩。然而,50%的氢氧化钠溶液中仍含有高达1%的氯化钠。

膜法(离子交换膜法)

在这种方法中,阳极和阴极是由阳离子可渗透离子交换膜隔开。钠离子连同少量的水透过膜。苛性钠溶液离开电解槽时的浓度为30%~36%,因此,它必须进行浓缩。碱溶液不含氯化物,因此不需要分离步骤。电能的消耗比其他方法都低。所有新建氯碱厂都采用离子交换膜法。

烧碱的管理与使用

烧碱的生产和运输为50%的溶液,其运输容器、储罐和管道必须隔热,其温度为14℃以下,这是50%的氢氧化钠溶液的结晶点。不锈钢和塑料为适宜的结构材料。

在浆厂使用前,烧碱稀释至约20%的浓度。

4.4.1.2 二氧化氯

二氧化氯,ClO_2,是制浆行业最重要的漂白剂。它还用于水处理、作为生物除杀剂、用于臭味控制,最近还对控制 NO_x 排放成功地进行了试验。二氧化氯是类似于自由基的氯氧(chloroxy)化合物,其分子质量为 67.5g/mol,其中氯原子为 4(Ⅳ)价。其凝固点是 -59℃,沸点 11℃。在室温下,二氧化氯是气味与氯气相似的气体。该气体可溶于水中,其气体和水溶液的颜色均为淡黄色,黄色至绿色,这取决于其浓度。二氧化氯在纯水中的溶解度较高,最高约为 60g/L。二氧化氯是热力学不稳定的,因而没有气体、液体或固体形式的商品二氧化氯可以购得,这是由于安全和经济方面的原因,因此,需要在现场制备。

从亚氯酸盐(ClO_2^-)和氯酸盐(ClO_3^-)开始反应,二者均可以生成二氧化氯。由于亚氯酸盐是由氯酸盐先转化为二氧化氯,或者通过歧化反应或者还原反应[101]后而产生的,因此,仅在小规模应用时,亚氯酸盐可以经济有效地使用。当每天的需求量超过约2000kg时,二氧化氯通常应该通过还原氯酸盐来制备。由氯酸盐制备二氧化氯的总反应式如下:

$$氯酸盐 + 还原剂 + 酸 \rightarrow 二氧化氯 + 副产品 \tag{4-56}$$

对于氯酸钠的还原反应,可以使用几种不同的还原剂。反应介质是非常强的电解质,其中,氯酸盐离子在很强的酸性条件下被还原。此反应也消耗酸,因而酸随氯酸钠和还原剂一起供料。由于氯酸盐是最昂贵的原材料,为了优化工艺的经济性,反应过程中保持酸和还原剂的化学计量过量。

目前有两种主要的方法,真空法和常压法。图4-70和图4-71分别给出了这些方法的例子。

(1)在真空法中,副产物盐被结晶和分离,从而使原料保留在反应器中。在这些系统中,只有气体和晶体离开反应器。

(2)在常压法中,使用一系列的反应器来完成反应。从这些系统的反应器排出的废水(废酸),不仅含有副产物盐,还有相当量的酸和少量的残余氯酸盐。

真空法比常压法复杂得多,但通常总体生产经济效益比常压法好。

真空过程比大气过程更为复杂,但总的生产经济性通常青睐真空过程。通过商家提供氯酸钠的厂与"综合厂"是有区别的,后者具有自产氯酸盐车间。应当注意的是,"综合厂"不一定等同于"化学品岛"("chemical islands"),在那里化学品生产者具有向浆厂供应化学品的责任;见本节的最后部分。

表4-9根据所生成的副产物列出了不同的化学过程。如表4-9所示,不同方法是通过所选择的还原剂和酸的不同来相互区分的。要获取更多的工艺过程概述,读者可以查阅参考文献[102]、[103]或者最近申请的专利,例如参考文献[104]。

表4-9　　　　　　　　　纸浆漂白用 ClO_2 的主要生产技术

还原剂	ClO_2产品中的副产物	副产物盐	工艺技术	
			真空	常压
甲醇	甲酸	硫酸钠	是	是
过氧化氢	(氧气)	硫酸钠	是	是
二氧化硫	硫酸	硫酸钠		是
氯离子*	元素氯	(硫酸钠)氯化钠	是	是

注　*用 Cl_2 使 ClO_2 水溶液饱和。

化学反应过程概述如下。应当指出的是,实际的化学反应过程比所有这些反应显示出来的要复杂得多得多,每一个化学过程包含着多个(10~20)反应步骤,经常具有竞争和平行的路径。为了保持尽可能高的产率和反应器的效率,必须精心控制反应物的浓度和纯度。

4.4.1.2.1 甲醇为还原剂的化学

反应器中产生的固体副产物的正常形式是酸式硫酸盐、倍半硫酸钠(Na_3HSO_4)。副产物盐通常立即溶解并在回收锅炉系统中使用。如果不是这样,该酸式盐可以用于,或需要中和。但是,其过程可以延长,以获得中性硫酸盐——硫酸钠(Na_2SO_4)。应当指出的是,中性硫酸钠的最有价值的益处可能是,大幅度减少工厂化学平衡的硫负荷。总的化学反应式为:

$$9NaClO_3 + 2CH_3OH + 6H_2SO_4 \rightarrow 9ClO_2 + 3Na_3H(SO_4)_2 + 0.5CO_2 + 1.5HCOOH + 7H_2O \quad (4-57)$$

这个反应为氯酸盐转化为二氧化氯的最常用的途径,总二氧化氯生产量中的 75% 是由这种方法生产的。它的经济效益好,过程稳定,并且 ClO_2 产品中基本上不含元素氯[在 $10gClO_2/dm^3$ 的溶液中含元素氯 $0.1gCl_2/dm^3$ (或更少),这也可以表示为:元素氯含量小于 0.4% (对总有效氯)]。副产物甲酸不妨碍漂白过程,它可以由厂里的废水处理系统进行处理。图 4-70 显示出了这种生产方法。

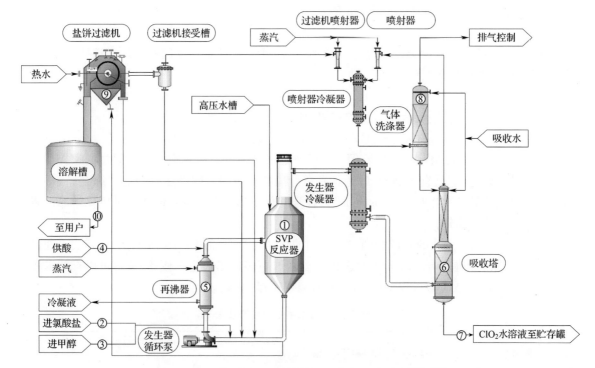

图 4-70　以甲醇为还原剂制备二氧化氯工艺流程[104-105]

在保持真空的主要反应器①中进行反应。反应剂(氯酸盐②、甲醇③和酸④)送入反应器系统中发生反应,产生二氧化氯,并且副产物盐发生沉淀。用来蒸发水的热量加入再沸器⑤中,并随着硫酸的稀释热送到反应系统。二氧化氯与蒸发的水一起离开反应器,并在吸收塔⑥中被水吸收。该二氧化氯的水溶液泵送到储存罐⑦,以备用于漂白车间。吸收塔尾气进一步进行洗涤,以避免散发出去⑧。副产物盐在过滤机⑨上分离,并将滤液送回反应器。含有固体副产物盐的滤饼重新溶解,并泵至工厂的化学系统⑩。通常,一条系统每天的产量为 5~60t。二氧化氯产品浓度 9~10gClO_2/L,且基本上不含元素氯(通常小于 0.1gCl_2/L)。

在综合车间,可以将倍半硫酸盐从反应器系统转移至混合(复分解)槽中,倍半硫酸盐转化为硫酸钠。在混合槽中,倍半硫酸钠部分转化为硫酸钠,并在第二过滤机上与溶液分离。酸性溶液回到二氧化氯反应器[106-107]。复分解的反应式为:

$$4Na_3(SO_4)_2(s) \xrightarrow{H_2O} 2H_2SO_4 + 6Na_2SO_4(s) \quad (4-58)$$

转化为中性盐的好处是大大节省了酸的消耗(约高达17%)和减小了盐饼的体积(高达约25%)。市场上也有其他的酸回收系统[108]。

4.4.1.2.2 过氧化氢为还原剂的化学

当过氧化氢用作还原剂时,在微吸热反应中生成的副产物是氧:

$$NaClO_3 + 0.5H_2O_2 + 0.5H_2SO_4 \rightarrow ClO_2 + 0.5Na_2SO_4 + 0.5O_2 + H_2O \tag{4-59}$$

氧在水中的溶解度是非常有限的,而副产物氧气实际上可以排放到大气中。当该方法在真空条件下运行时,副产物盐可以是中性硫酸钠(如反应式所示)或倍半硫酸钠。控制在反应器中会得到什么盐的参数是酸度,选择中性将在"中性条件"下运行,以得到中性盐饼,硫酸钠。由于某些原因,在较高的酸度下运行可能是有吸引力的;那么,副产物盐将是倍半硫酸钠。

过氧化氢化学过程的突出优点是反应速率快很多。过氧化氢可以被用来代替甲醇、二氧化硫和氯化物,从而以有限的资本投资,提高现有 ClO_2 工厂的生产能力。图 4-71 示出了使用过氧化氢作为还原剂的常压过程。

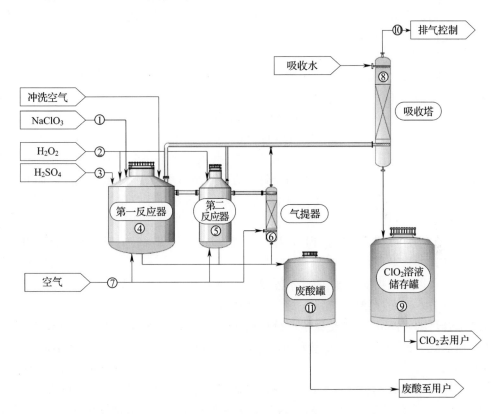

图 4-71　使用过氧化氢作为还原剂的常压方法实例[109]

反应物(氯酸盐①过氧化氢②和硫酸③)送入由一系列敞开式反应器④,⑤,⑥组成的反应器系统。基本上绝热的过程通常在约58℃、压力低于常压几千帕下操作。平衡反应的热量来自于硫酸进料到系统的稀释热量。大部分二氧化氯是在第一反应器中产生的。副产物盐保持在溶液中。大量空气⑦通过反应器流动,以从反应器溶液中气提出二氧化氯,并保持气体浓度低于爆炸极限。在吸收塔⑧中形成二氧化氯的水溶液。二氧化氯的水溶液泵送到储存罐⑨,以备用于漂白工段。尾气被进一步洗涤,以避免散发出去⑩。废酸⑪用于工厂化学系统的酸化或锅炉系统的补充化学品。二氧化氯产物通常含有 8gClO$_2$/L，并且基本上不含元素氯（通常小于 0.1gCl$_2$/L）。

4.4.1.2.3　二氧化硫为还原剂的化学

二氧化硫为还原剂的化学，最重要的应用是在马蒂逊方法中[103]，其在使用二氧化氯的现代化纸浆漂白中发挥了重要的作用。该方法的稳定性和简单性以及它的化学品可与纸浆厂的二氧化硫系统相结合，长期以来一直是成功使用二氧化氯的重要因素。现在，这种方法正在失去它的重要性，这是因为真空方法具有较好的经济性和升级到过氧化氢为还原剂的化学过程的可能性，因此可能会停止使用有害的二氧化硫，并提供更大的生产能力。

许多工厂仍然在使用二氧化硫为还原剂，微放热过程的总的化学通式见方程式(4-60)：

$$2NaClO_3 + H_2SO_4 + SO_2 \rightarrow 2ClO_2 + 2NaHSO_4 \tag{4-60}$$

有一个氯酸盐还原为氯的竞争反应，但幸运的是这种反应效率低。如果按照经常看到建议"盐"的方法，这是添加一些氯化物以增加二氧化氯的生成速度和增加反应器的能力，它也将得到相当大量的元素氯[103]。工艺布置几乎是与图4-71相同的。进入的不是过氧化氢，而是将二氧化硫加到喷射器的空气中。

4.4.1.2.4　氯化物为还原剂的化学

目前，氯化物为还原剂的化学最重要的应用是在综合厂里。在这些过程中，总的化学过程是在两个平行反应中用氯离子还原氯酸钠：

$$NaClO_3 + 2HCl \rightarrow ClO_2 + 1/2Cl_2 + NaCl + H_2O \tag{4-61}$$

$$NaClO_3 + 6HCl \rightarrow 3Cl_2 + NaCl + 3H_2O \tag{4-62}$$

后一个反应是不希望的次要反应，必须加以抑制，以利于第一个反应。大量副产物元素氯的作用是用元素氯饱和二氧化氯，这相当于每立方分米溶液中有 1.3~1.9g 氯气，而并迫使工厂使用过量的氯，如制备盐酸。因此，氯化物为还原剂的方法所生产的二氧化氯溶液中的氯含量远高于其他方法所得的产品。氯含量可以减小，例如通过气提[110]或化学分解。使用附加的处理步骤，元素氯可以除去，以达到与甲醇、过氧化氢或二氧化硫为还原剂的方法相同、几乎检测不到氯元素的水平。

由于盐酸可以用于提供酸度，因此不需要其他的强酸，这允许二氧化氯厂与氯酸盐和盐酸的工厂集成联合。然而，硫酸可与氯化钠一起使用，以替代使用盐酸。

作为综合厂的一部分，二氧化氯生产分厂由 4 部分组成（见图4-72）：① 氯碱车间（联合生产工厂所需烧碱的一部分）；② 盐酸车间；③ 一个氯酸钠车间；④ 二氧化氯真空反应器系统。

氯-碱车间生产的元素氯用于制备盐酸，此盐酸送到在真空条件下运行的二氧化氯车间（类似于图4-70中的真空车间设置）。将二氧化氯车间反应器的溶液送到氯酸盐车间，在那里来自于反应式(4-7)和式(4-8)的氯化物被转换为氯酸钠。二氧化氯的典型产品含有 6~10gClO$_2$/L，并且通常用元素氯饱和（因此，1.3~1.9gCl$_2$/L，即总有效氯的 5%~13% 是元素氯）。二氧化氯车间过量的元素氯送到盐酸车间。

如果可提供低成本的电，则集成联合工厂成本可有效地生产二氧化氯。可是，高的投资成本必须通过低的操作成本来平衡。此外，生产者必须愿意承担更复杂和苛刻性的化工生产。两个主要的优点是，进料安全和易于处理（氯化钠和水），以及伴随反应而产生烧碱。

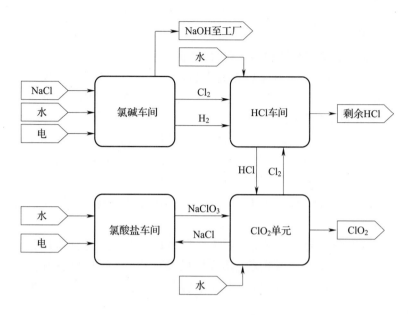

图 4 -72　综合厂的工艺流程

4.4.1.2.5　二氧化氯的处理(管理)

在二氧化氯气体或液体泄漏的情况下,有毒二氧化氯的挥发性会立即使人明显感觉到空气中有二氧化氯。即使在低浓下,二氧化氯气体也会有一股难闻的气味,类似于氯的气味,它是刺激性的,需要呼吸保护。即使在非常温和的浓度下它可能会变成不安全的,在高浓度时有爆炸的危险。重复暴露于低浓度中,或一次在高浓度中,会造成慢性损伤。接触,更重要的是吸入这种气体,必须避免。

气态二氧化氯具有爆炸性,其爆炸极限约为分压 10kPa[111],这相当于空气中二氧化氯的体积百分比为 10% 。在实际中,经常允许高达 12kPa,这是由于爆炸开始速度慢和在液体表面的传质有限。爆炸是二氧化氯的放热($\Delta H = -98kJ/mol$)分解,按照以下反应进行:

$$2ClO_2 \rightarrow Cl_2 + 2O_2 \tag{4 - 63}$$

分解导致压力增加(冲击波)和温度升高。取决于二氧化氯的分压,分解的火焰传播可高达 5m/s[112-113]。应当注意的是,与液体中的二氧化氯含量相比,在二氧化氯溶液之上的气相中的二氧化氯的量通常是非常小的。因此,很容易发生多次爆炸,一个接一个,直到蒸汽压力可以保持下降,点火源可以消除。这种火源可能是金属氧化物杂质、表面上的热点,或来自于强酸快速稀释、压力冲击、热或太阳光[114-115]。

分解,或通常说的"冒烟",有时是操作问题引起的,会导致生产损失。如果一种有机化合物(如过量的甲醇)存在于气相中,则爆炸可能会在二氧化氯浓度低得多的情况下引发。在较高的压力、温度和副产品时,其影响也将更加严重。二氧化氯系统必须能够处理分解;承受压力和减少影响,以便于重启操作。安全系统和培训必须是管理二氧化氯的重要组成部分。

在水溶液中的二氧化氯的稳定性相对较好,但是将取决于几个因素,如温度和 pH。常见的反应是亚氯酸盐、氯酸盐的形成,氧的产生或可还原物质的氧化。用于制浆工业的二氧化氯溶液($6 \sim 10gClO_2/L^3$)通常在低温和 pH 约为 3 的条件下储存,这样相对稳定。

4.4.1.2.6 结构材料

在选择用于二氧化氯制造和处理的材料时,要特别注重安全问题。由于二氧化氯和其他物质的腐蚀性,可用的材料较少。在金属方面或多或少只有钛可供选择,钛是反应器、再沸器和多数管道的首选。对于某些位置甚至钛也不能用,唯一的选择是钽。因此,任何金属材料将是非常昂贵的,并需要特殊的制造技术。

还有一些聚合材料可用。根据温度、压力、腐蚀性和反应性,下列材料可以考虑用于二氧化氯车间:聚偏氯化乙烯(C－PVC)、聚偏二氟乙烯(PVDF)、玻浆钢(FRP)(选择腐蚀阻挡层对使用寿命很关键)、聚全氟乙丙烯树脂(FEP)、可溶性聚四氟乙烯(PFA)、聚四氟乙烯(PT-FE)和乙烯－三氟氯乙烯共聚物(ECTFE)。FRP或FRP与衬里组合,通常用于含有二氧化氯的流体的处理设备。

此外,还有砖衬里和高合金不锈钢(对于低浓度的二氧化氯)都可以使用。在所有的这些材料中,FRP和钛可能是最常用的,并且如果设计恰当,能提供良好的可靠性和具有成本效益的长的使用寿命。选择材料的难度不容忽视。选择失败,其后果可能是致命的和昂贵的。

4.4.1.3 氧气

根据不同参数,例如氧气需求量、制浆造纸厂的距离以及物流费用,氧气作为一种化学品可以直接以液态形式提供给工厂或是现场制备。

对于制浆造纸厂,安排其氧气供应的最简单的方法是使用购买的液态氧(LOX)。液态氧由空气通过分馏(最初开发于1895年)获得,并且在大型低温空气分离厂生产。在这些工厂里,平常的大气空气被净化、压缩和冷却,形成液化的空气,随后通过分馏在低温(深冷温度)下分离。此方法产生的氧气具有大于99%的纯度。然后液态氧被密封在特制的真空隔热罐中运送至用户,而运送的罐车要保持－183°～－143℃的低温,并且相应压力范围保持在从常压到2.0MPa。罐和罐车内没有制冷系统来保持内部温度,因此,温度的升高有可能会使液态氧沸腾,从而使得罐内部的压力升高。自动控制系统释放超出的压力。为了安全,液态氧通常在低压低温下运输,并且在现场设计的罐通常是耐高压的(2.0MPa以上)。

制浆造纸厂氧气供应的第二种选择是建现场制备车间。空气是氮气(78%)、氧气(21%)和氩气(1%)的混合物,氧气可以使用分离技术由纯空气生产。在20世纪80年代,铝硅酸盐矿石(俗称沸石)的实验得出,这样的分子筛材料能够在温度升高时吸收氮气,并且在温度降低时能将氮气释放出来,而且允许氧气(和氩气)直接通过它,如图4－73所示。由于沸石很快会被氮气饱和,通常两台沸石床一起使用。当一台沸石床过滤空气时,另一台进行再生。

这一发现导致了变压吸附(PSA)系统的开发,其能够由90%～95%纯度的空气生产氧气。后来工程技术的改进使得再生系统能够在低于大气压条件下使用。在低于大气压下再生的结果是总动力需求降低。由此而来的工程设计就是现在所谓的

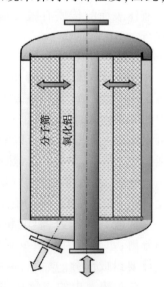

图4－73 通过分子筛分离空气(沸石)[116]

变真空吸附(Vacuum Swing Adsorption,VSA)和真空变压吸附(Vacuum – Pressure Swing Pressure Adsorption,VPSA),后者是由以前的方法演变而来的。VPSA 方法是基于对选择性分子筛容器加压和减压。其过程的条件随着从空气中分离出来的氧气而变化:推动空气通过过滤器需要压力;系统再生并从分子筛中除去氮气需要真空。VSA 系统生产氧气的流程简图如图 4 – 74 所示。

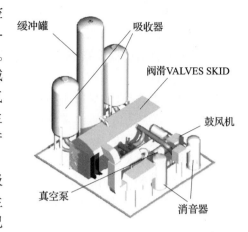

图 4 – 74　VSA 系统[116]

只有在真空压力条件下,系统才能通过程序吸附和解吸从空气中分离高纯氧产品。而 PSA 发生器具有许多压力激活气动阀和开关,在某些情况下,VSA 氧气发生器使用一个简单的电动四通阀,它比气动阀更加可靠。VSA 发生器的压缩机可由鼓风机来代替,这意味着投资和操作费用都会降低。VSA 发生器的购置和操作总成本比 PSA 系统的总成本低。VSA 工艺在较低的压力下产生的氧气,在温和的真空下分子筛完全再生,从而显著降低电耗(KW·h)——生产 1t 氧气的动力消耗。VSA 还降低了沸石床污染的可能性,因为它是一个干法过程。没有水滴形成,并且任何存在于空气中的水分都保持气态(在气相中)。

VSA 和 VPSA 系统的竞争日趋激烈,并且适合应用于小到中等规模的制浆造纸企业的生产中。

现场制备氧气系统的所有权,经营和维护均由气体供应商来做,通常称为"越过栅栏"("over the fence")的供应,这可能是一个优化工厂总成本的解决方案,使得产品更加注重与制浆造纸相关。例如,氧气需要大量生产,以满足漂白过程中氧脱木质段的需求(20 ~ 25kg 氧/t 风干浆)。对小规模的应用,使用液态氧(批量供应)比较好,关于氧气供应的最终决定总是要折中处理。图 4 – 75 为根据纯度和产能来选择的不同供应方式。

在操作和维护方面,氧气 VSA 和 VPSA 单元都易于管理。它们通常是无人操作的,因为生产过程测量是通过遥测监测。仅在检测到故障时,维修技术人员才被分派到现场。在一般情况下,为确保向制浆造纸厂消耗氧气的工段连续不断地供给氧气,将 VSA 车间与备用液氧单元相结合。图 4 – 76 所示的是在许多造纸厂可以见到的典型配置。

特别需要注意的是,液态氧的操作需要穿戴特定的手套和服装。此外,包括在冶金方面的特殊要求,所有设备(贮存、管道、阀门、反应器)必须无可氧化材料,如润滑油脂。

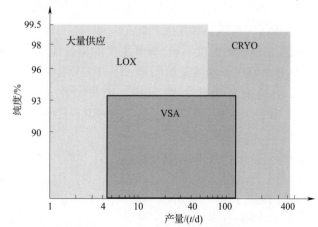

图 4 – 75　氧气现场制备——纯度与产量的关系[116]

LOX—液态氧　VSA—变真空吸附法

CRYO—深冷分离法

4.4.1.4 臭氧

臭氧或三氧(O_3)是由 3 个氧原子组成的分子,它是氧的同元素异构体,通常可以用空气或氧气生产。与氧相反,它可以液体形式提供,臭氧必须在现场生产。工业应用时,如化学浆的漂白,进气时需要以高的臭氧浓度,以达到投资和可变成本之间的最佳化。因此,产生的臭氧浓度在 10% 和 14% 之间(质量分数在氧气中)。为了确保生产在氧气中浓度为 12%(质量分数)的臭氧,

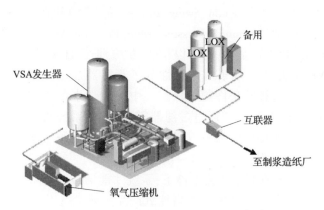

图 4 - 76　现场制备氧气的完整系统[116]

1kg 臭氧需要 8.3kg 左右的纯氧气和大约 9kW·h 的能量。图 4 - 77 描述了生产臭氧的原理。

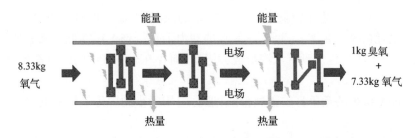

图 4 - 77　电场中臭氧的形成(在氧气中臭氧质量浓度为 120g/L)[117]

4.4.1.4.1　过程描述

每一个臭氧系统的核心是臭氧发生器。在臭氧发生器的容器内,专门的管子焊接于作为电极的固定管板之间。在接地电极、介电材料与高压电极之间的间隙中产生臭氧。臭氧发生器的性能不仅取决于电极组装,而且还与优化的连接到臭氧发生器的供电单元(PSU)和功率控制单元(PLC)有关。冷却水要求最大限度地提高臭氧产量和降低投资和操作成本。图 4 - 78 显示了完整的臭氧发生系统。

根据冷却水的温度不同,臭氧生产的单位能量需求为每公斤臭氧 8～12kW·h 之间。已经开发出专门用于制浆造纸行业的臭氧现场制备集成方案。图 4 - 79 给出一个实例,它显示了适用于纸浆厂的、受限于客观条件(如空间局限性和腐蚀性的环境空气条件)的紧凑臭氧装置。这样的系统提供了一个交钥匙"即插即用"的解决方案。根据工艺要求,臭氧发生器可满足每个臭氧发生单元提供臭氧生产能力达 250kgO_3/h(每天 6t)的要求。

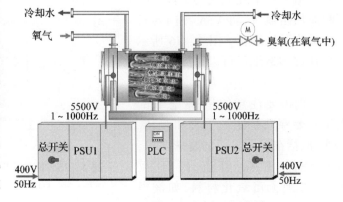

图 4 - 78　完整的臭氧产生系统[117]

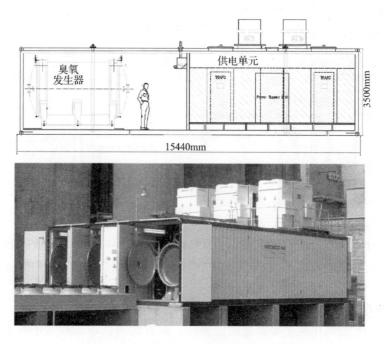

图 4-79　纸浆厂三组紧凑臭氧设备[117]

4.4.1.4.2　运行成本

臭氧发生装置的运行成本取决于 3 个组成部分:① 从 V(P)SA 生产设施的氧气供应或 LOX(液氧);② 臭氧产生的能耗,包括冷却水;③ 操作和维护。

如同氧气,臭氧生产也是现场制备技术。当氧气也是现场制备时,其主要的可变动成本是当地的能量成本。基于"即插即用"的原则,臭氧发生装置的操作简单,在不到一分钟内,便可以提供满负荷臭氧生产,平均可用性高于 99%。通常以最少的人力进行操作,并通过遥测监测。维护程序与工厂的条件有关。

4.4.1.4.3　氧气的回用

排出的废气,即氧气,在与纸浆接触之前(短循环)或之后(长循环)再循环至臭氧发生器,这通常是降低生产臭氧过程中氧气需求的办法。在过去 15 年中对这些可行性进行了研究,并且仍在发展。回收氧气用于臭氧生产过程的主要限制仍然是费用,即在第一种情况下(短循环)的气体分离或在第二种情况(长循环)的气体净化所增加的费用。全球用于纸浆漂白的 28 套臭氧装置中有 2/3 已经实施的最有意义的选择,是将 Z 段排出的废气用于浆厂现有的消耗氧气的工段,例如:① 氧脱木素,(EOP)和(PO)段;② 白液氧化;③ 其他应用,如废水处理。

包括氧气再利用的臭氧漂白系统的典型布局,示于图 4-80。

在多数优化的工艺过程中,臭氧销毁(破坏)系统作为备用方案,因为从 Z 段排出的大多数废气可以全部利用。回收氧应该被看作是一种"节省"氧和减少臭氧的成本方法,但这种可行性必须用额外的投资来平衡,特别是当需要高压力时。最有意义的氧气回用方案的确定是要适应当地的条件和响应法规,并且总是要满足特定的情况。

4.4.1.4.4　安全方面

所有用于氧气处理和安全的措施也适用于臭氧。使用后残余的臭氧必须采用臭氧销毁系统完全将其破坏掉。对进入到大气中的痕迹量的臭氧要连续监测,并要对制浆造纸厂的操作人员进行特殊的培训。由于臭氧是在其使用(无贮存)之前生产的,因此它被认为是无分离现

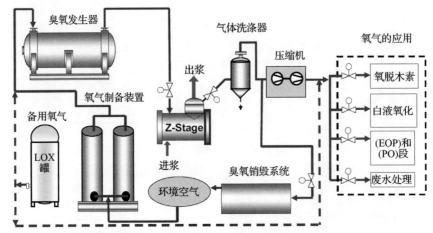

图 4-80 氧气和臭氧的生产[117][包括臭氧漂白段(Z-段)产生的氧气的再利用]

场制备中间产品,不需要按照制浆造纸行业执行达标(REACH)法规的 CEPI 指导性文件进行任何登记注册。

4.4.1.5 过氧化氢

在工业规模中,过氧化氢主要由蒽醌法生产。该方法的基本流程示于图 4-81。在这种方法中,溶解于适宜的有机溶剂中的蒽醌作为反应介质。该有机溶剂通常是几种有机溶剂的混合物。将蒽醌溶解在有机溶剂中所得到的溶液称为"工作溶液"(WS)。

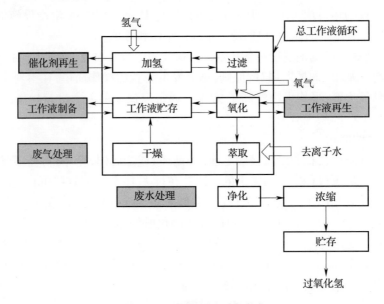

图 4-81 蒽醌法制过氧化氢

4.4.1.5.1 加氢

加氢是蒽醌法最重要的工序,另一方面也是最复杂的工序。根据原理,烷基蒽醌(AQ)在催化剂存在时,被氢化至相应的烷基蒽氢醌(AHQ)(见图 4-82 的反应)。另一种主要的氢化反应是形成称为"四氢蒽醌"的化合物,其在芳香环系统上发生加氢(见图 4-83 的反应)。蒽醌分子的一个环上发生加氢反应。"四氢蒽醌形式"在过氧化氢形成过程中起着重要作用,因为过氧化氢主要是通过这种"四氢蒽醌形式"生成的,这是由于"四氢蒽醌形式"的加氢速率比蒽醌快。

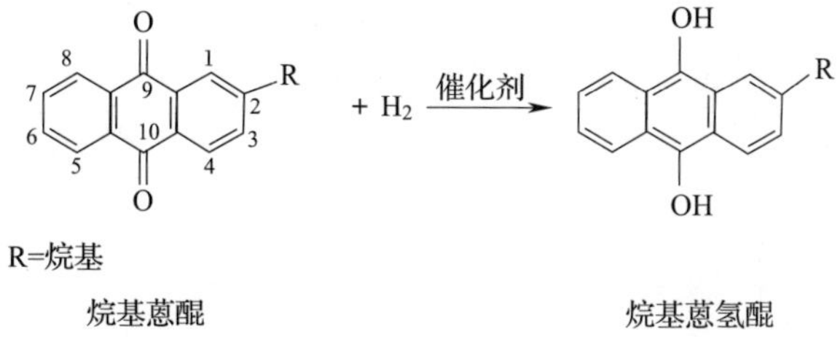

图 4 – 82 在催化剂作用下烷基蒽醌分子(AQ)生成相应的蒽氢醌分子(AHQ)的加氢反应

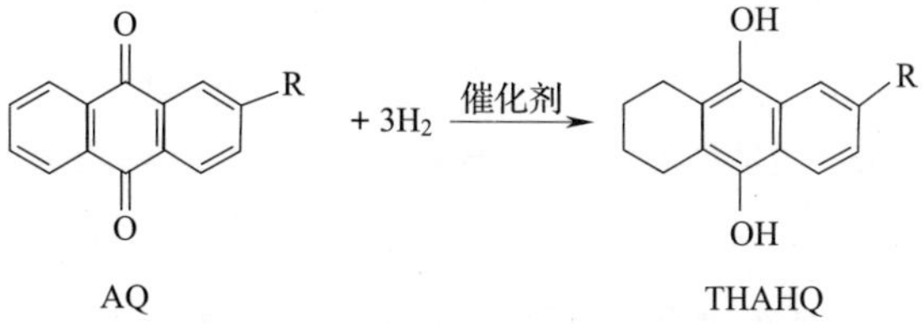

图 4 – 83 在催化剂作用下芳环的加氢作用(AQ = 蒽醌,THAHQ = 四氢蒽醌)

除了主要的加氢反应之外,还会发生一系列的副反应,这取决于加氢在反应器中的操作参数。作为示例,图 4 – 84 中的反应式示出了在加氢反应器中生成副产物的路径。

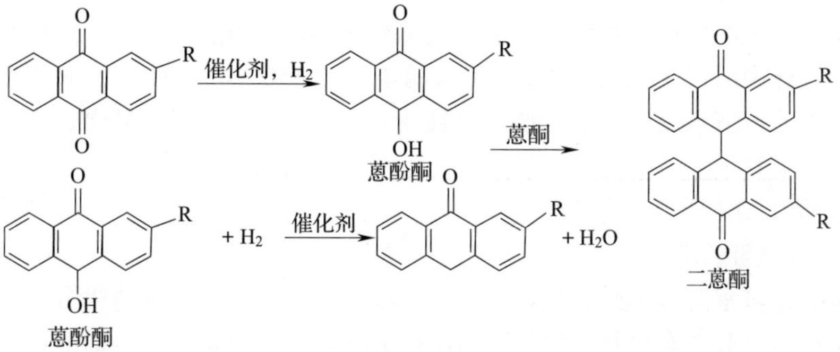

图 4 – 84 蒽醌法过氧化氢生产过程中在加氢反应器中的副反应

反应通常在高压(0.1 ~ 0.5MPa)、温度范围为 40 ~ 60℃ 的条件下进行。反应是放热的。为了尽量减少副反应,醌变为氢醌的转化率(即加氢度)通常为 40% ~ 55%。

加氢反应器的主要类型有连续搅拌罐式反应器、管式反应器和固定床反应器。最常用的催化剂系统是悬浮床、支撑床或固定床。使用最广泛的加氢催化剂是钯(Pd)。

氢化后,通过仔细过滤把催化剂从工作溶液中除去。

4.4.1.5.2 氧化

加氢之后,蒽氢醌用空气或富含氧气的空气混合物氧化,重新转变为蒽醌。主要的氧化反应如图 4 – 85 所示。在氧化过程中,每氧化 1mol 的蒽氢醌会产生 1mol 的过氧化氢。

不含催化剂的加氢工作液为含氧气体,通常是压缩空气,通过无催化的反应进行氧化。通常,采用气体与液体顺流流动或者逆流流动的、单段或多段的系统。从氧化器排出的废气直接引入净化吸收器,以净化废气和回收溶剂。

加氢和氧化后所产生的过氧化氢存在于工作液中,一般采用去离子水从工作液中萃取分离出来。

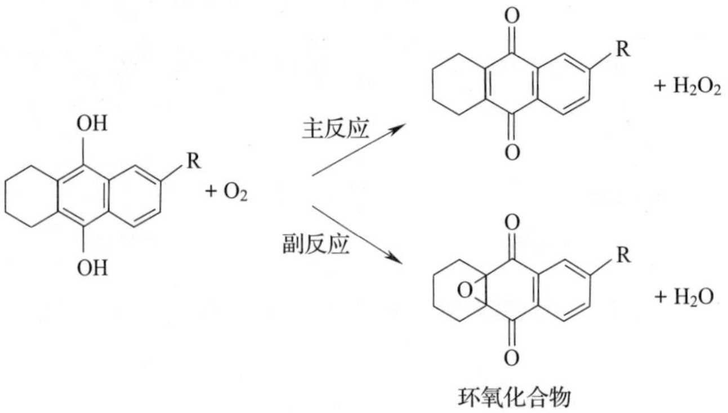

图 4 − 85　过氧化氢生产过程中蒽氢醌氧化为蒽醌的主要反应

4.4.1.5.3　工作液

生产过程中循环的有机溶液称为工作液。这种工作液含有用于溶解蒽醌和氢醌的溶剂。实际上,它通常是溶剂混合液,一般是极性和非极性(通常为芳香族化合物)溶剂的混合液。广泛使用的溶剂是:多烷基苯、三甲基苯、甲基萘、烷基磷酸盐、四烷基尿素和烷基环己醇酯。

广泛使用的烷基蒽醌类化合物是:2 − 乙基蒽醌,2 − 丁基蒽醌和 2 − 戊基蒽醌。

4.4.1.5.4　萃取和干燥

在有机工作液中的氧化过程中所产生的过氧化氢,在筛板塔中用去离子水进行逆流萃取。萃取后溶液通常称为粗过氧化氢,其过氧化氢的浓度为 350 ~ 450g/L。萃取塔流出的有机工作液含有最大量的可溶水以及水滴。游离水使用相分离器除去,水含量通过真空蒸馏进行调整。

工作液干燥后,送回到加氢工序。

4.4.1.5.5　过氧化氢的净化

萃取后过氧化氢水溶液不纯,含有痕迹量的来自于工作液的有机物组分。有几种净化方法可选择。至少需要分离有机物;这通常采用相分离器来进行分离。溶剂洗涤也广泛用于改善净化。应用于漂白时,这些净化步骤是足够的。当过氧化物用在食品工业或电子工业时,其对过氧化物的质量要求较高,需要更多的、不同类型的净化。

4.4.1.5.6　过氧化氢的浓缩和稳定

萃取和净化后的粗过氧化氢的浓度通常为 35% ~45%(质量分数)。净化后,过氧化氢的浓度提高到商品化水平,通常为 50% ~70%(质量分数)。通过真空蒸馏提高粗过氧化物的浓度。浓度提高后,用络合金属杂质的稳定剂来稳定过氧化物。

特殊级别的过氧化物,对过氧化氢纯度的要求更严格。

其他方法

除了使用最广泛的蒽醌法之外,还有许多其他的生产方法。实例包括 2 − 丙醇法、由氢气和氧气直接合成法以及电化学法。这些方法的工业重要性很小。

4.4.1.5.7　过氧化氢的贮存和处理

过氧化氢是一种类似于水的无色的液体,它可以以任意浓度完全溶于水中。虽然它不可燃,但过氧化氢浓度高于 16%(质量分数)时,能够引燃易燃的材料,如纸张、木材、服装和皮革。在某些情况下,过氧化氢可以快速分解,甚至造成压力爆炸。

在正确的处理条件下,过氧化氢是一个非常稳定的产品;在环境温度下每年活性氧含量的减少量通常小于1%(质量分数)。过氧化氢储存和处理设施应精心设计,以防止分解、满足高纯度的要求,包括排气系统,尽管有各种预防措施,但如果过氧化物分解,通风系统可以避免系统受损。

4.4.1.6 过氧酸

过氧酸可以是无机的或有机的过氧酸。无机过氧酸被称为过氧化酸,有机过氧酸被称为过氧酸。一般认为过氧酸是不稳定的,但通过仔细控制操作和处理条件,它们是相对安全的化学品。过硫酸,也称为卡罗酸(Caro's acid),是最有名的无机过氧酸。它是通过将浓硫酸与过氧化氢混合而制成的。该产品是原料与过硫酸的混合物。它总是现场制备、现场使用。过硫酸作为漂白化学品的使用量是有限的。有机过氧酸最常用的是过氧乙酸。它是通过乙酸与过氧化氢混合制成的。其反应如下:

$$CH_3COOH + H_2O_2 \overset{H^+}{\rightleftharpoons} CH_3COOOH + H_2O \tag{4-64}$$

反应缓慢,但可以通过加入少量的强无机酸来加速,硫酸是最常用的。该反应是一个平衡反应,产物是过氧乙酸、水和原料的混合物。反应的平衡取决于原料的用量和浓度。将达到平衡的过氧乙酸溶液用于纸浆漂白是不经济的,但可用作消毒剂。过氧乙酸可以通过蒸馏分离和浓缩。在蒸馏过程中必须用高真空度,以保持较低的温度,从而防止产物分解。制备过程的流程简图示于图4-86。

原料送入蒸馏塔底部,在塔底发生化学反应。底部的溶液接近平衡,过氧乙酸从溶液中蒸馏出来。过氧乙酸/水溶液的共沸点约为60%。产品浓度是38%。在贮存之前产品(dPAA)会被稳定并冷却到-10℃。冷却使返回到平衡的逆反应减缓。在室温或更高温度下,蒸馏后的过氧乙酸的腐蚀性很强。冷却还降低了腐蚀性,从而可以使用耐腐蚀性较差的材料。塔底部需要排放少量产物,以控制有害的杂质的积累。产品装在保温罐中由卡车运输。需要在现场冷藏。由于储存和运输时间限制,因此,已经引进了现场生产设备[118]。

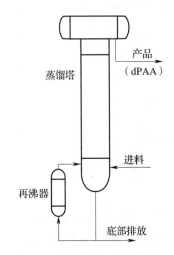

图4-86 过氧乙酸(dPAA)制备过程[119]

4.4.1.7 化学岛(Chemical island)

术语"化学岛"指的是一个专门生产纸浆厂的所有化学品的地方,几乎像一个单独的工厂。商业上有几种安排化学岛的方法。例如,工厂可以自己拥有并运作化学岛的设施,或者可能是属于一个单独的公司并由该公司运作,承担向工厂供应化学品的责任(外包)。通常,在与工厂分开的指定区域生产和处理化学品。这使得纸浆厂专注于自己的核心业务,而一个独立的实体负责生产和处理化学品,从而确保以尽可能低的成本和高可用性供应化学品。如果化学岛与工厂相邻,在某些情况下它可能仍然是在工厂自己的许可下操作。

通常,化学岛可以向纸浆厂提供以下产品:① 苛性钠和石灰;② 滑石粉;③ 酸;④ 漂白剂(氧气、过氧化氢、二氧化氯、臭氧、连二亚硫酸盐、过氧乙酸、酶);⑤ 氯酸钠(用于二氧化氯生产);⑥ 亚硫酸氢钠;⑦ 倍半硫酸钠或硫酸钠(作为碱回收炉的补充化学品,二氧化氯制备过程的副产品);⑧ 水处理化学品,或包含水处理设施;⑨ 络合剂;⑩ 锅炉房和烟气处理(散发)化学品;⑪ 通用品,如水和蒸汽。

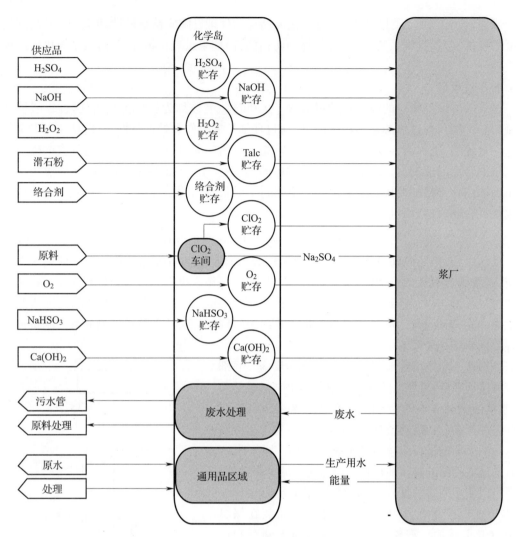

图 4 –87　化学岛简图[120]

　　这些产品的供应简单,可以从外部供应商那里购买,然后将它们提供给工厂,或在现场生产(例外的是二氧化氯和臭氧必须在现场制造)。化学品的范围是由化学岛的规模决定的。例如,在与新建的纸浆厂相连的情况下,化学岛可以外包给化学品供应商,所有产品在化学岛内生产。如果工厂还包括造纸,则化学品的清单更长。

　　如果化学岛建在已有的工厂,其供应范围可能是有限的,产品较少;有时化学岛不是一个实体,更像是一个组织安排。在化学岛,根据规模、财务需求和环境要求,几乎任何化学品的混合和生产都是可行的。化学岛有一个明显的优势:其结构化方法、集中的技能与能力可确保化学品的高效生产和处理。

　　氯酸盐的现场生产和烧碱的生产通常是基于当地产生的电力,尽管氯酸盐也可从商家购买。二氧化氯的生产通常是工厂的核心,这是由于二氧化氯的可用性是纸浆厂生产的关键。根据工厂的大小,其他几种化学品,也可以以低成本在现场生产,如苛性钠、氧气、臭氧和过氧化氢。其他的化学品最好由外部提供,例如石灰和亚硫酸氢钠。

　　供应商经营化学岛,例如在巴西的 Veracel[120]、巴西的 TrêsLagoas[120]、乌拉圭的 Fray Bentos[119]和芬兰的 Kuusankoski[119]。一些正在进行着的纸浆厂项目也正在考虑化学岛。

4.4.2　漂白流程的设计

如今,无论是现代化或非现代化的浆厂,都有几种典型的漂白流程和工艺。漂白流程的选择应考虑投资成本、操作成本、当地的能源价格、环保许可——在进行更新改造时——工厂现有设备是否允许。因此,没有一项技术可以作为所有国家和所有工厂的标准技术。下面的章节将讨论选择漂白流程的主要趋势和主要动因。

4.4.2.1　主导技术

纸浆漂白通常开始于粗浆洗涤之后,首先是有效的一段或两段氧脱木素:O 或 OO。为了保证浆的质量和得率,蒸煮后针叶木硫酸盐浆的卡伯值在 26 ~ 30 之间,在漂白之前的氧脱木素段,卡伯值降低 45% ~ 60%。阔叶木硫酸盐浆蒸煮后的卡伯值在 14 ~ 20 之间,这取决于木材的品种,在氧脱木素段其卡伯值降低 35% ~ 50%。在过去 10 ~ 15 年里,氧脱木素已成为纸浆纤维生产过程中的关键技术,它是当今浆厂的标准技术(典型技术)。全球大约 80% 的纸浆是采用先氧脱木素、而后进行漂白的工艺生产的。

当今在氧脱木素之后,占主导地位的漂白技术是以二氧化氯(D)为主的 2 ~ 3 个 D 段和一个或两个添加过氧化氢和/或氧气的碱性阶段:EP,EO,EOP 或 P 段。使用二氧化氯但不含氯元素的漂白程序称为 ECF(无元素氯漂白)。由于阔叶木浆中己烯糖醛酸基团含量大,己烯糖醛酸会消耗二氧化氯,为此在 2000 年之后开发了新的工艺:AD——在二氧化氯漂白之前进行较长时间的热酸处理(A)和 D_{hot} 段——高温长时间二氧化氯漂白。

下面给出这些流程的例子。这些漂白流程之前可能会或可能不会先进行第一段氧脱木素,O,单段(O)或两段(OO)。

对于针叶木和阔叶木硫酸盐浆:

D(EOP)D

D(EOP)(Dn)D

D(EOP)DD

D(EOP)DP

对于阔叶木硫酸盐浆:

(AD)(EOP)D

Dhot(EOP)D

(AD)(EOP)(Dn)D

(AD)(EOP)DD

Dhot(EOP)(Dn)D

Dhot(EOP)DD

(AD)(EOP)DP

Dhot(EOP)DP

n 表示 D 段结束时的中和。

这些流程在世界各地被用于生产白度为 88% ~ 92% ISO 的造纸用浆。图 4 - 88 至图 4 - 90 显示了这些漂白程序的部分工艺流程图。

然而,由于种种原因,在一些较老(20 年以上)的工厂仍然还有一些其他的漂白流程。在 20 世纪七八十年代,常见的是 5 或 6 段漂白。在那个时候,使用氧气作为蒸煮后第一处理段还只是处于起步阶段,漂白流程的第一段通常是氯化段(C)或氯与二氧化氯的组合(DC)。CEDED 或(DC)EDED,甚至(DC)EHDED 是当时普遍采用的漂白流程(H 代表次氯酸

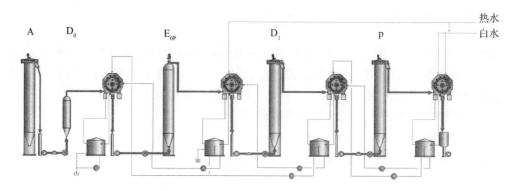

图 4-88　阔叶木硫酸盐浆(AD$_0$)(EOP)D$_1$P 漂白流程[121]

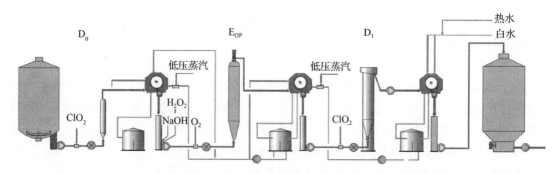

图 4-89　具有短 D$_0$ 段的 D$_0$(EOP)D$_1$ 流程[121]

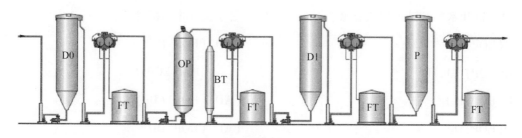

图 4-90　针叶木硫酸盐浆 D$_0$(OP)D$_1$P 漂白流程[122]

盐漂白段)。抽提段,E,只用氢氧化钠。由于氯气比二氧化氯便宜得多,因此,当环境的压力导致用二氧化氯替代氯气时,漂白成本变得昂贵得多。简单的 E 段转变为(EO)、(EP)或(EOP)段,氧脱木素置于漂白流程的前面。在大多数情况下,漂白流程变成了 D(EO)DED 或 OD(EO)DED。然而,在一些国家还有使用氯气漂白的,但由于严格的环保法规,它们很可能会消失。

在某些情况下,标准的漂白流程中当二氧化氯的用量减少时,则被称为"轻 ECF"漂白。一个工厂可能会改为这种流程的几个原因如下:

① 如果它是坐落在一个环保要求较高的地区;② 如果它是坐落在一个人口稠密的区域,此处出水水质至关重要;③ 如果其终端产品是卫生用品或用于特殊包装的产品;④ 如果其运营成本已经降低,例如用过氧化氢或臭氧取代二氧化氯;⑤ 如果使用氯气且想放弃它,并受到二氧化氯生产能力的限制。

在这些情况下,漂白过程中使用尽可能低的二氧化氯用量。当使用含氯的化学品漂白时,其所有的废水由于含有氯离子,不能再循环至粗浆洗涤和送至碱回收炉。采用轻 ECF 漂白,其中包括臭氧或过氧化氢漂白段(用或不用氧气强化),是向着废水封闭循环方向发展的第一步。下面给出了这些漂白流程的例子。除了少数亚硫酸盐法制浆厂外,所有这些漂白流程都含有一个初始氧脱木素段:Q(EOP)D P;Q(OP)D(PO);(ZD)(EOP)D;(ZD)(EOP)DP;(Ze)(EOP)D;(Ze)DD;(Ze)DP。

e 表示 Z 段之后,调整 pH 至中性或微碱性条件。

图 4 – 91 所示为(ZD)(EOP)漂白流程示例。

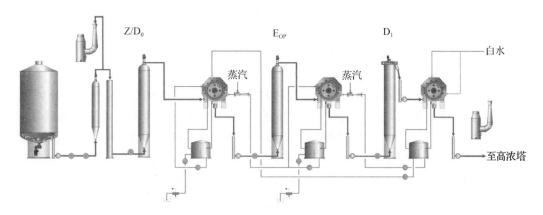

图 4 –91　(ZD$_0$)(EDP)D$_1$漂白[121]

提供漂白过程中所消耗的化学药品的具体数字是困难的,因为其高度依赖木材的种类、工厂历史和所使用的工艺。例如,最近新建的桉木氧脱木素硫酸盐浆漂白工序,生产每吨风干浆使用 18 ~22kgClO$_2$(以有效氯计),5 ~8kg 过氧化氢,8 ~12kg 烧碱以及 8 ~10kg 硫酸。

最新的针叶木浆厂使用 OOD(EOP)D 漂白流程,制得每吨风干浆使用 44kg 有效氯、4kg 过氧化氢和 13kg 烧碱。另一方面,一些有 20 年历史的工厂每生产一吨氧脱木素阔叶木硫酸盐浆,需要使用 50kg 有效氯、15kg 烧碱和 3kg 过氧化氢。

4.4.2.2　工厂不含氯漂白化学品的工艺流程

漂白剂中不含氯的漂白工艺称为 TCF(全无氯)漂白。实施全无氯漂白的动力来源于不断增长的对环保的关注和降低废水排放的要求。自从 20 世纪 70 年代氧脱木素商业化以来,制浆造纸工业一直在致力于减少漂白废水的排放,以满足越来越严格的环境要求。为了减少漂白废水的排放,努力的重点聚焦于减少含氯化学品的用量。用氧(O)、臭氧(Z)、过氧酸(Pa)和过氧化氢完全取代含氯化学品,从而可以回收漂白废水中大部分的溶解有机物,降低了废水负荷。

TCF 技术的研究和发展在 20 世纪 90 年代最为火热,但之后研究兴趣逐渐减小,其原因是环境压力的减小,同时也因为废水全部回收可能会导致因非工艺过程元素积累所产生的新问题。此外,就质量而言,TCF 浆不是总能满足消费者的需求。可是,TCF 漂白的发展,例如强化的氧脱木素段、臭氧段和加压的过氧化氢段(PO),被引入 ECF 漂白工厂中,明显减少了这些工厂对环境的影响。在过去的数年间,由于一些工厂坐落于水资源受限制的地区和废水水质是一个重要问题,TCF 再次被关注。

有两种类型的 TCF 漂白工厂:使用短 TCF 漂白流程生产白度为 80% ~88%的纸浆的工厂(主要是综合性工厂),和生产白度 88% ~90%的纸浆的商品浆厂。短的流程可能如下所示:

OQP 或 OQ(PO);OQPaP;OP(ZQ)P;OZQP;OAZP 或 OA(Ze)(PO)。

典型特征是有一段或两段碱性增白段(P 或 PO)和一个酸处理段用于脱木素和除去金属离子(Z,Pa,A)。增加螯合处理段(Q)以后,P 段的增白效果提高。通常 Q 段会结合 Z 或 Pa 段使用。这类漂白流程的投资少。白度返黄是一个问题,但是如果抄纸时对浆进行适当处理、控制其性质,生产这种浆是没问题的。的确,像 OQ(OP)这样的漂序,可以使纸浆获得高白度(80% ~85%),但是纸浆中仍然含有木素,因为仅用氧和过氧化氢不能完全脱除硫酸盐浆中的木素。短的 TCF 漂序同样适用于一年生植物纤维漂白浆的制取。

生产商品 TCF 浆的工厂通常采用较长的漂白流程(典型的是氧脱木素之后接着四段漂)以确保白度达到 88% ~90%,并且有良好的白度稳定性。典型的漂白工序有:OQPZP;OQ(OP)(ZO)(PO);OQPPaP;Q(OP)(PaO)(PO);O(ZQ)P(ZQ)P;OZQPP;O(ZQ)PP;O(Ze)PP;OAP(ZQ)P。

这类典型流程包括一段适当的脱木素段和两段增白段。臭氧和过氧酸可以脱除木素,同时酸处理对阔叶木硫酸盐浆漂白有利。一些阔叶木硫酸盐浆可能含有大量的己烯糖醛酸基团,己烯糖醛酸会消耗臭氧和过氧乙酸。这些漂白程序之间难以进行相互比较,因为某种漂白程序可能具有较低的投资,却又有较高的操作成本,反之亦然。当地的条件也是关键的,比如生产臭氧的能源消耗以及运输化学药品的物流状况。因此,工艺的选择高度依赖工厂的位置。图 4 -92 显示了一个基于臭氧的 TCF 漂白工厂范例,Q(OP)(ZQ)(PO)。(OP)段、(ZQ)段和(PO)段的滤液可以再循环利用,碱性的滤液用于氧脱木素后的洗涤;而酸性的滤液排出,即第一螯合处理段和 Z 段之前的酸处理段的滤液。针叶木浆的目标白度是 85% ~89% ISO。漂白车间废水排放量为 10m³/t,外部处理之前 COD 排放量约为 15kg/t。

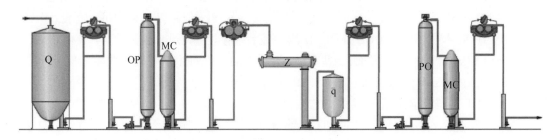

图 4 -92　TCF 漂白车间:Q(OP)(ZQ)(PO)[122]

最后,图 4 -93 展示了 TCF/ECF 混合漂白流程,TCF 的(ZQ)PP 与 ECF 的(ZE)DD 可以互换。TCF 漂白浆目标白度是 89% ISO,而 ECF 漂白浆是 90% 以上。

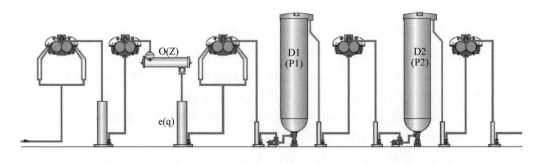

图 4 -93　TCF 的(ZQ)PP 与 ECF 的(ZE)DD 之间可以互换的范例[122]

4.4.2.3 BAT 术语(最佳可行技术——Best Available Technology)

欧盟颁布的最佳可行技术文件将技术框架描述为最佳生产单元。在欧洲外的一些国家也颁布了类似的说明,同时在筹建新项目时已更新。BAT 文件没有指出要采用的确切技术,却为现代工厂提供了一个典型的行动、工艺过程数据和操作规范的框架。由于全球的产业性质,这个文件被用作世界上大多数制浆厂的参考资料。制浆生产线的基本框架包括以下几点:
① 现代选择性蒸煮工艺(连续蒸煮或间歇蒸煮);② 有效的粗浆洗涤;③ 氧脱木素;④ 有效的氧脱木素之后的洗涤;⑤ 不用元素氯或次氯酸盐的漂白;⑥ 过氧化氢或氧强化的碱抽提;⑦ 废水排放量和废水质量的限制和指导方针;⑧ 提升工厂环保绩效的一些措施。

4.4.3 氧脱木素段:O 和 OO

氧引入漂白工艺是纸浆生产中的一项重大改进。目前,全世界生产的漂白浆中有 80% 左右在漂白程序之前使用氧脱木素段。使用氧气的第一个好处是环保:氧脱木素段通常可以脱除 40% ~65% 的木素,具体取决于浆的种类和氧脱木素的段数。由于氧脱木素段的废水不含任何氯离子,可用于蒸煮后粗浆的洗涤,最终在碱回收炉里燃烧。因此,漂白废水的负荷可以大大降低(减少 40% ~65%)。

由于氢氧化钠会影响蒸煮过程中 Na/S 比例,因此,氧脱木素段废水用于硫酸盐蒸煮时不添加新的烧碱。所用的碱是氧化的白液(见图 4 -94):白液由氢氧化钠和硫化钠组成。由于硫化钠可以被氧气氧化,所以白液不能直接用作氧脱木素段的碱源;另外,部分氧会被硫化钠消耗而不是与木素反应。较好的办法是在一个单独的反应器中先将一部分白液氧化,得到的氧化白液送至氧脱木素工段。氧化白液含有氢氧化钠和硫代硫酸钠($Na_2S_2O_3$)。氧脱木素废水送往蒸煮段回用,这解释了为什么氧脱木素一般被认为是蒸煮的一部分,而不是漂白的一部分。

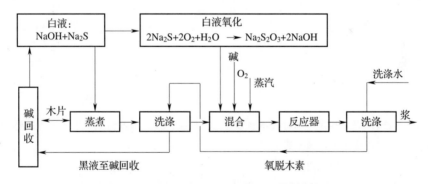

图 4 -94 氧脱木素段与硫酸盐法蒸煮相结合

如 4.2.3 所述,硫酸镁用于氧脱木素可以减少纤维素的降解。因为氧脱木素废水大部分回用,如图 4 -94 所示,所以不需要连续添加硫酸镁,硫酸镁也可以循环回用。蒸煮化学药品回收期间,由于纸浆洗涤不当可能会损失一些化学药品,可能需要时不时地添加硫酸镁以确保浆中有足够量的硫酸镁。

使用氧气的第二个好处是经济性:随着漂白总化学品消耗的减少,操作成本明显减少,这是因为更廉价的氧气替代了一部分昂贵的漂白化学品,比如二氧化氯。

由于发现氧脱木素比蒸煮的最后阶段更具有脱木素的选择性,所以节省更多的资金变得可能[123 -125]。这意味着,卡伯值一定时,可以获得较高的纸浆得率(见图 4 -95)。因为木材的成本对于纸浆的生产成本有着显著的影响,所以提高蒸煮后纸浆的卡伯值并利用氧继续脱木素是一个令人关注的选择[126]。

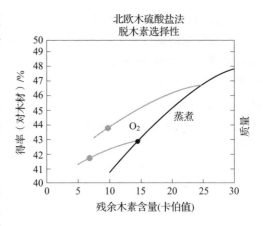

图 4-95　得率选择性(深度脱木素与氧脱木素相结合)

4.4.3.1　工艺参数(过程变量)

氧脱木素工艺参数如下:① pH;② 温度;③ 反应时间;④ 氧压和氧用量;⑤ 纸浆浓度;⑥ 浆中残余黑液的影响。

4.4.3.1.1　pH 的影响

氧脱木素只有在碱性条件下才能进行。由于氧是一种弱的氧化剂,如果游离的酚基电离,则其反应性将会好一些。如果纸浆悬浮液的 pH 升高到碱性条件(pH 为 10～11),游离的酚基变为酚盐阴离子:这些部位富含电子,与氧的反应活性较大。pH 越高,脱木素效果越好,如图 4-96所示。但是,从图 4-98 可以看出,pH 增加将导致黏度下降。实际上,高 pH 下氧处理过程中碳水化合物可能会被氧化,生成羰基。羰基对碱性条件非常敏感,会引起纤维素降解(见 2.3 节)。高 pH 下,纤维素降解更明显。从图 4-98 中可以看出,卡伯值降低的同时黏度也会降低。进一步显示,pH 越高,则黏度越低,选择性越差(选择性是指卡伯值降低与黏度降低的相对关系),这意味着对于给定的卡伯值,pH 越高,则黏度越低[127-128]。

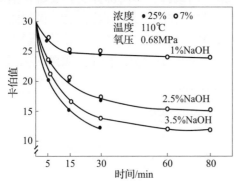

图 4-96　时间、用碱量和浆浓对针叶木硫酸盐浆氧脱木素过程中卡伯值的影响[129]

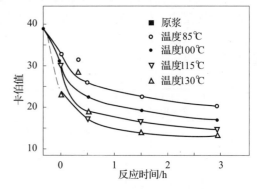

图 4-97　温度对氧脱木素速率的影响[131]

4.4.3.1.2　温度和时间的影响

温度至少达到 80℃才能确保显著的脱木素速率。温度的升高加速了氧脱木素速率(见图 4-97),但也会促进黏度的降低。典型的氧脱木素温度是 100℃。氧脱木素动力学显示出两个明显的阶段:初始快速脱木素阶段,随后是较慢的脱木素阶段(见图 4-97)。黏度也是同样的趋势(见图 4-98)。据报道,对于阔叶木,初始阶段比第二阶段更有选择性[130]。

4.4.3.1.3　氧压和氧用量的影响

氧处理实际上是三相系统。由于氧和纸浆在液-固接触面发生化学反应,因此,氧在与浆反应之前需要溶于液体中。氧气在水中的溶解度很低(0.045g/L,20℃,常压)。因此,必须有足够的氧压,以保证有足够的溶解氧。单段氧脱木素典型的浆料入口氧压是 400～900kPa。氧压似乎对脱木素过程的选择性没有影响[132-133]。

只要限制在脱木素所需的最小通氧量,那么通氧量对于脱木素没有明显的影响。用氧量

2%~3%(对绝干浆)通常就足够了。据报道,卡伯值每降低一个单位,针叶木消耗氧气 0.14%,而阔叶木消耗 0.16%[134]。

4.4.3.1.4 浆浓的影响

尽管在 20 世纪 70 年代最先应用的是高浓技术,但如今大多数氧脱木素段都采用中浓。如图 4-96 和图 4-98 所示,浆浓的升高对于脱木素速率和纤维素降解速率影响很小。

4.4.3.1.5 残留物的影响

进入氧脱木素段的可溶性有机物有两种不同的来源:黑液,由于蒸煮后

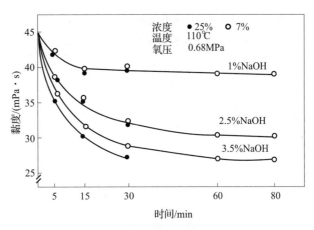

图 4-98 时间、用碱量和浆浓对针叶木硫酸盐浆氧脱木素过程中黏度的影响[129]

洗涤不干净;氧脱木素段洗涤的滤液,由于在生产过程中这些滤液被循环利用。据报道,蒸煮段残留物对于脱木素效率和选择性有不利影响[134-135]。残留物会增加碱和氧的消耗,并且降低纸浆的黏度。这意味着纸浆进入氧脱木素工段时应该尽可能充分地洗涤。

除了以上讨论的各参数,反应前化学药品的混合程度也会影响脱木素效果,如 4.3 节所述。因此,混合器能产生稳定的微气泡是非常重要的。

4.4.3.2 两段氧脱木素系统

为了增强氧脱木素过程的脱木素作用,使用两段氧脱木素系统是未来的发展趋势。实际上,单段氧脱木素在纤维素降解不严重的情况下,只能脱除 35%~55% 的木素。据报道,两段氧脱木素系统,在损失适当黏度的情况下,可以脱除 55%~65% 的木素。考虑到脱木素和纤维素降解动力学,第一段和第二段氧脱木素所控制的工艺条件是不同的。研究发现,初始脱木素阶段,低温配合高碱浓和氧压可以改善总的选择性[136]。这些条件通常应用于第一段氧脱木素,保持较短的时间。第二段氧脱木素具有抽提段的性质,采用较高温度、较长停留时间,但氧压和碱浓较低。

不考虑操作条件,把氧脱木素段分为若干段对选择性有益,如图 4-99 所示[137]。

典型的针叶木或阔叶木硫酸盐浆单段或两段氧脱木素过程控制条件见表 4-10 和表 4-11。

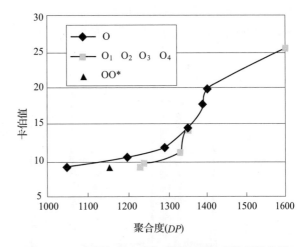

图 4-99 多段氧脱木素与单段氧脱木素选择性比较

注 针叶木硫酸盐浆,卡伯值 25.5,$DP = 1600$。所有工序浆浓均为 10%。O 段条件:100℃,0.5% $MgSO_4 \cdot 7H_2O$,60min,NaOH 用量在 0.5%~5% 范围内变化。$O_1 O_2 O_3 O_4$ 条件:与 O 类似,O_1、O_2、O_3 和 O_4 的 NaOH 用量分别为 1.5%、1.2%、1.0% 和 1.0%。每段氧脱木素后进行洗涤。OO* 条件,第一段 O:85℃,氧压 0.6MPa,30min,NaOH 用量 3%,$MgSO_4 \cdot 7H_2O$ 用量 0.5%;两段之间无洗涤;第二段 O:110℃,0.5MPa,60min。

表4–10　针叶木硫酸盐浆中浓单段或两段氧脱木素典型操作条件[122]

方法	单段	两段第一段	两段第二段
浆浓/%	10～14	10～14	10～14
停留时间/min	50～60	10～20	60～80
温度/℃	85～105	80～85	90～105
入口压力/MPa	7～8	7～10	3～5
碱用量/(kg/t)	22～30	20～40	0～10
氧气用量/(kg/t）	18～25	15～30	0～10
硫酸镁用量/(kg/t)	1～2	1～2	—
脱木素率*/%	40～55	35～45	55～65

表4–11　阔叶木硫酸盐浆中浓单段或两段氧脱木素典型操作条件[122]

方法	单段	两段第一段	两段第二段
浆浓/%	10～14	10～14	10～14
停留时间/min	50～60	10～40	60～80
温度/℃	85～105	80～85	90～105
入口压力/MPa	7～8	7～10	3～5
碱用量/(kg/t)	16～22	15～26	0～10
氧气用量/(kg/t)	15～20	11～22	0～10
硫酸镁用量/(kg/t)	0～2	0～2	—
脱木素率/%	30～35	20～30	40～45

注　*脱木素率=(初始卡伯值–O或OO后卡伯值)/初始卡伯值。

4.4.3.3　氧脱木素工艺

目前,尽管高浓和中浓氧脱木素都有使用,但由于中浓建设成本较低,浆料输送容易以及选择性提高,因此,中浓氧脱木素是当今的主导技术。大多数较好的氧脱木素都采用两段和中浓。图4–100和图4–101展示了典型的两段中浓氧脱木素范例。

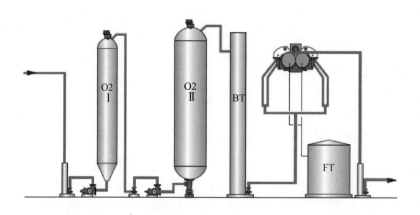

图4–100　两段氧脱木素系统[122]（BT为喷放塔,FT为滤液罐）

图4–100展示了反应器前带有泵和混合器的两段漂白系统。在此系统中,所有的化学药品加入到第一段,段间与蒸汽再混合加热,保证第二段中温度均衡。图4–101为另一种两段氧脱木素系统,第一段氧脱木素前增加一台泵,同时每段之前还有一台高剪切混合器。在此系统中,化学药品分开加入到两段中。如今的两段系统发展水平,两段氧脱木素之间没有洗涤。反应后浆从反应塔顶部排出,管道输送到喷放塔,实现浆料与气相部分的分离。

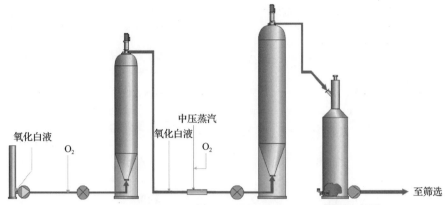

图 4 –101 两段氧脱木素反应器布局和低浓(LC)喷放塔[121]

氧脱木素后洗涤要求尽可能高效。由于环境原因,必须要回收氧脱木素段溶解的物质。氧脱木素后洗涤通常需要不止一个洗涤段。洗涤段可能包含多段鼓式洗浆机、带压的单段洗浆机、压力扩散洗涤器后接挤浆机或 2 台串联的压榨洗浆机。洗涤技术在第 3 章已详细叙述。

4.4.4　氯化段:C

由于氯气漂白会产生大量有机氯化物和 AOX,环境压力使得氯气的使用几乎被彻底淘汰。从工艺角度看,因为其在水中的溶解度较低,并且用量高,所以采用低浓(约 3%)漂白。例如,对于卡伯值为 30 的浆,需要加入的氯气量为 $0.2 \times 30 = 6\%$ 或 $60 \text{kgCl}_2/\text{t}$ 浆(见 4.2.1 节中的公式 4 –5)。

4.4.4.1　氯化工艺参数(过程变量)的影响

影响氯化段结果的主要因素是温度、时间、pH 和二氧化氯的添加量(在 DC 或 CD 段)。根据图 4 –102,温度升高导致脱木素加快,而且黏度也较低。温度升高导致黏度降低的原因在 4.2.1 节中已经解释。pH 应尽可能低,以保证氯气在溶液中主要是氯分子形式,同时避免产生次氯酸,以保护黏度,如图 4 –103 所示。纤维素降解是由 HOCl 所形成的自由基 $\text{HO} \cdot$ 和 $\text{Cl} \cdot$ 所造成的(见 4.2.1 节)。二氧化氯取代部分氯可以改善黏度:这可能是由于二氧化氯是一种自由基,它会清除其他自由基,比如 $\text{HO} \cdot$ 和 $\text{Cl} \cdot$,从而减少黏度的损失。

典型的氯化操作条件见表 4 –12。由于其工艺过程特性,氯化段采用升流式反应塔。

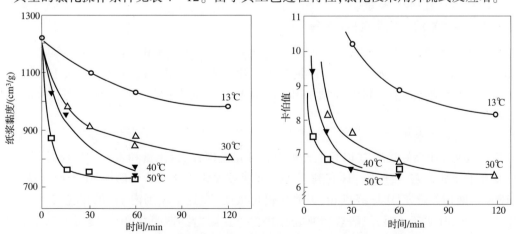

图 4 –102　针叶木硫酸盐浆卡伯值和黏度与氯化时间和温度的关系

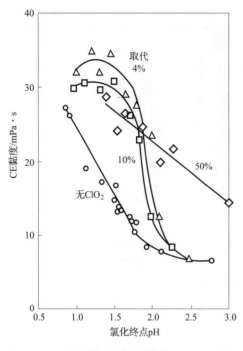

图4-103 氯化段最终pH对黏度的影响[138]

表4-12   典型的氯化段操作条件

化学品消耗	
Cl_2 用量/（kg/t）	35~70
ClO_2 用量/（kg/t）	1~15
终点 pH	1.5~2.0
温度/℃	25~65
时间/min	20~60
浆浓/%	2.5~4.0
残余氧化剂浓度/（g/L）	0~0.2

4.4.5　二氧化氯段：D 和高温 D

一个漂白流程中可能包括若干个二氧化氯段。为了区别它们，对这些段编号，例如 OD_0 ED_1D_2 或者 $D_0ED_1ED_2$。在一些工厂，编号也可以以 D_1 开始，比如 OD_1ED_2。

第一段二氧化氯段（D_0），通常位于蒸煮或氧脱木素之后，是一个脱木素段。因为有大量的木素被脱除：经过 D_0E，脱除70%~85%的木素。当 D_0 置于蒸煮之后，进入 D_0 段浆的卡伯值，阔叶木硫酸盐浆为15~20，针叶木硫酸盐浆为25~30。D_0E 之后，卡伯值降到4~6。当 D_0 用于氧脱木素之后，阔叶木和针叶木硫酸盐浆的卡伯值分别为10~13和11~18。OD_0E 之后，卡伯值降为3~5。

与 D_0 相比，D_1 和 D_2 被认为是漂白段或增白段。它们用于含有少量木素的浆（D_1 卡伯值 3~5，D_2 卡伯值低于1），并针对发色基团。这需要不同的工艺条件，稍后将在本节做出解释。漂白段越靠后，漂白变得越难。

4.4.5.1　脱木素的二氧化氯段（D_0 段）

二氧化氯脱木素效率主要受如下因素影响：温度、时间、pH 和 D_0 之前有无氧脱木素段。如图4-104和图4-105所示，二氧化氯脱木素比氯对温度更为敏感。温度从10℃升高到50℃，将导致化学药品消耗量快速增加，同时，D_0E 之后的卡伯值更低。50℃时，10min 之内90%以上的二氧化氯被消耗。

4.4.5.1.1　pH 的影响

D_0 段终点 pH 最好接近2，以利于脱木素。研究发现，二氧化氯和木素在反应过程中所形成的氯有助于脱木素，较低的 pH 有利于使其浓度最大化。缺点是会增加 AOX 产生量（见图 4-106）。据相关研究，D_0 段终点 pH 升到4仍可接受，在这个范围内 pH 的变化对 AOX 的影响很小[141]。pH 高于4时，氯酸盐和亚氯酸盐含量在漂白终期明显升高，表明二氧化氯的一部分脱木素潜力损失了[142]，其结果是脱木素作用降低。

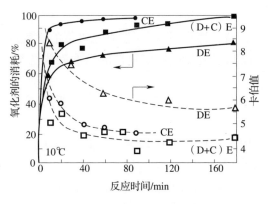

图 4 – 104　10℃时针叶木硫酸盐浆氯化
和二氧化氯漂白的脱木素速率[139]

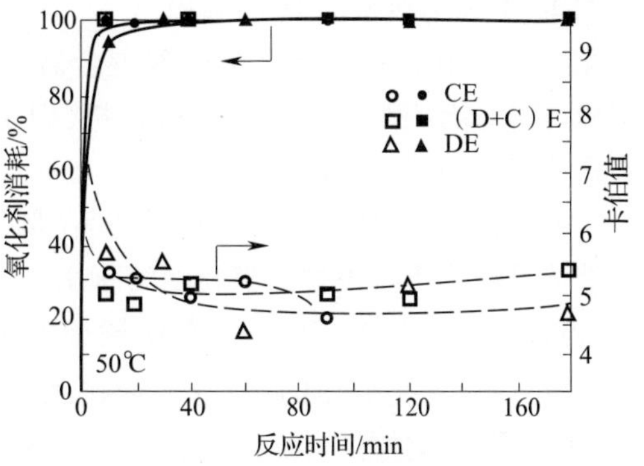

图 4 – 105　50℃时针叶木硫酸盐浆氯化和
二氧化氯漂白的脱木素速率[140]

D_0目前应用于蒸煮之后或氧脱木素之后。应用于氧脱木素之后时,脱木素效率通常较低,见图 4 – 107 所示。这至少可以解释为,氧和二氧化氯都优先与自由酚基团反应。氧脱木素之后,木素上可以与二氧化氯反应的基团的量较少。

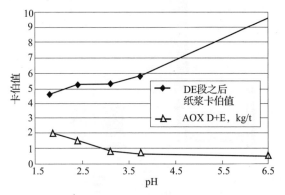

图 4 – 106　D_0的 pH 对 D_0E 段的脱木素
和生成 AOX 的影响[143]

注　针叶木硫酸盐浆,卡伯值 24。D_0:10% 浆浓,2% ClO_2,70℃,60min。E:2% NaOH,10% 浆浓,70℃,60min。

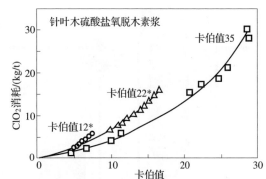

图 4 – 107　二氧化氯脱木素
效率和氧脱木素的影响[144]

表 4 – 13 给出了 D_0 段常用的条件。现代化建设项目都是采用中浓(10% ~ 15%),但也有一些原本是氯化段的老系统仍在使用低浓(3% ~ 4%)。

表 4 – 13　　　　　　　　　　　　　　　　D_0 段典型操作条件[121]

工艺参数	常规漂段	短的压力漂段
化学品消耗	卡伯因子0.2 ~ 0.3*	卡伯因子0.2 ~ 0.3*
浆浓/%	9 ~ 12	9 ~ 12
温度/℃	40 ~ 60	60 ~ 90
时间/min	30 ~ 80	10 ~ 20
压力	常压	压力反应器
终点 pH	2 ~ 3	2 ~ 3

注　*卡伯因子的解释见 4.2.2 节:ClO_2(% ,有效氯计) = 卡伯因子(例如 0.2)× 卡伯值。若想将二氧化氯量表示为纯二氧化氯:ClO_2(% ,ClO_2计) = 卡伯因子(例如 0.2)× 卡伯值/2.63。

图 4 - 108 为典型的 D_0 段流程

注　一台中浓泵、一台二氧化氯混合器、一个升流式漂白塔、一个带有二级泵的立管以及洗浆机(在这个示例中,洗涤是用挤浆机,但也可以是安装在反应塔顶部的标准鼓式洗浆机、鼓式置换洗浆机或扩散洗涤器)。

一般来讲,当使用气态漂白化学药品(例如二氧化氯)时,升流式塔是非常重要的,它将保证在液体静压力下挥发性二氧化氯溶于水中。

最近,短时间(10 ~ 20min)的 D_0 段被安装使用。短时间的 D_0 段混合装置类似于传统 D_0 段,但是反应容器是加压的,浆直接输送到后面的洗浆机[121]。这些技术应用于 A 段中成为(AD)组合段和单独的 D_0 段(A 段详见4.4.9 节)。二氧化氯用量为40kg 有效氯/ADt,无残留问题。其工艺过程见图 4 - 109 所示。

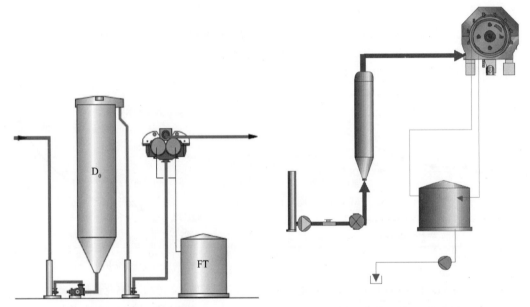

图 4 - 108　D_0 段工艺流程图[122]　　　　图 4 - 109　加压的短 D_0 段工艺流程图[121]

二氧化氯塔常用的结构材料是钛,但也可以使用含钼奥氏体不锈钢。塔通常是瓷砖衬里。

4.4.5.2　改良的 D_0 段:高温 D_0 段

在漂白程序中的脱木素段,二氧化氯有效地取代了氯,使得 AOX 的量显著下降,使工厂以适当的投资便能符合关于 AOX 的法规。但是,二氧化氯100% 取代氯是非常昂贵的,二氧化氯(以有效氯计)的价格大约为氯气价格的3 倍。因此,这成为减少漂白中二氧化氯的消耗量的真正动机。提出了几种可能的方案。一是在漂白程序中增加 P 段;另一种是采用ZD 段,也就是用臭氧取代部分二氧化氯(将在4.4.8 节中讨论)。另一种措施是考虑到阔叶木硫酸盐浆漂白过程中长时间的热酸处理的有效作用:酸处理后阔叶木硫酸盐浆的卡伯值将下降几个单位[25,145 - 147]。卡伯值下降可以理解为,碱法蒸煮后聚木糖上的己烯糖醛酸基团被降解。测定卡伯值时这些基团包括在卡伯值内(己烯糖醛酸基团会消耗高锰酸钾——译者注)。己烯糖醛酸基团被选择性地和定量地攻击的条件为:pH3 ~ 3.5,2 ~ 4h,温度 90 ~ 110℃[25,146]。一些漂白工段,例如二氧化氯和臭氧段,己烯糖醛酸基团对它们有负面影响。在 D 段,这些基团不直接与二氧化氯反应,但是与二氧化氯段所生成的 HOCl 和

Cl_2反应,导致氧化能力降低,漂白效率下降[23]。因此,漂白之前或在漂白过程中除去己烯糖醛酸,可以节省化学药品。

由此而开发了两种漂白流程:一是在传统D_0段之前增加了高温、长时间酸处理 A(见 4.4.9 节);另一种是包含一段高温D_0。高温 D 段可表示为D_{hot}、D_{ht}或D^*,这取决于作者或商业开发。高温D_0段有较高的温度(90~95℃)和长的反应时间(2~3h)。在高温 D 段把二氧化氯脱木素和己烯糖醛酸基团酸水解相结合[148]。

表 4-14 显示了D_0段延长反应时间和升高温度对D_0E 浆卡伯值以及漂白过程中二氧化氯总需求量的影响。根据实验室试验,二氧化氯总需求量可以降低 15%~25%。这种流程已经在一些阔叶木浆厂得到应用。工艺条件见表 4-15。

高温 D 段的设备为D_0段使用的升流式漂白塔,或升流-降流式塔(见图 4-110)。大的降流塔用于完成反应,其优点是可以调整反应时间。所以,如果升流-降流式塔用于D_{hot},二氧化氯和木素在升流部分可以快速反应,同时,己烯糖醛基团在降流部分长时间完成水解。

表 4-14 氧脱木素混合阔叶木硫酸盐浆D_0ED_1漂白中D_0段温度和时间的影响[148](原浆:氧处理后的混合阔叶木硫酸盐浆,卡伯值8.9)

D_0段温度	45℃	95℃	95℃
D_0段ClO_2用量/(kg/t 绝干浆)	13.0	10	10
时间/min	90	15	90
D_0段终点 pH	2.5	2.3	2.3
D_0E 浆卡伯值	2.1	3.4	2.2
D_0ED_1的总ClO_2消耗/(kg/t 绝干浆)	19.7	17.0	16.8
最终白度/%ISO	89.3	87.1	89.2
最终黏度/mPa·s	20	20	19.0

表 4-15 高温 D 段过程条件

化学品消耗	卡伯因子 0.2~0.3
浓度/%	9~12
温度/℃	85~95
时间/min	90~180
压力	常压
终点 pH	2.5~3

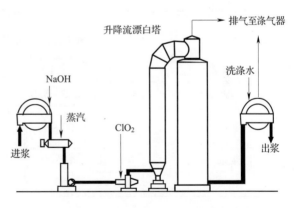

图 4-110 升流-降流式二氧化氯漂白塔[149]

4.4.5.3 二氧化氯漂白或增白段

如前所述,当二氧化氯用于漂白程序的末段时,亦即$OD_0E_1D_1E_2D_2$、$OD_0E_1D_1D_2$或$OZED_1D_2$,它是作为增白剂,旨在清除最后存在的发色基团,特别是D_2段。漂白后期有两段 D,D_1和D_2,通常是有好处的,二氧化氯分段加入有良好的结果。实际上,在D_1和D_2之间应该有碱抽提段,抽提出浆中已氧化的物质。如果没有设置抽提段,D_1段的最后部分应调节为碱性的 pH 环境,以确保洗涤前有轻微的抽提作用。这通常在漂白程序中表示为"n":$ODE(D_n)D$。

D_1和D_2段的反应条件不同于常规的D_0段,因为在漂白流程的后期,漂白(去除残余的木素和发色基团)越来越难。D_1段反应时间长于D_0段,D_2段反应时间长于D_1段。在大多数工厂,从 D_0 到 D_1、D_2 段,温度是逐渐升高的。pH 也要得到很好的控制:如果 D_1 或 D_2 最终的 pH 太低,可能会生成氯,它会导致有色的醌类结构产生(见 4.2.2 节)。图 4-111 说明了这点:为了得到最高的白度,最佳的终点 pH 为 3.5~4.5,这点需要引起重视。D_1 和 D_2 二氧化氯的用量分配也要优化。图 4-112 中给出了示例。

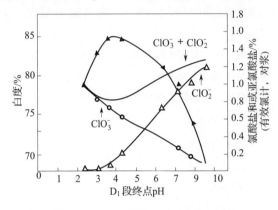

图 4-111 D_1 段反应终点 pH 对浆
白度的影响[150]

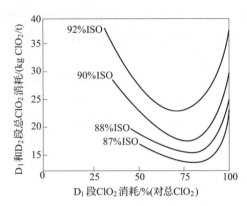

图 4-112 D_1 和 D_2 段二氧化氯用量
分配对针叶木硫酸盐浆漂白的影响[151]

在表 4-16 中给出了 D_1 和 D_2 段最典型的条件。通常,应用于 D_1 和 D_2 的二氧化氯总量(有效氯计)的计算方法为:进入 D_1 段浆的卡伯值(通常是 D_0E 之后的卡伯值)乘以 4~6。D_1 和 D_2 的比例通常为 2~3。例如,D_0E 后的针叶木硫酸盐浆的卡伯值为 5,用于 D_1 和 D_2 的二氧化氯的总量为每吨浆 20~30kg 有效氯(或 7.6~11.4kgClO$_2$/t 浆)。如果 D_1/D_2 比例选择 2/1,D_1 段二氧化氯用量为每吨浆 13.3~20.0kg 有效氯,D_2 段为每吨浆 6.4~10.0kg 有效氯。

表 4-16　　　　　　　　　　　D_1 和 D_2 段典型操作条件[121]

参数	D_1 段	D_2 段	参数	D_1 段	D_2 段
终点 pH	3.5~5.0	3.5~5.0	压力	常压	常压
温度/℃	60~80	60~85	漂剂用量/(kgClO$_2$/t 绝干浆)	5~16	2~8
浆浓/%	10~13	10~15	(kg 有效氯/t 绝干浆)	(13~42)	(5~21)
时间/h	1.5~4	2~4			

后段二氧化氯漂白塔可以为升流-降流塔,也可以仅是升流塔,分别如图 4-110 和图 4-108 所示。因为二氧化氯是易挥发的,所以升流塔是最佳方案。对浆料加压,可避免二氧化氯逸出以及气体积聚。否则,如果二氧化氯浓度过高,由于二氧化氯气体分解,则会导致纸浆漂白不均匀和爆炸。升流技术最近成为主流,但在用过滤洗涤设备的小型漂白工厂,升-降流技术仍在使用,从第二个反应器底部排放的低浓浆料符合洗浆机的设计理念。其简易的构造和简单的排放操作是主要的优点。

4.4.6　抽提段:E、(EO)和(EOP)

酸性氧化脱木素或漂白通常需要接着一段碱抽提,以溶解氧化了的木素。当氧化段用于漂白的前期时,碱抽提是非常重要的。D_0 段之后总是接着碱抽提段,在拥有 20 年历史的工厂里,D_1 段之后通常有碱抽提。臭氧漂白段之后通常也有碱抽提。当氧化性的酸性漂白剂应用于最后的漂白段(D_2)时,后面的碱抽提就不必要了,主要因为被氧化的物质含量非常少,同时,反应时间足够长,可以保证其溶解。

由于环境的原因,氯气逐渐被弃用,取而代之的是二氧化氯,漂白药品的成本也明显增加,所以开发了不同的方法以降低成本。一种方法是用氧或者过氧化氢强化抽提(E),出现了(EO)、(EP)或(EOP)段。确实,氧和过氧化氢在碱性条件下都与木素反应,可使抽提后的卡伯值降低。因此,需要少量的二氧化氯就可达到相同的效果。

4.4.6.1 碱抽提工艺参数的影响

影响抽提段的参数有氢氧化钠用量、时间、温度、过氧化氢和氧的用量。

为了使氧化的木素有效地脱除,抽提段最终 pH 应高于 10。此外,氢氧化钠用量应依据前一段中氧化剂的用量。对于二氧化氯而言,D_0 段二氧化氯用量越多,浆中氧化产物越多。一般的经验法则是碱抽提段烧碱的用量应为 D_0 段有效氯用量的 0.5 ~ 0.6 倍。但是,氢氧化钠用量随着工艺过程而变:例如,D_0 段的洗涤较差时,将会降低抽提段的 pH,所以需要加较多的碱以维持适当的 pH。图 4 – 113 所示的结果说明了碱用量的重要性。

时间和温度的影响如图 4 – 114 所示。尽管大量的木素在前 30min 内已经除去,但是,后续 30 ~ 60min 木素继续缓慢溶解。每降低一个或半个卡伯值单位都是重要的,因为它将影响后续的漂白药品的消耗。温度也有重要的影响,大多数抽提段的运行温度高于 60℃。

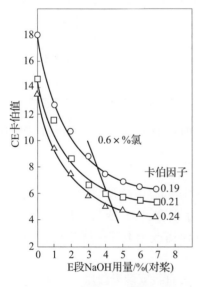

图 4 – 113　氢氧化钠用量对碱抽提段脱木素效率的影响[152]

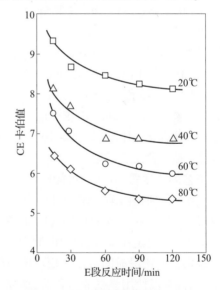

图 4 – 114　碱抽提段时间和温度对脱木素效果的影响[153]

碱抽提段添加过氧化氢是一种进一步降低卡伯值和提高白度的简单方法。不需要增加新的漂白设备,过氧化氢可以直接加入洗浆机之后、抽提之前的浆中。过氧化氢的加入量通常为 2 ~ 5kg/ADt,(EP)之后白度增加 10 ~ 20 个 ISO 白度单位。过氧化氢用量太高将不能全部消耗。E 段操作通常在 70℃ 下反应 1h,而在此条件下过氧化氢反应很慢,它的用量不得不限制。据估算,E_2 中 1kg 过氧化氢可以代替 D_1 和 D_2 中 2kg 有效氯的二氧化氯[38,154]。E 变为(EP)的经济潜力,将取决于二氧化氯和过氧化氢各自的价格。

（EO）或（EOP）段氧的用量一般为 2～5kg/ADt。据估算，E 段中 5kg 氧可以在最后漂白段节约 3kg 二氧化氯[38]。从 E 改为（EO）需要做一些改造。传统的 E 段在降流塔中运行。降流塔不适合加入气态化学药品。因此，E 段改为（EO）需要在降流塔前面安装一立管或小型升流塔。并且需要安装高剪切混合器，以使氧和纸浆悬浮液混合均匀。设备投资通常不到一年就可收回，因为氧的成本远小于二氧化氯。

需要注意的是，使用氧化剂，例如氧或过氧化氢，氢氧化钠的用量比 E 段要稍微增大，因为产生的有机酸会消耗部分氢氧化钠。

典型的 E、（EO）、（EP）或（EOP）条件见表 4-17。

在某些漂白程序中第二段碱抽提被安置在 D_1 和 D_2 之间：$OD_0E_1D_1E_2D_2$。第二碱抽提段氢氧化钠用量通常低于第一碱抽提段，这是因为 D_1 段二氧化氯用量少于 D_0 段，需要提取的氧化产物较少。最终目标 pH 与 E_1 段相同。在此工序中，通常不需要添加氧，因为残留的木素非常少。过氧化氢也是一种增白剂，可以加到第二碱抽提段。除了氢氧化钠用量较小（10～15kg/t）之外，其他操作条件类似于 E_1。

在某些使用短流程的情况中，像 $OD_0ED_1D_2$，中和段（neutralisation step），标为"n"，加在 D_1 之后，进行短的抽提。这种流程写成 $OD_0E(D_1$ n)D_2。n 之后浆的 pH 范围是 9～10[38]。其效果不如 $OD_0E_1D_1E_2D_2$，但是好于 $OD_0ED_1D_2$。

表 4-17　　D_0 段后抽提段的典型条件

化学品用量/(kg/t 浆)	
NaOH	25～50
O_2，用于（EO）和（EOP）	2～5
H_2O_2，用于（EP）和（EOP）	2～5
温度/℃	55～80
时间/min	60～120
浆浓/%	9～16
终点 pH	10.5～11.0
压力	升流塔中 0.2～0.3MPa ［用于（EO）和（EOP）］，降流塔中为常压 ［E 和（EP）］

4.4.6.2　抽提段工艺过程

从工艺的角度看，有几种可能性：

（1）第一段抽提由第一段喂料泵和一个不带温度控制的降流式反应塔组成。在这个系统中，可以加入 2～5kg/t 风干浆过氧化氢，在中浓喂料泵中混合，从 E 变为（EP）。

（2）当工厂决定在抽提段使用氧气时，将已有的降流塔改为升流-降流塔。还必须安装氧气混合器。升流段时间可以很短（10～15min）。

如今，抽提段使用氧气非常普遍，加或不加过氧化氢，直接安装升流塔。图 4-115 描述了（EOP）段，洗涤之后氢氧化钠马上加入到浆中，过氧化氢通常加入中浓泵里，以保证过氧化氢与浆良好混合。氧通入泵之后的一个单独的混合器中。

对于第二碱抽提段，E_2，仅使用简单的升流或降流塔。

4.4.7　过氧化氢漂白段：P、（PO）和（OP）

20 世纪五六十年代，过氧化氢首次作为主要的漂白药品，应用于特种纸浆的末段漂白过程，80 年代后期，在环境压力不断增加的驱动下，这方面才得到了真正的发展。基于过氧化氢的化学性质(见 4.2.4 节),这种药品不仅可以用于脱木素,提供足够剧烈的反应条件,还可以用于纸浆增白。

过氧化氢作为脱木素化学品的商业化应用开始于 20 世纪 70 年代后期[155]。P 段在常压下操作,过氧化氢的用量明显多于(EP)段,通常置于氧脱木素(O 段)之后。由于过氧化氢对浆中的金属离子非常敏感,使用高用量的 H_2O_2 时需要增加螯合段(Q),以除去部分金属离子。此外,必须注意设备的质量,以防止过氧化氢的分解。氧加压的过氧化氢漂白段(PO),20 世纪 90 年代初期作为氧脱木素的补充,同时提高过氧化氢的效率以及缩短反应时间。

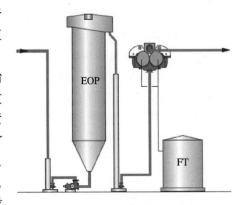

图 4-115　(EOP)段工艺流程图[122]

同一时期,过氧化氢作为增白剂应用于漂白流程的末端,当时研究人员和工厂员工致力于 TCF 的开发。压力过氧化氢段,通常以(PO)表示,是短时间内提高最终白度的最好的方法。下面的范例说明了漂序中使用过氧化氢的不同的可能性:OD(EP)D;OD(EOP)D;OD(EOP)P;ODEDP;OQPDED;OQ(OP)DED;OQ(OP)(DQ)(PO);OQ(OP)ZD;OZQ(PO);O(ZD)Q(PO);OQ(OP)PaQ(PO);OAZ(DQ)P。

准确区别(EP)与 P 或(EOP)与(OP)、(PO)是不容易的。一般原则是,P 和(PO)的过氧化氢用量通常高于(EP)和(EOP),而且条件较剧烈(80℃或以上,较高的氧压)。此外,P、(PO)和(OP)之前加一段螯合,Q 段。

4.4.7.1　过氧化氢漂白段的参数

工艺参数对过氧化氢脱木素和漂白有着显著的影响。这是由于过氧化氢与其他化学药品相比,反应相当慢。反应时间的影响见图 4-116。这说明过氧化氢段反应时间很长:本例中,漂白的主要部分发生于 2h 内,而之后白度缓慢增加。过氧化氢和氢氧化钠用量对脱木素的影响见图 4-117;氢氧化钠用量对脱木素有显著的影响。氢氧化钠用量应足够高,特别是当过氧化氢用量较高时。过氧化氢用量越大,氧化过程中有机酸的产生量越多,这将会消耗氢氧化钠。烧碱的用量需要调节,以维持终点 pH 至少为 10.5。

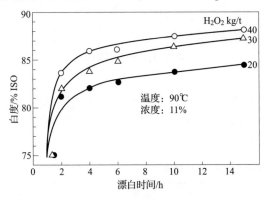

图 4-116　时间和过氧化氢用量
对氧脱木素阔叶木硫酸盐浆
(卡伯值 11)漂白速率的影响[159]

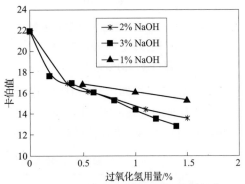

图 4-117　过氧化氢和氢氧化钠用量对
脱木素效率的影响[160]

注　原浆:阔叶木硫酸盐浆,卡伯值 22。
P 段条件:80℃,120min,浆浓 20%。

提高温度可以显著缩短反应时间,并提高白度(见图4－118)。但是,温度应低于120℃,以避免过氧化氢均裂转变为自由基。提高压力可以在很短的时间内获得高白度,如图4－119所示。较高的压力可以使漂白在高温下运行和避免沸腾。除了压力的影响,目前还不清楚是否氧本身具有化学作用[156－158]。

另一个关于过氧化氢脱木素和漂白的重要参数是金属离子的控制。如在4.2.4节中所讨论的,过氧化氢对金属离子非常敏感,特别是浆中自然存在的铁、铜和锰。它们的含量在不同的工厂有所不同,这取决于

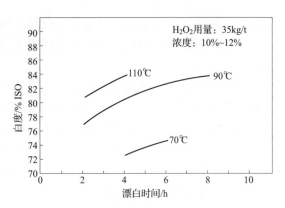

图4－118 温度和时间对氧脱木素针叶木硫酸盐浆过氧化氢漂白速率的影响[159]

木材的来源(也就是其生长环境下的土壤),还取决于生产用水的水质。一些金属离子来源于生产过程所用的化学品中的杂质。过氧化氢分解时金属离子作催化剂,这意味着即使百万分之几浓度(mg/kg)的金属离子也可以促进其分解。通过几种方法,可以除去浆中的部分金属离子:酸处理,或者螯合处理。图4－120显示了酸预处理对浆中金属含量的影响。镁离子与其他离子相反,在过氧化氢漂白过程中有积极的影响,它可以防止黏度的下降。其原因类似于它在氧脱木素中的作用。

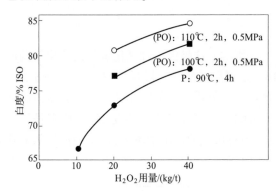

图4－119 温度和氧压对氧脱木素针叶木硫酸盐浆(卡伯值12.5)漂白速率的影响[161]

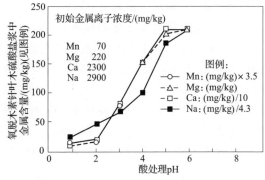

图4－120 酸预处理pH对去除氧脱木素针叶木硫酸盐浆中金属的影响[162]

研究表明,乙二胺四乙酸(EDTA)进行螯合处理的适宜的pH范围是5～7,可以最大程度地去除浆中有害的金属离子,并保留镁离子[37]。螯合段对浆中金属离子含量的影响见表4－18。如图4－121所示,螯合预处理和添加硫酸镁对于过氧化氢段有好处。

表4－18　　　　　　　螯合对针叶木硫酸盐浆中金属浓度的影响[37]

金属含量 mg/kg	Ca	Mg	Fe	Mn	Cu
螯合前	1400	300	11	47	0.6
螯合后	500～1000	120～280	6～8	<5	0.1～0.2

注　螯合条件:0.2% EDTA,90℃,1h,pH5～7。

最后,浆浓对于过氧化氢漂白也具有显著的影响,因为浆浓会影响纤维周围的过氧化氢的浓度,如图 4-122 所示。浆浓越高,漂白效果越好。可是,由于经济原因(中浓漂白投资低),工业上化学浆的过氧化氢漂白采用中等浆浓。

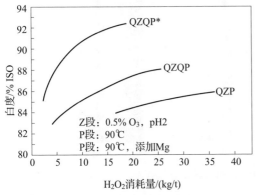

图 4-121   P 段螯合预处理和添加硫酸镁对氧脱木素针叶木硫酸盐浆(卡伯值 8)白度的影响[163]

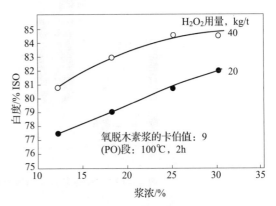

图 4-122   压力过氧化氢漂白中浆浓对氧脱木素针叶木硫酸盐浆(卡伯值 9)白度的影响[164]

表 4-19 概括了常压 P 段和加压的(PO)段常用的工艺条件。

4.4.7.2 过氧化氢段漂白工艺

过氧化氢脱木素或漂白有两种工艺:

(1)P 段为常压升流或降流塔,类似于 EP 段,但是漂白时间较长,温度较高。

(2)使用(OP)或(PO)段时,压力系统如图 4-123 所示。这种情况下,其设备与氧脱木素所用设备很相似。

过氧化氢漂白如同氧脱木素,也有两段过氧化氢系统:第一个反应器的停留时间 5~30min,第二个反应器的停留时间 45~120min;取决于其他工艺条件,比如温度、化学品用量和原浆卡伯值。化学品可以在几段中混匀,加热也可以控制。过氧化氢漂白会产生氧气,影响反应器的操作。反应器内的气体排除是重要的,特别是过氧化氢用量大的情况。

图 4-124 示出了两段压力过氧化氢漂白系统流程图。代表性的洗涤技术是单段鼓式置换洗浆机。经过改造,压力段与原有的常压反应器(塔)相结合。在已有的系统中,有必要将压力段置于碱抽提段或二氧化氯反应器之前。而温度必须约为 80℃。压力段之后排除气体,改善了常压反应器的操作。构造材料通常为高等级的奥氏体不锈钢。

表 4-19   常压和压力过氧化氢漂白段的典型工艺条件[121]

参数	P	(PO)或(OP)
过氧化氢用量/(kg/t 绝干浆)	10~40	10~40
NaOH 用量/(kg/t 绝干浆)	10~40	10~40
氧气用量/(kg/t 绝干浆)	0	2~10
硫酸镁/(kg/t 绝干浆)	0~2	0~2
压力/MPa	常压	0.3~0.8
浓度/%	10~15	10~15
温度/℃	80~90	80~110
时间/min	120~240	60~180
终点 pH	10.5~11.0	10.5~11.0

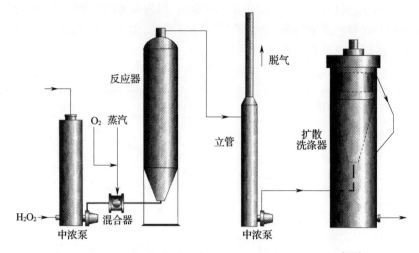

图 4 - 123 10%浆浓压力过氧化氢(PO)段工艺流程图[165]

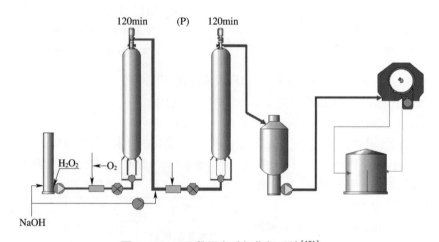

图 4 -124 两段压力过氧化氢系统[121]

　　P、(PO)或(OP)段之前通常有螯合段 Q。Q 段最佳条件是 pH5 ~ 7,温度 80 ~ 90℃,反应时间 1h。由于实际原因,一些工厂反应时间较短(5 ~ 15min)。螯合处理段必须与过氧化氢段分开,螯合后必须进行有效的洗涤,以尽可能多地除去螯合了的金属离子。螯合剂以溶液形式加入,因此,降流塔比较合适。如果在现有的工厂进行改造时采用螯合段,则大多数已有的漂白塔仍可以用(除了碳钢塔)。在某些情况下,Q 段不单独使用,螯合剂在之前的酸性漂白段的后期加入,例如二氧化氯段或臭氧段,像 O(DQ)(PO)或 O(ZQ)P。这些组合的漂白段将在稍后的 4.4.11 节中进行讨论。

4.4.8　臭氧段:Z、(ZD)、(DZ)和(Ze)

　　臭氧是含氧漂白剂中氧化能力最强的氧化剂。在室温下,臭氧数秒内就可以脱除浆中木素。臭氧还是良好的增白剂,它能比较容易地除去浆中最后的发色基团[166]。臭氧在 20 世纪 90 年代初期用于制浆厂的漂白工段,以应对浆厂减少环境负荷的强大压力。可是,臭氧的漂白能力早已在 1889 年颁布的一种纤维物质漂白新方法的专利中描述过[167]。

除了提到的环境动机,漂白中使用臭氧(Z)段还得益于臭氧的发生和操作处理技术的改进以及有效的混合系统的发展。臭氧在载气(氧气)中被稀释,当使用臭氧时,大体积的气体必须易于操作。所以,气体中臭氧的浓度越高,塔的体积越小。臭氧生产技术在 20 世纪 90 年代取得了显著的进步,目前工业上臭氧发生器所提供的臭氧,其在氧气中的浓度为 12%(质量分数)。现代化的臭氧发生器所生产的臭氧价格与二氧化氯在同一个数量级(以质量计)[168-169]。

现在有两种可行的工业化技术:高浓和中浓臭氧段。与其他所有漂白剂相反,臭氧不能储存。根据浆的产量,臭氧连续不断地生产。臭氧的一大优点是没有储存问题,一旦有干扰生产和泄露事件,臭氧的生产可以马上停止。

臭氧与有机物反应有很高的活性,使得臭氧在脱木素或漂白时非常有效,这也是一个缺点。相对于浆中存在木素,如果臭氧的用量太高,一些纤维素将会降解。因此,臭氧像氧气和过氧化氢一样,选择性差于二氧化氯。如同在氧和过氧化氢漂白中,必须要考虑优化漂白的选择性。

目前,臭氧应用于漂白流程的不同位置:在蒸煮之后(特别适合于亚硫酸盐浆厂,因为蒸煮后浆是酸性的)、氧脱木素之后或再后面的漂序中,例如在两段过氧化氢段之间。也可以与二氧化氯结合为单独的一段,(ZD)或(DZ)。实验室试验表明,臭氧可以用于漂白最后一段。

臭氧应用于漂白流程的前面时,其用量可以为 4 ~ 8kg/t,当用于后面时,用量为 1 ~ 5kg/t。包含臭氧段的漂白流程如下:ZEP;OZED;O(ZD)(EO)D;OQ(OP)Z(EO)D;OQ(OP)(ZQ)(PO);O(ZD)(EO)(ZD)ED;OAZEDP;O(Ze)DD;O(Ze)DP。

4.4.8.1　臭氧漂白段工艺参数的影响

以下参数影响 Z 段的漂白结果:pH、温度、金属含量、浆浓、木素含量、废液的残留物。

4.4.8.1.1　pH 的影响

当臭氧用于脱木素时,pH 低于 3,其效果最佳[170-171]。这可能是因为臭氧在酸性条件下有良好的稳定性,还因为 pH 越低臭氧的溶解性越好。pH 较低时,浆的黏度较好,但 pH 为 2 ~ 4 之间时,黏度差别很小[172-173],如图 4-125 所示。当臭氧用于木素含量较少(卡伯值约 3)的浆时,pH 的影响不显著[174]。

当臭氧用于漂白,也就是消除浆中存在的最后的发色基团时,实验室试验结果表明,pH 没有明显的影响:不论 pH 是酸性、中性或是碱性、白度增值相同[166]。

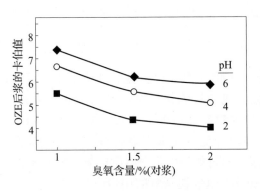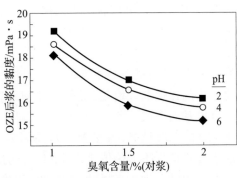

图 4-125　氧脱木素浆用臭氧处理时 pH 对卡伯值和黏度的影响[172]

4.4.8.1.2 温度的影响

曾经进行过温度对臭氧段影响的实验室研究[170-172]。基于这些研究,可以得到如下结论:温度达到 55~60℃时,温度对脱木素的影响不显著;温度高于 60℃时,由于臭氧的分解,脱木素作用逐渐减弱。工厂使用的温度可达到 80℃。

温度对黏度也有影响,随着温度的升高黏度逐渐下降,选择性变差(见图 4-126)。这是由于臭氧分解过程中形成了一些自由基。

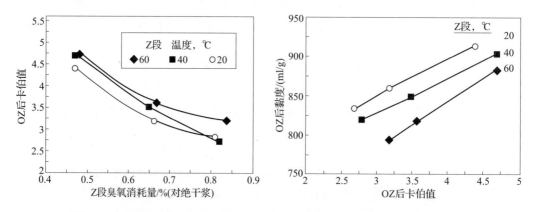

图 4-126 温度对松木硫酸盐浆中浓臭氧脱木素的卡伯值和选择性的影响[175]

然而,当臭氧作为增白剂时,温度的影响是不同的。实验室研究显示,与预期结果相反,尽管温度升高臭氧稳定性下降,但温度越高,则白度越高。一种解释可能是温度越高,臭氧降解的发色基团越多。另外发现,温度升高,浆的白度稳定性提高[176-177]。

4.4.8.1.3 金属离子的影响

金属离子可以导致臭氧分解,例如铁、钴、铜,如 4.2.6 节所述,可以形成有害的氢氧自由基。并且,臭氧与木素的反应产物是过氧化氢,也对金属离子敏感,导致自由基的产生。结果表明,利用螯合剂(EDTA)对浆进行预处理可以提高臭氧漂白的选择性[178]。但是,在工业上,臭氧漂白之前用酸调节 pH 或酸洗涤似乎可以充分地除去金属离子。

4.4.8.1.4 浆浓的影响

大多数关于浆浓对臭氧漂白影响的实验室研究,已经对低浓(1%~3%)和高浓(25%~40%)臭氧漂白进行过比较。根据相关研究,高浆浓臭氧漂白选择性略小于低浆浓[170-171,179-180]。

据报道,中浓臭氧处理脱木素选择性与低浓几乎相同[180]。根据其他研究,中浓和高浓漂白的脱木素选择性没有区别[181]。

4.4.8.1.5 木素含量的影响

如 4.2.6 所述,臭氧与木素的反应远快于碳水化合物,因此,臭氧漂白中木素可以作为碳水化合物的保护剂。但是,臭氧与木素反应生成的过氧化氢对金属离子非常敏感,会导致氢氧自由基的形成。此外,研究表明,臭氧与木素反应可能会直接生成氢氧自由基。根据表 4-20 的实验结果,木素含量越高,臭氧漂白过程中纤维素降解越少[182]。但是,不含木素的浆的降解少于卡伯值为 7.4 和 5.2 的浆。这可能是由于全漂白浆金属离子含量很少,不存在木素,因此,·OH 自由基产生的可能性很小。这表明臭氧的用量应与浆中的木素含量相对应。

表4-20 臭氧处理过程中浆中木素含量对纤维素降解的影响[182]

浆种	CE0	CE1	CE2	CE3	CE4	(CE)(EO)DED
卡伯值	30.0	20.5	14.2	7.4	5.2	0
原浆聚合度(DP)	1650	1600	1600	1600	1500	1300
金属离子含量[1]/(mg/kg)						
Fe	30	27	23	25	17	4.0
Cu	3.0	1.4	1.4	1.3	1.2	1.7
Mn	1.5	1.5	1.3	1.1	1.0	1.3
初始斜率[b]	380	540	720	1550	1575	1000
初始斜率/原浆 DPv	0.23	0.34	0.45	0.97	1.05	0.77

注 浆:针叶木硫酸盐浆;a.酸处理之后高浓臭氧漂白之前浆中的金属离子含量;b.初始斜率 = ΔDP/Δ 臭氧用量(原始曲线)。

4.4.8.1.6 残留物的影响

蒸煮或氧脱木素残留可以显著削弱 Z 段脱木素作用,臭氧将与可溶性有机物反应,特别是加臭氧之前如果没有全部或部分氧化[183]。臭氧段本身的残留[184]或 OZP 中 P 的残留[185],对臭氧处理的影响很小。

4.4.8.1.7 臭氧处理对强度性质的影响

臭氧的使用会导致黏度的损失,即使测定黏度之前,浆已用硼氢化钠处理过。在测定浆的黏度时,用硼氢化钠处理后可以除去影响黏度测定结果的羰基(见4.2.5节)。可是,一些研究者证实臭氧漂白的纸浆的黏度和强度性质不同于传统的基于二氧化氯的漂白[186-189]。因此,建立臭氧漂白浆的黏度和强度性质的特殊关系是非常重要的。

如同氧脱木素和过氧化氢漂白,如果臭氧用量太大(臭氧用量没有优化),浆的强度可能会受到损害。

4.4.8.2 臭氧和二氧化氯组合成一段:(ZD)或(DZ)

采用顺序加入化学品的方式将二氧化氯和臭氧组合成单独一段,发现对纸浆脱除木素非常有效[190-191]。根据实验室的研究,当 DEDED 改为(DZ)EDED,1kg 臭氧可以取代 2~4kg 纯的二氧化氯[192]。二氧化氯和臭氧对于针叶木硫酸盐浆的脱木素效率见图 4-127 所示。把 Z、D、ZE 和 DE 之后的卡伯值与化学药品消耗(对浆)作图。经过 DE,随着二氧化氯用量的增加,卡伯值的下降几乎是线性的,直到用量达到1%,而后,脱木素速率缓慢下降。对于 ZE,臭氧用量小于 0.5% 时,脱木素效率显著,之后脱木素作用下降。化学药品用量达到一定量之后,脱木素效率下降,原因是木素被漂白剂改性,反应活性越来越低,或者是漂白化

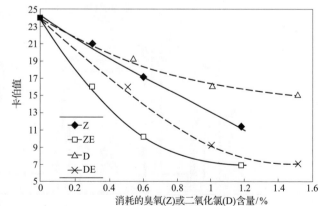

图4-127 针叶木硫酸盐浆在 Z、ZE、D 和 DE 段的脱木素效率[192]

学品被一些副反应所消耗。臭氧与二氧化氯结合为一段使用,每种药品用量适当,效果仍然很好。例如,(DZ)E 后使用 1% 二氧化氯和 0.34% 臭氧,图 4 – 127 中浆的卡伯值为 4.5,远低于使用 1.34% 臭氧或 1.34% 二氧化氯时的卡伯值。

(ZD) 和(DZ)过程比较(见表 4 – 21) 表明,(DZ)优于(ZD)[192]。一种解释是二氧化氯优先与酚自由基反应,而臭氧可以与任何结构反应。如果先应用臭氧,臭氧将与这些基团反应,而与二氧化氯反应的基团较少。通过氧脱木素针叶木硫酸盐浆的臭氧漂白实验证实了这一结果[193]。

表 4 – 21　　未漂白针叶木硫酸盐浆(D_0Z)、(ZD_0)和 D_0 工艺比较(数据来源[192])

漂白	(D_0Z)$E_1D_1E_2D_2$		(ZD_0)$E_1D_1E_2D_2$		$D_0E_1D_1E_2D_2$
消耗的 O_3 量/%	0.34	1.00	0.32	1.00	0
消耗的 ClO_2 量/%	1.00	1.00	1.00	1.00	1.85
E_1 后卡伯值	4.5	1.9	5.6	2.9	5.5
D_0、D_1 和 D_2 消耗的总 ClO_2 量/%	2.9		3.1		3.8
最终 ISO 白度/%	91.2		91.0		90.8
ClO_2(kg) 被 O_3(kg) 取代的比例	2.6		2.2		

加入第二种化学药品之前每种药品的消耗量极为重要,否则它们会互相反应生成氯酸盐[192]。首先先加入臭氧是没有问题的,大部分臭氧在中浓混合器或高浓反应器中已经消耗了,如果有残留,在进入下一段之前也与浆分离了。如果先加二氧化氯,添加的量很小,二氧化氯通常在数分钟之内很快消耗。因此,知道所有二氧化氯被消耗的时间是很重要的,以便在适当的位置安装臭氧混合器。

在工厂进行了(ZD)和(DZ)实验。证实(DZ)段本身是有效的,但是浆中和废气中含有氯离子,这是材料选择和系统清洁的主要挑战,会造成整个系统的严重腐蚀。因此,(ZD)系统比(DZ)适合于工业化生产,目前约有 10 条生产线使用(ZD)漂白。

4.4.8.3 臭氧段工艺过程

4.4.8.3.1 高浓臭氧漂白

图 4 – 128 示出了典型的高浓臭氧漂白工段。

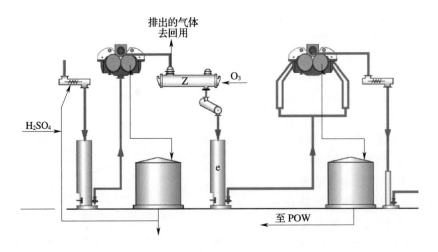

图 4 – 128　高浓臭氧段[122]

在现有的高浓臭氧系统,浆用酸调节 pH 至 2.5 ~ 3,然后压榨脱水机压榨至高浓(35% 以上)。压榨出的大部分酸性滤液回用,作为前面酸处理段浆的稀释液,但滤液要排放掉 1 ~ 3m³/t 风干浆,以控制系统中的金属离子浓度。浆在压榨机的顶部经撕裂螺旋绒毛化后送入反应器。臭氧加入反应器,其操作压力略低于常压。反应器排除的气体送至纤维洗涤器和臭氧消除装置。反应器之后,浆用碱性滤液稀释。然后对浆进行短时间碱处理(e),或长时间的 E 或(EO)段,如果可能,之后用压榨洗浆机进行洗涤。压榨产生的过量的碱性滤液作为洗涤用水,用于氧脱木素后的纸浆洗涤。通过回用臭氧漂白(Ze)和氧脱木素滤液,环境污染负荷大大降低,这些滤液是碱性的,可回用于粗浆洗涤。结果,COD 排放量降低。

表 4 - 22 列举了工业化高浓 Z 段常用操作条件。

生产上,若进入 Z 段浆的卡伯值在 4 ~ 12 之间,卡伯值减小值的范围是 0.8 ~ 1.4 卡伯值/kg 臭氧。卡伯值较高时,卡伯值的降低值能大一些。

4.4.8.3.2 中浓臭氧漂白

中浓臭氧漂白始于 20 世纪 90 年代初期。中浓漂白段必需的机械设备是混合器。由于加入的气体中臭氧浓度大约仅为 12%(质量分数),所以气体总体积很大。臭氧段的效率取决于气体体积。高压和高臭氧浓度会降低混合能量的需求。图 4 - 129 显示了中浓臭氧漂白系统。

表 4 - 22 高浓臭氧漂白段条件[122]

Z 段终点 pH	2 ~ 3
温度/℃	35 ~ 40(针叶木)
	45 ~ 60(阔叶木)
浆浓/%	38 ~ 42
时间/min	~ 1
压力	常压
臭氧用量/(kg/t)	3 ~ 8

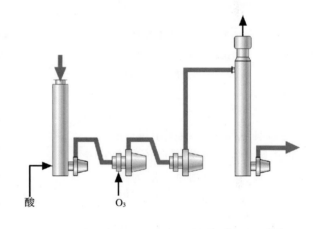

图 4 - 129 中浓臭氧漂白系统[98]

浆通过泵送入第一个混合器。所有的气体加入到第一个混合器,气体和浆在第二个混合器中再次混合。系统还设有喷放塔,喷放塔带有气体分离和除去纤维中所含气体的洗涤器,它位于臭氧破坏装置之前。臭氧段温度一般为 50 ~ 80℃,pH 约为 3。

另一种可行的中浓臭氧系统见图 4 - 130。该系统包括一台中浓泵,两个混合器,一个小型的管式反应器,以及一个浆中气体分离排放器。浆从反应器排放至中浓泵的立管,泵送浆料到洗浆机或浆直接送往下一漂白段。在应用中,臭氧漂白反应也在混合器中发生,但反应器安装到系统上以稳定流量,提升浆以分离气体,改善压力稳定性。

气体对气液(气体与纤维悬浮液)总体积的体积比是重要的见公式(4 - 65)。气体体积比(GVR)高于 30% 会影响臭氧段的效率。

$$GVR(\%) = 100[气体体积/(气体体积 + 浆料体积)] \qquad (4 - 65)$$

臭氧按照要求的量加入时,压力影响气体体积比。保持尽量高的压力也是有利的,因为臭氧的稳定性增加,反应时间延长。臭氧产生器的气体压力随着水环式压缩机的使用而增加。

为了防止臭氧分解,压缩机中的水必须是酸性的。在混合器之前,臭氧气体加入点的压力通常为800～1200kPa。图4－131显示了浆浓12%时的气体体积比。臭氧用量4kg/t风干浆、压力1000kPa时,GVR为25%～30%,它取决于氧气中臭氧的浓度。

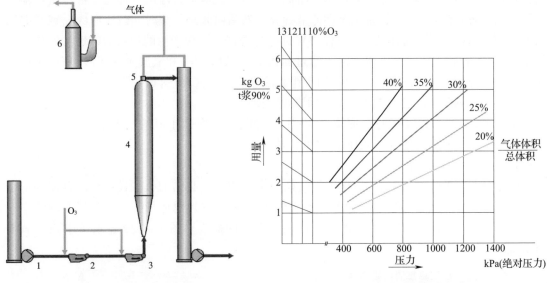

图4－130　供选择的中浓臭
氧漂白系统[121]

1—中浓泵　2—AMZ－混合器　3—AMZ－混
合器　4—反应器,反应时间1min　5—除气气流
排放　6—涤气器

图4－131　12%浆浓时气体体积比
(GVR)随臭氧用量和压力的变化[121]
注　浆浓12%

单段臭氧漂白中,臭氧用量一般为3～6kg/t风干浆。如果漂白流程包括几个臭氧段,第二段用量一般为2kg/t风干浆。表4－23为工厂单段臭氧漂白结果。

在中浓和高浓系统中,臭氧段残留的气体经过气体洗涤器到臭氧燃烧炉。尾气中残余的臭氧热分解或催化分解。处理后的气体主要含有氧,可以用于工厂的其他工序,例如氧脱木素、白液氧化或废水处理。

4.4.9　热酸处理段:A段

为了除去消耗二氧化氯和臭氧的己烯糖醛酸基团,开发了热酸处理段,A段。关于A段的基本原理在4.4.3节中已经介绍过。A段常用的工艺条件是:① 中浓;② 反应时间2～4h;③ 温

表4－23　　工厂中浓臭氧漂白结果

	HW	SW
生产能力/(t 风干浆/d)	1000	900
原浆卡伯值	9～10	9.5～10.5
洗涤损失/(kgCOD/t 风干浆)	8～10	8～10
停留时间/min	2.0	2.0
压力(混合处)/MPa	0.9	0.9
温度/℃	50～55	50～55
pH	3	3
浓度/%	12	12
O_3用量/(kg/t 风干浆)	3.4～4.5	3.5～4.5
O_3浓度/%	9～9.5	9～9.5
残余O_3/%	<5	约5
Δ卡伯值/(kg/O_3)	0.9～1.1	0.7～0.9

度 85~95℃；④ pH3~3.5。

A 段不需任何特殊设备。完成热酸处理的最简单方法是在漂白前的贮存塔内，但是控制条件不同于漂白塔。常规的漂白塔是适宜的反应器，操作温度范围 85~95℃，取决于停留时间和加热的控制（见图 4-132）。目前生产中有几种 A 段，设置在贮存塔、独立的漂白塔或用于水解的贮存塔和漂白塔相结合。A 段对于阔叶木浆有益，当用桉木浆和斯堪的纳维亚阔叶木浆时，效果最佳，因为它们含有大量的己烯糖醛酸。

酸处理也用于防止草酸盐沉积。己烯糖醛酸基团结合一些金属离子附着在浆上，通过除去它们，可以除去金属离子，减少结垢。

A 段也用于 Z 段之前以节约臭氧，因为己烯糖醛酸会消耗臭氧。

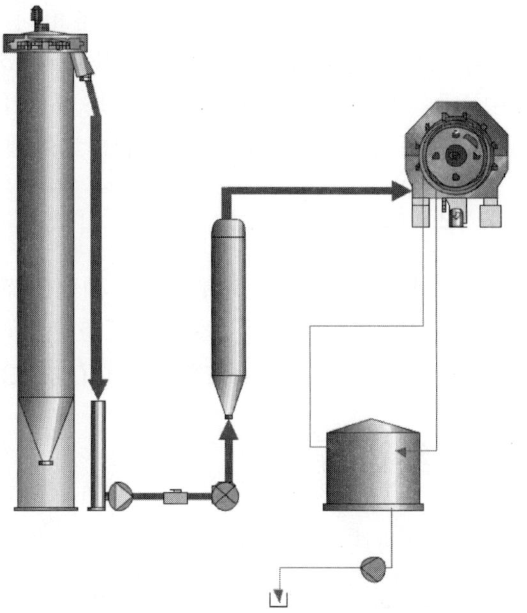

图 4-132 A 段工艺流程[121]

4.4.10 过氧乙酸漂白

过氧乙酸（CH_3COOOH）是乙酸和过氧化氢的反应产物。使用蒸馏过的产品较好。蒸馏的过氧乙酸（Pa）是不稳定的，但是它可以在冷的容器中运输和储存。过氧乙酸对过渡金属的敏感性弱于过氧化氢。推荐的过氧乙酸段漂白条件见表 4-24。

过氧乙酸可用于采用几种不同流程的漂白车间。例如，二氧化氯塔也可以用于过氧乙酸段。为含氧系统单独设计的新的过氧乙酸段包括加压漂段，例如，直接连接到中浓鼓式置换洗涤器。耐酸钢适合作为建造材料。

按质量计，过氧乙酸的脱木素效率低于二氧化氯；例如 3g 过氧乙酸才可以代替 1g 二氧化氯[194]。另外，二氧化氯比过氧乙酸要便宜。就脱木素作用而言，过氧乙酸将主要用于"利基（niche）"的漂白中。

漂白终段使用过氧乙酸似乎是更有吸引力的方法[195-196]。

表 4-24 典型的过氧乙酸
过程漂白条件

终点 pH	4~6
温度/℃	50~80
浆浓/%	5~15
时间/min	30~150
压力/MPa	常压
用量/（kg/t）	5~20

4.4.11 多化学品漂白工段

在多化学品漂白段，若干漂白过程之间无段间洗涤，连续使用几种漂白化学品或助剂。

漂白工段操作条件类似，特别是 pH，可以连续进行无中间洗涤。如之前所述，化学品联合使用有助于漂白，例如硫酸与二氧化氯（AD）、臭氧（AD），臭氧与二氧化氯（ZD）或臭氧与过氧乙酸（ZPa）。第二段是螯合段的组合，例如（ZQ）、（DQ）和（PaQ）是另一类多化学品段的例子。

两种漂白药品也可以和螯合剂联合使用，例如（ZDQ）。连续处理之间调整 pH 可能是有益的。需要加入的化学品是适中的。

多化学品段设备和单段化学品设备相同。系统可以由两个没有中间泵的加压反应器组成。第二个反应塔可以是敞开式的、升流或降流反应器。通常，化学品在泵中或在单独的混合器中添加。另外，加压反应器的喷放塔可以用于添加化学品。工段中不需要长的保温时间（比如螯合段），可以采用中浓操作的扩大的喂料管或洗浆机。

4.4.12 酶漂白

利用木聚糖酶(X)处理纸浆是一种促进漂白反应的方法，通过某些木聚糖的溶出，改善纤维细胞壁和木素的可及性。酶处理不需要任何特殊设备，粗浆贮存塔常用于酶处理。在某些情况下，pH 需要调节，这在洗涤之后贮存塔之前完成。

4.5 结语

如本章所述，漂白纸浆有很多种选择，取决于要考虑的各种因素（技术、环境、经济）。过去的 20 年里主导漂白化学品是二氧化氯，似乎至少在下一个 10 年内还将如此[197]。目前，二氧化氯漂白是一项成熟的技术，其效率已经得到了证实，只有更严格的环境法规或革命性的发现才会引起巨大的变化。尽管二氧化氯漂白是一项成熟的技术，但仍有需要改进的地方：的确，大约 50% 的二氧化氯消耗于副反应，没有参与漂白反应[198]。例如，已提出的一种使其效率更高的方法是分次加入二氧化氯，把 DE 改良为（dE）（dE）（dE）或（dEP）（dEP）（dEP）段，这里 d 代表小 D 段（小用量和缩短停留时间）[199]。还有，最近做出许多努力，模拟二氧化氯漂白和确定更佳的方法去运行整个 ECF 漂白[200-201]。

就其他发展而言，酶在化学浆漂白的工业化应用只局限于木聚糖酶。漆酶介体系统在实验室试验中显示出有前途的结果，但关键障碍是需要发现一种工业上可接受的介体[202]。其他提升漂白效率的方法是开发适合氧和过氧化氢漂白的催化剂，氧和过氧化氢与部分木素分子的反应性较差[198]。

工业发展趋势与追求更好生态效益的工艺相结合（在漂白化学品和能量消耗，碳足迹，环境负荷方面），在很长的时期内，含氧的化学品（氧气、过氧化氢、臭氧和过氧乙酸）很可能提供新的和更大的机会。

此外，在一些国家的制浆厂期望使其产品多样化，同时发展一个新的、利益更大的经济模型。不仅是造纸用浆，而且还有较高附加值的产品，例如生产高纯度纤维素和其他木材生物制品（在一些工厂已投产）。于是，更经济有效的工艺将实施，这可能会影响漂白生产。

参考文献

[1] Gierer, J. 1970. The reactions of lignin during pulping, Svensk Papperstidning, n°l8, pp. 571 – 595.

[2] Lachenal, D. , Benattat; N. , Allix, M, Marlin, N. and Chirat, C. 2005. Bleachability of alkaline pulps. Effect of quinones present in residual lignin. In proceedings of 13th ISWFPC, Auckland,

New Zealand, May 16 – 19, 2005 ProceedingsVol. 2, pp. 23 – 27.

[3] Karlsson, O. , Pettersson, B. and Westermark, U. 2001. The use of cellulases and hemicellulases to study lignin – cellulose as well as lignin – hemicellulose bonds in kraft pulps. JPPS, Vol. 27 n° 6, pp. 196 – 201.

[4] Gellerstedt, G. and GiererJ. 1971. The reactions of lignin during acidic sulphite pulping. Svensk Papperstidning, n°5, pp. 117 – 127.

[5] Lachenal, D. , Muguet, M. 1992. Degradation of residual lignin in kraft pulp with ozone. Application to bleaching. Nordic pulp and paper research journal, 1, pp. 25 – 29.

[6] Gellerstedt, G. , Lindfors, E. L. 1984. Structural changes in lignin during kraft cooking. Part 4. Phenolic hydroxyl groups in wood and kraft pulps. Svensk Papperstidning n° 15, pp. R115 – R118.

[7] Froass, PM. , Ragauskas, A. J. , McDonough, TJ. and Jiang, J. E. 1996. Relationship between residual lignin structure and pulp bleachability. ln l996 International pulp bleaching conference proceedings. TAPPI. Washington April 14 – 18, 1996 Book 1.

[8] Lindgren, B. O. 1971. Chlorine dioxide and chlorite oxidations of phenols related to lignin. Svensk Papperstidning n°3, pp. 57 – 63.

[9] J. M. Gess and C. W. Dence. 1971. The formation of o – benzoquinones in the reaction of creosol with aqueous chlorine, TAPPI, Vol. 54 n°7, pp. 1114 – 1121.

[10] Rydholm, S. A. 7965. Pulping Processes. Chapter 12 General Principles of bleaching, Interscience Publishers, John Wiley and Sons lnc. , p. 839.

[11] Reeve, D. W. 1996. Introduction to the principles and practice to pulp bleaching, Chapter 1, in Pulp Bleaching – Principles and Practice, Ed Carlton Dence and Douglas Reeves, p. 1.

[12] Carlton W. Dence and Douglas W. Reeve (editors) "Pulp Bleaching, Principles and Practice" TAPPI Press, Atlanta 1996. p. 245.

[13] Dence, C. W. 1996. Section III – Chapter 3, p. 128, in Pulp Bleaching – Principles and Practices, TAPPI Press.

[14] Ni, Y. , Kubes, G. J. and Van Heiningen, A. E. P 1990. A new mechanism for pulpdelignification during chlorination. Journal of pulp and paper science. Vol. 16 n°l, pp. J13 – J19.

[15] Dence, C. W. 1996. section III – Chapter 3, p. 131 in pulp Bleaching – principles and Practices, TAPPI Press.

[16] Germgard, U. and Larsson, S. 1983. Oxygen bleaching in the modern softwood kraft pulp mill, Paperija Puu, 65, 4, p. 287.

[17] Dence, C. W. 1996. section III – chapter 3, pp. 149 – 1 s0, in pulp Bleaching – Principles and Practices, TAPPI Press.

[18] Lindgren, B. O. 1971. Chlorine dioxide and chlorite oxidations of phenols related to lignin. Svensk Papperstices. 74, pp. 57 – 63.

[19] Gierer, J. 1982. The Chemistry of delignification. Part II. Hotzforschung. 36, pp. 55 – 64, publisher De Gruyter.

[20] Lachenal, D. , Joncourt, M. J. , Froment, P and Chirat, C. 1998. Reduction of the formation of AOX during chlorine dioxide bleaching. Journal of Pulp and Paper Science. Vol. 24, n°l, pp.

14 – 17.

[21] Ni, Y, Kubes, G. J. , van Heiningen, A. R. P 1993. Mechanism of chlorate formation during bleaching of Kraft pulp with chlorine dioxide. Journal of Pulp and Paper Science. Vol. 19, n°1, pp. J1 – J6.

[22] Vuorinen, T, Buchert, J. , Teleman, A. et al. 1996. Selective hydrolysis of hexenuronic acid groups and its applications in ECF and TCF bleaching of kraft pulps. In Inter – national Pulp Bleaching Conference proceedings, Washington, TAPPI Press, p. 43.

[23] Juutilainen, S. , Vuorinen, T, Vilpponen, A. , Henricson, K. And Pikka, O. , 1999, Combining chlorine dioxide bleaching of birch kraft pulp with an a stage at high temperature, TAPPI Pulping Conference, Orlando, USA, proceedings vol. 2, pp. 645 – 651.

[24] Li, J. , Gellerstedt, G. 1997. The contribution to kappa number from hexenuronic acid groups in pulp xylan. carbohydrate Research, 302, pp. 213 – 21g.

[25] Maréchal, A. 1993. Acid extraction of the alkaline wood pulps (kraft or soda/AQ) before or during bleaching. Reason and opportunity. Journal of wood chemistry and technology, Vol. 13, n°2, pp. 261 – 281.

[26] Lachenal, D. , Chirat, C. 1998. High temperature ClO_2. bleaching of kraft pulp. International pulp bleaching conference, Helsinki, Finland.

[27] Ragnar, M. , Torngren, M. 2002. Ways to reduce the amount of organically bound chlorine in bleached pulp and the AOX discharges from ECF bleaching. Nordic pulp and paper research journal. Vol. 17 n°3, pp. 234 – 25g.

[28] Nikitin, V. M. , Obolenskaya, A. V, Akim, G. L. 1960. The oxidation of lignin by oxygen in alkaline medium and the practical application of this reaction. Trudy Leningrad. Lesotekh. Akad. Im S. M. Kirova. 91 (2) : pp. 217 – 255.

[29] Schwanninger M. 2006. Chemistry of oxygen delignification. p650. Handbook of pulp. vol. 2. Ed by H. Sixta. Wiley – VCH. Copyright wiley – VCH Verlag GmbH & Co. KGaA. Reproduced with permission.

[30] Robert, A. , Traynard, P. , Martin – Borret, O. 1963. FR Patent 1,387,853. 1968 US Patent 3, 384,533.

[31] Liden, J. , Ohman, L. O. 1997. Redox stabilisation of iron and manganese in the + II oxidation state by magnesium precipitates and some anionic polymers. Implication for the use of oxygen – based bleaching chemicals. Journal of Pulp and Paper Science. Vol. 23 n°5, pp. J193 – J199.

[32] Carlton W. Dence and Douglas W. Reeve (editors) "Pulp Bleaching, Principles and Practic" TAPPI Press, Atlanta 1996. p. 225.

[33] Heuts, L. , Gellerstedt, G. 1998. Oxidation of guaiacylglycerol – beta – guaiacyl – ether with alkaline hydrogen peroxide in the presence of kraft pulp. Nordic Pulp and Paper Research J. , 13 (2), pp. 107 – 111.

[34] Gierer, J. 1997. Formation and involvement of superoxide and hydroxyl radicals in TCF bleaching processes. A review. Holzforschung. Vol. 51, n°1, pp. 3446, publisher De Gruyter

[35] Hobbs, G. C. , Abbot, J. 1992. The role of radical species in peroxide bleaching processes. Appita Vol. 45, n°5, pp. 344 – 348.

［36］Lachenal, D. 1996. Hydrogen peroxide as a delignifying agent. In Pulp Bleaching – Principles and Practice. Dence and Reeves Editors. TAPPI Press. p. 437.

［37］Basta, J., Holtinger L. 1991. Controlling the profile of metals in the pulp before hydrogen peroxide treatment. In 1991 International Symposiem on Wood and Pulping chemistry Notes, APPITA, Parkville, Victoria, Australia, p. 237.

［38］Berry R., 1996. (Oxidative) Alkaline extraction. In Pulp Bleaching – Principles and practice, C. W. Dence, D. W. Reeve, Eds. TAPPI Press, Atlanta, GA, USA, p. 293.

［39］Godsay, M. P Pearce, E. M. 1984. Physico – chemical properties of ozone oxidized kraft pulps. In TAPPT oxygen delignification symposium proceedings, San Francisco, pp. 55 – 70.

［40］Criegee, R. 1975. Angewandte Chemie Intern. Ed., 14, p. 11.

［41］Eckert, R. C. and Singh, R. P. 1975. Ozone reactions in relation to the aromatic structure of lignin: a review of selected topics in ozone chemistry. In International Symposium on Delignification with Oxygen, Ozone and Peroxides proceedings, Raleigh, 1975, Preprints, pp. 229 – 243.

［42］Soteland, N. 1971. Some attempts to charactzrise the oxidised lignin after ozone treatment of western Hemlock groundwood. Part 2. Norsk Skogindustrier 5, pp. 135 – 139.

［43］Kratzl, K., Claus, P, Reichel, G. 1976. Reactions of lignin and lignin model compounds with ozone. TAPPI Journal 49, 11.

［44］Kaneko, H., Hosoua, S., liyama, K. And Nalano, J. 1983. Degradation of lignin with ozone: reactivity of lignin model compounds towards ozone. Journal of Wood Chemistry and Technology, Vol. 3, n°4, pp. 399 – 411.

［45］Parthasarathy, V. R., Peterson, R. C. 1990. Ozone bleaching. Part 1. The decomposition of ozone in aqueous solufion. Influence of pH, temperature and transition metals on the rate kinetics of ozone decomposition. Oxygen Delignification TAPPI Symposium, Toronto, proceedings pp. 23 – 52.

［46］Staehelin, J., Hoigné, J. 1982. Decomposition of ozone in water: rate of initiation by hydroxyl ions and hydrogen peroxide. Environ. Sci. Technol. 16, n°10, pp. 676 – 680.

［47］Pan, G., Chen, C. L., Chang, H. m., Gratzl, J. S. 1981. Model experiments on the splitting of glucosidic bonds by ozone. International symposium on wood and pulping chemistry Stockholm, Vol. II, pp. 132 – 144.

［48］Nowell, L. H. and Hoigné, J. 1987. Interaction of iron II and other transition metals.

［49］with aqueous ozone. 8th ozone world congress, Zürich, Vol. 2, pp. E80 – 95. Magara, K., Ikeda, T, Tomimura, Y And Hosoya, S. 1998. Accelerated degradation of cellulose in the presence of lignin during ozone bleaching. J. of Pulp and Paper Science, vol 24 n°8, pp. 264 – 268.

［50］Chirat, C., Lachenal, D. 1997. Effect of hydroxyl radicals on cellulose and pulp and their occurrence during ozone bleaching. Holzforschung Vol. 51, n°2, pp. 147 – 154.

［51］NI, Y, Khang, G. J., van Heiningen, A. R. P 1996. Are hydroxyl radicals responsible for degradation of carbohydrates during ozone bleaching of chemical pulps? J. Pulp and Paper Science 22(2), pp. J53 – J57.

［52］Katai and Schuerch, 1966. Mechanism of ozone attack on a α methyl glucoside and cellulosic material, J. of Polymer science part A1 – vol4, pp. 2683 – 2701.

［53］Pan, G. , Chen, C. L. , Chang, H. m. , Gratzl, J. S. 1981. Model experiments on the splitting of glycosidic bonds by ozone, ISWPC, SCPI, Stockholm, Proceedings Vol. 2, p. 132.

［54］Eriksson, T, Gierer, J. 1985. Ozonisation of structural elements of residual lignin. J. Wood Chem and Technology Vol. 5, n°1, pp. 53 – 84.

［55］Chirat, C. , Lachenal, D. 1994. Effect of ozone on pulp components. Application to bleaching of kraft pulps. Holzforschung 48 suppl, pp. 133 – 139.

［56］Vuorinen, T. , Fagerstrom, P, Räsänen, E. , Vikkula, A. Henricson, K. , Teleman, A. 1997. Selective hydrolysis of hexenuronic acid groups opens new possibilities for development of bleaching processes. In 9th International Symposium on Wood and Pulping Chemistry Proceedings, Montreal, CPPA Proceedings, p. M4 – 1.

［57］Lawrence, W. , McKelvy, R. D. , Johnson, D. C. 1980. The peroxyacetic oxidation of a lignin related beta aryl ether Svensk Papperstidning Vol. 1, p. 11.

［58］Sarkanen, K. V, Suzuki, J. l965. Delignification by peracetic acid. Study of oxidative delignification mechanisms. TAPPI Journal Vol. 48, n°8, p. 459.

［59］Kawamoto, H. , Chang, H. m. , Jammel, H. 1995. Reaction of peracids with lignin and lignin model compounds. International Symposium on Wood and Pulping Chemistry, Helsinki, Vol. 1, p. 383.

［60］Nishihara, A. , Kubota, I. , 1968. The oxidation of aldehydes in alcoholic media with the Caro acid. J. Organ. Chem. Vol. 33, n°6, p. 2525.

［61］Detagoutte, T. 1998. Evaluation des peroxyacides (acide peroxyacdtique et acide peroxymonosul – furique) en tant qu'agents de blanchiment des pâtes d pàpier chimiques kraft. PhD Thesis. Institut Polytechnique de Grenoble, Grenoble INP – Pagora, Laboratory LGP2, Grenoble.

［62］Sosnovski, G. , Rawlinson, D. J. 1970. Chemistry of hydroperoxides in the presence of metal ions. In Organic Peroxides Vol II. Daniel Swern editor. Wiley Interscience, p. 153.

［63］Francis, R. , Zhang, X. Z. , Froass, P. M. , Tamer, O. 1994. Alkali and metal induced decomposition of peroxymonosulfate. TAPPI JournalvolTT n°6, p. 133.

［64］Devenyns, J. , Brandt, J. , Desprez F. , Troughton, N. A. 1995. Peractic acid as a selective prebleaching agent. An effective option for the production of fully bleached TCF pulp. Vochenblatt für Papierfabrikation, Vol. 123 N°1.

［65］Viikari, L. , Ranua, M. , Kantelinen, A. , Sundquist, J. , Linko, M. 1986. Bleaching with enzymes. In Third International Bioconference Biotechnology Pulp and Paper Industry proceedings, Stockholm, pp. 67 – 69.

［66］Daneault, C. , Leduc, C. , Valade, J. 1994. The use of xylanases in kraft pulp bleaching: areview. TAPPI JournalVoL 77, n°6, pp. 125 – 131.

［67］paice, M. , Zhang, X. 2005. Enzymes find their niche. Pulp and Paper Canada. Vol. 106, n°6, PP. 17 – 20.

［68］Paice, M. G. , Renaud, S. , Bourbonnais, R. , Labonfe, S. , Berry, R. 2004. The effect on xylanase on kraft pulp bleaching yield. Journal of Pulp and Paper Science, Vol. 30, n°9, PP. 241 – 246.

［69］Dence, C. W. 1996. Section III – Chapter 3. In Pulp Bleaching – Principles and Practices, TAPPI Press, P. 153.

［70］Freire，C. S. R. ，Silvestre，A. J. D. ，Pascoal Neto，C. 2005. Lipophilic extractives in Eucalyptus globules kraft pulps. Behaviour during ECF bleaching. Journal of Wood Chemistry and Technology，25，pp. 67 - 80.

［71］Chirat，C. ，Lachenal，D. ，Mishra，SP Passas，R. 2008. Effect of ozone bleaching on chemical，physico - chemical and physical properties of eucalyptus kraft pulp. In International Pulp Bleaching Conference proceedings，TAPPI，Québec City，Canada，pp. 181 - 186.

［72］Barbosa，L. C. A. ，Maltha，C. R. A. ，Lincon a Vilas Boas，Pinheiro，P. F. ，Colodette，J. L - 2008. APPITA Journal，Vol. 61，n°1，pp. 64 - 70.

［73］Backlund，B. ，and Parming A. ，Nordic Pulp Paper Res. Journal（1987）:2 p. 76 - 82（2）:16（1987）.

［74］Griffin，R. ，Ni，Y. ，and van Heiningen，A. ，81st Annual Meeting，CPPA Technical Section，Montreal，1995，p. A117.

［75］Rapson，W. H. ，and Anderson，C. B，TAPPI Journal 69（9）:329（1966）.

［76］Reeve，D. W. ，Bleaching chemistry in pulp and paper manufacture，volume 5 Alkaline Pulping，TAPPI Press pp. 425 - 447.

［77］Teder;A. and Tormund，D. ，CPPA，Transactions Technical Section，Montreal，1977，p. TR41.

［78］Germgård，U. ，and Teder A. ，Kinetics of chlorine dioxide prebleaching，Transactions of TAPPI Technical Section 6（1980）:2，TR31 - TR36.

［79］Edwards，L. ，Hovsenius，G. and Norrström，H. ，Bleaching kinetics;a general model. Svensk Papperstidning（3）:123（1973）.

［80］Jain，S，Mortha，G. and Calais，C. 2009. Predictive correlations for COD and resistant COD formed in all stages in full ECF bleaching sequences. JPPS，Vol. 35，n°3 - 4，pp. 1 - 8.

［81］Axegård，P. ，Svensk Papperstidning（12）:361（1979）.

［82］Jain，S. ，Mortha，G. and Calais C. 2009. Kinetic models for all chlorine dioxide and extraction stages in full ECF bleaching sequences of softwoods and hardwoods. TAPPI Journal，Internet Code 09nov12.

［83］Iribane，J. ，and Shroeder，L. R. ，High pressure oxygen delignification of kraft pulpskinetics. TAPPI 1995 Pulping Conference Proceeding，TAPPI Press，Atlanta，p. 125.

［84］Germgård，U. ，and Sjögren. B. ，TAPPI 1995 Pulping Conference Proceeding，TAPPI Press，Atlanta，p. 125. Svensk Papperstidning（9）:R127（1985）.

［85］Brecht，W. and Heller H. TAPPI 33（9）:14A（1950）.

［86］DUffy G. and Thichener A. ，Svensk Papperstid. 78（13）:474（1975）.

［87］Hemström，G. ，Möller，K. ，and Norman，B. ，TAPPI 59（8）:115（1976）.

［88］Norden，H. V. ，Kemian teollisuus，23（4）:343（1966）.

［89］Gullichsen，J. and Hietaniemi，J. ，J. Pulp Pap. Sci. 22（12）1996.

［90］Lindsay，J. and Gullichsen，J. ，Pulp Bleaching，TAPPI Press，Atlanta，1996，p. 513.

［91］Bodenheimer，V B. ，South. Pulp and Pap. 32（9）:42（1969）.

［92］Source:Andritz.

［93］Source:Sulzer Pumps Finland Oy.

［94］Bennington C. P. J. ，Pulp Bleaching，TAPPI Press，Atlanta，1996，pp. 537 - 568.

[95] Bennington, C. PJ., Azevedo, G., John, D. A. et. al., J. Pulp Pap. Sci. 21(4):J 111(1995).

[96] Bennington, C. P. J., "Mixing Pulp Suspensions", PhD thesis, University of British Columbia, Vancouver B. C., 1988.

[97] Bennington, C. P. J., "Mixing Pulp Suspensions", PhD thesis, University of British Columbia, Vancouver 8. C., 1988.

[98] Source: Kvaerner, now belongs to GL&V.

[99] Source: Metso.

[100] Gullichsen J, Männistö H., and Westerberg E. N., Pulp and Paper Magasine of Canada Nov. 1 967:T − 555.

[101] Simpson G. D., Practial Chlorine Dioxide, Vol. 1, 2005, ISBN 0 − 9771985 − 0 − 2.

[102] Gray J., Axegård P., Pulp and Paper 64, November 1984, Chlorine Dioxide Sysfems can be a Key to Reducing Bleaching Costs.

[103] Ullmann's Encyclopedia of Industrial Chemistry (Online version, April 15, 2010: Chlorine Oxrdes and Chlorine Oxygen Acids, Chapter 5).

[104] NiY., Wang X., (1997) Mechanism of the methanol − based ClO_2 generation process. Journal Of Pulp And Paper Science, 23, J346 −, J352.

[105] Eka Chemicals SVP − LITE technology. http://www. akzonobel. com/eka/products/pulp_chemi − cals/bleaching_chemicals/bleaching_chemicals/chlorine_dioxide. aspx.

[106] US5674466. 1995. Method of producing chlorine dioxide. Eka Nobel AB, Bohus, Sweden. (Dahl A, Hammer. Olsen R, Byrne P) SE9502077, 19950607. 5 p.

[107] US5716595. 1992. Metathesis of acidic by − product of chlorine dioxide generating process. Tenneco Canada Inc., Islington, Canada (Fredette M, Bechberger E) US68843891, 19910422. 16 p.

[108] Brown C. J., et al., Ion − exchange technologies for the minimum effluent kraft mill, CPPA Technical Section Symposium on System Closure II, Montreal, January 26 − 30, 1998.

[109] Eka Chemicals HP − A technology. http://www. akzonobel. comlekalproducts/pulp_chemic − als/bleaching_chemicals/bleaching_chemicals/chlorine_dioxide. aspx.

[110] 110. A. Barr, E. Hinze, S. Liang, The development of an integrated chlorine dioxide process to produce chlorine dioxide solution with low chlorine content, Appita J., Vol. 59, No. O e006).

[111] McHale E. T, Elbe G. V., J. Phy. Chem. 72(6), 1849 − 1856(1968).

[112] J. F. Haller and W. W. Northgraves, TAPPI J. 38(4), 199 − 202 (1955).

[113] H. X. Deal and T G. Tomkins, TAPPI 1991 Bleach Plant Operations Shorf Course, June 23 − 28, 1991, pp. 259 − 268.

[114] Acute Exposure Guideline Levels for Selected Airborne Chemicals: Volume 5, Board on Enviro − nmental Studies and Toxicology, The National Academic Press, 2007, ISBN 0 − 309 − 10358 − 4.

[115] Chlorine Dioxide Safety and Health Information Literature, Eka Nobel Inc., Nobel Industries, Marietta, Ge., 1991.

[116] Source: Air Liquide.

[117] Source: ITT Wedeco.

[118] Fl 11646. 2003. Menetelmäperkarboksyylihapon valmistamiseksi. Kemira Oyj, Helsinki, Suomi. (Meette, L. Pohjanvesr, S.) Fl 20012098, 30. 10. 2001. Julk. 1. 5. 2003. 16 p.

[119] Source: Kemira.

[120] Source: Eka Chemicals.

[121] Source: Andritz.

[122] Source: Metso.

[123] Kleppe, P J. , Chang, H. m. , studies on southern pines. Pulp and Paper Magazine of Canada, 73 (12), T400 − T404.

[124] Jamieson, A. G. , Fossum, G. 1976. Influence of oxygen delignification on pulp yields. Appita, Vol. 29, n°4, pp. 253 − 256.

[125] Magnotta, V. , Kirkman, A. , Jameel, H. , Gratzl, J. 1998. High kappa pulping and extended oxygen delignification to increase yield. Proceedings of Breaking the PulpYield Barrier Symposium, Atlanta, Feb 17 − 1 8 1998, TAPPI Press, pp. 65 − 182.

[126] Bergnor, E. , Sandström, P 1988. Modified cooking and oxygen bleaching for improved production economy and reduced effluent Eckert, R. C. 1972. Delignification of high yield pulp with oxygen and alkali, 1, Preliminary load. Nordic Pulp and Paper Journal 3, n°3, pp. 145 − 155.

[127] Swan, B. , Gustavsson, R. 1975. Evaluation of the degradation of cellulose and delignification during oxygen bleaching, TAPPI Journal, vol 58, n°3, pp. 120 − 123.

[128] Akim, G. L. 1973. On the degradation of cellulose in oxygen bleaching. Paperi ja Puu, n°5, pp. 389400.

[129] Carlton W. Dence and Douglas W. Reeve(editors) " Pulp Bleaching, Principles and Practice" TAPPIPess, Atlanta 1996. p. 233.

[130] Vincent, A. H. D. , Nguyen, K. L. , Matthews, J. E 1994. Kinetics of oxygen delignification of eucalyptus kraft pulp, Appita, 47, 3, pp. 217 − 220.

[131] Carlton W. Dence and Douglas W. Reeve (editors) " Pulp Bleaching, Principles and Practice" TAPPI Press, Atlanta 1996. p 232.

[132] Chang, H. m. , Gratzl, J. S. , Mc Kean, W. T 1974. Delignification of high yield pulp with oxygen and alkali. Progress and prospects. TAPPI Journal, Vol. 57, n°5, pp. 126 − 730.

[133] Kovasin, K. , Malmsten, E. 1987. Experience from hydrostatic medium consistency oxygen delignification at rauma mill. Pulp and Paper Canada, Vol. BB, n°B, pp. T258 − 7261.

[134] Mc Donough, T. J. 1996. Oxygen delignification. In Pulp Bleaching − Principles and practice, C. W. Dence, D. W. Reeve, Eds. TAPPI Press, Atlanta, GA, USA, p. 213.

[135] Iijima, J. F. , Taneda, H. 1997. The effect of carry − over on medium consistency oxygen delignification of hardwood kraft pulp. Journal of pulp and paper science, 23, n°12, pp. J561 − J564.

[136] Iribarne, J. , Schroeder L. R. 1997. High pressure oxygen delignification of kraft pulps. Part 1: kinetics. TAPPI Journal, 80, n°l0, pp. 241 − 250.

[137] Danièle Cardona Barrau. 1999. Action de I'oxygène sur les constituants des pâfes à papier Application a la delignification et au blanchiment, PhD Thesis, Grenoble INP − Pagora.

[138] Thomas M. Grace and Earl W. Malcolm (editors). Pulp and Paper manufacture Volume 5, Alkaline Pulping. TAPPI Press (1989). p. 452.

[139] Carlton W. Dence and Douglas W. Reeve (editors) "Pulp Bleaching, Principles and Practice" TAPPI Press Atlanta 1996. p. 265.

[140] Carlton W. Dence and Douglas W. Reeve (editors) "Pulp Bleaching, Principles and Practice" TAPPI Press Atlanta 1996. p. 266.

[141] Reeve, D. W. 1996. Chlorine dioxide in delignification. In Pulp Bleaching – Principles and practice, C. W. Dence, D. W. Reeve, Eds. TAPPI Press Atlanta, GA, USA, p. 261.

[142] Reeve, D. W. and Weishar K. M. 1991. Chlorine dioxide delignification – process variables. In 1991 Environmental Conference proceedings, TAPPI Proceedings, pp. 677 – 681.

[143] Lachenal, D. , Jouncourt, M. J. , Froment, P. and Chirat, C. 1998. Reduction of the formation of AOX during chlorine dioxide bleaching, Journal of Pulp and Paper Science, Vol. 24, n°1, pp. 14 – 17.

[144] Carlton W. Dence and Douglas W. Reeve (editors) "Pulp Bleaching, Principles and Practice" TAPPI Press, Atlanta 1996. p. 269.

[145] Lachenal, D. , Papadopoulos, J. 1988. Improvement of hydrogen peroxide delignification, Cellul – ose Chem. and Technol. 22 n°5, pp. 537 – 546.

[146] Vuorinen, T. , Buchert, J. , Telemaff, A. , Tenkanen, M. , Fagerstrom, P 1996. Selective hydrol – ysis in ECF and TCF bleaching of kraft pulps. In International Pulp Bleaching Conference proceedings, Washington DC, TAPPI Proceedings, Book 1, pp. 43 – 51.

[147] Hosoya, S. , Tomimura, Y. , Shimada, K. , 1993, Acid treatment as one stage of non chlorine bleaching. In International Symposium on Wood and Pulping Chemistry, Beijing, Vol. 1, pp. 206 – 213.

[148] Lachenal, D and Chirat, C. , 2000, High temperature chlorine dioxide bleaching of hardwood kraft pulp. TAPPI Journal, 83 Vol. 8, pp. 83.

[149] Carlton W. Dence and Douglas W. Reeve (editors) "Pulp Bleaching, Principles and Practice" TAPPI Press, Atlanta 1996. p. 384.

[150] Carlton W. Dence and Douglas W. Reeve (editors) "Pulp Bleaching, Principles and Practice" TAPPI Press, Atlanta 1996. p. 389.

[151] Carlton W. Dence and Douglas W. Reeve (editors) "Pulp Bleaching, Principles and Practice" TAPPI Press, Atlanta 1996. p. 386.

[152] Thomas M. . Grace and Earl W. Malcolm (editors). Pulp and Paper manufacture Volume 5, Alkaline Pulping. TAPPI Press(1989). p. 453.

[153] Thomas M. . Grace and Earl W. Malcolm (editors). Pulp and Paper manufacture Volume 5, Alkaline Pulping. TAPPI Press(1989). p. 454.

[154] Suess, H. U. , 2006, Hydrogen peroxide bleaching. Part 7. 6. 7. Application in chemical pulp bleaching, In Handbook of pulp Vol. 2, Ed by Herbert Sixta, p. 868.

[155] Carlos, J. E. , Lemoyne, H. , Logan, W. R. 1980. Peroxide delignification of unbleached chemical pulp by Minoxprocess. In 1980 TAPPI Alkaline Pulping Conference Proceedings, TAPPI Press Atlanta, p. 325.

[156] Germgard, U. Norden, S. 1994. OZP bleaching of kraft pulps to full brightness. In International Pulp Bleaching Conference – Papers preprints Tech Sect CPPA, Montreal, p. 53.

[157] Desprez, F Devenyns, J. , Troughton, N. A. 1994. TCF full bleaching of softwood kraft pulp: the optimal conditions for P. hydrogen peroxide bleaching. In TAPPI Pulping Conference Proceedings, TAPPI Press, Atlanta, p. 929.

[158] Suess, H. U. , 2006. Process parameters of hydrogen peroxide bleaching. In Handbook of Pulp, Vol. 2, Chapter 7. 6, Editor Herbert Sixta, p. 866.

[159] Carlton W. Dence and Douglas W. Reeve (editors) "Pulp Bleaching, Principles and Practice" TAPPI Press, Atlanta 1996. p. 418.

[160] Lachenal, D. , de Choudens, C, Monzie, P 1980. Hydrogen peroxide as a delignifying agent. TAPPI Journal, 63 (4), p. 119.

[161] Carlton W. Dence and Douglas W. Reeve (editors) "Pulp Bleaching, Principles and Practice" TAPPI Press, Atlanta 1996. p. 420.

[162] Carlton W. Dence and Douglas W. Reeve (editors) "Pulp Bleaching, Principles and Practice" TAPPI Press Atlanta 1996. p. 425.

[163] Carlton W. Dence and Douglas W. Reeve (editors) "Pulp Bleaching, Principles and Practice" TAPPI Press, Atlanta 1996. p. 427.

[164] Carlton W. Dence and Douglas W. Reeve (editors) "Pulp Bleaching, Principles and Practice" TAPPI Press, Atlanta 7996. p. 422.

[165] Carlton W. Dence and Douglas W. Reeve (editors) "Pulp Bleaching, Principles and Practice" TAPPI Press, Atlanta 1996. p. 433.

[166] Chirat C. , Lachenal D. 1997. Other ways to use ozone in a bleaching sequence. TAPPI Journal, 80, 9, 209 – 21 4.

[167] Brin, A. and Brin, L. Q. , 7889. U. S. Patent n°396, 325, July 17, 1889.

[168] Hostachy, J. C. , 2010. Softwood pulp bleaching with ozone – A new concept to reduce the bleaching chemical cost by 25, Appita Journal, Vol. 63, May – June 2010, pp. 93 – 97.

[169] Vehmaa, J. and Pikka, O. , 2007, Bleaching of Hardwood Kraft pulpwith Ozone, Proceedings 8th International Technical Conference on Pulp, Paper, Conversion &Allied Industry, 7th to 9th Decembef 2007, New Delhi India, pp. 55 – 63.

[170] Byrd, M. V. , Gratzl, J. S. and Singh, R. P. 1992. Delignification and bleaching of chemical pulps with ozone: a literature review. TAPPI Journal, March 1992, pp. 207 – 213.

[171] Liebergott, N. , van Lierop, B. and Skothos, A. 1992. A survey on the use of ozone in bleaching pulps, part 1. TAPPI Journal, January 1992, pp. 145 – 152.

[172] Carlton W. Dence and Douglas W. Reeve (editors) "Pulp Bleaching, Principles and Practice" TAPPI Press Atlanta 1996. p. 329.

[173] Schwanninge6 M. 2006. Chemistry of ozone treatment, Handbook of pulp, Vol. 2 ed by Herbert Sixta, p. 785.

[174] Jacobson, 8. , Lindblad, P. O. , Nilvebrant, PO. 1991. 1991 International Pulp Bleaching Conference Proceedings, SPCI Stockholm, p. 45.

[175] Carlton W. Dence and Douglas W. Reeve (editors) "Pulp Bleaching, Principles and Practice"

TAPPI Press Atlanta 1996. p. 330.

[176]Lachenal,D. ,Pipon,G. ,Chirat,C. 2006. Final pulp bleaching by ozonation:chemical justification and practical operating conditions. Pulp and Paper Canada 107,n°9,pp. 14.

[177]Pipon,G,Chirat,C. ,Lachenal,D. ,Ried,A. ,Hostachy,J. C. ,Procede de blanchimentf inal de la pâte à papier par l'ozone,Brevet Frangais n°06 55467 du 13 décembre 2006. Extension PCT en 2007.

[178]Chirat,C. ,Viardin,MT Lachenal,D. 1993. Protection of cellulose during ozone bleaching. Paperi ja Puu,Vol. 75,n°5,pp. 338 – 342.

[179]Lindholm,C. A. 1991. Some effects of treatment consistency in ozone bleaching. In International Pulp Bleaching Conference Proceedings,SPCI Stockholm,pp. 1 – 17.

[180]Laxen,T. ,Ryynänen,H. Henricson,K. 1990. Medium consistency ozone bleaching. Paperi ja Puu,72 (5),pp. 504 – 507.

[181]Oltman E. et al. 1992. Ozone bleaching technology. A comparison between highand medium consistency. Part 1. Das Papier,7,pp. 341 – 350.

[182]Chirat,C. ,Lachenal,D. 1994. Effect of ozone on pulp components. Application to bleaching of kraft pulps. Holzforschung Vol. 48,Suppl,pp. 133 – 139.

[183]Carlton W. Dence and Douglas W. Reeve (editors)"Pulp Bleaching,Principles and Practice" TAPPI Press,Atlanta 1996. p. 339.

[184]Gause,E. ,Oltman,E. ,Kordsachia,O. ,Patt,R. 1993. Das Papier 46 (7),p. 331.

[185]Sixta,H. et al. 2006. Ozone delignification,7. 5. 5. 7. Effect of carry – over Handbook of pulp Vol. 2, Ed by Herbert Sixta,p. 816.

[186]Soteland,N. 1974. Bleaching of chemical pulps with oxygen and ozone. Pulp and Paper Canada,75 (4),pp. 91 – 96.

[187]Lindholm,C. A. 1990. Effect of pulp consistency and pH in ozone bleaching. Part 6. Strength properties. Nordic Pulp and Paper Research Journal,n°1,pp. 22 – 27.

[188]Liebergott,van Lierop,B. l9B1. Ozone delignification of black spruce and hardwood Kraft, kraft anthraquinone, and soda anthraquinone pulps. TAPPI Journal 64(6),pp. 95 – 99.

[189]Chirat,C. ,Lachenal,D. ,Mishra,S. P. ,Pipon,G. 2008. Including an ozone stagein bleaching sequence:effect on pulp properties. ln 41th Congress ABTCP,Sao Paulo,Brazil,13 – 16 October;2008.

[190]Lachenal,D. ,Taverdet,M. T. ,Muguet,M. 1991. Improvement in the ozone bleaching of kraft pulps. In 1991 International Pulp Bleaching conference proceedings,Stockholm, Proceedings Vol. 2,pp. 3343.

[191]Dillner,B. and Tibbling,P 1991. Use of ozone at medium consistency for fully bleached pulp. Process concepts and effluent characteristics. In 1991 International Pulp Bleaching conference, Stockholm,Proceedings Vol. 2,pp. 59 – 74.

[192]Chirat,C. ,Lachenal,D. ,Anglier R. and Viardin,M. 7. ,1997. (DZ) and (ZD)bleaching: fundamentals and application,JPPS,Vol. 23,n°6,pp. J289 – J292.

[193]Toven,K. ,Gellerstedt,G. ,Kleppe,P. and Moe,S. 2002. Use of chlorine dioxide and ozone in combination in prebleaching. JPPS, Vol. 28, n°9,pp. 305 – 310.

[194] Lachenal, D. , Chirat, C. 1999. About the efficiency of the most common bleaching agents. In 1999 TAPPI Pulping conference proceedings, pp. 623 – 630.

[195] Hämäläinen, H. , Vuorenpalo, VM. , Anderson, R. , Nyman, M. 2008. Peracetic acid bleaching of kraft pulps: present status, development and mill experiences. In International Pulp Bleaching Conference proceedings, Québec, pp. 159 – 164.

[196] Delagoutte, T, Lachenal, D. , Ledon, H. 1999. Delignification and bleaching with peracids. Part1. Comparison with hydrogen peroxide. Paperi ja Puu, Vol. 81, n°7, pp. 506 – 510.

[197] Mc Leod, M. 2008. Where are bleached kraft mills going? Brighter? Cleaner? Cheaper?, Pulp and Pape6 May 2008, pp. 24 – 27.

[198] Lachenal, D. , Chirat, C. 2005. On the efficiency of the bleaching chemicals for kraft pulps. Cellulose Chem. Technol. 39, 5 – 6, pp. 511 – 516.

[199] Lachenal, D. , Hamzeh, Y, Chirat, C. and Mortha, G. 2008. "Getting the Best from Chlorine Dioxide Bleaching", Journal of Pulp and Paper Science 34 (1), pp. 9 – 12.

[200] Tarvo, V. , Lehtimaa, T, Kuitunen, S. , Alopaeus, V, Vuorinen, T and Aittamaa, J. 2010. A model for chlorine dioxide delignification of chemical pulp, J. Wood Chem. Technol. Vol. 30, n°3, pp. 230 – 268.

[201] Jain, S. , Mortha, G. and Calais, C. 2009. Kinetic Models For AII Chlorine Dioxide And Extraction Stages In Full ECF Bleaching Sequences Of Softwoods And Hardwoods. TAPPI Journal, November 2009, Internet Product code 09NOV12.

[202] Bajpai, P, Anand, A. and Bajpai, PK. 2006. Bleaching with lignin oxidizing enzymes, Biotechno – logy Annual review, Vol. 12, pp. 349 – 378.

第 ⑤ 章　纸浆干燥的原理及应用

5.1　引言

不同的造纸企业所使用的原料和制浆工艺不尽相同,每一家浆厂根据自身特点和实践有其特别之处。纸浆厂有两类:即综合性纸浆厂和纯纸浆厂。综合性纸浆厂生产纸浆并自用(即生产纸和纸板)。纯纸浆厂将生产的纸浆通过卡车、火车或轮船运输给客户。为了保证最终的产品质量和成本效益,纯纸浆厂需要特别注意产品的贮存和运输。一种解决方法是在尽可能少使用能量和水的情况下,首先挤压出浆中的水分,经干燥后切成浆板,最后打包(见图 5 – 1 和图 5 – 2)。纸浆必须干燥的主要原因有两个:① 如果纸浆未经干燥而直接贮存,纸浆质量将会受到生物和化学的影响而降低;② 湿纸浆进行长途运输会增加运输成本并影响质量。因此,有必要将纸浆水分含量减少到约 10%。

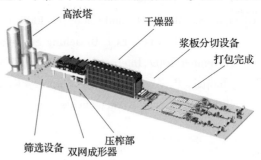

图 5 – 1　浆板生产线(包括压榨、气垫干燥和后加工处理)

5.1.1　干燥方法

多年来,已经开发了 4 种不同的脱水方法,它们仍然在浆板机的湿部(也就是网部和压榨部)使用:① 真空圆网机;② 长网机;③ 具有真空引纸辊的长网机;④ 夹网机。

纸浆经脱水和压榨后,采用外供的热能干燥,通常干度由 45% ~55% 到 90% 左右。在成形部和压榨部的脱水是机械方法,在干燥部是蒸发方法。蒸发需要许多能量,有 3 种不同的干燥方法:① 气垫干燥;② 烘缸干燥;③ 闪急干燥。

浆板干燥过程是,浆幅成形后,在网部和压榨部脱水,再经对流式气垫干燥或者接触式烘缸干燥。在对流式干燥中,浆板周围的热能来自热空气。接触式干燥,热量从金属表面传到浆板。硫酸盐纸浆干燥一般采用对流式干燥。见图 5 – 3。

在 20 世纪 80 年代,没有一个主要供应商能够提供完整的纸浆干燥设备。想要购买完整生产线的纸浆生产商必须提前向不同厂商购买干燥部分和打包线。现在,设计能力接近 4000t 风干浆 /d 的完整纸浆干燥生产线已经在市场上供货。现代化的纸浆干燥装置如图5 – 3 和图 5 – 57 所示。

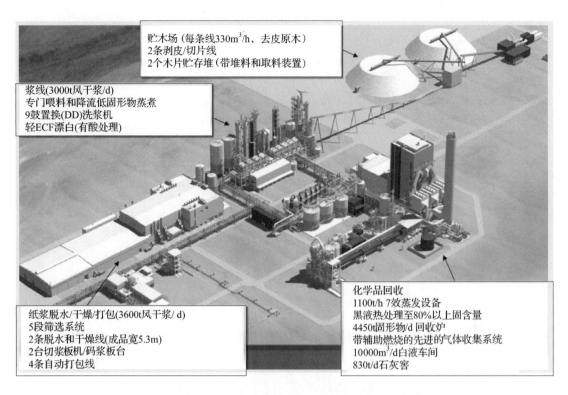

贮木场(每条线330m³/h，去皮原木)
2条剥皮/切片线
2个木片贮存堆(带堆料和取料装置)

浆线(3000t风干浆/d)
专门喂料和降流低固形物蒸煮
9鼓置换(DD)洗浆机
轻ECF漂白(有酸处理)

纸浆脱水/干燥/打包(3600t风干浆/d)
5段筛选系统
2条脱水和干燥线(成品宽5.3m)
2台切浆板机/码浆板台
4条自动打包线

化学品回收
1100t/h 7效蒸发设备
黑液热处理至80%以上固含量
4450固形物/d回收炉
带辅助燃烧的先进的气体收集系统
10000m³/d白液车间
830t/d石灰窑

图5-2　乌干达 Frey Bentos 一家浆厂(从原木到浆板打包，包括两条
气垫干燥和一条打包线，2007 年开始运行)[1]

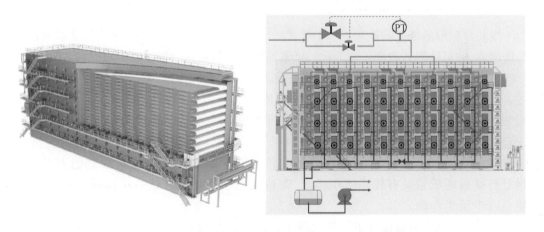

图5-3　左边是纸浆气垫干燥器，显示出浆层和模块化风机；
右边是蒸汽和冷凝水系统[1]

　　在闪急干燥中，将浆压成40%～50%干度的浆块，然后用一种专门设计的碎浆机撕碎成薄浆片，浆片进一步碎解(分离纤维)并送入有空气对流的闪急干燥器干燥，纤维和空气在旋风分离器中分离。在芬兰，硫酸盐木浆并不用闪急干燥法干燥，因为这种方法会使浆"起疙瘩"。化学热磨机械浆(CTMP)一般用闪急干燥法进行干燥(见图5-4和图5-3)。

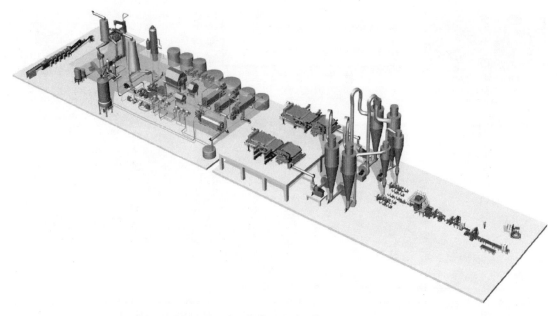

图5-4　典型的化学热磨机械浆制浆生产线[1]（从原木到打包，包括两个闪急干燥器）

所有的干燥方法，均利用干燥空气带走蒸发出的水分，并随着空气排出。由于排出气体的水分和温度高，它含有大量的热能。因此，首先用来加热干燥器中的干燥用空气，之后仍然可用于加热过程用水和设备。

5.1.2　干燥对浆质量的影响

干燥并分散后的纸浆的性质与未干燥过的纸浆的性质存在差异。这些差异会影响最终纸产品的性能，并可能导致造纸工艺变化。纸浆性能会受到脱水、热处理和氧化的影响。

纤维干燥时在纤维细胞壁会发生角质化。当纸浆中半纤维素含量较高，或者干燥温度过高时，这种角质化现象会更加明显。角质化会造成纤维壁微孔发生不可逆堵塞，从而增加了纤维壁的密度[2]。角质化会损害纤维的润胀性，降低纤维的保水能力和吸水性。经过干燥和疏解但尚未打浆的纤维挺硬，与未经干燥的纸浆抄出的纸相比，由其抄造出的纸的紧度较低且纤维间的结合强度较弱。干燥产生的张力可以通过打浆消除。干燥且打浆后的纸浆具有较高的松厚度，在造纸机上干燥得较快。干燥后再打浆的纸浆纤维会减少纸张卷曲。

干燥会降低纸浆的强度性能。纸浆越干，干燥温度越高，纸浆的抗张强度损失越大。因此，在纸浆干燥中要使用尽可能的最低温度。

在干燥之后，浆包的温度和水分含量越高，则浆越容易变黄。在打包之前，浆板通常冷却到40℃左右，因为打好的包需要很长的时间才能冷却。

几乎所有的纸浆质量参数，除了干度之外，均取决于纸浆的最终用途。主要的纸浆性能有：① 洁净度和强度（例如没有颗粒也没有胶黏物）；② pH；③ 灰分含量；④ 抽出物含量；⑤ 黏度；⑥ 白度；⑦ 白度稳定性（例如取决于残留的过氧化氢和pH）；⑧ 残留的化学物质（例如残留的过氧化氢和氯）；⑨ α-纤维素含量；⑩ 导电率；⑪ 纤维分离（浆片的可加工性）；

⑫ 打浆(纸浆纤维的可加工性);⑬ 抗张强度,耐破强度和撕裂强度;⑭ 耐折强度;⑮ 折射率;⑯ 吸液性(例如吸水特性)。

5.1.2.1　浆板机干燥部的任务和要求

不管使用何种干燥方法,干燥部和干燥过程必须满足下列基本要求(参见本系列丛书的第九卷造纸,第二部分干燥):

(1)干燥能力　尽量少地使用机械设备的同时,保证干燥效果。干燥设备一般体积大,价格贵。对于生产各纸浆等级和定量的干燥装置而言,其设计应该使得每个干燥单元脱水(如蒸发)量最大。

(2)蒸发曲线　即使在高脱水和高热效率下,也应保持较高的纸浆质量。在浆板机说明书中,均匀的随时间变化的蒸发曲线至关重要,因为横向水分分布的变化可能导致纸浆性质(例如角质化)的变化,也会影响纸浆板机运行性能和纸浆质量。

(3)浆板机运行性能和干燥部　对于一台浆板机干燥部的生产效率而言,在网部、压榨部和干燥部的浆页(pulp web)运行性能是很重要的。干燥部发生断头可能是导致停机的一个主要原因。当浆板机的运行速度持续增加时,运行性能变得更加重要。

(4)良好的能耗经济性　在设计网部、压榨部、干燥部以及相关过程组成,例如蒸汽、冷凝和通风系统时,应尽量减少在干燥过程中的能量消耗,同时回收余热用于其他过程。

5.1.3　机械脱水

纸浆干燥过程本质上是一个脱水量非常大的脱水操作或脱水过程(见图 5 – 5)。进入流浆箱的浆料浓度一般是 1% ~ 2.5%(每千克水中的纤维含量为 10 ~ 25g)。在网部通过重力、脉动、真空或外部压力(例如双网成形)排水后,浆板的干度增加到 15% ~ 35%。在压榨部,用机械压力尽可能多地除去游离水分。在这个操作单元,浆板的干度增加至 35% ~ 55%,增加的幅度取决于纸浆等级和压榨部的设计。压榨部之后,浆板进入干燥部,在这里大部分残留的水分通过加热(也就是蒸发)除去。在干燥部之后,浆板的水分含量大约保持在 10%。换句话说,大部分的水分是通过网部和压榨部的机械作用除去。经过压榨部之后,浆板的干度大约在 50% 左右,干燥部除去的水量不到进入成形部浆料所含水量的 2.5%。

压榨部的脱水量越多越好,因为就投资、能源和操作费用而言,相比网部和压榨部的机械脱水,干燥部耗费的成本更多。在进入干燥部之前,浆板的干度高,同样有利于提高运行性能,因为浆板的强度会随着干度的增加而增加。在进入干燥部之前,增加干度的潜力会受到下列因素的限制:① 压榨部技术限制;② 浆板的保水性能。

5.1.3.1　机械脱水理论

为了能够表征浆页的脱水性能,需要严格定义浆页的结构,考虑纤维的性质,例如化学浆的含量或者是机械浆的含量,甚至是非木材浆的含量以及水的状态。通过标准试验设备测量的打浆度(°SR)或加拿大标准游离度(CSF)通常用来表征浆的脱水性能。但是它们不能完全地预测纸浆的脱水潜力,主要有以下两个原因:

(1)浆幅的结构取决于成形过程中的机械力(工业过程与实验过程存在很大的差异);

(2)高度可挤压的浆幅会造成非恒定的脱水阻力(每种浆幅都是不一样的,脱水阻力会随着一些工艺参数的变化而变化,例如压力、温度、黏度、pH 以及化学品和盐的浓度)。

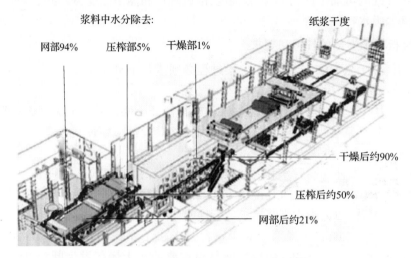

浆料中水分除去:

网部94%　压榨部5%　干燥部1%

纸浆干度

干燥后约90%

压榨后约50%

网部后约21%

图5-5　纸浆干燥设备脱水单元示例[3]

通过研究图5-6中纤维网络结构可以理解脱水过程。可以看出浆页的结构、纤维结构以及在纤维网中水位置的变化。

在最初木材制浆过程中,纤维被分离悬浮在水中。图5-6显示的是浆页的示意图,从中可以看出湿纤维网络上含有水分。除去水可形成多孔纤维网络。湿浆页主要存在两种孔隙:纤维间孔隙和纤维内孔。另外,存在着纤维内部的空腔,即细胞腔。纤维间的孔隙较小(约小于500nm),被认为是在脱木素和纤维打浆过程中在纤维壁上打开的狭缝[5]。打浆同样会产生一些大的孔隙和裂缝[6]。这里假设纤维素分子和无定形半纤维素在侧向薄层内交联,这些薄层与纤维方向共轴。在径向也存在几层薄层,当纤维润胀时,这几层薄层会被大孔

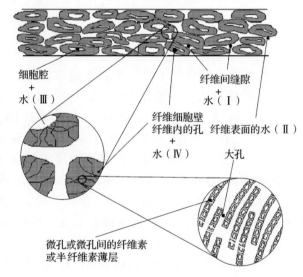

细胞腔
+
水(Ⅲ)

纤维细胞壁
纤维内的孔
+
水(Ⅳ)

纤维间缝隙
+
水(Ⅰ)

纤维表面的水(Ⅱ)

大孔

微孔或微孔间的纤维素
或半纤维素薄层

图5-6　浆页及其纤维结构示意图[4](包括水在纤维网络中的可能位置)

分离。大孔的尺寸范围是25~50nm,孔径小于25Å的叫作微孔。大孔和微孔间的限制或多或少有些随意,但是基于研究显示小于25Å的孔隙完全不受处理纸浆的影响。因此,微孔被认为与薄层中的无定形部分相连。

图5-6中,水(Ⅰ)实际上与纯液体水的性质相同,水(Ⅱ)和水(Ⅲ)的性质会变化,细胞壁中水[水(Ⅳ)]的性质更加复杂。图5-7显示了毛细管捕获水的性质。

细胞壁的孔隙可被测出来,同时纤维饱和点也可通过溶质排除测定。这种由溶质排除方法测定的纤维饱和点给出了细胞壁中的水分含量[8]。纤维饱和点随着得率的降低和打浆时间的增加而增加[7]。纯木材的纤维饱和点约为$0.4H_2O/g$固形物[9],处理后的浆的纤维饱和

点的范围是 $1 \sim 2gH_2O/g$ 固形物[5,10]。另一种用于测定纤维可含水量(在纸张物理性质上通常称为纤维润胀)的技术是测量保水值(WRV)。这意味着在一特定时间里使用标准化的 G-力离心分离样本。样本中剩余的水分基本上被认为与纤维饱和点接近,然而研究显示,这种理论仅针对部分纸浆才成立。但是,这种方法显示了纤维润胀的相对变化。保水值的波动范围为 $1 \sim 2H_2O/g$ 固形物,同时其与压榨部的固形物具有十分好的相关性(见图 5-8)。

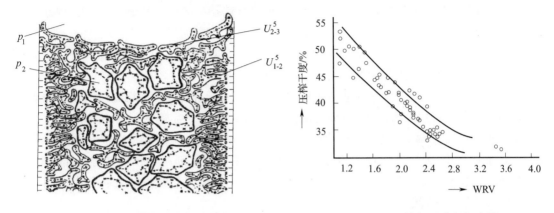

图 5-7　毛细管水分子与纤维素
和潮湿空气的边界[11]

图 5-8　压榨部干度与保水值
(WRV)的关系[12]

注　这些水显示要么是类固体形式(云状的水分子)
或是类液体形式(例如自由流动的水分子链
和云状水分子);p 表示压力,U 表示化学势。

使用其他技术进行进一步的研究表明,纤维壁内水的性质并不是均一的[13,14]。使用差示扫描热量计已经辨别出浆和纸页中 3 种不同类型的水。首先,纤维中不会凝固的水,称作非凝固水(NFW),包括"云水"(由于强烈的化学结合而被冻结成的)。其次是冰结水(FBW),当温度低于游离水的凝固点时这些水会冻结。缺少凝固和降低凝固点被认为是由于水溶于无定形凝胶中以及含在小孔中共同作用的结果。最后是纤维缝隙间的水,其凝固点等于游离水的凝固点(像链状的自由流动水)。非凝固水与微孔的形状类似,与浆的处理几乎没有关系,由此可假设非凝固水存在于与微孔相连的薄层的无定形区[15,16]。另外凝固水被认为存在于微孔中,因而有低的凝固点。纤维缝隙间的水的量随着得率的降低和打浆度的增加而增加,且与纤维饱和点的增加有关。这恰好符合多薄层理论假设,即微孔的形成或打开是通过制浆和打浆,因此认为纤维缝隙间的水主要存在于大孔中。实验同样显示了干燥过并再次湿润的纸浆的纤维饱和点低于从未干燥过的纸浆,这刚好与纤维缝隙间的水量的降低相符。因此,理论认为当干燥后一些大孔会发生不可逆关闭,引起了一种称作角质化的现象[8]。不同类型的水和它们位置的分类并不是严格区分的,还存在着一些交叉。当水分含量在 $0.5 \sim 0.8H_2O/gDS$ 时,发现所有细胞壁中纤维缝隙间的水被完全除去,当含量范围大约在 $0.24 \sim 0.28H_2O/gDS$ 时,只存在非凝固水。

纸浆脱水阻力的第一项研究的执行和其结果分析是基于过滤理论[16],这些分析是以 Kozeny-Carman 方程[方程(5-1)]为依据的:

$$\frac{d\dot{m}_v}{dA} = \frac{1}{K} \frac{(1-\phi)^3}{A_s^2 \phi^2} \frac{1}{v} \Delta p \tag{5-1}$$

式中　$d\dot{m}_v/dA$——每单位面积浆幅的排水速率

Δp——在浆幅上的压力梯度

ϕ——固体在浆幅上所占体积分数

A_s——每单位体积固体的比表面积

K——Kozeny 常数

Kozeny – Carman 方程假定在不可压缩的介质中,层流通过平行毛细管。但该假设并不适于湿浆幅。据此,Kozeny – Carman 方程以其目前的形式并不能用于预测,必须进行修改才能用于浆幅成形。

Radvan[17]总结了长网纸机脱水的基本工作,他得出以下结论:方程(5 – 1)的应用导致的表面积值 A_s 与其他方法估算的表面积值有数量级的不同。

在网部脱水过程中,纤维悬浮液被挤压成可压缩的多孔的浆幅,背靠编织的成形网表面。悬浮液中的固体颗粒一定程度上被捕获,最初是通过网面,而后靠逐渐积累的湿浆幅。

通过形成的湿浆幅流动阻力受下列几个因素的影响:① 混合浓度和物质组成;② 纤维性质(尺寸,润胀程度,弹性性能);③ 化学条件,尤其是采用助留剂产生和填料与纤维的附集的细小纤维(在热磨机械浆和化学热磨机械浆中更多);④ 流浆箱喷射特征;⑤ 成形网特征;⑥ 压力驱动脱水的时间。

在辊压成形处情况的复杂性只是部分考虑到,作出精确预测还需进一步的研究[18]。

在实际运用中,通常使用经验公式估算脱水能力,其中一个例子如公式(5 – 2)所示[19]:

$$t = \frac{k}{c} w_{base}^a \cdot \Delta p^n \tag{5-2}$$

式中　t——脱水时间

c——混合浓度

w_{hase}——沉积的定量

Δp——脱水压力

k, a, n——经验常数

在普通过滤后,即低压脱水,浆幅将达到3% ~5% 干度,同时,正如先前所提到的,湿浆幅很容易变形,因而外力将会对脱水速率产生强烈的影响[见公式(5 – 2)中时间压力关系]。在现代网部中,当达到较高的浆幅浓度时,发现压力已达到纤维发生弯曲和变形的水平。

图 5 – 9 显示两种不同浆种机械脱水性能的差异。

只要游离水能自由运动,湿浆幅很容易压缩。然而当脱水表面形成浆层时,这种流动立即受到限制。如图 5 – 10 所示,两面流动受限制的脱水。

双面脱水与单面脱水相似,但可以被看作是两个单面脱水过程,在这里几乎有一半的定量在浆幅中心非可渗透表面的反面(见图 5 – 10)。

描述压力脱水的最简化公式见公式(5 – 3):

$$w = \frac{K \cdot \Delta p}{d \cdot \eta} \tag{5-3}$$

式中　w——速率

K——浆幅渗透性

Δp——长度方向的压力差

d——浆幅厚度

η——黏度

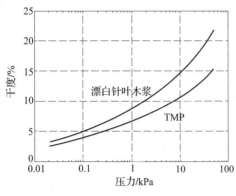

图 5 - 9 浆幅浓度和压缩压力[20]

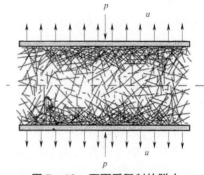

图 5 - 10 两面受限制的脱水
（p 表示压力, u 表示速度）[12]

从简化公式（5 - 3）中可以看出,双面脱水量是单面压力脱水的 4 倍,因为浆幅被分割成了两部分,每一部分为一半的流量和"两倍的渗透率,即 $K/(d/2)$"。双面脱水将会导致表面更密集。密集的表面将会提高浆幅的挺度和运行性能,只要其不限制和影响下游工艺阶段如蒸发脱水,这将会产生正面效应且不影响纸浆质量。

pH 的影响

纸浆润胀受游离电荷基团(例如羧基和磺酸基团)的影响,同时里面存在离子态的带电基团。带电基团在高 pH 更加游离,因而粒子间的斥力导致了纤维润胀。加盐到溶液中,通过离解带电基团而阻止纤维润胀。带电基团在低 pH 下处理可以转变成中性质子状态。消除带电基团将会减少纤维润胀。纤维润胀程度也取决于纤维挺度。润胀纤维比干燥纤维的直径大15% ~ 25% ,长 1% ~ 2%[21,22]。

影响脱水的因素

浆幅压榨理论是以它的发明者 Wahlstrom 命名的。他的理论是以浆幅和毛毯是可压缩和多孔为依据。毛毯的孔大于浆幅的孔,且含水量较低,同时毛毯挺度比浆幅大,可以更好抗压。因为毛毯孔较大,流动阻力较小,所以水可以向毛毯流动。

脱水效率的影响因素:① 初始浆幅的水分;② 浆的质量;③ 浆幅温度;④ 压辊表面材料;⑤ 辊径;⑥ 毛毯的质量和状况;⑦ 线压。

从图 5 - 9 可以看出,当采用 10kPa 的外部压力时,浆幅干度增加到 10% 以上。例如在辊压成形部,10kPa 是一个典型的脱水压力水平。从对数 x 轴上可以清楚地揭示,当达到较高的浓度时过滤阻力大大提高。

进一步脱水将会降低浆幅的自由水含量。根据图 5 - 8 和图 5 - 9,捕获水[图 5 - 6 中的水(Ⅲ)和水(Ⅳ)]的量将对脱水性能有很大的影响。当浆幅离开浆板机的压榨部时,其的干度通常的范围是 40% ~ 50% ,相应的干基水分含量是 1.5 ~ 1.0g 水/g 固形物。

这表明离开压榨部的浆幅水分含量的范围与纤维饱和点值的范围一致。据此可以假定,经过压榨部后的浆页中的大部分水分保留在纤维中。实验表明当干度超过 50% ,也就是通常开始给纤维或纤维细胞壁加热干燥时,纤维细胞开始发生塌陷[24]。它同样表明当水分含量达到纤维饱和点时,纤维开始脱水。由于对于纸浆处理方法不同,干燥脱水行为也不同[14]。当纤维完全干燥后,可认定大孔完全崩溃,因而纤维壁几乎无孔[25]。

众所周知提高网部和压榨部的脱水,可以通过供应蒸汽和加热稀释水来实现。在本丛书

第七卷,《造纸第Ⅰ 浆料制备与湿部》中有更详细的描述。

根据图5-11,湿压显然可流经可变形多孔结构。所有湿压模型后的基本思路是对可变形浆幅施加外部机械压力将基于液压梯度产生水流。因为水流经多孔性结构,水流速度与液压梯度被认定呈线性关系,正好与达西定律相符。在给定压力下,流速的大小由多孔性结构的渗透性和流体的黏度决定。多孔性结构的开度越大,渗透性越好。从这接着看到,水流经开放结构所受的限制较小,导致浆页的脱水速度快,因而流经压榨后浆页的干度较高。低黏度的水同样有助于提高脱水速率,因为水流经多孔结构所受的限制较少。因为温度升高水黏度降低,因此在生产过程中水温的增加将会提高压榨部

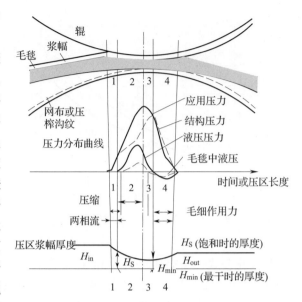

图5-11 辊压的湿压榨[23]（如瓦尔斯特伦的出版物中所示,H表示厚度）

的性能。在浆页受压脱水过程中,多孔性结构将会变得密集,这也就意味着孔隙率会减少。结果也会导致浆页渗透率下降。因此,当水分减少时,脱水过程也会减慢。渗透性和水分的关系可通过动力定律方程来数学描述,正如参考[25]中举例解释。

5.1.4 加热脱水

在最初干燥阶段,纤维表面覆盖着自由水[水（Ⅰ）和部分水（Ⅱ）]。在这一阶段,干燥速率高,主要由干燥空气状态来决定。这解释了气垫干燥是一种好的选择的本质原因。

5.1.4.1 湿空气计算和空气状态图

不同的干燥手册使用不同的空气状态图,例如 Bowen 图、Mollier 图和 Grosvenor 图。在这,此处包括了一个透视转变的 Salin - Soininen 图及其与 Bowen 图和 Grosvenor 图的比较（见图5-12）[26]。这个图表让读者有可能自己熟悉在 Salin - Soininen 图和这个图覆盖范围内所显示的状态变化。

在研究湿空气时需要记住,只有在一定的总压力 P 下所画的状态图才是有效的。通常,依据气候条件,海平面上的总压力变化是从 90～105kPa。这就是为什么,当检验海平面以上的气体时,海拔和环境压力必须包括在内已得到精确的计算。因此,在能量平衡计算中,环境压力或绝对大气压必须当为一个变量。总压的影响可以通过一个例子来证明。我们可以使用与图5-12 中相同的空气温度（空气状态变化是针对湿球温度 t_{as}）,假定空气湿度 x 是在总压力为98kPa 的热空气流中使用干湿球温度计来测量的。实际上,我们开始测量干球温度 $t=105℃$ 和湿球温度 $t_{wb}=t_{as}=35℃$,然后用这些温度寻找相应的 x 值。对于标准压力 101.3kPa,我们可以从图12 中得到 $x≈0.007$kg 水/kg 干空气,$t_{DP}=8.9℃$。但是当使用湿空气状态方程时,依据总压,我们可以得出 $x=0.0082$kg 水/kg 干空气,也就是 x 值提高了17%（或者 $t_{DP}=11.2℃$）。在1kg 干空气的基础上湿空气焓公式（也就是 kJ/kg 干空气）是公式（5-4）。（见本章最后面的符号）

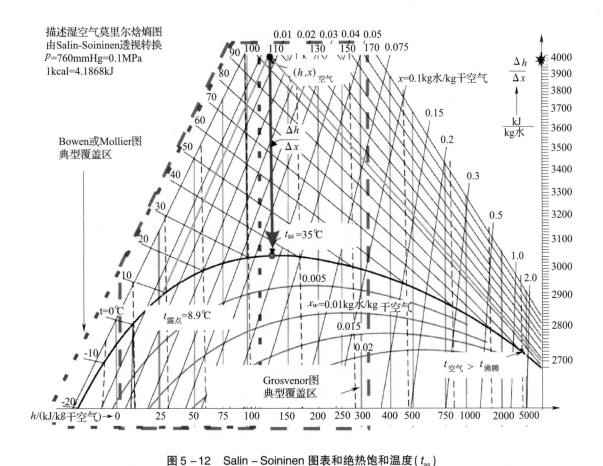

图 5 – 12　Salin – Soininen 图表和绝热饱和温度（t_{as}）

注　假设在一个所谓的绝热干燥器中浆板表面自由水的温度，此时干燥器的空气状态是 $p = 0.1$MPa，$t = 105$℃，$x \approx$ 0.007kg 水/kg 干空气[26]。

$$h = c_a t + x(r_0 + c_v t) \tag{5-4}$$

从式（5 – 4）可以看出，在能量平衡中，x 值与蒸汽的潜热相乘，因此 x 值发生错误在较高湿度下对能量计算的影响更大，在最坏情况下产生的错误与水分含量的错误成比例。关于湿空气性质更多的公式可在参考文献[26 – 29]中找到。图 5 – 13 和图 5 – 14 包括的 2 个例子表明湿空气和蒸汽的加热与混合同样遵循公式（5 – 4）。

5.1.4.2　干燥过程的传热理论

干燥过程的传统原理，即同时传热和传质，如图 5 – 15 和图 5 – 16 所示。

我们检验图 5 – 16 中 dA 面的干燥过程。

首先，假定要蒸发的水具有自由水性质，也就是水分含量在非吸湿性范围内。表示在质量流量 $\dot{m}$ 下干燥空气状态的参数是（h,x,t），表面温度是 t'，传热系数 α'，蒸发的水通量 $\mathrm{d}\dot{m}_v/\mathrm{d}A = \mathrm{d}\dot{m}_w/\mathrm{d}A$，热通量 $\mathrm{d}\dot{q}_w/\mathrm{d}A$。假定蒸发发生在表面，同时这个过程稳定，因而 $\mathrm{d}\dot{q}_w/\mathrm{d}A$ 是维持表面温度 t' 不变的必要热通量。

为了蒸发质量 $\mathrm{d}\dot{m}_v = \mathrm{d}\dot{m}_w$，则将温度为 t' 的水转化为温度为 t 的蒸汽需要的热量为：$(r_0 + c_v t - c_w t')\mathrm{d}\dot{m}_v$，因此热平衡方程为：

$$\mathrm{d}\dot{q}_w + \alpha(t - t')\mathrm{d}A = (r_0 + c_v t - c_w t')\mathrm{d}\dot{m}_v \tag{5-5}$$

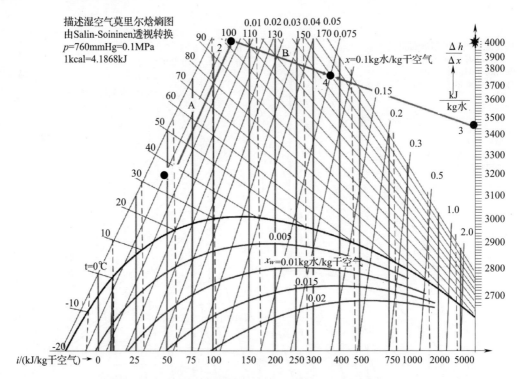

图 5-13 箭头 A 是加热空气(从 1 到 2),箭头 B 是蒸汽 3,
在空气中喷射 2,导致最后湿空气状态 4[27]

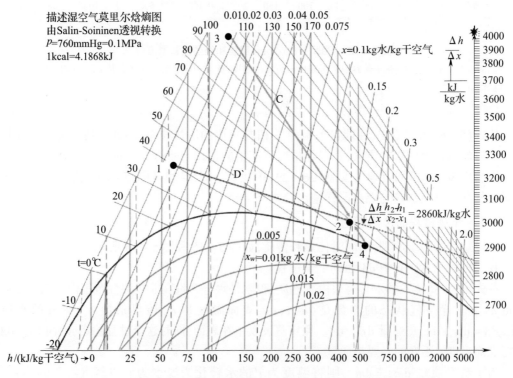

图 5-14 箭头 C 是两种气流的混合(3 和 4),箭头 D 是干燥机的比热容
(进气口 =1,出气口 =2)(见本章最后的符号)[27]

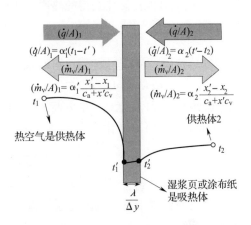

纯传热　　　$t_1 > t_1' > t_2$

热量传递有确定方向及
稳定状态

$(\dot{q}/A)_1 = (\dot{q}/A)_2$

$(\dot{q}/A)_1 = \alpha_1(t_1 - t_1')$
t_1
供热体

总传热系数定义如下：

$$\frac{1}{\alpha_{tot}} = \frac{1}{\alpha_1} + \frac{1}{\lambda/\Delta y} + \frac{1}{\alpha_2}$$

t_1'　t_2'

t_2
$(\dot{q}/A)_2 = \alpha_2(t' - t_2)$
吸热体

$\dfrac{\lambda}{\Delta y}$

干燥=同时热质传递（SHMT）

例如：$t_1 > t_1' < t_2$

吸热体和供热体确定传热方向
且传热不只是一个方向

$(\dot{q}/A)_1$　　　$(\dot{q}/A)_2$

$(\dot{q}/A)_1 = \alpha_1'(t_1 - t')$　　$(\dot{q}/A)_2 = \alpha_2(t' - t_2)$

$(\dot{m}_v/A)_1$　　$(\dot{m}_v/A)_2$

$(\dot{m}_v/A)_1 = \alpha_1' \dfrac{x' - x_1}{c_a + x'c_v}$　　$(\dot{m}_v/A)_2 = \alpha_2 \dfrac{x' - x_2}{c_a + x'c_v}$

t_1

供热体2

热空气是供热体

t_2

t_1'　t_2'

湿浆页或涂布纸
是吸热体

$\dfrac{\lambda}{\Delta y}$

基本传热只有一个供热体和吸热体，无相变
从供热体到吸热体温度持续下降

干燥产生局部传热，传热曲线不连续，因为蒸发时
水会吸收相变热并储存，称之为蒸发时的潜热

**图 5−15　左图是单一的传热，右图是同时传热和传质，
例如气垫干燥[27]（见本章最后的符号）**

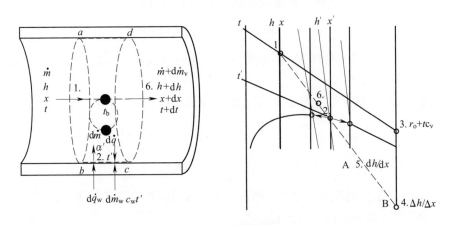

图 5−16　对流干燥

　　注　在积水膜多孔管边界层进行热质传递，被认为几乎类似于烘缸中的湿浆。在蒸发中空气状态的改变也可以通过透视变换湿度图（通常叫作 x 图）来描述。控制量和控制面 dA 是由连接 a、b、c、d 的虚线来表示的[29]。

　　方程(5−5)需要一个传质的表达式来综合传热和传质，且无论是在高湿度还是低湿度（例如高表面温度和低表面温度）都是有效的。本研究中描述传质方程时，参考了参考文献[28]中的 Lewis 方程，即方程(5−6)：

$$\frac{d\dot{m}_v}{dA} = \frac{\alpha(x' - x)}{c_a + x' \cdot c_v} \tag{5-6}$$

　　这里的 α' 是表观传质系数，将方程(5−6)中的 $d\dot{m}_v/dA$ 值代入方程(5−5)中，可得到方程(5−7)，

$$\frac{\mathrm{d}\dot{q}_w}{\mathrm{d}A} = \frac{\alpha'}{c_a + x' \cdot c_v}[\,(x'-x) \cdot (r_0 + c_v t - c_w t') - (c_a + x' \cdot c_v) \cdot (t-t')\,]$$

$$\frac{\mathrm{d}\dot{q}_w}{\mathrm{d}A} = \alpha'\frac{h'-h}{c_a + x'_v}c_w t' \qquad (5-7)$$

运算括号内的乘法并将 $h = c_w t + x(r_0 + c_v t)$，并记住将表达式转变成 $(h'-h) - (x'-x)c_w t'$，除干燥空气外，从其他传热体获得的热通量 $\mathrm{d}\dot{q}_w/\mathrm{d}A$ 写成方程(5-8)：

$$\frac{\mathrm{d}\dot{q}_w}{\mathrm{d}A} = \alpha'\frac{h'-h}{c_a + x' \cdot c_v} - \frac{x'-x}{c_a + x' \cdot c_v}c_w t' \qquad (5-8)$$

浆幅的总热质平衡(包括辐射)可写成下列方程(5-9)：

$$\alpha(t-t')\mathrm{d}A + \alpha_R(T^4 - T'^4)\mathrm{d}A + \alpha_C(t_c - t')\mathrm{d}A = (r_0 + c_v t - c_w t')\mathrm{d}\dot{m}_v \qquad (5-9)$$

当求解绝热饱和温度时，在方程(5-9)中，辐射和传导的热流量等于0。结合方程(5-6)和方程(5-9)可转化为方程(5-10)：

$$\alpha(t-t') = \alpha'\frac{x'-x}{c_a + x' \cdot c_v}(r_0 + c_v t - c_w t') \qquad (5-10)$$

现在我们可以看到，且仅当 $\alpha/\alpha' = 1$ 时，$t' = t_{as}$，意味着表观传热系数之比必为1。$\alpha = \alpha'$，通常在纸浆干燥计算中是好用的初始假设。

5.1.4.3　特例

在纸浆干燥器中部分传递的热量($\mathrm{d}t$)是来自于热表面的辐射。为简单起见，通常一些相对并不重要的部分热量并不在此讨论中。出于好奇，为了论证一些极值，在此，结合方程(5-8)来讨论一些特殊案例。

(1)绝热干燥器　对于绝热干燥器，$\mathrm{d}\dot{q} = 0$，此时得方程(5-11)，

$$\alpha(t-t') = \alpha'\frac{x'-x}{c_a + x' \cdot c_v}(r_0 + c_v t - c_w t') \qquad (5-11)$$

该方程为绝热干燥器的特性方程。该方程表明干燥空气状态属性的变化是沿着湿浆温度线而变化的(如图5-12所示)。

(2)等温干燥器　对等温干燥器，$t = t'$。根据方程(5-7)得方程(5-12)：

$$\frac{\mathrm{d}\dot{q}_w}{\mathrm{d}A} = \frac{\alpha'}{c_a + x' \cdot c_v}[\,(x'-x) \cdot (r_0 + c_v t) - (x'-x)c_w t'\,]$$

$$\frac{\mathrm{d}\dot{q}_w}{\mathrm{d}A} = \frac{\alpha'}{c_a + x' \cdot c_v}[\,(x'-x) \cdot (r_0 + c_v t - c_w t')\,] = \frac{\mathrm{d}\dot{m}_v}{\mathrm{d}A} \cdot r(t') \qquad (5-12)$$

这里的 $r(t')$ 表示在温度 t' 下的蒸发热量。纸浆或纸的烘缸几乎是等温的，因为通常干燥空气的温度和蒸发表面的温度非常接近。

(3)无传质的特殊案例　此时 $x = x'$，无传质发生，可得到方程(5-13)：

$$\frac{c_a \cdot (t'-t) + x \cdot c_v(t'-t)}{c_a + x \cdot c_v} = (t'-t) \qquad (5-13)$$

给出方程(5-14)

$$-\frac{\mathrm{d}\dot{q}_w}{\mathrm{d}A} = \alpha'(t-t') = \alpha(t-t') \qquad (5-14)$$

在温度 t 下来自于空气的"干燥"热传递到温度 t' 下的表面(负号是由于固体管壁中的热流的方向相反)。

(4)沸点温度下的湿表面　当传热高而传质阻力相对较低时，蒸发表面可达到沸点温度 $t = t'_b$。在这种情况下，水的分压将等于大气压，同时 x' 和 i' 将是无限的。应用 L' Hopital 的定

律,可将方程(5-7)转化为方程(5-15):

$$-\frac{\mathrm{d}\dot{q}_w}{\mathrm{d}A} = \frac{\alpha'}{c_v}(r_0 + c_v t'_b - c_w t'_b) \qquad (5-15)$$

这里,表达式$(r_0 + c_v t'_b - c_w t'_b) = r(t'_b)$也就是在温度$t_b$下的蒸发热。当在沸腾情况下$a'$的极限值为$a' = c_v/A$(= 蒸汽的热容量流密度)时,方程(5-15)才正确。因此,根据本研究应用的模型,在同时传热和传质期间,传热系数的极限值为$a = a'$[在方程(5-8中)],在单纯传热下或在沸点温度低的干燥强度时$a' = c_v/A$(在这种情况下蒸发表面附近没有空气存在)。该情况可在$\mathrm{d}\dot{q}_w/\mathrm{d}A$的适当值下实现。蒸发发生在浆幅表面的气相中。不允许产生气泡,因为它们会毁坏浆幅或者在表面间形成分离的蒸汽层[30]。

5.1.4.3.1　吸湿性(Hygroscopicity)

随着纤维表面的干燥,纤维内部的水分开始蒸发。在这第二干燥阶段,干燥阻力增加。在原本稳定的干燥条件下,干燥阻力的增加会导致纤维表面干燥温度的增加。在这一阶段干燥速率由纤维的水分迁移参数决定。

5.1.4.3.2　被干燥材料的吸附等温线

吸湿性范围内水的性质的信息可以从一系列吸附等温线中获得。这些等温线同样被用于描述浆幅中水的性质。例如,采取图5-17和图5-18中所示的等温线。从图5-19中可知,一些浆幅的水分含量,$z = 2.5\%$、5%、7.5%、10%、15%,温度t',与浆幅平衡的空气相对湿度ϕ不再是100%(也就是全饱和)而是较小,因此这些曲线($z = 2.5\%$、5%、7.5%、10%、15%)所定义的是没有残留自由水的吸湿材料的平衡湿度φ。

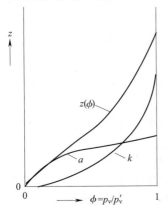 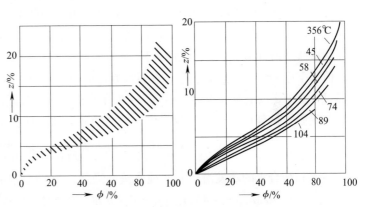

图5-17　结合到材料的水的
原理吸附等温曲线与周围空气
相对湿度的函数关系[30]
a—吸收水　k—毛细管吸水
z—浆幅水含量　ϕ—相对湿度

图5-18　左图画线区是不同纤维素等
级吸附等温线;右图是棉花在不同温度
下吸附等温线[30]
(z—浆幅水分含量,ϕ—相对湿度)

使用符号p'_v代表在温度t'下的自由水饱和压力,包含吸湿区与浆幅平衡的湿空气的蒸汽压变为$p''_v = \phi p'_v$。这可计算与浆幅平衡的空气的饱和湿度x''。如方程(5-16):

$$x'' = 0.622 \cdot \frac{p''_v}{p_0 - p''_v} \qquad (5-16)$$

此时p_0是周围空气的压力。方程(5-16)用于得到浆幅结合水(经常称作吸湿水)的新的饱和曲线,如图5-19所示。

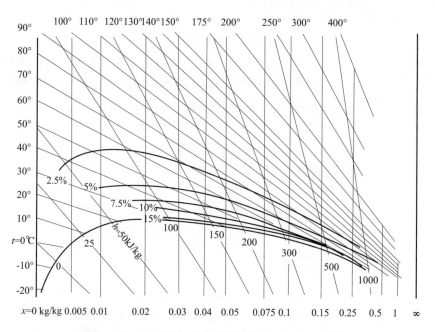

图 5 – 19　与含结合水的材料平衡的空气状况图[30]

注:空气状况是基于图 5 – 18 棉花等温线(浆幅水分含量 z = 2.5% ,5% ,7.5% ,10% ,15%)

图 5 – 19 中的 h,x 图包含了纸幅水分含量 z = 0.025, = 0.05, = 0.075, = 0.1, = 0.15 时的饱和曲线。从这些曲线中我们可以读到 h 和 x(或 h″和 x″)的值。我们可以定义结合水饱和曲线来描述结合水饱和空气,然后我们可以说我们有一个,对应于任一浆幅水分和温度值的湿空气曲线图。这些状态值可用于早期定义的方程,给出了结合水区域(也就是吸湿区)干燥模型所需的属性。值得牢记的是在实验室条件下毛细管流量据说在浆幅水分含量为 6% ~ 15% 时停止[31],同时经过一次干燥的纸浆的吸湿性不同于未经干燥的纸浆的吸湿性。

与吸附一起释放的热称为吸附热。根据经典文献方程(5 – 17)关系式可计算吸附热。

$$-R_v \frac{\mathrm{d}\ln p''_v}{\mathrm{d}(1/T)} = -R_v \frac{\mathrm{d}\ln p'_v}{\mathrm{d}(1/T)} = -R_v \frac{\mathrm{d}\ln\phi}{\mathrm{d}(1/T)} \qquad (5-17)$$

纯水和结合水的蒸发潜热 r_0 = 纯水蒸气潜热, r_v = 结合水的吸附热。

式中 $R_v = R/M_{H_2O} = 0.4617\mathrm{J}/(\mathrm{g}\cdot\mathrm{℃})$ = 水蒸气的气体常数, p''_v = 吸湿表面的水蒸气压, p'_v = 饱和水蒸气压, T = 热力学温度。

Clausius – Clayperon 定义方程(5 – 17)的左边是结合水与自由水总共的蒸发潜热[31]。结合水的附加热,也就是当水与纸浆纤维形成吸湿性结合所释放出的热量,如方程(5 – 18):

$$r_a = -R_v \frac{\mathrm{d}\ln\phi}{\mathrm{d}(1/T)} \qquad (5-18)$$

式中 r_a 是结合水的附加热。然而值得注意的是,如新表面形成能并不直接由 Clausius – Clayperon 方程定义,因此方程(5 – 17)和方程(5 – 18)仅仅只是结合水附加热的一个近似值[31]。吸湿材料的普通热力学模型及材料中结合水的通用平衡模型的缺乏使得在定义等温吸附线(附加热)为相对湿度 ϕ 的函数时有必要进行实验测量。

因此方程(5 – 17)的计算只是一个对棉花结合水潜热"差"的粗略估计,即结合水附加热的数值,见表 5 – 1。

表 5 – 1   采用 Clausius – Clayperon 计算棉花结合水的"附加热"的值[31]

z/%（水/固形物）	1	2	3	5	7	10
r_a/（kJ/kg）	1000	800	700	500	400	200

注　z = 纸浆水分含量。

现在我们可以说,当达到吸湿性区时,蒸发的蒸气的潜热约等于游离水和结合水潜热量的总和。

在文献中的一些预测吸附热值可以被认为一定是错误的。然而,这个问题取决于使用者需要知道哪种模型可以最好地预测所考虑的产品的吸附热值。

在实验室条件下测定的一系列吸附等温线,如图 5 – 18 所示,并不能很准确表示在纸浆干燥设备中干燥的原生纸浆的性质。在实验室测定的纸浆吸湿性通常是那些再润湿纸浆的吸湿性。再润湿浆的水分布和水化学与在浆板烘缸中干燥的纸浆的不同。结果,在给定水分 z 下,实验室测量的分压与浆板烘缸中相应的分压并不完全相同。实验室中纸浆样本缓慢干燥是引发进一步差异的事实,然而实际上其成分一直是相互平衡的。因为不同组分(纤维素、半纤维素和木素)的吸湿性是不同的,它们的相互平衡会导致组成成分中水的不均匀分布。在浆板烘缸中,干燥过程快速激烈,因此各组成部分间水的分布和局部的蒸气压不同于那些在相同的平均水分和温度下的实验室样品。即使是刚取自一台运行机器压榨部的浆作为实验室样品也无法获得正确的数据。

理论上可以总结出,干燥模型中,实验室数据用于分析纸浆和纸的吸湿特性是不准确的。然而对一些普通的纸浆干燥应用,这种不精确可能并不显著。但是对于一些复杂的过程,我们仍然需要确定吸附等温线和吸附热的最可能值,因而这个题目仍需提供分析空间和实验工作来足够精确地定义吸附等温线和单独的吸附热曲线。

5.1.4.3.3   纸浆的冷却和降解

离开干燥设备的纸浆的温度很高,且随干燥器类别的不同而有所变化。纸浆的温度可能会达到接近 100℃,但是过高的温度会引起很多不利影响,因而在干燥之后需要直接冷却。取决于浆板等级,在贮存之前纸浆的温度需要降到 30 ~ 40℃。贮存在 60℃ 的湿浆的白度会下降 1 ~ 3 个 SCAN 单位。因此加入冷却器来确保:① 良好的纸浆白度(在后处理和贮存期间,纸浆返黄较少);② 在裁切和打包时良好的运行性能;③ 微生物孢子发芽较少(主要是阔叶木浆的问题);④ 在贮存和运输中固形物变化较少;⑤ 较好的化学稳定性。

对于吸湿性问题,在发生生物降解之前,水分含量必须超过 12% ~ 15%(水/固形物)。因此纸浆干燥到低于临界水分含量,通常低于 10%(水/固形物),但是如果贮存期间空气相对湿度超过了 80%,霉菌和真菌降解的风险就会变大。吸附等温线可以在参考文献[32 – 33]中找到。从上述中我们可以清楚地知道当空气相对湿度达到了 80% 时,纸浆会面临霉菌生长。

5.1.4.4   实验室脱水实验

极限的压榨干度必须通过实验测定,见图 5 – 20 和图 5 – 21。

据图 5 – 21,仅仅 0.5MPa 的表面压力在静态表压下可产生 50% 的干度。例如在纸机的干燥部,最大表面压力大约为 50MPa。50MPa 的静态表面压力将产生 75% ~ 85% 的干度。

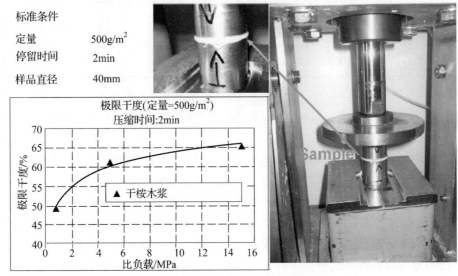

图5-20　测定纸浆极限压榨干燥的典型设备[12]

5.1.4.4.1　热脱水过程中浆板的温度变化

　　下面的实验例子显示,随时间变化的平均温度和用磁共振成像测得的一块纸浆水分分布。实验设备如图5-22所示。实验过程中的干燥条件可认为是模拟了绝热干燥过程。在这些实验中,干燥浆样的厚度范围是1.8~4mm。

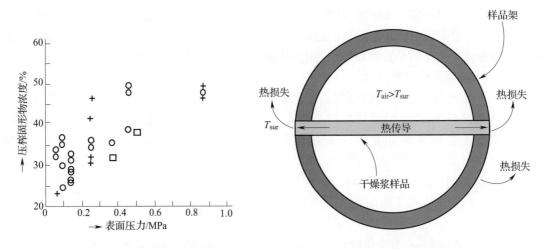

图5-21　不同纸浆级别的典型干固物的变化与静态表面压力的函数关系[12]

图5-22　纸浆试样和热量损失的示意图（由Bernada所做的实验）[34]

　　从图5-23中可以看出,当热脱水一种材料时,测得的纸浆温度可分为4个不同的干燥阶段。这4个干燥阶段是由抗脱水机制的物理变化引起的。图5-23同样显示的是模型的不确定性(如几何形状的定义、状态变量和物理性质),这引起了估计的产品温度的偏差和其他随时间变化的变量。当尝试去解释实验的干燥结果时,模型的不确定性成为经常讨论的论题。

　　图5-23中的纸浆样品温度与图5-54所示的工业烘缸中的浆板现场温度的比较。

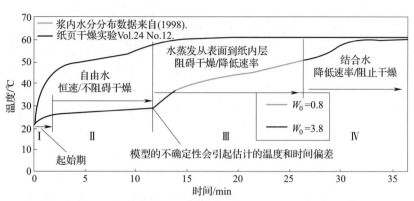

图 5－23　两组实验所采用的干燥空气的入口温度为 62.5℃

图 5－23 展示的是纸浆样品温度随时间的变化,说明水的状态和水的运动。较低脱水强度的下条曲线具有更明显的不受阻碍的干燥期[27,34－35](W_0 = 初始水分含量)。

5.1.4.4.2　纸浆样品内的水分分布

图 5－24 所示的是模拟的水分分布曲线与实验的水分分布曲线的比较。模拟是初步结果,且只是所选择的系列参数的一个模拟。实验浆页的有效扩散系数 $D_{\mathrm{eff.v}}$ 不是实验测定的,而是设定为 $4 \times 10^6 \mathrm{m}^2/\mathrm{s}$。对于定量 $882\mathrm{g/m}^2$、紧度为 $500\mathrm{kg/m}^3$ 的浆页,其有效扩散系数 $2.3 \times 10^6 \mathrm{m}^2/\mathrm{s}$ 已由 Nilsson 等测得[36]。

有效扩散系数一般随着浆页紧度的降低而增加。实验所用的浆页紧度约为 $410\mathrm{kg/m}^3$,因而所选择的有效扩散系数可认为是合理的。在使用的实验设备中,很难用传统的相关性测定浆页表面的传热系数[34]。设备中的流动是湍流,直径为 4cm 的管中流体的平均速度为 $3.5\mathrm{cm/s}$,α_{f} 值 $=50\mathrm{W/km}^2$,可认为是合理的。无法知道浆页的纤维比表面积和传质系数 β,因此校正参数 k_{m} 关联两个参数的乘积 $\alpha_{\mathrm{f}} \cdot k_{\mathrm{m}}$ 用于图 5－24 中的物理测量。因此,这两个参数的乘积(α, k_{m})是该模型的拟合参数。模拟曲线的形状与实验曲线的形状相似,钟形的形状表

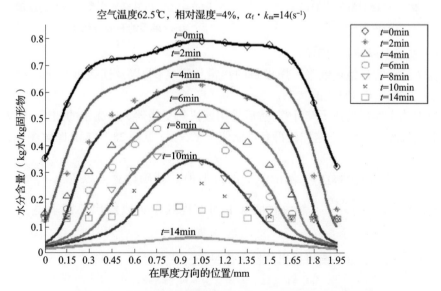

图 5－24　不同时间段的浆厚度方向上的模拟水分分布曲线

图中的点是用 MRI 测量数据[11],线是 $t=0$ 时数据的拟合曲线[35]。

明,纸浆外部干燥速度快于内部干燥速度。从图 5 - 24 中可以看出,模拟的曲线一般在时间上滞后,在第一时间中与实验曲线相同,在干燥结束阶段(也就是最后两个时间)却快于实验曲线。实验中最后的水分含量并不是平衡值,而是实验技术的分辨极限。这表明浆页要比在 0.125kg 水/kg 固形物下测得的值更加干燥,这正好解释了在实验最后阶段模拟曲线低于实验曲线的原因。

图 5 - 25 所示的实验结果显示,无论如何,高级的模拟必须包括所谓的热管效应。这种在干燥材料内来回输送热量的效果取决于现场吸热体和供热体。热管效应被描述为加热表面蒸发水的热效应。蒸发水遇冷冷凝然后通过毛细管流输送回原蒸发的地方。

5.1.4.4.3 材料内部的传热和有效导热系数

图 5 - 26 显示的是以孔隙水含量为变量的湿玻璃纤维板的有效导热系数。从图中可以很容易看出,湿玻璃纤维幅在 75 ℃时的有效导热系数明显高于加和的导热系数。这同样可描述为热管效应。

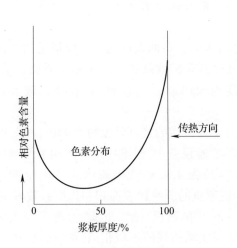

图 5 - 25　单面烘缸干燥的纸浆
样本的色素分布[12]

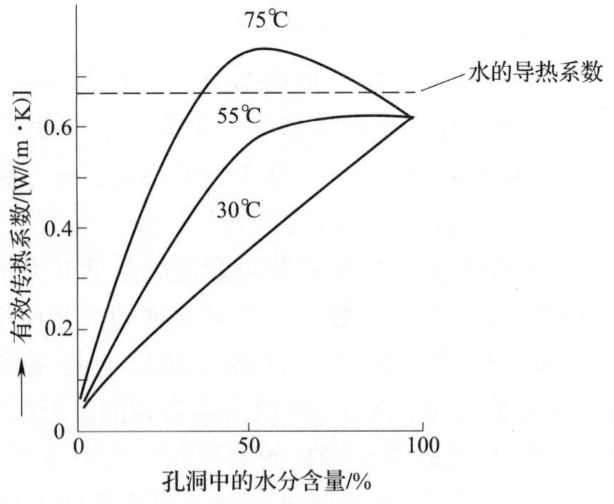

图 5 - 26　以孔隙水含量为变量的湿玻璃
纤维板的有效导热系数[12]

5.1.4.4.4 纸浆干燥设备的实例

图 5 - 27 显示的是绝热纸浆干燥设备的热量传递实例,以及连接纸浆干燥设备(气垫干燥)的热交换器里进出口空气的状态。

首先根据热交换器的热平衡计算,然后采用该机热交换器无冷凝水的知识,可以求出位置 D 排出的空气状态(h_3, x_3)。这样使得有可能假定 $x_2 = x_3$(见图 28 中 h, x 图解图像,见本章最后的符号)。

我们可以看到,由图解法可给出 t_3、h_3 的近似值。精确计算可以得出 $h_3 = 569.4 kJ/kg$ 干空气,然后有 $t_3 = \dfrac{h_3 - x_3 r_0}{c_a - c_v x_3}$。然后我们从下列方程式中可以解出热需求量,见本章最后的符号。

根据控制体积的质量平衡可得出蒸发水流量 $\dot{m}_v$,见方程(5 - 19):

$$\dot{m}_v = \dot{m}_{DS}(z_{webin} - z_{webout}) = \dot{m}_a(x_2 - x_1) \tag{5 - 19}$$

根据控制体积的能量平衡可给出方程(5 - 20):

$$p + \dot{q}_{heating} = \dot{m}_a \cdot (h_2 - h_1) - \dot{m}_{DS} \cdot (h_{webin} - h_{webout}) + \dot{q}_{los} \tag{5 - 20}$$

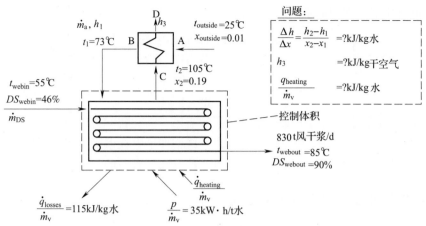

图 5 - 27　绝热纸浆干燥设备的定义[27]

(控制体积的传热与其他过程变量,见本章最后的符号)

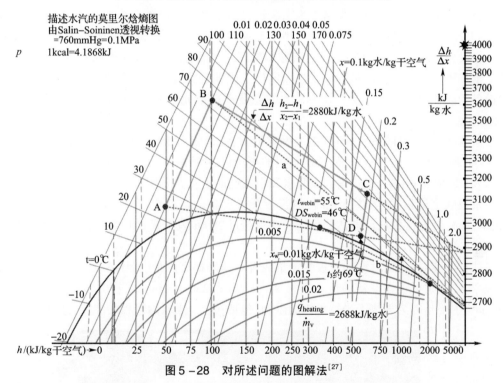

图 5 - 28　对所述问题的图解法[27]

结合质量平衡和能量平衡、除以 $\dot{m}_v$ 并进行重组可得:

$$\frac{\dot{q}_{heating}}{\dot{m}_v} = \frac{h_2 - h_1}{x_2 - x_1} - \frac{h_{webin} - h_{webout}}{z_{webin} - z_{webout1}} + \frac{q_{losses}}{\dot{m}_v} - \frac{p}{\dot{m}_v} = 2388 \left(\frac{kJ}{kg \text{ 水}} \right)$$

根据视图可以求解。首先在 h,x 图中画出虚线 a 和 b。虚线 a 和 b 显示出的计算结果与具有高度再循环的干燥设备接近。正如先前所提及的,当建立高能效的气垫干燥设备时,需要记住这项重要的原则。

此外,我们可以使用传质方程来计算传热系数。某一纸浆干燥设备的传热系数可近似用该干燥设备的蒸发蒸汽流量除以其蒸发面积而计算出来。一台旧气垫干燥设备浆板单面的典型传质强度近似于 $d\dot{m}_v / dA = 2.6 \text{kg} / (\text{m}^2 \cdot \text{h})$。在传质方程中使用该值,并假定含有自由水和

绝热干燥,可得出下列近似的求解:

$$\alpha' = \frac{d\dot{m}_v c_a + x' c_v}{dA\ (x' - x)} \approx 2.6\ \frac{kg}{h \cdot m^2}\ \frac{(0.01 + 0.118 \cdot 1.88)\frac{kJ}{kg \cdot K}}{(0.118 - 0.1)} \approx 50 \cdot \frac{W}{m^2 \cdot k}$$

绝热干燥的假设解出了传热系数 $\alpha = 50 \cdot \frac{W}{m^2 \cdot k}$,其对变量$(x, x')$较不敏感,使得有可能得出干燥设备是在十分温和的干燥条件下工作的结果。因此我们可以得出通过安装较大的风机电机同时改变风机叶轮角度来提高干燥能力。这增加了电耗但同时提高了纸浆干燥设备的强度,如果干燥设备是生产过程的瓶颈时,采用这种方法是有益的。

5.1.5　浆板干燥设备的总体发展趋势

蒸发是一种很贵的浆板脱水方式,所以进入干燥线之前要尽可能提高纸浆的干度。因此,发展纸浆干燥设备的重点在于降低生产吨浆的投资和操作成本。

干燥设备的新研发部分地是由于为了满足提高干燥线生产能力的需求,致力于达到4500t风干浆/d的产量(如果使用夹网技术),相当于年产130万t。设备研发公司还计划开发新型纸浆干燥设备,以用于年产150万t的硫酸盐浆厂。当然,能否进行这种规模浆厂的建设很大程度上依赖于当地社会公众是否接受这类项目。这就是为什么环境问题比先前更加重要了。干燥设备的能耗可通过优化生产线中最大的能量消耗单元(也就是热能、真空源和风机总功率)来减少。

自从2002年开机的一台8m宽的夹网成形器,设计能力2560t风干浆/d,目前最高产能超过了3000t风干浆/d的浆板机,使长网纸机的概念已逐渐失去了其重要性。这台成形器可以用于高pH浆和低pH浆,尽管它们在脱水和干燥性能上存在着明显的差异。

当浆板的定量和pH发生变化时,对浆板干燥设备的运行更富有挑战性。然而当使用高pH桦木浆时,首台这种成形器达到平均日产量超过2800t风干浆 t/d[其单位产量超过350t风干浆/(m·d)]。

当抄宽不变时,可通过增加浆板的定量或者车速来提高产量(见图5-29)。

现今,商业浆板干燥设备的最大运行速度已达230m/min。浆板的定量被限制在大约1300g/m²,主要是因为气垫干燥器承担的限制,包括:① 干燥器内浆板的漂浮;② 厚浆板的转

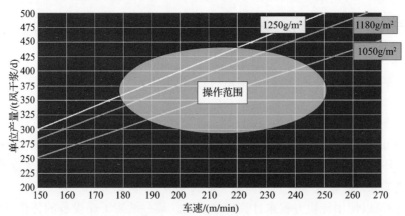

图5-29　现代纸浆干燥设备在不同定量下的运行

范围单位产量(图中浆页定量是以绝干计,1050g 绝干浆/m²)[37]

向辊直径需要大;③ 定量过高降低了干燥效率。

当车速提高而定量保持在限定范围内时,分切机也必须在较高速度下运行。现今,在定量为 $1200g/m^2$(或者是 $1080g$ 绝干浆 $/m^2$)时,切纸机的速度范围大约为 $180 \sim 230m/min$,这意味着单位产量的范围是 $310 \sim 400t$ 风干浆 $/(m \cdot d)$。据此可得出,最大单位产量是由干燥部和切纸部决定的,而不是成形部。

其他趋势,如整个浆页干燥生产线的动态过程模拟。在开机前使用这样的模拟器,可以训练操作者,并完整测试整个过程控制系统。因此开机后的爬行时间可以大幅度缩短。再如,厚板压榨技术应用在爱沙尼亚昆达(Kunda,Estonia)的 Estonian Cell 造纸厂。

能源利用率

干燥中的热量消耗可通过下列方式减少:① 在进入干燥部前提高脱水量;② 消除进出系统的空气泄漏;③ 加热器,管道系统和烘干机的额外保温;④ 通过直接加热代替间接加热;⑤ 安装排气再循环系统;⑥ 通过工厂其他地方的废热(如烟道气)进行预热气体;⑦ 减小气体流速;⑧ 使用过热蒸汽(如蒸汽)作为流化气。

第一种可能性是最重要的,但是需要基本投资,要逐一核查。接下来两个可归结一组车间管理,且需要的基本投资相对较低。其他的都要求改造现有干燥设备,费用高;在停机期间的产量损失也要追加到新设备的投资成本中去。因此,在设计阶段执行这些的可能性比在现有设备上执行要更容易得多。

供给干燥设备的热大部分会进入废气,以显热和蒸发水分的潜热存在。在封闭系统中的蒸汽使用回收最终组分。为维持干燥部所需的全部热量,减少废气流量需要降低排气温度或提高进气温度或两者同时进行。

干燥器的总热效率可用蒸发热负荷与加热器供应的总热量之比表示,如式(5-21)。

$$\eta_{ote} = \eta_{总热效率} = \frac{\dot{q}_{蒸发水所需热量}}{\dot{q}_{总的供应热量}} \tag{5-21}$$

一次通过的干燥器总热效率范围为 30% ~ 50%;如果进气温度高或纸浆温度低,其热效率最高。一个封闭循环体系会提高热效率,但是多余蒸汽的排除仍会引起热损失,同时总热效率的大幅度增加需要高的出口湿度和干燥空气的大量循环。这就是为什么大部分现代化的闪急干燥器将空气从第二阶段循环到第一阶段的原因。这样一台闪急干燥器的热量消耗降到了 $2800kJ/kg$ 蒸发水。不使用循环空气,热量消耗将大大增加,如 $4000kJ/kg$。能量成本改变的一个例子可参见本章后面的表 5-3,也建议读者查看一下本系列丛书《造纸Ⅱ》,干燥中的能量消耗图。闪急干燥器的一些优点列在图5-30中。

风机和纸浆进料机械均需要电力。风机功率与气体流量和系统压降有关。因此可以通过避免弯曲、收缩和管道过长,以及通过定期清理灰尘和固体颗粒来减小电耗。然而,现代化的浮动干燥理念趋向于使用更

干燥器内置的蒸汽盘管中的蒸汽加热循环空气

使用低压或者中压蒸汽当使用低压蒸汽时,干燥器要增大约30%

采用气垫干燥器的原因:

结构紧凑

轻质而经济的结构

能适合强度差的浆

有效性好

最终温度低

有效热回收

图5-30　现代气垫干燥器的优点[1]

多的电能。其原因之一是在喷嘴冲击射流中需要循环空气来获得更高的空气速度,这也就引起了更高的压力损失和增加了风机的电力消耗。

增加风机能量的另一个原因是喷嘴空气的高温以及需要增加高温气体的循环率来减少能量损失,也就是说更多的泵送意味着更多的损失。

空气系统每年热回收和蒸汽消耗的固定图可用于显示外面空气温度的变化会影响纸浆干燥设备和机器房内相关的通风设备的总能耗。更多关于干燥设备热回收的更多例子可以在本系列丛书《造纸 II 干燥》内容中查找。

5.1.5.1 新技术

相当长时间熟知但仍认为是未来技术的一种示例技术是脉冲技术(脉冲干燥)。脉冲技术是一项高强度的浆板脱水和整合技术,即通过机械压力和强热共同作用将水从湿浆板中脱除。

据工艺过程的原始描述,当浆幅接触到热辊时,在压区的第一部分将会形成蒸汽[38]。产生的蒸汽压将作为额外的脱水压力,置换浆板中的自由水,进入到毛毯中。该理论通常被称为蒸汽辅助置换脱水[38-41]。最近由 Lucisano[42] 在 Innventia(先前的 STFI – Packforsk)所做的实验工作表明在最大施加负荷点之前的脉冲区不产生或几乎不产生蒸汽。

闪蒸辅助置换脱水概念是作为替代脉冲技术机理而提出的[42]。当压区卸载并且液压降低时,高温液体水分会急骤蒸发为蒸汽。急骤蒸发形成的力用于置换液态水,导致有效脱水。对脉冲脱水机制的深刻理解能帮助我们设计更有效的脱水设备,例如在控制压力梯度下设计更长的开式压区,具有合适的水释放和附件的吸收。

中间实验表明,对于挂面纸板、纸板和高档文化用纸的生产,脉冲技术是可行的[43]。改善脱水同时提高机械性能和表面性能,对纸和纸板而言是有益的,但是到目前为止,对于纸浆干燥这一特殊领域并无专门开发。

从生产来看,脱水能力的增加总是有意义的。做一个粗略的估算,在压榨部后浆页的干度提高一个百分点,相应干燥能力增加了 4% ,每吨的蒸汽量减少了 4%[44]。为了将出口固形物含量提高 10% ,脉冲技术的实施对制浆干燥设备产生非常规的压榨策略。采用这项技术:① 当干燥部受到限制时,产量提高可达 40% ;② 通过提高脱水减少蒸汽的消耗;③ 增加浆板强度(采用现有技术方案使得有可能增加浆页定量和产量)。

另外,脉冲技术可改变纤维的机械性能,这引起了极大的兴趣,因为它可以导致总纤维用量的减少或者在某些情况下可以使用较为便宜的原料,而便宜的原料在其他方面是缺点。

从而,正如先前所提到的一些因素,如热管效应和吸湿性,在新型浆板机的发展中需要越来越多的考虑。应该研究湿浆板的性质,特别是用于生产较厚浆板甚至是多层浆板的干燥设备。因为,例如无法准确知道传热系数,所以仍需要通过生产机械试验或者实验室测试来收集额外的信息。

在未来的纸浆干燥计算中需要考虑下列方面:

(1)纸浆结构,即基于浆板厚度的多孔吸湿网络模型的依赖时间的几何结构;

(2)传热,即对流 + 辐射 + 结合水的热,应包括"除了干燥空气外需要的其他热源的热通量";

(3)现场喷嘴对传热的影响。浆板表面的温度周期振幅比浆板中心的高得多。然而,内部热管效应非常高,因此即使很小的温度振幅也会通过内部的传导和对流产生大的热流;

(4)结合水的热力学和化学性质(例如:表面边界的成形和 pH)。

5.2 纸浆干燥过程及其单元操作

蒸汽加热的烘缸长久以来用于干燥纸浆。同时,也开发了其他的干燥方法。自 19 世纪 50 年代开始浆板干燥主要的方法就是气垫式浆板干燥。除此之外,闪急干燥也得到了发展,这种方法就是把浆分散到气流中进行干燥。

过去的数十年间,市场上浆板机的生产能力已经得到了显著的提高(见表 5 – 2)。在 20 世纪 90 年代安装的最大浆板机的生产能力是 1500t 风干浆/d,然而如今的新型浆板机生产能力已经接近了 4000t 风干浆/d。

表 5 – 2 安装的纸浆干燥设备及其生产能力示例(SW = 针叶木,HW = 阔叶木)

公司	幅宽/m	产能(设计产能)/(t 风干浆/d)	年份	原料
芬兰 MB Rauma	6.700	1,350	1996	针叶木
巴西 VCP	7.000	2,100	2002	阔叶木
巴西 Veracel	9.400	3,796(设计 3,000)	2005	阔叶木
中国金海 APP	9.500	3,400	2007	阔叶木
巴西 Suzano	9.990	3,340	2007	阔叶木

浆板生产线在开车后很快就能达到其设计生产能力,考虑到设计余量,浆板干燥的实际生产能力会比设计的要高,同时,生产能力的快速提高也导致机器的设计在短的时间间隔内频繁改变。

5.2.1 浆板生产线

位于浆线和纸机间的储浆塔中的浆浓为 4% ~12%(见图 5 – 31)。即使纸机出现几个小时的故障,储浆塔的容量也足以保证浆线的正常生产。值得注意的是纸机湿部的中断会消耗数个小时的时间来整理、清洗烘缸。这就是储浆塔必须要有一个很大的储存量的原因。在储浆塔之后的过程中,主要的目的就是降低浆的浓度以达到流浆箱 1% ~2% 的上网浓度要求,这取决于浆的等级。绝大多数的纸浆净化在浆线上进行,但是也有一个小的筛选段包含在浆板抄造的纸浆流送系统里。纸浆干燥过程中无需加入任何添加剂,只需要控制好 pH。常规过程中 pH 一般在 3.5 ~4.5。低 pH 有助于浆板的脱水。为了满足客户的要求,现今流浆箱中 pH 保持在 5 ~7。

损纸的循环是浆板抄造过程的一部分。经过干燥和未经干燥的纸浆的脱水和干燥特性是完全不同的。纤维中的水分较难蒸发,经过初次蒸发后的纤维结构会发生变化。在浆板机上,未经干燥的浆和损纸浆的比例需要控制,以避免纸浆干燥设备出现运行效率问题。这就是需要损纸浆储存塔的原因。

浆板抄造过程包含白水循环系统。过量的白水泵送至制浆生产线。浆板抄造系统白水循环是完全封闭的,因此一些化学品可能会在白水中累积。卤素(特别是氯)是有害的化学物质,它们会导致腐蚀问题。残余的过氧化氢也是有害的,它会使纤维织物和毛毯变脆。

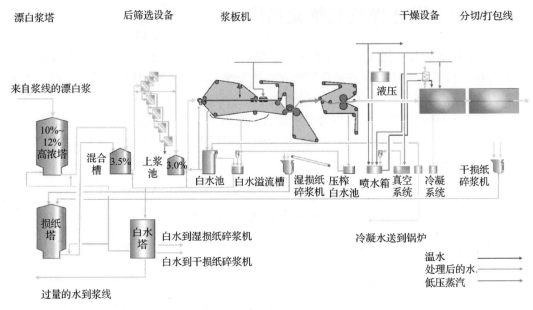

漂白浆塔　　　　　　　后筛选设备　　　　浆板机　　　　　　　　　　　干燥设备　　分切/打包线

来自浆线的漂白浆

10%~12%高浓塔

混合槽　3.5%　上浆池　3.0%　白水池　白水溢流槽　湿损纸碎浆机　压榨白水池　喷水箱　真空系统　冷凝系统　干损纸碎浆机

损纸塔

白水塔　白水到湿损纸碎浆机

白水到干损纸碎浆机

冷凝水送到锅炉

温水

处理后的水

低压蒸汽

过量的水到浆线

图 5-31　浆板车间的基本工艺流程[1]

5.2.2　浆板生产设备

浆板生产系统设计包含了 4 种不同的脱水机械设备,这些设备目前仍然在使用。

5.2.2.1　圆网机(Drum machine)

最古老的脱水设备运用了圆网浓缩机的理念,如图 5-32 所示。工作原理的唯一不同在于用于纸浆干燥的圆网机上,浆料离开时呈浆幅的形式。浆幅在圆网表面通过压辊剥离,经开式引纸将浆幅引到压榨区。

为了更有效地脱水,还运用了更高真空的压榨辊。

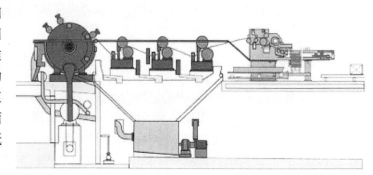

图 5-32　真空圆网浆板机[45]

在进入干燥区前,为了获得更高的干度,中间浆幅也加热。

目前,仍有圆网浆板机在使用。但是圆网浆板机有许多缺点,速度慢,产能低。通过圆网成形后浆幅的干度只有 20% ~25% 固形物,并且浆幅的强度不足达到较好的运转效率。

5.2.2.2　长网机(Fourdrinier machine)

随着纸浆干燥过程的发展,人们致力于提高设备的生产能力。尽管在圆网机的脱水能力方面有些提高,但是圆网机的尺寸成了该设备的瓶颈。

为了提高生产能力,圆网机的圆网被行进的金属网所替代,由此带来了生产能力的显著提高,由于从水平方向延展了脱水区域,使得脱水时间更长,机器的运转速度更快,浆板的定量较低。在后面的干燥段蒸发也变得更加容易。

在长网浆板机上(见图5-33),浆料从流浆箱输送到网案上。由于重力和压力差,浆料通过网子在网案上开始脱水。浆幅通过一系列低真空的案板和吸水箱。在低浓下,定边装置保持浆幅在网上运行。在网部的末端设有真空箱,其真空度都高于前面的吸水箱。为了达到更高的干度,浆幅正反表面需要更大的压力差。在实践中,浆幅经过最后一个吸水箱的干度达到20%～24%固形物,此时浆幅的强度性能已经能经受住机械的压力。

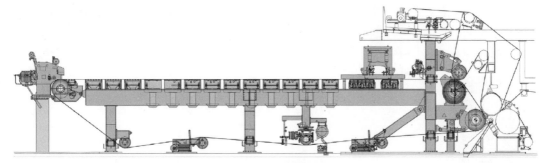

图5-33　长网浆板机[3]

提高湿浆幅的温度会降低水的黏度,影响其他的脱水性能,因此提高了脱水速率。流浆箱中的温度一般在60～65℃。网部末端浆幅的温度可以通过热水分布器或蒸汽箱来提高。这种装置在网部的末端,吸水箱的上面。热水被喷洒到浆幅上面,置换出浆幅中低温的水,低温水通过吸水箱从浆幅中排出。热水的温度通常是90～95℃。在真空箱上方有2～3个串联的热水分布器。一种更加有效提高浆幅温度的方法是运用蒸汽箱,这种装置的位置与热水分布器相同。蒸汽在蒸汽箱冷凝,放出的热量提高了浆幅的温度。

长网浆板机看起来与长网造纸机或长网纸板机相似。它们主要的不同是长网浆板机有压榨。第一道压榨叫做块料破碎机。上辊是由毛毯包裹,下辊是由网子包裹,它是真空辊或是沟纹辊。在一般的设计概念中,驱网辊也是第二压区的一部分。那段压区的顶辊是带毛毯真空吸辊,它也起着引纸辊的作用。

5.2.2.3　具有真空引纸辊的长网机(Pick-up machine)

当图5-33所示的长网机的生产能力进一步提高时,在网部和第一个压榨辊之间的开式引纸成为了问题。不加长网案板,而在网部后增加一个真空引纸辊,以提高浆幅干度。图5-34显示了这种真空引纸装置。

5.2.2.4　夹网机(Twin-wire machine)

20世纪80年代初,由于能源危机,人们开发了夹网机。此时期,又设计出了很多型号的夹网机。本节主要介绍的是一种商用的夹网机,如图5-35所示,即为夹网机的主要构造图。

在夹网浆板机上,浆料脱水过程可以划分为低浓、中浓、高浓3段,低浓脱水主要发生在网案上,中浓脱水发生在预挤压区域,高浓脱水发生在网压区域,而进一步脱水则发生在网压区之后的双面毛毯压榨区域。

图5-35是夹网机的实例,其网子通常安装在长网机上,浆幅的干度为3%～5%的位置。这种成形器是在中浓(MC)下运转,其中,网案的扰动状况、机械作用、真空程度都对浆幅的脱水有影响。其脱水方向是向上的。经过中浓成形器后,浆幅的干度增加至10%～14%。

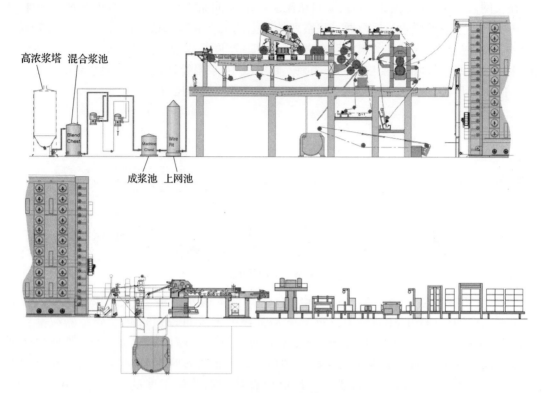

图 5 –34　具有真空引纸辊的长网机[3]

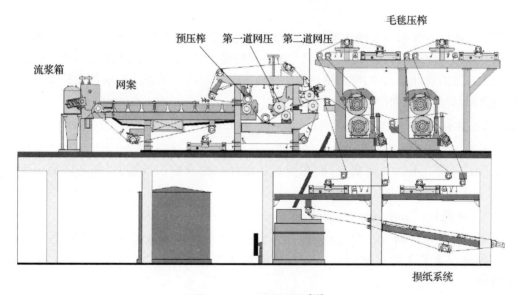

图 5 –35　夹网浆板机[46]

然后,通常在长网纸机的网案上会有双重和三重真空吸水箱,用来增加浆幅的干度。也有用蒸汽箱或热水箱来增加浆幅热能,提高干度。如果目标是增加现有长网机的脱水能力,那么中浓成形器将会非常适用。

图 5 –36 描述了夹网浆板机的脱水过程。因此,随着浆幅干度的增大,脱水越来越困难,因此,脱水成本也越来越高。

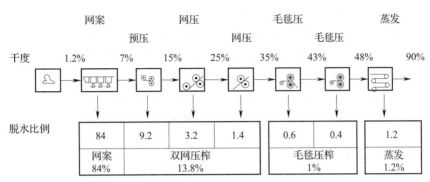

图 5-36 夹网浆板机的脱水流程图[46]

5.2.2.4.1 现代夹网机(Modern twin - wire machines)

长网机仅单向脱水。在高定量情况下,浆幅压缩得更加致密,不利于脱水。在夹网机上,脱水是两个方向,浆幅两个表面受压程度不一样。这样,浆板分层可能性增加,因为水从浆幅中心蒸发没有从浆幅两边表面的蒸发容易。浆幅内水分的分布也不均,在浆幅中间层的水分含量较高,而强度性质却低得多。

早期夹网设计包含夹网部内部压榨。然而,这种设计需要网子有很好的强度,因此不受欢迎,后来开发出一种寿命长的网,这种纸机才被市场接受。

现在,在流浆箱后的夹网部已经拉直了。如图 5-37 所示,夹网部内部,当顶网和底网聚敛时

图 5-37 现代夹网机和部分压榨部的示意图为巴西 Eunapolis Veracel
AC 的夹网机照片[1](该机 2005 年投产,设计产能 3000t 风干浆/d,
幅宽 9.4m;2007 年 Veracel 夹网机创世界产量纪录 3796t 风干浆/d)

通过机械作用而脱水。通过调节白水小室的压力来调节脱水方向和脱水量。经夹网部脱水后,浆幅的干度在15% ~25% 固形物,这与设计方案以及纸浆的级别有关。如果夹网脱水后浆幅干度低,就需要增加真空箱来提高干度,使浆幅进入压榨部有足够的干度。通常在真空箱上方还装一个蒸汽箱。在夹网末端,有一组小压辊和复合压榨。如果夹网机械作用足够高,浆幅干度达到23% ~5% 固形物,那么在一压区前的真空箱就不需要。通常,在一压区的线压力是20 ~40kN/m。也有的设计在脱水网中安装第一靴压,在压榨部安装第二靴压。

5.2.3 浆板机的重要装置

5.2.3.1 流浆箱

流浆箱的功能就是把纸浆悬浮液均匀地分布在网案上,图5 –38 画出了流浆箱的组成部件。首先,浆料被泵送至一个压力缓冲器,产生很强的阻尼作用以缓冲可能的进浆速度波动。进浆管束将上网纸浆悬浮液沿着流浆箱全幅宽以恒定的速度和压力均匀地分布。

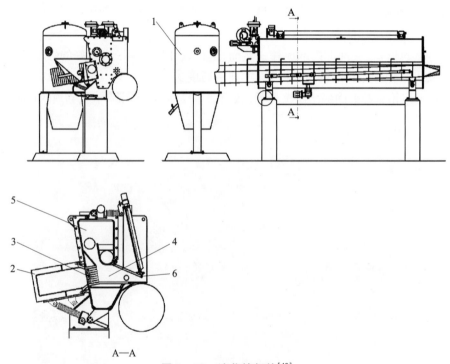

图5 –38　流浆箱部件[46]

1—脉冲阻尼器　2—进浆管束　3—湍流管组　4—扩散室　5—真空室　6—唇板

浆料从进浆管束送往湍流管组,在此流速增大以产生足够的湍流来促进纤维束的分散和混合。经过湍流管组后,浆料进到稳浆室,在稳浆室顶部可能有较低的真空或过压。

在水力式流浆箱中,稳浆室的上方没有气垫。在匀浆辊流浆箱中,室体内有气垫和一个或两个匀浆辊来稳定浆流和压力差(见图5 –39)。稳浆室的压力控制唇板的流速。从稳浆室中浆流通过唇板流到网案。唇板开口调节其浓度。为了保证网上湿浆幅的均匀成形,流浆箱中的纸浆保持在很低的浓度,一般在1% ~2% 固形物。

浆幅的横向分布可以通过流浆箱调节工具调整,传统的方法是通过装配于上唇口顶部的一个个转向纺锤调整上唇口的位置。通常唇板的开口为60mm,相邻纺锤的最大差异只有

0.5mm,这意味着可调节性不是很好。实际操作中,两个相邻纺锤之间的可调整流量差只有 1% ,不足以修正误差。一种更加有用的来调节局部浆幅和纤维分布的方式是采用稀释水控制系统。实际上,这意味着加入额外的稀释水到"湍流水道"以取代部分浆流,"湍流水道"也使纸浆和稀释水流混合。稀释水控制的调节能力是仅通过唇板调节能力的 10 倍。见图5-40。

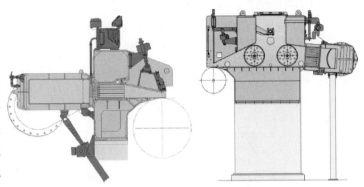

图 5-39 水力流浆箱(左图)及匀浆辊流浆箱(右图)[3]

相邻流动管道设计成将浆料沿纸机横向均匀地分流。再循环阀可以精确调节机器两边的压力差。根据流浆箱唇口位置、车速和流浆箱压力可以计算目标流量。

流浆箱的主要功能是:① 沿纸机工作宽度均匀地分布浆料;② 在整个流浆箱高度范围保证均一的浆流;③ 防止扭结、气泡、结块的产生;④ 提供控制浆幅分布的方法;⑤ 在一宽的流量和浓度范围内可靠操作。

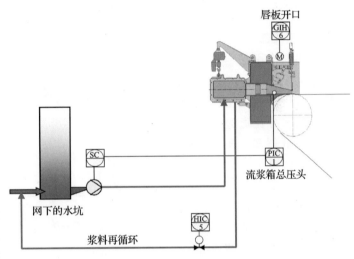

图 5-40 流浆箱控制[3]

5.2.3.2 网案

纸浆悬浮液从流浆箱流到网案上,在网案上浆料通过重力和压差的作用开始脱水。浆幅通过一组吸水箱,吸水箱具有由低压鼓风机产生的低真空。在低浓下,两侧定边装置使浆幅保持在运行的网上。图 5-41 展示了网案上的脱水过程。

浆幅在 4 个网案吸水箱继续脱水,其真空度较吸水箱大,该真空也是由鼓风机产生。

网案上的控制脱水使得纸浆的浓度逐渐从 7% 增加到 10% ,尽管低于其他类型的脱水单元,但是其有两个优点:① 需要的压力差小,可以通过鼓风机来产生而不需要真空泵,减少了能量的消耗;② 因为需要的压力差小,空气没有通过浆幅导致浆幅温度降低,这意味着不需要额外的热水或蒸汽,因而能量消耗较低。

5.2.3.3 衬网压榨

网案以后,浆幅进入网压,浆幅在两张网之间,一张叫底网,与网案相同,一张叫顶网。通过底网和顶网,脱水发生在 3 个压榨部位。每个压榨有两个压榨辊和一个用来收集水的刮刀刀片。在第一个压榨,刮刀收集低线压力预压压区排出的水分。接下来的压榨,当线压力逐渐增大时,刮刀被用来收集压区入口的水分。图 5-42 表明了网压的脱水。

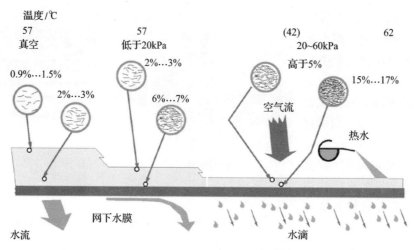

图 5－41　网案上脱水的原理[46]

5.2.3.4　压榨部

压榨部的作用是尽可能多地去除浆幅的水分并压缩和增强其强度。通过压榨来去除浆幅的水分比通过蒸发除水的成本低得多。所以压榨部的目的就是尽可能提高浆幅的干度。

压榨部可能包含几种类型的压榨。最简单的早期压榨部是基于不带毛毯的连续沟槽压区。现今，压榨辊表面是整齐的并且毛毯满足了过滤的需要。压榨部主要的

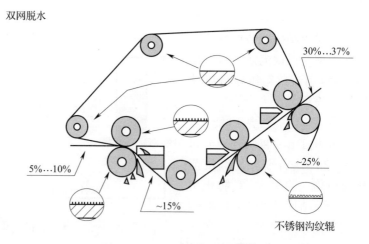

图 5－42　网压的脱水原理[46]

因素是线压力和压区长度。在压榨部内部，滤液从浆板转移到毛毯上。在压榨部前，浆幅的干度和毛毯的干度一样都低于压榨之后。

浆幅从压榨部的网上分离，由一个压榨部移送到另一个压榨部。在低速情况下，浆幅可以直接从湿网上转移到压榨毛毯上，因为网部达到的干度高到使得浆幅有足够的强度去接受进一步的处理。这种称之为开式引纸的移送不再被广泛应用，因为当速度较高时可能会发生浆幅的断裂。随着车速的增加封闭式的引纸已被采纳。封闭式引纸中，真空辊利用真空将浆幅移送到压榨毛毯上。

从网部过来的浆幅的干度约为 25% 固形物，浆幅在网上成形后，水通过机械压榨脱除。与此同时，浆幅的厚度减少，纤维间的接触面积增大。压榨部的作用就是尽可能多地去除浆幅的水分并且同时压缩浆幅。湿压榨总是发生在压榨毛毯和普通平辊或者两个压榨毛毯之间。当挤压浆幅（纤维层）时它的体积会减少，水会转移到毛毯中去。

为了避免网上成形的浆幅被破坏，压榨轻轻地开始。太强或太快的压榨在最糟的情况下会破坏纤维层。因此压榨分几个压区进行。当浆幅通过压区时，压区的压力会逐渐增加。一

般地,在新的机器上,压榨部后的干度达到50% ~55% 固形物。

良好的运转性和经济的操作对一个设计精良的压榨部来说是重要的要求。良好的运行性是指浆板机能在要求的车速下运行并且出现断头的次数最少。由压榨部引起的断头可能会发生在压榨部或者压榨部之后。

经济的操作基于低的能量消耗,较长的毛毯更换间隔和易于维护(毛毯和辊的快速更换)。压榨部需要的其他要求包括:浆幅平稳的分离和转移;不震动的压辊和机架;有效的损纸系统;从压榨部向前的可靠的引纸;容易保持清洁。

图 5 -43 展示出了一个包含 2 个相似毛毯压榨的压榨部。每道压榨有两个压辊和两张毛毯:上毛毯和下毛毯。在毛毯压榨中,压区的水从浆幅挤压到毛毯。压区后,吸水箱除去毛毯中的水。真空泵维持毛毯吸水箱的真空。

在网压后,浆幅有足够的强度进入毛毯压榨部。

压榨部中,从一个压榨到下一个压榨的线压力是逐渐增加的。压榨部的最后一道压榨通常是靴式压榨或者大直径压榨。大直径压榨的线压力可高达 300 ~350kN/m。靴式压榨的设计线压力高达 1500kN/m,但是通常 900 ~1100kN/m 的线压力就足以达到浆幅的目标干度。

5.2.3.5 压榨毛毯

压榨毛毯应有足够的容积去引导水从压榨排出。压榨部的功能水基于毛毯和浆幅的多孔性和可压缩性。相对湿浆幅而言,毛毯的孔隙较大,含水量较少,毛毯比浆幅坚硬,能较好地抗压。由于孔较大、毛毯比浆幅有小的流动阻力,湿浆幅中的水分会向毛毯中转移。图5 -44 为一种有代表性的压榨毛毯。

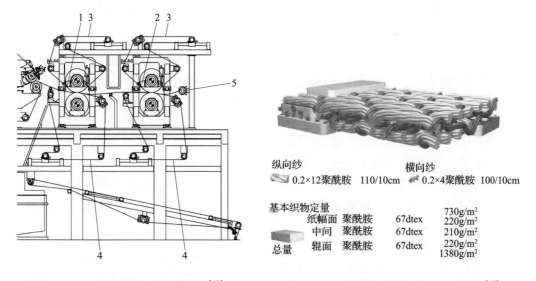

纵向纱　　　　　　　　横向纱
0.2×12聚酰胺　110/10cm　　0.2×4聚酰胺　100/10cm

基本织物定量
	纸幅面	聚酰胺 67dtex	730g/m² 220g/m²
	中间	聚酰胺 67dtex	210g/m²
总量	辊面	聚酰胺 67dtex	220g/m² 1380g/m²

图 5 -43　两压区的毛毯压榨示例[46]

1—第一道毛毯压榨　2—第二道毛毯压榨
3—上毛毯　4—下毛毯　5—浆幅传送滚[23]

图 5 -44　浆板机压榨毛毯织物结构图[47]

毛毯的性能要求:① 脱水能力强② 可压缩性比浆幅低③ 耐机械作用和化学腐蚀④ 宽度尺寸稳定⑤ 运行寿命长

开机运行前,必须检查压榨毛毯的状况。毛毯的开孔率、含水量、振动级、紧密性都需要检验。毛毯通常采用真空和洗涤装置进行整理。真空吸水箱可以吸收毛毯中的水分。整理的效率通过气流穿过毛毯的速度来测定。而连续测量毛毯的气流速度一般是不可能的,通常采用监控吸水箱真空度来实现。真空度越高,毛毯堵塞越多。关于压榨毛毯的更多信息可以查看本系列丛书《造纸 Ⅱ 干燥》。

复合压榨是一种高效的二段压榨工艺(如图 5 – 45 所示)。第一段辊式压榨的下辊是网部传动辊,中间辊(引纸辊)是真空辊,第二段辊式压榨的下辊采用的是普通压榨辊。复合压榨真空辊也起引纸辊的作用,复合压榨的第一个压区压力为 40 ~ 60kN/m,第二个压区线压力为 120 ~ 160kN/m。复合压榨毛毯工作原理不同,真空辊毛毯的作用不是将水带出压榨,而是支撑浆幅,而水没有限制流经毛毯到真空箱的孔中。真空辊被划分为两个真空室,支承室和清洗室。支承室保持浆页在毛毯表面,清洗室从真空辊孔中排出水。第二段辊式压榨下毛毯的操作原理属于常规的,即将水从压区带出。毛毯能够利用喷水器和真空箱来清洗。

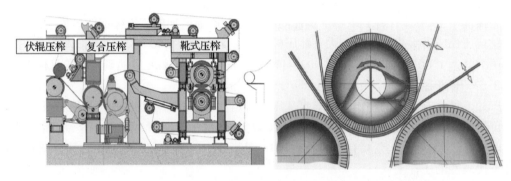

图 5 –45　伏辊压榨、复合压榨、靴式压榨辊[3],右边为复合压榨插图

水分、纤维和树脂通过真空吸水箱从毛毯中除去,其所需要的真空度可通过真空泵产生。真空吸水箱箱体是不锈钢的,挂面层是高密度聚乙烯(HDPE)塑料,挂面层上装有 T 形缝的刮刀,可以拉出以便清洗。一般情况下,真空吸水箱上会有 10mm 宽的吸缝,拉动吸缝中的调节带,可以调节真空箱的吸缝宽度。压力计则安装在传动侧的控制阀附近。真空吸水箱会有一个或两个吸缝。

采用宽压区压榨,例如靴式压榨,能使湿浆幅达到最佳干度。宽压区压榨压区有较高的线压力和较长的停留时间(见图 5 –46)。靴式压榨后浆板的干度可以达到 52% ~ 56% ,其高低取决于浆料种类和脱水特性,可以查看本章脱水影响因子这一节。靴式压榨处理小量有一定限制,这就是为什么进入靴式压榨前浆板的干度已达相当好的水平。一般薄浆板通过靴式压榨后,其干度能增加 8% ~ 10% 。

压榨毛毯可分为有缝的和无缝的。实际上,有缝的毛毯是由操作者在毛毯安装到相应位置后缝合在一起,无缝的毛毯其实也存在一道缝,这是毛毯供应商制造毛毯时产生的。缝好的毛毯容易安装,因此这种毛毯至今更加通用。毛毯上的缝是最脆弱的地方,手工产生的毛毯缝比供应商的毛毯缝脆弱。毛毯的表面有的有花纹,有的是平滑的。如果采用有花纹的毛毯,那么这个花纹会残留在浆板表面,这会有利于浆板的干燥,因为粗糙的表面意味着更好的蒸发。但是,

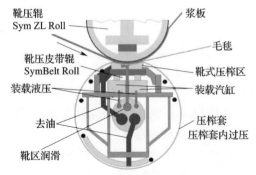

图 5 –46　靴式压榨工作原理图[3]

粗糙表面比光滑表面会释放出较多的纤维,这会引起干燥设备的清洗困难。

5.2.4　浆板干燥部

5.2.4.1　基于空气的浆板干燥——气垫干燥

浆板气垫干燥器是一种最普通的用来干燥商品纸浆的设备。近些年来,它不断得到发展来满足新的和不断增长的性能要求。如今,它已用于大范围产能、等级和定量的纸浆,并能满足高达 3500t/d 及以上的产能要求。

5.2.4.2　气垫干燥器简介

这种干燥器由以下部件组成(见图 5 – 47 和图 5 – 48):① 内置的循环通风机和蒸汽蛇管;② 毛毯吹气箱层和转向辊塔架;③ 带浆板张力控制的进口;④ 出口,包括控制浆板侧向运动的校正;⑤ 引绳装置;⑥ 带有热回收的供气和排气系统。

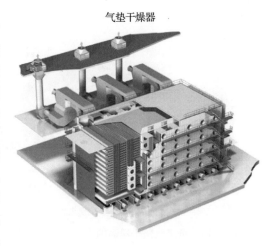

图 5 – 47　气垫干燥器的外视图[3]

气垫干燥器的操作侧和传动侧壁建在循环空气模块和有几个检测门的面板之间。风机冷却塔由循环空气模块构成。循环空气的风机安装在传动侧和操作侧风机冷却塔架上。这些风机有直接的传动,传动电机安装在风机塔架的外面。

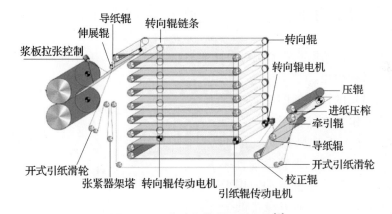

图 5 – 48　传动和带式引纸系统[1]

5.2.4.2.1　干燥过程

对流的空气会使浆板气垫保持平稳,传递干燥需要的热量,并去除蒸发的水。因为空气是用来干燥并使浆板悬浮,所以浆板没有和任何热的钢表面直接接触,这允许干燥可在较低的浆板温度下进行。

湿浆板从干燥器的顶部进入,湿部和压榨部决定此点浆板的温度和水分含量。浆板的浓度通常为50%。气垫浆板经过来回几个水平方向的干燥传动使得其离开气垫干燥器时达到90%,然后传送到至切纸机和卷纸机。

干燥速率(kg 水/hm²)取决于以下几个因素:① 纸浆的类型;② 进入干燥器的浆板水分

和温度;③ 穿透传热系数;④ 空气状况(温度和水分含量)。

炽热和干燥的空气从干燥器的底部进入,它们在内循环系统中多次对流和再次加热。湿气体从干燥器的顶部排出。这产生了逆流干燥过程。湿浆板进入干燥器顶部的第一层吹风箱,与最高水分含量的空气对流。在干燥器底部,浆板的干度很高,与水分含量较低的空气对流。这种干燥导致干燥能力高,热量消耗低。

循环空气风机、蒸汽蛇管和吹风箱构成了内循环空气系统。大约95%的空气在此进行循环。循环空气通过蒸汽蛇管再加热,然后穿过浆板两侧具有喷嘴的吹风箱(见图5-49、图5-50)。

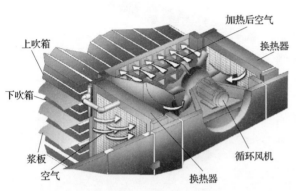

图5-49 纸浆气垫干燥器的内循环系统图[1]

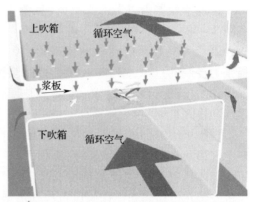

图5-50 浆板气垫干燥吹风箱层面[1]

蒸汽蛇管前的筛网避免蛇管变脏,机器运转时,除尘装置通过检修门用来清理蒸汽蛇管的过滤器。筛网是由操作员在外面进行真空清洗的,操作员只有当机器在停止状态时才允许进入干燥器和检修平台。

喷嘴形状和配置是两侧吹箱系统可靠高效运行的保障。为了保证高的干燥效率,吹风箱和浆板间的距离必须很短。

最普遍的吹风箱的设计如图5-50所示,它由上吹风箱和下吹风箱组成。它们形成层面而浆板在上下吹风箱间气垫干燥。上吹风箱具有圆形的孔来获得垂直穿透的最大热交换。下吹风箱的气动力用来保证湿浆板在吹风箱层面上方几毫米的平稳移送(图5-51)。它对浆板也有自调节作用。如果一个扰动使得浆板悬浮的高度升高,偏离了其通常的位置,一种吸力会使浆板位置恢复。另一方面,若浆板浮起高度降低,就有一种提升力使其恢复浮起高度。这种平衡力就是保持浆板在吹风箱上稳定位置。

这样,浆板在干燥器里平稳行进,无瓦楞。浆板纵向的张力低,因为浆板传送仅

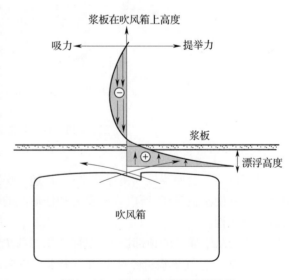

图5-51 柯安达效应引起的浆板
气垫干燥的气动平衡[1]

需克服空气的摩擦。在横向,干燥在无张力的状况下进行。在低浆板张力状况下,无瓦楞浆板传送的运行性高,即使浆板的强度较低。

干燥器的喷嘴有两个作用:提供浆板所需要的能量和支撑浆板。下喷嘴支撑浆板,上喷嘴提高对浆板的传热。

上喷嘴通过气动气缸在一端提升,以便干燥器的清洗。所有的上喷嘴可以同时升起。在干燥器内部每一个检修门有锁连接杠杆。当出问题时,所有的喷嘴通过杠杆锁在上部的位置,以利于清洗。

5.2.4.2.2　引纸

带式引纸系统用于引导浆幅通过干燥设备。引纸带成折叠状,由耐热纤维制造。它从入口自动地牵引浆幅引纸条穿过干燥器到出口,操作人员无需跟踪其通过干燥器。浆幅引纸条自动或者手动放到引纸带上,进到引纸带的长度约20m。然后,浆幅增宽,直到浆板的全幅宽。在出口端,引纸条一离开引纸带,引纸带传动电机就停止运转。在出口端,浆板自动穿过出口压缝。在引纸时,小的浆幅张力和细心操作有利于提高运行性。

5.2.4.3　烘缸干燥

尽管现今用于烘干商品浆最普遍的装备是浆板气垫干燥器,但是有一些圆网机仍在使用。也有使用烘缸作为干燥器。与纸机和纸板机不一样,浆板烘缸干燥中不使用干燥毛毯。烘缸很难达到气垫干燥设备同样良好的效能,这常常使得烘缸干燥设备的投资太大。为了提高烘缸干燥设备的产能,通常在烘缸后面加装一个气垫干燥设备。

5.2.4.3.1　烘缸干燥的通风

烘缸干燥中通风的主要作用是:① 收集和去除蒸发水;② 使纸浆干燥均匀创造有利条件;③ 增加过程能量的经济性;④ 通过控制废气的排除和供气流量以提高气体的运行性;⑤通过保温、隔音和干燥部周围去湿维持车间好的工作环境。

烘干设备包裹在机罩中,以便收集和去除表面的潮湿气体(见图 5 – 52)。风机经过热回收车间排气。机罩是由装配在钢支撑结构上的隔热板组成的,隔热板的内外表面都是纯铝板制作的。隔热板必须足够厚以防止冷凝水滴到浆板上。机罩经常是关闭的,也就是说干燥部是完全围住的。新鲜空气也主要靠机械手段供到干燥部。

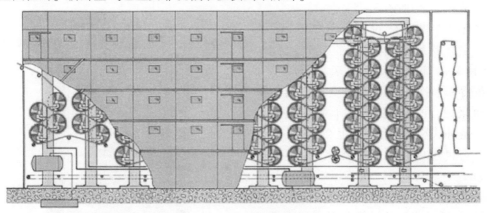

图 5 – 52　纸浆烘缸干燥[3]

从技术上讲,多缸干燥设备的形式不利于形成良好的气流。干燥气流流进浆板和烘缸之间形成的气袋和气箱(没有专门测定),主要是由于比重的不同。结果使空气中的水分增加,特别是在机器中心线气流不畅的地方。为了减少这种局部问题,在干燥部两边增设侧向通风,有两种方法,分别为 Grewin 吹风和刮刀吹风。

用 Grewin 吹风法,快速空气喷到最湿的气袋中。刮刀吹风方法,位于气袋的烘缸刮刀架是开孔的或者与一组独立的装配开孔外壳的鼓风管相连。由这些吹气管,空气通到气袋的中间并吹向浆板。虽然鼓风管能局部显著蒸发,由于其干燥浆板的一小部分,因此常常达不到预想效果。干燥空气分布不均匀也会导致浆板上水分不均,因此浆板中间常常比两边更湿。这种不足可通过两边吹风来补偿。

当气袋中水的蒸汽压低于浆板中水是蒸汽压时,蒸发变得更加有效,因此一方面气囊必须抽气降低其水汽量;另一方面,干燥空气的温度必须足够高。对于热回收,尽可能提高气罩中废气的水分有利于热回收,该水分的上限是不让水在气罩中冷凝。

5.2.4.3.2　冷凝水的去除

在简单可靠的普通设计中,干燥部的烘缸连着两个蒸汽组,冷凝水和流动蒸汽从第一蒸汽组件进入用作冷凝水阱的冷凝水罐中。这是一个表面处理压力容器,冷凝水被泵送至主冷凝水罐中。蒸汽流和膨胀气流进到另一蒸汽组。为了调节这组的汽压,它的蒸汽管应当通过控制阀与主蒸汽管相连,不这样的话,这组的压力会决定于第一组管路的汽流损失。预热烘缸也同样与第二蒸汽组相连。少量的蒸汽流运载空气首先通过热交换器,在此蒸汽被冷凝,然后进入真空泵,排到外部大气中。

5.2.4.4　不同浆种的干燥

现今,需要干燥的浆种越来越多,采用新的纤维原料正在开发新的制浆方法。浆板气垫干燥器也能安全处理强度最差的浆种。针叶木浆和阔叶木浆如桦木浆、桉木浆、热带阔叶木浆都可以用这种干燥器干燥。其他应用有 CTMP 和办公废纸。气垫干燥器也用于干燥蔗渣、草类、竹子、棉花制的浆以及阔叶木制的人造纤维浆。

干燥中低的温度保持了纸浆的白度和质量,气垫干燥的浆的再制浆性能好,这种气垫干燥的浆再制浆时会节省漂白化学品和能量。

5.2.4.5　冷却

浆料的温度在冷却器中降至约 40℃,大部分新的干燥设备都配置有冷却器。冷却器通常与干燥器组合,如图 5-53 所示。

它有一个与烘干设备分开的底板,并有冷空气吹风箱,将室温空气吹送到浆板,使其冷却。冷却室使来自干燥室的浆板冷却。冷却室和干燥室有相同的长度和宽度,并安装在纸浆干燥器的底部。它是卧式冷却平台,由上、下吹风箱构成。它也可以建在干燥器出口,作为独立的单元。

冷却有如下优点:使久贮的漂白浆不易返黄,短纤维浆比长纤维浆对温度更敏感。漂白过程的改变也导致了冷却的需求。例如 TCF 浆太高的打包温度会损失纸浆白度,从而影响纸浆品质,因此需要冷却;

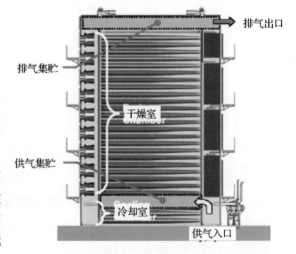

排气出口

排气集贮

干燥室

供气集贮

冷却室

供气入口

图 5-53　具有干燥室和冷却室的气垫干燥器[1]

在储藏和运输过程中不会压缩冷凝；当浆板接近室温时更容易剪切和更均匀打包。

在干燥和冷却过程中，纸浆的含水率和浆板温度的曲线如图5-54所示。

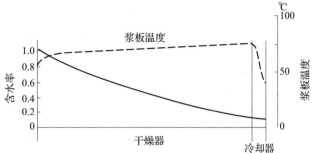

图5-54　烘干和冷却过程中含水率和浆板温度[1]

5.2.4.6　干燥的经济性

浆板气垫干燥器几乎无泄露、露点高，因此能量消耗低。最经济的干燥方式是采用低蒸汽压。这提供较多的蒸汽压差以产生尽可能多的电量。表5-3列出了生产率同为1200t/24h时，低蒸汽压（表压0.3MPa）和中蒸汽压（表压1.0MPa）干燥器的比较。低蒸汽压导致蒸发每公斤水的蒸汽量减少。发电量的增加会节约成本。基本投资的计算是基于5年的回报时间，利率为6%。

低蒸汽压方式需增加干燥器面积30%，这样会增加设备投资。然而，总体来说，考虑所有因素，采用低蒸汽压是干燥纸浆最经济的方式。

排气中的热通过几步回收，如图5-55、图5-56所示。

表5-3　中蒸汽压（MP）和低蒸汽压（LP）
运行的气垫干燥器的比较
（生产速率1200t/24h）

	MP	LP
蒸汽压/MPa	1.0	0.3
蒸汽流量/(t/h)	59	55
增加发电/MW		2.5
节省/(百万美元/a)		0.6
增加干燥器长度/%		30
增加干燥器基本投资/（百万美元/a）		0.3

第一步，在气—气热交换器中，排气中的高能量用来加热供应气体，这是一个很低廉划算的热回收方式。这种热交换效率高，因为过热湿排气也得到利用。运用逆流方式的热交换器使得这成为可能。

第二步，排气是饱和的，热量在水系统中回收，这在气—水/甘醇热交换器中进行，回收的热用于加热通风空气。

第三步是过程用水的产生。使用涤气式水加热器，冷水喷淋直接与热排气接触以吸收热量，这种方式产生的大量温水用于生产过程中，这种水会含有一些纤维。

热回收系统由顾客订做以满足每个特定工艺热水的需要。

5.2.4.7　控制

影响干燥能力的因素很多，包括干燥器前后的干度、浆的类别、定量、蒸汽压力、吹风箱压力和露点温度。

如果出压榨部的干度提高了，评估新的生产率时必须考虑干燥器比蒸发能力的减少。

浆种同样影响生产能力。例如，在同样的干燥环境下，漂白浆比未漂白浆的干燥速率高，而阔叶木的干燥速率比针叶木高。

定量也影响干燥能力。高的定量一般会减少干燥速率。

在通常的操作中，蒸汽的压力控制着干燥能力。蒸汽压力增加会导致一个高的穿过温度，增加干燥速率。

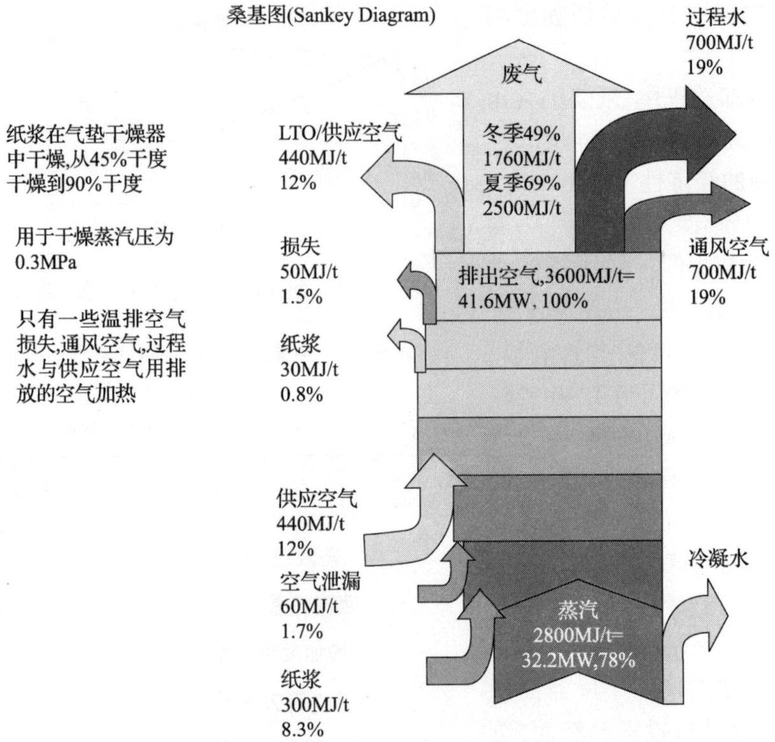

桑基图(Sankey Diagram)

纸浆在气垫干燥器
中干燥,从45%干度
干燥到90%干度

用于干燥蒸汽压为
0.3MPa

只有一些温排空气
损失,通风空气,过程
水与供应空气用排
放的空气加热

过程水
700MJ/t
19%

废气

LTO/供应空气
440MJ/t
12%

冬季49%
1760MJ/t
夏季69%
2500MJ/t

通风空气
700MJ/t
19%

损失
50MJ/t
1.5%

排出空气,3600MJ/t=
41.6MW,100%

纸浆
30MJ/t
0.8%

供应空气
440MJ/t
12%

冷凝水

空气泄漏
60MJ/t
1.7%

蒸汽
2800MJ/t=
32.2MW,78%

纸浆
300MJ/t
8.3%

图 5 – 55　气垫干燥的能效[1]

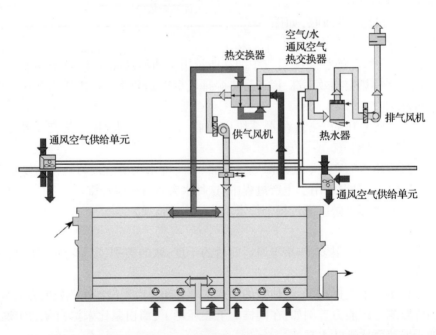

空气/水
通风空气
热交换器

热交换器

通风空气供给单元

供气风机

热水器

排气风机

通风空气供给单元

图 5 – 56　带有开式喷淋器的"Fläkt"干燥器热回收系统(见图 5 – 58 左边更现代的设计)[1]

　　循环空气风机的频率控制是控制干燥能力的一种方式。然而,较便宜的方法是改变风机叶轮的角度,安装较大的电机和蒸汽压力控制。

干燥器内的露点温度影响着干燥能力和热消耗。高的露点温度导致热消耗的减少,同时干燥速率也会稍微减少。露点温度取决于空气的供给和排出的量。干燥器设计成最高露点温度,以免冷凝和腐蚀。

为了控制浆板的张力,在入口处安装了张力传感辊。在正常操作情况下,转向辊驱动停止,靠惯性维持运转。在出口处的牵引辊电机维持浆板的张力。

5.2.4.8 维护和保养

气垫浆板干燥器移动部件少,需要的维护减到了最少。所有的轴承都处在干燥器加热部位的外面。在常规操作中,只有循环空气风机和一台驱动电机在运转。辊子是靠惯性转动的,传动装置和引纸带是停止的。

从入口、出口的平台以及观察门可以通向干燥器,可升降的吹风箱及内置灯使得易于检查和清理吹风箱平台,见图 5 – 57 干燥器末端分隔的墙。

5.2.4.9 干燥部附属设备

5.2.4.9.1 蒸汽和冷凝水系统

蒸汽用来加热浆板干燥器内部的循环空气。蒸汽的压力由干燥器前头的蒸汽控制阀控制。蒸汽随后分布在干燥器内加热盘管。

加热盘管中,蒸汽变成冷凝水并释放出热量。冷凝的蒸汽被收集在冷凝水收集槽中。闪急蒸发的蒸汽被冷凝,其冷凝水在封闭的热交换器中冷却。其能量用于工厂的其他工段。冷凝水泵送回蒸汽车间,如图 5 –58所示。

图 5 –57 中国海南 APP 金海浆纸公司气垫干燥器[1]
注 产能 3400t 风干浆/d,切纸机幅宽 9388mm。

入口的蒸汽压力可以根据干燥器(烘缸)内的温度、压力或者湿度来调节。蒸汽压力为0.2 ~1.3MPa。冷凝水从蒸汽盘管流至冷凝水管。

干燥部通过主蒸汽阀与蒸汽系统隔开。主蒸汽阀有一个小的手动旁阀,用于打开主蒸汽阀前对管道加热。旁路阀通常不关闭,它可以阻止空气进入蒸汽系统。

在气垫干燥器中,蒸汽也可以用来灭火。蒸汽取自主蒸汽阀之前使在短暂时间内灭火成为可能。消防蒸汽阀可安装在湿端热回收平台上,蒸汽从一管中喷到干燥器,在干燥器内扩散并迅速灭火。

气垫干燥器的蒸汽和冷凝系统在很多方面都比烘缸干燥简单。

在气垫干燥器中通常只有一组蒸汽,在蒸汽盘管网中没有独立的冷凝水阱,冷凝水可以通过连接管收集到冷凝水槽中。冷凝水槽起着冷凝水阱的作用。冷凝水管中吹入的蒸汽穿过冷凝水槽可以排除管中的空气。

第一个冷凝水槽的冷凝水温度相当高,可以通过液位控制使之引入其他冷凝水槽,在此蒸汽膨胀。膨胀的蒸汽与吹入的蒸汽一起进入冷凝器。

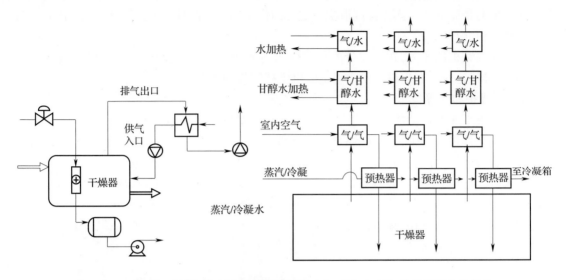

图5-58 热回收系统[1]（右图为简化的热回收空气系统,包括气垫干燥器中的蒸汽、冷凝水和空气系统;左图为现代热回收系统的矩阵式运行系统）

5.2.4.9.2 网和毛毯的引导系统

每一张网和毛毯都有一个引导系统来防止它们在辊子上或辊子之间运行时跑偏。这个系统由框架和汽缸定位装置组成,安装在导向辊的一端,导辊也是网或毛毯运行的一根辊。这个系统包括沿着网或毛毯边缘运动的从动轮。当网或浆板跑偏时,汽缸轻轻地改变导辊的位置。图5-59所示的引导系统的操作是连续的。

5.2.4.9.3 喷水管

为了保证无故障运行,喷水管将水喷至网或毛毯上来使其保持洁净。这些喷水管在高压或者低压下工作。低压喷水管连续工作,而高

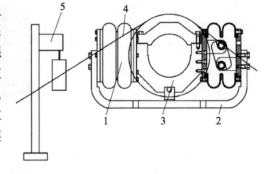

图5-59 网引导系统[1]
1—气压缸 2—支撑机构
3—导向辊的轴承箱 4—网或毛毯 5—从动轮

压喷水管按序工作。清洗化学品也有时加入到低压清洗水中。高压喷水管装有可直线移动的电动机械振动器和毛刷装置。毛刷用来清洗喷嘴。图5-60展示了一种高压毛毯清洗喷水管。

5.2.4.9.4 网和毛毯的张紧系统

每一张网和毛毯都有一个张紧系统,如图5-61、图5-62所示。如果网或者毛毯的张力过低,可能会滑脱或者折叠,过大的张力则使得网或毛毯伸展过快,缩短使用寿命或者使得辊子轴承过负荷。需要的毛毯张力通过水力控制的毛毯张紧辊来维持,这个辊安装在机架两侧,见图5-61。

5.2.4.9.5 网部的真空系统

如上所述,网案上有真空吸水箱,通过轻微的真空吸取网上浆幅的水分。2台吹风机提升浆幅运动方向的真空。

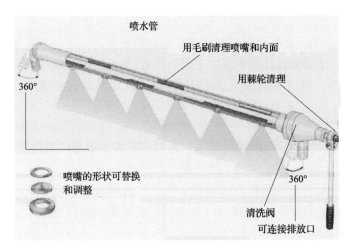

图 5－60　毛毯清洗喷水管[3]

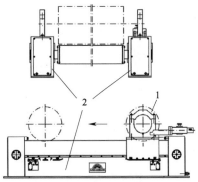

图 5－61　张紧系统[3]
1—张紧辊　2—带汽缸的张紧机构

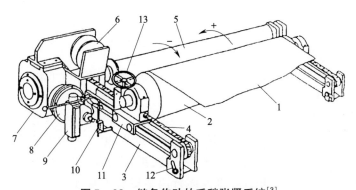

图 5－62　链条传动的毛毯张紧系统[3]
1—毛毯　2—辊　3—框架　4—链条　5—横轴　6—波纹管　7—齿轮
8—空气机　9—阀动机构　10—阀动机构　11—底座　12—链条张紧器　13—结合调整装置

5.2.4.9.6　压榨部真空系统

在压区水从浆中压出，经毛毯进入真空吸水箱，通过真空将水从毛毯中排出。所需真空度较网部的高。该真空是由真空泵产生和维持。

5.2.4.9.7　浆幅断头检测

一般在压榨部安装 2～3 个浆幅监测装置，他们通常安装在第二道压榨和第三道压榨之间，以及第三道压榨和干燥器之间。通常检测器是一对监控浆幅的光电管。

5.2.4.9.8　损纸系统

在开机、停机，或者湿浆幅不能运行到干燥部的其他情况，浆幅进入干燥部下部的损纸系统。损纸系统有损纸输送机和碎浆机。在第二道网压，第一毛毯压榨或者第二毛毯压榨后，损纸能掉入损纸系统。输送机将其运至碎浆机中碎成浆，稀释至较低浓度后泵入浆池，如图 5－35 所示。

5.2.4.9.9　液压系统

如上面提到的，现代的网和毛毯张紧装置都在液压系统下操作，如图 5－62 所示。压区也同样为液压控制，在压榨时，下辊是固定的，上辊能在辊子两端的液压缸的推动下朝着下辊运动。两个压榨辊之间的线压力是可以控制的。

5.2.4.9.10 分段传动系统

第二道网压辊和毛布压榨辊需要传动。在压榨部浆板的传递辊也需要传动。这些装置和烘缸区、切纸区堆纸台的某些传动都连接到分段传动系统。也就意味着,纸机运行速度改变会自动改变网压辊和其他部件的转动速度。由于压榨使浆板稍有伸长,因此压区的运行速度会沿浆板运动方向逐渐增大。

5.2.4.9.11 网和毛毯的更换

供给纸浆厂用的网和毛毯是有两个端头的平面形式,由于机器两侧底板支承的机架构造,网或毛毯绕着辊子固定在浆板机后缝合端口,因此网和毛毯更换时间相当长。

新的浆板机常常是悬臂式的,使得无端头的网和毛毯从一个侧面套进到浆板机上和辊子之间。之所以可以这样操作,是因为机架的构造(一侧固定)另一侧可移开垫块而打开。无端头的网和毛毯大大地缩短了换网和换毛毯的停机时间。

5.2.5 纸浆闪急干燥

5.2.5.1 背景

从 19 世纪 60 年代以来,闪急干燥器被用来干燥纸浆。在 60 ~ 70 年代间被主要是用来干燥硫酸盐浆和亚硫酸盐浆。

从 70 年代起,闪急干燥技术主要用来干燥机械浆,如 TMP 和 CTMP。当引入干燥空气循环后,能量利用率明显地提高了。

5.2.5.2 闪急干燥简介

在闪急干燥(Flash Drying)中,纸浆被压榨至干度为 40% ~ 50% 的浆饼,然后送到浆板撕碎机将其碎解成浆片。在进入闪急干燥器之前,纸浆通常风送通过一台疏解机。在疏解机中,纸浆被疏解成小的碎片,并且纤维彼此分离。然后纸浆进入到闪急干燥系统中,然后以微粒的形式绒毛状态干燥。现代化的闪急干燥器由两段组成。浆料分散在空气流中,空气充当了纤维传送的载体和加热的介质。典型的闪急干燥系统如图 5 - 63、图 5 - 64 所示。

图 5 - 63　芬兰 M - Real Kaskinen 的 3 ×400t 风干浆/d 闪急干燥装置[1]

通常空气送至第二段,在这之后会再次加热以在第一段使用。以这种方式,新鲜空气的量和热消耗都能降到最低。从第一段旋风分离器出来的干燥空气排放到大气中。

空气能以多种方式加热。现今,最常见的方式是两段均用天然气直接燃烧加热。也有采用重油燃烧和蒸汽蛇管加热的。

纸浆经过脱水后,通过绒毛化和干燥,到冷却和打包。闪急干燥器之后,纸浆进入到冷却阶段,使其温度降低到可以防止返黄的水平。最后,纸浆在压包机和打包机中完成打包(成包后保持的最大压缩比是1:6)(见图5-65和图5-66,浆压缩比为1:15)。

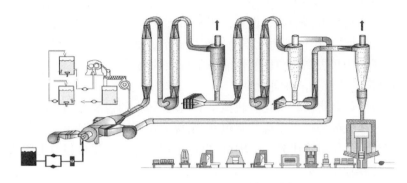

图5-64 从纸浆悬浮液到完成打包[1]

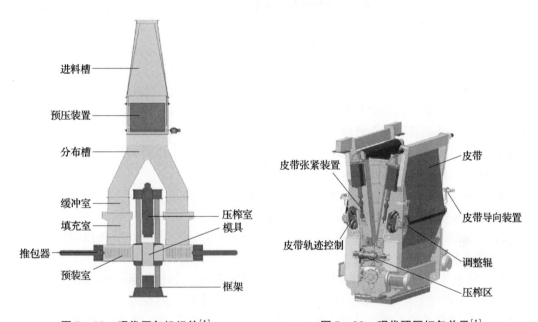

图5-65 现代压包机组件[1]　　　　　图5-66 现代预压打包单元[1]

5.2.5.3　绒毛化

绒毛化是闪急干燥的关键,如果纸浆没有完全绒毛化,闪急干燥器的效率就不会高,也产不出高质量的纸浆。改进的绒毛化装置还能提高既定闪急干燥器的生产能力,并降低单位热能消耗。有效的绒毛化能提高纸浆的表面积,这样能提高总的蒸量。按这种方式,干燥介质能较好地利用,使得干燥效率较高。

5.2.5.4　环境问题

减少闪急干燥器中灰尘的排放已经成为了一个重要方面。因此,现代的闪急干燥器配置了高效率的旋风分离器。如果需要,它们可以与第二分离器结合,通常是一个洗涤器。为了使需要净化的空气的量最小,干燥器有至大气的最少排放点。

对其他的排放点,比如冷却阶段,采用空气再循环或者第二分离器。如果排放点存在干燥环境,那么干分离和湿分离都会用到。

5.3 浆板分切和打包

现代化打包生产线拥有高效打包设备。图 5 – 67 是一条现代化的浆板分切打包生产线。当今,瑞典和芬兰的纸浆的生产能力比当地用浆生产纸的能力大,所以工厂不得不安装打包设备以利于纸浆外运。为了提高压包机的性能作了很大的努力。压包机的压力不断提升,打包速度加快,并且液压油代替了液压乳化油。

其他早期的改进就是将浆板堆在有轨拖车上,装在其上的包装纸和浆板推到一个压包机。捆扎的金属丝通过压板的沟槽人工绕在浆包上,浆板包在压力下就缠绕。

压榨后的浆包从包压机推出到一运输机,再运送到储存室。浆板包重上限为 167kg(即每吨 6 包),以便人工作业。

20 世纪 50 年代初期供货的第一台压机为压力 1000t 下压式包压机。与此同时,自动穿线捆扎机进入市场,但是它们不够坚固以经受纸浆厂苛刻的操作条件。人们又继续研发更新更先进的机器。于是,1956 年设计并安装了一台绕线浆板打包机。此后不久,一条带新设计的压机打包生产线问世,750t 用于干浆打包,或 100t 用于湿浆打包。两种压机都是由油动泵驱动的下压式压榨,泵安装在顶台上。

这种油泵提供动力是一种新的技术,因为在此之前油泵不允许使用,这是由于担心油会污染纸浆。这种压机是全自动的并有滑动式自动捆扎送料机。干浆打包生产线配有一套全自动包装机。这种捆扎机具有一个终端折叠装置。

1962 年,一条打包线具有每小时 150 捆的生产能力,这种压榨周期只有 20s,它还有一个包括带式输送机的浆包喂送机。

1964 年到 1965 年,迎来了一个新的时代,有如下方面的改进:

(1)打包机有了焊接框架结构。

(2)4 个标准的圆柱用于包压机,以代替一个特制的可能引起漏油的且维修费昂贵的铸钢制造的圆柱。浆包进料器有钢带。

(3)一种包装机,应用了含新工作原理的辊筒送纸技术。当包装纸一侧送进机器绕包浆包,然后回到生产线上。这就消除包装纸在浆包传送过程中的纵向卷曲。

另一种包装机采用了浆张打包。浆张被固定在链条上的夹子夹住,拖入机器。当浆包下方的传送机下降时,浆包被两个垂直夹板夹住,包装用的浆板放在浆包下面。传送机上升,再次下降,此时浆包包装浆张上,然后再在顶部放上另一张包装的浆板。

当浆包不移动时,纵向折叠机进行人工递送的包装纸包装。这避免了传送期间的折叠困难。

一种可以用以翻转浆包 90°并且可以在浆包的短端折叠包装纸的折叠机被开发出来。这种折叠机应用根据浆包尺寸自动调节折叠参数这一新的折叠原理。因此,这种机器具有很好的灵活性。

1972 年,继续开发而推出一种成捆堆叠捆扎机。几年之后,又出现一种新的更快的捆扎机。它与成捆纸堆叠捆扎机工作原理相同。所有的程序具有液压驱动。改进版的打包机用于浆板打包,产能达到每小时 200 捆。

将成捆浆板装载到装载点有不同的系统,这些系统的装载单元为 2 ×4 和 4 ×4 成捆浆板,并叠包捆扎。

这个领域的开发继续,研发出一种以伺服电机代替液压驱动的新驱动系统,用于输送浆板包、拉伸捆绑金属丝,并进行包装。为满足特定客户需求,预先做好程序的电子驱动可以控制整个工作流程。这些创新导致了在精确度、噪声水平、可靠性,服务和维修方面的大大改进。

相关技术的研发使整条生产线的大部分机器驱动系统从液压到电力取得进展,目标是尽可能地避免噪声和杜绝漏油。另一原因是将打包系统并入整条制浆生产线的计算机系统。

今天的浆张打包生产线包括运送浆张堆从码纸台到包压机的输送系统、组合体和储存室。取决于现场条件、有各种类别的输送机。现代的打包生产线包括以下的机器:① 液压驱动包压机,其压力至少 1000t;② 从浆张或纸辊取纸的包装机;③ 捆扎机;④ 可翻转和折叠机;⑤ 标识器;⑥ 浆包堆垛;⑦ 可编程逻辑控制电子系统。

表 5 –4 表示打包生产线生产能力的变化,表 5 –5 表示浆包重量的增加。现代的打包生产线的生产能力,可以处理 250kg 的包,每小时打包 250 包。

表 5 –4　打包生产线产能

年份	每小时打包数量
—1950 年	手工 60 捆
—1955 年	手工 110 捆
—1980 年	180
1990 年起	200/250

表 5 –5　捆扎重量的增加

年份	每捆的重量
—1950 年	167kg
1955 年起	200kg
1990 年起	200/250/1000※ kg

※　每捆 1000kg 用于芬兰国内市场。

5.3.1　分切

浆板分切是在浆板干燥之后,在干燥设备和分切机之间安装有牵引压辊和浆板扫描装置。扫描仪监控纤维和水分分布。分切机的主要部分有纵切刀、导浆板辊、横切刀、浆板堆放台和打包台(见图 5 –67、图 5 –68、图 5 –69)。

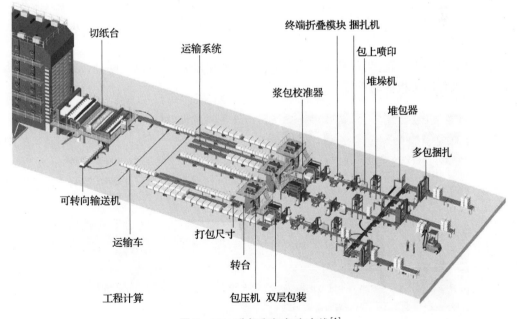

图 5 –67　分切和打包生产线[1]

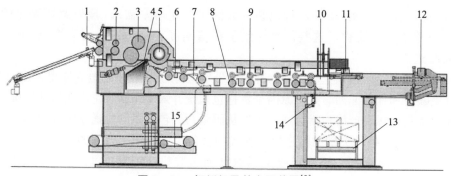

图 5-68　切纸机及其主要装置[3]

1—自动引浆板装置　2—纵切刀组　3—主进料压榨　4—底刀横梁　5—横切刀辊　6—叠加装置
7—选剔门　8—浆板运输带　9—压辊　10—隔板　11—浆板制动器　12—浆板叉组
13—浆包接收台　14—均衡装置　15—损浆板输送器

图 5-69　左图为 Veracel 分切台,顶刀自由转动,底刀是驱动的;右图为运行中的堆浆板台[1]

在横切装置的上刀辊是旋转的,底刀刀片是固定的。

通常需要生产两种尺寸的浆板:常规的平板浆板和包装用浆板。浆板的宽度通过纵切刀的位置来调整,浆板的长度通过刀辊的转速来改变。

因为接纸台上的浆板可能一或者二张重叠,所以浆板运行的速度不得不减小。浆板必须以一定的速度移动,以确保浆板在打包台上运行良好。目标的打包重量为 250kg/捆。打包尺寸见图 5-70。

打包台配有称重装置,当达到设定目标包重后,叉组就负责换包。同样,通过计算浆板的张数也可用来控制浆板捆的重量。

浆板面积	0.52~0.54m²
未压捆高	约 700mm
压后捆高	400 或 420mm
捆重	200 或 250kg

图 5-70　包压机和浆板包平均尺寸[1]

5.4　特例

5.4.1　湿抄浆机

商品浆的水分含量是10%。如果不存在运输费用问题,可以经过压榨后就打包,此时水分含量很高。这些纸机叫湿抄浆机。在综合制浆纸(浆板)厂,如果干燥设备作为一种缓冲,担负造纸机停机期间的生产,湿浆机是有用的,因为可以减少能耗和基本投资。

5.4.2　特种浆——溶解浆的干燥

商品浆需要打包销售。特种浆可以打包,也可以浆卷销售。因此在干燥部后有复卷机而不是切纸机。特种浆烘干后的最终产品是大的浆卷。在完成部有离线的浆板切纸机或复卷机,也有打包和捆包设备。最终产品的质量目标随客户要求而变化,还可以包括浓缩压榨。特种浆具有许多种用途以及多种加工工艺,因此,应该配备不同的特种浆干燥设备,以满足不同的客户需求。

5.5　注释

新罗马文			希腊文		
A, a_f, a_f	m^2, m^2 纤维$/m^3$ 总	纤维的面积,比面积	α	$W(m^2 \cdot K)$	热传递系数
m	kg	质量	σ	kg 干空气/$(m^2 \cdot s)$	传质系数
D	m^2/s	扩散系数	λ	$W/(m \cdot K)$	导热值
c, c_p	$kJ/(kg \cdot K)$	比热	ϕ_i	m^3 相$/m^3$ 总	相 i 的体积分数
h	J/kg, J/kg 干空气	焓	ϕ	—	相对湿度
r_s	J/kg	吸着微分热	U	J/kg	化学势
r_n	J/kg	参考态,0℃蒸发热	η	$kg/(m \cdot s)$	动力黏度
k	m/s	纤维表面质量传递系数	ρ	kg/m^3	组分密度
in_v	kg/s	表面蒸发率	τ, t	s	时间

续表

新罗马文			希腊文		
M	kg/mol	摩尔质量	γ	表面张力	表面张力
n_v	kg/(m²总·S)	蒸汽通量	上下标说明		
$p,\Delta p_E$	Pa	压力,压差	α		空气
Θ,q	kW	热流	da		干空气
r	m	半径	eff		有效的
T,t	K,℃	温度	FS		纤维饱和度
x	kg 水/kg 干空气	空气中水分含量	g,l		气态,液态
z	kg 水/kg 干空气	干基水分含量	m		传质
Y	kg 干空气/kgtot	浓度,干含量	S'		固体,饱和度
$y,\ \Delta y$	m	长度性质	S		表面,吸附
w	m/s	速度	v		蒸汽
			', *		饱和度,表面附近性质

参考文献

[1] Communication and material received from Andritz Oy. , 2009.

[2] Silenius, P. , Lindström, M. , and Luner, P. , Procedure for characterizing the paper making properties of a suspension of fibres, European patent, EP080664981, 1997.

[3] Communication and material received from Metso Oy, 2009.

[4] Eklund, D. , and Lindststsöm, T. , Paper Chemistry – an introduction, 1st English ed. , DT Paper Science Publications, Grankulla, Finland, 1991.

[5] Lindström, T. , Chap. 4 in Paper – Structure and Properties (Bristow, J. A. , Kolseth, P. , Ed.) Marcel Dekker Inc. , New York, U. S, 1986.

[6] Page, D. H. , The beating of chemical pulps – the action and the effects, in fundamentals of Paper making (Baker, C. F. , Ed.) Mechanical Engineering Publications Limited, London, Vol. 1, pp. 1 – 38, 1989.

[7] Stone, J. E. , and Scallan, A. M. , A structural model for the cell wall of waters swollen wood pulp fibres based on their accessibility to macromolecules, Cellulose Chemistry and Technology, Vol,

2，pp. 343 – 358，1968.

[8] Maloney，T. C. ，and Paulapuro，H. ，The formation of pores in the cell wall，Journal of Pulp and Paper Science， Vol，39，No，12，pp. 430 – 436，1999.

[9] Lindström，T. ， Chap. 5 in Paper － Structure and Properties （ Bristow， J. A. ， Kolseth， P. ， Ed. ）Marcel Dekker Inc. ，New York，U. S. ，1986.

[10] Scallan，A. M. ，and Carles，J. E. ，The correlation of the water retention value with the fibre saturation point， Svensk papperstidning，Vol，2，pp. 683 – 701，1972.

[11] Heijjilä，P. ，Determination of Heat and Moisture Conductivity of a Paper Sheet. Licentiate Thesis，Åbo Akademi Turku，Finland，1985.

[12] Fellers， C. ， Norman， B. ， Pappersteknik， Kungliga tekniska högskolan， Sweeden. ISBN：91 － 7170 – 741 – 7. 432p. 1996.

[13] Salmén，L. ，and Berthold，J. ，The swelling ability of pulp fibres，Proceeding of Fundamentals of Papermaking Materials，Vol，2，pp. 683 – 701，1997.

[14] Maloney，T. C. ，Johansson， T. ，and Paulapuro，H. ，Removal of water from the cell wall during drying， Paper Technology，Vol，39，No，6pp. 39 – 47，1997.

[15] Stone，J. E. ，and Scallan，A. M. ，Influence of drying on the pore structures of the cell wall，Symposium on the consolidation of the paper web， Vol，1，pp. 145 – 165，1965.

[16] Ingmansson，W. ，and Andrews，B. ，High velocity water flow through fiber mats，TAPPI，Vol46，No，3，pp. 150 – 155，1963.

[17] Radvan，B. ，Forming the web of paper，The raw materials and processing of Fundamentals of papermaking ，Rance，Elsevier，London，1993，p. 165.

[18] Martinez，M. ，Characterizing the Dewatering Rate in Roll Gap Formers，J. Pulp Paper Sci. 24 （ 1 ）：7 – 13（1998）.

[19] Wahlström，B. ，and O' Blenes，G. ，The Drainage of Pulps at Papermaking Rates and Consistencies. Pulp Paper Mag. Can. 63（8），405 – 417，（1962）.

[20] Vomhoff，H. ，and Schmidt，A. ，The steady － state compressibility of saturated fibre webs at low pressure. Nordic Pulp Paper Res. J. （4）. 267 – 269，（1997）.

[21] Aaltonen，P. ，Sulpun suotautuminen， Paperin valmistus Ⅲ，Part 1，editor Antti Arjas，Teknillisten tieteiden akatamia，Helsinki ，1983.

[22] Arenander，S. and Wahren，D. ，Impulse drying adds new dimensions to water removal，TAPPI， Vol. 66，No. 9，pp. 123 – 126，1983.

[23] Wahlström，P. B. ，Our Present Understanding of the Fundamentals of Pressing. Pulp and Paper Magazine of Canada，70（10），76 – 96，（1969）.

[24] Nanko，H. and Ohsawa，J. Mechanisms of fibre bond formation in Fundamentals of Paper making （ Baker， C. F. ， Ed. ）， Mecganical Engineering Publications Limited， London， 1989， p. 783 – 830.

[25] Nilsson，P. ，and Larsson，K. O. ，Paper Web Performance in a Press Nip，Pulp Paper Mag. Can. 69（24）：438 – 445（1968）.

[26] Berg. C. － G. ，Kemp，I. ，Stenström，S. and Wimmerstedt，R. ，Transport equations for moist air at elevated wet bulb temperatures. Drying Technology， Vol. 22，No. 1，pp. 201 – 224，2001.

［27］Berg，C. － G. ，Calculation example from a drying of thin sheet course material produced by Berg C. － G at Åbo Akademi University，2003.

［28］Berg，C. － G. ，Heat and Mass Transfer in Turbulent Moist Air Drying Processes—Experimental and Theoretical Work. Åbo Akademi University Press，Doctoral Thesis，Acta Academiae Aboensis，ser. B. Monogragh，pp. 153，1999.

［29］Berg，C. － G. ，Heat and Mass Transfer in Turbulent Drying Processes—Experimental and Theoretical Work，Drying Technology An International Journal，Vol 18，No3，pp. 625 － 648，2000.

［30］Soininen，M. ，Modeling of web drying，Abo Akademi University，Finland，1994，p. 34.

［31］Lampinen，M. ，Kotiaho，W. ，Ja Leskelä，M. ，Huokoisen materiaalin kuivauksen termodynaamiset perusteet，AEL insko seminaari，Finland，2002.

［32］Strauch，W. Container hand buch des GDV. Gesamtverband der Deutschen Versicherungswirtschaft e. V. (GDV)，Abteilung Transport und Schadenverhütung，Friendrichstraβe 191，10117，Berlin，Germany，2007.

［33］Krischer，O. ，and Kast，W. ，Die Wissenschafilichen Grundlagen der Trocknungstechnik，1978，p. 489.

［34］Bernada，P. ，Stenström，S. ，and Mansson，S. ，Experimental study of the moisture distribution inside a pulp sheet using MRI，part I：Principles of the MRI technique，Journal of Pulp and Paper Science，Vol 24，No，12，pp. 373 － 379，1998.

［35］Baggerud，E. and Stenström，S. ，Modeling of moisture gradients in industrial pulp and cardboard sheets，Proceedings of 12th International Drying Symposium in IDS'2000，Noordwijkerhout，the Netherlands，2000.

［36］Nilsson，L. ，Wihelmsson，B. ，and Stenström，S. ，The Diffusion of water vapor through pulp and paper，Drying Technology，Vol，11，No，6，pp. 1205 － 1225，1993.

［37］Petschauer，F. ，and Hornhofor，K. A. ，New millenum in Pulp production. Proceedings of the ABTCP—PI2005—38th International Pulp and Paper Congress & Exhibition，October17 － 20 2005，São Paulo，Brazil.

［38］Wahren，D. ，Förfarande och anordning för konsolidering och torkning av en fuktig porös bana. Swedish Patent no. 7803672 － 0，1978.

［39］Lindsay，J. D. ，The physics of impulse drying：New insight from numerical modeling. Proc. 9th Fundamental Research Symposium － Fundamentals of Paper Making，Vol，2，pp，679 － 729，1989.

［40］Orloff，D. I. ，Patterson，T. F. ，Parviainen，P. M. ，Opening the operating window of impulse drying － II Pressure differential as a source of delamination. ，TAPPIJ. 81 (8)：195 － 203 (1998).

［41］Wahren，D. ，Method and apparatus for the rapid consolidation of moist porous web. USA Patent no. 4324613，1982.

［42］Lucisano，M. ，Heat and Paper：From hot pressing to Impulse Technology，Doctoral Dissertation，Royal Institute of Technology，KTH，Sweden，2002.

［43］Backstrom，M. ，Drotz，M. ，Tubek － Lindblom，A. ，and Blohm，E. ，Improved product quality and increased production capacity with impulse technology，Pulp & Paper，Canada，

February,2000.

［44］Fales,G. A. ,New hot press in Mexico intrigues US visitors, Pap. Age,Vol104,No,9,pp. 8 – 9,1998.

［45］Communication and material received from Kamyr AB,2009.

［46］Larsson,O. ,Pulp Drying Applications（Gullichsen,J. ,Paulapuro,H. ,Ed.）Papermaking Science and Technology. Book 6A,Chemical Pulping,2000.

［47］Communication and material received from Tamfelt Oy,2009.

第 ⑥ 章　制浆生产线

6.1　背景

漂白硫酸盐浆生产过程分为几个工段,如图6-1所示,从剥皮、削片到漂白,生产商品浆时还需要干燥。图6-1包含了在制浆生产线上与不同生产工段相关的重要议题。

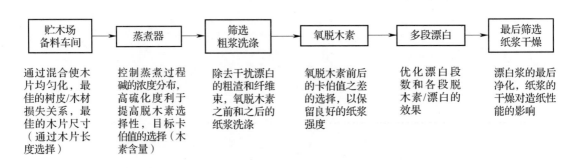

贮木场备料车间	蒸煮器	筛选粗浆洗涤	氧脱木素	多段漂白	最后筛选纸浆干燥
通过混合使木片均匀化,最佳的树皮/木材损失关系,最佳的木片尺寸(通过木片长度选择)	控制蒸煮过程碱的浓度分布,高硫化度利于提高脱木素选择性,目标卡伯值的选择(木素含量)	除去干扰漂白的粗渣和纤维束,氧脱木素之前和之后的纸浆洗涤	氧脱木素前后的卡伯值之差的选择,以保留良好的纸浆强度	优化漂白段数和各段脱木素/漂白的效果	漂白浆的最后净化,纸浆的干燥对造纸性能的影响

图6-1　漂白硫酸盐浆制浆生产线不同工段概要

尽管亚硫酸盐法制浆对剥皮质量的要求较高和由于木片压缩损伤而导致的纸浆强度的下降更为明显,但亚硫酸盐法漂白浆的生产方法与硫酸盐法漂白浆的生产方法是相似的。相对于硫酸盐法蒸煮,亚硫酸盐法蒸煮可在不同pH条件下和采用某些不同的盐基进行蒸煮。由于亚硫酸盐浆的可漂白性比硫酸盐浆好得多,因此,其漂白工艺与硫酸盐浆的漂白工艺(对于漂白段)是完全不同的,需求也较低(较低的化学品用量)。[1]

多年来,所有制浆生产线的各个工段已经改良和变为现代化的生产工段,许多老厂的生产能力不断提高。老式的设备已经更换,各种不同的工段按照现代化标准进行改造,以控制多变的木材、能源和化学品的成本,同时也减少了对环境的影响。这些厂不用为了保持性能、生产能力和浆质量的竞争力而作较大的投资,就可保持住竞争力。新厂承受着高的投资成本,在某些情况下,相当于纸浆的总单位成本的40%~50%,这是经济规模要利用到其最大的原因。尤其是成本最大的工段,例如回收炉和蒸煮器,最好达到其最大的规模。通过现代的工厂设计能使可变的成本保持下降,通过将全厂的环保措施进行整合,可降低环保成本。

本章讨论蒸煮、氧脱木素和漂白工段的发展,以及已经或即将投入工业生产的最新制浆生产线的理念。每个工段在这本书的前面章节中都已经进行过详细描述。

6.1.1 蒸煮、氧脱木素和漂白之间的分界

一些外界因素,比如环境要求、水源的可利用性、木材原料和物流,这些都会影响厂址的选择和制浆生产线的布局。然而,对于任何给定的生产硫酸盐漂白浆的制浆生产线,必须找到蒸煮、氧脱木素和漂白之间的最佳平衡,以最经济的方式来达到目标白度和纸浆质量。这是多种不同需求的复杂组合,下面讨论过去这些都是如何发展的。

全漂白针叶木硫酸盐浆的生产在1950—1960年取得了突破,标准硫酸盐法蒸煮的卡伯值达到了35,漂白采用五到七段漂[2-3]。第一段漂白采用元素氯,中间采用次氯酸盐,最后用二氧化氯漂白。未漂白浆洗涤过程中产生的黑液和全部漂白工段的废水都排放至下水道,废液和废水没有全部进行处理或有时在曝气池中处理,主要是在一些水体对废水排放较敏感的地区。在曝气池中处理废水,BOD(生化需氧量,对应于易降解的物质)是主要问题。

与漂白硫酸盐针叶木浆的发展相对应的漂白阔叶木浆发展稍晚,尽管阔叶木原料在蒸煮和漂白过程中所需要的脱木素量较少,但大部分使用已有的针叶木浆生产的工艺技术。然而,由于桦木纸浆生产过程中的树脂问题,因此需要在第一段漂白时用大量的次氯酸盐或二氧化氯来替换氯。其他的按照针叶木浆生产中的一般模式发展。

在1960年,生产能力的快速扩张,尤其是漂白针叶木硫酸盐浆生产能力的快速扩张导致工厂区域严重的环境问题,这使发展工作朝向如何减少蒸煮和漂白对环境的影响。新的元素已经引入到制浆生产线和厂外废水处理系统,其主要目的如下:

(1)在蒸煮过程中提高硫化度,至少提高到35%,以改善纸浆的特性黏度[4],同时发展改良的硫酸盐法蒸煮技术,也是为了改善纸浆的黏度[5-6],包括后来一些替代原始的改良硫酸盐法蒸煮的理念。在硫酸盐法蒸煮之前用黑液浸渍木片,可在不提高硫离子与钠离子比率的情况下提高 HS⁻的含量[7]。改进的蒸煮技术最初是用于降低未漂白浆的卡伯值,一般情况下可将卡伯值降低到20,当采用全无氯(TCF)漂白时,卡伯值有时甚至还要低。随着继续发展,发现了蒸煮有更好的选择,利用蒸煮最具有选择性的阶段,因此,蒸煮之后纸浆的卡伯值相对来说又高了一些。在改良的蒸煮中提高选择性,而不提高氧脱木素阶段的脱木素程度,可达到更好的抄纸性能。

(2)引入氧脱木素,包括回收氧脱木素的废水作为本色浆洗涤时的洗涤用水,洗涤后与黑液一起送入燃烧炉燃烧。开始时,脱木素是在高浆浓(25%~30%)下进行,其脱木素程度对针叶木浆而言大约为40%,阔叶木浆稍低[8]。后来发展了在中浓(10%~15%)条件下进行氧脱木素,脱木素率达到50%,仍具有稍好的选择性[9]。最后,开发了两段氧脱木素技术,脱木素程度达到70%时仍具有可接受的选择性[10]。

(3)随着氧脱木素后卡伯值的减小,漂白段数可在一定范围内减少。

(4)用二氧化氯取代氯[11],接着是强化的碱抽提,最初用氧进行强化[12],后来用过氧化氢进行强化[13],即所谓的 EOP 段。在无元素氯(ECF)漂白理念中,所有这些组成部分都结合在一起[14-15]。

(5)在 TCF 漂白中取缔所有含氯化学品,主要是在高温下使用过氧化氢,在前面的漂白段与 O₂ 结合进行漂白[14-15]。在某种程度上也可与臭氧以及过氧乙酸相结合进行漂白。作为一种折中方案,可供选择的轻 ECF 漂白已发展起来,其限制二氧化氯的用量,起主要作用的是氧和过氧化氢[16]。

(6)不仅本色浆洗涤和氧脱木素段的废液在碱回收炉中燃烧回收,还包括全部或部分漂

白废水。然而,后者的回收必须十分谨慎,以避免发生像钙盐这样的沉淀[17]。

(7)在厂外生物场处理剩余的废水,主要目的是尽可能去除水中的有毒和其他有害物质[18]。

图6-2显示了3种不同情况的COD(化学需氧量),COD是衡量制浆生产线的废液中大多数有机物所占比例的一个参数。第一种情况(1),标准蒸煮,无氧脱木素,采用5~7段漂白,并且在漂白工序的初始漂白段使用元素氯。第二种情况(2)进行了改进的中间状态。第三种情况(3)是最好的,采用了已经应用于工业生产的最佳可行技术,综合考虑了蒸煮、氧脱木素和漂白。

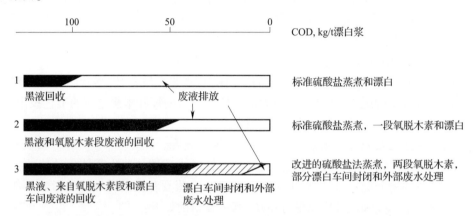

图6-2　制浆生产线上COD的产生情况(从20世纪70年初期到现在采用最佳实用技术的发展历程)[1]

从蒸煮到氧脱木素和从氧脱木素到漂白的正确转换对总的脱木素选择性来说是非常重要的,尤其是对于最终的纸浆黏度和得率。蒸煮和氧脱木素段的最后阶段的选择性都很差,因此,应通过转到下一段来避开这些处理阶段的最后部分,下一段开始时的选择性较好。为了确保高的纸浆得率,并相应地改善重要的抄纸性能,建议在卡伯值适当高一些的情况下结束蒸煮,以保证在氧脱木素段具有高的脱木素程度,并以高选择性的方式漂白纸浆。图6-3示出了针叶木硫酸盐浆分别在蒸煮、氧脱木素和漂白之后的纸浆得率与卡伯值之间的关系。

在一个现代化的针叶木硫酸盐浆厂,这意味着浆需蒸煮到卡伯值为28~35;氧脱木素段脱除浆中的木素,卡伯值达到10~12;采用像D(EOP)DD或D(EOP)DP这样的漂序,把浆漂白至全漂浆的白度,以生产高质量纸浆。桉木硫酸盐浆相应的卡伯值和阔叶浆的卡伯值范围,通常蒸煮之后为15~20,氧脱木素之后为9~11。最后的漂白采用像(AD*)(EO)DP或者D*(EO)D这样的漂序,以达到全漂浆的白度,其中D*是高温D,在90℃下漂白3h,

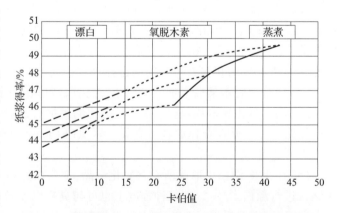

图6-3　硫酸盐法蒸煮最后阶段、氧脱木素和最后漂白段的针叶木浆得率。当蒸煮在较高卡伯值下结束时可获得较高的制浆过程总得率[19]

以除去浆中的己烯糖醛酸[20]。

图 6-4 为相应的桉木硫酸盐浆得率的变化情况[21]。同样漂白之后浆的得率受到蒸煮后的卡伯值以及氧脱木素后的卡伯值的影响。对于图中所列的脱木素度（＜50%），蒸煮后较高的卡伯值，将会在最终漂白后获得较高的纸浆得率。在这里脱木素度定义为：在氧脱木素段下降的卡伯值除以氧脱木素之前纸浆的卡伯值。

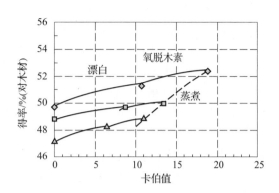

图 6-4　巨桉硫酸盐浆的得率与蒸煮、氧脱木素和漂白卡伯值的关系[21]

在氧脱木素段纸浆的脱木素程度对制浆生产线（即漂白车间）所产生的废水污染负荷有直接影响，这是因为从蒸煮和氧脱木素段溶出的物质被送到了碱回收炉回收，而漂白车间的废水多数情况下经过厂外废水处理系统后排放至水体。然而，在某些情况下，一部分来自于漂白工段的废水如果不会引起纸浆厂工艺问题，也可能会回收。因此，整个制浆生产线中送到厂内碱回收炉回收的溶解物质越多，则浆厂对环境的影响就越小。为了满足现代化工厂目前严格的环境标准，仍然需要对废水进行有效的厂外处理。图 6-5 为制浆生产线的一个实例，该浆线由蒸煮、氧脱木素、臭氧漂白和终漂所组成，其中只有来自终漂的废水从浆线排出，而臭氧漂白废水的一部分与来自氧脱木素和蒸煮段的所有废液一起在工厂内回收和利用了。因此，制浆生产线上工段的选择，以及回收从这些工段出来的废水以实现工厂部分封闭的可行性，都将直接影响整个浆线的污染负荷。

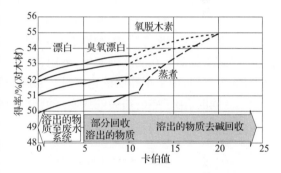

图 6-5　回收从蒸煮、氧脱木素和漂白段溶出的物质以减少浆厂对环境的影响[21]

6.1.2　蒸煮

漂白硫酸盐浆的性质在很大程度上取决于原始木材纤维的特性，在较小的程度上取决于蒸煮条件[22-24]。氧脱木素和漂白可以选择性地溶出木素，在此过程中主要由碳水化合物的降解程度而影响到纸浆的性能。在一定的卡伯值下，碳水化合物降解的程度可以用黏度降低值与卡伯值减少值的比率来测量，即在给定卡伯值下的曲线的斜率。

针叶木原料的密度，即绝干质量与风干体积之比，可以相当好地预测纸浆性能，因此，可以在市场上用于主要纸浆等级的分类。纤维粗度，在某些关键情况下有纤维壁厚度（数据）支持，将会更明确地说明纤维的特性。纤维长度是重要的，但其通常在造纸的纤维之间的相互结合作用方面是足够的。然而，对于高强纸中的针叶木纤维，纤维长度确实是一个重要参数。另一方面，尽管这样的长纤维可能会在无纺布（纸）产品中受欢迎，但特别长的纤维对纸的成形不利，会损害纸的匀度。纸浆的纤丝角会影响纸幅干燥过程中纤维的收缩。成熟木材的角度通常相当小,收缩主要是横穿纤维的。而幼龄材,主要是人工种植的木材,纤丝角较大,使其纤维收缩有所不同[25]。对从未干燥过的纸浆,纤丝角的影响最明显。

阔叶木特性的变化比针叶木多得多。其纤维原料的均匀性差,除了纤维以外,还有相当量的导管细胞和薄壁细胞。由于木材中导管数量的变化等原因,木材的密度与浆的特性只存在微小的相关性。纤维粗度(或更准确地讲,必要时,纤维宽度和纤维壁厚度)、纤维长度、导管的数量及其形状(它们影响纸张表面的趋势)和半纤维素含量都是非常重要的特性。特性存在着差异的原因是阔叶木浆中纤维的数量较多,不同的阔叶木浆中,每克浆大约含有 400 万 ~ 2000 万根纤维,相比之下,每克针叶木浆则含有 100 万 ~ 200 万根纤维[24]。这意味着纤维的网络也将会不同,尽管事实上这些不同的浆会满足不同纸产品的质量需求。

漂白阔叶木浆主要用于生产不透明度高、匀度好、表面特性良好的纸。因此,有很多种阔叶木商品浆,从高强度纸浆到强度非常差的纸浆。高强度纸浆,在纸张干强度方面基本上相当于针叶木亚硫酸盐浆,尽管二者在湿强度方面不同,而且具有相当高的光散射系数。强度非常低的浆,一般称为填料浆,主要用于提供松厚度和不透明度。填料浆,其中也包括阔叶木亚硫酸盐纸浆,一般得率都相当低。

最初,由于高硫化度在工厂里难以维持硫的平衡,所以在瑞典硫酸盐法蒸煮的硫化度为 30% 或更低。由于漂白新技术的经验有限以及过程控制的不可靠性,针叶木硫酸盐浆的目标卡伯值设定为 30 ~ 35[26]。现代化的碱回收炉技术和生产系统中较好的 S/Na 平衡控制,使得硫化度得到了提高。在北欧国家中,采用 35% ~ 40% 硫化度的常规蒸煮已经在实践中应用了很长时间了,其折中了很高的硫化度对蒸煮的积极作用(参见图 6 - 6)与碱回收系统的不利影响[27,16]。同时,由于硫的损失的急剧降低,也使得硫化度增大。

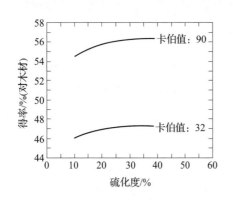
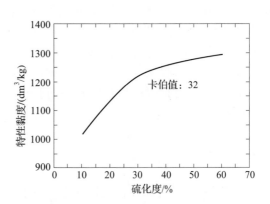

图 6 - 6　左图为硫化度对蒸煮至卡伯值 32 并漂至全漂浆白度的硫酸盐浆得率的影响
以及硫化度对蒸煮至卡伯值 90 的未漂挂面浆得率的影响;
右图所示的是卡伯值为 32 的相同硫酸盐浆的最终特性黏度[4]

在针叶木硫酸盐法制浆中,氧脱木素的引入,其废水循环至黑液回收系统,已影响到漂白之前未漂白浆的目标卡伯值。最初的目标主要是为了最大限度地降低氧脱木素后浆的卡伯值,以达到相应降低漂白废水负荷的最终目标。表明这种发展的是 1996—1999 年瑞典的生态循环纸浆厂开发项目的示范浆厂,选择改良的针叶木硫酸盐法蒸煮的卡伯值为 22(所谓 ITC 或类似的改良的硫酸盐法蒸煮技术)[16]。

然而,后来的技术发展表明,如果采用现代化的制浆技术,未漂白浆的卡伯值可以小幅增加,在氧脱木素之后仍可以保证浆的质量不变或者某些方面的性能会略好一些。再结合改进的外部废水处理系统,这可以减少残余的废水负荷,废水对环境的影响在多数情况下很难检测出来。因此,在 2000—2002 年间,随着生态循环纸浆厂项目的延续,示范厂蒸煮后的卡伯值提高到 27[16]。增加蒸煮之后卡伯值的原因是希望提高纸浆的黏度和造纸性能以及纸浆得率。但是,若硫酸盐法蒸煮之后浆的卡伯值高于 30 左右,当纸浆的强度以一定抗张指数下的撕裂指数来衡量时,对硫酸盐浆和碱性亚硫酸盐浆而言,纸浆的强度通常是随着纸浆得率的增大而降低的[27-28]。其原因是,尽管纸浆的黏度高,但是较高的纸浆得率意味着单位质量纸浆中纤维根数较少,并且纤维中的纤维素含量较低。二者结合起来将会导致高卡伯值下纸浆的强度较低。

只要废水的负荷能够保持在令人满意的低水平,那么未漂白浆的卡伯值略微增加,卡伯值到 30 左右是合理的。较高的卡伯值可提高漂白浆的打浆性能,这是由于半纤维素的含量提高,还可以使最大抗张强度有一定的提高。采用盘磨机高比压打浆的工厂对后者特别感兴趣[23]。如果在蒸煮器和/或碱回收炉的生产能力上存在瓶颈,则蒸煮之后较高的卡伯值也可能会作为提高生产能力的措施。

对于阔叶木浆,蒸煮之后的卡伯值的目标范围要窄得多,通常在 15~20[29]。其中较高的卡伯值是由蒸煮木片纤维分离点处的卡伯值决定的,而较低的卡伯值的确定是根据卡伯值低于 15 以后,纸浆得率会大幅度下降。但是,在桦木制浆中,有必要将卡伯值降到 15 以下,这样,较高的脱木率可以确保浆中的树脂含量达到可以接受的范围。当所使用的木材原料,比如说一般的桉木,其半纤维素含量较低时,在较低目标卡伯值下的得率损失对纸张性能的影响特别关键。在随后的氧脱木素段,降低相同的卡伯值所产生的得率损失较针叶木浆大(参见图 6-3 和图 6-4),因此,在纤维分离点之下,选择尽可能高的卡伯值作为阔叶木硫酸盐法蒸煮的目标卡伯值。

蒸煮过程分为不同的阶段,包括木材原料的装锅、送药液、加热至最高蒸煮温度、最后的蒸煮(即保温)和余热回收后的浆料排放。对现代化蒸煮器,运行操作的不同阶段已在蒸煮那一章做了详细介绍。

表 6-1 显示了硫酸盐法蒸煮系统药液平衡的例子,以 1t 绝干木材的多少立方米(m^3/t)来表示,说明老的传统间歇式蒸煮器与现代化的称为改良的间歇蒸煮器之间的差异。表 6-2 显示了传统的液相型连续蒸煮器与现代化的双塔汽-液相型连续蒸煮器之间的差异。这些实例中用的是典型的北欧针叶木云杉与松木的混合木片,其木片的密度为 400kg 绝干木材/m^3 湿木,相应的在削片之前木材的密度为 410kg/m^3。密度降低的原因是在削片过程中木片产生了裂缝。

表 6-1　　传统与改良的间歇式硫酸盐法蒸煮中药液加入情况的比较　　　　　　　(m^3/t 绝干木材)

成分	传统蒸煮	改良蒸煮	
		预浸渍	蒸煮
木材含水量(60% 干度)	0.67	0.67	—
蒸汽冷凝水(20~100℃)	0.15	0.15	—
白液浓度/(114gEA/L)	1.93	—	1.89
黑液	0.75	3.78	2.71
总计/(m^3/t 绝干木材)	3.5	4.6	4.6

注　EA—有效碱,下同。

表6-2　　传统与改良连续式硫酸盐法蒸煮中药液加入情况的比较(参见表6-1)

(m³/t 绝干木材)[31]

成分	传统单塔液相型	双塔汽-液相型蒸煮系统的改良蒸煮	
		预浸渍	蒸煮
木材水分(60%绝干含量)	0.67	0.67	—
蒸汽冷凝水(20~100℃)	0.35	0.35	0.1(直接蒸汽)
白液/(114g EA/L)	1.93	0.5	1.4
有效碱/%	22	6	16
黑液	0.05~0.35	4.75~5.05	2.0~2.2
总计/(m³/t 绝干木材)	3.0~3.3	6.3~6.6	3.5~3.7

　　假设表6-2中的蒸汽只包括蒸汽装锅部分,不包括后续主要用于除去空气(当木片的浸渍很重要时)所需要的蒸汽部分。然而,在冬季霜冻木材的解冻需要额外通入蒸汽,这将大大增加了蒸汽的冷凝水量。对应于每立方米蒸煮器容积装190kg绝干木材,木材的充满程度在这里是47.5%,而在现代蒸煮器中这不是特别高的充满率。假设用白液加入的碱量,在传统蒸煮中是每吨绝干木材220kg有效碱,而在改良的蒸煮中是每吨绝干木材215kg有效碱。对于改良的硫酸盐法蒸煮,通过黑液预浸渍使其碱用量稍微低一点,这是由于黑液中仍含有一定量的碱,可以在新的蒸煮中加以利用。这里改良蒸煮的运行中,蒸煮器内完全充满了木片和蒸煮液;而传统蒸煮一般要求液比尽可能低,但又能达到在升温阶段有足够的蒸煮液循环。黑液浸渍在此可以分为两个阶段,首先是用温黑液,然后用热黑液,以获得良好的热回收,而上面显示的只是浸渍的最终结果[30]。

　　在这种情况下,假设在木片仓中进行常压汽蒸,加入低压系统的额外蒸汽进入高压给料器,以维持足够高的压力,从而与蒸煮器中药液的温度相平衡。这种蒸汽的添加自然增加了蒸汽的消耗量。在双塔蒸煮系统中,至高温洗涤区的洗涤液,通常为每吨木材1.1m³,该洗涤液加入到预浸渍段,从那里出来成为送至碱回收系统的黑液的一部分。

6.1.3　氧脱木素

　　氧脱木素是使用氧气和碱除去大部分蒸煮之后残余的木素。这种脱木素会产生较高的白度,因此,达到半漂白浆或全漂白浆的白度所需要的后续漂白将会容易得多。与只有传统漂白段的工序相比,在漂白段之前采用氧脱木素的优点是在氧脱木素段溶出的物质,可以经过未漂白浆洗涤循环至碱回收,这意味着氧脱木素减少了浆厂对水体的环境影响。

　　氧脱木素过程采用升高温度(85~110℃)和压力(0.4~0.8MPa),以高浓(25%~30%)或中浓(10%~13%),添加或者不添加提高白度和保护黏度的助剂,进行单段或多段氧脱木素。氧脱木素可以应用于各种类型的纸浆,其工艺非常灵活,并作为蒸煮和最后漂白之间的过渡段而被看好。氧脱木素的方法和反应的程度,涉及制浆生产线全面的优化,要考虑总成本、纸浆的质量和对环境的影响。工业生产上最常用的是中浓单段氧脱木素,脱木素率(用卡伯值表示)通常在30%~50%的范围内。氧脱木素新的应用通常具有两个反应阶段,将最大脱木素率提高到65%~70%,并且依然保留了纸浆的质量。由于经济和环境的原因,一个明显的发展趋势是最大限度地利用氧脱木素段。

氧脱木素段溶出的有机物和纸浆中残余的脱木素化学品,在紧跟其后的洗涤段与纸浆分离,并送至化学回收系统(即碱回收系统)。与未采用氧脱木素的情况相比,并假设蒸煮之后的卡伯值保持不变,漂白车间废水中以 AOX(可吸附有机卤素)表示的有机氯化物、BOD(生化需氧量)、COD(化学需氧量)和色度等排放量的减少值,大约与氧脱木素段的脱木素程度成正比。氧脱木素的主要优点是减少了浆厂对环境的影响,但其他因素也重要。例如,氧脱木素使得漂白化学品的成本显著降低。如今氧脱木素车间的投资回收期比其正常的使用寿命明显短。

蒸煮、氧脱木素和最后漂白的得率与卡伯值的关系如图 6 − 3 和图 6 − 4 所示。如果蒸煮后的卡伯值增加或减少,则氧脱木素的强度和漂白反应的强度也必须以相同的方式变化,这对获得最佳效果是很重要的。

6.1.4　漂白

当与碳水化合物的溶解和/或碳水化合物的降解相比较时,在蒸煮和氧脱木素段,脱木素反应达到一定的程度会具有合理的选择性。根据工艺条件的不同,这些选择性的范围会有所不同,显而易见,蒸煮和氧脱木素必须限制在各自的选择性部分(区域)。

在大多数漂白段中也能观察到类似的变化趋势,这实际上是开发多段漂白的原因。这就是说一个漂白段的反应时间不应该过长,不要超过开始出现木素溶出或白度升高停滞的那一点。此时,最好进入下一段漂白,用不同的漂白化学品与木素进行反应。在特殊情况下,后续的漂白也可能包括活化木素的作用,例如位于第一段二氧化氯漂白之后、第二段二氧化氯漂白之前的碱抽提段。后面的漂白中,可能还会用新的且与前面漂白段相同或相似的漂白段继续漂白。

图 6 − 7 给出了漂白基本反应历程的典型示例。一个漂白段分为 3 个阶段:① 初始阶段,选择性很好;② 过渡阶段;③ 漂白停滞的最后阶段[32]。

图 6 − 7 中选择了高化学品用量的过氧化氢漂白段,由于其初始反应速率足够慢,从开始时就能够跟踪其详细过程。原则上,大多数其他的漂白段具有相似的过程。然而,对时间非常短的漂白段的历程,有时很难观察到其初始阶段,例如在氯化段或二氧化氯预漂白段。

大部分漂白段可以分为 3 个不同的阶段。针叶木硫酸盐浆过氧化氢漂白分为以下几个阶段:第 1 阶段——初始阶段,反应速率快并具有选择性,这被认为是主导漂白的阶段。第 2 阶段——过渡阶段,当在该段或整个漂白流程中需要达到高的漂白效果时,此阶段应当用来限制反应程度。第 3 阶段——最后阶段,

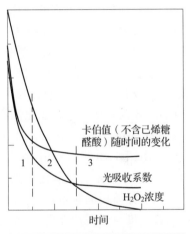

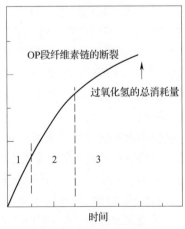

图 6 − 7　过氧化氢漂白段

漂白反应停滞,这一阶段应通过限制化学品的加入量来避免选择性的不断恶化。这里选择性定义为希望发生的木素的反应和不希望发生的碳水化合物的降解反应之间的动力学平衡。

在传统漂白程序中,其他活化的例子是氯化之后或二氧化氯漂白之后的碱抽提的作用,如在 CEHDED 和 CEHEDED 漂白流程中[33-34]。碱抽提具有溶解氯化/氧化木素和在下一个漂白段之前活化残余木素的双重作用。与木素反应时,氯和二氧化氯最初是作为氧化剂,而流程中的次氯盐最初是作为还原剂[33-34]。这种差异会导致漂白化学品攻击木素分子的不同部位,从而在很大程度上相互补充。这在六段漂白中省去了 H 段与第一个 D 段之间的单独的活化段,但在七段漂白中的第二个碱抽提段,将仍然会减少最后的 DED 漂白段的二氧化氯消耗量。

在氧脱木素之后的 CEDED 或者 DEDED 漂白段有着类似的活化反应。所不同的是无论初始木素含量还是最终的木素含量,漂白的选择性范围都是移向较低的木素含量。随着木素含量的降低,漂白流程则可以缩短,特别是对于卡伯值为 10 左右的针叶木硫酸盐浆。虽然氧气本身是一种氧化剂,但在碱抽提段添加氧、过氧化物或两者同时添加,改变了氧化性的氯和二氧化氯漂白段的反应模式。如第 4 章中所讨论的,氧碱处理的化学反应相当复杂,既有氧化反应,又有还原反应,这提供了与木素反应的新途径。

后期漂白过程中,通过在前一个二氧化氯段结束时与后一个二氧化氯段之前设置一个的短的中和段,可以实现木素的活化。在漂白化学品已经消耗完之后,在下一个同种漂剂的漂白段之前,高温处理也可以使纸浆发生活化,例如在两段连续的过氧化氢漂白的情况下,可以用高温处理。臭氧段一般会赋予纸浆很强的活化,因此,只需很低的臭氧用量。

即使纸浆已经被适当地活化了,但在后面的漂白段漂白速率不断变慢。因此,需要较高的温度和/或较长的时间,再加上选择性更好的漂白剂。

图 6-8 为一些不同的氧化性漂白段的反应历程,例如 ECF 漂白(无元素氯漂白),轻 ECF 漂白(通常只有一段 ClO_2 漂,并且为 ClO_2 用量很有限的无元素氯漂白)和 TCF 漂白(全无氯漂白)[35]。由图 6-8 可以看出,在大多数情况下每一个漂白段都可以分为 3 个不同的阶段,与前面图 6-7 中所示的过氧化氢漂白一样。由于木素的溶出主要发生在碱抽提段,因此,关于 ECF 漂白开始阶段的脱木素和白度的变化情况,只列出了 D(EO) 漂白段之后的。由于在氧化性漂白段白度可以得到提高,而在碱抽提段白度没有提高,因此,在所有其他情况下,白度的升高情况只列出了氧化性漂白段之后的。通常在碱抽提段,白度会略有下降,同时纸浆得到了活化,这使得纸浆的白度在后续漂白段可得到有效提高。

如图 6-8 所示,除了臭氧漂白之外,大多氧化性漂白段的漂白反应可以分为 3 个不同阶段,这与图 6-7 所示的过氧化氢漂白段类似。图 6-8 中所示的为不同用量和相同反应时间条件下的曲线,而图 6-7 中的曲线仅受单一变量影响,漂白剂用量相当高,在一定温度下反应不同的时间。

氧脱木素的选择性比蒸煮后期的好,这可使蒸煮后浆的卡伯值降低 30%~70%,而不会导致多聚糖过度降解,并且残余的木素可在后续的漂白段中被选择性地漂白。这意味着漂白段的数量可以减少[23]。在氧脱木素段将卡伯值降为 10 左右时,简短的三段漂白就相当于蒸煮后卡伯值为 30 时,无氧脱木素的六至七段的漂白[23]。

在氧脱木素之后,第一漂白段直接用 ClO_2 取代 Cl_2,降低了此漂白段在选择性阶段的卡伯值的减小幅度(△卡伯值)。然而,这可在随后用氧或过氧化氢强化的碱抽提段得到补偿。另一种选择是,如前所述,可以在最后的 D 段之后再增加一个 D 段,两个 D 段之间用简短的中和处理来活化纸浆。

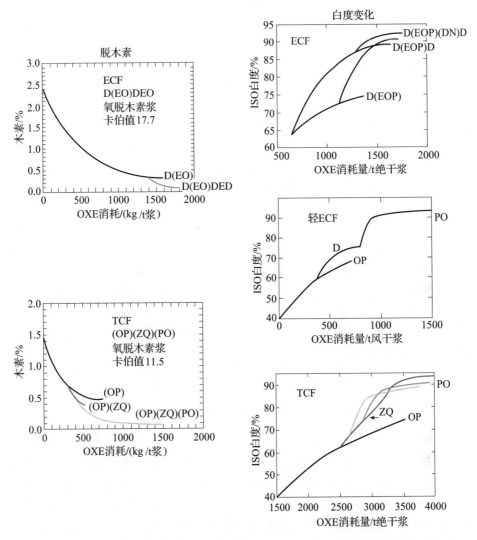

图 6-8 不同的氧化漂白段(包括 ECF 漂白、轻 ECF 漂白和 TCF 漂白的漂白段中脱木素程度和白度的变化)

OXE—氧化当量

如图 6-8 所示,对轻 ECF 漂白和 TCF 漂白,在各个漂白段之间需要活化,以获得好的漂白效果。在过氧化氢漂白段之间,二氧化氯,特别是臭氧,可提供强的活化作用。尽管过氧化氢漂白与二氧化氯漂白的化学反应的条件不同,但在过氧化氢漂白段间的加热处理也能够增加一些活化作用,就像两段连续的二氧化氯漂白段一样。

恰当使用不同氧化性漂白段的主要的选择性部分,并在这些漂白段之间进行适当的活化,总化学品消耗量将会下降,经济上这是相当重要的。较长的漂白流程,在每一个漂白段能够较好地利用其选择性部分,这可进一步降低漂白化学品的成本。较多的漂白段具有积极作用,然而,必须权衡增加漂白段数的成本,在很多情况下,增加漂白段数的成本会超过化学品的成本。因此,选择短的漂白流程。较低的化学品消耗量也将会减少碳水化合物的降解(即纸浆特性黏度的损失较小),纸浆强度较好。如果目标白度非常高的话,选择长一些的漂白流程比较好。为了较好地控制漂白过程中干扰因素,也是较长的漂白流程有利。

　　纸浆多段漂白的原理提供了许多可供选择的多段漂白流程。当现有漂白车间需要增大生产能力或者要提高纸浆质量时,会对此特别感兴趣。如果考虑到了多段漂白的一般规则,当地的条件会产生很大的影响。

6.1.5　漂白流程的历史性发展

　　在过去的50年里,对漂白工段进行了显著改进,不仅表现在流程上,还包括漂白设备方面。这些改进明显改变了漂白工段的能耗和化学品需求,其主要目标是纸浆的质量高并且更均匀。图6-9为20世纪60年代中期的典型的漂白工段流程图示例[36]。关于漂白段的更多信息见第4章。

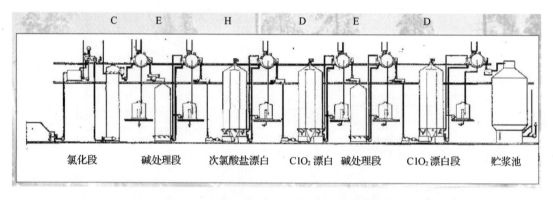

图6-9　老的CEHDED漂白工段流程图[37]

　　在针叶木硫酸盐浆漂白至高白度的早期阶段,蒸煮之后的卡伯值一般相当高,通常可达到35。图6-9中所示的第一段漂白是低浓(浆浓3%)的冷氯化段,其后是鼓式真空洗浆机。第二段是用氢氧化钠作为抽提化学品的降流抽提,也可加入次氯酸盐来补偿氯化作用的不足。这一段之后是鼓式真空洗浆机,它安装在与氯化段后的鼓式真空洗浆机相同的楼层上。第三段是升流低温(35℃)次氯酸盐漂白段,其后是鼓式真空洗浆机和升流式的二氧化氯漂白段。下一段是使用氢氧化钠作为抽提化学品的降流式抽提段。流程的最后是二氧化氯漂白段,并带有鼓式真空洗浆机和高浓贮存塔。所有的鼓式真空洗浆机均安装在相同的楼面上。对于获得高白度和良好的纤维束去除率来讲,这种形式的漂白工段是非常有效的,因为化学品的用量高,特别是在氯化段,此段的化学品用量通常为70kg/t浆或更多。这种流程对蒸煮之后木素含量变化较大的纸浆的漂白适应性很强。通过优化各个漂白段中漂白化学品的分配、充分混合以及很好地调节漂白段的温度,可以降低总的漂白化学品消耗量,并提高浆的造纸性能[32]。

　　然而,漂白工段的水的消耗量是非常大的(50~100m³/t浆),这主要是因为氯化段是开放的,废水循环使用的程度较低。与目前现代化工厂的情况相比,排放废水的COD、色度和AOX也非常高。对于高卡伯值的纸浆,这种形式包括六段(如CEHDED)或者更多段的纸浆漂白流程,在浆厂中已不再使用。在现代化工厂中,采用不同的漂白剂,漂白工艺也不同。此外,需要较少的漂白段就可把纸浆漂白至全漂白浆的白度,特别是在氧脱木素之后。

在过去 40 年中,桉木硫酸盐浆漂白流程的进展过程示于图6-10[36]。最初,流程中使用元素氯,并且通常至少有一个次氯酸盐段。实际中漂白流程不断变化,目前在现代化浆厂中使用较短的漂白流程,采用两段氧脱木素,后面的漂白采用二氧化氯、过氧化氢,某些情况下用臭氧或过氧乙酸。

图6-10 所示的是桉木浆漂白流程的发展情况,尽管针叶木浆漂白的发展历史要早 15~20 年,但桉木浆的这个总趋势也同样适合于针叶木浆漂白。这主要由于一直以来针叶木浆厂主要位于欧洲和北美,在那里,环境问题早就是强大的驱动力;而桉木浆厂主要坐落于亚热带国家,在这些国家环境问题后来才得到重视。如今,无论是生产针叶木浆还是阔叶木浆,对现代化浆厂来说,环境压力是相同的,二者均采用相似的工艺技术理念。不过,在漂白技术上会有某些差异。A 段,以及 D* 或者 Dhot(高温二氧化氯漂白)段,主要用于阔叶木浆厂,以除去己烯糖醛酸,如第 4 章所述。

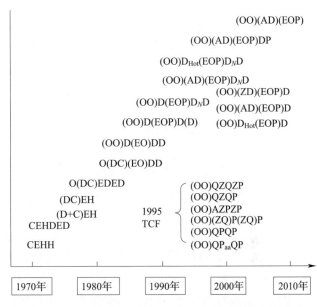

图6-10 桉木浆在1970—2010 年漂白流程的发展[36]

图6-10 中还示出了一些可供选择的 TCF 漂白方案。然而,对于硫酸盐浆厂选择这些的很少,国际上目前大多数硫酸盐浆的生产是采用含有二氧化氯的 ECF(无元素氯)漂白流程进行漂白。在许多现代化的 ECF 工厂,厂外处理后向水体排放的 AOX(可吸附有机卤化物)仅为 0.1~0.2kg/t,并且其 COD(化学需氧量)的排放量低于许多 TCF 工厂。因此,这样的 ECF 工厂对环境产生的影响可能低于普通的 TCF 工厂。当然,今后 TCF 漂白将受到人们更多的关注,例如,如果生物质精炼理念取得成功,并且 TCF 漂白的各种废水可以比较容易地全部加以利用,用来生产新产品。

然而,对于亚硫酸盐浆厂,由于这类浆比较容易漂白,采用短的 TCF 漂白流程就能够达到足够的白度,所以 TCF 漂白已成为此种浆的标准技术。对于亚硫酸盐浆厂,TCF 漂白是经济的可选方案,其过程中不产生有机氯化物。虽然 TCF 漂白选择性不如 ECF 好,但由于亚硫酸盐浆不用于生产很高强度的纸张,因此这并不是主要问题。此外,若亚硫酸盐浆厂不使用钠盐作为蒸煮液盐基,二氧化氯漂白过程中产生的副产物倍半硫酸钠不能进入亚硫酸盐化学回收系统进行回收,在这种情况下二氧化氯漂白也不是很有利。

6.2 影响制浆生产线设计的因素

6.2.1 环境状况

直到 20 世纪 60 年代,环境问题和减少排放的措施一直没有在制浆行业得到高度重视。

这种情况也许现在很难理解。但是,我们必须清除,那时的制浆造纸厂规模相当小,所导致的环境问题也相对较小,主要是当地局部的污染问题。例如,实际上,当时或多或少的开放式亚硫酸钙制浆厂,将其蒸煮废液不经过任何处理,就直接排放到河流中。这会导致一些可见的局部问题,例如,水体中会出现纤维沉积、发泡、颜色和缺氧。

北欧一些国家,制浆行业已经被列为对环境有害的行业,因此,需要满足政府当局关于向水体排放废水、向大气排放废气和废渣填埋的一系列的限制。在这些和其他国家,工厂的具体情况已经被登记在固定期限许可证上,工厂遵守政府的监控。在工厂生产系统有任何重大变化或定期改造的情况下,许可条件重新审查,并按照工厂环境影响的现有经验和纸浆产量增加的影响进行调整。

生产漂白浆的工厂受到了特别关注,重点在于漂白车间废水的含氯化合物。然而,现代化硫酸盐浆厂的理念,如本章前面所述,具有终端废水高效生物处理,已经非常接近于完全环境友好的标准。

另一个重要的问题是含硫化合物排放到大气中的问题。然而,即使蒸煮液中的硫化度较高,新的工艺技术可以使含硫化合物保留在工厂生产系统内。白液的硫化度增加到高水平,但并不超过排放极限值,这种能力对于生产高强度漂白阔叶木硫酸盐浆厂来说是特别重要的。下列参考文献给出了对漂白硫酸盐,纸浆生产中环境问题的精辟综述[38-42]。

进入新世纪之后,CO_2 排放以及其对全球大气 CO_2 平衡的影响已成为一个重要的政治问题。森林行业已分析了纸浆行业 CO_2 的排放状况[43]。得出的结论是,只要每年的木材采伐量不超过森林年生长的供给量,森林的可持续利用是有保障的,森林工业的状况将会是乐观的。在北欧一些国家,很长一段时间里一直是这样的状况。

在现代制浆厂里所实施的制浆生产线的所有改良,都大大减少了每吨纸浆的有效氯消耗量,最初是减少氯的消耗,但后来还降低二氧化氯的消耗。这种变化情况示于图 6-11[36]。此图是桉树纸浆厂的,但针叶木纸浆厂的变化趋势是与此相同的。

如图 6-12 所示,为减少纸浆厂含氯化合物对环境的影响,已努力将其排放量降低到了一个非常低的水平[36]。从图 6-12 中可以看出,1980—2005 年间现代化桉木纸浆厂每吨纸浆排出的废水中的 AOX(可吸附的有机卤素)排放量显著降低。目前,现代化纸浆厂在废水处理之前 AOX 的排放量低于 0.5kg/t;废水经过外部处理后,AOX 的排放量通常低于 0.2kg/t。

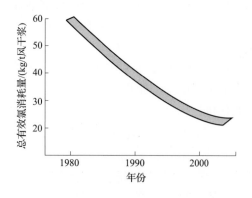

图 6-11 桉木硫酸盐浆厂 1980—2005 年间
有效氯消耗的变化情况[36]

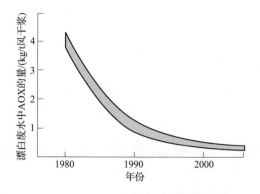

图 6-12 1980 年以来现代化阔叶木纸浆厂
外部废水处理之前的 AOX 排放量变化情况[36]

相应的瑞典纸浆厂 1978—2008 年的平均数据如图 6 - 13 所示。图 6 - 13 显示了 1978—2008 年间，瑞典的纸浆厂 AOX 的总排放量和每吨浆的 AOX 排放量。很显然，AOX 排放量已大大减少，在这种情况下，废水处理后每吨浆的总 AOX 排放量低于 0.2kg。

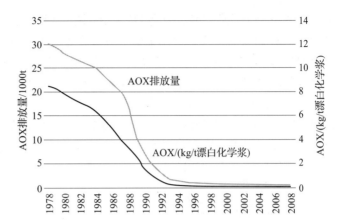

图 6 - 13　1978—2008 年瑞典制浆造纸厂 AOX 的总排放量和每吨漂白浆的 AOX 排放量[44]

6.2.2　纸浆厂规模

纸浆厂的规模在稳步增长，在 20 世纪 80 年代一个风干浆生产能力为 800 ~ 1000t/d 的工厂是大型的，而今天新的现代化工厂的生产能力达到了它的 5 倍。在木材资源充足且价格合理的地区，预计这种发展趋势将会继续。有 3 个重要的因素推动着这种生产规模的变化，第一个和最明显的因素是规模经济。换句话说，随着工厂规模的增大，投资和一定程度上每吨浆的运营成本会减少，只要总体木材价格保持相对不变，但这并非总是如此。如

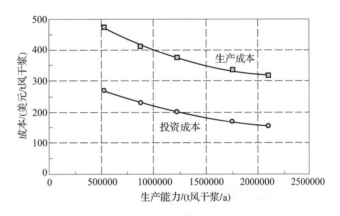

图 6 - 14　新阔叶木硫酸盐浆厂生产能力与生产成本和投资成本之间的关系[45]

图 6 - 14 所示，虽然较低的劳动力成本和维修维护成本以及化学品和木材的购买条件也很重要，这种减少的主要原因是每吨纸浆的投资成本减少。

环境保护的总成本相当高，当生产能力增加时，每吨纸浆环保成本也降低。由于日益严格的环保法规，废水处理和控制废气排放的投资仍趋向于增大。只要规模经济起着主导作用，建造一个较大的工厂可能是合理的，但是，如果浆厂需要投资特别复杂的净化技术，以达到与小浆厂相同的排放极限，那么其效益将会大大降低。因此，增加工厂规模是经济方面的吸引力，还是依据环境保护，这将取决于当地的条件。

第三个成本降低的因素是非常成功的阔叶木的克隆项目，特别是在过去的 20 年里，在像巴西、印度尼西亚和中国等国家。这些项目的成绩是突出的，并有如今的桉树和相思树品种，其生长速率高达每年 50m³/hm²（带树皮）。高的生长速率，也意味着从种植到浆厂的运输距离缩短，在这些国家建设大型纸浆厂的益处就更大了。

如果我们把最好的桉树人工林的生长速率与在瑞典南部的北欧桦木的生长速率进行比较，发现其差异非常显著。最好的瑞典森林的年生长速率（带树皮）约为 6m³/hm²，而在瑞典和芬兰北部的生长速率为其 1/2。因此，要向纸浆厂供应相同量的阔叶木，瑞典北部的森林面积必须比在巴西相应的森林面积约大 15 倍。这间接地表明，在热带国家生产阔叶木浆的经济

优势大于在气候寒冷的国家,如北欧国家、俄罗斯和加拿大。

图6-15为新的纸浆厂或制浆生产线的稳定增长情况[45]。图6-15中显示1982—2006年建成的新纸浆厂的数据。从图中可以看出,生产能力大幅度扩张;还可以观察到,最大的纸浆厂的生产能力从20世纪80年代初的约300000t/a增长到2006年的1000000t/a左右。因此,适宜的木材供应和其边际价格对浆厂的生产能力起着重要作用,认识到这一点是很重要的。最大浆厂存在的另一个问题是,难以生产数量较小的特定级别的纸浆,它们较适合用于生产大批量大众化的产品。

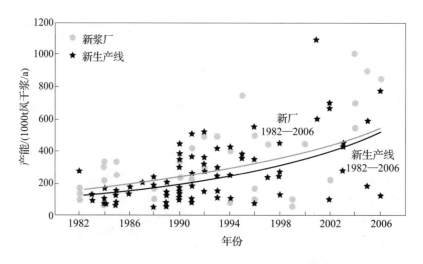

图6-15　1982—2006年新建纸浆厂和制浆生产线的平均规模[45]

6.2.3　生物质精炼方面

术语生物质精炼是用来描述纸浆厂作为一个多用途的行业,可以采用类似于原油炼制的方式,以木材或其他植物为原料生产大量产品。在纸浆厂生产的产品越多,越能显示出术语生物质精炼的含义。到目前为止,生物质精炼主要是指亚硫酸盐法、硫酸盐法以及烧碱蒽醌法化学浆厂。可在生物质精炼厂生产的产品包括锯材产品、加热材料、化学浆纤维、纤维素、木素、乙醇、香草醛、以及供厂内和厂外使用的电能和热能。到目前,亚硫酸盐法溶解浆厂已成为由传统纸浆生产转向生物质精炼的领跑者。在北欧,例如,瑞典 Örnsköldsvik 市的 DomsjöFabriker 公司和挪威 Sarpsborg 市的 Borregaard 公司。由于他们的纸浆得率比传统的硫酸盐浆厂或者亚硫酸盐浆厂的浆得率低,因此,这些浆厂需要有效地利用制浆过程中溶出的木素、半纤维素和纤维素等物质,例如,将其作为生产其他产品的原材料。与亚硫酸盐浆厂相比,硫酸盐浆厂的废液中含有较多的碳水化合物的降解产物,这些碳水化合物只能用作生产燃料的原料,因此,在硫酸盐浆厂主要是木素可以用于生产新产品。

图6-16和图6-17以简单的方式描述了挪威 Sarpsborg 市的 Borregaard 亚硫酸钙溶解浆厂的情况。从图6-16可以看出,亚硫酸盐法蒸煮废液首先通过碳水化合物发酵产生粗乙醇,之后通过蒸馏分离出乙醇。剩下的废液用于生产香草醛。最后,亚硫酸盐法蒸煮废液中的木素作为生产木素化学品的原料出售。图6-17表明,在生物质精炼厂中,每消耗1t木材原料,可以生产400kg的纤维素产品、400kg的木素产品、3kg的香草醛、50kg的乙醇和大量的绿色能源(热能),其中部分出售给 Sarpsborg 市。

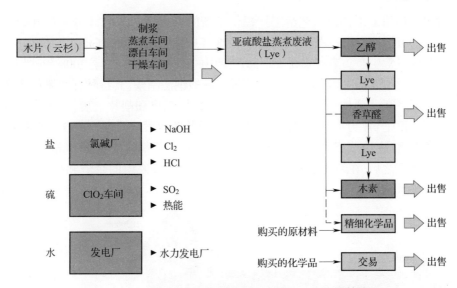

图 6 - 16　挪威 Sarpsborg 市的 Borregaard 生物质精炼厂

注　以木材为原料生产纤维素、乙醇、香草醛、木素等产品。也用其他原料通过类似的方法生产其他产品。

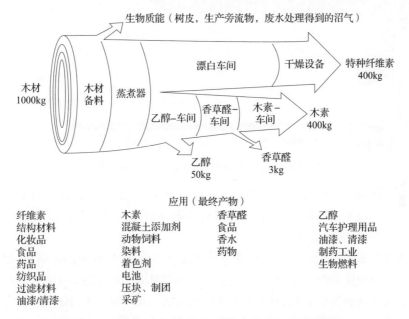

图 6 - 17　挪威 Sarpsborg 市的 Borregaard 生物质精炼厂

注　每消耗 1000kg 木材可以生产 400kg 纤维素产品,400kg 木素产品,3kg 香草醛和 50kg 乙醇。[46]

　　Domsjö 生物质精炼厂,始建于 1903 年,在开始的 20 年里主要生产造纸用的本色浆,之后开始生产漂白化学浆,用于造纸。在 20 世纪 30 年代初期,开始生产溶解浆,并很快成为主要产品。在 1945—1955 年期间,总生产能力的一部分用来生产溶解浆。主要由于环境因素,在 1970 年初,溶解浆的生产逐渐衰减,直到 1979 年,最终停止了溶解浆的生产。在 20 世纪 80 年代中期,为了减少溶解浆厂对环境的负面影响而安装了新设备,如厌氧生物处理设备。另外,增加了蒸煮和漂白工段洗浆废液和废水的回用程度,减少了这些工段废液和废水的排放量。在 1990 年,Domsjö Fabriker 厂将漂白工艺改为封闭循环和全无氯漂白,是世界上第一家使用此技术的工厂。

由于封闭循环的 TCF 漂白工艺给工厂提供了新的机会,Domsjö Fabriker 厂开始考察了重新生产溶解浆的可行性。第一次工厂试验于 1993 年中期完成,随后 Domsjö Fabriker 公司迅速开始了溶解浆的正常生产。溶解浆在工厂总产量中的比例逐渐增加,至 2008 年达到了 97%。

如图 6 - 18 所示,Domsjö Fabriker 厂是两段亚硫酸钠法制浆,其特种纤维素的生产能力为 183000t/a。其使用的主要木材种类为云杉(欧洲云杉),剥皮和削片之后,对木片进行钠盐基两段蒸煮。第一段是 pH 为 4 ~ 5 的酸浸渍段,第二段是脱木素阶段,通入 SO_2,使其 pH 降低至常规的酸性亚硫酸盐法蒸煮范围。这种蒸煮工艺可以蒸煮到很低的木素含量(0.6% ~ 0.8%)。浆料洗涤之后,在封闭的筛选工段进行筛选以除去浆中的浆渣和树节,筛渣送至工厂的树皮燃烧炉系统。

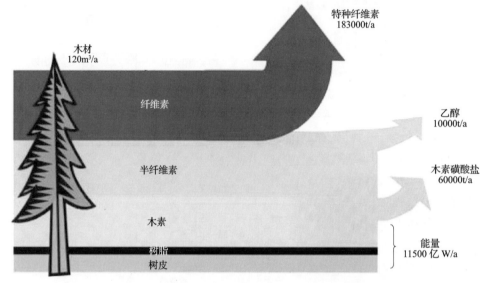

图 6 - 18 瑞典 Domsjö Fabriker 公司产品系列[47]

漂白过程包括两段,第一段是热碱纯化段,目的是为了使浆中的纤维素含量增加至浆产品的目标水平。第二段是过氧化氢漂白阶段,目的是提高最终白度。这两段都采用鼓式洗浆机和压榨洗浆机,为封闭循环洗涤。

热碱纯化段也常被用于内部脱脂。在热碱抽提塔之前,向浆料中加入碱液,然后先在螺旋纤维分离机中进行脱脂处理。在碱抽提塔之后,溶解的木素、降解的半纤维素碎片和树脂被洗出。树脂单独在浮选装置中回收,并在树皮锅炉中燃烧,每年能替代 3000m³ 左右的燃油。纸浆的漂白采用单段过氧化氢漂白,用新鲜的热水将过氧化氢漂白段溶出的有机物洗出来。这是在漂白工段和本色浆的洗涤工段中唯一使用新鲜水的地方。洗浆废水以与纸浆逆流的方式进入制浆生产线,这意味着在过氧化氢漂白段溶出的有机物,经过粗浆的洗涤后,进入蒸发工段。

蒸煮废液中,含有从蒸煮到漂白过程中溶出的有机物以及残余的蒸煮和漂白化学品。蒸煮废液首先蒸发至 25% 的固形物含量。然后,预蒸发液在乙醇发酵车间进行发酵,回收乙醇和二氧化碳。该车间每年大约生产 96% 的乙醇 10000t,二氧化碳 4000t。发酵液进一步蒸发后送入回收炉燃烧。

从蒸发工段出来的冷凝水,进入外部生物厌氧 - 好氧处理系统。生物处理可以减少 99% 的 BOD_7 和 85% ~ 87% 的 COD,并产生可供燃烧的甲烷气体。每年回收的甲烷气体相当于

5000m³的燃油。蒸发的废液在 2 台装有燃料气体洗涤器的回收炉中燃烧,在此处回收 SO_2,减少 SO_2 排放到大气中。锅炉中产生的蒸汽大部分来自于蒸煮废液和漂白废水。这些蒸汽回用于制浆工段和废液回收工段,还有部分蒸汽输送到外部的社区或者附近的工厂中使用。每年产生的全部蒸汽能量大约为 1150000MWh,包括由树皮、树脂和甲烷气体燃烧产生的能量。只有不到十分之一的蒸汽用于 15MW 的汽轮机发电。

Domsjö Fabriker 厂所生产的产品如下:

(a)高白度的溶解浆。大部分溶解浆用于生产黏胶短纤维和长丝,另一部分可用于生产香肠肠衣、纤维素衍生物和微晶纤维素。

(b)木素磺酸盐,它是由发酵后的废液通过喷雾干燥蒸发除去水分之后而得到的。喷雾干燥的能量来源于厌氧处理所产生的甲烷气体。这种木素常用于混凝土掺和料、陶瓷加工的添加剂以及饲料和矿物造粒添加剂。

(c)乙醇,可以作为汽车燃料以代替汽油

目前,在世界各地正进行着许多生物质精炼研究项目。在这些项目中使用的蒸煮方法通常是预水解 - 硫酸盐法或预水解 - 烧碱 - AQ 法,在大多数情况下,是生产溶解浆。在这些项目中,探索生产汽车燃料或卡车和公共汽车用生物柴油的可能性一般是其主要目标。

6.3　现代制浆生产线

纸浆漂白经常讨论的主题是:纸浆质量和漂白化学品、水、蒸汽和电力的消耗以及废水的数量和质量。基础研究以及工厂试验表明,在漂白之前纸浆洗到低 COD 含量,对控制化学品的消耗和纸浆返黄是很重要的。作为一个经验法则,氧脱木素后的纸浆中,每公斤 COD 会导致在随后的 ECF 过程中有效氯的消耗增加 0.5 ~ 0.9kg/t 风干浆。

氧脱木素由一段或两段完成。在针叶木硫酸盐浆厂,一段和两段氧脱木素都可以导致卡伯值降低至少 50% ,两段通常为 60% ~ 70% 。两段系统产生更均匀的最终结果和较小的卡伯值的偏差,这允许氧脱木素前的纸浆具有较高的卡伯值。其结果是漂白浆的最终得率较高,氧脱木素后纸浆达到较低的卡伯值,并且不会造成太严重的碳水化合物降解。

氧脱木素后的纸浆白度对完成最终漂白特别重要,通常漂白浆的白度与氧脱木素后的纸浆白度密切相关。氧脱木素前,浆中低的溶解的有机物质(来自于黑液)含量是氧脱木素段高效脱木素的先决条件。为了达到最佳的氧脱木素效果,纸浆中总的 COD 量,包括回用的滤液,不应超过 90kgCOD/t 风干浆。白度优势会在漂白中始终保留,并且对保持漂白化学品消耗量下降非常重要。

氧脱木素之后的阔叶木硫酸盐浆的卡伯值大部分来源于纸浆中的己烯糖醛酸(HexA),它是在蒸煮过程中由糖醛酸产生的。正如在漂白一章所讨论的,己烯糖醛酸化合物在氧脱木素时没有脱除,因此必须设计去除己烯糖醛酸的漂白程序。

ECF 漂白已经成为主要的漂白理念,但是在设计漂白工序中也有很多种。当设定漂白流程时,必须考虑各种因素,如目标白度、所用的化学品、成本和污染物排放限值。例如桉木浆,选择漂白流程时,首先需要考虑的是如何解决高己烯糖醛酸量的问题。漂白流程最好首先除去浆中的己烯糖醛酸。当目标白度为 91% ~ 92% ISO 时,操作和投资成本综合考虑,通常四段漂白是桉木硫酸盐氧脱木素浆的最有利的选择。

臭氧是一种非常有效的,但也是高度降解(碳水化合物)的漂白剂,它可以单独使用或与二氧化氯组合使用。它的优点必须在具体情况下分别进行评估,要考虑能源价格和纸浆质量的要求。

表6-3为高己烯糖醛酸含量的阔叶木浆可选择的不同漂白流程与四段漂白流程(AD)(EOP)DnD[36]的比较。在对照流程中,第一阶段分为初始酸处理,接着在该段的后期进行二氧化氯处理。请注意,该表以 A/D 或 ZD 表示顺序加入漂白剂,而现在这些加入漂白剂方式应该标记(AD)或(ZD)。在某些工厂的应用中,按照(AD)的顺序加漂白剂是合在一起的,在一个反应器中进行,这一段标记为 D*、DHT 或 Dhot。表6-3 中的所有流程是在 90% ISO 白度下对比的。使用这种简化的比较形式,适宜的流程的选择取决于给定情况下,哪方面是最重要的。如表6-3 所示,参照流程是有吸引力的可选方案。

表6-3 阔叶木纸浆漂白不同流程的相对优势(+/-) 与 A/D(EOP)DnD 流程相比较

阔叶木浆漂白流程	投资成本	化学成本	白度灵活性	白度返黄	废水
Z/D – Eop – D – P	– – –	+ +	+ + +	+ + +	+ + +
A – Z/D – Eop – D	– – –	+ + +	+ + +	+ +	+ + +
A/D – Eop – D – P	–	+ + +	+ + +	+ + +	+ +
A/D – Eop – Dn – D	– –	+ +	+ +	+ +	+ +
A/D – Eop – DnD	0	0	0	0	0
A/D – Eop – D	+	–	0	–	–
Z/D – Eop – DnD	0	–	+	+	+
A/D – Eop – D/P	+	0	0	+	+
Z/D – Eop – E/P	+	0	0	+	+ +

注 +号表示比参照流程好, -表示比参照流程差。

然而,其他几个流程当然也是可行的,尤其是在现有的漂白车间进行改进的情况。在表中未列出的一个令人感兴趣的流程为 Z(EOP)(DP)。在这里,前两段的滤液可以循环到回收循环系统,而不会造成化学回收系统中严重的氯离子浓度问题,但是,必须考虑化学回收系统增加的硫和钠。另一个潜在的问题就是草酸钙的沉淀,在 pH 约为 5~7 的时候,其溶解度比较小,当酸性和碱性滤液混合之后,会达到这样的 pH 范围。

需要注意的是,那种使用两种化学品顺序加入的漂段,其中两种化学物质需要不同 pH,就像(DP)的情况,在两种化学药品之间需要大量化学药品来调节 pH。因此,加入过氧化物之前,需要大量的碱将最初二氧化氯反应的高酸性 pH 变为过氧化氢反应所需要的高碱性 pH。

6.3.1 针叶木硫酸盐浆厂

图6-19 显示了美卓造纸机械公司的针叶木硫酸盐浆从蒸煮到最终漂白的现代化制浆生产线的设计理念。它包括双塔型连续蒸煮器,其中,带有喂料系统的第一塔用于木片常压汽蒸和随后的药液浸渍。蒸煮是依据改良的硫酸盐法蒸煮的原则,其中浸渍是用来自于蒸煮阶段的黑液和白液配制而成的适宜的混合液,用抽出的多余的废液再加上白液,并以相对较高的碱浓度蒸煮。在粗筛选和精筛选之后,进行粗浆压榨洗涤,纸浆在两段氧反应塔内进一步脱木素,两段氧脱木素允许卡伯值有较大幅度的下降。用压榨脱水机进行氧脱木素后浆料的洗涤,

其后的高浓浆塔起到缓冲作用,并可使得木素从纸浆纤维内浸泡出来,最后是第二段洗涤压榨。漂白工序包括 D(OP)DP 4 段。蒸煮之后的粗浆和氧脱木素后的浆料的洗涤采用洗涤压榨机(wash presses),而漂白车间浆料的洗涤是在脱水压榨机(dewatering presses)上完成。

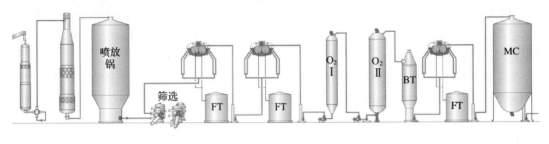

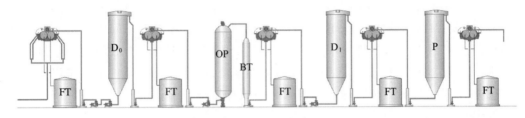

图 6 - 19　一个现代化的全漂白针叶木浆生产线

注　FT—滤液槽　BT—喷放罐　MC—缓冲罐,其中纸浆浓度为 10% ~15%,即中浓[19]

图 6 - 20 示出了由 GL&V 设计的相应的制浆生产线。其是间歇蒸煮,依据改良的硫酸盐蒸煮过程,例如,用热黑液预处理,然后,加入白液进行蒸煮。蒸煮后的纸浆通过仔细冷却后,用泵从蒸煮器内抽出来,以保护纸浆的强度。间歇蒸煮器之后是筛选、在洗涤压榨机上进行本色浆的洗涤。下一阶段是两段氧脱木素阶段,接下来是洗涤压榨、高浓贮浆塔使木素浸出和第二洗涤压榨机。纸浆按照(OO)D(OP)DP 程序漂白,采用升降流式漂白塔和压榨式段间洗涤。

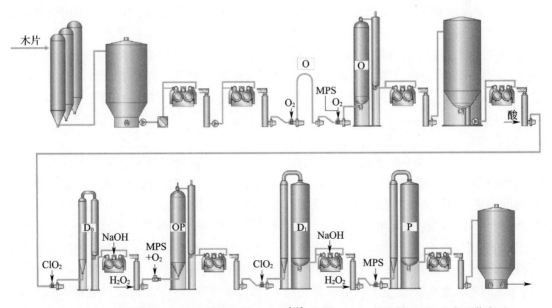

图 6 - 20　现代化全漂白针叶木硫酸盐浆生产线[48][与图 6 - 19 相比较(MSP—中压蒸汽)]

　　理论上，为了平衡浆产量的变化，降流漂白塔内的浆料液位可能是变化的，但在实际中，这通常没有什么价值，除非停留时间长。由于大部分漂白段都没有显著过剩的化学品，无论是升流还是降流反应塔，突然停产时漂白条件不会显著变化。两条制浆生产线具有相同的漂白流程，这种流程是相当有效的，特别是当氧脱木素后的卡伯值比较低的时候，能够在大多数的漂白初始阶段就漂白了。在多数情况下，不同漂白段之间漂白活性（bleaching activity）的分配则要求不严格。

　　为了确保在最后的过氧化氢漂白段金属离子的浓度能满足要求，适当的金属控制是必须的。对高目标白度，漂白段之间漂白化学品的分配显得更为关键，应按照前面所讨论的原则进行监控。

　　一个重要问题是纸浆生产线上缓冲槽的使用。如图 6 - 19 和图 6 - 20 所示，蒸煮后设有容积相当大的缓冲槽（即喷放浆池或喷放塔——译者注），通常，间歇蒸煮系统的缓冲槽（喷放浆池）较大，以适应蒸煮器的间断操作。氧脱木素之后和漂白车间之后也有缓冲浆池。即使制浆生产线上一部分暂时停止运行，缓冲浆池能够使其他工序照常运行。制浆生产线上会频繁出现短时停工，假如没有这样的缓冲浆池，即使在正常条件下也难以实现生产操作的稳定运行。特别要注意的是必须要有与缓冲浆池相对应的蒸煮液和漂白液的缓冲槽（贮液罐）。

6.3.2　阔叶木硫酸盐浆厂

　　图 6 - 21 显示的是巴西 Veracel 的桉树纸浆厂，于 2005 年投产[36]。该厂使用改良的连续硫酸盐法制浆工艺，以适宜的碱浓蒸煮，卡伯值达到 18，然后是蒸煮器内部浆料洗涤，两台并联的压力扩散洗涤器，最后是 2 台并联的 DD 洗浆机。接着，纸浆进行两段氧脱木素，卡伯值下降到 10 ~ 11，之后是筛选和两台并联 DD 洗浆机洗浆。纸浆然后用（AD）（EOP）DP 四段漂白程序漂至所要求的白度，漂白段间用 DD 洗浆机洗浆。这种漂白流程代表了 2005 年的技术状况，可满足高纸浆质量和低化学品消耗的要求。与图 6 - 19 和图 6 - 20 中所示的针叶木制浆生产线相比较，其差别在于初始的 A 段（酸处理段），它是在纸浆多段漂白之前用于除去浆中己烯糖醛酸的高温酸处理段。除非己烯糖醛酸被除去，否则在后续的漂白段会需要较多的漂白化学品；严重时将难以漂白到高白度，并且还会使终漂的纸浆存在着相当大的返黄的风险。在 2006 年的工厂试验，采用上述漂白流程，ClO_2 的消耗量为 23kg/t 风干浆（以有效氯计），NaOH 用量为 14kg/t 风干浆，过氧化氢为 5kg/t 风干浆。以这样的化学品消耗，最终的白度达到了 92% ISO，白度返黄低于 1.6% ISO。

　　图 6 - 22 示出了美卓造纸机械公司的三段 ECF 漂白的阔叶木硫酸盐浆生产流程。它包括一套双塔连续蒸煮器，然后是筛选工段，一台脱水压榨机和一台洗涤压榨机。氧脱木素为单段，阔叶木浆厂两段氧脱木素没有太大必要，因为卡伯值的降低幅度属于中等（约 7 ~ 9 个单位，而在针叶木浆厂约 15 ~ 20 个单位）。氧脱木素之后是两段洗涤压榨和高温 D_0 段，此段二氧化氯消耗相当迅速，然而在这个二氧化氯耗尽的高温酸处理阶段设定了更长的时间是为了去除己烯糖醛酸。接着是（EOP）段，最后为 D 段。漂白流程不像图 6 - 19 和图 6 - 20 中用于针叶木浆的那么强有效，但它对阔叶木浆足够了，如桉树纸浆。只要能除去己烯糖醛酸就可以了。在漂白车间浆料的洗涤是用脱水压榨机。

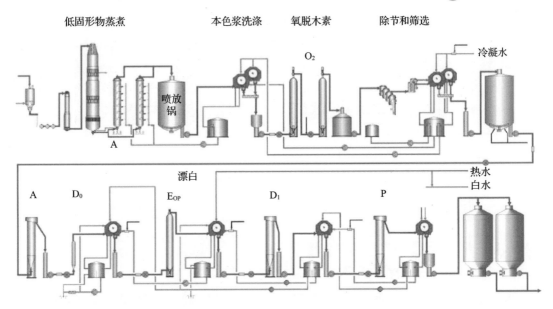

低固形物蒸煮　　　　本色浆洗涤　　氧脱木素　　除节和筛选

图 6-21　Veracel 桉木 ECF 硫酸盐浆生产线（生产能力 3000t/d，于 2005 年投产）[37]

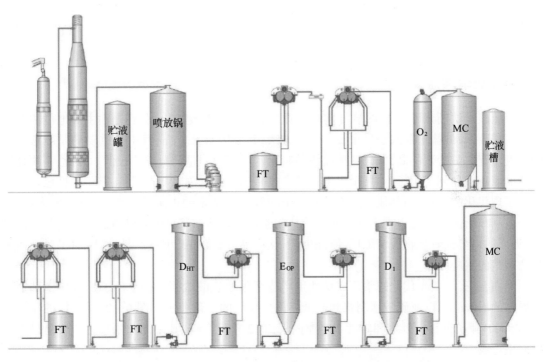

图 6-22　阔叶木 ECF 硫酸盐浆厂[双塔蒸煮器，改良的连续蒸煮，
单段氧脱木素，漂白第一段高温 D_0，(E_{OP}) D 终漂][19]

　　图 6-23 为 GL&V 的现代化阔叶木硫酸盐浆三段 ECF 的流程。它包括 3 台间歇蒸煮器，一台大的喷放锅，以适应不连续的蒸煮操作，随后通过 2 台串联的洗涤压榨机和两段氧反应器系统，其第一段时间较短。然后是一台洗涤压榨机和高浓浆塔（在塔内使木素浸出，从而进一步降低卡伯值）和第二洗涤压榨。第一漂白段是高温 D_0 段，这里用 D^* 表示，接着（EOP）段和 D 终漂段。漂白车间纸浆的洗涤设备采用洗涤压榨机。

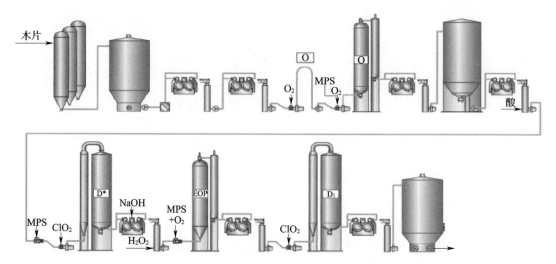

图 6-23　阔叶木 ECF 硫酸盐浆厂[高温 D$_0$,后面是(EOP)D 终漂][48](与图 6-22 相比较)

注　MPS—中压蒸汽。

这里叙述的所有漂白车间都能以非常低的污水量运行,但必须小心,例如,以避免草酸钙沉积。出现这种沉积尤为严重的位置是由酸性变为碱性或碱性变为酸性的有 pH 变化的位置。

6.3.3　亚硫酸盐浆厂

亚硫酸盐法制浆工艺于 1874 年实现工业化,直至 20 世纪 50 年代曾是占主导地位的制浆工艺。如今,硫酸盐法制浆是最重要的制浆方法,其原因有几方面,其中最重要的是硫酸盐浆的强度比亚硫酸盐浆的高,并且硫酸盐法制浆对木材原料质量的要求比较低。因此,不再建造全新的亚硫酸盐制浆厂。不过,世界上还是有很多亚硫酸盐制浆厂在运行,其中一些已经被改造成了现代化的工厂,而其他工厂面临着一个问题和不确定的未来,因为它们的规模太小,使生产盈利和所需的投资很难判断。亚硫酸盐制浆厂生产溶解浆可能是其得以生存的最好的契机;近期的趋势向着生物质精炼厂、能源生产、化工品、纸浆和纤维素产品,这增加了对亚硫酸盐法制浆的兴趣。

然而,也有一些现代化的浆厂成功地生产造纸用亚硫酸盐浆。一个例子是瑞典南部斯道拉恩索的 Nymölla,以亚硫酸镁制浆并造纸。该纸浆厂的一部分示于图 6-24。该厂的年产量为 325000t 亚硫酸镁针叶木和阔叶木全漂白浆,有 2 条生产线,其中针叶木浆生产线是最现代化的生产线。

如图 6-24 所示,针叶木浆生产线有 4 个 390m^3 的间歇式蒸煮锅,浆被蒸煮到卡伯值 21~22。筛选之后,纸浆用 3 台洗涤压榨机洗涤,接着氧脱木素至卡伯值为 11~12。氧脱木素后的洗涤用 4 台真空过滤机。最终漂白用(Paa P),在 Paa 段使用过乙酸和过氧化氢的平衡溶液,其中的过氧化氢开始不起作用,直到浆料被调整到高 pH 后,过氧化氢才起作用,该段的后一部分如同 P 段(过氧化氢漂白段)。因此,通过使用在 PaaP 段调节 pH,两种类型的漂白段可以在没有中间洗涤的情况下完成。请注意,这种 TCF 厂在氧脱木素之后只需要一个"两段"漂序就能达到全漂白浆的高白度,这是因为亚硫酸盐浆在蒸煮之后就具有高的白度了。

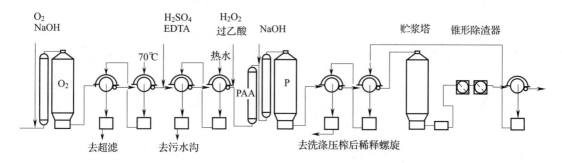

图 6-24 漂白流程为 O(Paa,P)的现代化亚硫酸镁云杉浆厂[49]

这家工厂蒸煮中使用镁作为阳离子(盐基),因为在蒸煮后期不稳定,所以必须在卡伯值比钠盐基酸性亚硫酸盐蒸煮稍高一些的情况下结束蒸煮。由于卡伯值较高,因此,蒸煮后纸浆得率较好,但可漂白性较差。这意味着,镁盐基亚硫酸氢浆厂对漂白的要求大于相应的酸性亚硫酸盐浆厂。然而,镁盐基亚硫酸氢浆厂的主要优点是化学品回收系统简单得多,导致其投资和运行成本均较低。

由于 Nymölla 厂以 NaOH 作为氧脱木素和漂白车间的用碱,而在制浆工段使用氢氧化镁,氧脱木素和漂白工段的废水(滤液)不能循环至化学回收系统。这两种废水采取超滤处理,所得到的滤液含有钠离子,排出到外部的污水处理场,以去除其中的 COD。浓缩液含有大分子,特别是木素,送至回收系统,在回收炉内燃烧以回收化学品和热能。

6.3.4 非木材浆厂

蔗渣、稻草和芦苇代表了大部分造纸用非木材原料。这些原料的非木材制浆技术与木材制浆技术有些不同,而竹材,也属于非木材种类,但竹子以与木材类似的方法制浆。非木材浆的产量不断增加,直到 20 世纪 90 年代中期达到了相当高的水平,此后一直保持在基本相同的水平。出现后面这种状况的主要的原因是非木材浆厂在环境方面的业绩差,再加上全球范围内环保意识在不断增强。非木材制浆有需要特别关注的几个方面:

(1)这些工厂的废水(滤液)含有大量的有机和无机黑液固形物,并且这些废水通常直接排放,其原因是这些废水难以回收。特别成问题的是这些废水中的硅酸盐含量高,如果循环使用,会导致纸浆厂的结垢问题。

(2)氯和次氯酸盐,在木浆的漂白过程中已经不再使用,但它们仍经常用于非木材浆的漂白。这导致了在漂白工段产生大量的有机氯化物,这些潜在的有害物质随着漂白车间的废水而排放出去。

(3)非木材浆的细小纤维和短纤维含量高,因此,非木材浆的脱水是个问题(脱水困难),需要增加洗涤能力。

近些年来已经看到,在非木材浆厂对非木材制浆技术的完善和改进的兴趣在增加,这将减少这些工厂的废水排放对环境所造成的不良影响。特别是在印度和中国,这些新的技术和改进的方法已应用于非木材制浆行业。

非木材原料高的二氧化硅含量以及在碱法蒸煮时所导致的蒸煮废液的高二氧化硅含量如表 6-4 所示[50-51]。这个众所周知的事实使得它很难蒸发和难以回收该蒸煮废液,所以大部分的蒸煮废液从厂里排出,希望它能排入污水处理场。黑液固形物的排放是当今非木材制浆过程污染物排放的最大来源[52]。如图 6 – 25 所示,尽管有这些困难,但发展趋势是增加蒸煮废液的回收,这将对非木材造纸厂的排放产生很大影响[52]。污染物排放的第二个来源是漂白车间废水的排放。对一种给定的废水,其溶解的有机物的总含量,以 COD 表示,反映出了漂白车间废水所潜在的对环境的危害。因此,增加非木材浆厂的封闭程度,用氧气、过氧化氢、二氧化氯或臭氧替换氯和次氯酸盐,将显著减少有机氯化物的产生和废水负荷。

表 6 – 4   不同纤维原料和黑液中的硅酸盐含量[50,51]

种类	原料的 SiO_2 含量/%	黑液固形物中的 SiO_2 含量/%
稻草	9 ~ 14	11 ~ 16
麦草	3 ~ 7	4.5 ~ 8
甘蔗渣	0.7 ~ 3	1.2
芦苇	2	2.5 ~ 5
竹	1.5 ~ 3	2.0 ~ 2.1

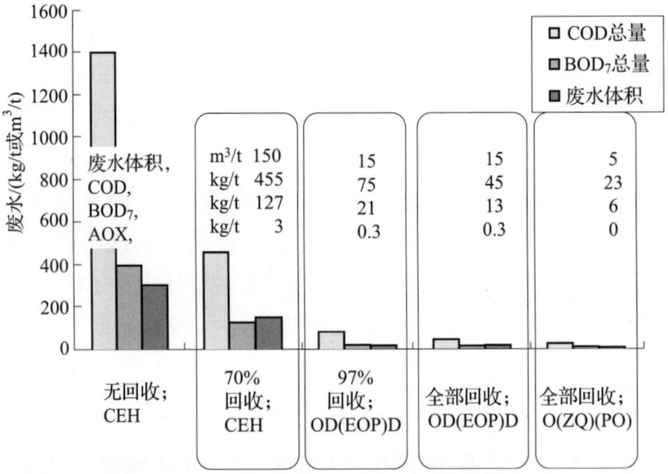

图 6 – 25   原无蒸煮废液回收和采用 CEH 漂白的草浆厂废水排至厂外处理之前的废水排放评估
(经过蒸煮废液回收和采用 ECF 或 TCF 漂白后明显得到改善)[52]

在图 6 – 26 中,以漂白废水的 COD 含量对未漂白浆的卡伯值作图,对木浆、蔗渣浆和稻草浆实验室漂白产生的废水进行了比较[52]。之前曾经得出,木浆溶解有机物的量与卡伯值成正比。尽管与木浆相比有着明显差别,但蔗渣浆和稻草浆的漂白也存在相同的规律。在给定的卡伯值下,非木材浆的 COD 高得多,尤其是禾草浆。

与木材原料相比,非木材原料较容易脱木素,仅用碱就能使非木材浆达到较低的卡伯值。因此,硫酸盐法制浆是没有必要的,因为与烧碱法制浆相比,硫酸盐法蒸煮的选择性增益也比较小。因此,烧碱法制浆是非木材浆优选的蒸煮方法。

除了竹子以外,由于非木材原料的特性,使其不能使用传统的立式蒸煮器,所以需要图 6 – 27 所示的特殊的蒸煮器。在这样的蒸煮器内,原料在螺旋输送器的推动下经过反应器并按照烧碱法蒸煮工艺完成蒸煮,其中液比与木材蒸煮的液比相同。因为这种类型的原材料在反应器(蒸煮器)堵塞的风险高,所以在蒸煮器中不添加或抽提蒸煮液。非木材浆的蒸煮是在大约 160 ~ 170℃下保温 15 ~ 20min。根据非木材原料的特性和所用的前处理条件,用碱量和蒸煮得率的变化与设定的卡伯值成正比。

非木材浆生产线也逐渐采用氧脱木素,使卡伯值减小 30% ~ 50%。这减少了漂白化学品的用量,从而减少了潜在危害性的有机氯化物的排放。此外,现代化的 ECF 漂白技术也已应用于非木材纸浆的漂白。

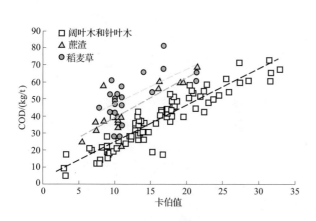

图 6-26 不同原料的纸浆实验室
漂白废水的 COD 含量[52]

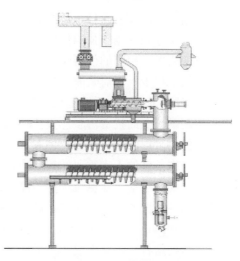

图 6-27 非木材植物原料蒸煮
的连续蒸煮器[52]

图 6-28 为印度泰米尔纳德 Tamil Nadu 新闻纸与纸有限公司 5000t/d 绝干浆的制浆生产线的流程图。该纸浆厂是世界上最大的甘蔗渣制浆生产线。2008 年 4 月新的 ECF 漂白车间投入使用。纸浆漂白至 90% ISO,用五根管的蒸煮系统进行蒸煮。特别是没有除渣器,筛选工段的设计改进了除砂的效果。保持 4% 或更高的浓度,能够完全取消真空洗浆机,使得 Tamil Nadu 成为国际上第一家完全使用压榨洗涤的非木材浆厂。

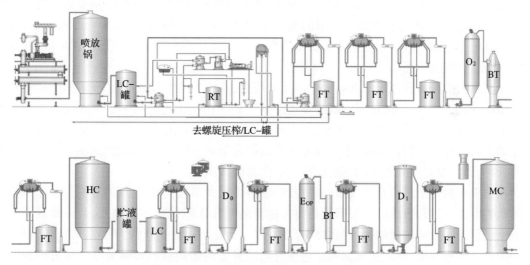

图 6-28 压榨洗涤的 ECF 非木材浆厂[19]

黑液与阔叶木硫酸盐浆生产线的黑液混合到一起进行回收。压榨技术的使用使得本色浆工段水的循环量减小,并且减少了新鲜水的用量和漂白废水量。

6.4 过程控制

现代化的漂白硫酸盐浆厂的仪表和控制系统是相当庞大的,这是浆厂实现高效操作必不可少的,其主要目的是为了更好地控制浆的质量和生产成本。在漂白硫酸盐木浆生产的发展初期,仪器仪表有限,并且产量主要取决于工人操作的技巧。在 20 世纪 50 年代出现的连续蒸煮工艺需要综合性相当强的仪器仪表,并且受到这一开创性工程的启发,浆厂渐渐地开始为其他生产工艺提供相应的仪器仪表。这一发展毫无疑问促进了浆厂规模的快速扩大,同时,操作工人的数量减少。而对浆的质量与匀度的要求的提高,进一步增加了人们对过程控制水平的追求,并且促进了控制系统复杂程度的提高。这一趋势产生的结果是,今天的新浆厂在仪器仪表和控制系统上的投资占了总投资的相当大的一部分。

现代化浆厂的仪表和过程控制系统包含了众多各种不同用途的循环控制模块,从保持合理稳定操作条件的不太重要的控制回路,到对过程特别重要的不同种类的干扰变量的复杂的处理。这其中包括了从电机远程开停机,阀门开闭的远程控制,到不同参数的复杂的计算机辅助处理的各种任务。最佳条件下的稳态操作,是生产高质量纸浆的最有效方式,但是,在长时间内稳定操作是很少能达到的,因为在制浆生产线上和其他地方存在着许多不同的干扰、可变因素。达到这种稳定状态的第二最佳选择是具有一个过程控制系统,该系统仅仅使得与稳态操作的偏差最小化,同时促进更稳定的操作。

过程控制的关键起点是解决不同的树木之间广泛自然存在着的木材性质的差异问题,这要求在纸浆生产线中使用成熟的控制措施,使得不同的纤维原料能在很大范围之内混合均匀,并且像这样的均匀化措施应该在贮木场就开始。木材原料的变化不但影响最初的蒸煮阶段,而且它决定了纸浆出蒸煮器时的均一程度,并且这一差异信息应该作为一个控制信号传递给下一工段。

从控制的视角上看,纸浆生产线上大部分重要处理过程都可以当作间歇处理过程,特殊化学药品的添加和处理温度在该处理段刚开始的某个位置进行测定。在连续蒸煮器中的蒸煮除外。在连续蒸煮器中,会同时出现蒸煮的所有不同的阶段,而且还要考虑两个不同的相,这两个相可以在一定范围内独立运动并通过蒸煮锅:① 木片与结合于木片的药液;② 自由药液,通常含有过量的化学药品。

在蒸煮区的自由药液通常含有大量的化学药品,在正常操作情况下这些化学药品将被木片所消耗,这是由于它们通过蒸煮器的输送速率很高。在两相之间的速度差的波动会影响木片内部与外部可用化学品之间的关系,如果通过蒸煮器的木片流动停止,问题就更严重。在蒸煮器的不同位置,控制自由液体中的碱浓度可以作为指导。然而,解释观测到的偏差有时是困难的,因为那需要对蒸煮器的动态变化有一个全面的认识。

控制蒸煮的一个难点是无法精确地控制装木片量,大多数情况下,装木片量是基于测量木片体积的方法。这种方法的主要问题是每次称量的木片体积密度不相等,这会导致其结果与以绝干质量为基准所称量的木片量之间存在差异。为了解决这一问题,其他的方法应运而生。在间歇式蒸煮过程中,测量蒸煮初期经过短时间蒸煮之后的药液的残碱量可以作为预测在一定蒸煮温度下所需的蒸煮时间或在一定蒸煮时间下所要求的蒸煮温度的依据。对于更复杂的蒸煮,在其蒸煮过程中仅仅测量一次残碱,通常是不够的。

早期的连续蒸煮的生产力主要通过测定测量轮的转速来确定,该测量轮固定于木片仓的后面。这种松散装木片的测量方法只能达到中等精确度,但这种称量方法依然是现有的方法中较好的一种。在大直径的喷放管道和大开度的阀门中,浆料的流动相当稳定,这就激起人们通过蒸煮锅之外的浆流量来实现蒸煮锅生产力良好控制的想法。可是这样的话,进入蒸煮器内的木片的流量必须根据排浆流量、蒸煮器内木片柱的料位来调整,如果有浸渍塔,还要根据浸渍塔内的料位来调整。要使蒸煮器内的木片流量与排浆流量具有稳定的关系,一个重要的要求是蒸煮锅内的木片料位不能有太大的波动,因为这样会影响到蒸煮器内的装料密度,而且还会使蒸煮时间延长。这就是气液相型蒸煮器的一种临界状态,在气液相型蒸煮器中,药液液面之上的木片将在木片柱上面提供特别大的装料压力。

图6-29 所示的从蒸煮器向外流出的纸浆流量是通过喷放管道上的总流量与喷放管内纸浆浓度来控制。而后者(浆的浓度)主要由蒸煮器底部的刮板的速度来操控,这是一种基于总流量的微调。而流量的测量,不管是喷放管内还是之后的纸浆流送管,都采用电磁流量计来测量。在大多数情况下,利用剪切力传感器来测量纸浆浓度是最好的选择。然而,其设备的选型取决于纸浆悬浮液中纤维网络的流变特性,而且还要考虑到由于针叶木和阔叶木纤维形态之间的大的差异或者像松木与云杉纤维之间的一些相当小的差异(松木纤维比云杉纤维稍微粗糙,因此有些挺硬)所引起的干扰。

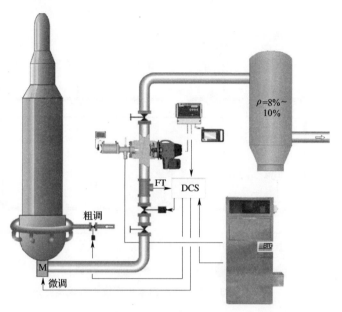

图6-29 带有卡伯值和浓度传感器的浆厂蒸煮器[53]

蒸煮的主要目标是使纸浆达到一定的木素含量,测定结果用卡伯值来表示,其在不同程度上也反映了木素以外的其他一些化合物的含量。木素的含量用卡伯值来表示,它是纸浆最终造纸性能的主要影响因素,但对于纸浆质量的控制来说仅考虑木素含量是不够的。蒸煮时的碱度和碱浓度分布的变化可能也会对纸浆中的半纤维素含量有影响,并且由此而影响纸浆的性能,特别是影响纸浆的打浆性能。因此,控制蒸煮过程中碱的分布是非常重要的。

蒸煮之后的工段,也就是氧脱木素和多段漂白,就木素的脱除而言,这些工段是相当有选择性的,如果使用剧烈的条件,这些阶段主要是通过纸浆中碳水化合物的降解而影响纸浆的造纸性能。纸浆得率的测量没有简单而可行的方法达到所要求的精度。在这种情况下,最基本的做法是在蒸煮时精心地控制碱的分布状况和在不同阶段尽可能减小与目标值的差异。

纸浆浓度是纸浆生产线实现稳定操作的一个重要的控制参数。浓度信息是用于生产能力控制的依据,而且它还作为调节纸浆浓度达到适宜水平、使操作顺利进行的一种手段。在氧脱木素段和在漂白塔中的纸浆浓度过低,将会影响到通过塞流方式来控制纸浆的停留时间。同样,纸浆浓度过高,将会难以在泵和混合器中使纤维网络实现流态化。在大多数情况下,剪切力式传感器是测量浓度的最佳选择,尽管这需要考虑到不同种类的纤维流变性能的差异。

图6-30 给出了保证制浆生产线实现良好控制的重要传感器适宜的安装位置。图6-30中,在工艺流程的开始部分设计了浓度与卡伯值测量传感器,也就是给出蒸煮脱木素和氧脱木素的程度及残余的化学药品量,在漂白车间的卡伯值或白度。也可以用它来测量蒸煮或氧脱木素之后纸浆的木素含量和白度,因为纸浆在一定木素含量下的高白度表明其具有很好的可漂白性。应该注意到,纸浆的缓冲装置(浆池)设置于蒸煮器与氧脱木素段之间、氧脱木素段

与漂白段之间以及漂白工段之后。如果能把纸浆缓冲塔中的浆位控制好,那么在整条流程中任意部分出现短暂停机的时候,纸浆生产线上的其他部分则不需要停止生产。

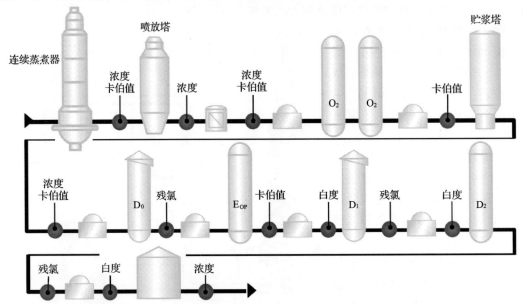

图 6 – 30　全漂白浆生产线中实现良好过程控制的传感器的设置[53]

图 6 – 31 显示了测量双塔氧脱木素段卡伯值变化的主要传感器的安装位置。第一个卡伯值测量点设在氧脱木素段的入口处,而第二个测量点设在第二个反应塔的出口处。入口处测量的卡伯值作为前馈信息用于控制计算,它决定了使卡伯值降低到要求的数值所需要加入的NaOH 与 O_2 的量,还决定了化学药品用量一定时所需的温度。氧脱木素段后测量的卡伯值与pH,由于存在相当长的时间滞后,并不用于直接反馈控制,而是用于算法控制,然后再用于前馈型控制。

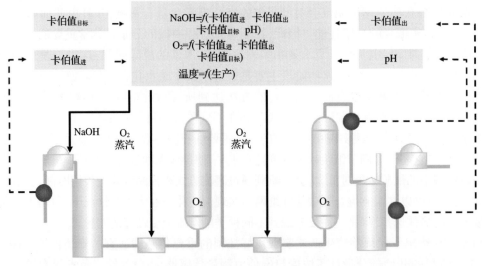

图 6 – 31　氧脱木素的过程控制传感器和某些控制算法[53]

图 6 – 32 给出了一个类似的 ECF 漂白流程中刚开始的两段(即 D 段和 EO 段)的控制系统,同样考虑了入口处与出口处卡伯值的测量。第一段的前馈控制仅仅是 ClO_2 用量的控制。

在氧脱木素段之后的二氧化氯漂白段,期望温度足够高,以消耗所有的有效氯,这样在算法中就不必计算 D_0 段的温度了。另一方面,需要 pH 控制来保持 pH 降低到能使漂白效果达到最佳状态,而且还应该避免溶解的物质由于 pH 过低而发生不希望的氯化反应。然而,pH 控制的精确度并不是特别重要。在前一部分的 EO 段的反应速率是非常迅速的,降流塔前的升管道的 pH 反馈,与 EO 段之后的卡伯值一起用于过程控制。

图 6 - 32 中的控制系统是基于卡伯值测量的。然而应该考虑到,EO 段之后的白度已经相当高,可以连续测量,并且白度测量的精确度要比相应的低卡伯值的测量精确度要高。因此,EO 段之后的白度测量替代了在相同位置的卡伯值的测量,并且白度将作为一个信息前馈到之后的漂白段。

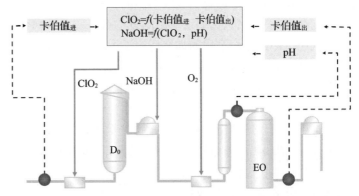

图 6 - 32 D_0 和 EO 段加入化学品的控制传感器和控制模型[53]

图 6 - 33 显示了漂白最后一段 D 段的传感器分布及控制方法。其主要组成部分是漂白段前的白度与段后的白度,为控制算法提供反馈,由此控制达到目标亮白度所需要的 ClO_2 用量。二氧化氯用量必须与适宜的温度相匹配,这是因为较高的化学品用量需要较高的反应温度使化学药品反应完全,反之亦然。纸浆在最后的二氧化氯漂白段的反应速率要比其他段的反应速率慢得多,因此,在设计漂白塔时,必须为末段设计更高的温度,并且纸浆的停留时间要长一些。

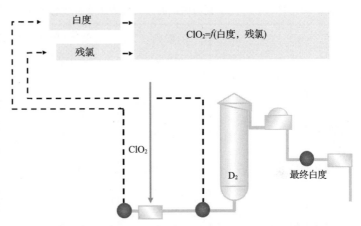

图 6 - 33 最后的 D 段的传感器设置和控制策略[53]

漂白工艺流程中的前两段(即 D_0 和 D_1 段)可以在几乎没有残余化学药品(即漂白剂全部消耗——译者注)的情况下进行,而不会有任何问题。可是,漂白最后的 D 段则需要有少量的残余化学药品,以避免在长时间的漂白过程中发生返黄。纸浆最终漂白白度目标的选定必须慎重,因为如果选定的目标超过合理范围时,为达到目标白度所消耗的化学药品量与碳水化合物的降解反应将会急剧上升。

测量二氧化氯残余量的传感器安置在二氧化氯加入点之后、进入漂白塔之前,因此,在二氧化氯加入点与测量点之间必须设计足够长的管子,为二氧化氯与纸浆反应提供足够的时间。如果不是这样设计,那最好是把传感器安置在漂白塔之后,因为要在漂白塔中精确测量是很难实现的。

6.5　能量消耗与生产

能量是化学制浆厂正常运行不可缺少的组成部分,在浆厂能量既有产生也有消耗。蒸汽与电的产生是通过在回收炉内燃烧黑液中的有机物,或通过树皮在树皮燃烧炉中燃烧,或黑液与树皮一起在回收炉中燃烧所释放的热能。生产过程中的余热常常用于预热浆厂中的用水或作为热能在市场上出售,比如说卖给附近的社区。高压蒸汽用于发电,电主要供厂内消耗,而低压蒸汽用于厂内生产过程的加热或用于生产热水供厂外其他加热过程使用。石灰窑是单独的系统,它使用燃油或树皮作为燃料对白泥进行煅烧,使碳酸钙分解变成氧化钙。使用树皮作为燃料(比如说利用树皮气化产生的热解气体)时,需要使用特殊的控制系统,以防止非工艺过程元素在浆厂的积累。尽管使用树皮作为燃料有很多不利的因素,但是这是制浆厂充分使用内部可用燃料以达到能源自给方针的重要部分。

表 6-5 把瑞典的漂白针叶木硫酸盐浆厂 1980 年和 1995 年的蒸汽消耗量与北美和欧洲在 20 世纪 90 年代设计的浆厂的数据作了比较。由表中数据可以看出,北欧的浆厂在节能方面长期处于领先地位,而造成这一差距的原因是与北美竞争者相比,他们需要支付相对较高的能源价格。表 6-5 还显示了在调查期间现代化制浆厂向着能源自给方向的主要进展。

表 6-5　　　　北美与欧洲的漂白硫酸盐浆制浆的蒸汽消耗[43,54-55]　　　　单位:GJ/t 风干浆

	瑞典 1980[b]	北美 20 世纪 90 年代[a]	欧洲 20 世纪 90 年代[a]	瑞典 1995[b]
备木车间	0.25	0	0.20	0.15
蒸煮、洗涤、筛选	3.10	3.33	3.20	2.05
氧脱木素	0.50	0.18	0.20	0.40
漂白	0.60	0.58	0.40	0.50
化学品制备	0.10	0.37	0.30	0.07
浆线合计	4.55	4.46	4.30	3.17
蒸发与汽提	5.30	5.40	4.20	4.10
纸浆干燥	3.50	4.49	3.10	2.85
蒸汽与化学药品回收	0.61	2.61	1.60	0.61
回收与干燥合计	9.41	12.50	8.90	7.56
其他损失	3.34	n.a.	n.a.	2.17
总计	17.30	16.96	13.20	12.90

注　a—代表 20 世纪 90 年代设计的工厂。根据个别工厂的设计数据和由 H. A. Simons 进行的工厂审计。b—1980 年的数据是平均值,而 1995 年的数据主要是根据 Jaakko Pöyry 的模型计算。

根据有关 2 个瑞典生态循环纸浆厂的工程项目中的两个工厂的数据,在制浆线热利用自给自足、化学品回收系统和针叶木浆厂的污染控制系统等方面有了进一步的发展。化学品回收系统和针叶木浆厂的污染控制系统[43]。这些假设的纸浆厂的数据分别代表在 1996 年和 2000 年安装的并在工厂运行的最佳可行技术。

表 6-6 显示了 3 种不同情况下不同的制浆厂所需要的蒸汽量,与 2000 年代表瑞典所有浆厂平均水平的"标准工厂"("normal mill")所需要蒸汽量的对比情况。从正规浆厂的角度看,电能消耗大约为 730kW·h/t,其中不同的浆厂在 600~800kW·h/t 之间变化。经过厂外治理后 COD 和 AOX 的排放量分别小于 10kg/t 和 0.1kg/t。像 SO_2 和 H_2S 等不同的含硫化合物的排放量为 0.5kg/t(以硫计)。所提及的 2 个浆厂(表 6-6 中的 KAM1 与 KAM2)可以认为是瑞士或其他国家在 1996 年和 2000 年建造的、使用最佳可行技术的、新浆厂的代表。表 6-6 中提及的 2 个制浆厂把厂外处理之后的 COD 排放指标分别定为 11kg/t 和 7kg/t,并且相应的硫排放量分别设定为 0.35kg/t 和 0.20kg/t。KAM2 厂经过生化处理后的 AOX 排放量定为 0.1kg/t。如同前面图 6-2 给出的,通过增加废水厂外化学处理,最好的纸浆厂可以使 COD 的排放量降到更低的水平,但这样的付出是否具有生态合理性是有质疑的。

表 6-6　　　　KAM1 与 KAM2 工程项目中 ECF 漂白浆厂的蒸汽需求量
（理论上的浆厂,具备最佳可行技术并实际运行）　　　　　　　单位:GJ/t 风干浆

	KAM2	KAM1		"标准浆厂"
	夏季	夏季	冬季	
木材备料	0	0	0	0
蒸煮	1.60	1.67	2.23	3.0
氧脱木素	0.14	0.38	0.39	0.6
漂白	1.37	0.98	1.00	1.3
漂白化学制备	0.10	0.10	0.05	n. a.
浆线合计	3.21	3.13	3.67	4.9
蒸发 + 汽提	4.01	3.63	3.74	5.1
干燥	2.20	2.20	2.21	3.0
吹灰 + 放空	1.01	1.04	1.07	1.1
干燥与回收合计	7.21	6.87	7.02	9.2
其他的,热损失	0.37	0.35	0.50	1.3
总计	10.80	10.37	11.20	15.4
购买的燃油(石灰窑)	0	0	0	1.8[a]

注　a)2000 年平均值(Wibery 2001);标准浆厂则是瑞典 2000 年制浆厂的平均水平[43,56-58]。

由表 6-6 的数据可知,备木工段不需要蒸汽,甚至在冬天,这至少在北部的瑞士和芬兰是乐观的。在冰冷的条件下,毫无疑问必须用循环使用的融化水把树皮解冻到可以进行剥皮处理的水平,而这些融化水是通过清洁的热水间接加热的,这样做的目的是减少木材备料车间的污染物排放。一个更好的办法是直接或间接使用蒸汽对木料进行解冻处理。

KAM1 浆厂,假设采用等温蒸煮方式使卡伯值达到 22。表 6-6 所列数据表明,北部的瑞士与芬兰地区在冬夏两季的蒸煮蒸汽消耗量的差别,这是由于即使木料在进入转鼓式剥皮机剥皮之前进行了解冻处理,也有可能在进入蒸煮器之前会重新结冰。未漂白浆在经过两段氧脱木素之后卡伯值会降到 9,然后对这些纸浆进行漂白,漂白采用的流程为 Q(OP)(DQ)(PO)。黑液在六效降膜蒸发单元中进行蒸发后,固含量达到 80% 。回收炉产生的蒸汽数据

为 7.9MPa 和 485℃。经过厂外废水处理后，COD 的排放量小于 10kg/t，SO₂ 排放量小于 0.35kg/t(以硫计)。

在 KAM2 中，纸浆的蒸煮是根据紧凑蒸煮理念进行的，用高温黑液对木片进行预浸渍和在相当低的温度下进行蒸煮，蒸煮后纸浆卡伯值为 27。较高的卡伯值为得率与纸浆造纸性能之间提供了较好的平衡关系。与 KAM1 中相同，氧脱木素在两段系统中进行，使纸浆的卡伯值达到 10。KAM2 的漂白和黑液的蒸发的方法与 KAM1 使用的方法一样。而 KAM2 的回收炉做了一点改进，蒸汽压力为 8.0MPa、温度 490℃。

表 6-7 给出了前面提及的 KAM1 与 KAM2 两家工厂的蒸汽的产生与消耗之间的平衡关系，其中包含了汽轮发电机。这些数据表明，制浆厂无论是在燃料还是在电能方面都有实现自给自足的可能，多余的蒸汽采用凝汽式汽轮机来发电，还可将产生的电能对外出售。除了可以出售电能之外，KAM2 中过量的树皮也能够向外出售，因为树皮在厂内用作石灰窑的燃料。在理论上，树皮在特殊的反应器内通过气化之后，间接地作为石灰窑的燃料。树皮气化产生的气体可以代替石灰窑所用的其他类型的外购燃料。

表 6-7 KAM1 和 KAM2 两个工厂中包括汽轮机在内的蒸汽的产生与消耗的平衡关系

	KAM2		KAM1	
	GJ/t 风干浆	生产的电能/ (kW·h/t 风干浆)	GJ/t 风干浆	生产的电能/ (kW·h/t 风干浆)
产生				
黑液 + 不凝性气体	17.9		18.0	
二次热量	0.6		0.7	
树皮	0		1.1	
总计	18.5		19.8	
消耗				
过程(包含吹灰)	10.8		10.4	
背压发电	2.9	790	2.9	790
凝汽发电	1.7	465	2.3	620
—同上,冷凝器 (Ditto,condenser)	3.1		4.2	
总计	18.5		19.8	

注 二次热能是指用于预热补加的水和冷凝水的回收热[43,56-57]。

由于 KAM1 和 KAM2 的两个工厂是假定采用了最佳可用技术，在大多数情况下，正常的制浆厂的热量平衡较差。然而，在瑞典和芬兰的几家现代化制浆厂，目前实现了热能的自给自足，并表明了它们是很高效的。这有可能是因为这些制浆厂是新建成的，或者是通过再投资而改进过的。期望未来能进一步降低热能的消耗量，但是，这需要大量的投资，短期来看，这些投资会因它们太高而显得不够经济，但从长远来看，在燃油价格升高的背景下这可能是合理的。

表 6-8 列出了 KAM2 厂的电能消耗情况。根据表 6-7 可知，该制浆厂的电能产量为

1255kW·h/t(790kW·h/t+465kW·h/t),这显然可以满足制浆厂全部的电能消耗。然而,应该注意,这只是一个静态的平衡,在浆厂经常会受到干扰。因此,最终结果取决于制浆厂如何解决热能与电能系统中的这些干扰因素。这样,自给自足也需要一个先进的过程控制系统。

表6-8中参照制浆厂的电能消耗并不是特别的低,因为这是一个带有深度污染治理系统的高性能的制浆厂。毫无疑问,还有降低电能消耗的空间,但是由于电能消耗分布于几个单元之间,电能消耗的进一步减少将需要对设备进行许多改造。

6.6 制浆生产线技术趋势

图6-34示出了产量为4000t/d漂白阔叶木浆的安德里茨新的巨型制浆生产线。蒸煮之后在蒸煮器内和单台DD洗浆机中完成纸浆的洗涤,不再需要压力扩散洗涤器,除此之外,其设计与图6-21中Veracel厂的流程大体相似。总的趋势是,单条生产线完成全部生产工艺,不需要平行的生产过程。氧脱木素在1台反应器中进行,而在图6-21的设计中采用2台反应器,之后是筛选和在1台DD洗涤浆机上进行洗涤。按照(AD)(EOP)D流程进行漂白,段间用DD洗涤浆机洗涤。注意,如果(AD)作为一段的话,漂白中只有3段,而在图6-21所示的Veracel制浆生产线中

表6-8 KAM2参照制浆厂的ECF
中的电能消耗情况[43,57]

	电能消耗/ (kW·h/t 风干浆)
木材备料	45
蒸煮器	44
粗浆洗涤 与筛选	60
氧脱木素	60
漂白	80
再筛选	45
干燥	120
蒸发	30
回收炉	60
苛化与石灰窑 (包含树皮的气化)	57
冷却塔	20
清水	20
废水处理	30
漂白化学品制备	10
其他消耗和 热损失	30
总计	712

增加了P段。在巨型的制浆生产线,每个独立的工艺单元变得非常大,这对设备制造商可能是一个问题,对纸浆厂也是,因为需要更高水平的控制设备,以避免产品等级变化时产生大量的不合格纸浆。由于设备的尺寸较大,因此还需要更先进的维护。在大型浆厂,因故障停机而造成的纸浆生产损失自然较大,尽管到目前为止,设备尺寸的增大并没有主要障碍。此外,通过提高各工段的效率,机器的数量已经减少了。这两种趋势瞄准的是,与现代化但其规模小的纸浆厂相比,更具成本效益(以每吨纸浆计算)的制浆生产线。

图6-35显示了美卓造纸机械未来的阔叶木 AZ_e(DP)轻ECF漂白的纸浆厂。这里,间歇蒸煮之后是两段压榨洗涤,以及两段氧脱木素后边跟着两段压榨洗涤。最终漂白是高浓臭氧段,接着是洗涤压榨机,然后是两段之间没有洗涤的(DP)段漂,最后是脱水压榨机。美卓造纸机械销售间歇和连续蒸煮器,因此,与图6-35所示的设计相对应的还有一套连续蒸煮的设计。蒸煮器的选择取决于用户的偏好。支持间歇蒸煮的共同观点是,蒸煮较容易控制,因此,纸浆的强度略高于连续蒸煮的纸浆强度。用间歇蒸煮系统较容易改变产品级别。反对间歇蒸煮的观点是,投资成本较高,因为有较多的泵、管道和反应器。如图6-35所示,在间歇蒸煮器

之后没有并行的机械设备,所以机器的总数仍然可以保持下降,尤其是如果更灵活的工艺方案都同时引入系统。这两种措施使得纸浆生产更具成本效益。

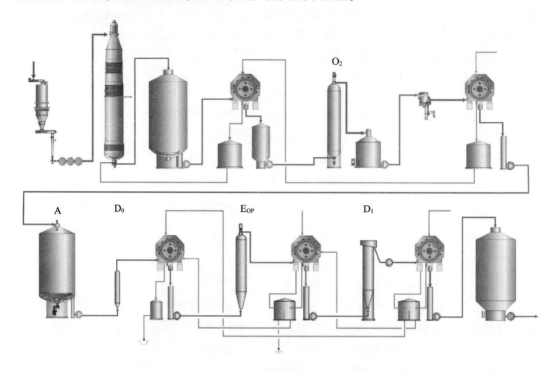

图 6 - 34 产量 4000t/d 漂白阔叶木硫酸盐浆制浆生产线

注 该制浆线具有 1 台单塔连续蒸煮器和单台氧脱木素反应器,接着是(AD)(EOP)D 漂白[37]。

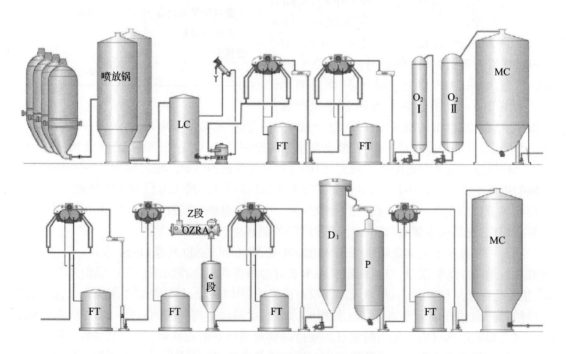

图 6 - 35 轻 ECF 漂白阔叶木硫酸盐浆厂

注 漂白程序为 AZe(DP),Ze 是在臭氧段之后直接在压榨洗涤之前的稀释槽内进行弱碱化处理[19]。

图 6-36 显示了美卓造纸机械设计的未来的非木材浆厂[52]。

制浆生产线包括非木材连续蒸煮器、筛选工段、3 台洗涤压榨机、单段氧脱木素和其后的洗涤压榨机、浸出木素的 HD 塔、洗涤压榨、接着进行酸处理和脱水压榨至高浓,送至高浓臭氧漂白段,用螯合剂处理,然后脱水压榨机,最后的(PO)漂白段和最终脱水压榨。注意,在漂白车间所有的压榨机均为脱水压榨机。

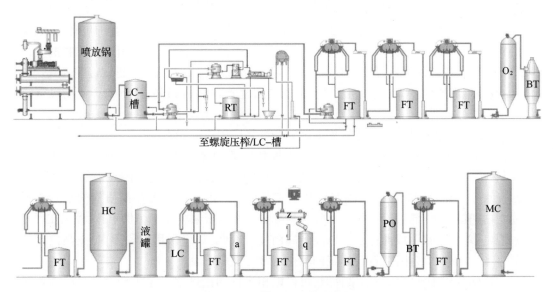

图 6-36 蔗渣 TCF 浆厂流程

注　漂白程序为 AZq(PO),其中 Zq 是在臭氧段之后、压榨洗涤之前,直接进行温和的螯合处理[19]。

6.7　未来的趋势

对化学和物理过程的认识的提高,使得新生产线的能力增大,基本上浆厂单条线达到 5000t/d,与较小型的生产线相比,这显著降低了每吨浆的投资成本。可是,在过去的 10～15a 里工厂规模的快速增大,使得制浆生产线的规模已经趋于平稳,进一步增大规模可能不再有规模经济的优势,因为要考虑,例如,物流问题和运输成本的升高、越来越关注环境、与恐怖政治和气候问题相关的风险。还应该指出的是,大型纸浆厂不太适合全部在现场与纸的生产联合,甚至不那么适合随着消费市场来转换产品的生产。在生产主产品以外的其他产品时,这是特别重要的。

大多数情况下,浆纸联产对纸张的质量有利。例如,未干燥过的纸浆,可得到较高的纸张强度。在这方面的一个例外是不含磨木浆的印刷纸和书写纸,其抄纸用的填料与不同纸浆的特殊混合物(即浆料),在取得所需的强度、不透明度和尺寸稳定性的组合方面,干燥过的纸浆受欢迎,同时,由于造纸机的车速能稍快一些。这种情况对非综合阔叶木纸浆厂应该是特别重要的。

建造较大规模工厂的驱动力是新厂的投资成本占总生产成本的 40%～50%,甚至在产量低的工厂占得更多。因此,减少投资成本对工厂的经济以及竞争力产生了巨大的影响。这意味着,维护良好的老厂,它只需要较小的投资,还是可与新厂竞争的,而需要大量重新投资的老厂可能会面临很大的问题。

　　新的超大型纸浆厂消耗大量的木材,这就是为什么这些具有约 1000000t 以上年生产能力的工厂,建在亚热带和热带国家,如巴西、印度尼西亚和中国,在那里他们可以使用速生人造桉树或相思树的木材。这些地区将继续把所生产纸浆的相当一部分出口到全球市场。另一方面,在新的纸浆生产地区的生活水平不断提高,最终会造成一个蓬勃发展的国内纸张消费,这将吸收产能扩张的很大一部分。由于在这些发展中地区纸浆生产的快速和主导性的增长,目前制浆造纸技术的研究和开发主要集中于桉木和相思木浆。

　　在传统的纸浆生产地区,北美和欧洲,全球纸浆的主要部分仍在那里生产和消费,纸浆厂使用的针叶木和阔叶木,或多或少来自于天然林。与热带国家的人工林相比,天然林的生长速度相当低。在这些老的区域,纸张市场似乎停滞了,因此只有很少的新厂建在这些区域。由于经济和/或环境的原因,一些老厂将被关停。在许多老产区没有新闻,这里的产业彻底重组已经持续了很长一段时间。这种持续重组的幸存者无疑将能以较低的边缘成本逐步现代化和扩大,使总成本能合理地赶上在上述发展地区的新纸浆厂相应的成本。

　　不论未来使用的原料是针叶木、阔叶木或非木材,新纸浆厂将尝试使用比现在更少的漂白段,并仍然生产出高白度的质量足够好的纸浆。与今天的情况相比,对于最高质量的纸浆(在最高白度水平),将会很难做到大幅度地减少工艺设备。但在不需要超高质量的纸浆或纸浆很容易漂白的情况下,漂白的段数会比较容易减少。桉木纸浆就是一个例子,这种浆在理论上仅用氧脱木素,接下来两段漂白就可以漂到高白度。因此,如果采用三段漂白,则高白度纸浆很容易生产。与桉木浆相比,针叶木浆的漂白通常需要多一段。

　　漂白化学浆用于含磨木浆的纸种时,可以以相当低的白度水平来生产。这是因为最终纸的白度主要由机械浆成分的白度和填料的颜色来决定。这意味着,纸浆足够洁净,80% ISO 左右的白度足以满足大多数含磨木浆的纸的要求。这可以简化化学浆的漂白工序,并利于向着更少的漂白段数方向发展。然而,由于漂白针叶木浆用于含磨木浆的纸种的目的是为了增加强度,在这种情况下,纤维强度可能是缩短漂白程序的一个重要限制条件。

　　环境保护将变得越来越重要,所谓的环境友好工艺,包括认证的森林管理和认证的采筏方法,都将是必须的,不论纸浆厂位于何处。因此,在未来的纸浆厂的设计和运行中,合理地降低木材的消耗和降低化学品以及电力消耗,将变得越来越重要。

参考文献

[1] Annergren, G. 2009. Personal communication. Granbacken 14, SE-856 34Sundsvall, Sweden.

[2] Rapson, W. H. 1958. Chlorine dioxide bleaching today. Pulp Pap. Vol. 32, no 1, pp. 46 – 51.

[3] Rydholm, S. A. 1965. Pulping Processes. New York, USA. Interscience Publisher, pp. 1071 – 1076.

[4] SPCI's Sulphur balance symposium. 1974. Svensk Papperstidn. Vol 77, no 5, pp. 153 – 164.

[5] Sjöblom, K., Mjöberg J. and Hartler N. 1983. Extended delignification in kraft cooking through improved selectivity. Paperi ja Puu. Vol 65, no 4, pp. 227 – 240.

[6] Teder, A. and Olm, L. 1981. Extended delignification by combination of modified kraft pulping and oxygen bleaching. Paperi ja Puu. Vol 63, no 4a, p. 315.

[7] Sloman, A. R. 1960. Continuous two-stage pulping of Eucalyptus. Appita J. Vol 14, no 2, p. 57.

[8] Rowlandson, G. 1971. Continuous oxygen bleaching in commercial production. TAPPI J. Vol. 54,

no 6, p. 962.

[9] McDonough, T J. 1996. In Pulp Bleaching. Principles and Practice. Ed. Dence, C. W. and Reeve, D. W. TAPPI Press, Atlanta. 1996. Section IV Chap. 1, pp. 213 – 239.

[10] Bokström, M. and Nordén, S. 7988. Extended oxygen delignification. In: 1988 International Pulp Bleaching Conference, Helsinki, Finland. Book 1, p. 23.

[11] Germgard, U. 1982. Prebleaching of softwood kraft pulp with chlorine dioxide. PhD thesis. KTH Department of Cellulose Technology, Stockholm, Sweden.

[12] Carré, G. , Annergren, G. , Näsman, L. and Lindström, L. -Ä. 1982. Oxygen alkatiextraction; a versatile tool towards a simplified bleaching technique. In: 1982 International Pulp Bleaching Conference, Portland, OR, USA. pp. 17 – 30.

[13] Berry, R. 1996. Oxidative alkaline extraction in Pulp Bleaching, Principles and Practice. Ed. Dence, C. W. and Reeve, D. W. TAPPIPress, Atlanta, USA. Section IV Chap. 4. , pp. 310 – 311.

[14] Boss Andersson, J. and Amini, B. Ed. Dence, C. W. and Reeve, D. W. 1996. Hydrogen peroxide bleaching in Pulp Bleaching. Principles and Practice. TAPPI Press, Atlanta, GA, USA. p. 429.

[15] Pikka, O. et al. 1999. Ed. Gullichsen, J. and Paulapuro, H. Chemical Pulping inPapermaking Science and Technology. Fapet Oy, Helsinki, Finland. p. 656.

[16] Axegård, P. and Backlund, B. 2003. Ecocyclic Pulp Mill - "KAM". Final report 1996 – 2002. KAM report A100, Chapter 7. Innventia, Stockholm, Sweden.

[17] Axegård, P. and Backlund, B. 2003. Ecocyclic Pulp Mill-"KAM". Final report 1996 – 2002. KAM report A100, Chapter 4. Innventia, Stockholm, Sweden.

[18] Hynninen, P. Ed. Gullichsen, J. and Paulapuro, H. 1999. Environmental Control. Book 19 in Papermaking Science and Technology, Fapet Oy, Helsinki, Finland.

[19] Figure obtained from Metso Paper, Sundsvall, Sweden.

[20] Vuorinen, T. , Buchert, J. , Teleman, A. , Tenkanen, M. and Fagerström, P. 1999. Selective hydrolysis of hexenuronic acid groups and its application in ECF and TCF bleaching of kraft pulp. JPPS Vol. 25, no 5, pp. 155 – 162.

[21] Lindström, L. – Å. 2007. Fibrelines for Bleached Eucalyptus Kraft Pulps, Impact On Bleachability and Pulp Properties. In: Tecnicelpa, October 10 – 12, 2007. Tomar, Portugal.

[22] Annergren, G. E. Ed. Dence, C. W. and Reeve, D. W. 1996. Strength properties and characteristics of bleached chemical and (chemi) mechanical pulps in Pulp Bleaching. Principles and Practice. TAPPI Press, Atlanta. Section VII, Chapter 3, pp. 717 – 748.

[23] Annergren, G. 2005. Multistage chemical pulp bleaching processes. Innventia AB. SPCI Report no 77. ISBN 91 – 86018 – 11 – 6.

[24] Hillman, D. 1999. Market Pulp: A Finished Product. In: 1999 TAPPI Pulping Conference, October 31 – November 4, 1999. Orlando, Florida. pp. 41 – 56.

[25] Page, D. H. , Seth, R. S. and EI – Hosseiny, F. 1985. Strength and chemical composition of wood pulp fibres. Transaction of The Eighth Fundamental Research Symposium, Oxford, England. Volume 1, pp. 77 – 91.

[26] SSVL – foundation. 1973. The Forest Industry's Environmental project. Report 2, Bleaching. SSVL, Stockholm, Sweden. p. 54.

[27] SCPF. 1982. Environmentally Harmonized Production of Bleached Pulp. Stockholm, Sweden, p. 165.

[28] Olm, L. and Teder A. 1991. Final report Environment 90. SSVL, Stockholm, Sweden. p. 229.

[29] Millef W. J. and Dixon, S. A. 1991. Medium consistency oxygen delignificationsy stems; Design, operation and performance. In: 1991 Bleach plant operationsshort course. Atlanta, GA, USA.

[30] Kovasin, K. andTikka, P 1992. Superbatch Cooking Results in Superlow KappaNumbers. SPCI – ATICELPA 92, May 19 – 22. Bologna, ltaly. pp. 71 – 88.

[31] Annergren, G. and Lundqvist, F. 2008. Continuous kraft cooking. Research and Applications. SIFI – PackforskAB (now Innventia AB). Stockholm, Sweden.

[32] Annergren, G. 2005. Multistage chemical pulp bleaching processes. SIFI – Packforsk AB (now Innventia AB). Chapters 3 – 6. ISBN 91 – 86018 – 11 – 6.

[33] Gieref, J. 1986. Chemistry of delignification. Part 2, Wood Sci. Technol. Vol 20, no 1, pp. 1 – 33.

[34] Dence, C. W. 1996. Ed. Dence, C. W. and Reeve, D. W. Reaction Principles in Pulp Bleaching. Pulp Bleaching, Principles and Practice. TAPPI Press, Atlanta, GA, USA. Section III, Chapter 2.

[35] Annergren, G. 2005. Past, present and future: Trends in bleaching technology. In: International Pulp Bleaching Conference proceedings. Stockholm, Sweden, pp. 1 – 16.

[36] Pikka, O. and Vehmaa, J. 2007. Advances in Eucalyptus Pulp Bleaching Technology. In: The 3rd International Colloquium on Eucalyptus Pulp Proceedings. March 4 – 7. Belo Horizonte, Brazil.

[37] Figure obtained from Andritz, Helsinki, Finland.

[38] McKague, A. B. and Carlberg, G. 1996. Ed. Dence, C. W. and Reeve, D. W. Effluent Characteristics and Composition in Pulp Bleaching. Principles and Practice. TAPPI Press, Atlanta, GA, USA. pp. 749 – 765.

[39] Owens, J. W. and Lehtinen, K. J. 1996. "Assessrng the Potential impactsof Pulping and Bleaching Operations on the Aquatic Environment" in Pulp Bleaching. Principles and Practice. Ed. Dence, C. W. and Reeve, D. W. TAPPIPress, Atlanta, USA. pp. 767 – 798.

[40] Berry, R. 1996. Dioxins and Furans in Effluents, Pulp and Solid Waste in Pulp Bleaching. Principles and Practice. Ed. Dence, C. W. and Reeve, D. W. TAPPI Press, Atlanta, USA. pp. 799 – 820.

[41] Jain, A. K. 1996. Bleach Plant Air Emissions in Pulp Bleaching. Principles and Practice. Ed. Dence, C. W. and Reeve, D. W. TAPPI Press, Atlanta, USA. pp. 821 – 834.

[42] Pryke, D. C., Miner, R. A. and Pinkerton, J. Ed. Dence, C. W. and Reeve, D. W. 1996. Environmental Regulations in Pulp Bleaching. Principles and Practice. TAPPI Press, Atlanta, GA, USA. pp. 835 – 847.

[43] Axegdrd, P. and Backlund, B. 2003. Ecocyclic Pulp Mill -"KAM". Final report 1990 – 2002 KAM report A100, STFI-Packforsk (now Innventia). Stockholm, Sweden.

[44] The Swedish Forest Industries Federation, www. skogsindustrierna. org/web/Klorerad_Organisk _Subsfans_AOX. aspx [cited 12/2009].

[45] Lindström, L. – Å. 2007. Is a Single Line Mega Mitt for 5000 adt/d the Next Step? In: Metso Paper Technology Days, October 18 – 20, Atibaia, Brazil.

[46] Figure obtained from Borregaard, Sarpsborg, Norway.

[47] Figure obtained from Domsjö Fabriker, Örnskotdsvik, Sweden.

[48] Figure obtained from GL&V Stockholm, Sweden.

[49] Figure obtained from Stora Enso, Nymdlla, Sweden.

[50] Hurter A. M. 1988. Utilization of annual plants and agriculture residues for the production of pulp and paper. TAPPI Pulping Conference proceedings. NewOrleans, LA, USA. Book 1.

[51] Myrén, B. www. nordicforestpapercom/fcbs/content/publications/f&p99/conox. htm published by the F&P Group, Tekniikantie 12, FIN – 02150 Espoo, Finland.

[52] Boman, R. , Janson, C. , Lindström, L. – Å. , Lundahl, Y. , Jain. , N. K. 2009. Non-wood pulping technology - Present Status and Future. In:IPPTA Conference, March 6 – 7. Delhi, India.

[53] Figure obtained from BTG, Säffle, Sweden.

[54] Bruce, D. 2001. Benchmarking energy conservation to identify opportunities for conservation. Electricity Today. Vol. 13 , no 3 , pp. 26 – 30.

[55] SEPA (Swedish Environmental Protection Agency). 1997. Energy conservationin the pulp and paper industry - a report made by Jaakko Pöyry. Report 4712 (1997).

[56] Delin, L. 1998. Energy balances for the reference mill. KAM report B26 (in Swedish). Innventia, Stockholm, Sweden.

[57] Delin, L. 2003. Personal communication. ÅF-Celpap, Sweden.

[58] Franck, P – Å. 1999. Personal communication. CIT Industriell Energianalys, Sweden.

附　录

单　位　换　算

推荐单位(RU)与惯用单位(CU)的换算:由推荐单位换算为惯用单位时除以换算系数,由惯用单位换算为国际单位时乘以换算系数。

物理量	推荐单位	换算系数	惯用单位(美制单位)
面积	平方厘米[cm²]	6.4516	平方英寸[in²]
	平方米[m²]	0.0929030	平方英尺[ft²]
	平方米[m²l]	0.8361274	平方码[yd²]
耐破指数	千帕平方米/克[kP·m²/g]	0.0980665	克力/平方厘米/(克/平方米) [(gf/cm²)/(g/m²)]
密度	千克/立方米[kg/m³]	16.01846	磅/立方英尺[lb/ft³]
	千克/立方米[kg/m³]	1000	克/立方厘米[g/cm³]
能量	毫焦[mJ]	0.0980665	克力厘米[gf·cm]
	焦耳[J]	1	牛顿米[Nm]
	焦耳[J]	9.80665	千克力米[kgf·m]
	焦耳[J]	1.35582	磅力英尺[lbf·ft]
	千焦[kJ]	4.1868	千卡[kcal]
	千焦[kJ]	1.05506	英制热量单位[Btu]
	兆焦[MJ]	3.600	千瓦时[kWh]
	兆焦[MJ]	2.68452	马力小时[hp·h]
力	毫牛[mN]	0.01	达因[dyn]
	牛顿[N]	9.80665	千克力[kgf]
	牛顿[N]	4.44822	磅力[lbf]
	牛顿[N]	0.278014	盎司力[ozf]
单位长度力	牛顿/米[N/m]	9.80665	克力/毫米[gf/mm]
	千牛/米[kN/m]	0.1751268	磅力/英寸[lb/in]
长度	纳米[nm]	0.1	埃[Å]
	微米[μm]	1	微米
	毫米[mm]	0.0254	密耳[0.001in]
	毫米[mm]	25.4	英寸[in]
	米[m]	0.3048	英尺[ft]
	千米[km]	1.609	英里[mi]

续表

物理量	推荐单位	换算系数	惯用单位(美制单位)
质量	克[g]	28.3495	盎司[oz]
	千克[kg]	0.453592	磅[lb]
	公吨(1 吨 =1000kg)[t]	0.907185	短吨(=2000 磅)
单位面积的质量	克/平方米[g/m²]	3.7597	磅/令,17in×22in(500 张)
	克/平方米[g/m²]	1.6275	磅/令,24in×36in(500 张)
	克/平方米[g/m²]	1.4801	磅/令,25in×38in(500 张)
	克/平方米[g/m²]	1.4061	磅/令,25in×40in(500 张)
	克/平方米[g/m²]	4.8824	磅/1000 平方英尺[lb/(1000ft²)]
	克/平方米[g/m²]	1.6275	磅/3000 平方英尺[lb/(3000ft²)]
单位体积的质量	克/升[g/L]	7.48915	盎司/美制加仑[oz/gal]
	千克/升[kg/L]	0.119826	磅/美制加仑[lb/gal]
	千克/立方米[kg/m³]	1	克/升[g/L]
	兆克/立方米[Mg/m³]	27.6799	磅/立方英寸[lb/in³]
	千克/立方米[kg/m³]	16.0184	磅/立方英尺[lb/ft³]
功率	瓦特[W]	735.499	马力
	瓦特[W]	745.700	1 马力[hp] =550lb·ft/s
	瓦特[W]	1.35582	磅力英尺/秒[(lbf·ft)/s]
	千瓦[kW]	0.74570	马力[hp]
压力,应力,单位面积上的力	帕斯卡[Pa]	1	牛顿/平方米[N/m²]
	帕斯卡[Pa]	98.0665	克力/平方厘米[gf/cm²]
	帕斯卡[Pa]	47.8803	磅力/平方英尺[lbf/ft²]
	千帕[kPa]	100	巴[bar]
	千帕[kPa]	6.89477	磅力/平方英寸[lbf/in²]
	千帕[kPa]	0.24884	英寸水柱(60°F)[in H₂O]
	千帕[kPa]	2.98898	英尺水柱(39.2°F)[ft H₂O]
	千帕[kPa]	3.37685	英寸汞柱(60°F)[in Hg]
	千帕[kPa]	3.38638	英寸汞柱(32°F)[in Hg]
	千帕[kPa]	0.133322	毫米汞柱(0℃)[mm Hg]
	兆帕[MPa]	0.101325	大气压[atm]
速度	毫米/秒[mm/s]	5.080	英尺/分(fpm)[ft/min]
	米/秒[m/s]	0.30480	英尺/秒[ft/s]
表面张力	毫牛/米[mN/m]	1	达因/厘米[dyn/cm]
撕裂指数	毫焦米/克[(mJ·m)/g],[(mN·m²)/g]	0.0980665	100 克力/(100g/平方米)[gf/(100g/m²)]
抗张指数	牛顿米/克[N·m/g]	9.80665	裂断长[km]

续表

物理量	推荐单位	换算系数	惯用单位(美制单位)
抗张强度	牛顿/米[N/m]	9.80665	克力/毫米[gf/mm]
	牛顿/米[N/m]	10.945	盎司力/英寸[ozf/in]
	牛顿/米[N/m]	66.6667	牛顿/15毫米宽[N/(15mm)]
	千牛/米[kN/m]	0.175127	磅力/英寸[lbf/in]
	千牛/米[kN/m]	0.980665	千克力/10毫米宽[kgf/(10mm)]
	千牛/米[kN/m]	0.29655	磅力/15mm毫米宽[lbf/(15mm)]
	千牛/米[kN/m]	0.39227	千克力/25毫米宽[kgf/(25mm)]
厚度	微米[μm]	25.4	密耳[mil](0.001in)
	毫米[mm]	0.0254	密耳[mil](0.001in)
	毫米[mm]	25.4	英寸[in]
黏度	泊[P]	10	牛顿秒/平方米[(Ns)/m²]
流体体积 固体体积	毫升[mL]	29.5735	盎司[oz]
	升[L]	3.785412	美制加仑[gal]
	立方毫米[mm³]	1	微升[μL]
	立方厘米[cm³]	1	毫升[mL]
	立方厘米[cm³]	16.38706	立方英寸[in³]
	立方分米[dm³]	1	升[L]
	立方米[m³]	0.001	升[L]
	立方米[m³]	0.0283169	立方英尺[ft³]